Prof. Dr. Matthias Niessner
Unterföhringer Str. 20
85737 Ismaning

Kurt Lange · Manfred Kammerer · Klaus Pöhlandt · Joachim Schöck

Fließpressen

Kurt Lange · Manfred Kammerer
Klaus Pöhlandt · Joachim Schöck

Fließpressen

Wirtschaftliche Fertigung
metallischer Präzisionswerkstücke

Mit 439 Abbildungen and 74 Tabellen

Prof. Dr. Matthias Niessner
Unterföhringer Str. 20
85737 Ismaning

 Springer

Professor em. Dr.-Ing. Dr. h.c. Kurt Lange
Universität Stuttgart
Institut für Umformtechnik (IfU)
Holzgartenstr. 17
70174 Stuttgart
E-Mail: kurt.lange@ifu.uni-stuttgart.de

Manfred Kammerer
Königstr. 68
71679 Asperg
E-Mail: me.kammerer@t-online.de

Professor Dr.-Ing. habil. Klaus Pöhlandt[†]
Universität Stuttgart
Institut für Statik und Dynamik (ISD)
Pfaffenwaldring 27
70569 Stuttgart

Dr.-Ing. Joachim Schöck
Universität Stuttgart
Institut für Statik und Dynamik (ISD)
Pfaffenwaldring 27
70569 Stuttgart

Bibliografische Information der Deutschen Bibliothek
Die Deutsche Bibliothek verzeichnet diese Publikation in der Deutschen Nationalbibliografie;
detaillierte bibliografische Daten sind im Internet über <http://dnb.ddb.de> abrufbar.

ISBN 978-3-540-30909-3 Springer Berlin Heidelberg New York

Dieses Werk ist urheberrechtlich geschützt. Die dadurch begründeten Rechte, insbesondere die der Übersetzung, des Nachdrucks, des Vortrags, der Entnahme von Abbildungen und Tabellen, der Funksendung, der Mikroverfilmung oder der Vervielfältigung auf anderen Wegen und der Speicherung in Datenverarbeitungsanlagen, bleiben, auch bei nur auszugsweiser Verwertung, vorbehalten. Eine Vervielfältigung dieses Werkes oder von Teilen dieses Werkes ist auch im Einzelfall nur in den Grenzen der gesetzlichen Bestimmungen des Urheberrechtsgesetzes der Bundesrepublik Deutschland vom 9. September 1965 in der jeweils geltenden Fassung zulässig. Sie ist grundsätzlich vergütungspflichtig. Zuwiderhandlungen unterliegen den Strafbestimmungen des Urheberrechtsgesetzes.

Springer ist ein Unternehmen von Springer Science+Business Media

springer.de

© Springer-Verlag Berlin Heidelberg 2008

Die Wiedergabe von Gebrauchsnamen, Handelsnamen, Warenbezeichnungen usw. in diesem Werk berechtigt auch ohne besondere Kennzeichnung nicht zu der Annahme, dass solche Namen im Sinne der Warenzeichen- und Markenschutz-Gesetzgebung als frei zu betrachten wären und daher von jedermann benutzt werden dürften. Text und Abbildungen wurden mit größter Sorgfalt erarbeitet. Verlag und Autor können jedoch für eventuell verbliebene fehlerhafte Angaben und deren Folgen weder eine juristische Verantwortung noch irgendeine Haftung übernehmen.

Satz: Digitale Druckvorlagen der Autoren
Herstellung: LE-TEX Jelonek, Schmidt & Vöckler GbR, Leipzig
Einbandgestaltung: eStudioCalamar S.L., F. Steinen-Broo, Girona, Spanien
Einbandmotiv: Voll-Vorwärts-Fließpressen, Joachim Schöck

SPIN 11422617   7/3180/YL – 5 4 3 2 1 0   Gedruckt auf säurefreiem Papier

Technische Akte sind Reaktionen des Menschen auf seine Umwelt, die völlig neue Möglichkeiten zur Erzeugung von Gegenständen schaffen, die es in der naturhaften Welt des Menschen nicht gibt.

Ortega y Gasset

Autoren

Prof. em. Dr.-Ing. Dr. h.c. Kurt Lange

Von 1963 bis 1988 Leiter des Institutes für Umformtechnik (IfU) der Universität Stuttgart.

Kap. 1

Manfred Kammerer

Von 1965 bis 1998 Leiter der Abteilung Massivumformung am Institut für Umformtechnik (IfU) der Universität Stuttgart.

Kap. 4, 5, 6, 7, 8 u. 10.7

Prof. Dr.-Ing. habil. Klaus Pöhlandt [†]

Von 1977 bis 1996 Leiter der Abteilung Grundlagen am Institut für Umformtechnik (IfU) der Universität Stuttgart.

Kap. 3

Dr.-Ing. Joachim Schöck

Von 1994 bis 1997 wissenschaftlicher Mitarbeiter in der Abteilung Massivumformung am Institut für Umformtechnik (IfU) der Universität Stuttgart.

Kap. 2, 4, 5, 6, 7, 8, 9 u. 10

Inhaltliche Struktur und Gestaltung sowie Kapitelzusammenstellung und redaktionelle Ausarbeitung des Buches: Joachim Schöck

Vorwort

Die zur Umformtechnik zählenden Fertigungsverfahren des Kaltfließpressens spielen für die kostengünstige Produktion von komplexen und präzisen, oft einbaufertigen Werkstücken in großen Mengen aus hoch beanspruchbaren metallischen Werkstoffen, vorwiegend Stahl, eine zunehmend wichtige Rolle. Für die weltweite Versorgung mit mannigfaltigen Industriegütern hat das 1935 in Deutschland patentierte Kaltfließpressen von Stahl weltweit wachsende Bedeutung gewonnen. Einige Industrieländer in Europa, Amerika und Asien haben die Weiterentwicklung dieser Technologie nach 1945 systematisch betrieben. Die im Jahre 1967 gegründete International Cold Forging Group (ICFG), der Fachleute aus etwa 20 Ländern weltweit angehören, bemüht sich seitdem erfolgreich um die Weiterentwicklung des erforderlichen Grundlagenwissens für die Anwendung dieser leistungsfähigen und werkstoffsparenden Technologie.

Treibende Kräfte hierfür sind einerseits die weltweit steigende Nachfrage nach derartigen Werkstücken und andererseits die in Industrie und Wissenschaft betriebene Erforschung und Entwicklung der Werkstoffe für Werkstücke und Werkzeuge sowie ihrer Wärme- und Oberflächenbehandlung und ferner der Werkzeugbearbeitungstechniken, insbesondere der spanenden und abtragenden Bearbeitung der Innenformen. Dazu treten die Optimierung ihrer den Werkstofffluss bei niedrigsten Kräften erleichternden Gestaltung und weiter die Erforschung der dabei wirkenden tribologischen Vorgänge. Bei der Lösung dieser Aufgaben spielt die Prozesssimulation mit dem Computer eine zunehmend wichtige Rolle.

Am Institut für Umformtechnik der Universität Stuttgart wurde seit 1958 das Kaltfließpressen in seinen Grundlagen intensiv erforscht und weiterentwickelt; dazu wurde u. a. mit der Industrie im Jahre 1963 ein spezieller Arbeitskreis geschaffen. Die Autoren dieses Buches halten es jetzt für geboten, den derzeitigen Stand und die technischen Möglichkeiten des Kaltfließpressens sowie der oftmals mit ihr kombinierten Halbwarmfließpresstechnologie angesichts ihrer sichtbar zunehmenden industriellen Anwendung in geschlossener Form der Fachöffentlichkeit vorzustellen. Dabei wird bewusst auf früher erschienene Werke mit den Grundlagen der Umformtechnik und des Kaltfließpressens Bezug genommen. Diese behalten auch weiterhin ihre Gültigkeit. Änderungen ergeben sich dagegen ständig durch die oben erwähnten Entwicklungen in Wissenschaft und Industrie. Hierzu wird auf die am Buchende zu findende Aufstellung der in englischer Sprache erschienenen ICFG-Richtlinien verwiesen, in denen sowohl zu werkstoffkundlichen als auch zu technologischen Fragen konkret Stellung genommen wird und aktuelle Probleme behandelt werden.

Stuttgart, im Juli 2007

Für die Autoren　　　　　　　　　Prof. em. Dr.-Ing. Dr. h. c. Kurt Lange

Inhalt

1 Einleitung 1
K. Lange
1.1 Einteilung der Fließpressverfahren 1
1.2 Wirtschaftliche Bedeutung, Produktionszahlen weltweit 2
1.3 Grundverfahren des Fließpressens 3
    1.3.1 Voll-Vorwärts-Fließpressen 3
    1.3.2 Hohl-Vorwärts-Fließpressen 5
    1.3.3 Napf-Rückwärts- und Napf-Vorwärts-Fließpressen 7
    1.3.4 Querfließpressen 8
    1.3.5 Quer-Hohl-Vorwärts-Fließpressen 10
    1.3.6 Verfahrenskombinationen und Verfahrensfolgen 11
    1.3.7 Verjüngen 14
    1.3.8 Abstreckgleitziehen 14
    1.3.9 Kalt- und Warmfließpressen 15
Literatur 16

2 Metallkundliche Grundlagen 17
J. Schöck
2.1 Skalen der Betrachtung 17
2.2 Makroskopische Fließstruktur 19
2.3 Atom 20
2.4 Gleitsysteme 22
2.5 Versetzungen 25
2.6 Monokristall 27
2.7 Polykristall 28
2.8 Elastische Verformung 28
2.9 Elastizitätsgrenze, $R_{p\,0,01}$ 30
2.10 Streckgrenze und Dehngrenze $R_{p\,0,2}$ 30
2.11 Plastische Deformation 31
Literatur 34

3 Werkstoffe 35
K. Pöhlandt
3.1 Werkstoffe für das Kaltfließpressen 35
    3.1.1 Stähle 35
    3.1.2 Nichteisenmetalle 38
    3.1.3 Anmerkung zur Halbwarmumformung 38
    3.1.4 Zur Frage der Werkstoffbezeichnungen 39
3.2 Vorbehandlung für die Verarbeitung 41
Literatur 41
Anmerkung 42

4 Werkstoffauswahl 43
J. Schöck, M. Kammerer
4.1 Einleitung 43
    4.1.1 Kaltfließpressen 44
    4.1.2 Halbwarmfließpressen 45
    4.1.3 Bevorzugt eingesetzte Fließpressstähle 47
4.2 Baustähle 47
4.3 Einsatzstähle 48
    4.3.1 Hinweis zur Werkstoffauswahl 51
4.4 Vergütungsstähle 51
    4.4.1 Fließpressen bei Temperaturen bis ca. 350°C 54
    4.4.2 Fließpressen bei 760°C – 800°C (Halbwarmumformung) ... 55
    4.4.3 Hinweis zur Werkstoffauswahl 59
4.5 Nichtrostende Stähle 61
    4.5.1 Fließpressen bei Temperaturen bis ca. 350°C 62
4.6 Kupfer 64
4.7 Messing (Kupfer-Zink-Legierung) 66
    4.7.1 Fließpressen bei Temperaturen bis ca. 300°C 69
    4.7.2 Fließpressen bei Temperaturen bis ca. 600°C 69
4.8 Bronze (Kupfer-Zinn-Legierung) 70
4.9 Neusilber (Kupfer-Nickel-Legierung) 71
4.10 Zink 72
    4.10.1 Fließpressen bei Temperaturen bis ca. 150°C 72
4.11 Titan 73
    4.11.1 Fließpressen bei Temperaturen bis 500°C 74
4.12 Magnesium 74
    4.12.1 Fließpressen bei Temperaturen bis ca. 300°C 75
4.13 Aluminium 75
    4.13.1 Aushärten 78
Literatur 79

Inhalt XIII

5 Vorbehandlung 81
J. Schöck, M. Kammerer
- 5.1 Einleitung 81
- 5.2 Anlieferungszustand 83
- 5.3 Form 86
  - 5.3.1 Rohteilabschnitte 86
  - 5.3.2 Scheren 87
  - 5.3.3 Sägen 90
  - 5.3.4 Schneiden 92
  - 5.3.5 Genauigkeit der Rohteilabschnitte 94
  - 5.3.6 Entgraten der Rohteilanschnitte 94
- 5.4 Abmessungen 95
  - 5.4.1 Setzen 95
  - 5.4.2 Setzen und zentrieren 96
  - 5.4.3 Setzen und Werkstoffvorverteilung 97
  - 5.4.4 Setzen und Werkstoffvororientierung 98
- 5.5 Gefüge 99
  - 5.5.1 Weichglühen, Glühen auf kugeligen Zementit (GKZ) 100
  - 5.5.2 Rekristallisationsglühen 104
  - 5.5.3 Normalglühen 105
  - 5.5.4 Spannungsfreiglühen 106
- 5.6 Oberfläche 107
  - 5.6.1 Schmierstoffe und Schmierstoffträgerschichten 107
  - 5.6.2 Zink-Phosphatieranlage 110
  - 5.6.3 Oberflächenbehandlung mit Beseifen 112
  - 5.6.4 Oberflächenbehandlung mit Molybdändisulfid (MoS_2) 114
  - 5.6.5 Reglementierung zum Betrieb einer Phosphatieranlage 116
- Literatur 117

6 Verfahren 119
M. Kammerer, J. Schöck
- 6.1 Verfahrensübersicht 119
  - 6.1.1 Fließpressverfahren 119
  - 6.1.2 Verjüngen, Abstreckgleitziehen, Stauchen, Setzen, Lochen, Fließlochen, Kalibrieren 122
  - 6.1.3 Verfahrensfolge und Verfahrenskombination 123
  - 6.1.4 Von der Fertigteilzeichnung zum Formteil 123
  - 6.1.5 Stadienplan 124
  - 6.1.6 Fertigungsalternativen 128
  - 6.1.7 Hybride Lösungen 129

6.2	Voll-Vorwärts-Fließpressen	130
6.3	Hohl-Vorwärts-Fließpressen	141
6.4	Napf-Vorwärts-Fließpressen	152
6.5	Napf-Rückwärts-Fließpressen	161
6.5.1	Napf-Fließpressen mit hoher Präzision	174
6.6	Voll-Rückwärts-Fließpressen	189
6.7	Hohl-Rückwärts-Fließpressen	196
6.8	Quer-Fließpressen	199
6.9	Verjüngen	233
6.10	Abstreckgleitziehen	238
6.11	Stauchen	249
6.12	Setzen	258
6.13	Quer-Hohl-Vorwärts-Fließpressen	262
6.14	Verfahren zur Verzahnungsherstellung [6.42, 6.43]	268
	Literatur	279
	Anhang	281

7 Werkzeugwerkstoffe 283
J. Schöck, M. Kammerer

7.1	Einleitung	283
7.2	Mechanische und thermische Beanspruchung	284
7.3	Trend	285
7.4	Werkstoffauswahl	285
7.5	Werkzeugwerkstoffe	286
7.5.1	Kaltarbeitsstähle	286
7.5.2	Warmarbeitsstähle	286
7.5.3	Schnellarbeitsstähle	287
7.5.4	Pulvermetallurgisch hergestellte Schnellarbeitsstähle	288
7.5.6	Herstellung von schmelz- und pulvermetallurgischen Stählen	290
7.5.7	Härte und Zähigkeit	292
7.5.8	Werkzeugherstellung	293
7.5.9	Hartmetall	294
7.6	Ausfallerscheinungen bei Werkzeugen	295
7.6.1	Verschleiß	296
7.6.2	Ausbrüche	296
7.6.3	Plastische Verformung	296
7.6.4	Rissbildung, Bruch	297
7.6.5	Kaltaufschweissungen	298

	7.7	Werkzeugoberflächenbehandlung	298
		7.7.1 Reaktionsschichten	299
		7.7.2 Auflageschichten	300
	7.8	Werkzeugwerkstoffe für die Halbwarmumformung	302
		Literatur	307
8	**Werkzeuge**		**309**
	M. Kammerer, J. Schöck		
	8.1	Einleitung	309
	8.2	Werkzeugbestandteile	311
		8.2.1 Gestellteile	317
		8.2.2 Einbauteile	321
		8.2.3 Aktivteile	323
	8.3	Stempel	323
		8.3.1 Stempel für das Voll- und Quer-Fließpressen	326
		8.3.2 Stempel für das Hohl-Vorwärts-Fließpressen	329
		8.3.3 Stempel für das Voll- und Hohl-Rückwärts-Fließpressen	332
		8.3.4 Stempel für das Napf-Fließpressen	333
	8.4	Matrize	338
		8.4.1 Matrize ohne Armierung	339
		8.4.2 Matrize mit Armierung	341
		8.4.3 Matrize mit einteiligem Kern	352
		8.4.4 Matrizenkern mit Einsatz (Längsteilung)	353
		8.4.5 Matrize mit Querteilung, von außen axial vorgespannt	356
		8.4.6 Matrize mit Querteilung, von innen axial vorgespannt	357
		8.4.7 Matrize mit Längs- und Querteilung, axial vorgespannt	359
		8.4.8 Matrize mit Keramikkern	360
		8.4.9 Bersten von Armierungsringen	361
	8.5	Werkzeuge für Aluminiumfließpressteile	362
	8.6	Werkzeuge zum Querfließpressen	389
		8.6.1 Schließkraft	391
		8.6.2 Matrizengleichlauf	394
		8.6.3 Kompakte Schließvorrichtungen	396
		8.6.4 Matrizenanordnung	398
		8.6.5 Führungssysteme	399
		8.6.6 Kraftdurchleitung	403
		8.6.7 Schließvorrichtungen mit Federelementen	404
		8.6.8 Schließvorrichtung mit mechanischer Verriegelung	407
		8.6.9 Hydraulische Schließvorrichtung mit N_2-Blasenspeicher	410
		8.6.10 Elastomer-Schließvorrichtung	415

8.6.11 Stickstofffeder-Schließvorrichtung ... 420
8.6.12 Tellerfeder-Schließvorrichtung ... 425
8.6.13 Kombiniert mechanisch-hydraulische Schließvorrichtung ... 427
8.6.14 Schließvorrichtung mit Druckschlauch ... 428
8.6.15 Schließvorrichtung nach dem Prinzip der Druckwaage ... 431
8.6.16 Mehrfach wirkende Presse als Schließvorrichtung ... 433
Literatur ... 435

9 Maschinen ... 437
J. Schöck
9.1 Einleitung ... 437
9.2 Einzelstücke verarbeitende Einstufen-Kaltfließpressen ... 439
9.3 Einzelstücke verarbeitende Mehrstufen-Kaltfließpressen ... 442
   9.3.1 Kurbel- bzw. Exzenterpressen ... 443
   9.3.2 Kniehebelpressen ... 444
   9.3.3 Kniehebelpressen mit modifiziertem Antrieb ... 446
9.4 Vom Draht arbeitende Mehrstufen-Kaltfließpressen ... 453
9.5 Vom Stab arbeitende Mehrstufen-Halbwarmfließpressen ... 455
9.6 Hydraulische Pressen ... 462
9.7 Werkzeugwechselsysteme ... 464
9.8 Werkstücktransportsysteme ... 466
Literatur ... 470

10 Berechnungen ... 473
J. Schöck, M. Kammerer
10.1 Einleitung ... 473
10.2 Umformgrad, bezogene Querschnittsänderung ... 478
10.3 Umformgrade beim mehrstufigen Umformen ... 480
10.4 Gesetz der Volumenkonstanz ... 481
10.5 Fließspannung ... 482
   10.5.1 Fließkurve ... 483
   10.5.2 Fließkurve bei Raumtemperatur ... 483
   10.5.3 k_{f0}, k_{f1} und k_{fm} ... 485
10.6 Bezogene Umformarbeit w und absolute Umformarbeit W ... 487
10.7 Vereinfachte Berechnungsmethode [10.1, 10.2, 10.19] ... 488
10.8 Ausführliche Berechnungsmethode [10.12 -10.17] ... 490
10.8.1 Stauchen ... 491
   10.8.2 Voll-Vorwärts-Fließpressen ... 495
   10.8.3 Napf-Rückwärts-Fließpressen ... 499

10.8.4 Hohl-Vorwärts-Fließpressen	503
10.8.5 Verjüngen	506
10.8.6 Abstreckgleitziehen	509
10.8.7 Setzen	512
10.8.8 Querfließpressen	514
Literatur	515

ICFG-Data Sheets and Documents **517**
J. Schöck
ICFG Data Sheets 517
ICFG Documents 517

Index **519**

1 Einleitung

Das Fließpressen zählt neben dem Stauchen und Gleitziehen zu den Kernverfahren des Kaltmassivumformens. In beschränktem Maße wird es auch im halbwarmen Bereich zwischen 600°C und 800°C werkstoff- oder verfahrensbedingt angewandt. Besondere technisch-wirtschaftliche Bedeutung hat das Kaltfließpressen von Stahl erlangt, nachdem 1934 durch Phosphatieren der Rohteile nach dem Singer-Patent die sichere Umformung von Stahlwerkstoffen in Stahlwerkzeugen ohne Kaltverschweißen möglich geworden war. Die Werkstückmassen liegen beim Kaltfließpressen zwischen wenigen Gramm und einigen Kilogramm, seltener auch darüber. Grenzen sind die Werkzeugbelastung einerseits und die hohen Umformkräfte andererseits. Grundsätzlich lassen sich fast alle knetbaren Metalle durch Fließpressen umformen. Heute ist diese Verfahrensgruppe eine leistungsfähige Technologie, die die Fertigung präziser, geometrisch komplexer, hochbeanspruchbarer Werkstücke aus hochfesten Stählen für weite Einsatzbereiche mit geringstem Werkstoffeinsatz ermöglicht.

1.1 Einteilung der Fließpressverfahren

Man unterscheidet allgemein nach der Werkstückgeometrie Voll-, Hohl- und Napffließpressen, und nach der Richtung des Stoffflusses, bezogen auf die Werkzeughauptbewegung, Vorwärts-, Rückwärts- und Querfließpressen [1.1]. Ein jüngeres Verfahren ist das Quer-Hohl-Vorwärts-Fließpressen zur Erzeugung dünnwandiger Näpfe aus Stababschnitten deutlich kleineren Durchmessers in einem Hub. Diese Grundverfahren werden oft in Kombinationen (gleichzeitig) und Verfahrensfolgen (nacheinander) an einem Werkstück angewandt. Weiterhin sind auch das Verjüngen und das Abstreckgleitziehen zu diesen zu zählen. Andere Verfahren, wie Stauchen, Anstauchen, Prägen werden häufig zusätzlich zur Formgebung herangezogen.

Merkmale des Kaltfließpressens sind

- erhebliche Werkstoffeinsparung durch optimale Werkstoffausnutzung,
- sehr hohe Mengenleistung bei kurzen Stückzeiten,

- Einbaufertigkeit bei ggf. geringfügiger Nacharbeit infolge hoher Maß- und Formgenauigkeit sowie Oberflächenqualität,
- Verbesserung der Werkstoffeigenschaften durch Kaltverfestigung und ungestörten Faserverlauf.

1.2 Wirtschaftliche Bedeutung, Produktionszahlen weltweit

Das Kaltfließpressen hat große technisch-wirtschaftliche Bedeutung für die Mengenfertigung hochwertiger Bauteile in einem weiten Produktspektrum erlangt. Abgesehen vom militärischen Bereich sind das vornehmlich Bauteile für Fahrzeuge, Maschinen und Geräte, Elektrotechnik und Elektronik sowie Befestigungsmittel u.a.m.. Durch Weiterentwicklung der Werkstück- und Werkzeugstoffe, der Bearbeitungstechniken – Abspanen, Erodieren, Polieren –, durch Erneuerungen bei Schmierstoffen und -technik, bei Oberflächenbeschichtungen u.a.m. sind gegen die Jahrtausendwende sehr große Fortschritte bei der Fertigung von komplexen Werkstücken mit hoher Genauigkeit erzielt worden. Die Prozess-Simulation mit dem Computer hat dazu erheblich beigetragen.

Die weltweiten Produktionszahlen sind wegen länderweit unterschiedlicher Zuordnungen und Statistiken nur unvollständig und ungenau zu erfassen. Es kann jedoch davon ausgegangen werden, dass eine leistungsfähige Automobilproduktion, die 85 bis 90% aller zivilen Kaltfließpressteile abnimmt, die Grundlage für deren wirtschaftliche Fertigung ist. Je PKW werden ca. 40 bis 50 kg dieser Teile eingebaut, davon 25 bis 30 kg hochbeanspruchbare Massivteile für Getriebe, Achsen, Lenkungen sowie 15 bis 20 kg für Hohlteile und Sonderbefestigungsmittel. Da ferner in einzelnen Ländern heute zwar Fließpressteile produziert, aber in andere mit Automobilindustrie exportiert oder mit anderen Verfahren fertig bearbeitet werden, ohne dass die ursprüngliche Fertigung bekannt wird, ist eine genaue Aufstellung sehr erschwert.

In der Bundesrepublik Deutschland werden derzeit etwa 150 000 t Kaltfließpressteile jährlich erzeugt, in der EG darüber hinaus insgesamt mehrere 10 000 t, im Fürstentum Liechtenstein 30 000 t, in den USA 500 000 t, in Japan 450 000 t, in China 100 000 t und in Brasilien 25 000 t. In Japan wird das Kaltfließpressen konsequent von staatlicher Seite und in wissenschaftlich-industrieller Gemeinschaftsarbeit seit fast 50 Jahren gefördert; Präzisionsteile werden zunehmend in die USA und nach Europa exportiert. In den USA war die Produktion von Kaltfließpressteilen 25 Jahre nach dem Kriegsende höher als am Ende des Jahrhunderts; sie schrumpfte teils wegen der Entwicklung leistungsfähiger, automatisierter Abspantechniken. Diese erlauben zwar die Fertigung von Präzisionsteilen mit komplexer Geometrie, nutzen aber nicht die Vorteile von Kaltfließpressteilen: hohe Dauerfestigkeit bei ungestörtem Faserverlauf sowie gute Werkstoffausnutzung; die letztere kann 85 bis 90% betragen. Angesichts der weltweit steigenden Nachfrage nach Stahl dürfte das den Einsatz von Kaltfließpressteilen weiter fördern.

1.3 Grundverfahren des Fließpressens

In den folgenden Kapiteln werden die in Abschn. 1.1 erwähnten Grundverfahren des Kaltfließpressens behandelt, die auftretenden Spannungen und Kräfte erörtert sowie die für die Fertigung benötigten Maschinen und Einrichtungen vorgestellt. Darüber hinaus werden die wesentlichen Verfahrenskombinationen und -folgen diskutiert.

Für die Fertigung von Kaltfließpressteilen – das sei hier allgemein geltend vermerkt – werden mechanische Kurbel- und Exzenterpressen, ölhydraulische Pressen und auch Kniehebelpressen eingesetzt. Für langschäftige Werkstücke werden Pressen mit ausreichend hohem Werkzeugeinbauraum verwendet. Die Maschinen sind heute oft mit numerischen Steuerungen, Werkzeugüberwachungseinrichtungen, Werkstückzuführeinrichtungen wie Industrie-Robotern ausgerüstet und auch automatisiert.

1.3.1 Voll-Vorwärts-Fließpressen

Dieses Verfahren dient der Verkleinerung des Durchmessers oder Querschnitts eines Werkstücks bei Querschnittsabnahmen $\varepsilon_A \geq 0.3$. Dazu wird dieses nach Abb. 1.1 in einem Aufnehmer gegen Ausknicken und Aufstauchen abgestützt und mit dem Stempel durch die mit dem Aufnehmer verbundene Matrize, die üblicherweise einen Öffnungswinkel $2\alpha = 60°$ bis $120°$ hat, gedrückt.

Häufig sind Aufnehmer und Matrize zu einer Pressbüchse zusammengefasst. Beim Vorgang treten Axialspannungen bis $\sigma_z = 2000\,\text{N/mm}^2$ und mehr auf. Ein Stempel aus Werkzeugstahl von 200 mm Länge staucht sich dabei beispielsweise um etwa 2 mm elastisch auf. Die Querkontraktion nach dem Poissonschen Gesetz kann 0.3%, d.h. bei $d_{St} = 30$ mm ~ 0.1 mm betragen. Das muss bei der Bemessung des Spiels zwischen Aufnehmer und Stempel berücksichtigt werden, ebenso die Auswirkung der Stempelstauchung auf die Werkstückgeometrie, z.B. Kopf- oder Bodendicke. Die Radialspannungen σ_r erreichen im Übergangsbereich Werte von mehr als

3000 N/mm² und auch darüber [1.1, 1.2]. Wegen dieser hohen Innendrücke bzw. Radialspannungen müssen die Matrizen gegen Bruch durch Armieren abgestützt werden.

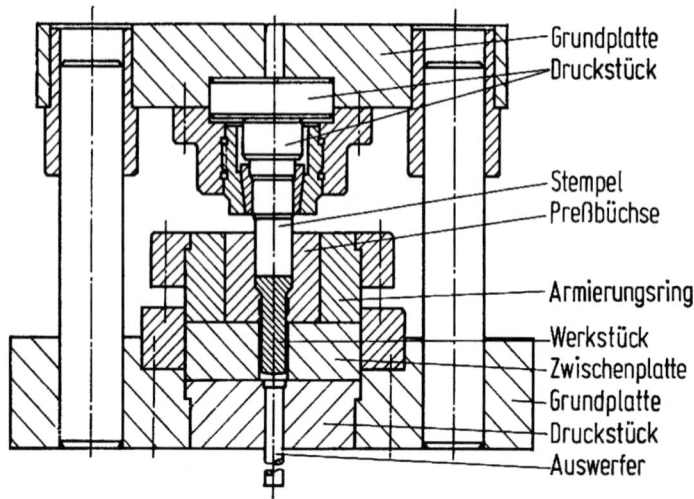

Abb. 1.1 Voll-Vorwärts-Fließpressen [1.1]

Das kann mit Armierungsringen oder durch Umwickeln mit hochfesten, vorgespannten Stahlbändern erfolgen (Abb. 1.2), [1.1, 1.3]. Die Matrizen sind dann sehr hoch belastbar, besonders z. B. bei Verwendung eines Hartmetall-Wickelrohrs um den Matrizenkern. Einfach armierte Matrizen lassen Innendrücke von 1600 N/mm², doppelt armierte von 2000 N/mm² zu. Bei höheren Innendrücken müssen die erwähnten Sonderarmierungen eingesetzt werden.

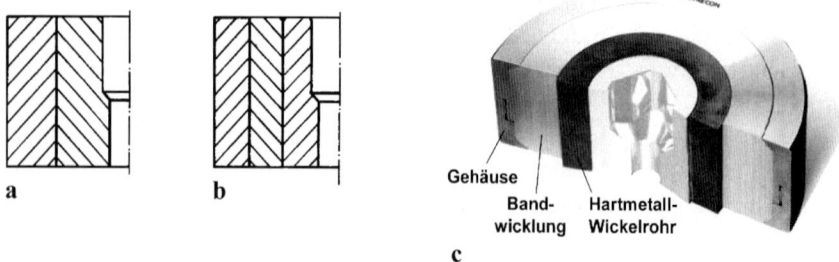

Abb. 1.2 Armierung von Fließpressmatrizen: **a** mit einem Armierungsring [1.1], **b** mit zwei Armierungsringen, **c** durch Umwickeln mit hochfesten, vorgespannten Stahlbändern (Bandarmieren) [1.3]

Bei den Fließpressverfahren mit stationärem Werkstofffluss (Vorwärts- und Rückwärts-Fließpressen, voll oder hohl) zeigt der Kraft-Weg-Verlauf zunächst einen kleinen instationären Anteil und fällt danach stetig ab. Die Kräfte nehmen mit der Querschnittsabnahme $\varepsilon_A = (A_0-A_1/A_0)$ bzw. mit dem Umformgrad $\varphi = \ln A_1/A_0$, mit dem Öffnungswinkel 2α und mit der Werkstoffestigkeit bzw. der Härte zu [1.1]. Beim Voll-Vorwärts-Fließpressen können große Werte von 2α abhängig von Werkstoffart und -zustand zu Chevron-Rissen im Innern führen.

1.3.2 Hohl-Vorwärts-Fließpressen

Bei diesem Grundverfahren der Kaltmassivumformung wird ein hohles Werkstück mit (Napf) oder ohne Boden (Rohrabschnitt) von einem Stempel mit festem oder mitlaufendem Dorn wie beim Voll-Fließpressen durch eine Matrize gedrückt. Bei festem Dorn und einem Napf als Rohteil entsteht am Boden-Innenrand oft ein Wulst; ist der Innendurchmesser bei einem dickwandigen Hohlkörper klein und die Querschnittsabnahme groß, kann der feste Dorn infolge der Reibkräfte ggf. abreißen.

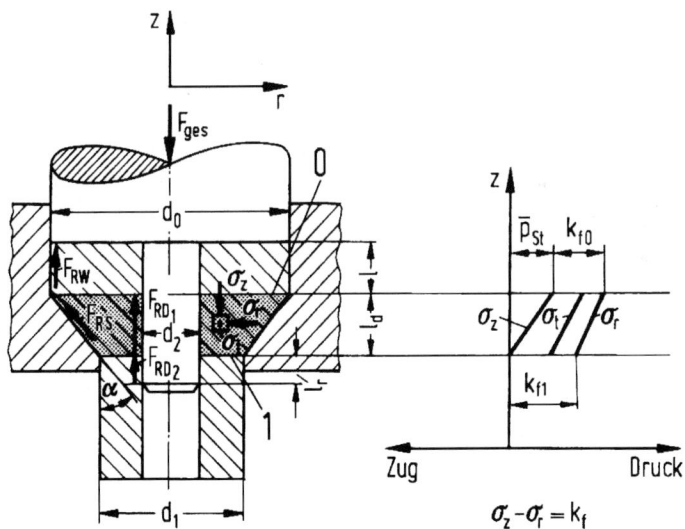

Abb. 1.3 Spannungszustand beim Hohl-Vorwärts-Fließpressen [1.1]

Abb. 1.3 zeigt das Prinzip des Vorgangs und die dabei wirkenden Spannungen, Abb. 1.4 den Kraft-Weg-Verlauf beim Hohl-Vorwärts-Fließpressen sowie die Verformung eines Werkstoffelements im instationären und stationären Bereich des Vorgangs. Aus Abb. 1.5 ist ferner die zunehmende Inhomogenität des Werkstoffflusses mit größer werdendem Matrizenöffnungswinkel 2α zu ersehen [1.9].

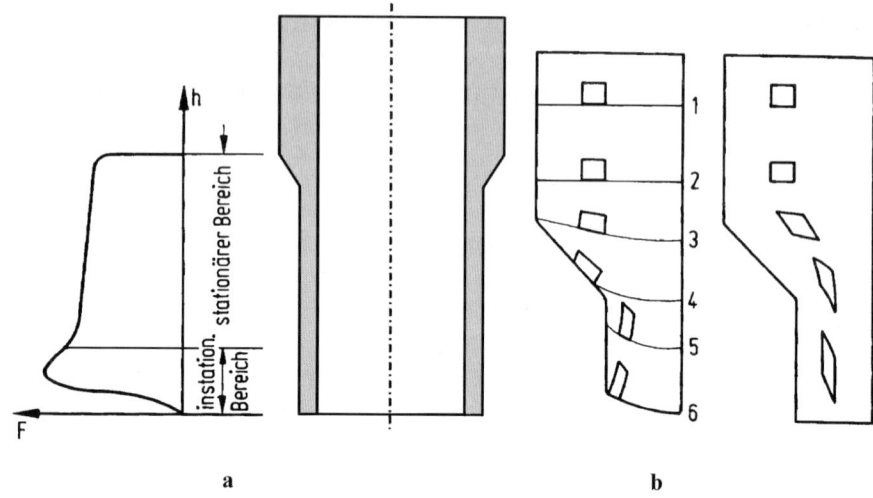

Abb. 1.4 Hohl-Vorwärtsfließpressen [1.1]: **a** Kraft-Weg-Verlauf, **b** Verformung eines Werkstoffelementes im instationären und stationären Vorgangsbereich

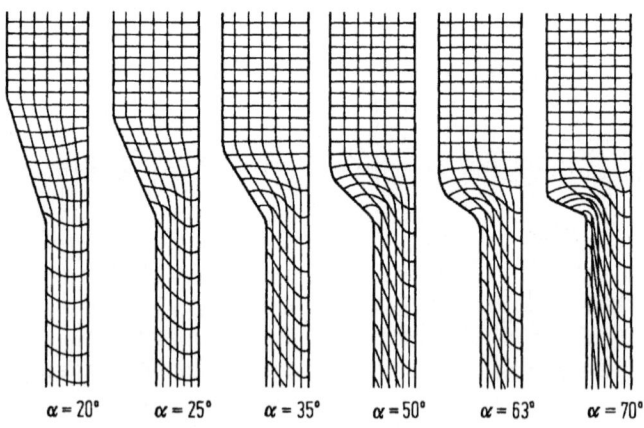

Abb. 1.5 Einfluss des Matrizenöffnungswinkels 2α auf den Werkstofffluss beim Hohl-Vorwärts-Fließpressen [1.9]

1.3.3 Napf-Rückwärts- und Napf-Vorwärts-Fließpressen

Diese zählen zu den wichtigsten Kaltfließpressverfahren. Ausgehend von einem gescherten und gesetzten oder gesägten Stababschnitt wird aus diesem ein Hohlkörper mit Boden erzeugt, der durch weitere Umformungen wie Abstreckgleitziehen, Flanschanstauchen, Bodenprägen u.a.m. anschließend fertig bearbeitet wird.

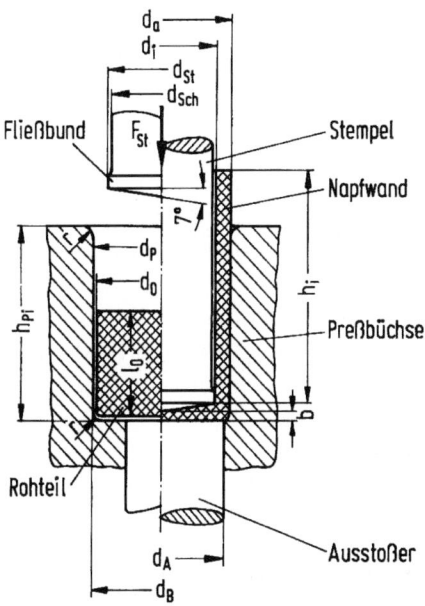

Abb. 1.6 Bezeichnungen und Werkzeugkräfte beim Napf-Rückwärts-Fließpressen [1.1]

Der Werkstofffluss ist instationär; die Stempelkraft fällt nach Erreichen des Maximums ab, umso mehr, je größer die relative Querschnittsänderung $\varepsilon_A = (A_0-A_1/A_0)$ ist. Die Kraft F_{St} hat bei $\varepsilon_A \approx 0.5$ ein Minimum bei den meisten Werkstoffen, nimmt mit größeren Werten zu und bei kleineren, abhängig von den Rohteilabmessungen l_0/d_0, mit der Querschnittsänderung ε_A zu oder ab [1.1].

Besonders bei dünneren Böden am Ende eines Vorgangs können die Stempelkräfte infolge der Werkstoff-Verfestigung und der Stirnreibung schnell ansteigen. Mit Entlastungsbohrungen lassen sich die sich beim Stauchen des Bodens ausbildenden hohen Druckspannungsspitzen, die ein Mehrfaches der Werkstofffließspannung erreichen und auch Werkzeugschäden bewirken können, merklich herabsetzen [1.1].

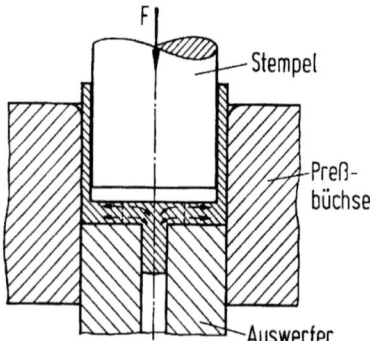

Abb. 1.7 Prinzip der Entlastungsbohrung beim Napf-Rückwärts-Fließpressen [1.1]

Näpfe mit großem relativem Querschnittsverhältnis und dünnem Boden lassen sich folgerichtig leichter fließpressen, wenn zur Entlastung gleichzeitig ein dünner Zapfen vorwärts oder rückwärts mit gepresst wird. In der Praxis wird davon häufig Gebrauch gemacht. Der Werkstoffaufwand dafür ist sehr gering; oftmals lassen sich die Zapfen auch zur Bodenformgebung nutzen. Das Prinzip der Entlastungsbohrung lässt sich auch bei vielen anderen Umformvorgängen erfolgreich zur Minderung der Stempelkraft bzw. der Druckspannungsspitze anwenden.

1.3.4 Querfließpressen

Das Querfließpressen wurde nach 1970 am Institut für Umformtechnik der Universität Stuttgart zunächst zu einem in der Massenfertigung einsetzbaren Verfahren zur Fertigung von in Gelenkwellen millionenfach verwendeten Kreuzstücken entwickelt. Diese wurden zuvor durch Gesenkschmieden und Abspanen mit größerem Werkstoff- und Zeitaufwand hergestellt. Für das neue Verfahren musste dazu ein spezielles Werkzeug mit Querteilung und geeigneten Mechanismen zur Erzeugung des vor dem Fließpressvorgang benötigten hohen axialen Schließdrucks entwickelt werden (Abb. 1.8).

Aus diesen Anfängen entwickelte sich eine Gruppe von industriellen Prozessen für einen breiten Einsatz vor allem in der Fahrzeugindustrie. Abbildung 1.9 gibt einen Überblick über die grundsätzlich möglichen Werkstückformen. Diese Technologie erfordert in allen Produktionsschritten von der Werkzeugherstellung über die Rohteilfertigung bis zum Pressvorgang größte Sorgfalt. Auf diese Weise lassen sich dann jedoch Präzisionsteile mit vielfältigen Nebenformelementen ohne wesentliche spanende Nachbearbeitung in Großserie fertigen (Abb. 1.10).

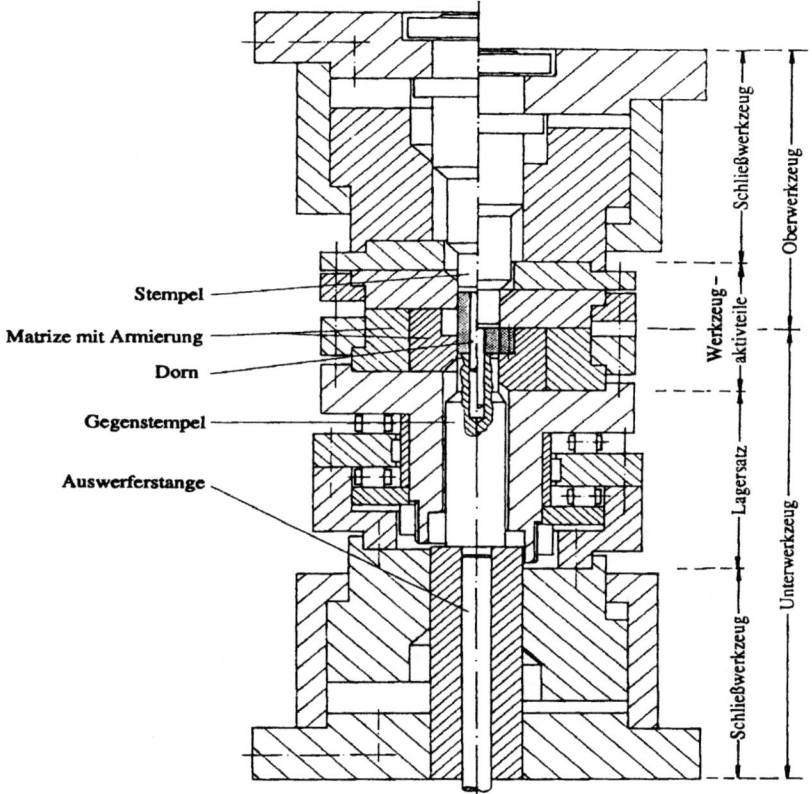

Abb. 1.8 Schließvorrichtung für das Querfließpressen [1.8]

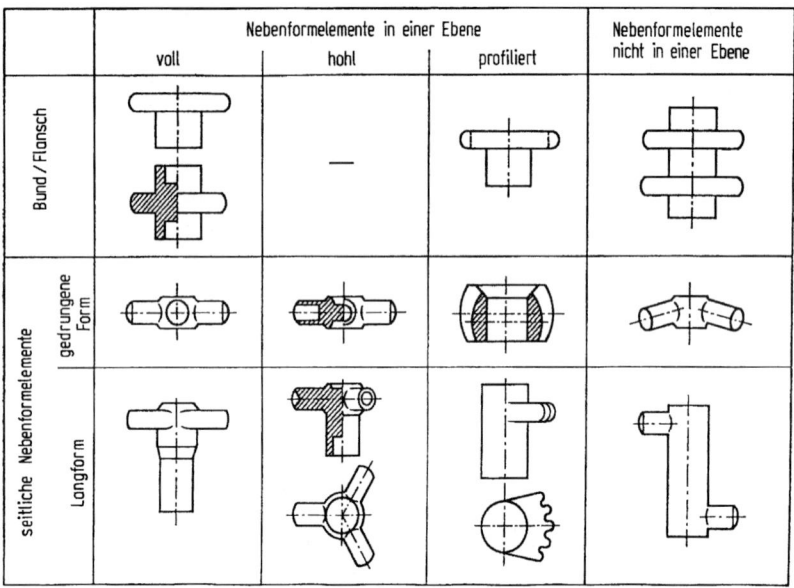

Abb. 1.9 Formenordnung für Querfließpressteile [1.1]

Abb. 1.10 Durch Querfließpressen hergestellte Werkstücke. Bild: ThyssenKruppPresta

1.3.5 Quer-Hohl-Vorwärts-Fließpressen

Dieses relativ neue Verfahren wurde ebenfalls am Institut für Umformtechnik der Universität Stuttgart entwickelt. Vorbild war ein Warmstrangpressverfahren zur Erzeugung von dünnwandigen Stahlrohren aus Rundknüppelabschnitten kleineren Durchmessers in einem Pressenhub [1.6]. Das neue Kaltfließpressverfahren dient der Erzeugung dünnwandiger Hohlkörper größeren Durchmessers mit Boden und Zapfen aus einem dünneren Stababschnitt (Abb. 1.11). Weitere Umformverfahren und andere können sich anschließen. Das Verfahren ähnelt zwar dem älteren Kunogi-Verfahren [1.4], ist aber durch die zweimalige Werkstoffumlenkung und das in den Prozess integrierte Abstrecken deutlich von diesem unterschieden.

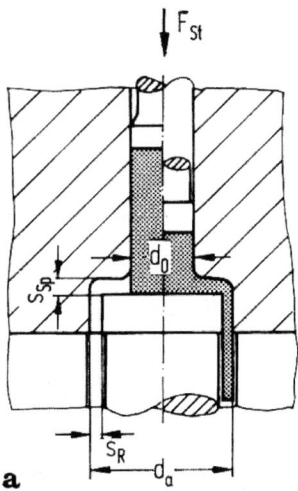

Abb. 1.11 Kombiniertes Quer-Napf-Vorwärts-Fließpressen [1.7]

Für QSt 32-3 oder C 15 lassen sich Aufweitungen $d_A/d_0 = 2.4$ erzielen; die Ringwanddicke s_R muss dabei kleiner sein als die Bodendicke s_{Sp}. Der dabei durch Abstrecken erzeugte Gegendruck ist für das fehlerfreie Auspressen erforderlich. Diese Verminderung der Ringwanddicke gegenüber der Bodendicke ist ein gutes Beispiel für die Realisierung einer Druckspannungsüberlagerung zur Erhöhung des Formänderungsvermögens.

1.3.6 Verfahrenskombinationen und Verfahrensfolgen

Bei Verfahrenskombinationen werden in der Regel zwei Vorgänge in einem Werkzeug zusammengefasst und in einem Arbeitshub ausgeführt. Zu unterscheiden davon sind Verfahrensfolgen, bei denen jeweils ein Arbeitsgang nacheinander an einem Werkstück erfolgt (Abb. 1.12). Verfahrenskombinationen können auch in Verfahrensfolgen einbezogen werden, zwei Beispiele für die letzteren zeigt Abb. 1.13.

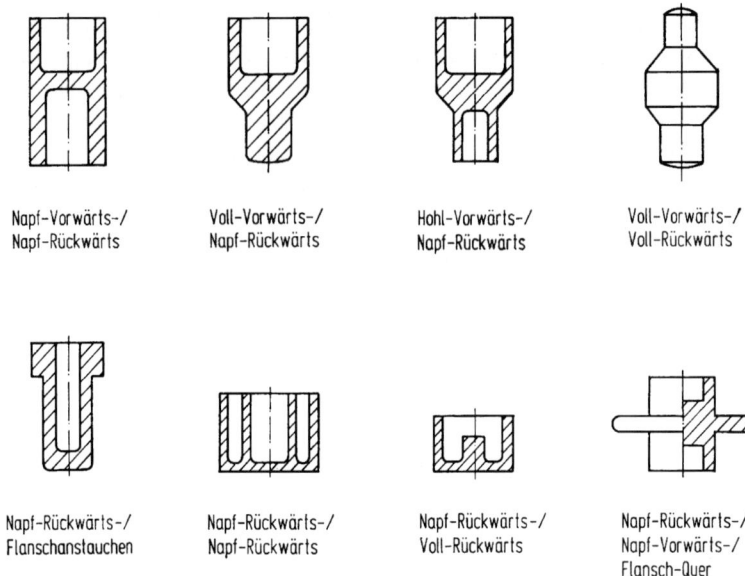

Abb. 1.12 Verfahrenskombinationen beim Fließpressen, Beispiele [1.1]

Abb. 1.13 Verfahrensfolgen beim Fließpressen, Beispiele Hatebur AG

Durch Verfahrenskombinationen wird das Formenspektrum des Kaltfließpressens deutlich erweitert, wie aus Abb. 1.12 ersichtlich ist. Elemente wie Flansch-Anstauchen oder Flansch-Quer-Fließpressen erweitern dieses zusätzlich. Wichtig ist die Auswirkung derartiger Kombinationen auf den Kraftbedarf des Prozesses. Beim kombinierten Napf-Vorwärts/Napf-Rückwärts-Fließpressen ist die Gesamtkraft geringer als die Kraft für das einfache Napf-Vorwärts- oder Napf-Rückwärts-Fließpressen (Abb. 1.14). Die sich einstellenden Napfhöhen hängen vom Werkstoff, von der relativen Querschnittsänderung ε_A und von der Wandreibung ab [1.1].

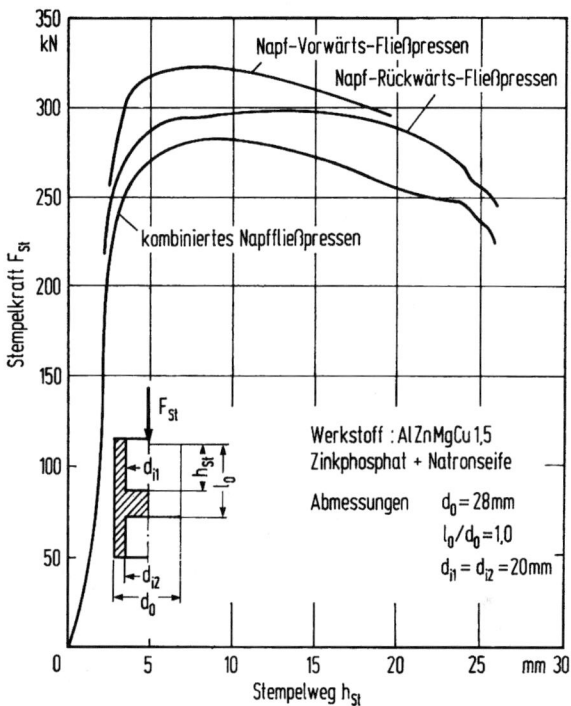

Abb. 1.14 Kraft-Weg-Verlauf beim kombinierten Napffließpressen [1.1]

Ähnlich verhalten sich die Ausflusslängen auch bei anderen Kombinationen. Grundsätzlich gilt, dass bei diesen allen durch die Vergrößerung der Gesamtfläche der Austrittsöffnungen die Spannung oder der Innendruck und damit die Stempelkraft F_{St} vermindert wird. Die Kraft für den Einzelvorgang ist damit eine obere Schranke für die Prozessauslegung. Die Länge der fließgepressten Elemente muss durch Überschlagsrechnung, Prozesssimulation oder experimentell bestimmt werden [1.1].

1.3.7 Verjüngen

Das Verjüngen ist ein in Verbindung mit dem Kaltfließpressen oft, meistens in Verfahrensfolgen, angewandtes Verfahren. Es dient wie das Vorwärts-Fließpressen der Verminderung des Durchmessers oder Querschnitts eines Werkstückteils. Diese ist dabei auf $\varepsilon_A \leq 0.3$ begrenzt; dafür kann auf einen Aufnehmer verzichtet werden, da die geringe Umformkraft ein Ausknicken oder Aufstauchen des Werkstücks ausschließt. Werden Hohlkörper verjüngt, so vergrößert sich dabei die Wanddicke geringfügig (Abb. 1.15).

Der Matrizenöffnungswinkel 2α sollte 30° bis 45° nicht überschreiten. Beispiele für durch das häufig verwendete Verfahren geformte Teile sind Befestigungsmittel, Niete, Bolzen, Achsen, Wellen und Spindeln.

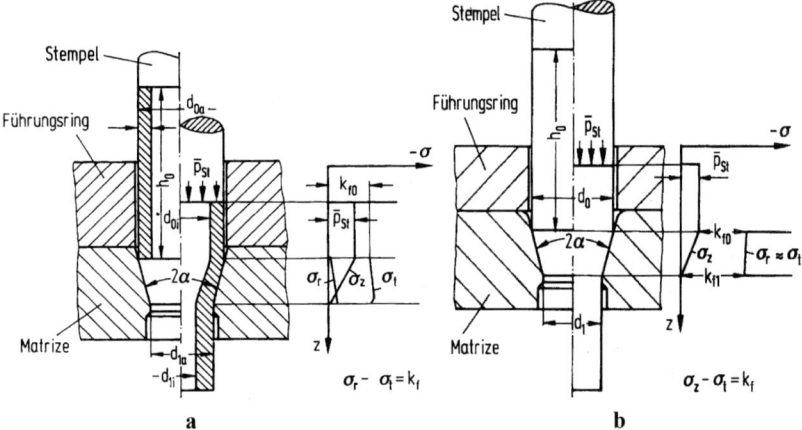

Abb. 1.15 Geometrie und Spannungszustand beim Verjüngen [1.1] **a** Vollkörper **b** Hohlkörper

1.3.8 Abstreckgleitziehen

Das Abstreckgleitziehen gehört zwar zum Zugumformen von Hohlkörpern, wird hier aber wegen seiner häufigen Anwendung in Verbindung mit Kaltfließpressverfahren mitbehandelt. Abbildung 1.16 zeigt das Prinzip. Die Zugkraft F_z wird mit dem auf den Napfboden drückenden Stempel aufgebracht und über den bereits abgestreckten Teil des Werkstücks in die Umformzone übertragen. Das Verfahren dient vornehmlich der Wanddickenverminderung, wobei auch eine mehrfache Anordnung von Matrizen oder Ziehringen hintereinander möglich ist.

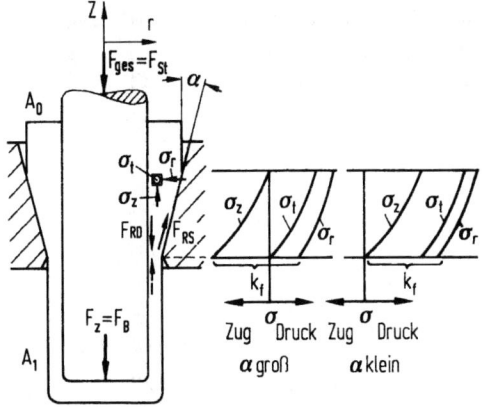

Abb. 1.16 Abstreckgleitziehen von Hohlkörpern [1.1]

Mit kleiner werdendem Abstreckwinkel 2α nimmt die Bodenkraft unabhängig von der Querschnittsabnahme ε_A schließlich bis auf Null ab [1.1]. Dabei kann der Werkstückboden vom Stempel abheben. Mitunter werden durch Abstreckgleitziehen auch Nebenformelemente wie beispielsweise Keilprofile oder Nuten an der Außenkontur eines Werkstücks erzeugt.

1.3.9 Kalt- und Warmfließpressen

Durch Umformen bei erhöhten Temperaturen wird das Formänderungsvermögen der metallischen Werkstoffe signifikant verbessert. Allerdings ist der Energieverbrauch durch Erwärmen und Umformen sehr viel höher als die Energieeinsparung infolge Absenken der Fließspannung. Außerdem steigt der Reibwert zwischen Werkstück und Werkzeug um das Zwei- bis Dreifache an; die Oberflächenqualität verschlechtert sich ohne besondere Maßnahmen, ebenso die Maßgenauigkeit. Ferner muss zu anderen Werkzeugwerkstoffen, Oberflächenbehandlungsverfahren und Schmierstoffen übergegangen werden.

Die Vorschrift eines definierten Werkstoffs oder die erwünschte Geometrie eines Werkstücks können es dennoch erforderlich machen, das Rohteil vor dem Fließpressen zu erwärmen. Je nach Höhe des Anwärmens spricht man bei Stahl von Halbwarmumformen, wenn die Einlegetemperatur etwa 600°C bis 800°C beträgt, und von Warmumformen, sobald diese darüber liegt.

Grundsätzlich gilt, dass möglichst ohne Anwärmen, d. h. bei Raumtemperatur, fließgepresst werden sollte. Lässt sich das aus objektiven Gründen nicht realisieren, müssen die mit dem Anwärmen verbundenen Nachteile bzw. Schwierigkeiten in jedem Einzelfall in wirtschaftlicher und technischer Hinsicht sorgfältig erörtert werden.

Literatur

[1.1] Lange K (Hrsg) (1988) Umformtechnik Bd.2, Massivumformung. Springer, Berlin, Heidelberg New York
[1.2] Lange K (Ed) (1994) Handbook of Metal Forming. SME, Dearborn MI, USA
[1.3] Grønbæk J (2005) Neuere Entwicklungen auf dem Gebiet regulierbarer Matrizen für die Massivumformung. In: Neuere Entwicklungen in der Massivumformung. MAT INFO, Hamburg, S 65–81
[1.4] Kunogi M (1956) A new method of cold extrusion. J. Sci. Res. Inst. 50, S 215–224
[1.5] Lange K (1985) On the stress distribution in prestressed extrusion dies under non-uniform distribution of internal pressure. Int. J. Mech. Sci. Vol. 27, No 33, pp. 169–175
[1.6] Powell D W (1977) Large tube production by radial extrusion. Proc. 5th NAMRC 1977, S 122–127
[1.7] Osen W (1987) Untersuchungen über das kombinierte Quer-Hohl-Vorwärts- Fließpressen. Dissertation Universität Stuttgart
[1.8] Schmieder F (1992) Beitrag zur Fertigung von schrägverzahnten Zahnrädern durch Querfließpressen. Dissertation Universität Stuttgart
[1.9] Schmoeckel D (1966) Untersuchungen über die Werkzeuggestaltung beim Vorwärts-Hohlfließpressen von Stahl und Nichteisenmetallen. Dissertation Universität Stuttgart

2 Metallkundliche Grundlagen

2.1 Skalen der Betrachtung

Man kann unterschiedlich „tief" in einen Fließpresswerkstoff schauen und an ihm messen, um beispielsweise Schlüsse auf seine Eignung für die Umformung zu ziehen oder wichtige Kenndaten für den späteren Umformprozess zu erhalten.

In der Wissenschaft betrachtet man Stoffe gerne auf verschiedenen „Skalen". Mit Skalen sind Größenordnungen gemeint. Abb. 2.1 zeigt unterschiedliche Skalen für die Betrachtung eines Metallzylinders im Stauchvorgang. Die Untergliederung in Skalen ist eine Vereinfachung der Realität, die natürlich kontinuierlich ist.

Auf jeder Skala herrschen sozusagen eigene Gesetze und Wirkphänomene, wofür die Metallphysik in den letzten Jahrzehnten jeweils Theorien und Erklärungshypothesen entwickelt hat. Allerdings ist es leider nicht so, dass das Verhalten einer oberen Skala einfach nur das summarische Verhalten der unteren Skalen darstellt. Sondern jede Skala kann als ihre eigene Welt angesehen werden; es gibt Wissenschaftler, die sich damit beschäftigen, nur den Übergang zwischen Skalen – den Skalensprung - mit theoretischen Modellen zu beschreiben.

Eine dieser Welten ist die ganz kleine, die in Nano- und Mikrometer ausgedrückt wird. Zu dieser Mikrostruktur zählen die Atome und Moleküle, und je nachdem, wie weit man diese Welt fassen möchte (das ist nicht genau festgelegt), die Versetzungsstrukturen und Gleitebenen, auf denen beim Umformen Bewegungen zwischen den Atomen stattfinden.

Als Makrostruktur bezeichnet man den Werkstoff als ganzen Körper, seine nach außen hin sichtbare und messbare Gestalt und Gestaltsänderung. Beispielsweise liefert der klassische Zugversuch Spannungs- und Dehnungswerte, die makroskopische Werkstoffgrößen sind; sie geben keine Aussagen über den lokalen Charakter des Werkstoffes, sondern charakterisieren ihn über den Körper gemittelt. Die Vorgänge im Innern scheinen nach außen homogen abzulaufen.

Zwischen der Welt der Mikrostruktur und der Welt der Makrostruktur existiert noch eine ganze Hierarchie von mehr oder weniger exakt definierten Zwischenstufen, in denen ein einzelnes Metallkorn (Monokristall) oder mehrere Körner (Polykristall) gleichzeitig betrachtet werden.

Natürlich basiert das makroskopische Werkstoffverhalten auf Vorgängen, die im Innern des Werkstoffes auf der mikroskopischen Ebene und auf den dazwischen liegenden Ebenen ablaufen; sie sind somit ohne sie nicht zu begreifen. Im Folgenden wird deshalb auf die Vorgänge der in Abb. 2.1 dargestellten Skalen im Einzelnen eingegangen und Zusammenhänge zwischen diesen Skalen dargestellt.

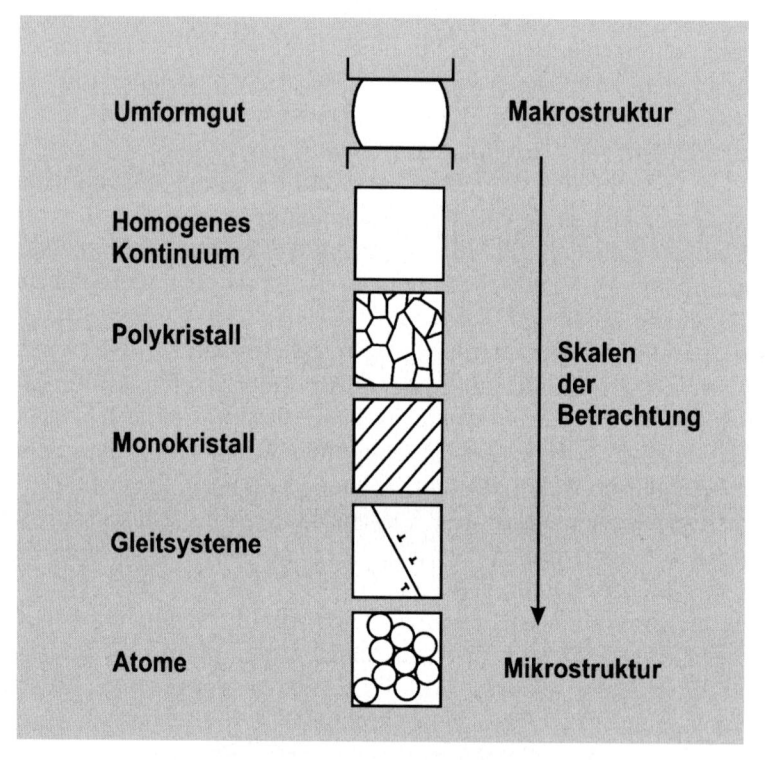

Abb. 2.1 Skalen der Werkstoffbetrachtung

2.2 Makroskopische Fließstruktur

Abb. 2.2 zeigt den Faserverlauf in einem Fließpressteil. Die Ausrichtung der Kritallite in Fließrichtung wirkt sich positiv auf die Festigkeit des Fertigteils aus. An gegossenen Teilen tritt sie nicht auf. Durch Zerspanung wird sie gebrochen. Die Fließstruktur entsteht durch die Werkzeugform und das Ausgangswerkstück infolge des Werkstoffflusses bei der Formfüllung. Die mikrostrukturelle Ordnung im Gefüge wird verändert. Was genau passiert da mit dem Gefüge, mit den Kristallen, mit der atomaren Anordnung?

Abb. 2.2 Faserverlauf an einem Pressteil. Bild: Hatebur AG

2.3 Atom

Metalle sind die größte Gruppe der chemischen Elemente, etwa 80 % der Elemente des Periodensystems sind Metalle. Die Mehrzahl kristallisiert in einer der drei in Abb. 2.3 genannten Strukturen.

- Kubisch raumzentriert (krz)
- Kubisch flächenzentriert (kfz)
- Hexagonal dichteste Packung (hdp)

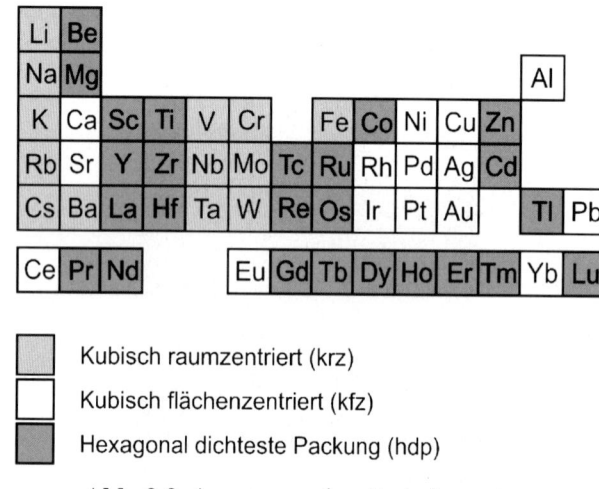

Abb. 2.3 Auszug aus dem Periodensystem

Metalle und Legierungen bestehen aus einer regelmäßigen Anordnung von Atomen, die durch elektromagnetische Kräfte zwischen den Elektronen mit den Nachbaratomen zusammengehalten werden (Abb. 2.4). Die Bindung erfolgt durch das negativ geladene Elektronengas. Die Elektronen von Metallen sind auf der äußeren Schale nur locker an den Atomkern gebunden und lösen sich leicht ab. Deshalb kommt es zu den positiv geladenen Metallatomen (Ionen) und den freien Elektronen, die sich im ganzen Gitter verteilen. Im Gegensatz zu diesem kristallinen Aufbau werden nicht regelmäßige Strukturen als amorph, d.h. form- bzw. gestaltlos, bezeichnet. Die Größenordnung der Atomradien variiert je nach Metall im Nanometerbereich (1 nm = 10^{-7} mm), siehe Tab. 2.1. Zum Vergleich: Der Durchmesser eines menschlichen Haares entspricht etwa 400.000 Lagen Eisenatome.

Durch die starken Bindungskräfte zwischen den Metallatomen sind Metalle unter Normalbedingungen Festkörper. Durch das Auftreten der frei beweglichen Elektronen im Metallgitter besitzen Metalle makroskopische

Eigenschaften wie Stromleitfähigkeit, metallischen Glanz und die Verformbarkeit.

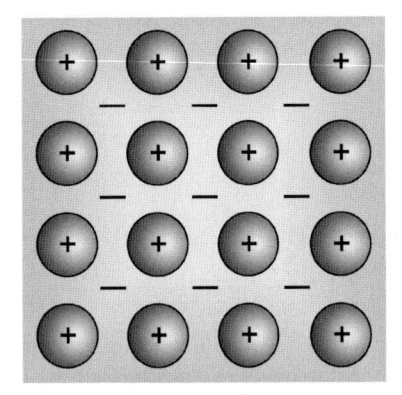

Abb. 2.4 Modell für die metallische Bindung [2.1]

Tabelle 2.1 Atomradien wichtiger Metalle [2.1]

Element	Atomradius [10^{-7} mm]
Aluminium	1,430
Chrom	1,248
Wolfram	1,369
Molybdän	1,362
Vanadium	1,316
Kupfer	1,277
Nickel	1,245
Magnesium	1,598
Zink	1,331
Titan	1,457
Eisen	1,240
Zinn	1,511

Die vielen Atome in einem Metall kann man sich für den Aufbau eines Kristallmodells als Kugeln vorstellen, welche sich infolge der Anziehungskräfte dicht aneinander gepackt und regelmäßig anordnen; man spricht von kristallieren. Das führt zu geometrisch kleinsten Bauelementen, die man Elementarzellen nennt. Die dreidimensionale Aneinanderreihung von Elementarzellen führt zu einer räumlichen Gitterstruktur. Die meisten der metallischen Elemente kristallisieren in kubisch raumzentrierter, kubisch flächenzentrierter oder in hexagonaler Gitterstruktur (Abb. 2.5). Die Gitterlänge der Aluminium-Elementarzelle beispielsweise beträgt 4,04 nm.

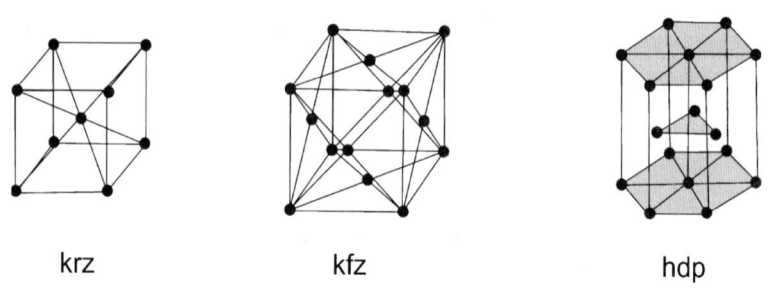

krz   kfz   hdp

Abb. 2.5 Kubisch raumzentrierte (krz) und kubisch flächenzentrierte (kfz) Elementarzelle sowie ein hexagonales Gitterstrukturelement (hdp = hexagonal dichteste Packung) [2.2]

2.4 Gleitsysteme

Verschiebungen innerhalb einer Elementarzelle sind an den Stellen gut möglich, wo die Atome am dichtesten angeordnet sind. Die Ebenen, entlang welcher die Verschiebungen in der Zelle ablaufen, werden als Gleitebenen bezeichnet, die Richtung der Gleitung als Gleitrichtung. Es können in einer Zelle gleichzeitig mehrere Gleitebenen aktiviert sein.

Abb. 2.6 zeigt schematisch Abgleitungsvorgänge beim Stauchen. Alle Gleitebenen, die unter 45° zur Krafteinleitung stehen, werden als erstes mobilisiert. Mit zunehmender Umformung verändern sich die Winkellagen, so dass immer wieder neue, bisher ruhende Atomreihen in die Nähe der günstigen 45°-Position gelangen und mobilisiert werden. Andere, mehr und mehr aus der günstigen Lage herauswandernde, gleiten weniger stark ab, tragen aber noch zur Umformung bei. So finden in realen Umformvorgängen in den räumlich oft verwinkelten Umformgravuren immer Mehrfachgleitungen statt, und es sind im Werkstoff immer mehrere – optimal gelegene und nicht optimal gelegene - Gleitebenen gleichzeitig aktiviert; je mehr Gleitebenen im Gitter mobilisiert sind, desto leichter ist die Umformung. Gleitebenen treten an der Oberfläche stufenförmig hervor, aufgrund der dort fehlenden Werkstoffabstützung. Die Oberfläche scheint aufgerauht. Dieses Phänomen ist bei Polykristallen in Gestalt heraustretender Körner bei Grobkorn als Orangenhaut bekannt.

2.4 Gleitsysteme

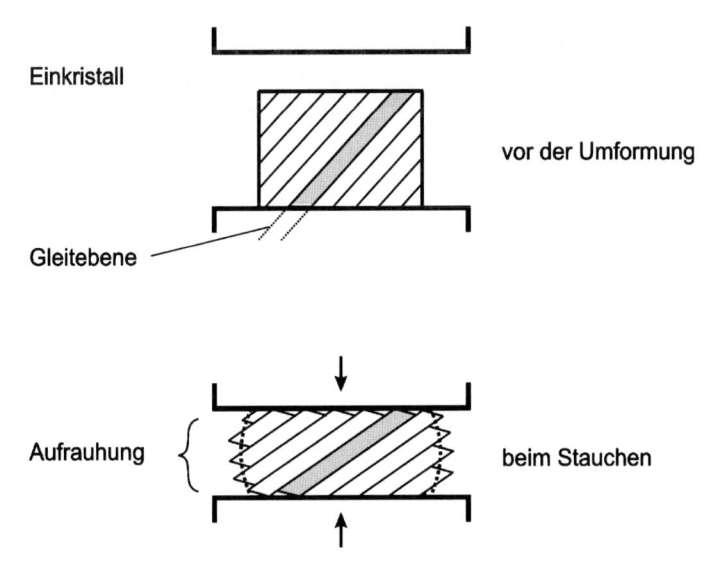

Abb. 2.6 Abgleitungsvorgänge beim Stauchen (schematisch)

Die elastische Verformung ergibt sich aus einer Verschiebung der Atome aus ihrer stabilen Gleichgewichtslage im Gitter, wobei sich nach Aufhebung der äußeren Kräfte der deformierte Körper wieder vollkommen zur Ausgangsform zurückbildet und in seine vorherige stabile Gleichgewichtslage zurückfindet (Abb. 2.7).

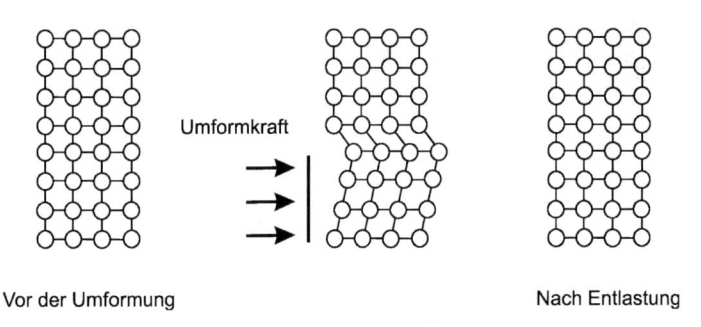

Abb. 2.7 Elastische Verformung

Bei der plastischen Deformation (Umformung) kommt es zu einer Verschiebung der Atome in eine neue Lage des stabilen Gleichgewichtes (Abb. 2.8). Die Metallionen werden dabei soweit gegeneinander verschoben, dass sie in den Bereich der Anziehungskraft der Nachbaratome gelangen und einen neuen Platz einnehmen. Der Gitteraufbau verändert sich. Die Deformation bleibt nach Aufhebung der äußeren Kräfte erhalten.

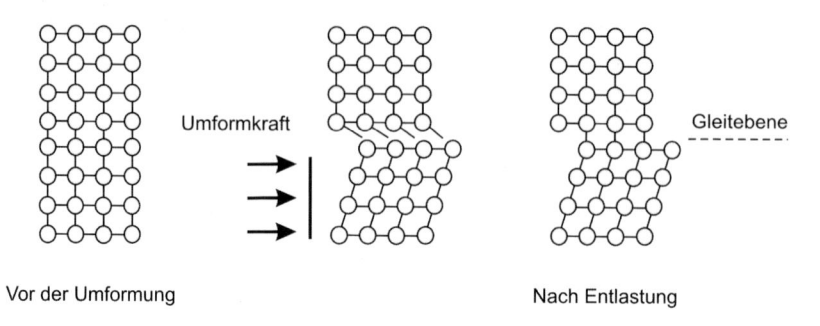

Vor der Umformung　　Umformkraft　　　　　　　　　　Nach Entlastung　Gleitebene

Abb. 2.8 Umformung

Neben dem Gleiten kennt die Metallkunde die Zwillingsbildung als Mechanismus für die Umformung; sie ist aber von geringerer Bedeutung.

Kubisch flächenzentrierte Metalle haben vier Gleitebenen und in jeder dieser Ebenen 3 Gleitrichtungen. Damit ergeben sich 12 Gleitsysteme für die Umformung. Das ist viel. Grundsätzlich gilt, je mehr Gleitsysteme in einem Gitter vorhanden sind, desto besser ist die Umformbarkeit des Metalls. So sind Metalle mit kfz-Gitteraufbau besonders gut umformbar. Kfz-Metalle sind beispielsweise

Eisen, Aluminium, Kupfer und Nickel.

Kubisch raumzentrierte Metalle besitzen nur 3 Gleitebenen. Es existiert nur eine Linie dichtester Kugelpackung. Damit sind die Möglichkeiten der Gleitungen im Vergleich zu kfz-Metallen eingeschränkter. Je mehr ein Werkstoff aus krz-Bestandteilen besteht, desto weniger gut ist er umformbar. Krz-Stoffe sind beispielsweise

Kohlenstoff, Molybdän, Wolfram und β-Messing.

Metalle mit erhöhtem Anteil an diesen Stoffen werden gerne bei erhöhter Temperatur umgeformt. Durch die Wärme können auch andere Gleitebenen mit geringen Kräften mobilisiert werden. Dies gilt auch für Metalle mit hexagonalem Gitter (hdg-Gitter). Diese weisen bei Raumtemperatur Gleitungsmöglichkeiten nur in 3 Richtungen auf. Es sind dies - im Zustand unterhalb 1150 Kelvin - beispielsweise:

Magnesium, Zink und Titan.

Der eingeschränkte Temperaturbereich deutet darauf hin, dass diese Metalle ihre Kristallform wechseln können und nur innerhalb eines bestimmten Temperaturintervalls stabile Strukturen haben. Man bezeichnet das als Polymorphie („Vielgestaltigkeit"). Tab. 2.2 zeigt die Polymorphie für reines Eisen und Titan.

Tabelle 2.2 Gitterstrukturen polymorpher Metalle [2.3]

Metall	Gitter	Temperaturbereich [°C]
reines Eisen		
α-Fe	krz	bis 911
γ-Fe	kfz	911 – 1392
δ-Fe	krz	1392-1536
reines Titan		
α-Ti	hdp	bis 882
β-Ti	krz	882-1668

Vollkommen störungsfreie Gitterstrukturen sind technisch nur unter besonderen Bedingungen herstellbar, durch sog. Kristallzüchtung. Die in gängigen Prozessen aus der Schmelze entstehenden Atomstrukturen weisen Gitterfehler auf. Das sind Unregelmäßigkeiten im ansonsten periodischen Gitter. Nur durch diese Unregelmäßigkeiten sind Atombewegungen und daher Umformungen letztlich möglich. Man unterscheidet je nach Größenordnung 0-dimensionale Gitterfehler (Leerstellen, Zwischengitteratome, Einlagerungsatome usw.) 1-dimensionale Gitterfehler (Versetzungen), 2-dimensionale Gitterfehler (Korngrenzen, Zwillingsgrenzen, Stapelfehler usw.) und 3-dimensionale Gitterfehler (Poren, Einschlüsse, Ausscheidungen).

2.5 Versetzungen

Versetzungen sind wichtige Gitterfehler. Sie sind Voraussetzung für das plastische Fließen und die Werkstoffverfestigung. In der Werkstoffwissenschaft ist eine Versetzung ein modellhaftes Objekt (Symbol ⊥). Im Gegensatz zu Fremdatomen sind Versetzungen Freiräume zwischen Atomen (Abb. 2.9). Diese Lücken entstehen an der Front eingeschobener Atomreihen. Die um diesen Freiraum liegenden Atome drängen aufgrund des elektromagnetischen Zusammenwirkens in diese Lücken, passen aber nicht hinein. Es bleibt ein Spannungsfeld mit erhöhtem energetischem Niveau. Sobald eine äußere Last die Atomreihen gegeneinander verschiebt, sind diese energetischen Stellen Triebkräfte für das Plastifizieren, sozusagen auf der Suche der Atome nach energetischem Gleichgewicht.

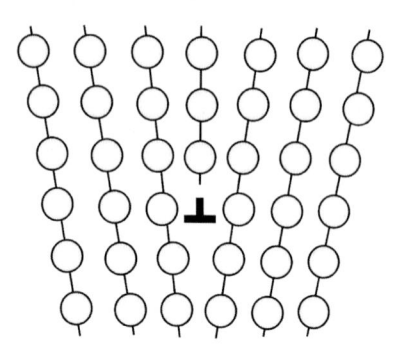

Abb. 2.9 Versetzung und die Atomanordnung darum

Neue Versetzungen können entstehen, wenn vorhandene Versetzungen in ihrer Bewegung aufgehalten werden. Die blockierten Versetzungen werden so zu einer Quelle für neue Versetzungen, und diese gegenseitige Behinderung nimmt mit steigendem Umformgrad zu [2.4]. Eine immer höhere Spannung ist nötig, um den atomaren Verband zum Weitergleiten (Weiterverformen) zu bewegen. Der Werkstoff „verfestigt" mit steigender Anzahl von Versetzungen.

Die Anzahl von Versetzungen gibt man pro Flächeneinheit als Versetzungsdichte an. Unverformte, weichgeglühte Metalle haben geringe Versetzungsdichten (10^6 bis 10^8 pro cm^2) und sind relativ weich. Stark verformte Metalle enthalten 10^{11} bis 10^{12} Versetzungen pro cm^2 [2.3]. Zwischen der Versetzungsdichte und der Fließspannung besteht somit ein Zusammenhang, der mit einer mathematischen Formel beschrieben werden kann. Man unterscheidet Stufenversetzung und Schraubenversetzungen und eine Kombination aus beiden. Ab einer bestimmten Spannung können Versetzungen ihre Gleitebene verlassen und auf eine andere überspringen – man bezeichnet dies als Quergleiten bei Schraubenversetzungen bzw. als Klettern von Stufenversetzungen.

In Abb. 2.10 wird der Bewegungsmechanismus einer Versetzung mit dem sog. Teppichmodell demonstriert. Um zwei Gitterebenen gegeneinander zu verschieben ist eine viel höhere Spannung erforderlich, als wenn eine Versetzung - in Form der Teppichfalte - durch das Gitter geschoben wird. So hat die Natur mit der Versetzung den energetisch günstigsten Bewegungsmechanismus gefunden, Gitterebenen gegeneinander zu verschieben bzw. Metallplastizität zu ermöglichen.

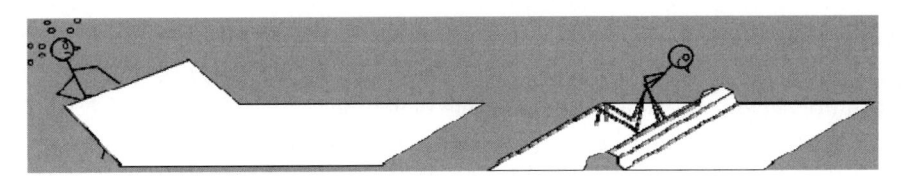

Abb. 2.10 Teppichmodell für die Umformung durch Versetzungsbewegung: Beim Verschieben eines Teppichs ist es leichter, eine kleine Falte hindurch zu schieben als ihn als ganzen zu ziehen; die Bodenreibung entspricht den elektromagnetischen Haftkräften zwischen den Atomreihen. Bild: www.physik/uni-augsburg.de

2.6 Monokristall

Ein Mono- bzw. Einkristall besteht, wie das Wort schon sagt, aus einem Kristallit, d.h. einem Korn. In der Praxis werden Einkristalle nur zu Versuchszwecken oder für besondere Anwendungen hergestellt, „gezüchtet", zum Beispiel, um Korngrenzeneffekte bei Kristallanalysen auszuschließen. Im Monokristall sind die Kristallachsen gleichgerichtet. Die Eigenschaften sind quer und längs zu den Achsen unterschiedlich. Einkristalle sind demnach anisotrop. Diese Anisotropie wird gezielt z.B. für spezielle Turbinenschaufeln genutzt, in dem man bei ihrer Herstellung berücksichtigt, dass der Elastizitätsmodul in kubischen Gittern in [100]-Richtung am geringsten ist (Abb. 2.11). In monokristallinen Werkstoffen können grundsätzlich die gleichen Gitterfehler auftreten wie bei Werkstoffen aus konventioneller Erstarrung aus der Schmelze.

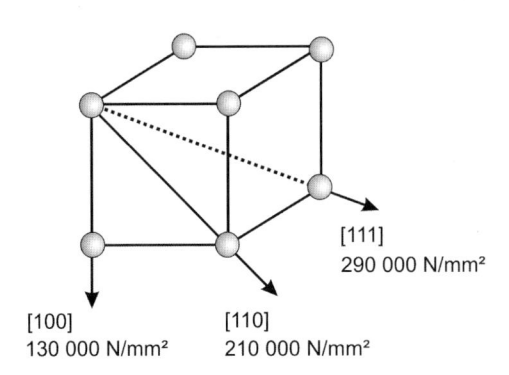

Abb. 2.11 Elastische Anisotropie. E-Modulwerte von Reineisen in verschiedene Gitterrichtungen. Der arithmetische Mittelwert beträgt 210.000 N/mm² [2.1]

2.7 Polykristall

Ein Poly- bzw. Vielkristall besteht aus vielen beliebig orientierten Körnern (Kristalliten), die durch Korngrenzen voneinander getrennt sind (Abb. 2.12); man bezeichnet das als Gefüge. Ein polykristallines Gefüge entsteht bei der Erstarrung aus der Schmelze. Ausgangspunkt für das Wachstum der Kristallite sind Keime in der flüssigen Schmelze, die sich an vielen Stellen zugleich bilden. Die Kristallite wachsen, bis sie durch das Zusammentreffen ihre Begrenzung finden. Die Richtung des Temperaturgefälles bestimmt dabei weitgehend die Orientierung und Form der entstehenden Kristalle.

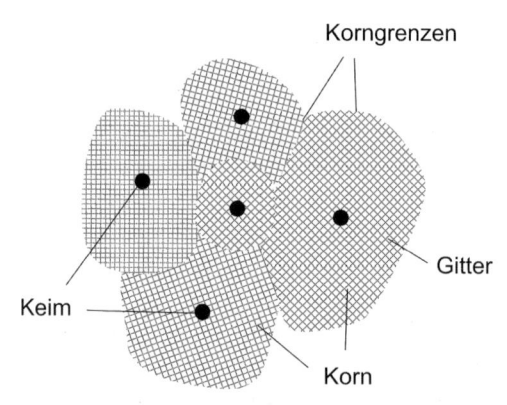

Abb. 2.12 Entstehung von Körnern (Kristalliten) zu einem Gefüge (Polykristall) [2.2]

Obwohl die einzelnen Kristallite anisotrop sind, erscheint die Kristallansammlung des Polykristalls aufgrund seiner regellosen Orientierung insgesamt - im Allgemeinen - als isotrop. In Sonderfällen kann aber die Orientierung einheitlich sein. Dann liegt Kristallanisotropie vor. Sie beeinflusst die elastische Verformung und die Umformung. Gefügeanisotropie (Textur) kann entstehen, wenn durch plastische Deformation die vormals regellos orientierten Körner sich einheitlich ausrichten. Feine Stahlgefüge besitzen Körner mit einem mittleren Durchmesser von ca. 10 – 25 µm; 5,5 µm wird als extrem fein eingestuft, 50 - 100 µm und darüber gilt als grob.

2.8 Elastische Verformung

Die atomaren Vorgänge bei der elastischen Verformung wurden in Abschnitt 2.4 und in Abb. 2.7 dargestellt. Im Spannungs-Dehnungsdiagramm (Abb. 2.16) kennzeichnet eine steile Gerade dieses „elastische" Werkstoffverhalten. Kraft und hervorgerufene Dehnung verhalten sich proportional. Nach Wegnahme der Kraft verschwinden die Dehnungen wieder. Der Begriff der Elastizität wurde zuerst 1676 von Robert Hooke verwendet. Er erklärte ihn als „ut tensio sic vis", - „wie die Dehnung, so die Kraft". Das sog. Hookesche Gesetz für den Zugversuch $\sigma = E \cdot \varepsilon$ beschreibt den linearen Zusammenhang zwischen der Spannung σ und der Dehnung ε. Der Elastizitätsmodul E ist eine Werkstoffkenngröße. Je größer der E-Modul ist, desto steifer ist der Werkstoff, ähnlich der Federkonstante einer Feder (Tab. 2.3).

Tabelle 2.3 E-Modulwerte einiger Metalle und Legierungen [2.1]

Metall	Elastizitätsmodul E [N/mm²] bei 20°C
Aluminium rein / legiert	70.000 / 65.000 – 78.000
Stahl	210.000
Kupfer rein / legiert	130.000 / 115.000 – 125.000
Messing	80.000 – 120.000
Magnesiumlegierungen	40.000 – 45.000
Zink rein / legiert	94.000 / 100.000 – 110.000
Zinn	55.000

Das Hooksche Gesetz geht von vereinfachenden Annahmen aus: 1. Isotropie (gleiche Werkstoffeigenschaften in allen Belastungsrichtungen), 2. Homogenität (überall im Volumen gleiche Werkstoffeigenschaften) und 3. Einachsigkeit des Spannungszustandes (gleiche Werkstoffeigenschaften bei dreidimensionaler wie bei eindimensionaler Belastung). Tatsächlich besitzen reale polykristalline technische Werkstoffe Eigenschaften, welche diese Annahmen gut rechtfertigen [2.5].

Für das Fließpressen ist die elastische Verformung des Werkstücks von untergeordneter Bedeutung; die plastische Verformungskomponente dominiert (Abb. 2.13).

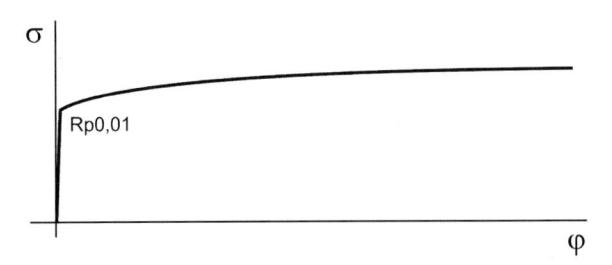

Abb. 2.13 Elastische Verformung beim Fließpressen vernachlässigbar [2.6]

2.9 Elastizitätsgrenze, $R_{p\,0,01}$

Die Elastizitätsgrenze ist das Ende der Hookschen Gerade. Bei Belastung oberhalb dieser Grenze und anschließender Entlastung verbleiben im Werkstoff Dehnungen. Werkstoffe, die eine Vorverformung beinhalten, haben eine höhere Elastizitätsgrenze als im normalgeglühten Zustand (Abb. 2.14); der E-Modul bleibt dabei unverändert. Die Bestimmung der Elastizitätsgrenze ist meßtechnisch schwierig. Deshalb wird als technische Elastizitätsgrenze $R_{p\,0,01}$ bestimmt (bleibende Dehnung von 0,01% nach Entlastung).

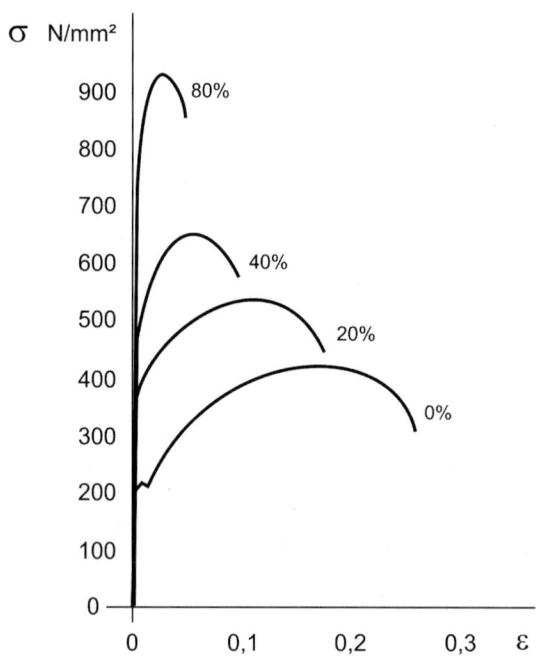

Abb. 2.14 Veränderung der Elastizitäts- und Streckgrenze des Werkstoffs C10 bei unterschiedlichen Querschnittsabnahmen (Vorverfestigungen) gegenüber dem normalgeglühten Zustand [2.1]

2.10 Streckgrenze und Dehngrenze $R_{p\,0,2}$

Jenseits der Elastizitätsgrenze kommt es, je nach Werkstoff, bei steigender, gleich bleibender oder sogar abnehmender Last zu einer Zunahme der bleibenden Dehnungen. Manche Metalle, z.B. weiche Stähle wie St37,

C10 oder C15, besitzen eine ausgeprägte Streckgrenze mit oberer und unterer Streckgrenze (sog. Lüdersbereich), Abb. 2.16. Sie zeigt sich bei diesen Metallen nur im normalgeglühten Werkstoff und verschwindet bei Kaltverfestigung (in Abb. 2.14 erkennbar).

Der Großteil der Werkstoffe besitzt aber keine ausgeprägte Streckgrenze sondern zeigt einen kontinuierlichen Spannungs-Dehnungs-Verlauf (vgl. Abb. 2.19). Hier ist es üblich, als Streckgrenze $R_{p0,2}$ zu bestimmten (bleibende Dehnung von 0,2% nach Entlastung).

$R_{p0,2}$ ist ein wichtiger Parameter für die Auswahl von Fließpresswerkstoffen und für die Berechnung von Fließpressvorgängen. $R_{p0,2}$ stellt im allgemeinen den Anfangspunkt der Fließkurve dar.

2.11 Plastische Deformation

Die plastische Deformation führt im allgemeinen zu einem Gefüge aus langgestreckten Körnern (Abb. 2.15). Da alle Kristalle miteinander „verbunden" sind (sog. Umformkompatibilität), scheint die Umformung nach außen homogen abzulaufen.

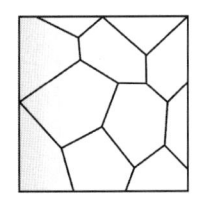

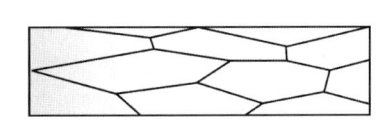

Abb. 2.15 Verformung eines Gefüges durch die Umformung [2.3]

Dieses homogene, über den Werkstoff gemittelte Werkstoffverhalten bildet das Spannungs-Dehnungs-Diagramm z.B. aus dem Zugversuch ab und führt zu Kennwerten für das elastische und plastische Werkstoffverhalten (Abb. 2.16).

Für Fließpressberechnungen ist es üblich, die Dehnung in Form des Umformgrades φ auszudrücken und die wahre Spannung, die Fließspannung k_f, zu verwenden und den Bereich elastischer Verformung wegzulassen (vgl. Kap. 10). Anstatt von Spannungs-Dehnungskurve spricht man dann von Fließkurve. Sie hat bei der Kaltumformung im allgemeinen kein Maximum und findet sich sowohl in linearer Darstellung (Abb. 2.17) als auch in doppellogarithmischer Darstellung (Abb. 2.18). In der VDI-Richtlinie 3200 Blatt 2 sind Fließkurven für Stähle und Nichteisenmetalle angegeben. Im allgemeinen sind die Werte in Zylinder-Stauchversuchen ermittelt, womit größere Umformgrade möglich sind als im Zugversuch.

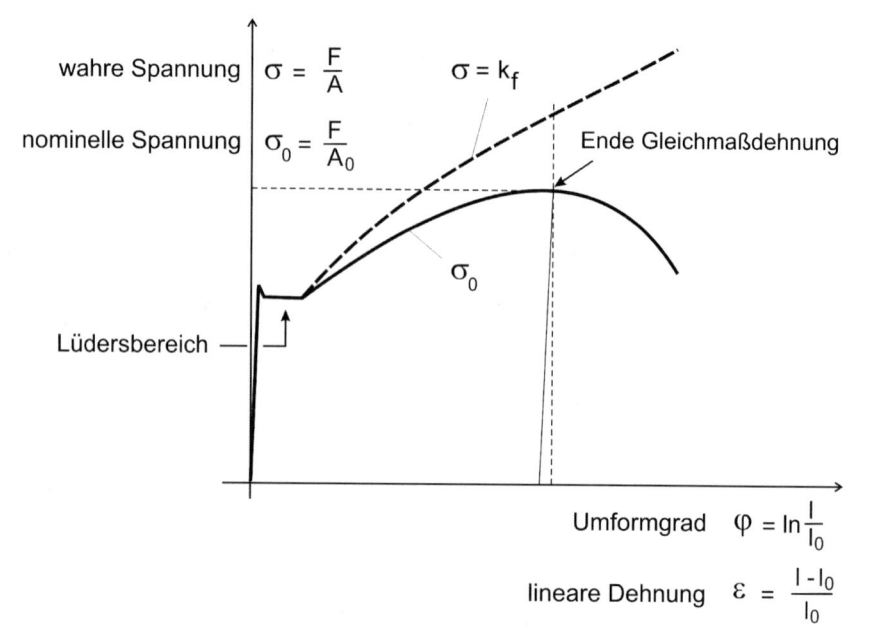

Abb. 2.16 Spannungs-Dehnungs-Diagramm aus dem Zugversuch zur Ermittlung des elastischen und plastischen Werkstoffverhaltens [2.5]

Die Zugfestigkeit R_m ist das Ende des Bereiches der Gleichmaßdehnung im Spannungs-Dehnungs-Diagramm, an dem die Höchstlast erreicht ist (Abb. 2.16): Es gilt $R_m = F_{max}/A_0$. Mit Erreichen der Zugfestigkeit beginnen sich die Stäbe im Zugversuch einzuschnüren und es kann nicht mehr von einer homogenen Dehnung ausgegangen werden. Schließlich folgt Bruch.

Die Bruchdehnung δ_5 kennzeichnet die Verlängerung der Meßlänge am Zugstab in Bezug zur Ausgangsmeßlänge: $\delta = \Delta L/L_0$. Der Index 5 steht für einen kurzen Proportionalzugstab der Länge $L = 5\delta_0$.

Die Brucheinschnürung ψ errechnet sich aus der Querschnittsabnahme nach dem Bruch und ist definiert als $\psi = [(A_0 - A_B)/A_0]100[\%]$.

Die Bruchdehnung und –einschnürung kennzeichnen die Verformungseigenschaften eines Werkstoffes (vgl. Kap. 4). Je nach Umformbarkeit spricht man von duktilen (zähen, verformungsfähigen) und von spröden (verformungsarmen) Werkstoffen (Abb. 2.19).

Zwischen der Zugfestigkeit R_m und der Brinell-Härte HB besteht bei metallischen Werkstoffen ein Zusammenhang. Für Stahl gilt in den meisten Fällen die angenäherte Beziehung: $R_m \approx 3{,}5 HB$ [N/mm²].

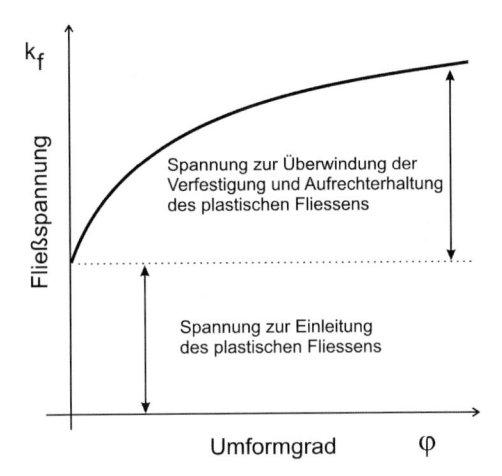

Abb. 2.17 Fließkurve in linearer Darstellung [2.7]

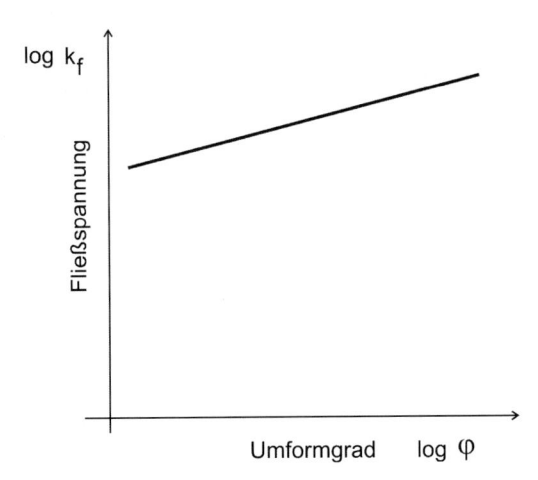

Abb. 2.18 Fließkurve in doppeltlogarithmischer Darstellung

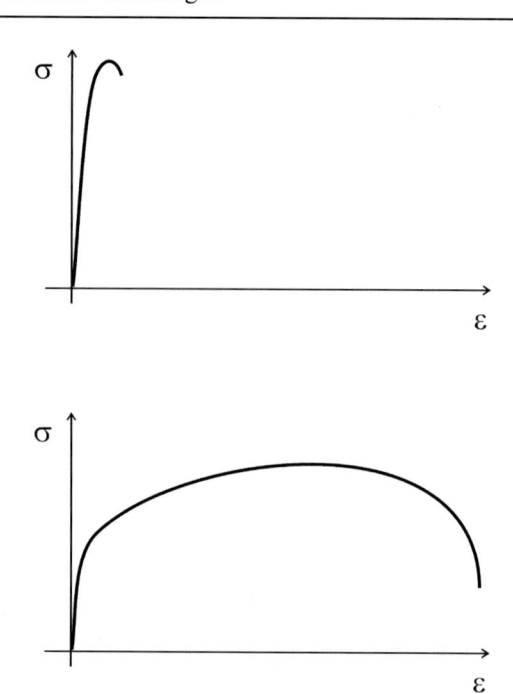

Abb. 2.19 Verhalten eines spröder (oben) und duktilen (unten) Werkstoffes [2.8]

Literatur

[2.1] Hofmann H J, Fahrenwaldt HJ (1975) Werkstoffkunde und Werkstoffprüfung. Bd. 1 und Bd.2, Dr. Lüdecke-Verlagsgesellschaft
[2.2] Wellinger K (1952) Das Gefüge metallischer Werkstoffe. Sonderdruck, Z.d. VDI, Bd. 94, Nr. 7, pp 177-184
[2.3] Stüwe H P (1969) Einführung in die Werkstoffkunde. B.I.-Hochschultaschenbücher, Band 467
[2.4] Dietmann H (1990) Werkstofftechnik. Vorlesungsmanuskript. MPA-Stuttgart, Universität Stuttgart
[2.5] Dietmann H (1990) Materialprüfung II. Werkstoffverhalten - Stoffgesetz – Sicherheit, Vorlesungsmanuskript, MPA-Stuttgart, Universität Stuttgart
[2.6] Besdo D (2004) Plastizitätstheorie gestern, heute und morgen. In: Lange wa(e)hrt die Umformtechnik, Roll, Geiger, Siegert, Meisenbach-Verlag
[2.7] König W (1990) Fertigungsverfahren Bd 4 Massivumformung. VDI Verlag
[2.8] Lemaitre J, Chaboche J-L (1998) Mechanics of Solid Materials, Cambridge University Press

3 Werkstoffe

3.1 Werkstoffe für das Kaltfließpressen

3.1.1 Stähle

Für die Kaltmassivumformung eignen sich vor allem unlegierte und niedrig legierte Stähle. Tab. 3.1 zeigt eine Auswahl (eine ausführlichere Darstellung findet sich in VDI 3138-1). Der Kohlenstoffgehalt beträgt maximal etwa 0,5%. Die wichtigsten Legierungselemente sind Mn (<2%), Cr (<2%) sowie Ni, Mo und V.

Für Werkstoffe ohne besondere Festigkeitsanforderungen kommen vor allem QSt 32-3 (Ma8) sowie C10 und C 15 in Betracht.

Für höhere Ansprüche werden Vergütungsstähle (als Qualitäts- und Edelstähle) eingesetzt, die nach dem Umformen wärmebehandelt werden. Einsatzstähle werden verwendet, wenn Werkstücke mit harter Oberfläche und zähem Kern (Zahnräder, Wellen) gefordert werden.

Das Kaltumformen korrosionsbeständiger Stähle bereitet Schwierigkeiten. Hier ist zu unterscheiden zwischen

- ferritischen Chromstählen (13-28% Cr, < 0,12 % C) mit mittelmäßiger Umformeignung;
- martensitischen Chromstählen (13-18%Cr, 0,15-1,2% C, Zusätze von Co, Mo, Ni, V) mit schlechter Umformbarkeit;
- austenitischen Stählen (>16%Cr, >8%Ni). Diese sind kubisch-flächenzentriert und unterliegen beim Kaltumformen einer Umwandlungs- bzw. Lösungshärtung. Diese führt zu einer hohen Kaltverfestigung, so dass schon bei mäßigen Umformgraden zwischengeglüht werden muss.

Die in Tab. 3.1 angegebenen Kennwerte reichen nicht aus, um die Umformeignung der Werkstoffe hinreichend zu beurteilen. Hierfür ist vielmehr eine Kenntnis der Fließkurven erforderlich.

Tabelle 3.1 Exemplarische Auswahl von Stählen für das Kaltmassivumformen in Anlehnung an [3.1, 3.2, s. a. 3.3]

Bezeichnung	Werkstoff-Nr.	Mind. Festigkeitswerte (N/mm^2)				Anwendungsbeispiel
		geglüht		kaltverfestigt		
		σ_s	R_m	σ_s	R_m	
Allgemeine Baustähle (ohne Endwärmebehandlung)						
QSt32-3	1.0303					
UQSt36	1.0204					
Einsatzstähle						
Ck10	1.1121	250	360-400	400	500-700	Kolbenbolzen,
Ck15	1.1141	280	400-450	500	600-700	Spindeln
Cq15	1.1132	280	400-450	500	600-700	Schrauben
16MnCr5	1.7131	340	420-500	500	650-750	kl. Zahnräder
20MnCr5	1.7147	350	430-520	550	660-780	mittl. Zahlräder
41Cr4	1.7035	400	600-750	650	750-800	
Vergütungsstähle						
Ck22	1.1151	300	420-500	550	650-750	geringer
Ck35	1.1181	320	420-500	600	700-800	beanspruchte Teile
Ck45	1.1191	340	500-600	650	750-850	Triebswerksteile
Cq22	1.1152	300	420-500	550	650-750	Schrauben
Cq35	1.1172	320	420-500	600	700-800	Schrauben
Cq45	1.1192	340	500-600	650	750-850	Schrauben
Legierte Vergütungsstähle						
40Mn4	1.5038	350	600-750	550	700-800	Zahnräder
42MnV7	1.5223	350	650-800	650	800-950	Kugelbolzen
34Cr4	1.7033	350	550-650	700	750-900	
25CrMo4	1.7218	450	600-750	600	700-800	Ventile
34CrMo4	1.7220	500	650-750	700	800-900	Pleuelstangen
42CrMo4	1.7225	500	650-750	750	900-1000	Lenkhebel
100Cr6	1.2067	450	600-750	650	800-900	Verschleißteile
Korrosionsbeständige Stähle						
X10Cr13	1.4006	450	600	600	750	martensitisch
X6Cr17	1.4016					ferritisch
X5CrNi1810	1.4301	220	550-700	600	800-900	austenitisch

Für einige Metalle lassen sich die Fließkurven einigermaßen gut analytisch annähern durch die sog. Ludwik-Hollomon-Gleichung

$$\sigma_f(\varphi) = C\varphi^n \tag{3.1}$$

Hierin sind C und n werkstoffabhängige Konstanten (n = Verfestigungsexponent). In Tab. 3.2 sind diese Größen für einige Werkstoffe aufgelistet. Wenn Gl. (3.1) vorausgesetzt werden kann, gilt für den Umformgrad bei Gleichmaßdehnung

$$\varphi_g \approx n \tag{3.2}$$

und die Konstante C kann aus n und der Zugfestigkeit über die Beziehung

$$C \approx R_m \left(\frac{e}{n}\right)^n \tag{3.3}$$

angenähert werden. Damit genügt zur Annäherung der Fließkurve die Kenntnis der Gleichmaßdehnung und der Zugfestigkeit. Die Gleichmaßdehnung kann ermittelt werden über die Beziehung

$$A_g = 2A_{10} - A_5 \tag{3.4}$$

Aus (3.2) wird

$$n \approx \ln(1 + A_g) \tag{3.5}$$

Bei höherlegierten Stählen und Cu-Legierungen kann allerdings Gl. (3.1) nicht vorausgesetzt werden.

Tabelle 3.2 Werte der Konstanten C und n in Gl. (3.1) für einige Metalle [3.4]

Material	C [N/mm^2]	n	Gültigkeitsbereich
C10	800	0,24	
Ck10	730	0,22	
Ck35	960	0,15	
15Cr3	850	0,09	0,1.........0,7
16MnCr5	810	0,09	
20MnCr5	950	0,15	
100Cr6	1160	0,18	
Al99,5	110	0,24	
AlMg3	390	0,19	0,2.........1,0
CuZn40	800	0,33	

Um Fließkurven genauer zu bestimmen, ist auch im Hinblick auf chargenbedingte Eigenschaftsschwankungen eine experimentelle Bestimmung im Zug- oder besser (um den Bereich höherer Umformgrade zu erfassen) im Zylinderstauchversuch erforderlich.

3.1.2 Nichteisenmetalle

Aluminiumwerkstoffe: Diese lassen sich sehr gut kaltumformen, wobei der Kraftbedarf im Vergleich zu Stählen i. allg. relativ niedrig ist. Als Reinaluminium wird Al99,5 relativ häufig eingesetzt. Bei höheren Festigkeitsanforderungen kommen in Betracht
- Naturharte Legierungen wie AlMg5
- Aushärtende Legierungen vom Typ AlMgSi oder AlCuMg

Kupferwerkstoffe: In der Elektrotechnik werden technisch reine Werkstoffe wie die Lieferformen E-Cu, Sf-Cu und SE-Cu (DIN 1817) für Anwendungen als Kontaktstücke, Klemmen, Nieten u. a. eingesetzt. Von den Bronzen werden bevorzugt Zinnbronzen mit < 1-2% Sn (vor allem SnBz1) und Siliziumbronzen (vor allem SiBz 2 Mn) zur Herstellung von Befestigungselementen eingesetzt.

Die wichtigsten Kupferlegierungen sind die CuZn-Legierungen (Messinge). Für die Kaltumformung geeignet sind CuZn28 (α-Messing) bis CuZn37. Ein höherer Zn-Gehalt versprödet den Werkstoff so sehr, dass das Kaltumformen kaum möglich ist.

Zink, Zinn: Wegen ihrer sehr niedrigen Festigkeit und großen Duktilität eignen sich diese Werkstoffe zum Kaltumformen sehr gut. Die Verwendung ist im wesentlichen auf dünnwandige Becher und Hülsen beschränkt.

Titan und –legierungen: Für eine Kaltumformung am besten geeignet ist technisches reines Titan. Wichtigstes Legierungselement ist Aluminium. Am besten lassen sich Legierungen der ß-Phase umformen; dabei wird häufig vor der Bearbeitung erwärmt.

3.1.3 Anmerkung zur Halbwarmumformung

Werkstoffe für das Halbwarmfließpressen und solche für das Kaltfließpressen lassen sich nicht streng gegeneinander abgrenzen. Vielmehr werden manche höherlegierte Stähle wie z. B. 100Cr6 sowohl kalt- als auch halbwarm umgeformt. Mit dem Ausdruck Halbwarmumformen bezeichnet man bei Stählen i. allg. eine Umformung zwischen etwa 600 und 800° C, d. h. im Temperaturbereich zwischen der Blau- und der Rotsprödigkeit. Ausgenommen davon sind nichtrostende austenitische Stähle, die bei etwa 300° halbwarmumgeformt werden.

Mit der Halbwarmumformung wird versucht, die Vorteile des Kalt- und des Warmumformens, d. h. einen verringerten Kraftbedarf und gute Oberflächenqualität miteinander zu kombinieren (s. a. [3.16]).

Tabelle 3.2 Exemplarische Nichteisenmetalle für das Kaltmassivumformen in Anlehnung an [3.1]

Bezeichnung	Werkstoff-Nr.	Festigkeitswerte (mind. N/mm^2)		Anwendung
		$R_{p0,2}$	R_m	
Aluminiumwerkstoffe [3.5, 3.6]				
Al99,7	EN AW-1070A			
AlMg3	3.3535			
AlMgSi1w	3.2315			
AlCuMg1	3.1325			
Kupferwerkstoffe [3.7, 3.8]				
E-CuF20	2.0060	100	200	Vorgeschr. Leitfähigkeit nach VDE
SF-CuF20		100	200	Strangpressen
SnBz2F26			260	Schrauben, Rohre
CuNi2SiF30	2.0855		300	Schrauben, Bolzen
CuZn37F30	2.0321		300	Hauptlegierung für Kaltmassivumformung
CuZn33F29	2.0280		290	Erhöhte Kaltumformbarkeit
CuZn28F28	2.0261		280	sehr gute Kaltumformbarkeit
Magnesiumwerkstoffe [3.9, 3.10]				
MgMn2F20	3.5200	150	200	
MgAl3ZnF25	3.5312	160	250	
MgAl6ZnF26	3.5612	180	260	
MgZn6ZrF29	3.5161	180	290	
Titanwerkstoffe [3.11, 3.12]				
Ti99,2	3.7025.10	180	300-400	
TiAl6V4F91	3.7165.10	840	910	

Allgemeine Angaben zum Fließpressen finden sich in den einschlägigen VDI-Richtlinien [3.13 bis 3.16].

3.1.4 Zur Frage der Werkstoffbezeichnungen

Im vorliegenden Text werden die seit vielen Jahrzehnten gebräuchlichen Werkstoffbezeichnungen nach DIN verwendet. Im Zuge der Europäisierung der Normen sind jedoch seit einigen Jahren neue, teils veränderte Werkstoffbezeichnungen gültig. Diese sind anhand exemplarischer Vertreter verschiedener Werkstoffgruppen in Tab. 3.3 aufgelistet. Sie haben sich allerdings bis jetzt in der Praxis kaum durchgesetzt.

Bemerkenswert ist in diesem Zusammenhang, dass die Werkstoffnummer 1.4301 früher der Bezeichnung X5CrNi 18 9 entsprach, heute ist es dagegen X 5 CrNi 18 10.

Tabelle 3.3 Neue Werkstoffbezeichnungen nach EN (• = unverändert)

Werkstoff-Nr. nach EN 10027-2 (1992) bzw. DIN 17007-1	DIN (bisher)	EN-Werkstoffnr.	EN-Bezeichnung
Unlegierte Stähle, die für eine Wärmebehandlung vorgesehen sind			
1.0401 •	C15		
1.0503 •	C45		
1.1132	Cq15		(C 15 C)
1.1141	Ck15	10084 (1998)[1]	C 15 E
1.1181	Ck35	10083 (1996)[1]	C 35 E
Rostfreie Stähle			
1.4301	X5CrNi 18 10	10088 (1995)[1]	X 5 CrNi 18-10
1.4306	X2CrNi 19 11	„	X 2 CrNi 18-10
Niedriglegierte Stähle			
1.7016 •	17Cr3		
1.7131 •	16MnCr5		
Nichteisenmetalle			
2.0321 •	CuZn37		
	SF-Cu		Cu-DLP
	Al99,5	573 (1994)[1]	EN AW-1050A oder EN-AW–Al99,5
	AlCuMg 2	„	EN-AW-2024 oder EN-AW-AlCuMg2
	AlMgSi1	„	EN-AW-6082 oder EN-AW-AlSi1MgMn
	AlMg 3	„	EN-AW-5754 oder EN-AW-AlMg3

[1] Hat den Status einer deutschen Norm; [2] Zu EN 10025 existiert ein neuer Entwurf vom Dezember 2000. Weitere Angaben finden sich u. a. in: Stahl-Eisen-Liste, 10. Aufl., Düsseldorf, Stahleisen 1997, Datta, J.: Aluminium-Schlüssel, 5. Aufl., Düsseldorf, Aluminium-Zentrale 1997

Tabelle 3.4 Äquivalente US-Werkstoffbezeichnungen

DIN	DIN	AIS	UNS	AA
C10	1.0301	1010	G10100	
QSt32-3 (Ma 8)	1.0303	1006	G10060	
41Cr4	1.7035	5140	G51400	
100Cr6	1.3505	(ASTM A 295-70)	G52100	
X5CrNi18 9	1.4141	304L	S30403	
X155CrVMo12 1	1.2379	D2	T30402	
AlMg3	3.3535		A95754	5754
AlMg4,5Mn	3.3547		A95083	5083
AlCuMg2	3.1355		A92024	2024
AlMgSi1	3.2315		A96151	6151
CuZn37	2.0321	(yellow brass 65%)	C27400	
CuZn40	2.0360	(Muntz metal)	C28000	

3.2 Vorbehandlung für die Verarbeitung

Zum Fließpressen wird i. allg. ein Werkstoffausgangszustand benötigt, der eine möglichst niedrige Fließspannung und gute Duktilität sichert. Dies erfordert in der Regel eine Wärmebehandlung. Stähle werden weichgeglüht, wobei der ursprünglich lamellare Perlit kugelig eingeformt wird.

Literatur

[3.1] Lange K (Hrsg.) (1974) Lehrbuch der Umformtechnik, Bd. 2: Massivumformung, 1. Aufl., Berlin, Springer-Verlag
[3.2] DIN 17111 (1980) Kohlenstoffarme unlegierte Stähle für Schrauben, Muttern und Nieten
[3.3] DIN EN 10263-1 (2002) Walzdraht; Stäbe und Draht aus Kaltstauch- und Kaltfließpressstählen, Teil 1: Allgemeine technische Lieferbedingungen
[3.4] Hensel A, Spittel Th (1976) Kraft- und Arbeitsbedarf für Umformverfahren, Leipzig, Verlag für Grundstoffindustrie
[3.5] DIN EN 754-2 (1997) Aluminium und Aluminiumlegierungen. Gezogene Stangen und Rohre, Teil 2: Mechanische Eigenschaften
[3.6] DIN EN 755-2 (1997) Aluminium und Aluminiumlegierungen. Stranggepresste Stangen, Rohre und Profile
[3.7] DIN EN 12163 (1998) Kupfer und Kupferlegierungen. Stangen zur allgemeinen Verwendung
[3.8] DIN EN 12167 (1998) Kupfer und Kupferlegierungen. Profile und Rechteckstangen zur allgemeinen Verwendung
[3.9] DIN 1729-1 (1982) Magnesiumlegierungen. Knetlegierungen
[3.10] DIN 9715 (1982) Halbzeug aus Magnesium-Knetlegierungen

[3.11] DIN 17862 (1993) Stangen aus Titan und Titanlegierungen
[3.12] DIN 17851 (1990) Titanlegierungen. Chemische Zusammensetzung
[3.13] VDI 3137 (1976) Begriffe, Benennungen, Kenngrößen des Umformens
[3.14] VDI 3138-1 (1998) Kaltmassivumformen von Stählen und NE-Metallen – Grundlagen für das Kaltfließpressen
[3.15] VDI 3138-2 (1999) Kaltmassivumformen von Stählen, Anwendung, Arbeitsbeispiele, Wirtschaftlichkeitsbetrachtungen für das Kaltfließpressen, Entwurf
[3.16] VDI 3166-1 (1977) Halbwarmfließpressen von Stahl; Grundlagen

Anmerkung

- DIN 17007-4: Werkstoffnummern. Nichteisenmetalle, 1963
- DIN 17006-100. Bezeichnungssystem für Stähle, Zusatzbezeichnungen, 1991
- DIN EN 10027-1: Bezeichnungssystem für Stähle, Teil 1: Kurzbezeichnungen, Entwurf, 2001 (Ersatz für DIN EN 10027-1, 1992)
- DIN 1654 zurückgezogen, ersetzt durch DIN EN 10263-1, 2002
- DIN 1747-1,-2 zurückgezogen, ersetzt durch DIN EN 754-2, 755-2, 1997
- DIN 17672-1,-2 zurückgezogen, ersetzt durch DIN EN 12163, 12167, 1998
- DIN 17660 abgeschafft, wird nicht mehr benötigt
- DIN 1729-2 zurückgezogen, ersetzt durch DIN EN 1753, 1997
- DIN 17006-4 zurückgezogen. Es gelten DIN 17006-100; DIN EN 1560; DIN EN 10027-1
- In DIN 12163 und 12167 finden sich Gegenüberstellungen der neuen und der alten Werkstoffbezeichnungen nach DIN 17672-1 und 17674-1 (beide 1983)
- VDI 3143: Werkstoffe für das Kaltfließpressen, Bd. 1: Stähle, Bd. 2: NE-Metalle, 1974. existiert nicht mehr

4 Werkstoffauswahl

4.1 Einleitung

Gute Voraussetzungen haben metallische Werkstoffe für das Kaltfließpressen, wenn sie

- geringe Fließspannung zu Beginn
- geringe Verfestigungsneigung und
- hohes Umformvermögen

aufweisen (Abb. 4.1). Daneben sollten ein homogenes Gefüge und günstige Gefügestruktur vorliegen.

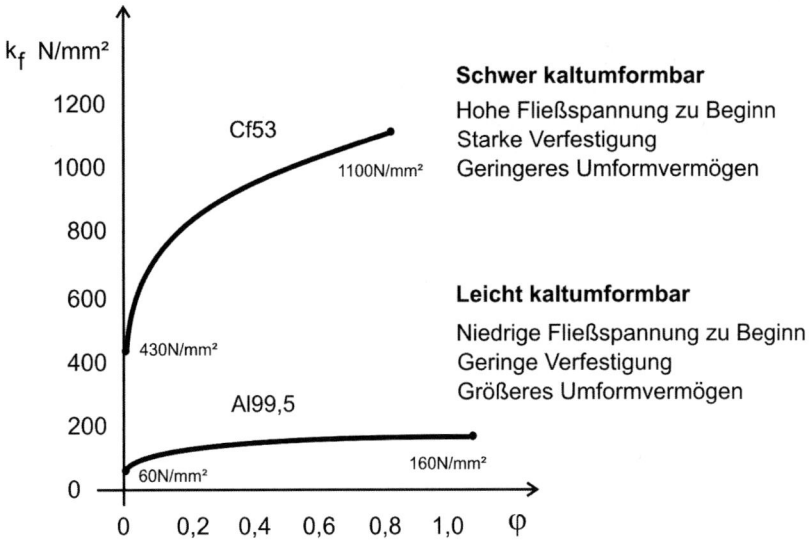

Abb. 4.1 Schwer und leicht kaltumformbarer Werkstoff zum Fließpressen

4.1.1 Kaltfließpressen

Neben Nichteisenmetallen hoher Bildsamkeit (z.B. unlegiertes Kupfer oder Aluminium) sind unlegierte Stähle mit niedrigem Kohlenstoffgehalt zum Kaltfließpressen sehr geeignet. Besonders gut eignen sich kohlenstoffarme Baustähle und unlegierte Einsatzstähle mit C-Gehalten bis 0,2 - 0,25%; die Fließspannung steigt mit dem C-Gehalt sehr an (Abb. 4.2).

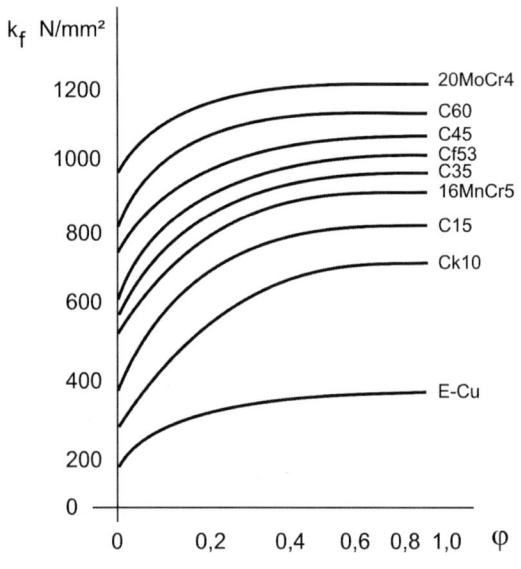

Abb. 4.2 Einfluss unterschiedlicher C-Gehalte von Stählen auf den Fliesspannungsverlauf (E-Cu zum Vergleich)

Die Festigkeit der gut kaltfließpressbaren, kohlenstoffarmen, niedrig legierten Stähle liegt im weichgeglühten Ausgangszustand in der Regel unter 500 N/mm² (Brinellhärte HB 180). Stähle bis 560 N/mm² gelten als relativ gut, oberhalb 560 N/mm² bis 650 N/mm² (HB 230) als schwerer kalt umformbar (Tab. 4.1) [4.8].

Tabelle 4.1 Richtwerte zum Kaltfließpressen von Stahl, ausgehend vom weichgeglühten Werkstoff [4.8]

Kaltumformeignung	Zugfestigkeit R_m	Brinellhärte HB	Kohlenstoffgehalt
sehr gut	< 420 N/mm²	95-110	$\leq 0.10 - 0.2$ %
relativ gut	560 N/mm²	115-135	0.25 – 0.3 %
nicht so gut	600 - 650 N/mm²	150-180	0.35 – 0.4 %

Der Anteil der Legierungselemente sollte für das Kaltfließpressen unterhalb 3 % liegen. Im allgemeinen sollte der Mangananteil unter 1,2 %, Silizium unter 0,5 %, Chrom unter 1,2 %, Molybdän unter 0,4 % liegen. Höhere Anteile an Schwefel und Phosphor sind für das Fließpressen schädlich. Sie können bei größeren Umformgraden zu Rissen am Pressteil führen. Der Schwefel- und Phosphorgehalt soll 0,035 % nicht überschreiten. Mit Vanadium legierte Stähle sind in der Regel kalt nicht umformbar [4.8]. In Tab. 4.2 sind die Maximalwerte zusammengestellt.

Tabelle 4.2 Grenzwerte von Legierungsbestandteilen für das Kaltfließpressen

Kohlenstoff	max. 0.45 %
Silizium	max. 0.5 %
Mangan	max. 1.2 %
Phosphor	max. 0.035 %
Schwefel	max. 0.035 %
Chrom	max. 1.2 %
Molybdän	max. 0.4 %
Vanadium	0 %

4.1.2 Halbwarmfließpressen

Höher legierte Stähle und Stähle mit höherer Festigkeit (höheren C-Gehalten) werden normalerweise bei erhöhter Temperatur umgeformt. Als Halbwarmumformung wird hierbei ein Temperaturbereich zwischen 600°C und 800°C bezeichnet. Im allgemeinen wird heute für das Halbwarmfließpressen von ferritischen Stählen eine Temperatur zwischen 760°C – 800°C gewählt (damals noch 680°C – 720°C [4.9], siehe 4.4.2). Daneben wird heute in manchen Fließpressbetrieben verstärkt auch bei tieferen Temperaturen gepresst. Bereits bei einer Erwärmung von 160°C bis 350°C zeigt sich in einigen Fällen eine signifikante Verbesserung der Fließpresseignung ohne merkliche Veränderung des Grundwerkstoffes.

Für austenitische Stähle, insbesondere nichtrostende Stähle, ist ein Temperaturbereich von ca. 200°C – 450°C gebräuchlich, als Alternative zum Schmieden [4.8]. Messingwerkstoffe mit erhöhtem Zinkanteil werden zum Fließpressen in bestimmten Fällen auf 300°C erwärmt. Ebenso werden Werkstoffe wie Zink, Magnesium oder Titan bevorzugt bei erhöhten Temperaturen verpresst. Abb. 4.3 zeigt die zu erreichenden Fließspannungsabsenkungen ($\geq$ 50%) durch Halbwarmumformung für einen niedrig legierten (C15) und hoch legierten (100Cr6) Stahlwerkstoff.

4 Werkstoffauswahl

Aufgrund der Praxisrelevanz wird in den folgenden Abschnitten zu ausgewählten Werkstofftypen neben der Eignung zum Kaltfließpressen auf das Umformen bei niedrigen und erhöhten Temperaturen eingegangen.

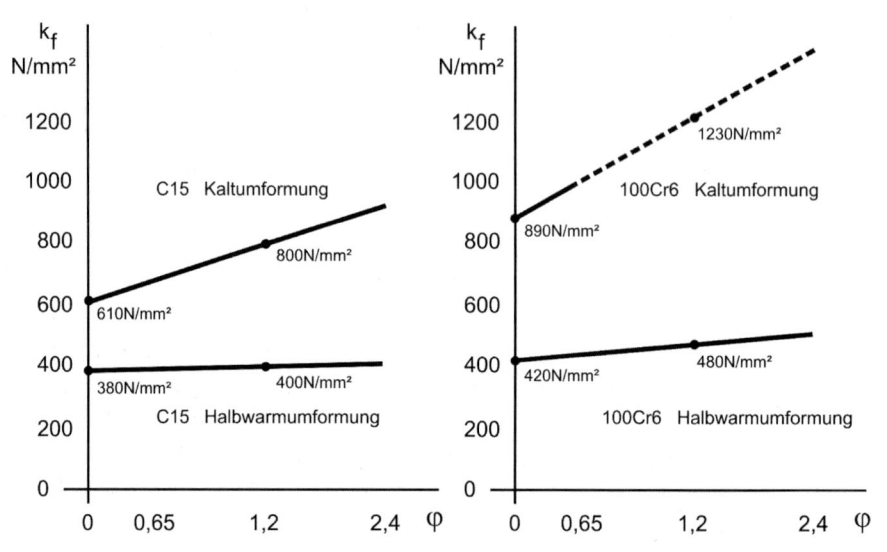

Abb. 4.3 Fließspannungsabsenkung durch Halbwarmumformung: Fließspannung k_f in Abhängigkeit vom Umformgrad φ für Kalt- und Halbwarmumformung [4.8]

4.1.3 Bevorzugt eingesetzte Fließpressstähle

In der Praxis werden bevorzugt die in Tab. 4.3 zusammengestellten Fließpressstähle verwendet. Darüber hinaus sind in VDI 3138 (Blatt 1) Stahlsorten empfohlen. Die Einteilung nach Bau-, Einsatz- und Vergütungsstählen weist auf eine mögliche Festigkeitssteigerung am Fließpressteil durch spätere Wärmebehandlung hin.

Tabelle 4.3 Bevorzugt eingesetzte Fliesspressstähle

	Bezeichnung	Kohlenstoffgehalt [%]
Baustähle:	QSt32-3 (Ma8, Mbk6)	≤ 0,1
	QSt34-4	≤ 0,1
	UQSt36-2 (Muk7)	≤ 0,14
	St 52	≤ 0,1
Einsatzstähle:	C10, Ck10	0,06 - 0,12
	Cq15, C15, Ck15	0,12 - 0,18
	16MnCr5	0,14 - 0,19
	20MnCr5	0,17 – 0,22
	15Cr3	0,12 – 0,18
	20MoCr5	0,17 – 0,22
Vergütungsstähle:	Cq22, C22, Ck22	0,18 – 0,24
	Cq35, C35, Ck35	0,32 – 0,39
	Cq45, C45, Ck45	0,42 - 0,50
	Cf53	0,50 – 0,56
	34Cr4	0,30 – 0,37
	41Cr4	0,38 – 0,45
	25CrMo4	0,22 – 0,29
	34CrMo4	0,30 – 0,37
	42CrMo4	0,38 – 0,45

4.2 Baustähle

Baustähle sind Stähle mit besonders niedrigem Kohlenstoffgehalt. Sie eignen sich sehr gut zum Kaltfließpressen. Der Stahl QSt32-3 (Ma8) mit 0,08% Kohlenstoff zählt zu den weichsten Kaltfließpressstählen. In der Regel haben die Baustähle eine Mindestzugfestigkeit von deutlich unter 500 N/mm². Aus diesen Werkstoffen hergestellte Fertigpressteile werden im allgemeinen anschließend nicht wärmebehandelt. Sie genügen mit den durch Kaltfließpressen erreichten Festigkeitssteigerungen den Ansprüchen vieler Anwendungen. Abb.4.4 zeigt ein klassisches Pressteil aus Baustahl.

Tab. 4.4 zeigt für die Beurteilung der Fließpresseignung wichtige Kennwerte des QSt32-3. Stähle mit einer Brucheinschnürung ψ von über

4 Werkstoffauswahl

60% lassen sich im allgemeinen am besten kaltfließpressen. Stähle mit einer Einschnürung unter 50% verhalten sich durchweg erheblich schlechter. Stähle mit dazwischen liegenden Werten weisen eine ausreichende Kaltumformbarkeit auf.

Tabelle 4.4 Kennwerte des QSt32-3 weichgeglüht und kaltverfestigt

	QSt32-3	
	weichgeglüht	kaltverfestigt
Dehngrenze $R_{p0,2}$ [N/mm²]	230	400
Zugfestigkeit R_m [N/mm²]	340-380	500-650
Bruchdehnung δ_5 [%]	30	10
Brucheinschnürung ψ [%]	60	40
Brinellhärte HB	100	190

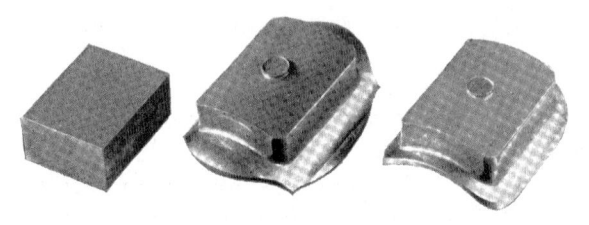

Abb. 4.4 Polschuh aus QSt32-3 [4.6], gefertigt vom Vierkant-Stababschnitt oder vom runden Rohteil mit 580 Tonnen Presskraft und anschließendem Beschneiden, projizierte Pressteilfläche: ca. 3000 mm²

4.3 Einsatzstähle

Einsatzstähle sind Stähle mit verhältnismäßig niedrigem Kohlenstoffgehalt, die an der Oberfläche aufgekohlt und anschließend gehärtet werden können. Einsatzstähle sind für die Kaltumformung gut geeignet; die Eignung nimmt aber mit steigendem C-Gehalt ab.

Zu den Einsatzstählen gehören unlegierte und niedriglegierte Stähle bis zu einem Kohlenstoffgehalt von 0,25%. Diese Werkstoffe finden ihre Anwendung besonders dort, wo eine harte verschleißfeste Oberfläche in Verbindung mit einem zähen Werkstoffkern benötigt wird.

Durch die Einsatzhärtung erfolgt an den Teilen eine Erhöhung der Dauerfestigkeit und eine Verringerung der Kerbempfindlichkeit sowie eine Steigerung der Schwingfestigkeit. Die aufgekohlte Schicht nimmt üblicherweise Härten zwischen 59 bis 65 HRC an. Die Festigkeit des Kerns hängt von der Art der Härtung und der Zusammensetzung des verwendeten Stahls ab. Einsatzstähle sind in den Lieferzuständen warmgewalzter Stabstahl und blanker Stabstahl besonders geeignet. Tab. 4.5 gibt Festigkeits- und Brucheinschnürungswerte für geschälten und kaltgezogenen Halbzeugwerkstoff häufig eingesetzter Einsatzstähle an.

Tabelle 4.5 Mechanische Kennwerte von Einsatzstählen im Anlieferungszustand

Wert 1: Zugfestigkeit ≤ N/mm² Wert 2: Brucheinschnürung ≤ %	weichgeglüht	geschält und weichgeglüht	Kaltgezogen und Weichgeglüht
Cq15	490 / 65	490 / 65	590 / 65
Cq22	540 / 62	540 / 62	540 / 62
16MnCr5	570 / 60	570 / 60	550 / 62
15Cr3	530 / 60	530 / 60	510 / 62
20MoCr4	570 / 60	570 / 60	550 / 62

Die beruhigt gegossenen Stahlgüten (Zusatz „q", z.B. Cq15) sind vorzuziehen. Das k (z.B. bei Ck10) steht für einen besonders kleinen Gehalt an Phosphor und Schwefel. Man bezeichnet einen solchen Stahl auch als Edelstahl. Einsatzstähle finden ihre Hauptanwendung bei der Herstellung von Zahnrädern, Getriebeteilen (Wellen usw.) und anderen Maschinenelementen (Schrauben, Bolzen usw.). Typische Kaltfließpressteile sind beispielsweise Mitnehmer oder Tripoden aus 16MnCr5 sowie geradverzahnte Stirnräder in verschiedenen Größenabmessungen (Abb. 4.5).

Kaltverfestigt erreichen besonders legierte Einsatzstähle relativ hohe Festigkeitswerte (Tab. 4.6).

Tabelle 4.6 Einsatzstähle vor (geglüht) und nach dem Kaltfließpressen

	Ck10		Ck15		15Cr3		16MnCr5	
	vor	nach	vor	nach	vor	nach	vor	Nach
Dehngrenze $R_{p0,2}$ [N/mm²]	250	400	300	500	340	500	280	500
Zugfestigkeit R_m [N/mm²]	360 bis 400	500 bis 700	400 bis 450	600 bis 700	420 bis 500	600 bis 700	380 bis 430	600 bis 700
Bruchdehnung δ_5 [%]	25	10	20	8	20	8	20	8
Brucheinschnürung ψ [%]	60	40	40	30	40	30	55	30
Brinellhärte HB	100	190	130	200	135	210	105	210

Beispiel. Geradverzahntes Stirnrad

Die in Abb. 4.5 gezeigten Zahnräder aus 16MnCr5 sind vom ringförmigen Rohteil in einer Stufe kalt gepresst. Hinten an den Teilen wird gleichzeitig ein Absatz angepresst. Die Rohteile sind phosphatiert und molykotiert (MoS_2). Die MoS_2-Beschichtung wurde eingetrommelt. Nach dem Pressen werden die Zahnflanken einsatzgehärtet. Um Härteflecken zu vermeiden, müssen die Teile nach dem Pressen sehr gründlich gereinigt werden, z.B. durch Strahlen mit feinem Strahlgut.

Abb. 4.5 Geradverzahnte Stirnräder (Vorder- und Rückansicht) aus Einsatzstahl vom ringförmigen Rohteil in einer Stufe gepresst. Fotos: Schöck

4.3.1 Hinweis zur Werkstoffauswahl

Einsatzstähle werden für höher belastete Maschinenteile verwendet, die auf Verschleiß beansprucht werden. Die Stahlgüten werden vor allem für folgende Teile eingesetzt [4.7]:

C10	für Kleinteile mit geringer Kernfestigkeit und vorrangiger Beanspruchung auf Verschleiß, z.B. Stifte, Dorne;
C15	Für Kleinteile mit höherer Kernfestigkeit und vorrangiger Beanspruchung auf Verschleiß, z.B. Hebel, Zapfen, Mitnehmer, Gelenke, Bolzen, Buchsen;
16MnCr5	Für kleinere Zahlräder, Wellen, Lenkungsteile usw. mit hoher Kernfestigkeit bei günstigen Zähigkeitseigenschaften;
20MnCr5	Für mittlere Zahnräder, Wellen, Lenkungsteile etc. mit hoher Kernfestigkeit bei günstigen Zähigkeitseigenschaften;
15Cr3	Für Teile kleinerer Abmessungen, die besonders hohen Verschleißwiderstand erfordern, z.B. Nockenwellen, Rollen, Bolzen, Kolbenbolzen, Spindeln;
20MoCr5	Für Teile mittlerer Kernfestigkeit, hoher Zähigkeit und Dauerfestigkeit, die auf Verschleiß beansprucht werden, z.B. Zahnräder, Wellen, Achsen, Keile.

4.4 Vergütungsstähle

Zu den Vergütungsstählen zählen unlegierte und legierte Stähle mit einem Kohlenstoffgehalt zwischen 0,20 - 0,65 %, weshalb sie sich nur bedingt gut für das Kaltfließpressen eignen; den Anstieg der Fließspannung mit höheren C-Gehalten zeigt Abb. 4.2. Für viele Anwendungen ist die hohe Festigkeit gewünscht, damit die gepressten Teile die Betriebsbelastungen ohne bleibende Verformungen gut aushalten. Vergütungsstähle können aufgrund des relativ hohen C-Gehalts durch Vergüten hohe Streckgrenzen, Zug- und Dauerfestigkeiten bei guten Zähigkeitseigenschaften erhalten. Die unterschiedlichen Legierungsgehalte (Chrom, Mangan, Molybdän und Nickel) werden auf den jeweiligen Verwendungszweck abgestimmt.

Verwendung findet Vergütungsstahl für Achs- und Wellenteile, Bolzen, Schrauben und andere Konstruktionsteile höherer Festigkeit.

Stähle mit höherer Festigkeit (C-Gehalt > 0,45 %) werden normalerweise halbwarm oder durch Schmieden umgeformt. Ein Beispiel dafür ist der weit verbreitet höherfeste Vergütungsstahl Cf53. Er ist zum anschließenden Flamm- und Induktionshärten geeignet (deshalb der Zusatz „f") und unterscheidet sich von den übrigen Vergütungsstählen dadurch, dass er einwandfrei oberflächenhärtbar und nicht überhitzungsempfindlich ist sowie nicht zu Härterissen neigt. In Abschnitt 4.4.2 wird ein Beispiel zum

Halbwarmfließpressen von Cf53 gezeigt. Nachfolgendes Beispiel stellt dar, wie es durch eine geschickte Verfahrensentwicklung und Werkstoffvorbehandlung in Ausnahmefällen möglich ist, Stahlwerkstoffe auch mit höheren Kohlenstoffgehalten, wie den Cf53, doch kalt umzuformen.

Beispiel. Kaltfließgepresste Gelenknabe aus Cf53

Ein aus dem Vergütungsstahl Cf53 gefertigtes typisches Pressteil sind die in Abb. 4.6 und Abb. 4.7 gezeigten Gelenknaben. Die elliptischen Kugellaufbahnen sind einbaufertig vom zylindrischen Rohteil in einer Stufe kalt gepresst (Toleranz ± 0,02 mm). Einen wesentlichen Einfluss auf das endkonturnahe Kaltfließpressen übte der Gefügezustand des Werkstoffes aus. Er wurde auf kugeligen Zementit weichgeglüht. Damit ließ er sich wesentlich besser kaltfließpressen, da der Werkstofffluss überwiegend von der weichen ferritischen Grundmasse bestimmt war, und die kleinen Zementitkörnchen das Fließen nicht wesentlich behinderten. Für die Umformung reduzierten sich die Kräfte und infolge dessen die elastischen Einfederungen am Werkzeug; sie betrugen 13/100 mm und wurden am Werkzeug vorkorrigiert (vgl. Kap. 6).

Abb. 4.6 Gelenknabe aus Vergütungsstahl Cf53. Fotos: Schöck

Abb. 4.7 Glenknabe mit Ansatz aus Vergütungsstahl Cf53

Die Festigkeit des durch GKZ-Glühen behandelten Werkstoffs mit körnigem Perlit ist gegenüber streifigem Perlit, d.h. lamellar im Perlit vorliegenden Zementit, verringert und nimmt weniger zu; auch das Umformvermögen wird durch GKZ-Behandlung erweitert (Abb. 4.8).

Die Werte in Tab. 4.7 verdeutlichen, dass körniger Perlit die Bruchdehnung und -einschnürung erheblich steigern und damit die Kaltumformung begünstigt.

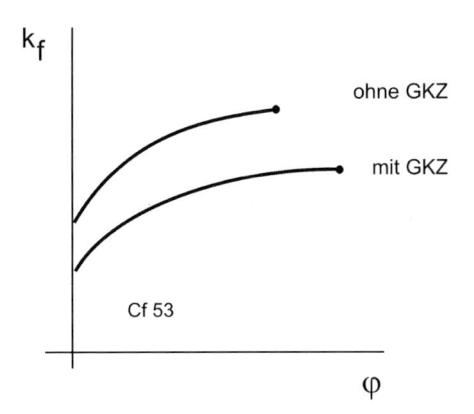

Abb. 4.8 Glühen auf kugeligen Zementit (GKZ-Glühen) bewirkt eine Steigerung der Bruchdehnung und –einschnürung sowie eine Verminderung der Fließspannung

Tabelle 4.7 Festigkeitseigenschaften von Stählen mit lamellarem und körnigem Perlit [4.17]

	Dehn-grenze $R_{p0,2}$ [N/mm²]	Zug-festigkeit R_m [N/mm²]	Bruch-dehnung δ_5 [%]	Bruchein-schnürung ψ [%]	Brinell-härte HB
Lamellarer Perlit	590	1030	8	15	300
Körniger Perlit	275	540	25	60	155

Vergütungsstähle sind in den Lieferzuständen warmgewalzter Stabstahl und blanker Stabstahl gängig. Tab. 4.8 gibt Festigkeits- und Bruchein-schnürungswerte für geschälten und kaltgezogenen Halbzeugwerkstoff häufig eingesetzter Vergütungsstähle an.

Tabelle 4.8 Werte für Zugfestigkeit und Brucheinschnürung gebräuchlicher Vergütungsstähle

Wert 1: Zugfestigkeit ≤ N/mm² Wert 2: Brucheinschnürung ≤ %	weichgeglüht	geschält und weichgeglüht	kaltgezogen und weichgeglüht
Cq22	540 / 62	540 / 62	540 / 62
Cq35	590 / 58	590 / 58	570 / 60
Cq45	630 / 56	630 / 56	610 / 58
34Cr4	630 / 58	630 / 58	610 / 60
41Cr4	650 / 56	650 / 56	630 / 58
25CrMo4	610 / 58	610 / 58	590 / 60
34CrMo4	630 / 58	630 / 58	610 / 60
42CrMo4	650 / 56	650 / 56	630 / 58

4.4.1 Fließpressen bei Temperaturen bis ca. 350°C

Je nach Umformgrad und Geometrie ist eine Erwärmung der Rohteile für folgende Vergütungsstähle ratsam: Cq22, Cq35, C45, 25CrMo4, 34CrMo4, 42CrMo4 und Cf53.

Die Umformtemperatur wird je nach Schwierigkeit der Pressteilgeometrie zwischen 280°C und 350°C gewählt. Dabei ist auf Blaubruchsprödigkeit zu achten; die Temperatur der Blaubruchzone lässt man sich am besten vom Stahlhersteller je nach eingesetztem Werkstoff mitteilen. Eine Erwärmung ist auch ratsam, wenn endkonturnah gepresst werden soll.

4.4.2 Fließpressen bei 760°C – 800°C (Halbwarmumformung)

Vergütungstähle sind im warmen Zustand gut umformbar. Als Halbwarmumformung wird ein Temperaturbereich zwischen 600°C und 800°C bezeichnet. Im allgemeinen wird heute für die Halbwarmtechnologie eine Temperatur zwischen 760°C und 800°C gewählt. Die heute üblichen Temperaturbereiche für die Umformung sind in Abb. 4.9 besonders hervorgehoben. Wichtig ist, dass im Temperaturbereich um 400°C im allgemeinen keine Umformung möglich ist. Es handelt sich um den Bereich der Blaubruchsprödigkeit. Das Umformen in diesem Temperaturbereich führt zu Rissen im Gefüge. Die Blaubruchsprödigkeit ist auch der Grund, weshalb bei der Halbwarmtechnologie die Temperatur über 600°C gewählt wird. Bei tieferen Temperaturen, z.B. 550°C, besteht die Gefahr, dass durch Abkühlung im Werkzeug die Temperatur der Blaubruchzone erreicht wird [4.8]. Der Temperaturbereich der Blaubruchsprödigkeit kann je Werkstoff sehr unterschiedlich sein.

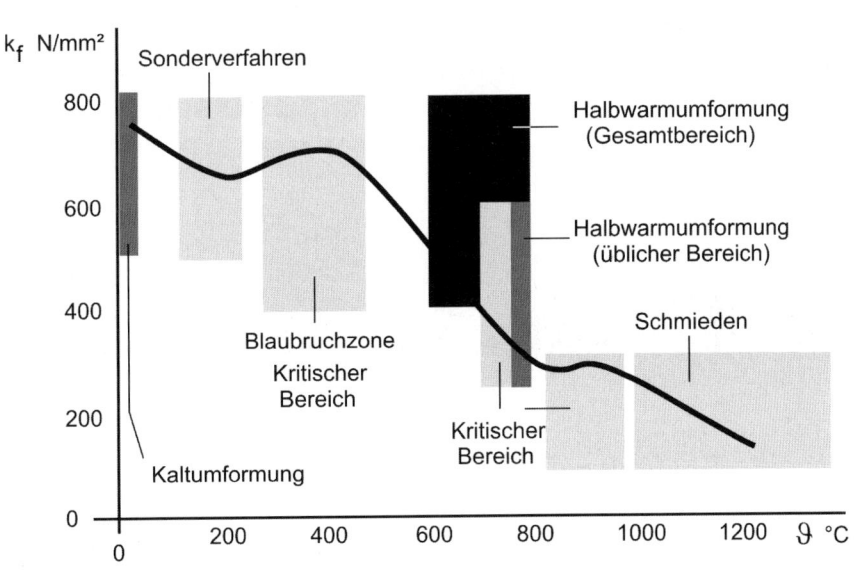

Abb. 4.9 Prinzipielle Abhängigkeit der Fließspannung von der Umformtemperatur für ferritische Stähle [4.8]

Bei Temperaturen über 800°C und ca. 900°C wird keine Abnahme der Fließspannung erreicht. D.h. dieser Temperaturbereich ist unwirtschaftlich. Außerdem besteht die Gefahr, dass durch den Energiebeitrag der Umformwärme der Bereich der „Rotbruchzone" (800°C – 1000°C) erreicht wird. Hier besteht die Gefahr, dass der Stahl beim Umformen aufreisst. Im Temperaturbereich 700°C – 750°C ergeben sich Probleme mit der induktiven Erwärmung (Curie-Punkt, d.h. Veränderung der ferroelektrischen Eigenschaft) [4.8]. Nach dem Halbwarmumformen werden die Werkstücke langsam abgekühlt.

Beispiel. Gelenkwelle aus Cf53

Ein bevorzugt durch Halbwarmumformung hergestelltes Teil ist die Gelenkwelle. Der hierfür häufig verwendete Werkstoff Cf53 ist schwer kalt umformbar. Durch die Erwärmung auf Halbwarmtemperatur (760-800°C) erreicht man eine deutliche Fließspannungsreduktion. Diese ermöglicht es, das Werkstück in wenigen Umformschritten herzustellen. Ausgehend vom Stababschnitt wird das Vorwärts-Fließpressen, Zentrieren und Setzen sowie das Napf-Fließpressen bei Halbwarmtemperatur durchgeführt (Abb. 4.10a-d); durch das Anwärmen lässt sich der Werkstoff über große Fließwege verteilen, ohne dass der Werkstoffzusammenhalt versagt. Ein effektives Kühl- und Schmiersystem trägt zur Erhöhung der Werkzeugstandzeiten bei. Anschließend werden die Teile geglüht und phosphatiert, bevor sie in einem weiteren Arbeitsgang kalt kalibriert werden (Abb. 4.10e).

Abb. 4.10a Stufe 1: Voll-Vorwärts-Fließpressen (halbwarm). Bild: Schuler AG

Abb. 4.10b Stufe 2: Zentrieren (halbwarm). Bild: Schuler AG

Abb. 4.10c Stufe 3: Setzen (halbwarm). Bild: Schuler AG

Abb. 4.10d Stufe 4: Napf-Fließpressen (halbwarm). Bild: Schuler AG

Abb. 4.10e Stufe 4: Kalibrieren (kalt). Bild: Schuler AG

Gegenüber dem Schmieden (≥ 1100°C) benötigt das Halbwarmumformen einen geringeren Energieeinsatz und weist keine Randentkohlung auf. Es erlaubt kleinere Toleranzen und damit geringeren Werkstoffeinsatz; gegenüber der spanenden Fertigung ist in diesem Fall eine Materialeinsparung von bis zu 65% zu erreichen. Die Kugellaufbahnen auf der Innenseite der Gelenkwellen lassen sich durch das Halbwarmumformen mit relativ geringem Aufmaß anformen, so dass sich der Nacharbeitsaufwand (kalt kalibrieren oder abspanen) reduziert. Der günstige Faserverlauf in Kombination mit den Eigenschaften des Vergütungsstahls verleiht dem hoch beanspruchten Bauteil gute dynamische Festigkeitseigenschaften.

Zum Vergleich ist in Abb. 4.11 eine Gelenkwelle gezeigt, die durch Schmieden hergestellt wurde. Man erkennt besonders an der profillosen Innenkontur, dass durch die Kombination aus Halbwarm- und Kaltfließpressen wesentlich endkonturnahere Gelenkwellen herstellbar sind als durch Schmieden.

Abb. 4.11 Gelenkwelle (geschmiedet). Bild: Hatebur AG

4.4.3 Hinweis zur Werkstoffauswahl

Die unlegierten Vergütungsstähle eignen sich vor allem für niedrig beanspruchte Teile mit geringen Querschnittsabmessungen oder für eine Oberflächenhärtung. Sie werden auch im normalgeglühten Zustand mit Verfestigung ohne anschließende Wärmebehandlung nach der Umformung verwendet. Legierte Vergütungsstähle sind im allgemeinen wegen der Legierungselemente teurer. Man verwendet sie, wenn die vorliegenden Beanspruchungen bzw. die Abmessungen es erfordern. Durch Molybdänzusatz wird eine Anlassversprödung des Vergütungsstahles vermieden und die Anlassbeständigkeit gesteigert. Manganhaltige Vergütungsstähle zeichnen sich durch eine höhere Durchvergütung aus. Durch Mangan erhöht sich aber die Gefahr der Kornvergröberung; das könnte durch Zusatz von Vanadium vermindert werden, was aber für das Kaltfließpressen ungünstig ist. Chromhaltige Stähle sind höher durchvergütbar als Manganstähle. Die Vergütungsstahlgüten werden vor allem für folgende Teile eingesetzt [4.7]:

C22	Für gering beanspruchte Teile mit kleinen Vergütungsquerschnitten im Fahrzeug- und allgemeinen Maschinenbau, wie Kolbenstangen, Zahnräder usw.:
C35	Für Teile im Kraftfahrzeugbau, Motoren- und Maschinenbau ohne höhere Zähigkeitsanforderungen, wie Bolzen, Schrauben, Achsen, Achsschenkel, Wellen, Naben, Kupplungsteile usw.;
C45	Für Teile im Kraftfahrzeugbau, Motoren- und Maschinenbau die nicht hoch auf Zähigkeit beansprucht werden, wie Achsen, Nocken- und Getriebewellen, Kolbenstangen, kleinere Kurbelwellen usw.;
Cf53	Teile, bei denen hoher Verschleißwiderstand gefordert ist und die Werkstückform keine Rissgefahr bedingt. Z. B. für Ketten- und Kolbenbolzen, Getriebewellen und Getrieberäder, Zahnräder, Führungsleisten, Zylinderbuchsen;
34Cr4	Für Teile mittlerer Beanspruchung im Kraftfahrzeug- Motoren und Maschinenbau mit mittleren Vergütungsquerschnitten, wie Getriebeteile, Kurbelwellen, Wellen, Achsen usw.;
41Cr4	Für Teile mittlerer Beanspruchung im Kraftfahrzeug- Motoren und Maschinenbau mit mittleren Vergütungsquerschnitten, wie Getrieberäder, Kurbelwellen, Achsschenken, Kegelräder usw.;
25CrMo4	Für hoch beanspruchte Teile hoher Zähigkeit bei mittleren Vergütungsquerschnitten im Kraftfahrzeugmotoren und Maschinenbau, wie Getriebeteile, Ritzelwellen, Achsen, Achsschenkel, Lenk- und Schalthebel;
34CrMo4	Für hoch beanspruchte Teile mit hohen Festigkeits- und Zähigkeitsanforderungen, wie Ritzelwellen, Achsen, Achsschenkel, Zahnräder, Vorgelegewellen. Der Werkstoff hat einen hohen spezifischen Widerstand gegenüber statischer und dynamischer Beanspruchung und ist geeignet bei dynamischer Belastung für den Einsatz bis -50°C;
42CrMo4	Für hoch beanspruchte Teile im Kraftfahrzeug- und Maschinenbau mit großer Verschleißfestigkeit und sehr günstigen Kerneigenschaften, wie Kegelbolzen, Hinterachswellen, Ritzel, Kurbelwellen, Keilwellen, Ausgleichswellen, Zahn- und Kegelräder usw. Der Werkstoff hat einen hohen spezifischen Widerstand gegenüber statischer und dynamischer Beanspruchung und ist geeignet bei dynamischer Belastung für den Einsatz bis -50°C.

4.5 Nichtrostende Stähle

Ab einem Chromgehalt von 12,5 % wird ein Stahl nichtrostend und damit korrosionsbeständig. Die Legierungselemente Molybdän und Nickel unterstützen diese Wirkung. Je nach Gehalt an Legierungselementen und Kohlenstoff liegen die nichtrostenden Stähle in verschiedenen Gefügeausbildungen vor. Es werden 3 Hauptgruppen unterschieden (Tab. 4.9):

- Ferritische
- Martensitische und
- Austenitische Stähle

Ferritische Stähle haben niedrige C-Gehalte (bis ≈ 0,1 %). Die Chromgehalte liegen zwischen 13 – 18%. Ferritische Stähle sind nicht vergüt- und härtbar [4.11].

Martensitische Stähle haben einen C-Gehalt von 0,1 bis max. 1,2% und 12 – 18% Chromgehalt. Mit und ohne geringe Zusätze an Mo, Ni und V sind sie vergüt- und härtbar. Infolge der erzielbaren Festigkeit und Härte werden diese Stähle als Konstruktions- und Werkzeugstähle eingesetzt.

Austenitische Stähle haben wie ferritische Stähle einen niedrigen C-Gehalt (bis ≈ 0,1 %) und weisen einen erhöhten Nickelanteil von ≈ 8 % bei Chromgehalten von meist zwischen 15 – 19% auf. Sie sind nicht vergüt- und härtbar [4.10].

Tabelle 4.9 Bevorzugt für das Kaltfließpressen eingesetzte nichtrostende Stähle [4.10, 4.11]

	Bezeichnung	C-Gehalt [%]	Gefügeausbildung
Rostbeständige Stähle:	X6Cr17 (1.4016)	< 0,1	Ferritisch
	X10Cr13 (1.4006)	0,08 – 0,12	martensitisch
	X5CrNi189 (1.4301)	≤ 0,07	austenitisch
	X2CrNi189 (1.4306)	≤ 0,07	austenitisch

Ferritische und martensitische Stähle verhalten sich im weichgeglühten Ausgangszustand bezüglich der Kaltverfestigung wie normale Kohlenstoffstähle. Austenitische Stähle sind besser kalt umformbar als ferritische. Sie verfestigen sich jedoch sehr stark. Infolge der stärkeren Verfestigung ist der Energiebedarf zur Kaltumformung bei austenitischen Stählen größer als bei ferritischen. Bei austenitischen Stählen tritt parallel zur Kaltverfestigung eine weitere festigkeitssteigernde Wirkung ein: Das austenitische (kfz-)Gefüge klappt in martensitisches (krz-)Gefüge um. Die Härte des Martensits führt zu einem starken Festigkeitsanstieg. Diese Verfestigung ist abhängig vom Nickelgehalt verschieden stark. Je höher der Nickelgehalt ist, desto geringer die Kaltverfestigung [4.10].

Aus der Vielzahl der nichtrostenden Stähle ist nur eine kleine Gruppe für das Kaltfließpressen verwendbar. Neben den in Tab. 4.9 häufig eingesetzten sind in VDI 3138 Blatt 1 weitere Güten genannt. Der Werkstoff X10Cr13 ist ein 13-prozentiger Chromstahl. Aufgrund des niedrigen Kohlenstoffgehaltes von < 0,12 % sind die mechanischen Eigenschaften dieses Stahles durch eine Wärmebehandlung nur beschränkt beeinflussbar. Der Werkstoff X5CrNi189 (1.4301) und allgemein die austenitischen Chrom-Nickel-Stähle haben eine hohe Rost- und Säurebeständigkeit. Die Kaltumformbarkeit der austenitischen Stähle nimmt wie gesagt mit wachsendem Nickelgehalt zu.

4.5.1 Fließpressen bei Temperaturen bis ca. 350°C

Eine Erhöhung der Temperatur bis ca. 350 °C kann sich günstig auf das Fließpressen nichtrostender Stähle auswirken. Beispielsweise liegt für 1.4301 (X5CrNi18 9) zwischen ca. 200°C und 380°C ein Plateau günstiger Fließspannungsabsenkung vor (Abb.4.12) [4.9, 4.12]. Für eine Erwärmung sind beispielsweise die folgenden nichtrostenden ferritischen Stähle X7Cr13, 1.4006 (X10Cr13), 1.4057 (X22CrNi17) und die austenitischen Stähle 1.4301 (X5CrNi189), 1.4306 (X2CrNi189) geeignet.

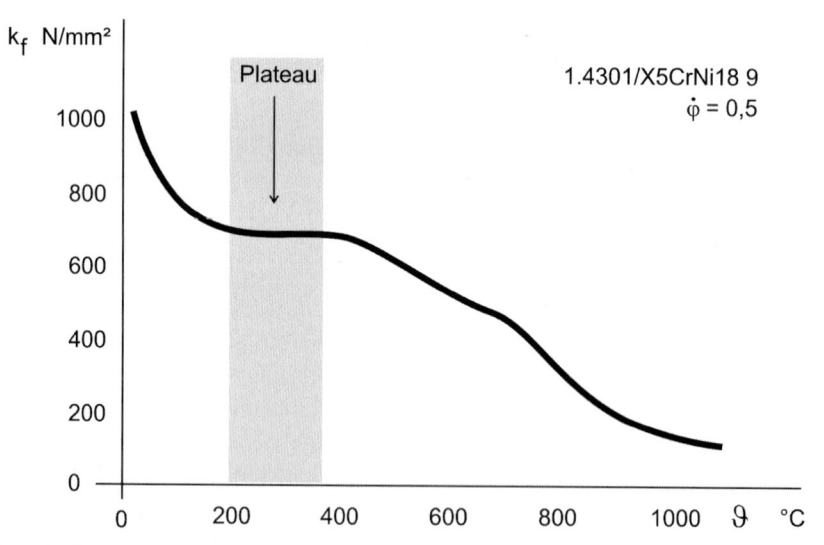

Abb. 4.12 Temperaturabhängigkeit der Fliesspannung von X5CrNi189 (1.4301). Nach starkem Temperaturabfall bis ca. 200°C folgt ein Bereich konstanter Temperatur (Plateau) bis ca. 380°C [4.12]

Beispiel. Zentralrohr für Airbag (Airbaghülse) aus 1.4301

Abb. 4.13 zeigt den Stadienplan der Airbaghülse. Aufgrund der starken Verfestigung des 1.4301 bei 20°C-Raumtemperatur (Abb. 4.14) war es anfänglich nicht möglich, den Napf in der gewünschten Tiefe durch Kaltfließpressen herzustellen. Schließlich wurde das Napfteil bei leicht erhöhter Temperatur fließgepresst. Die Rohteile wurden hierfür auf ca. 300°C erwärmt. Durch die Erwärmung ergab sich eine deutliche Fließspannungsabsenkung (Abb. 4.14), so dass die erforderliche Kraft für das Pressen mit derjenigen für das Kaltfließpressen der kohlenstoffarmen Stahlgüte C15 vergleichbar war. Ausgegangen wurde von einem gesägten Rohteil. Das Teil konnte in einer Stufe mit einem h_i/d_i-Verhältnis von 2,5 fließgepresst werden. Als Schmiermittelträgerschicht diente eine Oxalatschicht. Als Schmiermittel wurde eine Molybdändisolfid (MoS$_2$)-Pulverbeschichtung (eingetrommelt) verwendet. Die Oxalatschicht lässt normalerweise eine Erwärmung auf 300°C nicht zu. Doch überdeckt mit MoS$_2$ ist eine Temperierung bis 320°C möglich, ohne dass die Schmierstoffträgerschicht versagt (kräckt).

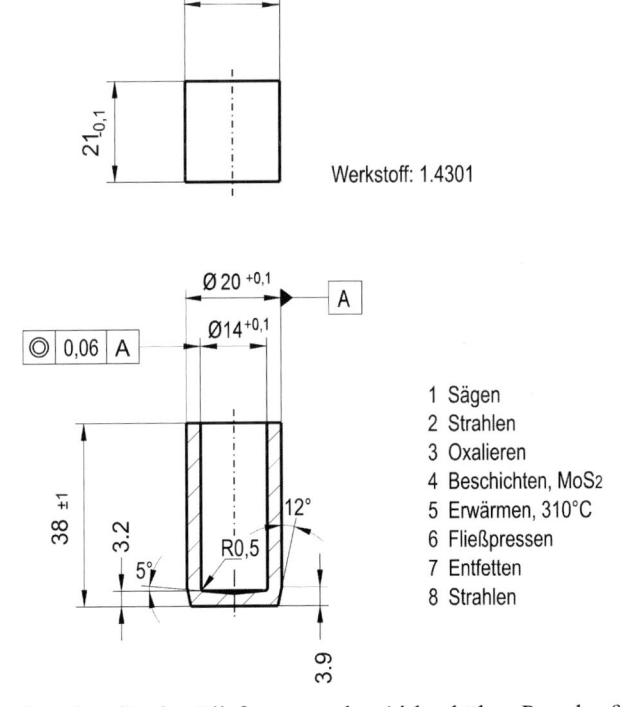

1 Sägen
2 Strahlen
3 Oxalieren
4 Beschichten, MoS2
5 Erwärmen, 310°C
6 Fließpressen
7 Entfetten
8 Strahlen

Abb. 4.13 Stadienplan für das Fließpressen der Airbaghülse. Presskraft: ca. 260 kN bei 300°C

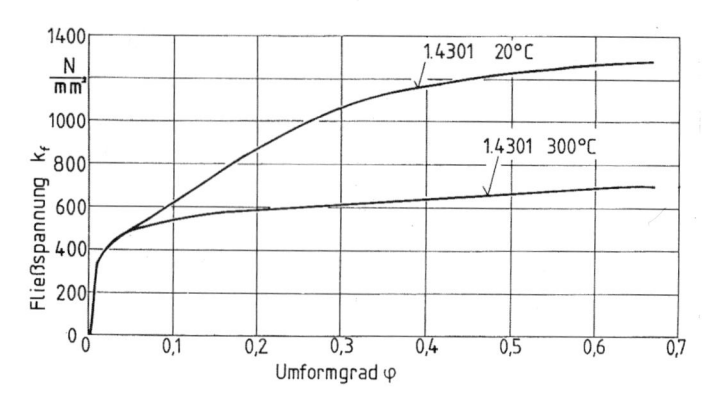

Abb. 4.14 Fließspannungsabsenkung durch Werkstofferwärmung auf 300°C

4.6 Kupfer

Kupfer ermöglicht sehr hohe Umformgrade und erfordert geringe Umformkräfte. Natürlich liegen die erreichbaren Festigkeiten nicht sehr hoch. Die hohe elektrische Leitfähigkeit von Kupfer stellt das bevorzugte Anwendungsgebiet, die Elektrotechnik, dar. Nieten, Klemmen, Kontaktstücke usw. aus diesem Bereich werden aus kaltfließgepresstem Kupfer hergestellt. Im wesentlichen kommen die technisch reinen Kupfersorten E-Cu, SE-Cu und SF-Cu zum Einsatz (Tab.4.10). Legiertes Kupfer begünstigt Eigenschaften in die eine oder andere Richtung. Bereits geringe Mengen von Zusätzen bei reinem Ausgangskupfer können zu einer erheblichen Steigerung der Festigkeitseigenschaften führen. Das Legieren kann in starkem Maße die elektrische Leitfähigkeit reduzieren [4.10]. Wichtige Kupferlegierungen für das Fliesspressen sind die Kupfer-Zink-Legierungen (Messinge) und Bronzelegierungen (Zinn- und Silizium-Bronzen).

Tabelle 4.10 Festigkeitswerte für Kupfer (Stangen) [4.10]

	Dehngrenze $R_{p0,2}$ [N/mm²]	Zugfestigkeit R_m [N/mm²]	Bruchdehnung δ_5 [%]	Brinellhärte HB
E-Cu F20	max. ≈ 100	200 – 250	min. 35	50
SF-Cu F25	min. ≈ 150	250 – 300	8	70
SE-Cu F30	min. ≈ 250	≥ 300	5	90

Die DIN-Werkstoffbezeichnungen von Kupfer und Kupferlegierungen (DIN 1772, 1787, 1817 usw.) wurden ersetzt durch die Europäische Norm DIN EN 12163 (Stangen zur allgemeinen Verwendung) [4.14] und DIN

EN 12167 (Profile und Rechteckstangen zur allgemeinen Verwendung) [4.13].

Beispiel. Punktschweißelektroden aus Kupfer-Chrom-Zirkonium (CuCrZr)
In Abb. 4.15 sind Schweißelektroden aus der Kupferlegierung CuCrZr dargestellt. Sie wurden mit unterschiedlichen Schweißkopfgeometrien gefertigt, siehe Stadienpläne in Abb. 4.17. Es wurde eine Nullserie von jeweils 200.000 Stück produziert und die weitere Serienproduktion an ein Unternehmen übergeben. Die Teile wurden vom gescherten Rohteil in zwei Pressvorgängen kalt als einbaufertiges Präzisionsumformteil gefertigt. Eine Schwierigkeit bedeutete das Einpressen der konischen Näpfe.

Kupfer-Chrom-Zirkonium hat eine Anfangsfließspannung von etwa 600 N/mm² (HB140) und verfestigt sich mit steigendem Umformgrad nicht, sondern zeigt tendenziell eine leichte Fließspannungsabsenkung; der Verlauf ist in Abb. 4.16 dargestellt.

Abb. 4.15 Punktscheißelektroden aus CuCrZr

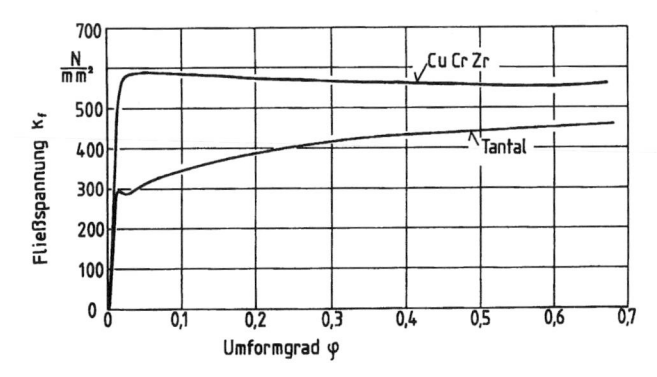

Abb. 4.16 Fließkurven von Kupfer-Chrom-Zirkonium (CuCrZr) und Tantal

66 4 Werkstoffauswahl

Werkstoff: CuCrZr

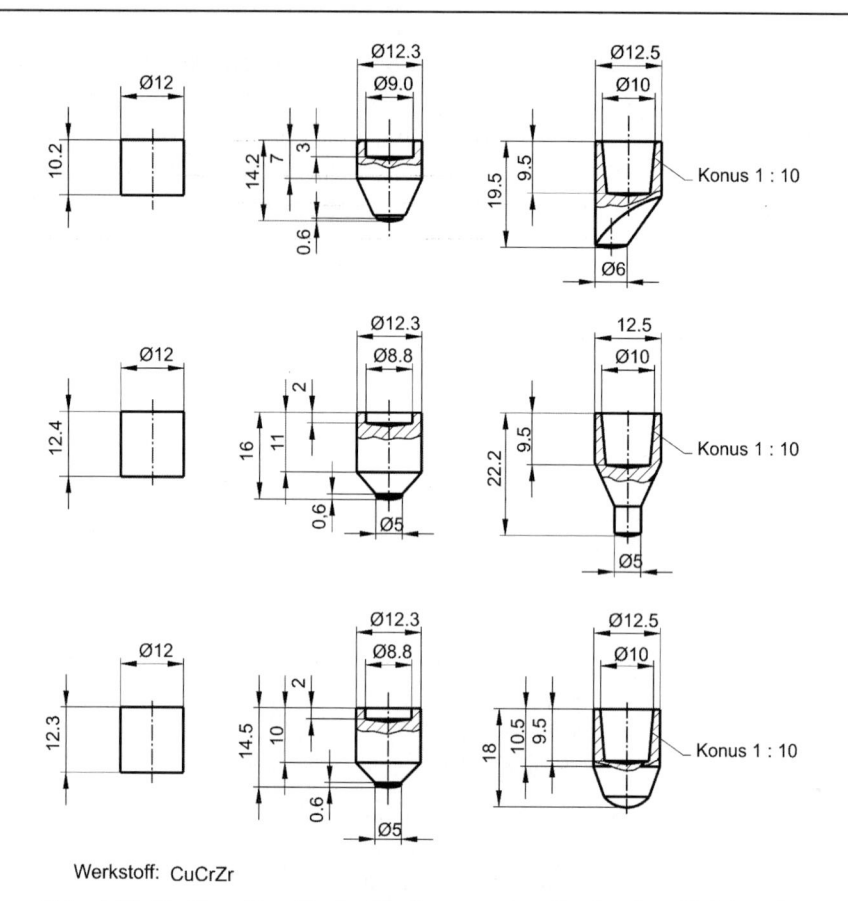

Abb. 4.17 Stadienpläne für das Fließpressen von Punktschweißelektroden

4.7 Messing (Kupfer-Zink-Legierung)

Messinge sind Kupferlegierungen mit Zink als Legierungszusatz. Für das Kaltfließpressen ist ein hoher Kupferanteil im Messing erforderlich. Geeignet sind Messinge mit einem Cu-Anteil über 63 %. In der Hauptsache kommen CuZn37 (Ms63), CuZn33 (Ms67) und CuZn28 (Ms72) zur Anwendung (Tab.4.11). Diese Legierungen weisen ein Gefüge mit reiner α-Struktur auf.

α-Mischkristalle sind gut kalt umformbar. Diese Struktur ist ab 62,5 % Kupferanteil (ab CuZn37 bzw. Ms63) vorhanden, da bis zu einem Zinkanteil von maximal 37,5 % das Zink in Kupfer vollständig gelöst werden kann und eine homogene, gut kalt umformbare α-Mischkristallstruktur im festen Zustand entsteht. Ab 37,5 % Zink bilden sich β-Mischkristalle, die nur schwer kalt umformbar, aber gut zerspanbar sind. Gute Zerspanbarkeit bieten die Messinggüten CuZn42 (Ms58) und CuZn40 (Ms60). Sie sind nur warm gut fließpressbar [4.1, 4.10].

Tabelle 4.11 Messing ist erst oberhalb eines Cu-Gehaltes von 63% kalt gut umformbar. Für eine nachfolgende spanende Bearbeitung ist das kaltverfestigte Gefüge mit β-Mischkristallen gut geeignet [4.1]

	Umformvermögen		Spanbarkeit	
	kalt	warm	weichgeglüht	kaltverfestigt
CuZn42 (Ms58)	sehr schlecht	gut	sehr gut	-
CuZn40 (Ms60)	mäßig	mäßig	gut	mäßig
CuZn37 (Ms63)	sehr gut	mäßig	mäßig	gut
CuZn33 (Ms67)	sehr gut	mäßig	mäßig	gut
CuZn28 (Ms72)	sehr gut	mäßig	mäßig	gut

CuZn28 (Ms72) ermöglicht die höchsten Umformgrade durch Kaltfließpressen. Man wird diesen Werkstoff dann einsetzen, wenn hohe Anforderungen hinsichtlich Umformbarkeit gestellt sind.

CuZn37 (Ms63) gilt als die Hauptlegierung für Kaltfließpresszwecke. Die Kaltverfestigung führt auf gute Festigkeitswerte, die für viele Anwendungen gewünscht werden. Für Kaltfließpressen mit anschließender spanender Bearbeitung ist die Legierung CuZn37Pb (Ms63Pb) mit einem Bleizusatz von 0,3 – 3 % geeignet. Sollten die plastischen Eigenschaften von CuZn37 (Ms63) für einen Anwendungsfall nicht ausreichen, kann CuZn33 (Ms67) verwendet werden.

Beim Kaltfließpressen zeigen alle Messinge eine wesentliche Steigerung der Härte und Festigkeit. Diese Steigerung bewirkt eine Abnahme des Umformvermögens. Ist der gewünschte Umformgrad noch nicht erreicht, muss weichgeglüht werden. Die Rekristallisationstemperatur von Messing liegt bei ca. 450°C-600°C. Beim Umformen ist auf genaue Einhaltung der Temperatur zu achten, denn beim Glühen von beispielsweise CuZn37 (Ms63) über 650°C und zu raschem Abkühlen bildet das Gefüge bei Raumtemperatur β-Mischkristalle, die für die weitere Kaltumformung sehr unerwünscht sind. Mit der Höhe der Glühtemperatur nimmt auch die

Korngröße zu. Normal sind in der Kaltumformung Korngrößen von 30 – 40 µm. Ab Korngrößen von 50 µm stellt sich nach der Umformung die für Messinge bekannte narbige Orangenhaut ein. Kleine Körner ergeben immer eine glatte Oberfläche bei allerdings vermindertem Umformvermögen [4.1]. Messinge zeigen nach der Kaltumformung auch eine Empfindlichkeit gegen Spannungsrisskorrosion. Eine thermische Entspannung (z.B. 2 h Glühen bei 275°C bis 300°C) verhindert das ohne die Festigkeitseigenschaften stark zu verändern.

Für die spanende Bearbeitung gebräuchlichste Messingqualität ist CuZn42 (Ms58). Die gute Bearbeitbarkeit wird durch den Anteil an β-Mischkristallen im Gefüge und einen Zusatz von 1-3 % Blei bewirkt. Beide Bestandteile wirken jedoch der Kaltfließpresseignung entgegen. Ähnlich gute Bearbeitbarkeit wie für CuZn42 (Ms58) erhält man durch die Kaltverfestigung von Messingwerkstoffen mit höherem Kupferanteil durch Verfestigung und gestreckte Kristalle (Tab. 4.11).

Beispiel. Patronenhülse aus CuZn37 (Ms63) bzw. CuZn28 (Ms72) und zugehöriges Projektil aus Cu mit Bleikörpereinsatz

Abb. 4.18 zeigt ein klassisches und die Kaltumformtechnologie prägendes Fließpressteil. Die Hülse wird durch mehrmaliges Abstreckgleitziehen, ausgehend von einem tiefgezogenen Napf, hergestellt. Es folgen ein Beschneiden des Werkstoffüberlaufes und diverse Prägevorgänge am Napfboden. Schließlich wird der Hülsenquerschnitt im oberen Teil durch Einhalsen reduziert.

Abb. 4.18 Patronenhülse aus CuZn37 bzw. CuZn28 *(Foto: Schöck)*

In Abb. 4.19 sind die Umformstufen des dazugehörigen Projektils gezeigt, das in ähnlichen Fertigungsschritten hergestellt wird. Hinzu kommt noch das Fügen mit einem Bleikörper, der ebenfalls durch Fließpressen geformt wurde.

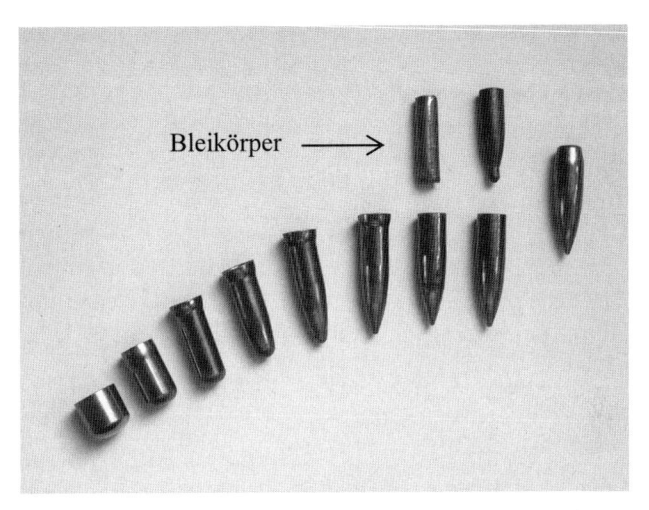

Abb. 4.19 Projektil aus Kupferwerkstoff mit Bleikörpereinsatz *(Foto: Schöck)*

4.7.1 Fließpressen bei Temperaturen bis ca. 300°C

Eine Möglichkeit zur Erweiterung des Umformvermögens von Messingen ist die Erwärmung. Je nach Umformgrad und Geometrie können die Rohteile von CuZn40 (Ms60), CuZn37 (Ms63), CuZn28 (Ms72) und CuZn27 (Ms73) auf ca. 300 °C erwärmt werden. Dabei ist auf die genaue Einhaltung der Temperatur zu achten. Es sind deshalb die Zustandsschaubilder der Kupfer-Zink-Legierungen zu berücksichtigen, welche die Gesetzmäßigkeiten bei der Bildung der Gefügebestandteile in Abhängigkeit von Temperatur und Kupfer- zu Zinkanteil darstellen.

4.7.2 Fließpressen bei Temperaturen bis ca. 600°C

Bei Messingen unterhalb 63% Kupferanteil, d.h. bei CuZn42 (Ms58) oder CuZn40 (Ms60), muss im allgemeinen auf 500 bis 600°C (Schmiedetemperatur) erwärmt werden. Bei CuZn40 (Ms60) reicht eventuell eine Erwärmung auf 300°C aus.

Beispiel. Messinghülse aus CuZn40Pb2

Abb. 4.20 zeigt eine bei Schmiedetemperatur in mehreren Stufen umgeformte Messinghülse aus CuZn40Pb2. Der Bleizusatz macht den Werkstoff für eine anschließende spanende Bearbeitung geeignet. Es werden meist stranggepresste Stäbe nach DIN EN 12163 und 12167 verwendet.

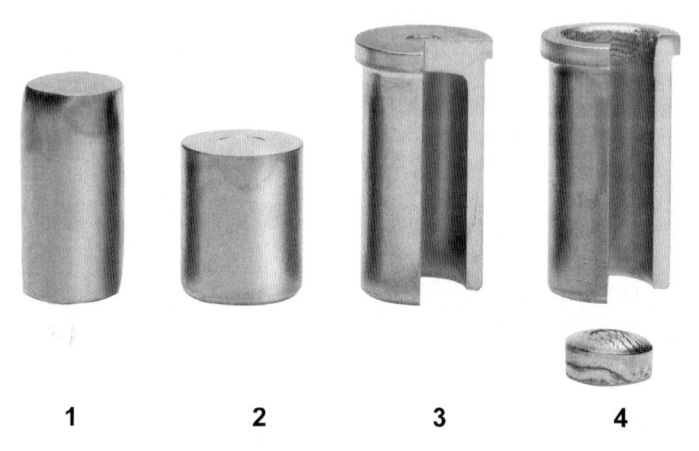

Abb. 4.20 Messinghülse aus CuZn40Pb2. Umformschritte vom gescherten Stababschnitt (1): Setzen (2), Napf-Fließpressen (3), Lochen (4). Bild: Hatebur AG

4.8 Bronze (Kupfer-Zinn-Legierung)

Bevorzugt für das Kaltfließpressen werden Zinnbronzen mit 1 bis 2 % Sn (vor allem SnBz1) sowie Siliziumbronzen (vor allem SiBz2Mn), beispielsweise zur Herstellung von Befestigungselementen, eingesetzt (Tab. 4.12). Die Legierungen sind korrosionsbeständig und enthalten gewöhnlich eine geringe Menge Phosphor.

Tabelle 4.12 Festigkeitswerte für Zinn-Bronzen (Stangen) zum Kaltfließpressen [4.10, 4.14]

		Zugfestigkeit R_m [N/mm²]	Bruchdehnung δ_5 [%]	Brinellhärte HB
SnBz1	F24	≈ 240	42	50
SnBz1	F32	≈ 320	15	98
SnBz2	F26	≈ 260	46	55
SnBz2	F37	≈ 370	10	100

Die Legierung SnBz1 mit 1 % Sn wird bevorzugt für Kaltfließpresszwecke verwendet. Man erhält bereits eine wesentliche Festigkeitssteigerung durch den Zinnzusatz, ohne die Verfestigung und damit Umformbarkeit und die erforderlichen Umformkräfte ungünstig zu beeinflussen. Die Erhöhung des Zinngehaltes auf 2 % bei SnBz2 führt zu einer erheblichen Verfestigungszunahme. Deshalb sind mit diesen Werkstoffen große Umformgrade nur mit Schwierigkeiten zu erreichen.

Siliziumbronzen enthalten sehr häufig als Bestandteil Mangan. Für Kaltfließpressanwendungen kommen die beiden Legierungen SiBz2Mn und SiBz3Mn in Betracht. Die Silizium-Bronze mit etwa 2% Si und 0,5 % Mn wurde speziell für die Kaltumformung entwickelt.

SiBz3Mn findet weitgehend Anwendung als Werkstoff für Bolzen, Schrauben, Niete, Muttern und sonstige Massenteile. Der höhere Siliziumgehalt von 3% mit etwa 1% Mn bewirkt eine erheblich stärkere Verfestigung als bei SiBz2Mn. Deshalb sind nur geringere Umformgrade üblich. SiBz3Mn wird hauptsächlich für die Warmumformung und die spanende Formgebung eingesetzt. Häufig setzt man es für Schraubenbolzen ein. Muttern werden mit dem niedriglegierten SiBz2Mn ausgeführt [4.10].

4.9 Neusilber (Kupfer-Nickel-Legierung)

Meist sind diese Legierungen als Münzmetall vorzufinden, aber auch als Grundmetall für Bestecke. Eine Versilberung ohne Untervernickelung ist möglich. Der Name leitet sich von dem silberähnlichen Aussehen der Legierung ab, für das der Nickelgehalt verantwortlich ist.

Wie beim Messing verleiht das Kupfer dem Neusilber die gute Umformbarkeit. Das Metall hat eine für die Kaltumformung günstige kubisch-flächenzentrierte Kristallstruktur. Wegen der mit der Umformung verbundenen Verfestigung sind Hohlwaren aus Neusilber sehr stabil, so dass der Werkstoff im Kunstgewerbe und bei der Herstellung von Musikinstrumenten gerne verwendet wird. Er findet daneben Verwendung in der Feinmechanik und in der Chirurgiemechanik [4.15].

Durch den Zusatz von Nickel im Kupfer bis circa 2% und Silizium bis etwa 0,7% kann eine Festigkeitssteigerung durch Aushärtung erreicht werden. Zur Anwendung für die Kaltumformung kommen beispielsweise CuNi1Si mit 1,4% Nickel und 0,5 % Silizium sowie CuNi2Si mit 1,8% Nickel und 0,6% Silizium. Aus diesen Werkstoffen werden Schrauben, Muttern, Nieten, Klemmen usw. gefertigt. Die Umformbarkeit dieser Werkstoffe im lösungsgeglühten Zustand ist am günstigsten. Aber auch nach dem Aushärten des lösungsgeglühten Werkstoffes (durch Aushär-

tungsglühen z.B. bei 470°C, 90 min.) ist ein Kaltumformen noch gut möglich. Im allgemeinen unterscheidet man vier Werkstoffzustände (siehe Tab. 4.13):
1. Lösungsgeglüht, L
2. Lösungsgeglüht und kaltverfestigt, LK
3. Lösungsgeglüht und ausgehärtet, LA
4. Lösungsgeglüht, kaltverfestigt und ausgehärtet, LKA

Die Legierung CuNi2Si kommt wegen der leicht erhöhten Fließspannung gegenüber CuNi1Si auch für das Warmumformen in Betracht.

Tabelle 4.13 Festigkeitswerte für Kupfer-Nickel-Legierungen zum Kaltfließpressen [4.10]

	Dehngrenze $R_{p0,2}$ [N/mm²]	Zugfestigkeit R_m [N/mm²]	Bruchdehnung δ_5 [%]	Brinellhärte HB
CuNi1Si				
L	80-150	250-300	35-40	50-65
LK	380-480	400-550	6-15	110-140
LA	250-400	400-550	15-25	110-150
LKA	450-600	500-700	8-15	140-180
CuNi2Si				
L	70-150	280-350	30-38	60-70
LK	380-500	400-550	6-15	120-160
LA	400-450	450-600	15-25	130-160
LKA	500-700	550-800	7-15	150-200

4.10 Zink

Bedingt durch die hexagonale Gitterstruktur ist Zink bei Raumtemperatur spröde und nicht gut kalt umformbar.

4.10.1 Fließpressen bei Temperaturen bis ca. 150°C

Zink wird im allgemeinen bei 100°C bis 150°C fließgepresst. Ein bekanntes Fliesspressprodukt aus Zink sind Becher für Zink-Kohle-Batterien (Abb. 4.21). Zinkwerkstoff rekristallisiert bereits bei 30 – 50°C. Eine größere Verfestigung infolge Kaltverformung tritt deshalb bei einer Umformtemperatur von 100°C-150°C nicht auf. Bei Temperaturen oberhalb 200°C wird das Metall wieder spröder. Bei der Umformung tritt eine ausgeprägte

Textur auf; das führt zu einer Anisotropie der mechanischen Eigenschaften mit deutlicher Abhängigkeit vom Umformgrad [4.15].

Beispiel. Zinkbecher für Zink-Kohle-Batterien

Diese werden durch Napf-Rückwärts-Fließpressen in einem Arbeitsgang hergestellt. Die scheibenförmigen Rohteile werden durch Giessen oder Schneiden aus warmgewalzten Zinkblechen hergestellt.

Abb. 4.21 Durch Fließpressen einer auf ca. 100°C vorgewärmten Platine (links) hergestellter Zinkbecher (Mitte) für Zink-Kohle-Batterien (rechts). Foto: Schöck

4.11 Titan

Auch Titan besitzt eine hexagonale Gitterstruktur, so dass dieser Werkstoff für die Kaltumformung nur begrenzte Möglichkeiten bietet. Am besten geeignet zum Kaltfließpressen ist technisch reines Titan. Es liegt in der α-Phase vor.

Reintitan wird in verschiedenen Festigkeitsstufen geliefert. Bei Raumtemperatur findet man an geglühten Stäben Mindestzugfestigkeiten von 290 bis 410 N/mm². Die Festigkeit wir durch die Kaltumformung gesteigert, wobei das Umformvermögen mit der Kaltverfestigung stark abnimmt. Die weichste Titansorte (Ti 99,9) lässt sich bis zu 60% kalt umformen. Die härteren Sorten lassen nur geringe Umformgrade zu. Durch Zwischenglühen können aber auch hier größere Umformungen erreicht werden.

Bei der Titan-Legierung TiAl6V4 handelt es sich um eine $\alpha+\beta$-Legierung. Sie hat bei Raumtemperatur eine wesentlich höhere Anfangsfestigkeit und ein geringeres Umformvermögen (Tab. 4.14). Ti 99,5 und TiAl6V4 sind als Rohre, Stäbe und Drähte erhältlich (vgl. DIN 17851).

4 Werkstoffauswahl

Tabelle 4.14 Mechanische Kennwerte von Titanwerkstoffen, nach DIN 17862

	Dehngrenze $R_{p0,2}$ [N/mm²]	Zugfestigkeit R_m [N/mm²]	Bruchdehnung δ_5 [%]	Brucheinschnürung ψ [%]	Brinellhärte HB
Ti 99,9	min. 180	290-410	30 längs, 25 quer	min 35	≈120
TiAl6V4	Min. 830	min. 900	8 bzw. 10	≈20	≈310

4.11.1 Fließpressen bei Temperaturen bis 500°C

Durch eine Erwärmung lassen sich die Anfangsfestigkeiten der Titanlegierungen erheblich reduzieren, siehe DIN 17862 bzw. Tab. 4.15.

Tabelle 4.15 Dehngrenzwerte von hochlegiertem Titan bei verschiedenen Temperaturen, nach DIN 17862

	Dehngrenze $R_{p0,2}$ bei einer Temperatur in °C von				
	20°	200°	300°	400°	500°
TiAl6V4	830 N/mm²	570 N/mm²	545 N/mm²	490 N/mm²	390 N/mm²

4.12 Magnesium

Magnesium kristallisiert, wie Titan und Zink, im hexagonal-dichtestgepackten System, was die Umformung im kalten Zustand erschwert. Die Zugfestigkeit von Reinmagnesium ist mit 100 N/mm² sehr niedrig. Durch Kaltumformung ist eine Steigerung der Festigkeit möglich. Auch der E-Modul ist niedrig (45.000 N/mm²). Im Werkstoff finden sich aufgrund des großen Volumenschwundes bei der Erstarrung aus der Schmelze oft feine Lunker [4.15].

Magnesiumlegierungen haben eine wesentlich höhere Festigkeit als Reinmagnesium (Tab. 4.16). Die möglichen Halbzeugarten von Magnesiumlegierungen sind in DIN 1729 und DIN 9715 festgehalten.

Tabelle 4.16 Mechanische Kennwerte von Magnesiumwerkstoffen [4.10, 4.11]

	Dehngrenze $R_{p0,2}$ [N/mm²]	Zugfestigkeit R_m [N/mm²]
MgMn2F20	150	200
MgAl3ZnF25	160	250
MgAl6ZnF26	180	260
MgZn6ZrF29	180	290

4.12.1 Fließpressen bei Temperaturen bis ca. 300°C

Die Warmumformung von Magnesium bei Temperaturen oberhalb 200°C ist ohne Schwierigkeiten möglich. Der Schmelzpunkt von reinem Mg liegt bei 650°C. Da sich Magnesium sehr leicht entzündet, ist grundsätzlich im Umgang damit bei Erhitzung Vorsicht geboten.

4.13 Aluminium

Aluminiumwerkstoffe lassen sich sehr gut kalt umformen. Nahezu alle Reinaluminiumsorten und Aluminiumlegierungen eignen sich für das Kaltfließpressen von Formteilen (vgl. VDI 3138 Blatt 1). In der Praxis beschränkt man sich aber aus Gründen der Wirtschaftlichkeit auf eine kleinere Auswahl (Tab. 4.17).

Als Reinaluminiumsorte wird Al 99,5 häufig eingesetzt. Die Festigkeit von Reinaluminium ist relativ gering; die Mindestzugfestigkeit für Al 99,5 beträgt im weichgeglühten Zustand nur 70 N/mm². Nach stärkerer Kaltumformung steigt sie auf 130 – 140 N/mm² an. Da das reine Metall nicht aushärtbar ist, kann eine Änderung der mechanischen Eigenschaften nur über eine Kaltumformung mit sich evt. anschließender Wärmebehandlung erfolgen.

Tabelle 4.17 Auswahl häufig verwendeter Aluminiumwerkstoffe [4.1, 4.3, 4.10]

Reinaluminium:	Al99,9 Al99,5
Nicht aushärtbares Aluminium:	AlMg3
Aushärtbares Aluminium:	AlMgSi 0,5 bis 1, AlZnMgCu1,5

Für höhere Festigkeitsanforderungen kommen naturharte Legierungen, z.B. AlMg3, und aushärtbaren Legierungen vom Typ AlMgSi und AlCuMg in Betracht. Die Verwendung der Legierungsgruppen AlZnMg und AlZnMgCu bedingt große Erfahrung. Naturharte Werkstoffe werden nur im weichen Zustand kaltfließgepresst. Bei den schwer umformbaren Legierungen mit hohem Magnesiumanteil kann unter Umständen ein Zwischenglühen notwendig sein [4.10, 4.15].

AlMg-Legierungen besitzen neben einer guten Umformbarkeit eine sehr gute chemische Beständigkeit. Die Festigkeit ist etwas höher als bei Reinaluminium (Abb. 4.22).

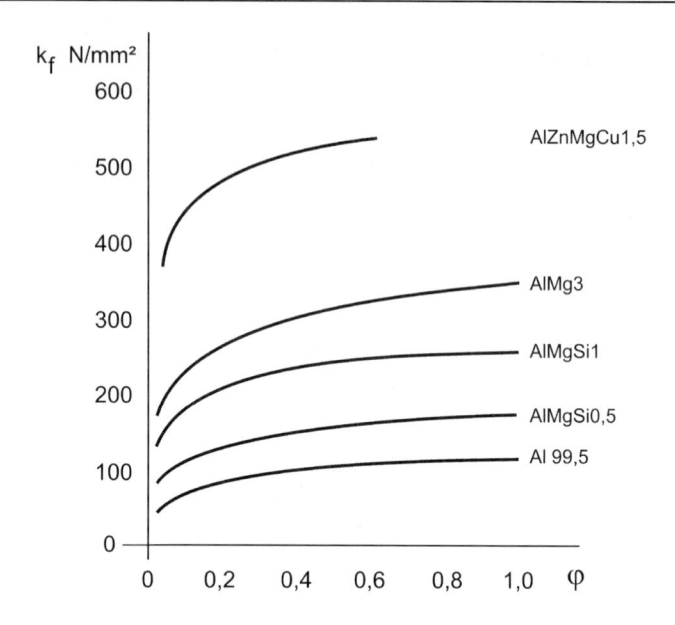

Abb. 4.22 Fließkurven für das Kaltfließpressen üblicher Aluminiumwerkstoffe

Legierungen mit Magnesiumgehalten bis 3 % (AlMg1 bis AlMg3) weisen auch sehr gute mechanische Eigenschaften auf. Die Festigkeit steigt jedoch mit dem Magnesiumgehalt an, und bei höheren Magnesiumgehalten wird die Kaltumformung schwierig. Durch Zusatz von Silizium kann dies u.U. verbessert werden (AlMg3Si). Die AlMgSi Legierungen sind ohne Ausnahme gut polierbar und chemisch gut beständig.

Die Legierungen AlZnMg bzw. AlZnMgCu sind kalt- und warmaushärtend. Es handelt sich um hochfeste Konstruktionslegierungen mit mittlerer chemischer Beständigkeit. Die höchste Festigkeit wird bei der Legierung AlZnMgCu1,5 mit 520 N/mm² erreicht. Dieser Werkstoff ist aufgrund seiner Härte nur schwer kalt umformbar; eine Oxalat- in Kombination mit einer Zinkseifenbeschichtung ist für die Kaltumformung empfehlenswert.

Die möglichen Lieferformen nach Halbzeugarten sind in DIN EN 755-2 [4.2] und DIN EN 754-2 [4.3] für Stäbe, Drähte, Strangpressprofile usw. niedergelegt. Bei der Verwendung gezogener Drähte und Stäbe zum Kaltfließpressen ist immer zu bedenken, dass die Eigenschaften der daraus gefertigten Pressteile weitgehend von den Ausgangswerten des stranggepressten oder gewalzten Vormaterials abhängt [4.10, 4.15].

Beispiel. Kaltfließpressen von Tuben aus Reinaluminium

Ein sehr bekanntes Produkt aus Reinaluminium sind Tuben (Abb. 4.23). Ausgehend von Lochplatinen oder geschlossenen Ronden werden sie in einem Hub durch Napf-Rückwärts-Fließpressen geformt (Abb. 4.24). Die Kaltverfestigung gibt den Tuben eine gute Steifigkeit und Formstabilität.

Die Tubenherstellung wird üblicherweise auf horizontalen mechanisch-einstufigen Pressen durchgeführt (vgl. Kap. 9). Die Hubzahlen können sehr hoch eingestellt werden (z.B. 180 min^{-1}), da die Rohteilzu- und Fertigteilabführung unter Nutzung der Schwerkraft schnell erfolgen kann. Je nach Platinendurchmesser und Wandstärke liegen die Presskräfte im allgemeinen zwischen 250 kN und 3500 kN. Übliche Wandstärken sind 0,15 mm, 0,20 mm, 0,32 mm, bis 0,5 mm.

Abb. 4.23 Aluminium-Tuben aus Al 99,5, in einem Pressarbeitsgang kalt fließgepresst. Bild: Schuler AG

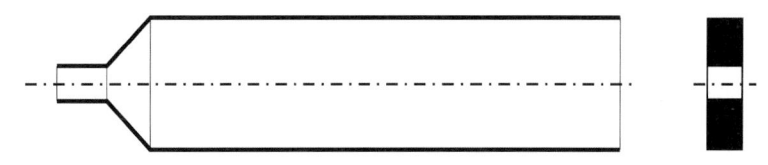

Abb. 4.24 Tube aus Reinaluminium, gefertigt aus einer gelochten Platine

Beispiel. Kaltfließpressen eines Lamellenteils aus AlMgSi 1

Das Pressteil in Abb.4.25 wurde aus AlMgSi1 gefertigt. Bei diesem Teil kam es auf eine gute Formfüllung und Abbildung der Lamellenkontur an sowie auf ausreichende Festigkeit am fertigen Teil. Bei hinreichender Duktilität weist AlMgSi1 Mindestwerte für die Zugfestigkeit R_m im Bereich von 170 – 270 N/mm² auf. Im Vergleich zu Reinaluminium liegt die Fließspannung k_f nur um den Faktor 1,6 (weichgeglühter Zustand) höher, womit eine gute Fließpresseignung gegeben ist. Durch Kaltverfestigung ist, auch im Vergleich zu den anderen Aluminiumlegierungen, eine relativ hohe Brinellhärte von über HB 80 bzw. hohe Festigkeit erreichbar.

Da AlMgSi1 zu den aushärtbaren Legierungen zählt, ist eine Härtesteigerung durch Kalt- und Warmaushärtung bis auf HB 100 bzw. R_m 310 N/mm² und eine Biegewechselfestigkeit von 80 N/mm² möglich. Vergleicht man unterschiedliche AlMgSi-Legierungen miteinander, so weist die Fließkurve von AlMgSi1 im Vergleich zu AlMgSi0,5 wesentlich höhere Anfangs- und Endfestigkeitswerte auf [4.12]. Diesen Festigkeitsansprüchen vermag unlegiertes Aluminium nicht gerecht zu werden, auch wenn es durch Kaltverfestigung deutlich höhere Werte für Zugfestigkeit und 0,2%-Dehngrenze als im Zustand „weichgeglüht" erreicht.

Abb. 4.25 Lamellenteil aus AlMgSi 1. Foto: Schöck

4.13.1 Aushärten

Die Bedingung für das Aushärten von Aluminiumlegierungen ist, dass die Löslichkeit der zulegierten Komponenten (Cu, Mg, Si usw.) im Aluminium mit abnehmender Temperatur geringer wird. Die Wärmebehandlung läuft im allgemeinen in drei Stufen ab [4.15, 4.16]:

1. Lösungsglühen (z.B. bei 500°C),
2. Abschrecken: damit ergibt sich die erste, nur geringe Festigkeitssteigerung;
3. Auslagerung: damit ergibt sich die zweite und wesentliche Festigkeitssteigerung.

Man unterscheidet Auslagern nach dem Abschrecken bei Raumtemperatur (Kaltauslagern) und bei erhöhter Temperatur (z.B. 100°C), das sog. Warmaushärten. Beim Warmauslagern ändern sich die mechanischen Eigenschaften bereits nach einigen Stunden und erreichen die Höchstwerte früher als beim Kaltaushärten. Doch fällt sie bei längerem Auslagern bei höheren Temperaturen wieder ab. Beim Kaltaushärten stellt sich ein stabiler Zustand ein. Bei Temperaturen über 200°C geht der Aushärtungseffekt verloren.

Für das Lamellenteil in Abb. 4.25 wurden in Verbindung mit der Kaltverfestigung nach dem Fließpressen vier verschiedene thermomechanische Behandlungsmöglichkeiten des AlMgSi1 ausprobiert, um das Potential der Härtesteigerungsmöglichkeiten der kalt- und warmaushärtbaren Aluminiumlegierung anhand konkret ermittelter Härtewerte herauszufinden. Darauf wird in Kap. 8 näher eingegangen.

Literatur

[4.1] Beisel W (1963) Fliesspressen von Messing
[4.2] DIN EN 755-2 (1997) Aluminium und Aluminiumlegierungen, Stranggepresste Stangen, Rohre und Profile. Teil 2: Mechanische Eigenschaften
[4.3] DIN EN 754-2 (1997) Aluminium und Aluminiumlegierungen, Gezogene Stangen und Rohre, Teil 2: Mechanische Eigenschaften
[4.4] DIN 1729 (1982) Magnesiumlegierungen. Knetlegierungen
[4.5] DIN 9715 (1982) Halbzeug aus Magnesium-Knetlegierungen
[4.6] Prospekt Maypres (1965) Kaltformpressen
[4.7] Stahlfibel (1981) Spezielle Maschinenbaustähle, Stahlberatungsstelle Freiberg, VEB
[4.8] Remppis M (1993) Kalt- und Warm-Umformung von Stahl – ihre Möglichkeiten und Grenzen. L. Schuler GmbH
[4.9] Remppis M (1992) Grundlagen der Halbwarmumformung. Vortrag. L. Schuler GmbH
[4.10] Schimz K (1962) Kaltformfibel II. Werkstoffe, Verfahren, Maschinen und Werkzeuge für die spanlose Formgebung von Schrauben, Muttern und Formteilen. Triltsch Verlag

[4.11] VDI 3138 (1998) Kaltmassivumformen von Stählen und NE-Metallen. Grundlagen für das Kaltfließpressen
[4.12] Doege E, Meyer-Nolkemper H, Saeed I (1986) Fließkurvenatlas metallischer Werkstoffe. Hanser Verlag
[4.13] DIN EN 12167 (1998) Kupfer und Kupferlegierungen. Profile und Rechteckstangen zur allgemeinen Verwendung
[4.14] DIN EN 12163 (1998) Kupfer und Kupferlegierungen. Stangen zur allgemeinen Verwendung
[4.15] Hofmann H-J, Fahrenwaldt HJ (1975) Werkstoffkunde und Werkstoffprüfung, Bd. 1 und Bd.2. Dr. Lüdecke-Verlagsgesellschaft
[4.16] Altenpohl D (1994) Aluminium von Innen. Aluminium-Verlag. 5. Auflage
[4.17] Beisel W (1963) Theoretische Grundlagen für das Kaltumformen von Stählen

5 Vorbehandlung

5.1 Einleitung

Beim Fließpressen werden in schneller Folge große Stückzahlen von Pressteilen hergestellt, meist voll- oder teilautomatisiert und mehrstufig. Diese Fertigungsweise erfordert ein optimal vorbereitetes Rohteil, welches, wie in Abb. 5.1 gezeigt, hinsichtlich

- Form
- Abmessung
- Gefüge und
- Oberfläche

reproduzierbar hohe Pressteilqualität gewährleistet (Abb. 5.2).

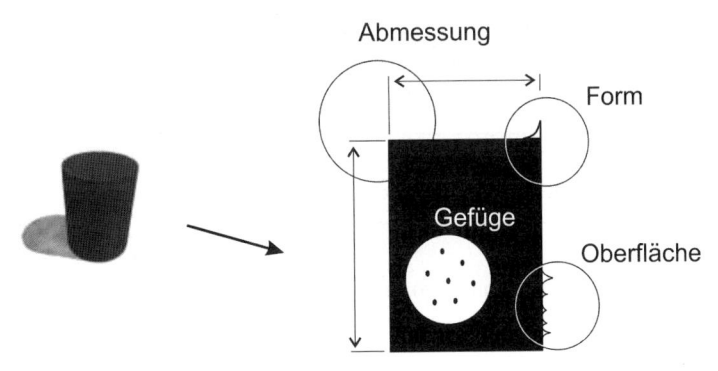

Abb. 5.1 Rohteilvorbehandlung

Abb. 5.2 Präzise Rohteilabschnitte für hohe Pressteilqualität und störungsfreien Fließpressbetrieb. Bild: Hatebur AG

Voraussetzung für die optimale Vorbehandlung von Rohteilen ist, dass der Werkstoff vom Hersteller in einwandfreiem Zustand angeliefert wird. Darauf bauen die einzelnen Stationen der Rohteilvorbereitung auf; sie sind in Abb. 5.3 dargestellt und werden nachfolgend der Reihe nach behandelt.

Werkstoff-Anlieferungszustand

- Form — Scheren, Sägen, Schneiden, ...
- Abmessung — Setzen, Zentrieren, ...
- Gefüge — Weichglühen, GKZ-Glühen, ...
- Oberfläche — Phospatieren, Beseifen, MoS_2, ...

Abb. 5.3 Stationen der Rohteilvorbereitung zum Fliesspressen nach Anlieferung des Werkstoffs durch den Lieferanten

5.2 Anlieferungszustand

Im Allgemeinen überprüfen die Hersteller vor Auslieferung ihrer Werkstoffe an den Fließpresser die Oberflächenbeschaffenheit, den Werkstoffkern und seine Reinheit, sowie das Gefüge und die chemische Zusammensetzung ihrer Erzeugnisse. Entsprechende Prüfzertifikate je Werkstoffcharge werden mit dem Werkstoff ausgeliefert.

Wie das Umformergebnis einer fehlerhaften bzw. minderwertigen Stahlqualität aussehen kann, zeigt Abb. 5.5. Ursache der gezeigten Defekte war Fadenlunker, der sich im Blockguss gebildet hat (Abb. 5.4), im ausgelieferten Stabstahl verblieb und vom Fließpresser erst nach der Verarbeitung in den fertigen Preßteilen erkannt wurde, - die Teile sind Ausschuss.

Für die Problemfindung war es von großem Nutzen, den Weg der Stahlherstellung zu kennen - in Abb. 5.6 sind die wesentlichen Schritte der Stahlerzeugung bis zum Halbzeug als Ausgangswerkstoff für das Fließpressen gezeigt.

Für ein gutes Umformergebnis sind kerb- und rissfreie Werkstoffoberflächen wichtig, das Gefüge sollte möglichst homogen, entspannt und feinkörnig sein.

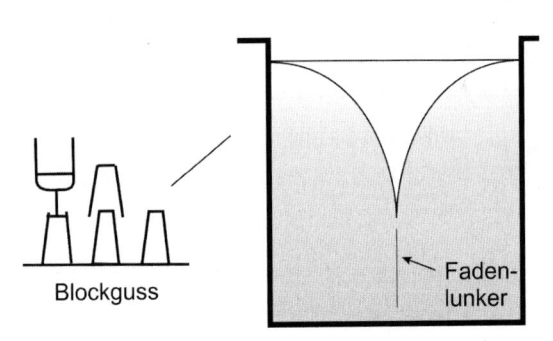

Abb. 5.4 Beim Abkühlen eines zylinderförmigen Blockes kann ein trichterförmiger Lunker entstehen, der sich im Innern als Fadenlunker fortsetzt [5.1]. Selbst wenn der Kopf des Blockes vor der Weiterverarbeitung (Walzen) abgeschnitten wird, kann restlicher Lunker verbleiben, der durch das Umformen nicht verschweißt und am späteren Werkstück zu Materialschäden führen kann

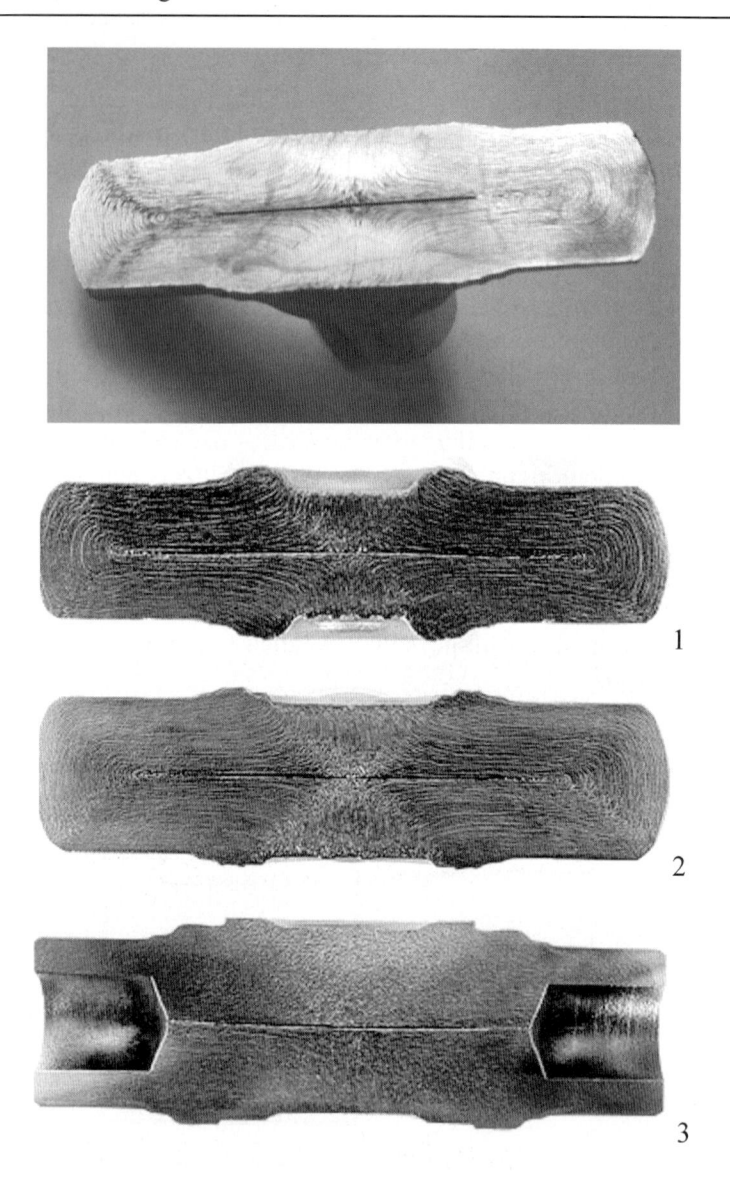

Abb. 5.5 Mitumgeformter Werkstoffdefekt (Fadenlunker) in querfließgepressten Gelenkkreuzen in Pressteilmitte. 1. Rohteil-Ø 17,46x85,9/0,160 kg/Zapfen-Ø 14,2 mm; 2. Rohteil-Ø 30,16x119,8/0,670 kg/Zapfen-Ø 24,2 mm; 3. Rohteil-Ø 41,27x121,5/1,280 kg/Zapfen-Ø 28,5 mm (mit Quernapfung)

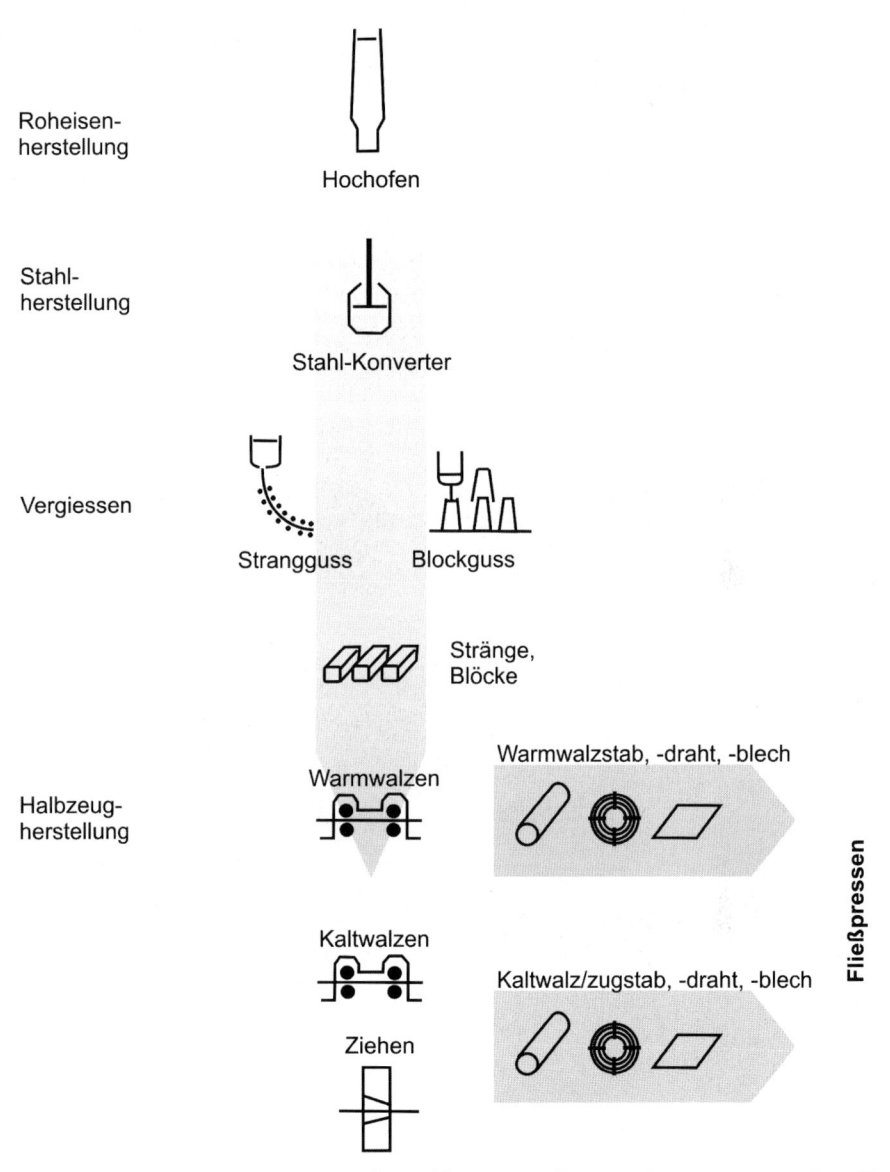

Abb. 5.6 Schritte der Stahlherstellung bis zum Halbzeug als Ausgangswerkstoff für das Fliesspressen

5.3 Form

5.3.1 Rohteilabschnitte

Für das Fließpressen wird Stückgut verwendet. Tab. 5.1 gibt einen Eindruck von der Vielfalt verwendeter Rohteilformen. Man erkennt, dass oftmals vom Draht oder von Stäben mit runden oder profilierten Querschnitten ausgegangen wird. Je nach Fertigteil werden auch Rohrabschnitte und Blechwerkstoffe verarbeitet. Hierfür wird von den Werkstoffherstellern warm oder kalt vorgeformtes Halbzeug bezogen (Abb. 5.6).

Tabelle 5.1 Rohteilformen für unterschiedlichste Fließpressteilgeometrien [5.2]

Gescherter Stababschnitt, Stahl	Gesägter Stababschnitt, Stahl	Gedrehter Stababschnitt, Ms72	Abstechgedrehter Ring, St37
Gedrehter Kegel, C15	Ausgeschnittene Scheibe, Stahl	Gedrehter Stababschnitt, Stahl	Gesägter Stababschnitt, C15
Gescherter Stababschnitt, C15	Gescherter Stababschnitt, Stahl	Ausgeschnittene Lochscheibe, Alu	Gesägter Stababschnitt, Stahl

Die Zerkleinerung der Halbzeuge in Stückgut kann unterschiedlich erfolgen. Im allgemeinen wird Draht geschert, werden Stababschnitte durch Scheren, Sägen oder Abstechdrehen vereinzelt und Rohre gesägt oder abgestochen. Flache runde oder profilierte Abschnitte werden auch aus Blech geschnitten. Zinkplatinen (z.B. für die Batteriebecherherstellung) werden vereinzelt gegossen. Zur Einhaltung enger Gewichtstoleranzen oder bei komplizierteren Rohteilgeometrien werden Teile auch gedreht oder gefräst oder auf andere Weise durch Abspanen hergestellt. Nachfolgend wird auf die Zerkleinerung von Halbzeug durch

- Scheren
- Sägen und
- Schneiden

vertieft eingegangen.

5.3.2 Scheren

Geschert werden im allgemeinen Vollprofile (keine Rohre oder offene Profile). Meist erfolgt es vollautomatisiert. Entweder als integrativer Prozessbestandteil auf der Umformmaschine (Abb.5.7) oder auf separaten Schermaschinen. Die Anwendungsgrenze des Scherens ist durch das kleinste Verhältnis aus Abschnittslänge zu Abschnittsdurchmesser (l/d) gegeben. Es liegt bei l/d = 0,5 - 0,6. In der Praxis schert man im allgemeinen mit l/d $\geq$ 0,8 ab [5.18]. Durch Scheren können kleine Gewichtstoleranzen bzw. genaue Abschnittslängen erreicht werden. Ein Problem sind die Durchmessertoleranzen bei Stäben. Die Rohteil-Volumenschwankungen bei Abschnitten aus gewalztem Stahl liegen bei ca. 3 - 5%, für gezogenes Halbzeug darunter. Geschälte Stäbe haben sehr geringe Schwankungen ($\leq$ 1%). Bezüglich Durchmessertoleranz, Rissfreiheit und Preis verhalten sich gewalzter, gezogener und geschälter Draht- bzw. Stabwerkstoff wie folgt zueinander [5.16]:

Preisrelation	**Halbzeug**	**Toleranz**	**Rissfreiheit**
100%	· warmgewalzt (Draht oder Stab)	ISO 13 – 14	schlecht
120%	· kaltgezogen (Draht oder Stab)	ISO 10 – 11 (12)	besser
130%	· geschält (Stab)	ISO 11 – 13	gut

Im allgemeinen ist Drahtwerkstoff kostengünstiger als Stabwerkstoff (bis ca. Ø 30 mm). Abb. 5.7 zeigt den Prozessablauf bei der Herstellung von Massenfließpressteilen auf einer horizontalen Mehrstufenpresse. Ausgehend vom gebeizten und gereinigten Draht oder Stab [5.3] wird der Werkstoff über Richtrollen in die Maschine eingezogen und ggf. auf eng tolerierten Durchmesser mit einer Ziehmatrize kalibriert und schrittweise in der Presse zum Fertigteil verarbeitet. Der Transport der Teile zwischen den Fließpressstufen erfolgt mit einem Transfer-Greifersystem, dessen Bewegung mit dem Pressenhub synchronisiert ist, wie auch die Bewegung der Einzugsrollen und Auswerferstifte.

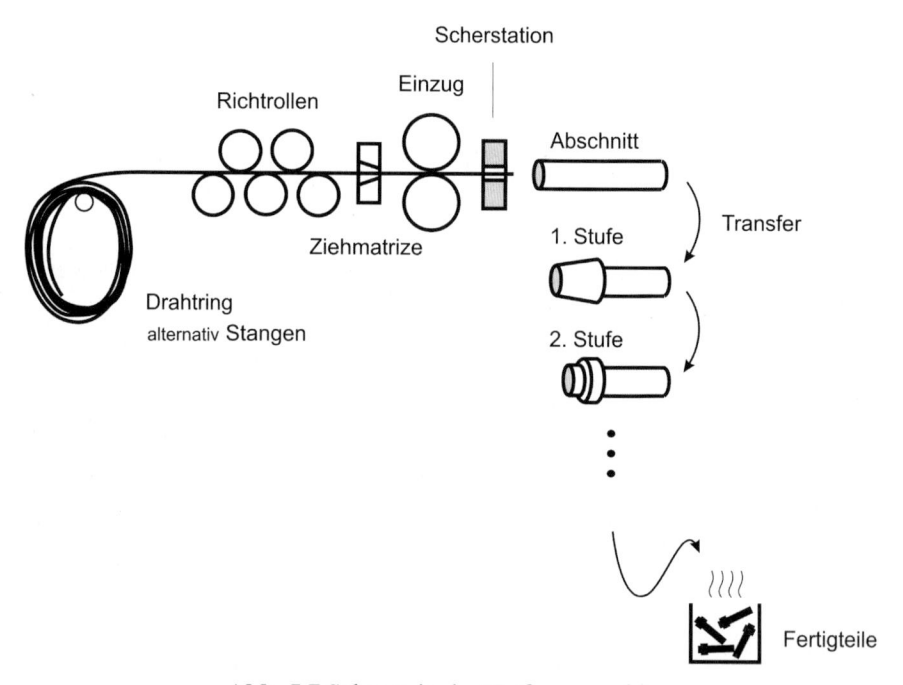

Abb. 5.7 Scheren in der Umformmaschine

Es ist das Ziel, dass die Scherzone eben, glatt, rechtwinklig riss- und überlappungsarm ist. Beim Abscheren wird durch den Scherschlag der Querschnitt verformt und es bilden sich oft Einzüge an den Kanten der Abschnitte (Abb. 5.8). Besonders deutlich ist dies bei weichen Werkstoffen erkennbar. Kurze Abschnitte werden stärker verformt aufgrund der geringeren Einspannung, weshalb in diesen Fällen bevorzugt gesägt wird. Die Verformung bewirkt eine lokale Verfestigung an den Schneidflächen des Rohteils. Dies führt zu einer inhomogenen Härteverteilung am Rohteil und kann beim Fließpressen zu ungleichmäßigem Werkstoffffluß oder zum Verlaufen von Umformwerkzeugen führen. Insbesondere bei Teilen aus hartem Werkstoff und mit komplizierten Innenformen. Die Verfestigungen können durch eine Wärmebehandlung in vielen Fällen beseitigt oder durch Setzen eingeebnet werden.

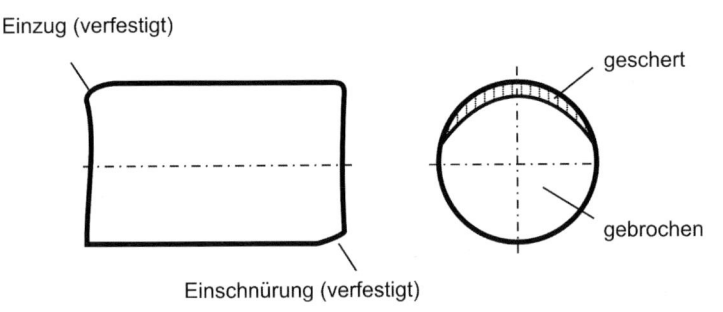

Abb. 5.8 Gescherter Abschnitt (Draht oder Stab). Verformung des Abschnitts durch den Scherdruck. Ungleichmäßige Verfestigung der Scherfläche (Scher- und Bruchzone) [5.18]

Für die Scherqualität ist die Schergeschwindigkeit entscheidend. Gute Trennflächenqualitäten sind mit hohen Schergeschwindigkeiten zu erreichen. Je höher die Schergeschwindigkeit liegt, desto geringer ist die Scherverformung und Härtezunahme. Als gering gelten Schergeschwindigkeiten von v < 0,5 m/s, als erhöht v > 1 m/s. Von Hochgeschwindigkeitsscheren spricht man bei v > 2 m/s.

Weit verbreitet ist das Scherverfahren in Abb. 5.9. Es kann mit offenen oder geschlossenen Messern geschert werden. Mit vorbeschleunigten Messern sind hohe Schergeschwindigkeiten und Schnittqualitäten zu erreichen (siehe Abb. 5.2). In der Regel ist der Scherspalt mit zunehmender Werkstoffhärte kleiner (Ausnahme: Aluminium und Blei). Er liegt für weichen Stahl bei 5 - 10%, für zähharte Stähle bei 3 - 5% und für spröde Stähle bei 1 - 3% der Werkstoffdicke.

Beim Scheren fällt nur an den Enden der Halbzeuge Abfall an: Ist ein Drahtbund nahezu abgewickelt, wird das Ende mit dem Anfang des neuen Bundes verschweißt, so dass nicht neu eingestoßen werden muss, sondern ein kontinuierliches Weiterziehen möglich ist.

Über das Scheren wird in der Literatur viel berichtet. Ausführlich wird es beispielsweise in den Richtlinien der ICFG [5.15] und in [5.4] behandelt.

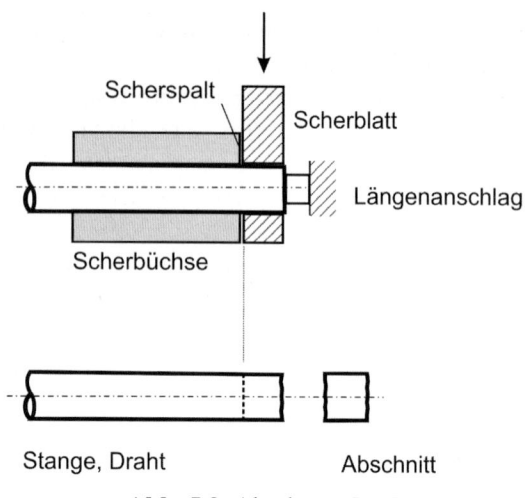

```
            Scherspalt    ↓
                       ┌──┐
            ┌──────────┤  ├─ Scherblatt
            │          │  │
          ──┤  ────────┤  ├── ─·─
            │          │  │  Längenanschlag
            └──────────┤  │
           Scherbüchse └──┘


          ┌─────────────┐    ┌──┐
         ─┤             ├─  ─┤  ├─
          └─────────────┘    └──┘
           Stange, Draht     Abschnitt
```

Abb. 5.9 Abscheren [5.4]

5.3.3 Sägen

Für kleine bis mittlere Losgrößen und bei großen Stabdurchmessern oder kurzen Abschnitten, die nicht geschert werden können, wird das Sägen auf Kreissägen oder Bandsägen vorgenommen. Im allgemeinen werden als Halbzeug gezogene oder geschälte Stäbe bis 6 m Länge eingesetzt. Gewalzter Werkstoff wird im allgemeinen wegen der harten Walzhaut nicht verwendet; es verringert die Standmengen der Sägewerkzeuge. Drahtbunde sind für das Sägen nicht gebräuchlich.

Durch Sägen lassen sich flache Abschnitte mit einem Verhältnis $l/d \leq 0{,}3$ trennen, zudem zähe und harte Werkstoffe. Gegenüber dem Scheren hat das Sägen folgende Vorteile:

- Es entsteht keine Gefügeveränderung an den Trennflächen (Verfestigung usw.), so dass Glühvorgänge entfallen können;
- Es ist ohne Aufwand auf andere Durchmesser zu wechseln;
- Es können neben Vollmaterial auch Rohre und offene Profile gesägt werden;
- Es kann im Paket (Stabbündel) gesägt werden.

Nachteilig sind der Werkstoffabfall und die geringe Schnittrate. Höhere Schnittraten sind möglich (z.B. bei Verwendung von Hartmetallsägeblättern), gehen aber auf Kosten der Sägewerkzeuge, womit sind die Kosten pro Abschnitt erhöhen. Durch Scheren sind im Vergleich zum Sägen kleinere

Gewichtstoleranzen herstellbar bzw. können bezüglich der Abschnittslänge genauere Teile hergestellt werden.

Wie eingangs erwähnt, werden Rohrabschnitte vom Rohr-Halbzeug gesägt. Doch wenn im Fließpressbetrieb Mehrstufenpressen vorhanden sind oder besondere Querschnitte benötigt werden ist es auch üblich, die Rohrabschnitte aus Vollmaterial selbst herzustellen: mehrstufig kalt (teuer aber genau) oder durch Schmieden auf einer Warmpresse (günstiger aber eventuell problematisch wegen verbleibendem Mittenversatz). In Abb. 5.10 ist dies für das Rohteil zu einer querfließgepressten Radnabe aus C35 gezeigt. Ausgehend vom gesägten Stababschnitt oder vom gescherten und anschließend gesetzten Teil wird der Rohrabschnitt in 2 Stufen durch Napf-Rückwärts-Fließpressen und Lochen hergestellt. Anschließend muss weichgeglüht und für das Querfließpressen phosphatiert und beseift werden.

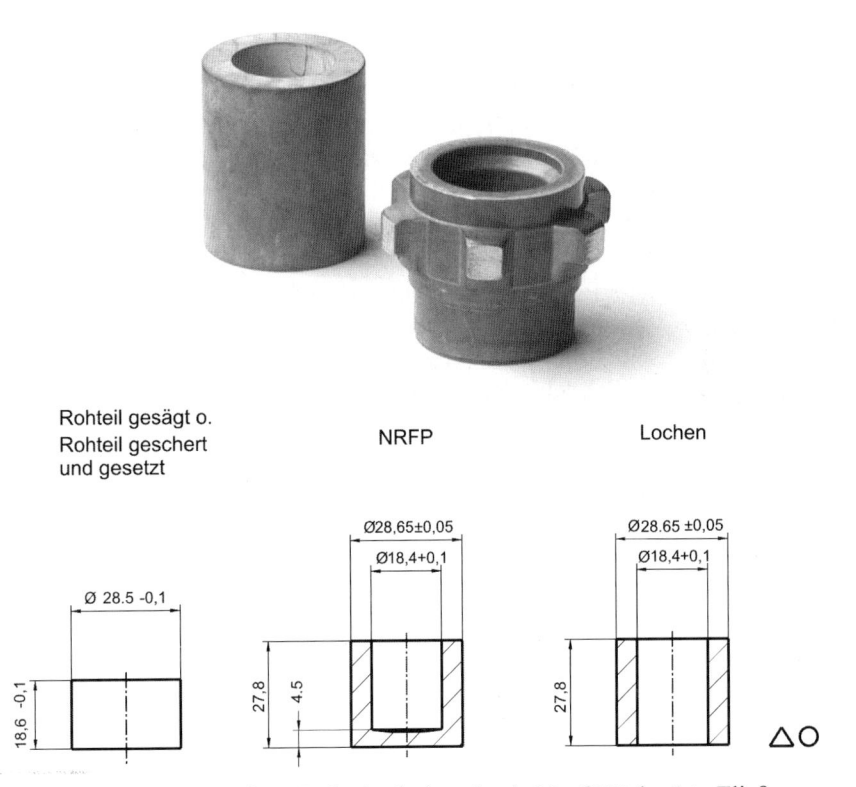

Abb. 5.10 Herstellen eines Rohrabschnitts durch Napf-Rückwärts-Fließpressen (NRFP) und Lochen. Hier am Beispiel eines durch Querfließpressen hergestellten Radnabenteils aus C35

5.3.4 Schneiden

Für die Rohteilherstellung zum Fließpressen kann von Flachstäben bis zu 15 - 20 mm Blechdicke ausgegangen werden - darüber wird die Schnittqualität geringer. Das Verfahren wird dann zur Herstellung von Abschnitten (Platinen, Ronden) angewendet, wenn kleine Dickentoleranzen gefordert sind und ein Scheren in Kombination mit Setzen maßgenau bzw. wirtschaftlich nicht möglich ist. Außerdem lassen sich flache Rohteile durch Ausschneiden aus Blechen billiger Herstellen als durch Absägen von Stäben (Abb. 5.11).

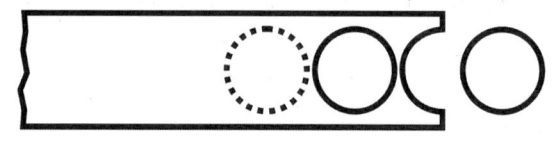

Abb. 5.11 Schneiden [5.4]

Ausgeschnittene Ronden werden viel für das Aluminiumfließpressen verwendet (Tuben, Becher usw.). Aufgrund der geringen Wanddicken können aus dem weichen Werkstoff hohe Napfteile aus relativ flachen Platinen gefertigt werden.

Stoffverluste beim Ausschneiden von Ronden aus Blechen können durch die Geometrie der Platinen deutlich reduziert werden. In Abb. 5.12 ist hierzu als Beispiel ein Tassenstößel aus C15 dargestellt. Das Pressteil ist durch eine Verfahrenskombination mit Schleifaufmass gefertigt. Der Werkstofffluss ist über Bremskanten gesteuert. Die Genauigkeitsanforderungen am Teil sind hoch. Die Wandstärken der Stege sind sehr gering, und es ergeben sich sehr hohe Umformgrade. Alternativ zu dem runden Lochscheibenkörper können sechseckige Lochscheiben verwendet werden (Abb. 5.13). Das ermöglicht eine wirtschaftlich günstige Rohteilfertigung, da der Blechwerkstoff mit minimalem Schneidabfall ausgenutzt werden kann. Die sechseckige Platinenform ist trotzdem für das runde Pressteil einsetzbar, da beim Fließpressen der Werkstoff durch den Stofffluss in der zylindrischen Matrize unterhalb des Stempels aufgrund des geringeren Widerstandes zuerst radial den Boden zylindrisch ausformt, bevor er gegen höheren Widerstand im Werkzeugspalt steigt. Es bilden sich am Fertigteil keine Zipfel infolge der 6-Eckplatine, wie man vielleicht vermuten würde. Die Herstellung von Ronden aus Blechen kann mit hoher Geschwindigkeit auf kurzhubigen Pressen (Schnellläuferpressen) erfolgen, weshalb die Kosten pro Abschnitt sehr gering sein können.

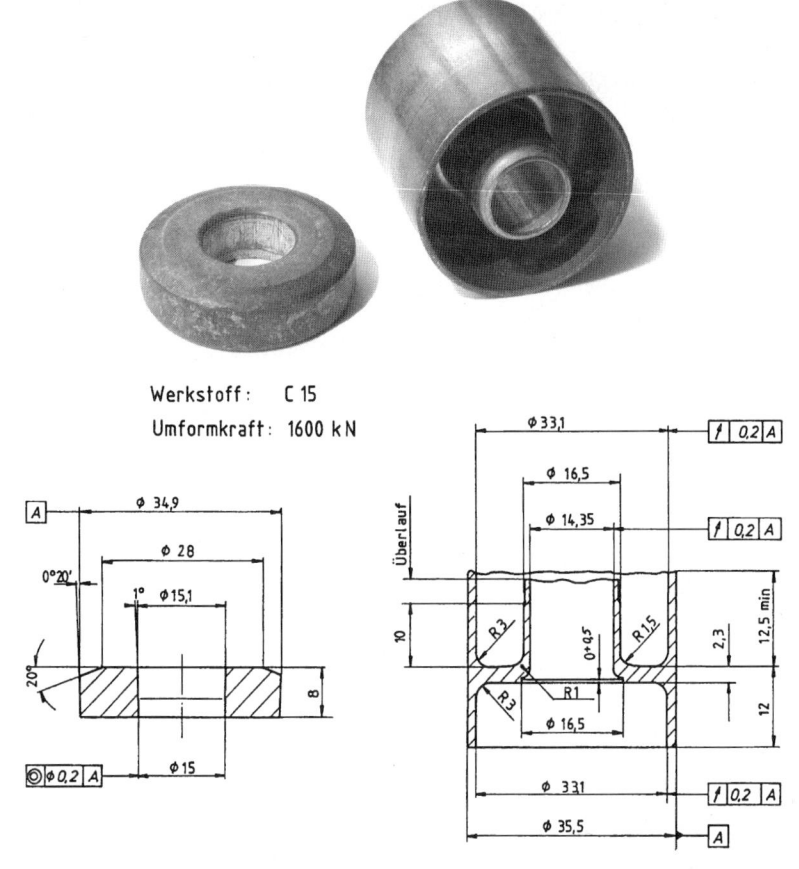

Abb. 5.12 Tassenstößel für hydraulischen Ventilspielausgleich

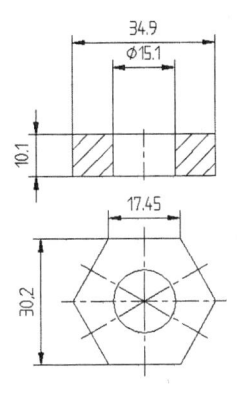

Abb. 5.13 6-eckige Platinenform für ökonomische Blechausnutzung

5.3.5 Genauigkeit der Rohteilabschnitte

Bei der Fertigung sehr genauer Pressteile kommt es auf die Einhaltung der Rohteil-Gewichtstoleranz (Volumentoleranz) in sehr engen Grenzen an, insbesondere beim Arbeiten in geschlossenen Werkzeugen. Unterschiedliche Rohteilvolumina führen zu unterschiedlichen Presskräften. Und dies wiederum bewirkt unterschiedliche Werkzeugeinfederungen und damit unterschiedliche Dimensionen am Pressteil [5.17]. Bei mehrstufigen Prozessen führt dies zu schwankenden Belastungszuständen in den einzelnen Umformstufen und infolge dessen zu wechselnder außermittiger Belastung des Pressenstößels mit der Gefahr von Stößelverkippung.

In der Regel ist eine Gewichtstoleranz von ± 0,5 % erforderlich. Dies ist nur bei Verwendung von Ausgangsmaterial mit Durchmessertoleranz ISO 11 und kleiner erreichbar. Zum Einsatz kommt in diesen Fällen deshalb geschälter oder gezogener Werkstoff mit Durchmessertoleranz h_{10} bzw. h_{11}. An die Scher- und Sägequalität müssen ebenfalls höhere Anforderungen gestellt werden. Die Rohteile müssen mit einer Längentoleranz kleiner 0,3 mm (± 0,15) abgetrennt werden. Eine zusätzliche Gewichtskontrolle sortiert die Rohteile nach Gewichtsklassen mit einer Gewichtstoleranz von ± 0,25 % [5.17].

5.3.6 Entgraten der Rohteilanschnitte

Gesägte, aus Blechen geschnittene und auch gescherte Abschnitte werden entgratet. Dies erfolgt in vielen Fällen durch Trommeln oder Strahlen. Dadurch werden scharfe Kanten gebrochen und Oberflächen gleichmäßig eingeebnet. Dies begünstigt die Schmierstoffhaftung. In Abb. 5.14 und Abb. 5.15 sind aus Dickblech ausgeschnittene Aluminiumbutzen vor und nach dem Entgraten durch Trommeln gezeigt.

Abb. 5.14 Aluminiumabschnitt (Al 99,5), aus Dickblech geschnitten und leicht gesetzt, im Zustand vor dem Trommeln mit relativ scharfen Kanten und blanken Schnittflächen

Abb. 5.15 Getrommelter Aluminiumabschnitt (Al 99,5)

5.4 Abmessungen

Nachdem die Vereinzelung von Rohteilen aus Halbzeug besprochen ist, wird auf die Herstellung maßgenauer Geometrien aus diesen Teile eingegangen.

5.4.1 Setzen

Im allgemeinen folgt auf das Scheren ein Setzvorgang, um an den verformten Scherflächen zueinander planparallele Flächen herzustellen. Es werden auch gesägte Abschnitte gesetzt. Unter Setzen versteht man ein Stauchen im geschlossenen Werkzeug (Abb. 5.16).

Das Setzen bietet die Möglichkeit, am Teil die Durchmessertoleranz und Rundheit sowie die Planparallelität der Rohteilstirnflächen wesentlich zu verbessern. Dies ist oft die Grundlage für das Pressen sehr enger Form- und Maßtoleranzen in nachfolgenden Stufen. Auch können durch zwischengeschaltete Setzarbeitsgänge günstige Drahtdicken verwendet werden, wobei damit Vorteile in der Lagerhaltung einer nur reduzierten Vielfalt an Draht- und Stabdurchmessern verbunden sein können. Abb. 5.17 zeigt typische Setzformen.

Im allgemeinen werden die Teile beim Setzen nicht mit scharfen Kanten ausgepresst, da die Presskräfte zu sehr anstiegen. Außerdem ist aufgrund von Volumenschwankungen der Abschnitte eine Werkstoffunterfüllung vorzuhalten bzw. ein Werkstoffüberlauf vorzusehen. Das Setzen kann Bestandteil eines Mehrstufenprozesses sein oder auf separaten Maschinen durchgeführt werden. Im allgemeinen sind nur kurze Hübe erforderlich.

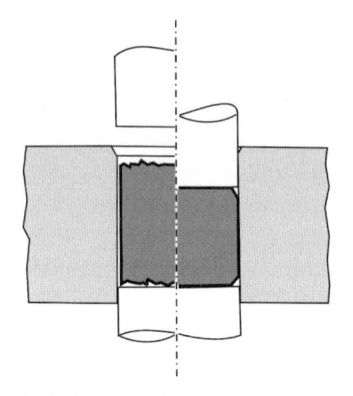

Abb. 5.16 Prinzip des Setzens [5.4]

Die Oberflächenvergrößerung am Teil ist im allgemeinen gering, weshalb die Schmierung nur in bestimmten Fällen eine Trägerschicht (z.B. Phosphatierung) benötigt.

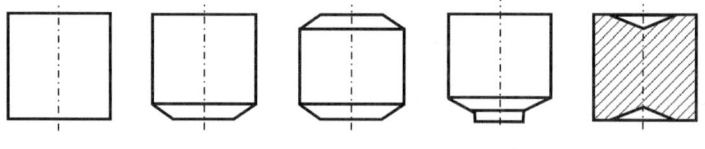

Abb. 5.17 Typische Setzformen [5.4]

5.4.2 Setzen und zentrieren

Oft wird beim Setzen gleichzeitig am Teil eine Zentrierung im Hinblick auf nachfolgende Umformarbeitsgänge angebracht, z.B. um dem Verlaufen eines Napfstempels vorzubeugen oder um pneumatisch abgefederten Haltestifte als Fixierung zu dienen.

Die Zentrierung kann die Formfüllung beim Setzen unterstützen, da sie durch die Zentierungsschrägen am Werkzeug ein Querfließen des Werkstoffes bewirkt und für eine gleichmäßige Härteverteilung am Teil sorgen kann. Eine Zentrierung am gesetzten Stababschnitt ist beispielsweise eine Maßnahme dafür, dass ein Napfstempel beim Einstoßen ins Teil nicht exzentrisch in Richtung weicherer Gefügezonen abgelenkt wird und dadurch verläuft. In Kap. 6 werden weitere Maßnahmen hinsichtlich der Rohteilvorbereitung zum Napf-Fließpressen genannt, um präzise Werkstücke (mit geringem Mittenversatz bzw. hoher Rundlaufgenauigkeit) zu erhalten.

Abb. 5.18 zeigt einen gescherten und gesetzten Stababschnitt aus Messing. Am gescherten Abschnitt ist deutlich eine Werkstoffverformung durch den Schervorgang zu erkennen. Das Setzteil weist eine Einprägung als Zentrierung für den nachfolgenden Fließpressarbeitsgang auf; es ist planparallel und auf größeren Durchmesser und auf maßliche Toleranz gesetzt. Die Kanten am Setzteil sind nicht scharf ausgeformt, sondern zum Ausgleich von Volumenschwankungen und zum Schutz vor Werkzeugüberlastung leicht unterfüllt.

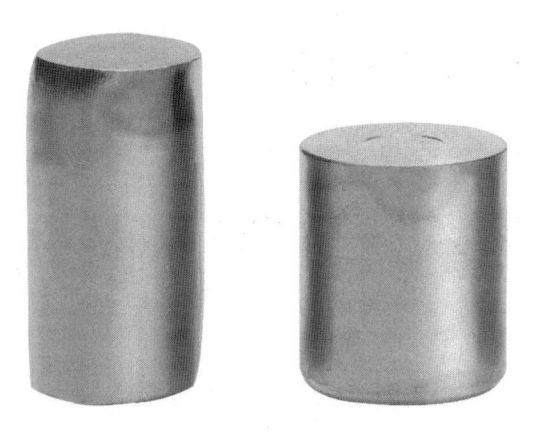

Abb. 5.18 Gescherter und gesetzter Stababschnitt aus Messing. Bild: Hatebur AG

5.4.3 Setzen und Werkstoffvorverteilung

Die genaue Geometrie des Setzteils folgt den Erfordernissen des nachfolgenden Umformvorgangs. Setzgeometrien weisen deshalb oft Werkstoffvorverteilungen im Hinblick auf die nächste Stufe auf. Abb. 5.19 zeigt einen schlanken gescherten Drahtabschnitt (l/D > 1), der auf die halbe Ausgangshöhe und das Durchmessermaß der nächsten Stufe gebreitet wurde. Alternativ dazu hätte ein dickerer Draht- bzw. Stababschnitt gewählt werden können, der aber aufgrund eines ungünstigen l/d-Verhältnisses gesägt werden hätte müssen.

Das Setzteil in Abb. 5.19 zeigt die beim Setzen oft verwendete „Linsenform", d.h. Abschrägungen der Stirnflächen. Die Linsenform hat neben der

Werkstoffvorverteilung für die nächste Umformstufe den Vorteil, dass der Umformstempel nicht abrupt auf die ganze Fläche trifft, sondern allmählich eintaucht und auf diese Weise das natürliche Fließverhalten des Werkstoffes bei der Formfüllung unterstützt.

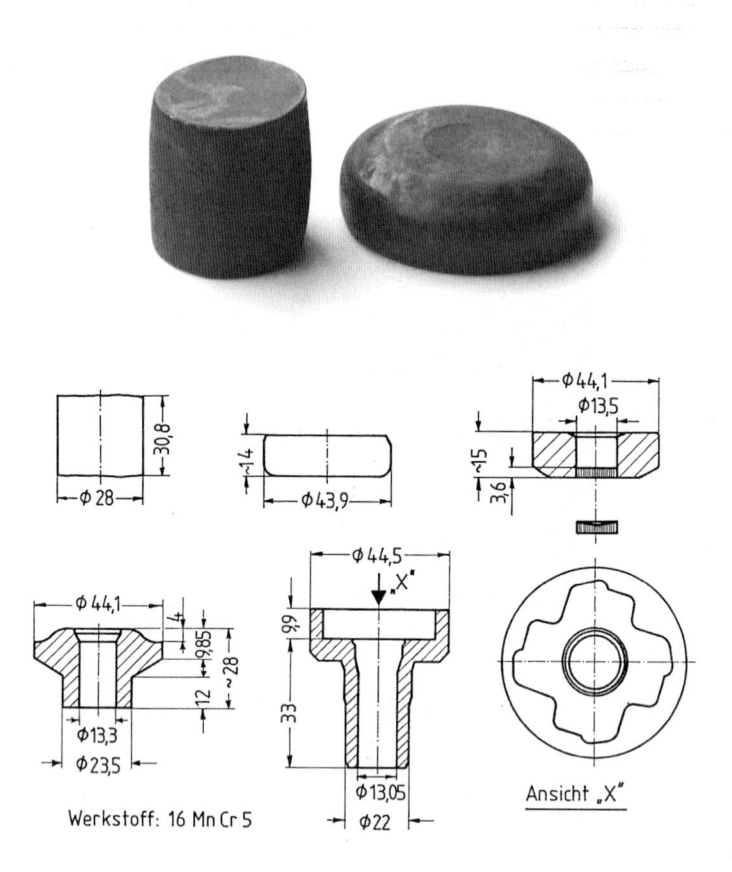

Abb. 5.19 Geschertes Rohteil und Setzteil für einen Mitnehmer

5.4.4 Setzen und Werkstoffvororientierung

Das Setzen kann auch mit einer Vororientierung des Werkstoffflusses verbunden werden. In Abb. 5.20 sind hierzu das gesägte Rohteil und die Setzstufe für eine Nocke gezeigt. Der Durchmesser und die Höhe des Teiles haben sich nicht sehr geändert. Doch wurde beim planparallelen Setzen gleichzeitig Werkstoff in die exzentrische Nockennase gelenkt und leichte Erhebungen angeprägt. Mit den Erhebungen wird Werkstoffvolumen vorgehalten, welches im nächsten Pressarbeitsgang die maßgenaue Ausformung der Nocke mit relativ geringen Kräften begünstig. Auf der Stirnfläche des gesetzten Teils ist noch die Struktur vom Sägen des Stababschnitts erkennbar. Die Stadienfolge der Nocke aus 100Cr6 in Abb. 5.20 lautet: (1) gesägtes und beschichtetes Rohteil (Schmierstoff: Graphit und Öl), (2) Setzen, (3) Fließpressen eines Doppelnapfes (halbwarm, bei 720°C), (4) Lochen; anschließend spanendes Fertigbearbeiten für den Einbau auf eine Nockenwelle.

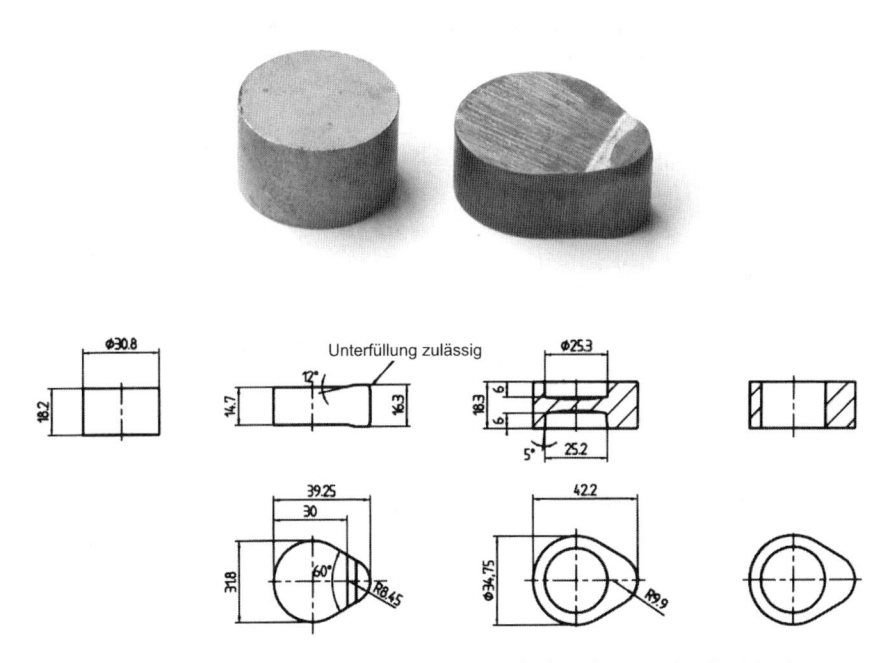

Abb. 5.20 Gesägtes Rohteil mit Setzstufe für eine Nocke (100Cr6)

5.5 Gefüge

Um dem Werkstoff ein günstiges Gefüge für die Kaltumformung zu geben, wird er vor und gegebenenfalls zwischen den einzelnen Umformarbeitsgängen wärmebehandelt. Auch nach dem Fließpressen sind Glühungen üblich.

Folgende Glühverfahren werden angewendet [5.9]:

- Weichglühen, Glühen auf kugeligen Zementit (GKZ)
    - Verbesserung der Umformbarkeit
    - Im allgemeinen vor dem ersten Umformarbeitsgang
    - Bei Stählen bis ca. 0,5%C etwa 3 ½ bis 4 h bei 680-700°C, anschließend Ofenabkühlung
    - Umwandlung von lamellaren in kugeligen Zementit
- Rekristallitationsglühen
    - Beseitigung der Werkstoffverfestigung
    - Im allgemeinen zwischen zwei Fließpressarbeitsgängen
    - Glühtemperatur abhängig vom Umformgrad und Legierungsgehalt
    - Mehrere Stunden Glühdauer, anschließend Ofenabkühlung
- Normalglühen
    - Beseitigung von Grobkorn
    - Beseitigung der Werkstoffverfestigung zwischen Fließpressarbeitsgängen
    - Bei 30 – 50°C über A_{C3}, ca. 850-920°C (je C-Gehalt), anschließend Luftabkühlung
- Spannungsfreiglühen
    - Beseitigung von Eigenspannungen
    - Bei 450-650°C, anschließend Ofenabkühlung
    - Keine wesentlichen Gefüge- u. Festigkeitsveränderungen

5.5.1 Weichglühen, Glühen auf kugeligen Zementit (GKZ)

Stähle werden vor dem Fließpressen zur Erzielung eines möglichst hohen Umformgrades weichgeglüht. Ziel ist ein weiches und spannungsarmes Gefüge. Nach DIN 17014 steht beim Weichglühen ohne Zusatzbemerkung nur die Veränderung der Zugfestigkeit bzw. Härte im Vordergrund - es wird keine Rücksicht auf das Gefüge genommen; im Unterschied zum Glühen auf kugeligen Zementit (GKZ), bei dem es besonders auf den Gefügezustand ankommt.

Beim GKZ-Glühen soll ein Gefüge von kugeligem Zementit in ferritischer Grundmasse entstehen („körniger Perlit"). Das perlitische Ausgangsgefüge beinhaltet den Zementit lamellar eingelagert. Abb. 5.21 zeigt die dichte Wechselschichtung aus dunklen Zementitstreifen in weißer Ferritmatrix. Nur gebietsweise ist das Gefüge in globularen Zementit umgewandelt [5.8].

Abb. 5.21 C45 weichgeglüht (horizontaler Bildausschnitt: ca. 110 μm) [5.8]

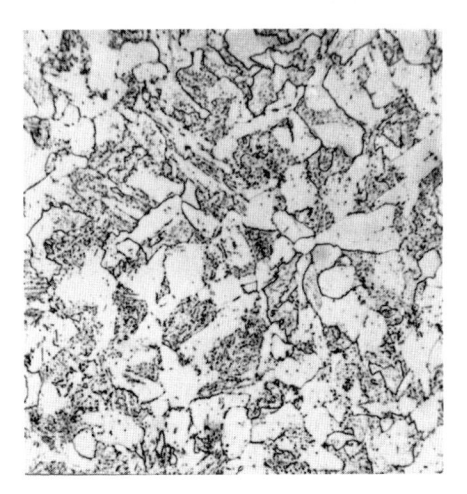

Abb. 5.22 16MnCr5 weichgeglüht (horizontaler Bildausschnitt: ca. 110 μm) [5.8]

Durch GKZ-Glühung wird eine kugelige Einformung des Zementits erreicht. Abb. 5.22 zeigt das Gefüge eines GKZ-geglühten 16MnCr5, bei dem der lamellare Zementit recht gut in körnigen Perlit umgewandelt ist [5.8].

GKZ-geglühter Stahl lässt sich wesentlich besser kaltfließpressen. Der Werkstofffluss wird von der weicheren ferritischen Grundmasse übernommen. Die kleinen Zementitkörnchen behindern nur noch wenig den Werkstofffluss. Dadurch vergrößert sich die Bruchdehnung des Werkstoffes erheblich (Stähle mit einer Brucheinschnürung von über 60% lassen sich im allgemeinen am besten kaltfließpressen); vgl. Kap. 4.2 ff. Die Festigkeitswerte werden etwas geringer (Tab. 5.2). Bei übereutektoiden Stählen wird durch GKZ-Glühen auch der Sekundärzementit kugelig eingeformt [5.6].

Besonders gute Voraussetzungen für das Kaltfließpressen liegen vor, wenn der Zementit neben seiner kugeligen Ausformung noch möglichst gleichmäßig verteilt in das Gefüge eingebettet ist. Dies erhöht nochmals das Formänderungsvermögen und die Werte der Bruchdehnung. Es werden folgende Werte für Ck45 gegeben (Tab. 5.2):

Tabelle 5.2 Auswirkung der GKZ-Glühung auf Kennwerte für Ck45 [5.7]

	Zementit im Perlit lamellar	Zementit im Perlit kugelig	Zementit im Perlit kugelig, gleichmäßig verteilt
Dehngrenze $R_{p0,2}$ [N/mm²]	400	350	450
Zugfestigkeit R_m [N/mm²]	720	600	600
Brucheinschnürung ψ [%]	40	54	67

Eine Kaltumformung vor dem GKZ-Glühen beschleunigt die körnige Einformung des Zementits [5.6].

Der weichste Zustand des Stahles wird durch längeres Glühen (Abb. 5.23), in der Praxis 3½ bis 4 Stunden unterhalb A_{C1} (Linie P-S, 680° C bis 720°C) bei untereutektoiden Stählen und dicht oberhalb A_{C1} (Linie S-K, 730°C bis 750°C) bei übereutektoiden Stählen erreicht [5.5, 5.6]. Anschließend wird langsam im Ofen abgekühlt (lt. [5.7] bis 550°C < 2° pro Minute; anschließend normale Luftabkühlung).

Es ist auch ein Pendeln um A_{C1} möglich; beim Pendelglühen schwankt die Temperatur periodisch um A_{C1}. Dies bringt eine kürzere Glühzeit mit sich [5.6]. In Tab. 5.3 sind GKZ-Weichglühtemperaturen gängiger Kaltfließpressstähle zusammengestellt.

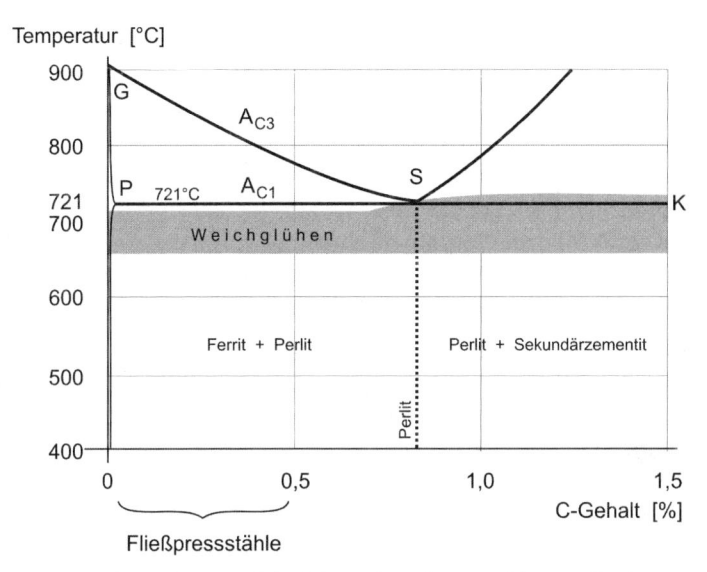

Abb. 5.23 Bereich des Weichglühens im Eisen-Kohlenstoff-Diagramm

Tabelle 5.3 Weichglühtemperaturen gebräuchlicher Kaltfließpressstähle [5.5]

Werkstoffbezeichnung	Weichglühen [°C]
C10, Ck10	650 – 700
C15, Ck15	650 – 700
C22, Ck22	650 – 700
C35, Ck35	650 – 700
15Cr3	650 – 680
16MnCr5	650 – 680
34CrMo4	700 (unter Luftabschluss)
42CrMo4	700 (unter Luftabschluss)

GKZ-geglüht werden können das noch unzerteilte Halbzeug oder die vereinzelten Abschnitte. Das Glühen kann als Zwischenglühung zwischen Kaltfließpressarbeitsgängen vorgenommen werden, insbesondere wenn in nachfolgenden Stufen schwierige Umformvorgänge erfolgen.

5.5.2 Rekristallisationsglühen

Durch Rekristallisationsglühen wird ein durch Kaltumformen verzerrtes Gefüge aufgelöst und neu gebildet. Dies ist wieder gut umformbar. Beispielsweise kann es zwischen zwei Kaltfließpressarbeitsgängen erforderlich werden, wenn ein hoher Umformgrad erreicht ist und die eingetretene Verfestigung für den nächsten Umformschritt rückgängig gemacht werden muss, um weiteres Umformen zu ermöglichen.

Die Gefügeneubildung hängt beim Rekristallisationsglühen wesentlich vom Verfestigungszustand des Gefüges ab. Ist dieser hoch, entsteht beim Glühen ein feinkörniges Gefüge, da die Keimzahl erhöht ist und damit die Korngröße beim Kornwachstum klein ausfällt. Die Rekristallisationstemperatur kann mit zunehmendem Umformgrad tiefer gewählt werden.

Ist das Gefüge nur gering verformt, sollte nicht Rekristallisationsgeglüht werden. Denn bei Eisen, C-Stählen und niedrig legierten Stählen findet bei sehr geringen Umformgraden (etwa kleiner 8 %) überhaupt keine Rekristallisation statt; nur eine Erholung.

Bei Umformgraden um 8 bis 12 % (Bereich des sog. „kritischen Umformgrades") bewirkt das Rekristallisationsglühen Grobkornbildung. Sie ist umso geringer, je größer der Umformgrad ist, d.h. je weiter oberhalb sie von den 8-12% liegt [5.5]. Ein Grobkorn kann durch Normalglühen beseitigt werden.

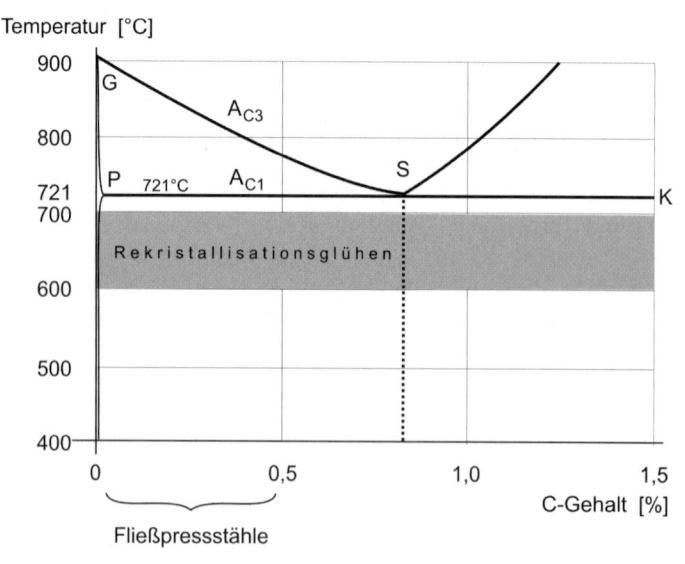

Abb. 5.24 Bereich des Rekristallisationsglühens im Eisen-Kohlenstoff-Diagramm

Das Rekristallisationsglühen findet unterhalb A_{C1} (Linie P-K) während mehrerer Stunden bei etwa 550°C bis 650°C statt (hängt sehr vom Legierungsgehalt und Umformgrad ab); Abb. 5.24.

Da die Rekristallisationstemperatur vom Legierungsgehalt und von dem Umformgrad des Werkstoffes abhängt und durch Versuche ermittelt werden muss, wird in der Praxis meist nur weichgeglüht, auch zwischen zwei Kaltumformarbeitsgängen. Jedoch ist dann eine Kontrolle durch Härtemessung erforderlich [5.9].

5.5.3 Normalglühen

Das Normalglühen dient dazu, aus einem grobkörnigen Gefüge ein gleichmäßiges feinkörniges zu machen. Die Erwärmung erfolgt ca. 30 – 50°C oberhalb A_{C3} (Abb. 5.25). Anschließend wird relativ schnell abgekühlt (an ruhiger Luft, nicht im Ofen [5.5]). Die Glühung sollte lange genug sein, um das Stahlteil bis ins Kerninnere durchzuwärmen. Die Gefahr der Entkohlung kann durch Glühen unter Schutzgas vermieden werden.

Beim Normalglühen wird kugeliger Zementit lamellar [5.7]. Kaltverfestigungen werden vollständig abgebaut, weshalb zwischen zwei Kaltfließpressarbeitsgängen gerne auch normalgeglüht wird.

In Tab. 5.4 sind Normalglühtemperaturen gängiger Kaltfließpressstähle zusammengestellt.

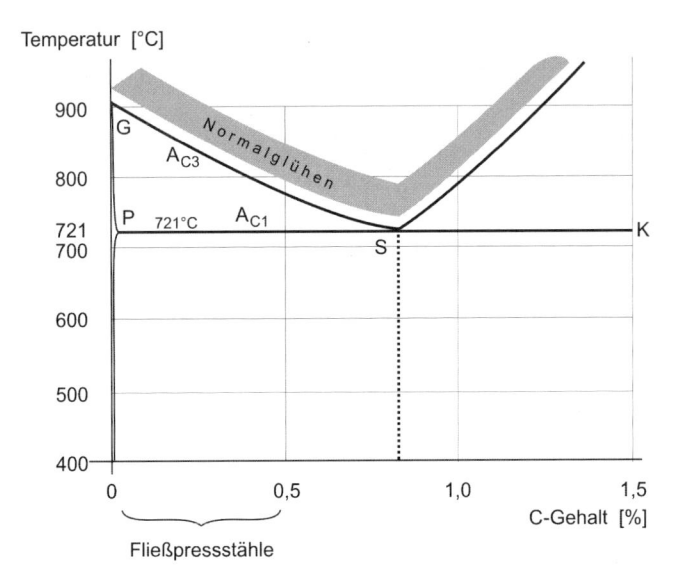

Abb. 5.25 Bereich des Normalglühens im Eisen-Kohlenstoff-Diagramm

Tabelle 5.4 Normalglühtemperaturen gebräuchlicher Kaltfließpressstähle [5.5]

Werkstoffbezeichnung	Normalglühen [°C]
C10, Ck10	890- 920
C15, Ck15	890 – 920
C22, Ck22	870 – 900
C35, Ck35	850 – 880
15Cr3	870 – 900
16MnCr5	850 – 880

5.5.4 Spannungsfreiglühen

Durch Spannungsfrei- bzw. Spannungsarmglühen werden innere Spannungen im Werkstück (Eigenspannungen) abgebaut, die durch die Kaltumformung entstanden sind. Die Spannungen können beim Kaltfließpressen entstehen, wenn über dem Preßteilquerschnitt ungleichmäßig große Umformgrade vorliegen. Die Spannungen können zum Verziehen führen oder können bei Überlagerung entsprechender äußerer Beanspruchung so hoch werden, dass Anrisse oder Brüche entstehen.

Der Temperaturbereich des Spannungsfreiglühens (Abb. 5.26) liegt bei ca. 450-650°C; bei kaltfließgepressten Werkstücken wird meist bei 500°C geglüht; ein Spannungsabbau erfolgt schon unterhalb 500°C.

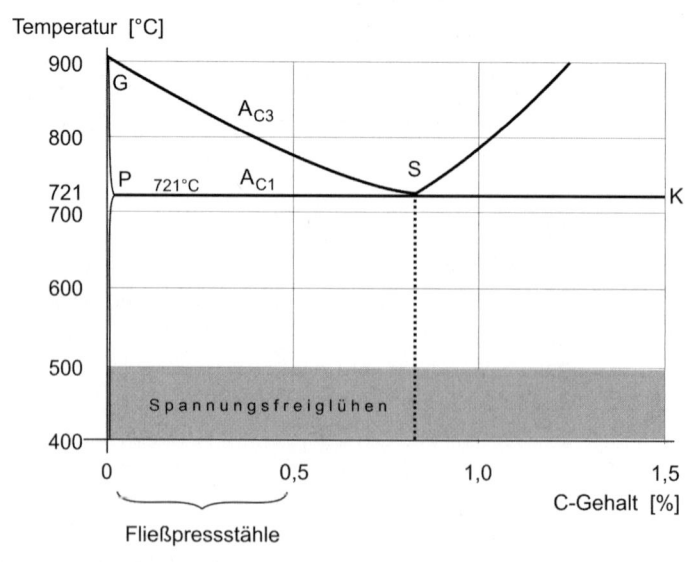

Abb. 5.26 Bereich des Spannungsfreiglühens im Eisen-Kohlenstoff-Diagramm

Die Glühdauer beträgt je nach Teilequerschnitt 1 bis 2 Stunden. Diese Temperaturen liegen weit unterhalb A_{c1}, so dass keine wesentlichen Gefügeveränderungen eintreten und die Festigkeitseigenschaften des Stahls unwesentlich verändert werden. Bei vergüteten Stählen muss die Glühtemperatur unterhalb der Anlasstemperatur liegen, da sonst eine Werkstofferweichung eintritt [5.6]. Die Abkühlung muss sehr langsam erfolgen (Ofenabkühlung), damit keine neuen Spannungen auftreten.

5.6 Oberfläche

Die Oberflächenbehandlung der Rohteile und Vorformen vor dem Kaltfließpressen hat die Aufgabe, die günstigsten Reibungsverhältnisse zwischen Werkzeug und Werkstück zu schaffen, um

- Kaltverschweißungen (Fresser) und Aufschweißungen zu verhindern;
- möglichst hohe Umformgrade zu erzielen;
- ggf. Umformstufen einzusparen;
- beste Formfüllung zu erreichen;
- Werkzeuge zu schonen sowie
- hohe Oberflächengüten am Pressteil zu erhalten.

5.6.1 Schmierstoffe und Schmierstoffträgerschichten

Die Druckbeständigkeit üblicher Schmierstoffe reicht nicht aus, den hohen Flächenpressungen und Oberflächenvergrößerungen beim Fließpressen insbesondere von Stahlwerkstoffen Stand zu halten; man denke nur an einen Napf-Rückwärts-Fließpressvorgang (Abb. 5.27).
Die Rohteile werden im allgemeinen mit Schmierstoffträgerschichten versehen, auf die der Schmierstoff aufgetragen wird. Die Schmierstoffträgerschicht verbindet den Schmierstoff besonders fest mit der Rohteiloberfläche. Die Schmierstoffschicht wirkt als Gleitschicht und vermindert die Reibung zwischen Pressteil und Werkzeug. Die Schmierschicht darf nicht abreißen, sonst entstehen sofort Kaltverschweißungen (Fresser) und Riefen am Teil. Ferner können die Werkzeuge während des Fließpressens im Werkstoff verlaufen und es ergeben sich Einbussen in der Pressteilpräzision. Für unlegierte und niedriglegierte Stähle werden in der Regel Zink-Phosphatschichten als Schmierstoffträger eingesetzt. Für hoch mit Chrom und/oder Nickel legierte Edelstähle sind Oxalatüberzüge erforderlich. Bei Aluminiumwerkstoffen verwendet man Aluminatüberzüge [5.10] (Tab. 5.5).

Tabelle 5.5 Werkstoffe und geeignete Schmierstoffträgerschichten (sog. Konversionsschichten) [5.12]

Werkstückwerkstoff	Schmierstoffträgerschicht
Eisen und Stahl	Zinkphosphatschicht und Eisen-Phosphatschicht
Nichtrostender Stahl	Eisen-Oxalatschichten
Aluminium	Aluminiumphosphat und Caliumaluminat
Titan	Titanfluorid

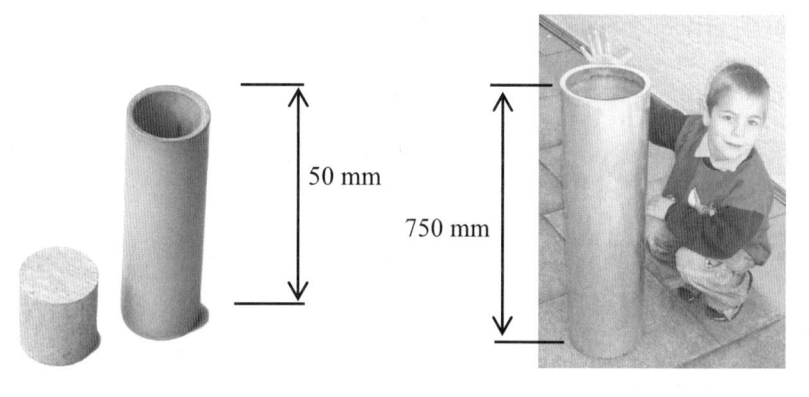

Abb. 5.27 Napfteile unterschiedlicher Dimension aus Aluminium. Die starke Oberflächenvergrößerung erfordert eine Schmierstoffträgerschicht. Fotos: Schöck

Aufgrund seiner hohen Dichte und guten Haftfestigkeit widersteht eine stabile Zinkphosphatschicht Druckspannungen von über 2.000 N/mm².

In Kombination mit einer Phosphatschicht werden für Stahlwerkstoffe je nach Flächenpressung, Umformgrad und Umformbedingungen folgende Schmierstoffe verwendet [5.14]:

Schmierstoff	Eignung
Fließpressöl	für geringe Umformgrade und Flächenpressungen
Zinkseife	für mittlere Umformgrade und Flächenpressungen, bis Umformtemperaturen von max. 150 - 200°C
Molybdändisulfid (MoS_2)	für hohe Umformgrade und Flächenpressungen, sowie bei ungünstigen geometrischen Abmessungen, z.B. für Näpfe, Ringe usw. sowie bei Teilen mit hohen Anforderungen bezüglich der Rundlaufgenauigkeit und mit scharfen Kanten, bei Umformtemperaturen bis max. 320°C.

5.6 Oberfläche

Neuerdings gibt es Möglichkeiten, auf die Phosphatschicht zu verzichten. Beispielsweise gibt es wachsartige Schmierstoffe, die bei ca. 60°C aufgetragen werden.

Bei der Halbwarmumformung von Stahl (760°C-800°C) ist ein Vorgraphitieren von nicht phosphatierten Teilen mit einer Wasser-Grafit-Lösung üblich. Dazu werden die Teile für eine bessere Schmierstoffhaftung auf ca. 100 °C erwärmt. Durch den Grafitmantel wird eine Zunderbildung bei der anschließenden Erwärmung des Teils auf Halbwarmumformtemperatur weitgehend vermieden (vgl. Kap. 9).

Ebenfalls ohne Phosphatbeschichtung können Stähle (z.B. 16MnCr5) für bestimmte Fließpressvorgänge (z.B. Querfließpressen) bei reduzierten Halbwarmtemperaturen (z.B. bei 500°C) umgeformt werden, wenn sie zuvor mit einer geeigneten Wasser-Grafit-Lösung (wässrig aufgetragen durch Tauchen, anschließendes Trocknen und leichtes intermittierendes Trommeln zum allseitigen gleichmäßigen Verteilen des Schmierstoffs) behandelt werden.

Wichtig ist, dass mit entsprechenden Waschmitteln die Pressteile wieder gereinigt werden können.

Tab. 5.6 stellt erreichbare Reibzahlen für diese Schmierstoffe in Wechselwirkung mit Stahl als Reibpartner gegenüber.

Tabelle 5.6 Vergleich von Reibzahlen (statische Reibung) bei 20°C [5.11]

Reibpartner	Reibzahl μ
MoS_2 auf Stahl	0,05
Seife auf Stahl	< 0,05
Öl auf Stahl	0,125

Für Aluminiumwerkstoffe wird als Schmierstoff bevorzugt Zinksearat verwendet, welches im allgemeinen durch Trommeln aufgebracht wird (Abb. 5.28).

Abb. 5.28 Trommel zum Entgraten und Schmierstoffbeschichten von Aluminiumplatinen. Bild: Schuler AG

Nachfolgend wird vertieft auf die Zinkphosphatbeschichtung für Stahlteile eingegangen.

5.6.2 Zink-Phosphatieranlage

Der Phosphatiervorgang läuft im allgemeinen in einer Bäderkette ab. Abb. 5.29 zeigt die Tauch-Phosphatieranlage am Institut für Umformtechnik der Universität Stuttgart und einen schematischen Aufbau dazu [5.14]. In den aneinander gereihten stählernen Einzelbecken befinden sich unterschiedliche chemische Substanzen bei unterschiedlichen Temperaturen. Dem eigentlichen Phosphatieren sind Behandlungsmaßnahmen zur Reinigung der Teile voran- sowie für Nachbehandlungsvorgänge (z.B. die Schmierstoffbeschichtung) nachgestellt.

Die Stahlteile werden im Durchlaufverfahren (Chargenbetrieb) mittels Transportkran in einem drehenden Metallkorb durch die einzelnen Bäder getaktet (1 Charge = 1 Korbfüllung). Die Verweildauer der Teile je Bad ist abhängig von der Dauer des darin ablaufenden chemischen Prozesses und dauert zwischen 1 und 15 Minuten.

Sind die angelieferten Rohteile stark verschmutzt oder verzundert, müssen sie vor dem Einfahren in die Phosphatieranlage zuerst mechanisch gereinigt werden, z.B. durch Strahlen in einer Glasperlenstrahlanlage.

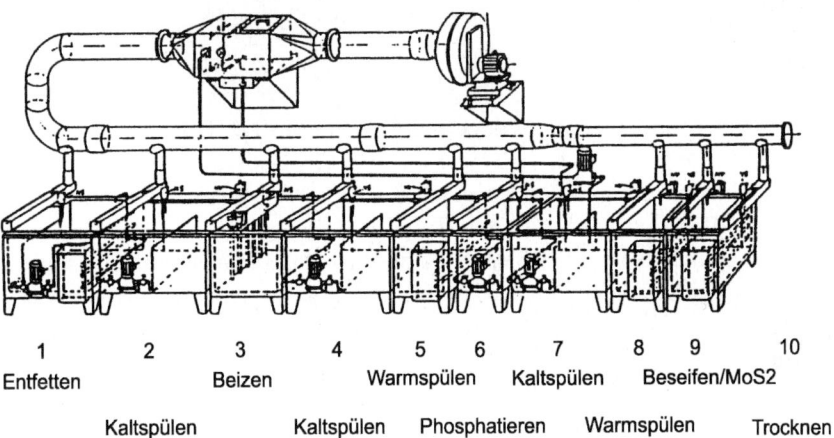

Abb. 5.29 Tauch-Phosphatieranlage mit be- und unbeheizten Einzelbecken, Ab- und Zuluft-, Frisch- und Abwassersystem sowie einer Krananlage mit Transporttrommel für kontinuierlichen und intermittierenden Betrieb [5.14]

Der Verfahrensablauf in der Phosphatieranlage ist für Teile, die mit Seife beschichtet werden, im hinteren Bäderabschnitt etwas anders als bei der Beschichtung mit MoS_2. Zunächst wird in Abschnitt 5.6.3 auf die Oberflächenbehandlung mit Seife, danach in 5.6.4 auf das Beschichten mit MoS_2 eingegangen.

5.6.3 Oberflächenbehandlung mit Beseifen

Der Prozess wird entsprechend der Bäderanordnung in Abb.5.29 erläutert [5.13, 5.14]:

1. **Entfetten**
Dieser Reinigungsvorgang dient dem säubern und entfetten der Rohteiloberflächen. Es werden alkalische Reiniger (anorganisches Gerüst aus Tensiden) eingesetzt, oft Natronlauge (alkalische Lösung NaOH). Die Teile drehen sich im Bad ca. 10 Minuten bei 2 – 4 U/min. Die Badtemperatur beträgt 80-90°C. Mit einer Umwälzpumpe im Bad wird die Reinigung unterstützt. Die richtige Konzentration des Entfettungsbades wird mittels eines Blechabschnittes, der kurzzeitig mit einer Ecke ins Bad eingetaucht wird, getestet.

2. **Kaltspülen**
Dieser Vorgang erfolgt mit frischem Wasser, ca. 2 Minuten lang durch 2maliges Eintauchen. Wie alle Kaltspülbecken ist dieses Bad als Kaskadenbecken ausgelegt, womit viel Wasser eingespart werden kann. Das Becken hat keine Heizung.

3. **Beizen**
Bei diesem Reinigungsvorgang wird die Metalloberfläche naßchemisch entzundert und von Oxyden befreit. Es kann verdünnte Salz- oder Schwefelsäure verwendet werden (z.B. 20%tige Schwefelsäure). Die Badtemperatur beträgt ca. 60°C. Die Teile verweilen ca. 10 Minuten im Becken. Der Zusatz von Beizinhibitoren verhindert einen übermäßigen Beizangriff des Grundwerkstoffes. Das Bad wird mit einer Prüflösung in regelmäßigen Abständen auf seinen Säuregehalt kontrolliert. Das Beizbad sollte immer sprudeln, sonst ist der Säuregehalt überhöht bzw. zu niedrig. Prüfung am Teil: die Oberfläche darf nicht mehr rostig oder verzundert sein; sie darf aber auch nicht zu rauh sein (= zu viel gebeizt).

4. **Kaltspülen**
Dieser Vorgang erfolgt durch 1 – 2maliges Eintauchen, ca. 2 Minuten.

5. **Warmspülen**
Bei diesem Vorgang werden die Teile im Becken bei 60 – 80°C ca. 3 Minuten vorgewärmt. Durch die Badwärme wird die Phoshatschichtdicke beeinflusst. Bei 60° ist sie dünner, bei 80° dicker. Durch die Warmwasserspülung werden die zu beschichteten Teile „aktiviert", sog. aktive Zentren auf der Oberfläche des Werkstoffes gebildet mit dem Ziel, Kristallisationskeime für die anschließende Phosphatierung zu schaffen.

6. **Phosphatieren**
Die hierfür verwendete wässrige Lösung beinhaltet primäres Zinkphosphat $Zn(H_2PO_4)_2$ und Phosphorsäure H_3PO_4. Von den Reaktionen, die bei der Phosphatierung ablaufen und in komplizierter Weise ineinander greifen, sind folgende wesentlich:

1. Beizreaktion: Metallisches Eisen wird von der Werkstückoberfläche durch die Wirkung der Phosphorsäure <u>abgelöst</u> und gelangt in Form von Fe-Ionen in die Behandlungslösung. Dabei wird gasförmiger Wasserstoff entwickelt. Chemische Formel: $Fe + 2\,H_3PO_4 \rightarrow Fe(H_2PO_4)_2 + H_2$.

2. Schichtbildreaktion: Durch den Verbrauch von Säure an der Werkstückoberfläche wird primäres Zinkphosphat in unlösliches Zinkphosphat umgewandelt, welches auf den soeben freigelegten Eisenkristallen der Werkstückoberfläche als kristalline Schicht <u>aufwächst</u> (sog. Hopeit): Chemische Formel: $3[Zn(H_2PO_4)_2] \rightarrow Zn_3(PO_4)_2 + 4H_3PO_4$

3. Schlammbildungsreaktion: Durch Oxidation wird das zunächst entstehende Eisen-II-Phosphat in unlösliches Eisen-III-Phosphat überführt, welches dann in Form von <u>Schlamm</u> aus der Lösung entfernt wird. Chemische Formel: $2\,Fe(H_2PO_4)_2 + \tfrac{1}{2}\,O_2 \rightarrow 2\,Fe(PO_4) + 2H_3PO_4 + H_2O$.

Für 8-15 μm Schichtdicke verweilen die Teile ca. 8 – 10 Minuten in den 60-70°C warmen Becken. Für Fließpressvorgänge mit großen Oberflächenvergrößerungen (z.B. Napf-Rückwärts-Fließpressen) sollte die Schichtdicke größer sein, d.h. ein längeres Verweilen im Bad (Abb. 5.30). Die bei der Phosphatierung verbrauchte Lösung muss im Bad ersetzt werden.

Zur Prüfung der Schicht: Die Phosphatschicht hat ein samtenes Aussehen und soll fleckenfrei sein. Die Haftfestigkeit und Schichtdicke kann durch Schaben mit einem Messer oder mit einem Nagel überprüft werden. Daneben gibt es spezielle Schichtdickenmessgeräte oder es kann die Schicht über eine Schichtgewichtkontrolle überprüft werden. Die Schichtdicke beträgt im allgemeinen 6 – 12 μm. Dünne Schichten (6-8 μm) werden zum Beispiel für Abstreckgleitziehvorgänge aufgetragen, dickere Schichten (~ 12 μm) sind z.B. für Napf-Rückwärts-Fließpressvorgänge erforderlich.

7. **Kaltspülen**
Dieser Vorgang erfolgt durch 3maliges Eintauchen, ca. 2 Minuten.

8. **Warmspülen**
Bei diesem Vorgang werden die Teile ca. 3 Minuten bei 60°C gespült und für den nachfolgenden Vorgang vorgewärmt.

9. **Beseifen**
Hierzu wird Zinkseife verwendet. Die Teile verweilen im ca. 70°C-warmen Bad ca. 3-4 Minuten. Die Schichtdicke wird bei der konstanten Badtemperatur im allgemeinen durch die Tauchzeit verändert. Z.B. kann eine 10 μm dicke Phosphatschicht bei ca. 10 μm dicker Seifenschicht angestrebt werden. Die Prüfung der Schicht erfolgt mit dem Auge: es sollte eine glatte, weißliche Oberfläche sein. Wenn die Teile Flecken aufweisen, kann das Bad durch etwas Natriumlauge verbessert werden. Die Teile werden bis zur Weiterverarbeitung einen Tag stehen gelassen. Beim Umformen über 300°C verbrennt die Seife (Teile werden schwarz). Daher wird manchmal beim Beseifen dem Bad

Molybdändisulfid beigegeben, um es für höhere Umformtemperaturen geeignet zu machen.

Zwischen der Phosphatier- und Schmierstoffstation werden die Teile in andere Trommeln (eigens für das Beseifen) umgefüllt.

10. Trocknen

Dieser Vorgang wird mit Warmluft (oder durch aufgenommene Wärme) bei 80-100°C ca. 10 Minuten durchgeführt.

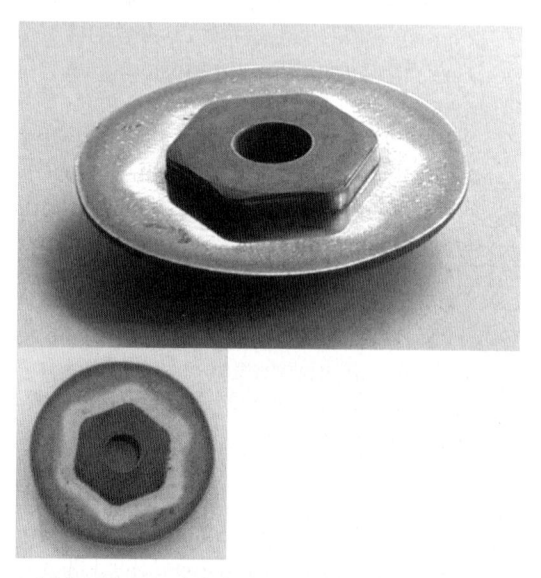

Abb. 5.30 Abgeriebene Phosphatschicht im Bereich hoher Umformgrade um den kaltfließgepressten Sechskantabsatz; die blanke Teiloberfläche kommt zum Vorschein. Die Phosphatschichtdicke war zu gering bzw. Zinkseife als Schmierstoff ungeeignet; eventuell wäre MoS_2 geeigneter gewesen *(Foto: Schöck)*

5.6.4 Oberflächenbehandlung mit Molybdändisulfid (MoS_2)

Die Arbeitsgänge:

1. Entfetten
2. Kaltspülen
3. Beizen
4. Kaltspülen
5. Warmspülen
6. Phosphatieren
7. Kaltspülen und
8. Warmspülen

... erfolgen wie bei der Oberflächenbehandlung mit Beseifen, dann erfolgt:

9. **MoS$_2$-Beschichten**
   Die Teile werden in die wässrige MoS$_2$-Lösung getaucht und verweilen im 80°C-warmen Bad 3-4 Minuten. Die Badkonzentration wird durch die Bestimmung der Babcock-Zahl überwacht. Während man bei geringeren Umformungen einen MoS$_2$-Gehalt von 5-8 Gewichts-% wählt, werden für hohe Umformungen Gehalte von bis 15 % benötigt. Zwischen der Phosphatier- und Schmierstoffstation werden die Teile in andere Trommeln eigens für die MoS$_2$-Beschichtung umgefüllt.
10. **Trocknen**
    Bei diesem Vorgang werden die Teile in Warmluft (oder durch aufgenommene Wärme) bei 80-100°C ca. 10 Minuten gehalten. Die Teile werden für die Weiterbehandlung einen Tag stehen gelassen; maximal dürfen sie 1 Woche lagern.
11. **Trommeln**
    Die MoS$_2$-beschichteten Teile sollten anschließend getrommelt werden. Dadurch wird eine Glättung hergestellt; sie bewirkt eine leichte Einebnung der Molybdändisulfidlamellen. Dieses „milde" Reiben in einer meist gummierten Trommel bei ca. 8 U/min beschädigt im allgemeinen die Phosphatschicht nicht. Es resultiert eine glatte, ebene und blanke Oberfläche.

MoS$_2$ hat einen lamellenförmigen Aufbau (Abb.5.31). Eine Lamelle entspricht dabei einer Lage von MoS$_2$-Molekülen. Ein MoS$_2$-Molekül besteht aus einem Molybdänatom und 2 Schwefelatomen. Zwischen jeder Lage befinden sich die Abgleitungsebenen. Bei Druck- und Gleitbeanspruchung können sich die Lamellen seitlich verschieben. Dadurch wird selbst bei höchsten Flächenpressungen ein Metall-Metall-Kontakt auch bei verwinkelten Pressteilgeometrien verhindert (Abb. 5.32).

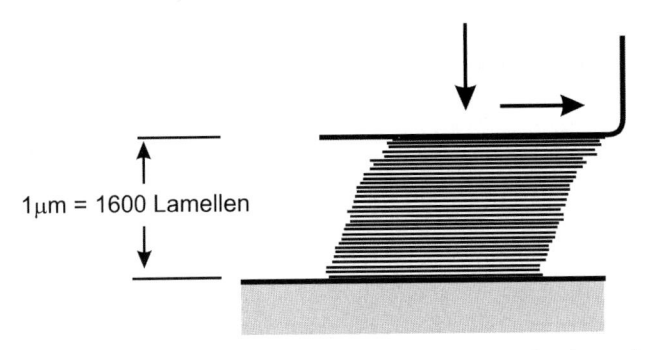

Abb. 5.31 Lamellarer Aufbau von MoS$_2$ (schematisch) und seine seitliche Verschiebbarkeit [5.12]

Der Schwefel im MoS_2 zu einer chemischen Aktivierung, welche unter Umformbedingungen die Ausbildung von schmierwirksamen, verschleißmindernden Schichten bewirkt.

Abb. 5.32 Ritzel aus 16MnCr5, kalt umgeformt mit MoS_2-Beschichtung auf einer Zink-Phosphatschicht. Die Haftung ist gut, trotz der lokal hohen Umformgrade und verwinkelten Pressteilkontur

Neben dem Tauchen in wässrige Lösung gibt es MoS_2 für das Fließpressen auch pulverförmig. Es wird durch Trommel auf die Werkstückoberflächen aufgebracht [5.14].

5.6.5 Reglementierung zum Betrieb einer Phosphatieranlage

Das Betreiben von Anlagen zur chemischen Oberflächenbehandlung von Metallen ist genehmigungspflichtig. Es bestehen ökologische und arbeitsmedizinische Auflagen.

Die in einer Phosphatanlage eingesetzten Stoffe und Chemikalien werden als Gefahrenstoffe bezeichnet. Sie sind in Wassergefährdungsklassen eingestuft. Ihre gesundheitsschädigende Wirkung auf den Menschen in der (täglichen) Anwendung sowie deren schädigende Wirkung auf die Umwelt bei der Anwendung und Entsorgung werden kritisch kontrolliert und sind streng reglementiert [5.14].

Grundsätzlich zeichnet sich für die Zukunft folgende Tendenz ab:

- Schwermetallfreiheit aller Inhaltsstoffe;
- Einsatz toxikologisch unbedenklicher Additive (Bäderzusätze);
- Neutrales dermatologisches Verhalten der Stoffe;
- Leicht biologisch abbaubare Stoffe.

Da die Forschung und Entwicklung im Bereich der Phosphatiertechnik noch nicht soweit ist, diese (absoluten) Forderungen zu erfüllen, ohne die eigentlich erforderliche Funktion der Phosphatierung überhaupt in Frage zu stellen, werden die Betreiber von Phosphatieranlagen vom Gesetzgeber verpflichtet, bestimmte gesetzliche Richtlinien und Grenzwerte einzuhalten, um das Risiko für Mensch und Umwelt auf ein Minimum zu reduzieren.

Die in der Phosphatieranlage anfallenden Abwässer enthalten anorganische und organische Substanzen. Die Abwässer müssen vor der Ausleitung ins öffentliche Abwassernetz aufbereitet werden. Diese Aufbereitung ist durch das Bundesgesetz zur Ordnung des Wasserhaushalts zwingend vorgeschrieben.

Literatur

[5.1] Stüwe H-P (1969) Einführung in die Werkstoffkunde. B.I.-Hochschultaschenbücher Band 467
[5.2] NN (1965) Kaltformpressen, von 30t bis 800t Presskraft, Prospekt May-Pressenbau GmbH, Schwäbisch Gmünd
[5.3] Schmiz K (1988) Kaltformfibel, Teil 1. Das Entwerfen von Teilen für das Kalt- und Warmformen. Triltsch Verlag
[5.4] Lange K (1988) Umformtechnik, Bd. 2 Massivumformung, 2. Aufl.
[5.5] Beisel W (1963) Theoretische Grundlagen für das Kaltumformen von Stählen
[5.6] Hofmann H-J, Fahrenwaldt HJ (1975) Werkstoffkunde und Werkstoffprüfung, Bd. 1 und Bd.2. Dr. Lüdecke-Verlagsgesellschaft
[5.7] Jonck R (1980) Werkstoffe für die Kaltumformung und ihre Wärmebehandlung, Vortrag
[5.8] Schätzle W (1986) Querfließpressen eines Flansches oder Bundes an zylindrischen Vollkörpern aus Stahl. Dissertation, Bericht Nr. 93, Institut für Umformtechnik, Universität Stuttgart
[5.9] NN (1970) Thermische Behandlung von Fließpressteilen aus Stahl. Komatzu-Maypres
[5.10] Rausch W (1974) Die Phosphatierung von Metallen. Eugen G. Leuze Verlag, Saulgau
[5.11] Tabor B (1959) Reibung und Schmierung fester Körper
[5.12] Nittel KD (1996) Seifen und Festschmierstoffe für die Kaltmassivumformung. Vortrag am Institut für Umformtechnik Stuttgart
[5.13] Fink W (1993) Oberflächenbehandlung vor der Kaltumformung. L. Schuler GmbH
[5.14] Schöck J (1996) Installation einer Phosphatieranlage für die Kaltmassivumformung. Universität Dresden

[5.15] ICFG (1992) Cropping of steel bar – its mechanism and practice. In: ICFG (International Cold Forging Group) 1967 – 1992, Objectives, History, Published documents. Meisenbach
[5.16] Remppis M (1992) Persönliche Mitteilung
[5.17] Remppis M (1990) Grundlagen der Halbwarmumformung. Vortrag. L. Schuler GmbH
[5.18] Schmid H (2003). Stadienpläne. In: Einführung in die Massivumformung. Lehrgang. Technische Akademie Esslingen

6 Verfahren

6.1 Verfahrensübersicht

6.1.1 Fließpressverfahren

Die neun Fließpressverfahren nach DIN 8583 (Abb. 6.1) sind Fertigungsverfahren des Massivumformens. Sie gehören nach DIN 8582 zur Untergruppe Durchdrücken in der Gruppe Druckumformen (siehe Kapitelanhang, Abb. A1 und A2). Fließpressen ist Durchdrücken eines zwischen Werkzeugteilen aufgenommenen Rohteils (im allgemeinen eines Stab- oder Drahtabschnitts), vornehmlich zum Erzeugen einzelner Werkstücke. Es gehört damit zu den Verfahren der Stückgutfertigung. Die Fließpressverfahren werden nach der Richtung des Werkstoffflusses, bezogen auf die Werkzeughauptbewegung (Wirkrichtung der Maschine), unterschieden. Die Krafteinleitung erfolgt im allgemeinen über starre Stempel, wobei einerseits zwischen

- **Vorwärts**-Fließpressen
  - → Werkstofffluss in Richtung der Stempelbewegung
- **Rückwärts**-Fließpressen
  - → Werkstofffluss entgegen der Stempelbewegung
- **Quer**-Fließpressen
  - → Werkstofffluss quer zur Stempelbewegung

und andererseits nach dem entstehenden Teilequerschnitt unterschieden wird zwischen:

- **Voll**-Fließpressen
  - → voll fließgepresster Teilquerschnitt
- **Hohl**-Fließpressen
  - → hohl fließgepresster Teilquerschnitt
- **Napf**-Fließpressen.
  - → napfförmig fließgepresster Teilquerschnitt.

Verkürzt sind folgende Bezeichnungen üblich:

a)	**VVFP**:	Voll-Vorwärts-Fließpressen
b)	**HVFP**:	Hohl-Vorwärts-Fließpressen
c)	**NVFP**:	Napf-Vorwärts-Fließpressen
d)	**VRFP**:	Voll-Rückwärts-Fließpressen
e)	**HRFP**:	Hohl-Rückwärts-Fließpressen
f)	**NRFP**:	Napf-Rückwärts–Fließpressen
g)	**VQFP**:	Voll-Quer-Fließpressen
h)	**HQFP**:	Hohl-Quer-Fließpressen
i)	**NQFP**:	Napf-Quer–Fließpressen

Das Fließpressen kann sowohl bei Raumtemperatur (Kaltfließpressen) als auch nach vorherigem Wärmen des Rohteils auf eine werkstoff- und verfahrensspezifische Arbeitstemperatur (Halbwarmfließpressen) durchgeführt werden.

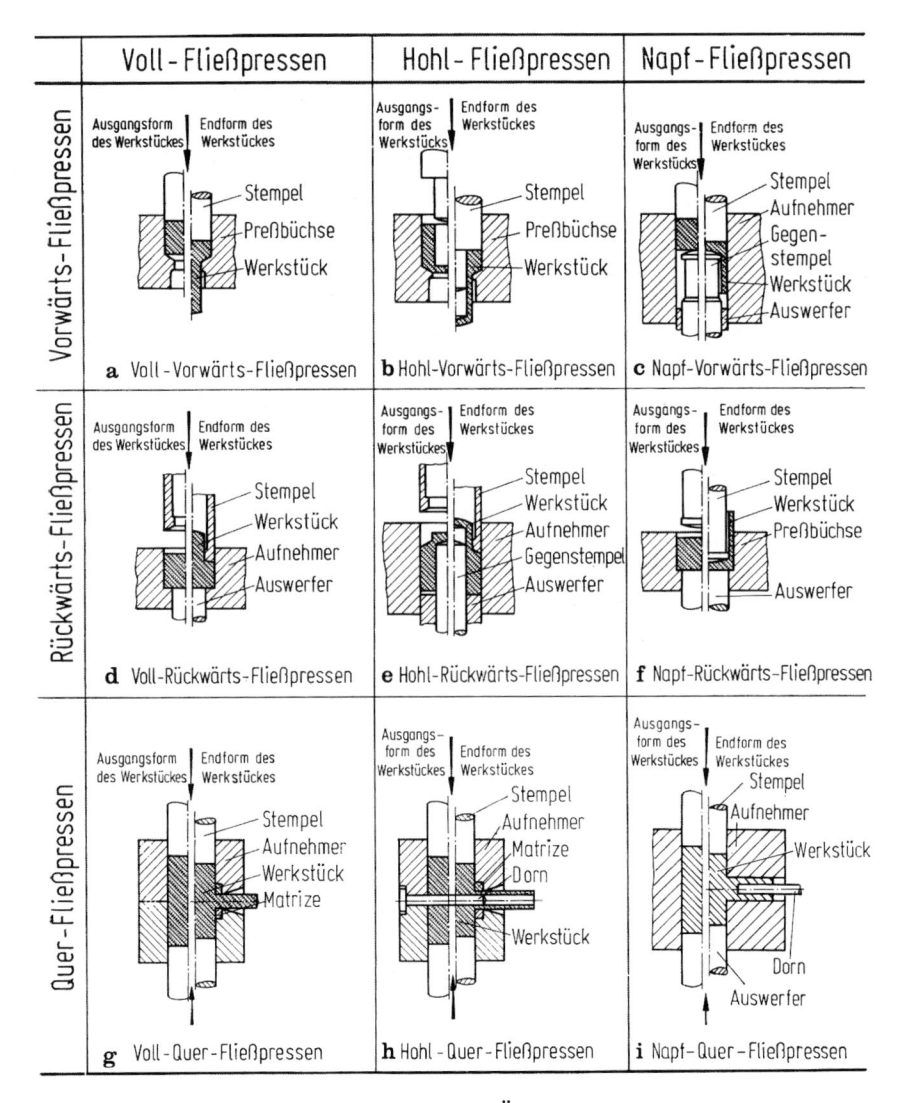

Abb. 6.1 Verfahren des Fliesspressens. Übersicht nach DIN 8583 [6.23]

6.1.2 Verjüngen, Abstreckgleitziehen, Stauchen, Setzen, Lochen, Fließlochen, Kalibrieren

In diesem Kapitel werden neben den 9 Fließpressverfahren in Abb. 6.1 auch die Verfahren

- Verjüngen
- Abstreckgleitziehen
- Stauchen
- Setzen
- Quer-Hohl-Vorwärts-Fließpressen

einzeln behandelt.

Das Verjüngen gehört nach DIN nicht zu den Fließpressverfahren, sondern steht in der Gruppe Durchdrücken als eigenständiges Verfahren neben den Fließpressverfahren (vgl. Kapitelanhang, Abb. A2). Das Abstreckgleitziehen gehört nach DIN 8582 zur Gruppe der Zugdruckumformung (DIN 8585). Das Stauchen zählt innerhalb der Druckumformverfahren zum „Freiformen". Enthalten die beim Stauchen meist ebenen, parallelen Stauchbahnen teilweise oder ganz eine Gegenform, spricht man nach DIN nicht mehr vom Stauchen, sondern vom „Gesenkformen" (vgl. Kapitelanhang, Abb. A1). Hierzu gehört das Setzen. Es bezeichnet das Formpressen ohne Grat zur Herstellung ebener, zueinander paralleler Flächen an meist gescherten Abschnitten. Das Quer-Hohl-Vorwärts-Fließpressen dient zur Herstellung von Hohlkörpern mit Zapfen variabler Länge. Das Verfahren hat wachsende Bedeutung für die Praxis. Die Verfahren

- Lochen
- Fließlochen
- Kalibrieren

werden nicht explizit, sondern in einzelnen Unterkapiteln anhand einiger Beispiele genannt; sie sind wichtiger Bestandteil in der Fertigungsfolge fließpresstechnischer Teileherstellung. Das Lochen ist als spanloses Schneidverfahren Bestandteil der Hauptgruppe 3 „Trennen" nach DIN 8580, Abb. 6.8. Der Begriff „Fließlochen" ist aus der praktischen Anwendung hervorgegangen und bezeichnet einen durch Fließpressen erzeugten Ausschnitt (im allgemeinen ein Zapfen), der auf einfache Weise in einer nachfolgenden Stufe ausgeschnitten (gelocht) wird. Kalibrieren ist Nachdrücken der Pressteilform auf Maßhaltigkeit und ist meistens der letzte Umformvorgang an einem Pressteil. Ähnlich wie bei Prägevorgängen sind für das Kalibrieren im allgemeinen relativ hohe Presskräfte bei kleinen Umformwegen erforderlich.

6.1.3 Verfahrensfolge und Verfahrenskombination

Nur ganz wenige Formteile sind so einfach gestaltet, dass sie mit wirtschaftlichen Standmengen in einer Umformstufe hergestellt werden können. Daher ist für ihre Fertigung fast immer eine Kombination verschiedener Umformverfahren oder eine Folge von mehreren Umformschritten notwendig. Bei einer Verfahrensfolge kommen mehrere, aufeinander folgende Werkzeuge zum Einsatz. Unter einer Verfahrenskombination ist zu verstehen, dass zwei oder mehrere gleiche oder verschiedene Verfahren gleichzeitig in einem Umformschritt, d.h. in einem Werkzeug, durchgeführt werden (Abb. 6.2).

Verfahrenskombinationen sind hinsichtlich des Werkstoffflusses schwieriger zu beherrschen als Verfahrensfolgen. Bei der Verfahrenskombination ist im Hinblick auf den Werkstofffluss der Teilvorgang der Kombination mit dem geringsten Kraftbedarf dominierend. Der Gesamtkraftbedarf für die Verfahrenskombination ist gleich oder kleiner als der Kraftbedarf des dominierenden Teilvorgangs.

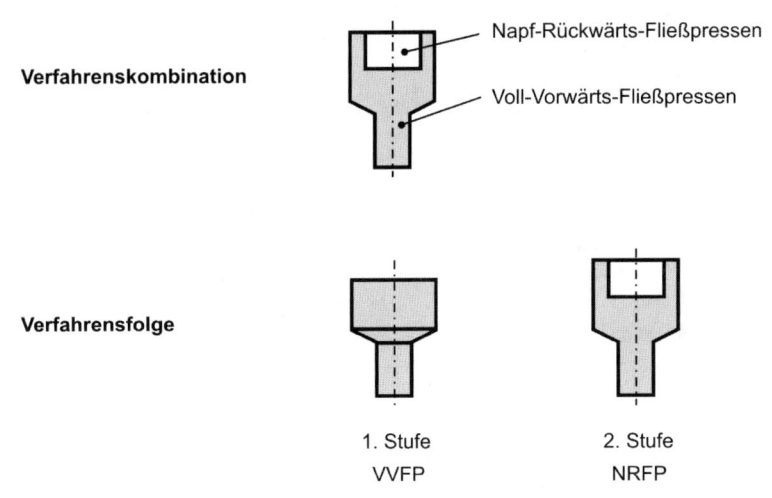

Abb. 6.2 Verfahrenskombination und Verfahrensfolge

6.1.4 Von der Fertigteilzeichnung zum Formteil

Bei der Auslegung von Verfahrensfolgen und Verfahrenskombinationen für ein Fließpressteil liegen zu Planungsbeginn häufig Fertigteilzeichnungen vor, die für andere Technologien ausgelegt sind; im allgemeinen für abspanende Verfahren. Deshalb steht im allgemeinen als erstes das werkstoff- und verfahrensgerechte Umkonstruieren der Fertigteilzeichnung in eine Pressteilzeichnung an. Dafür muss die optimale Anzahl, Art und Reihenfolge der Umformstufen festgelegt werden. Dabei ist ein vernünftiger Kompromiss folgende Kriterien zu finden [6.35]:

- **Spanende Nacharbeit**: Das Formteil soll aus dem vorgeschriebenen Werkstoff unter Einhaltung der geforderten Toleranzen möglichst ohne zusätzliche spanende Nacharbeit gefertigt werden.
- **Grenzen der Werkstoff-Umformbarkeit**: In keiner Pressstufe darf das Umformvermögen des Werkstoffes bis zu seiner Höchstgrenze ausgeschöpft werden. Es müssen Reserven eingeplant werden, damit auch bei geringen Schwankungen der Werkstoffqualität kein Werkstoffversagen eintreten kann und die Pressteile durch Rissbildung oder Werkstoffüberlappungen zu Ausschuss werden.
- **Grenzen der Werkzeugbelastung**: Die Beanspruchung der Werkzeugkomponenten darf in keiner Stufe so hoch sein, dass es durch Überlastung oder Dauerbruch nach unwirtschaftlich niedrigen Standmengen zum Ausfall kommt.
- **Fertigungsgerechte und ökonomische Rohteilfestlegung**: Das Rohteil muss auf kostengünstigste Weise hergestellt und für das zur Anwendung kommende Umformverfahren die zweckmäßigste Form aufweisen. Es besteht die Möglichkeit, vorgeformte Rohteile am Markt zu beziehen.

Die Auslegung eines Werkstücks zum Pressteil und die Festlegung der Verfahrensfolgen und –kombinationen erfordern viel Erfahrung und Kreativität. Dieser Vorgang wird als *Verfahrensentwicklung* bezeichnet und geht der Werkzeugkonstruktion voraus. Das zeichnerische Ergebnis der Verfahrensentwicklung ist der *Stadienplan*.

6.1.5 Stadienplan

Im Stadienplan ist zeichnerisch der Werdegang eines Pressteils festgehalten. Vom bemaßten Rohteil bis zum Fertigpressteil ist jeder Umformschritt geometrisch mit Maßtoleranzen, Form- und Lagetoleranzen sowie mit Rauhigkeitsmassen für Oberflächen dargestellt. Enthalten können auch notwendige thermische und chemische Behandlungsmaßnahmen, anzuwendende Umformtemperaturen sowie Werte für den Umformgrad bzw. die bezogene Querschnittsänderung, Festigkeitswerte und voraussichtlich erforderliche Presskräfte je Umformstufe sein.

6.1 Verfahrensübersicht   125

Abb. 6.3 zeigt als Beispiel den Stadienplan zur kaltfließpresstechnischen Herstellung eines Kugellageraußenringes aus dem sehr harten Werkstoff 100Cr6. In Abb. 6.4 sind die entsprechenden Pressstadien abgebildet.

Rohteil:
Werkstoff   100Cr6
Masse   380^{+3} g

Vorbehandlung geglüht,
               phosphatiert,
               beseift

1. Pressarbeitsgang:
F = 600 kN

Fertigpressen:
F = 2400 kN

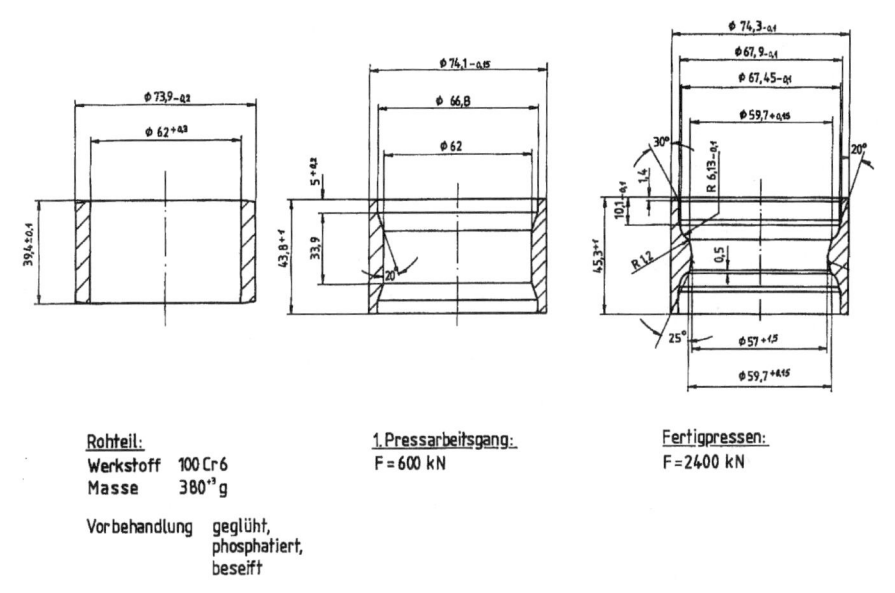

Abb. 6.3 Beispiel eines Stadienplanes für einen Kugellageraussenring aus 100Cr6

Abb. 6.4 Pressstadien entsprechend dem Stadienplan in Abb. 6.3.

Ein guter Stadienplan wird so ausgelegt, dass

- der Werkstoff ohne Zwängungen an allen Enden der Gravur möglichst gleichzeitig ankommt;
- der Werkstofffluß bei niedrigsten Kräften ermöglicht wird;
- möglichst wenig Arbeitsstufen notwendig sind; dies betrifft sowohl Umformstufen als auch Zwischenbehandlungsmaßnahmen.

Bei der Auslegung des Stadienplanes geht man so vor, dass man von der Pressteilform (Pressteilzeichnung) aus rückwärts die einzelnen Stufen bis zum Rohteil (Stababschnitt, Platine, vorgeformte Geometrie) festlegt. Hierfür stehen auch leistungsfähige Computerprogramme zur Verfügung, die diese Auslegung automatisch bzw. teilautomatisiert vornehmen. Grundsätzlich gilt von Stufe zu Stufe die Volumenkonstanz. Das ist die konstante Rechengröße bei der Stadienplanauslegung. In Abb. 6.4 ist dies am Beispiel des Kugellageraussenringes zu erkennen: Aus dem relativ dickwandigen Rohr-Rohteil wird durch die Verminderung der Wanddicke das Teil von Stufe zu Stufe länger.

Der Stadienplan ist:
- **Grundlage für Wirtschaftlichkeitsbetrachtungen**: Mit dem Stadienplan kann bereits in einem frühen Planungsstadium entschieden werden, welche Verfahrensfolge oder -kombination wirtschaftlich ist und ob andere Fertigungsverfahren der Herstellung durch Fließpressen qualitativ oder wirtschaftlich überlegen sind, z.B. das Zerspanen oder die Blechumformung oder hybride Fertigungslösungen. Bei dieser Abwägung spielen viele Faktoren eine Rolle: Zum Beispiel die Möglichkeiten des eigenen Maschinenparks: Beispielsweise kann der Kugellageraussenring in Abb. 6.3/6.4 anstatt in 2 Stufen kalt auch durch Halbwarmumformen in nur einer Pressstufe fließgepresst werden (Abb. 6.5), wenn eine entsprechende Induktionsanlage für die Erwärmung des Rohteils auf 700°C und Erfahrungen mit dem Halbwarmumformen vorhanden sind. Wichtig für eine wirtschaftliche Verfahrensbetrachtung ist auch die Rohteilherstellung. Im genannten Beispiel könnte der Ring auch kalt oder halbwarm vom Vollkörper in mehreren Fließpressstufen (Scheren, Setzen, Napfen, Lochen) oder vom geschweißten oder vom nahtlosen Rohr durch Zerspanen hergestellt werden.
- **Grundlage für die Werkzeuggestaltung und für Teilezu- und abführeinrichtungen sowie Transfers**: Die Werkzeuge müssen so gestaltet werden, dass das Pressteil entsprechend dem Stadienplan auf den vorgesehenen Einrichtungen hergestellt werden kann. Die Maße der

Werkzeuggravuren können dabei erheblich von den Maßen im Stadienplan abweichen.
- **Grundlage für die erforderliche Umformmaschine**: Anhand des Stadienplans wird die zur Pressteilherstellung erforderliche Umformpresse festgelegt. Dabei sind Daten wie z. B. Presskraft, Auswerferkräfte, Arbeitsvermögen, Werkzeugeinbauraum und die Kraft-Weg-Charakteristik der Presse wichtige Kenngrößen.
- **Grundlage für die Verfahrens- und Werkzeugerprobung**: Für den Pressenbediener und den Werkzeugmacher sind die Angaben im Stadienplan verbindliche Größen bei der Werkzeugerprobung und für erste Pressmuster.
- **Grundlage für die Überprüfung von Genauigkeitsgrößen**: Zum Beispiel Oberflächen-, Maß-, Lage- und Formtoleranzen sind entscheidend für die erforderliche Werkzeuggenauigkeit und die Auswahl und Anzahl der erforderlichen Pressvorgänge. Darüber hinaus entscheiden die Toleranzen in der Serienfertigung darüber, ob Gutteile vorliegen oder die Teile Ausschuss sind.

Rohteil:
Werkstoff 100Cr6
Masse 380 g

Fließpressen:
$F = 4400$ kN
$T = 700\,°C$

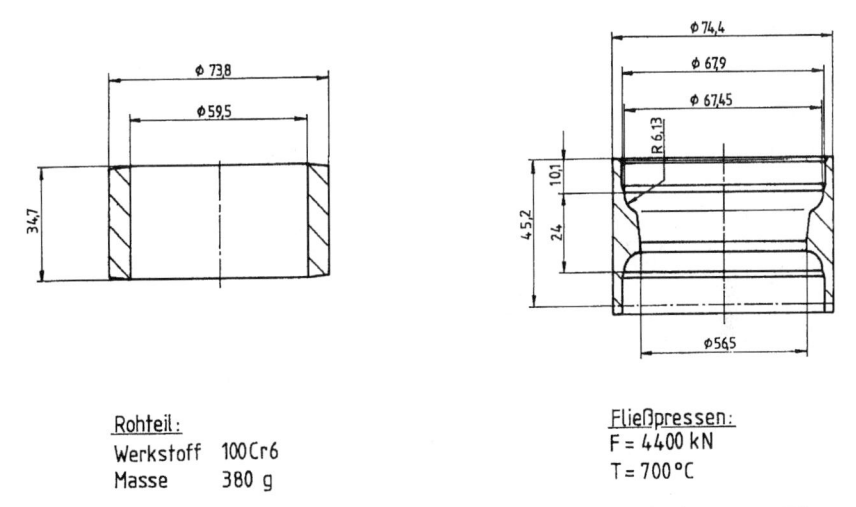

Abb. 6.5 Kugellageraussenringherstellung durch Halbwarmfließpressen: Einsparung einer Umformstufe sowie der Oberflächenbehandlung (vgl. Abb. 6.3)

Im Stadienplan nicht enthalten sind im allgemeinen die Umformgeschwindigkeiten und Fertigungszeiten, da sie unter anderem von den eingesetzten Pressen abhängen (mechanische oder hydraulische Presse) und davon, ob beispielsweise in Einstufen- oder Mehrstufenwerkzeugen gepresst wird oder die Teile manuell, teil- oder vollautomatisiert zu- oder abgeführt werden.

Bei Mehrstufenwerkzeugen schließt sich an die Stadienplanauslegung eine *Transportuntersuchung* an, welche den Bewegungsablauf des Transfersystems der eingesetzten Mehrstufenpresse für den Teiletransport von Stufe zu Stufe genau festlegt und mit dem Gesamtablauf des Pressvorganges unter Berücksichtigung des Stößelhubes, der Auswerferkinematik, der Schmier- und Kühlstoffzufuhr usw. in Einklang bringt.

6.1.6 Fertigungsalternativen

Oft steht dem Fließpressen die Herstellung durch Zerspanen (Abb. 6.6) und das Formen aus Blechwerkstoffen als Fertigungsalternative gegenüber. Zudem stellen auch Massivumformverfahren wie das Walzen, Taumelpressen oder Rundkneten Konkurrenzverfahren zum Fließpressen dar (Abb. 6.7).

Einige Fließpressereien beinhalten gut ausgestattete Zerspanungsabteilungen, besitzen Kompetenz in der Blechumformung oder Anlagen zum Walzen, Taumeln oder Rundkneten. Dort werden diese Fertigungsalternativen kritisch geprüft. Eine einmal gefällte Entscheidung in die eine oder andere technologische Richtung ist mit Kosten verbunden, die nur über eine über längeren Zeitraum sichergestellte Produktion wieder hereingeholt werden können. Und sollte ein anderer Umform- oder Zerspanungsbetrieb für das gleiche Bauteil eine wirtschaftlichere Fertigungsmethode gefunden haben, ist der Auftrag schnell an diesen (oder diese Technologie) verloren und damit auch die investierte Vorleistung, die im Fließpressbereich hohe Summen ausmachen kann.

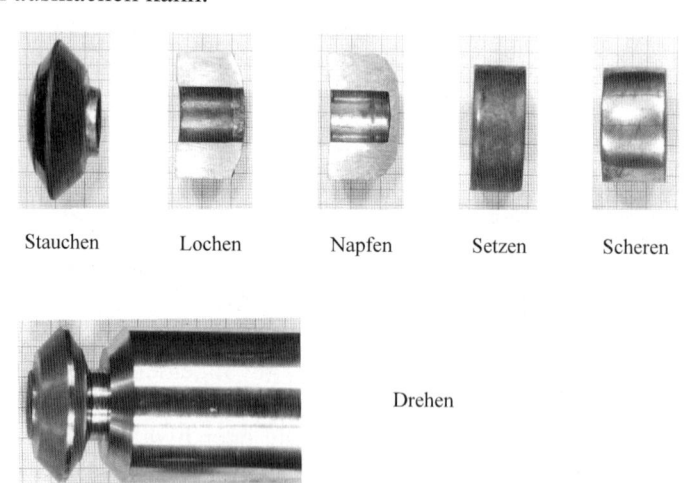

Stauchen   Lochen   Napfen   Setzen   Scheren

Drehen

Abb. 6.6 Beispiel: Drehen als Alternative zum Fließpressen

Abb. 6.7 Taumelpressen als Alternativverfahren zum Fließpressen. Bild: Schmid

Man sollte sich deshalb nicht zu schnell von der Leidenschaft zum Fließpressen allein verleiten lassen, sondern sich die Zeit nehmen, auch andere Fertigungsmöglichkeiten in Betracht ziehen. Die möglichen Fertigungsverfahren sind nach DIN 8580 in 6 Hauptgruppen unterteilt (Abb. 6.8).

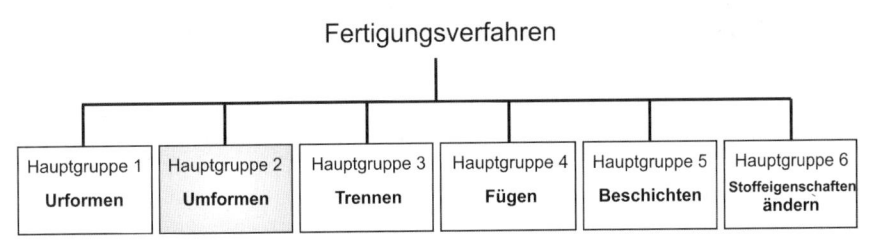

Abb. 6.8 Einteilung der Fertigungsverfahren nach DIN 8580 in 6 Hauptgruppen

6.1.7 Hybride Lösungen

Auch hybride Fertigungsmöglichkeiten stellen Alternativen zu einer „reinen" Fließpresslösung dar, beispielsweise eine Kombination aus Zerspanen und Fließpressen oder die Verwendung von Blechteilen zur Weiterverarbeitung durch Fließpressen. Der in Abb. 6.9 dargestellte Kugellagerinnenring kann alternativ zum Fließpressen vom gescherten Stababschnitt in mehreren Stufen (Setzen, Napf-Rückwärts-Fließpressen, Lochen, Hohl-Vorwärts-Fließpressen) auch ausgehend von einer gelochten Blechplatine durch Stülpen und anschließendes Fließpressen hergestellt werden.

Hybride Lösung   „Reine" Fließpresslösung

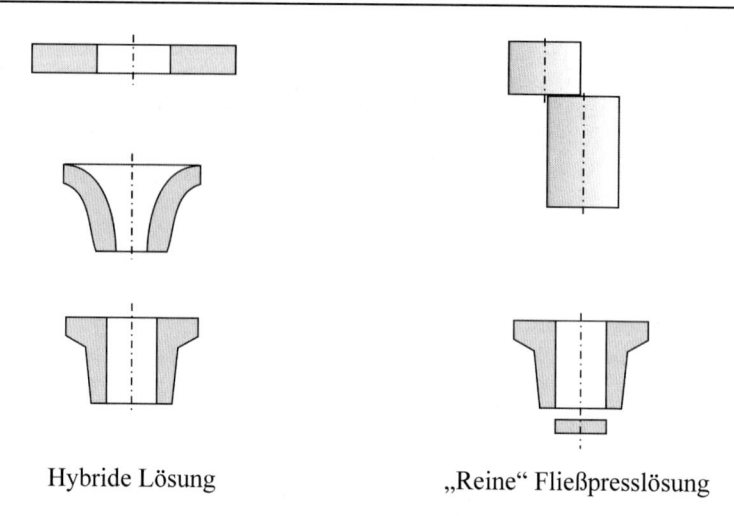

Abb. 6.9 Hybride Fertigungsfolge aus Blechumformung und Fließpressen gegenüber einer „reinen" Fließpresslösung vom gescherten Stababschnitt

6.2 Voll-Vorwärts-Fließpressen

Prinzip

Ausgehend von einem Vollkörper wird beim Voll-Vorwärts-Fließpressen ein Vollkörper mit vermindertem Querschnitt hergestellt, wobei die formgebende Werkzeugöffnung allein durch die Matrize gebildet wird.

Verfahrensablauf

Ein stabförmiges Rohteil wird in die Matrize eingelegt und unter hohem Druck vom Stempel durch die Werkzeugöffnung gepresst (Abb. 6.10). Dabei vermindert sich der Querschnitt des Stababschnittes. Der Zapfen tritt je nach Querschnittsverminderung (Umformgrad) um ein vielfaches schneller aus der Düse als der Stempel den Werkstoff vor der Düse einschiebt. Der Umformvorgang ist beendet, wenn die gewünschte Zapfenlänge bzw. Absatzhöhe erreicht ist. Nach dem Vorgang wird der Stempel zurückgezogen und das Werkstück vom Auswerfer aus der Matrize gehoben.

6.2 Voll-Vorwärts-Fließpressen 131

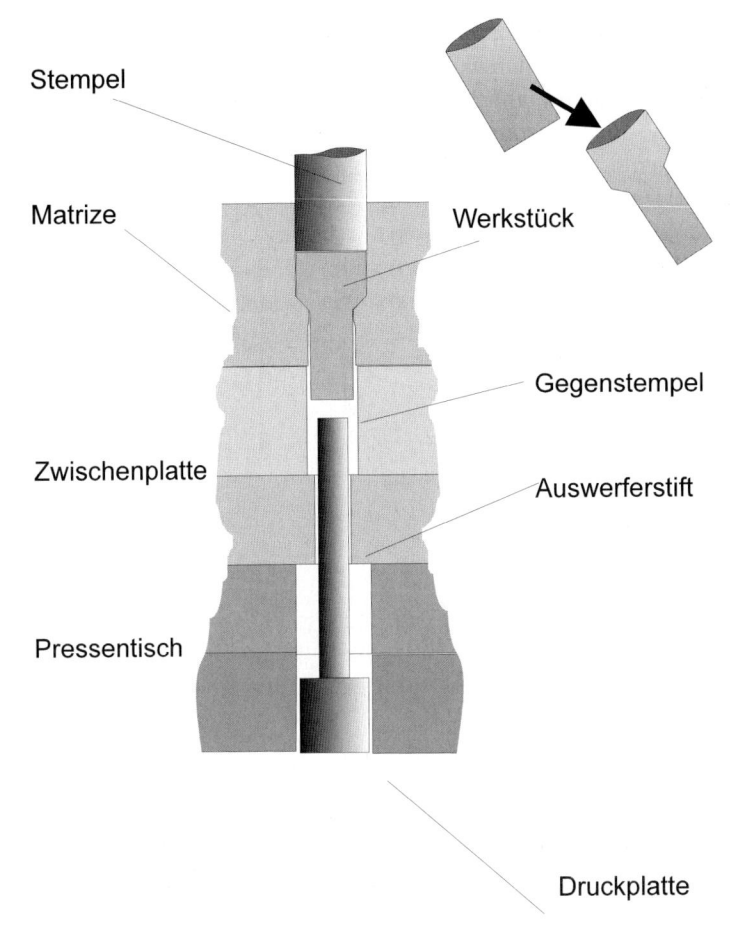

Abb. 6.10 Voll-Vorwärts-Fließpressen [6.30]

Verfahrensgrenzen

Die größten Spannungen im Pressteil treten im Bereich des Querschnittsübergangs auf. Die höchstbeanspruchte Stelle am Werkzeug ist die Fließpressschulter. Dort liegt das Maximum der Vergleichsspannung σ_V vor (Abb. 6.11); die Vergleichsspannung ist die größte Spannung der in die drei Raumrichtungen gleichzeitig wirkenden Spannungen und kann als Resultierende nach der Hypothese von v. Mises oder Tresca ermittelt werden.

Im Bereich der Fließpressschulter tritt erhöhter Verschleiß auf, und es besteht erhöhte Gefahr von Werkzeugversagen durch Rissbildung und Bruch (Abb. 6.12). Durch entsprechende Matrizengestaltung, zum Beispiel durch eine Quer- oder Längsteilung oder durch Aufbringen einer definierten Druckvorspannung, kann die Lebensdauer dieser Matrizen erheblich gesteigert werden (vgl. Kap. 8).

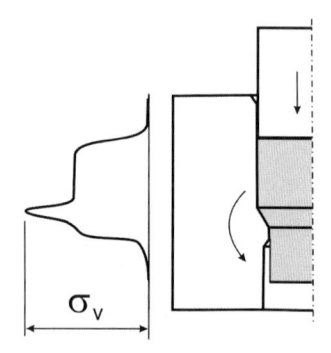

Abb. 6.11 Verlauf der Vergleichsspannung σ_V beim Voll-Vorwärts-Fließpressen mit dem Maximum im Bereich der Fließschulter [6.32]

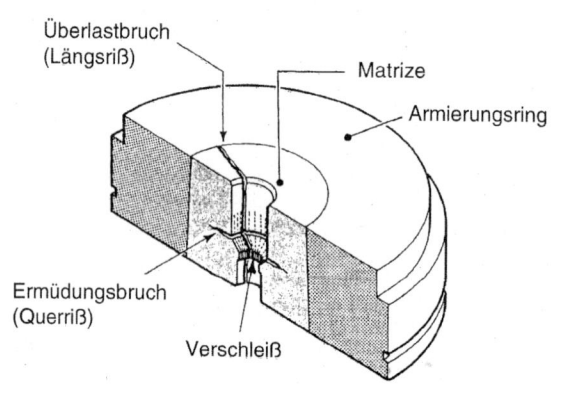

Abb. 6.12 Versagensfälle an einer Matrize zum Voll-Vorwärts-Fließpressen [6.33]

Der Umformgrad φ bzw. die bezogene Querschnittsänderung ε_A berechnet sich aus dem Verhältnis des Rohteildurchmessers zum Zapfendurchmesser (vgl. Kap. 10). In Abb. 6.13 sind Voll-Vorwärts-Fließpress-Teile mit unterschiedlichen Umformgraden φ gezeigt. Richtwerte für maximal mögliche Werte φ_{max} bzw. ε_{Amax} durch Voll-Vorwärts-Fließpressen unter dem Gesichtspunkt wirtschaftlicher Werkzeugstandmengen sind in Tab.

6.1 für Stahlwerkstoffe und in Tab. 6.2 für Nichteisenmetalle zusammengestellt; die Werte können in Einzelfällen wesentlich höher liegen, infolge günstig gewählter Werkzeugstähle, Schmierstoffe, Werkstück-Wärmebehandlungen, der Werkzeuggestaltung und dem Spannungszustand in der Umformzone.

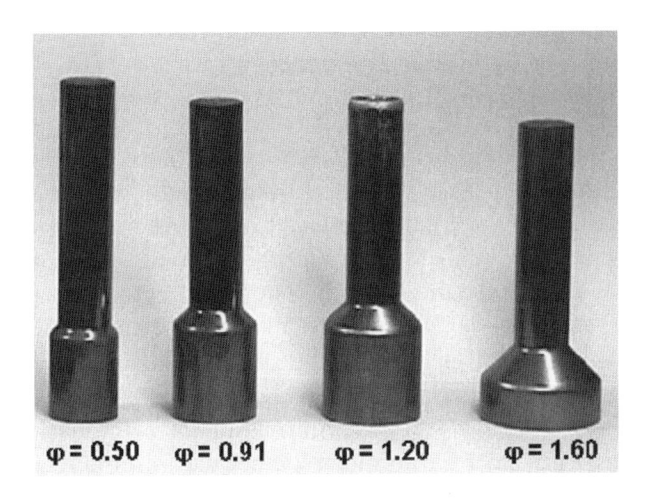

Abb. 6.13 Voll-Vorwärts-Fließpressteile mit unterschiedlichen Umformgraden φ; die φ-Werte wurden durch Variation der Rohteil-Ø erreicht. Bild: Tekkaya

Das Verhältnis der Rohteillänge l_0 zum Durchmesser des Rohteils d_0 sollte die in Tab. 6.1 und 6.2 angegebenen Grenzwert nicht überschreiten, da sonst die Reibung in der Zylinderwand zu sehr ansteigt.

Tabelle 6.1 Richtwerte für Stahlwerkstoffe, zum Teil nach VDI 3138

Umformbarkeit	Stahlwerkstoffe	ε_{Amax}	φ_{max}	$(l_0/d_0)_{max}$
Gut umformbar	QSt32-3, Cq15	0,75	1,4	10
Schwerer umformbar	Cq35, 16MnCr5	0,67	1,1	6
Schwer umformbar	Cq45, 42CrMo4	0,6	0,9	4

Tabelle 6.2 Richtwerte für Nichteisenwerkstoffe, zum Teil nach VDI 3138

Umformbarkeit	NE-Werkstoffe	ε_{Amax}	φ_{max}	$(l_0/d_0)_{max}$
Sehr gut umformbar	Aluminium (Al 99,5), Blei, Zink (> 100°C)	0,98	4	nicht bekannt
Gut umformbar	Kupfer (z.B. E-Cu)	0,85	1,9	nicht bekannt
Schwer umformbar	Messing CuZn37 – CuZn28	0,75	1,4	nicht bekannt

Umformkraft

Für die Ermittlung der Umformkraft sind folgende Einflussgrößen maßgebend:

- Umformgrad φ
- Werkstückwerkstoff (k_f-Wert) – abhängig von φ
- Reibung in der Zylinderwand – abhängig von l_0/d_0
- Schulteröffnungswinkel - im allg. $2\alpha \leq 120°\text{-}150°$ – abhängig von φ

Der Kraft-Weg-Verlauf beim Voll-Vorwärts-Fließpressen kann in 4 Bereiche unterteilt werden. Wie in Abb. 6.14 dargestellt, wächst die Stempelkraft linear bis zum Punkt 1 infolge elastischer Verformungen im System Werkzeug-Werkstück beim Hineindrücken des Werkstoffes in die Düse an. Bis zum Punkt 2 wird die Düse mit Werkstoff gefüllt. Das Kraftmaximum an der Stelle 2 bildet sich umso stärker aus, je kleiner der Matrizenöffnungswinkel 2α ist. Der nachfolgende Kraftabfall ist mit einem Übergang von Haft- zu Gleitreibung an der Fließpressschulter zu erklären. Da der Reibkraftanteil an der Gesamtumformkraft im zylindrischen Teil der Matrize mit zunehmender Umformung kleiner wird, ist die Kraft bei Punkt 4 zum Vorgangsende hin kleiner als bei 3 [6.23].

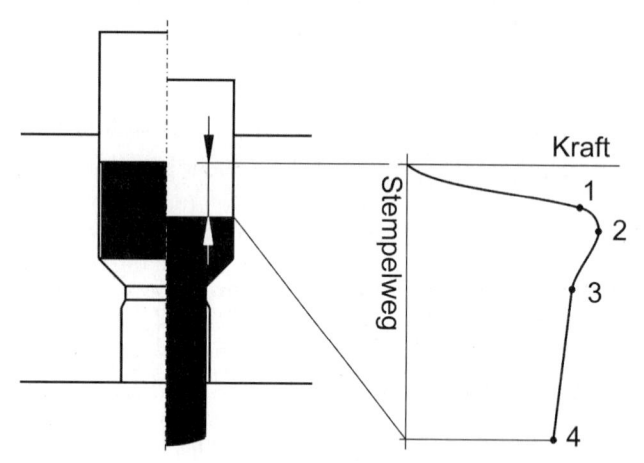

Abb. 6.14 Kraft-Weg-Verlauf beim Voll-Vorwärts-Fließpressen.

Schulteröffnungswinkel

Der optimale Schulteröffnungswinkel $2\alpha_{opt}$ (vgl. Abb. 6.15), bei dem die Presskraft minimal wird, kann rechnerisch bestimmt werden; eine Formel hierfür findet sich in [6.23, S. 278]; nach Untersuchungen von [6.39] liegen geringe Presskräfte bei $2\alpha = 90°$ vor. Der optimale Öffnungswinkel hinsichtlich der Standmengen ist nach [6.35] mit $2\alpha = 126°$ für das Voll-Vorwärts-Fließpressen angegeben. In der Praxis werden für gängige Fließpressstähle häufig $2\alpha = 120°$ oder $130°$ verwendet. Zwar sind bei diesem Winkel die Umformkräfte etwas höher als beim Winkel $2\alpha_{opt}$ für das theoretisch erreichbare Presskraftminimum, aber dieser Nachteil wird durch höhere Standmengen und bessere Maßhaltigkeit der Fließpressteile ausgeglichen. Zudem ist damit bei einem 90°-Winkel am Fertigteil der Aufwand für die spanende Nacharbeit minimiert.

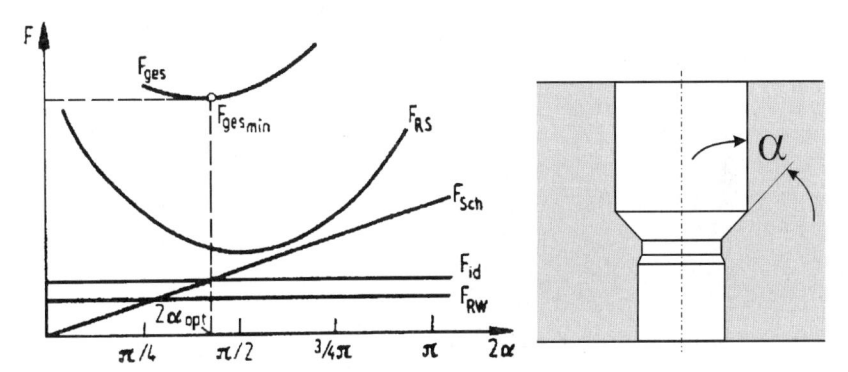

Abb. 6.15 Bestimmung des optimalen Schulteröffnungswinkels 2α bei minimaler Presskraft $F_{ges,\,min}$ aus den Einzelkräften F_{RS} (Reibung an der Fließpressschulter), F_{Sch} (Schiebungskraft), F_{id} (ideelle Umformkraft) und F_{RW} (Reibkraft an der Zylinderwand); F_{ges} ist die Gesamtkraft; näheres siehe [6.23]

Werkstofffluss

Der Werkstofffluss beim Voll-Vorwärts-Fließpressen kann mit Hilfe eines Linienrasters, das vor dem Umformen auf eine längsgeteilte Probe aufgebracht wird, sichtbar gemacht werden. Im Bereich der Zapfenspitze, wo der Werkstoff zuerst aus der Matrizenöffnung fließt, sind die Verwölbungen unterschiedlich und es liegt instationäres Fließen vor. Der Bereich dahinter kennzeichnet mehr stationären Stofffluss. Wird ein zu großer Öffnungswinkel oder ein im Verhältnis zum Schulteröffnungswinkel zu harter Werkstoff gewählt, können Zugspannungen im Kern des Fließpressteils zum Aufreißen des Werkstoffes führen und sog. Chevrons (pfeilförmige Risse) bilden. Sie sind von außen nicht sichtbar. Man kann sie jedoch an einer nach innen gewölbten Zapfenstirnfläche erkennen (Abb. 6.16). Das Entstehen dieser konkaven Wölbung lässt sich damit erklären, dass der

Werkstoff beim Fließen durch die Werkzeugöffnung außen schneller fließt als im Inneren. Allerdings können bei kleinen Umformgraden ($\varepsilon_A < 0{,}4$) und härteren Werkstoffen (z.B. C45) auch konkave Einwölbungen auftreten, ohne dass im Stabkern Risse entstanden sind. Das wird damit erklärt, dass in solchen Fällen der Werkstückkern beim Umformen elastisch bleibt und sich nur die Außenschichten plastisch verformen.

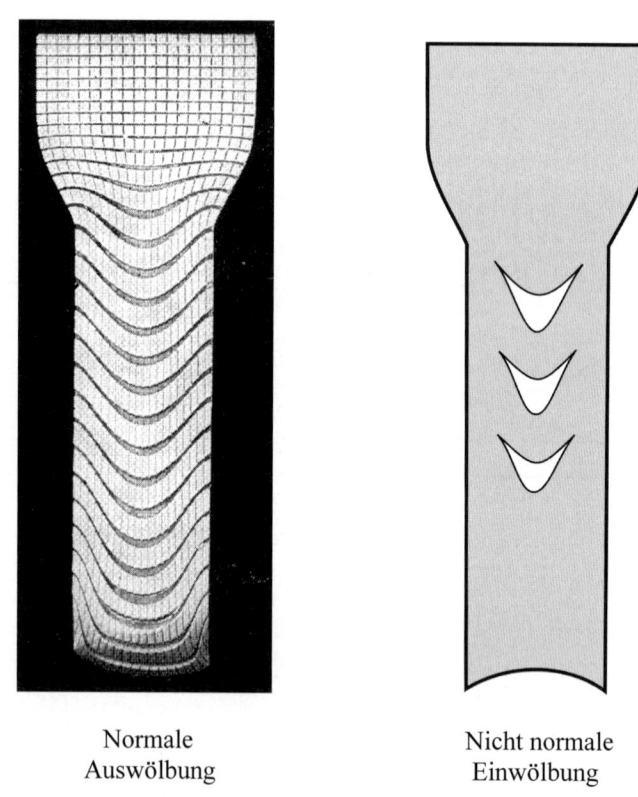

Normale
Auswölbung

Nicht normale
Einwölbung

Abb. 6.16 Werkstoffverzerrung und Chevronrisse beim Voll-Vorwärts-Fließpressen. Veränderung der Zapfenstirnfläche

Abb. 6.17 zeigt exemplarisch den Werkzeugaufbau zum Voll-Vorwärts-Fließpressen mit einem Matrizeneinsatz. Dieser Einsatz stellt eine Matrizen-Längsteilung dar. Damit kann die Standzeit der Matrize erheblich gesteigert werden, da die Fließpressschulter von Biegespannungen frei gehalten wird; näheres dazu findet sich im Kap. 8.

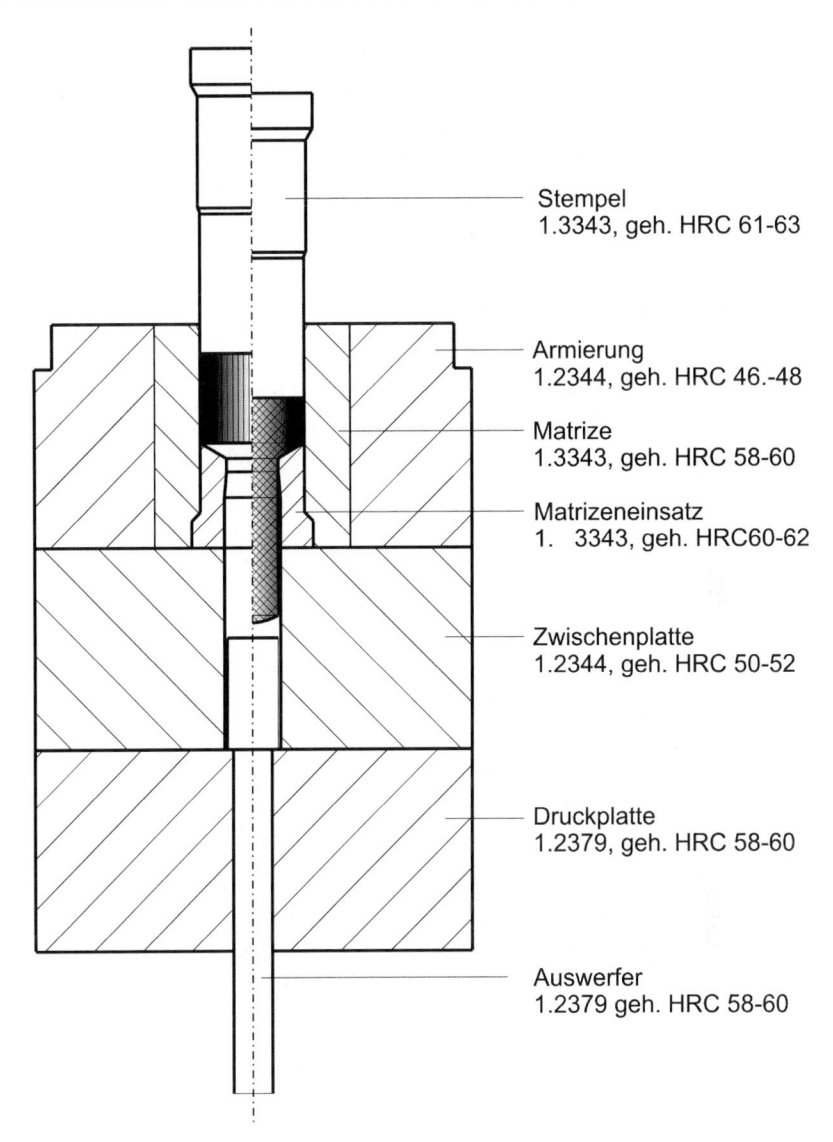

Abb. 6.17 Werkzeug zum Voll-Vorwärts-Fließpressen mit Matrizeneinsatz

Labels in figure:
- Stempel 1.3343, geh. HRC 61-63
- Armierung 1.2344, geh. HRC 46.-48
- Matrize 1.3343, geh. HRC 58-60
- Matrizeneinsatz 1. 3343, geh. HRC60-62
- Zwischenplatte 1.2344, geh. HRC 50-52
- Druckplatte 1.2379, geh. HRC 58-60
- Auswerfer 1.2379 geh. HRC 58-60

Beispiel. Mitnehmer

Der Stadienplan des in Abb. 6.18 gezeigten Mitnehmers aus 16MnCr5 besteht aus Kalt- und Halbwarmumformstufen. Die ersten beiden Arbeitsgänge sind problemlos kalt durchführbar. Die Umformung in Stufe 1 besteht aus einem Voll-Vorwärts-Fließpressen von Ø 40,4 mm auf Ø 24,5 mm. Dies entspricht einem Umformgrad von $\varphi = -1$ bzw. einer bezogenen Querschnittsänderung von $\varepsilon_A = -0{,}63$. Die Werte liegen unterhalb der in Tab. 6.1 angegebenen Grenzwerte. Der Steg am Mitnehmer in Stufe 3 lässt sich nur durch Halbwarmumformen herstellen. Um das Fließpresswerkzeug zu entlasten, wird bei diesem Arbeitsgang gleichzeitig ein dünnwandiger Napf (Entlastungsöffnung) gepresst, der als Werkstoffüberlauf dient. Er wird in der letzten Stufe durch Beschneiden entfernt.

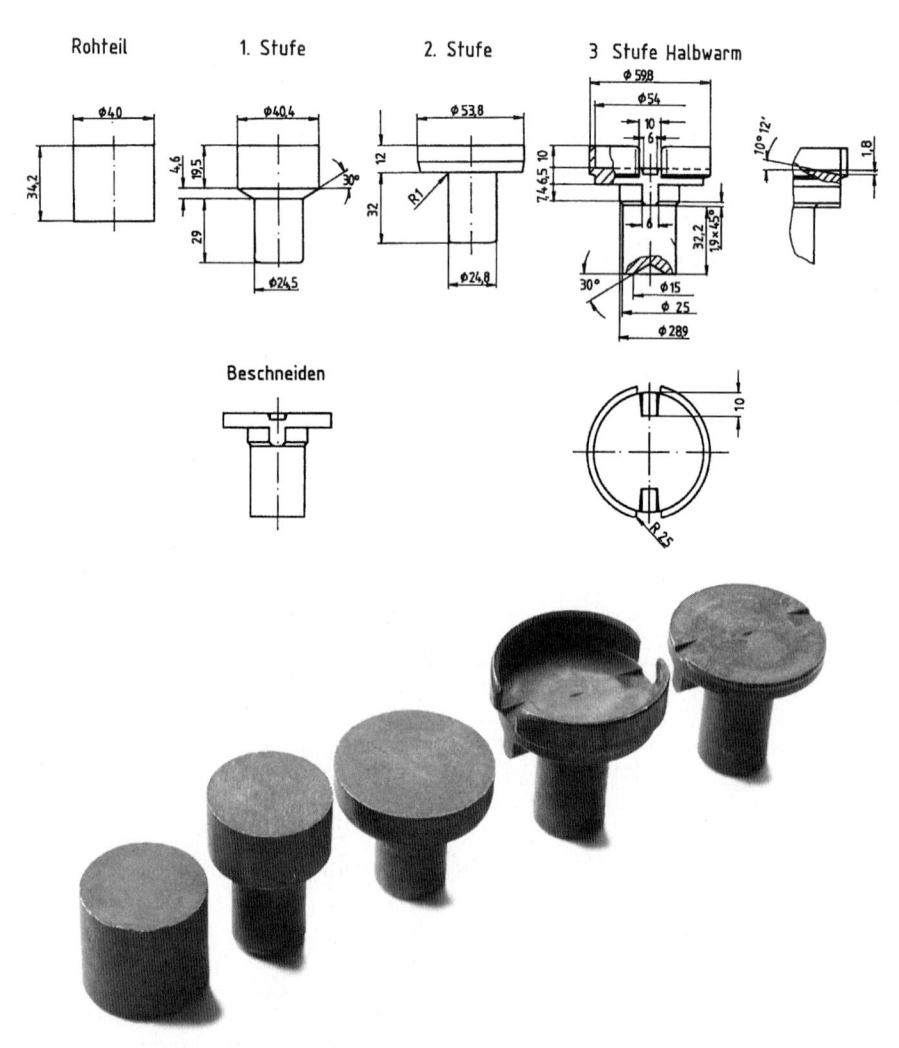

Abb. 6.18 Mitnehmer aus 16MnCr5. Quelle: Bosch. Foto: Schöck

Beispiel. Flanschschraube

Das Teil (Abb. 6.19) wurde aus C15 wie folgt gefertigt:
Rohteil: gesägt, weichgeglüht, gebeizt, phosphatiert und befettet;
1. Stufe: Voll-Vorwärts-Fließpressen, mit
- bezogener Querschnittsänderung:

$$\varepsilon_A = \frac{11^2 - 24^2}{24^2} = -0{,}78 \text{ bzw.}$$

- Umformgrad: $\varphi = \ln(1 + \varepsilon_A) = 1{,}56$

2. Stufe: Flansch und Sechskant fließpressen bzw. stauchen
- Umformgrad: $\varphi = 0{,}7$

Auf den Zapfen Ø 10,7 mm wird später ein Gewinde aufgewalzt.

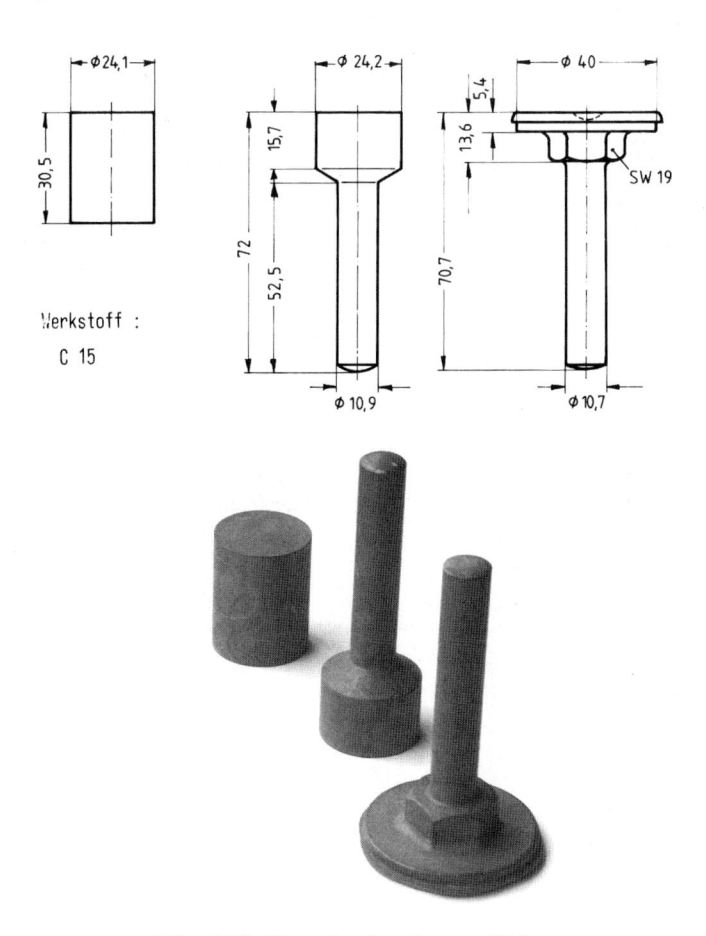

Abb. 6.19 Flanschschraube aus C15

140 6 Verfahren

Damit der 6-Kant an die Flanschschraube gut ausgepresst werden kann, muss der Durchmesser der Vorstufe größer sein als das Übereckmaß des Sechskants (z.B. 1 – 2 mm); ist der Durchmesser genau so groß wie das Übereckmaß, wird der Sechskant nie ganz ausgepresst. In Abb. 6.20 (Stufe 3 und 4) ist dieses Vorgehen gut am Übergang vom Sechskant zum zylindrischen Schraubenbund erkennbar: der Bund ist im Durchmesser etwas grösser. Der Sechskant wird also durch Verjüngen erzeugt; im Fall der Flanschschraube in Abb. 6.19 handelt es sich deshalb genau genommen um eine Verfahrenskombination aus Verjüngen und Stauchen.

Eine andere Möglichkeit der Sechskantherstellung ist in Abb. 6.21 dargestellt. Der 6-Kant wird einfach durch Beschneiden mit entsprechendem Abfall erzeugt.

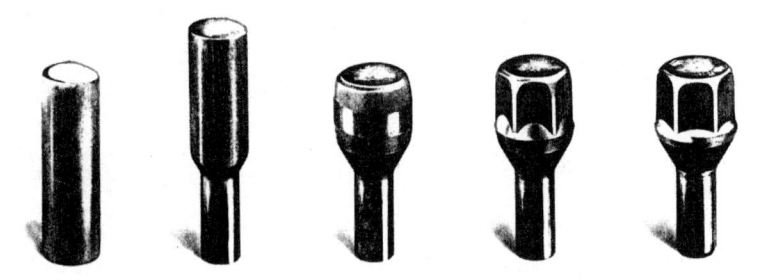

Abb. 6.20 Sechskantherstellung durch Verjüngen. Bild: Hatebur AG

Abb. 6.21 Sechskantherstellung durch Beschneiden. Bild: Hatebur AG

6.3 Hohl-Vorwärts-Fließpressen

Prinzip

Ausgehend von einem Napf oder einer Hülse wird ein Napf oder eine Hülse mit verminderter Wanddicke hergestellt (Abb. 6.23). Die formgebende Werkzeugöffnung wird durch die Matrize und den Dorn am Stempel gebildet. Der Werkstofffluss erfolgt in Richtung der Stempelbewegung.

Verfahrensablauf

Die formabbildenden Werkzeugelemente sind in Abb. 6.22 skizziert. Sie bestehen aus einer Matrize, in die das Rohteil, ein Napf oder eine Hülse (z.B. ein Rohrabschnitt) oder in bestimmten Fällen auch eine ausgeschnittene Ronde, eingelegt wird sowie aus einem Stempel mit auskragendem Zapfen (Dorn). Durch die ringförmige Werkzeugöffnung, welche sich beim Zusammenfahren der Werkzeuge durch den Zapfenaußen- und den Matrizeninnendurchmesser bildet, wird der Werkstoff hindurchgepresst. Dadurch vermindert sich die Wandstärke der Vorform. Nach der Umformung wird der Stempel mit Zapfen zurückgezogen und das Werkstück mit dem Auswerfer aus der Matrize gehoben. In Abb. 6.22 sind die beim Hohl-Vorwärts-Fließpressen erreichbaren Fertigungsgenauigkeiten gekennzeichnet.

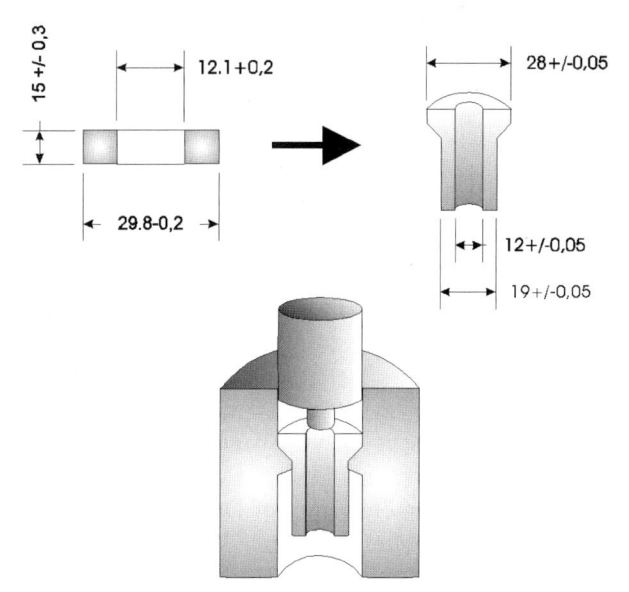

Abb. 6.22 Hohl-Vorwärts-Fließpressen, mögliche Fertigungsgenauigkeiten [6.30]

Im Allgemeinen werden durch Hohl-Vorwärts-Fließpressen Werkstücke gefertigt, die an einem Ende einen verbleibenden Bund haben. Ist dieser Bund unerwünscht, besteht die Möglichkeit, das mit Bund gepresste Teil nach dem Pressen in der Matrize zu belassen und mit dem nachfolgenden Teil durchzudrücken, so dass ein bundfreies Werkstück herausgepresst wird; ähnlich dem Samanta-Verfahren zum Fließpressen von bundfreien Außenverzahnungen (vgl. Abb. 6.156).

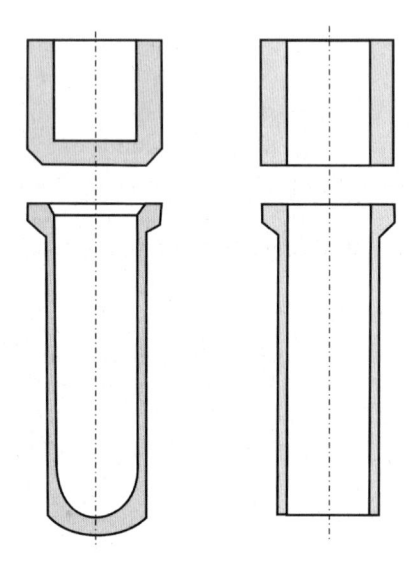

Abb. 6.23 Napf oder Hülse als Vorform zum Hohl-Vorwärts-Fließpressen

Der auskragende Zapfen am Stempel ist beim Hohl-Vorwärts-Fließpressen aufgrund des Werkstoffflusses erheblichen Zugspannungen ausgesetzt. Die Stempelstirnfläche hingegen ist auf Druck beansprucht. Die am Übergang vom Zapfen zur Stempelstirnfläche resultierenden Spannungsspitzen müssen bei der Auslegung der Hohl-Vorwärts-Fließpressstempel berücksichtigt werden. Bei festen Zapfen sollten größere Radien an der Zapfenkontur angebracht und eine gute polierte Oberfläche zur Verringerung von Kerbwirkungen berücksichtigt werden.

Im Allgemeinen wird der Zapfen vom Stempel getrennt ausgeführt und als separates Werkzeugelement, als Dorn, in den Stempel integriert. Somit ist das auf Zug belastete Element vom auf Druck beanspruchten getrennt. Um die Reibung am Dorn weiter zu vermindern, kann der Dorn als „mitlaufender" Dorn mit Rückzugsfeder gestaltet werden (vgl. Kap. 8).

6.3 Hohl-Vorwärts-Fließpressen

Verfahrensgrenzen

Die Verfahrensgrenzen sind durch die Beanspruchbarkeit von Matrize und Stempelzapfen bzw. Dorn gegeben. Die höchstbeanspruchte Stelle der Matrize ist der Übergang zur Fließpressschulter; es liegen vergleichbare Verhältnisse wie beim Voll-Vorwärts-Fließpressen vor. Der Umformgrad φ bzw. die bezogene Querschnittsänderung ε_A berechnet sich aus dem Verhältnis der Querschnitts-Ringflächen von Roh- und Fertigteil (vgl. Kap. 10). In Abb. 6.24 sind Hohl-Vorwärts-Fließpressstadien mit unterschiedlich fließgepressten Umformgraden φ gezeigt; es wurden die Dorndurchmesser variiert, um die verschiedenen φ–Werte zu bewirken.

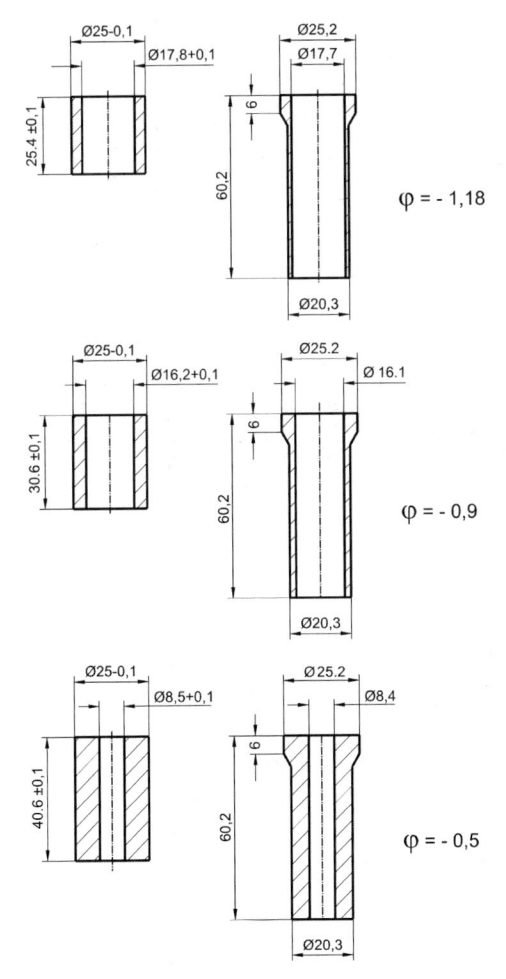

Abb. 6.24 Hohl-Vorwärts-Fließpressen mit unterschiedlichen Umformgraden

In Tab. 6.3 und 6.4 sind Richtwerte für maximal durch Hohl-Vorwärts-Fließpressen erreichbare Umformgrade φ_{max} bzw. bezogene Querschnittsänderungen ε_{Amax} aufgrund des Kriteriums wirtschaftlicher Werkzeugstandmengen zusammengestellt. Die Werte können in Einzelfällen wesentlich höher liegen, infolge günstig gewählter Werkzeugstähle, Schmierstoffe, Werkstück-Wärmebehandlungen, der Werkzeuggestaltung und dem Spannungszustand in der Umformzone.

Das angegebene Verhältnis $(l_0/s_0)_{max}$ darf nicht überschritten werden, da sonst die Reibung zwischen Rohteilinnenwand und Zapfenaußendurchmesser zu sehr anstiege; denn je länger das Rohteil (l_0) ist bzw. je kleiner die Rohteilwanddicke s_0 ist, desto grösser sind die Reib- und damit Zugkräfte, die am Zapfen bzw. Dorn wirken.

Tabelle 6.3 Richtwerte für Stahlwerkstoffe, zum Teil nach VDI 3138

Umformbarkeit	Stahlwerkstoffe	ε_{Amax}	φ_{max}	$(l_0/s_0)_{max}$
Gut umformbar	QSt32-3, Cq15	0,75	1,4	15
Schwerer umformbar	Cq35, 16MnCr5	0,67	1,1	12
Schwer umformbar	Cq45, 42CrMo4	0,6	0,9	8

Tabelle 6.4 Richtwerte für Nichteisenwerkstoffe, zum Teil nach VDI 3138

Umformbarkeit	NE-Werkstoffe	ε_{Amax}	φ_{max}	$(l_0/s_0)_{max}$
Sehr gut umformbar	Aluminium (z.B. Al 99,5), Blei, Zink (> 100°C)	0,98	4	nicht bekannt
Gut umformbar	Kupfer (z.B. E-Cu)	0,85	1,9	nicht bekannt
Schwer umformbar	Messing CuZn37 bis CuZn28	0,75	1,4	nicht bekannt

Für die Ermittlung der Umformkraft sind folgende Einflussgrößen maßgebend:

- Umformgrad φ
- Werkstückwerkstoff (k_f-Wert) – abhängig von φ
- Reibung in der Matrizenwand – abhängig von l_0/d_0
- Reibung am Dorn – abhängig von l_0/s_0
- Schulteröffnungswinkel – abhängig von φ

Abb. 6.25 zeigt einen typischen Werkzeugaufbau zum Hohl-Vorwärts-Fließpressen mit Matrizeneinsatz und Dorn im Stempel. Zur Fertigung sehr genauer Teile mit guter Rundlaufgenauigkeit empfiehlt sich ein Werkzeugaufbau entsprechend Abb. 6.26. Der Dorn ist dort nicht stempelseitig sondern in der Matrize untergebracht und im hohlen Stempel geführt, der sich wiederum in der Matrize abstützt und die Düse bildet, durch die der Werkstoff fließt und die Teilewand formt. Bei dieser Lösung ist eine Auswerferhülse erforderlich, die im dargestellten Fall über 3 Auswerferstifte (120° zueinander versetzt) beim Auswerfen des Teils angehoben wird. Die Hülse wird durch das Pressen des nachfolgenden Teils wieder in ihre Ausgangslage nach unten geschoben.

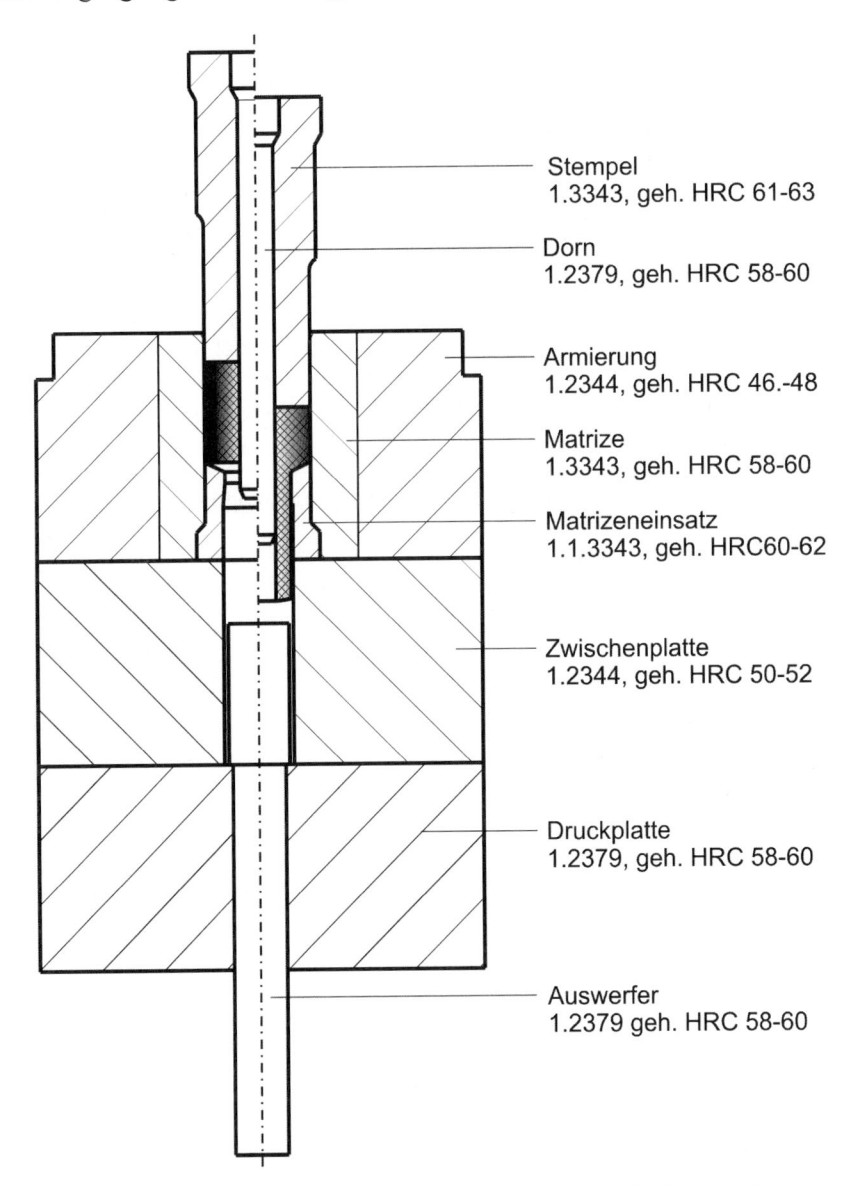

Abb. 6.25 Werkzeug zum Hohl-Vorwärts-Fließpressen mit Matrizeneinsatz

Stempel
1.3343, geh. HRC 61-63

Dorn
1.2379, geh. HRC 58-60

Armierung
1.2344, geh. HRC 46.-48

Matrize
1.3343, geh. HRC 58-60

Matrizeneinsatz
1.1.3343, geh. HRC60-62

Zwischenplatte
1.2344, geh. HRC 50-52

Druckplatte
1.2379, geh. HRC 58-60

Auswerfer
1.2379 geh. HRC 58-60

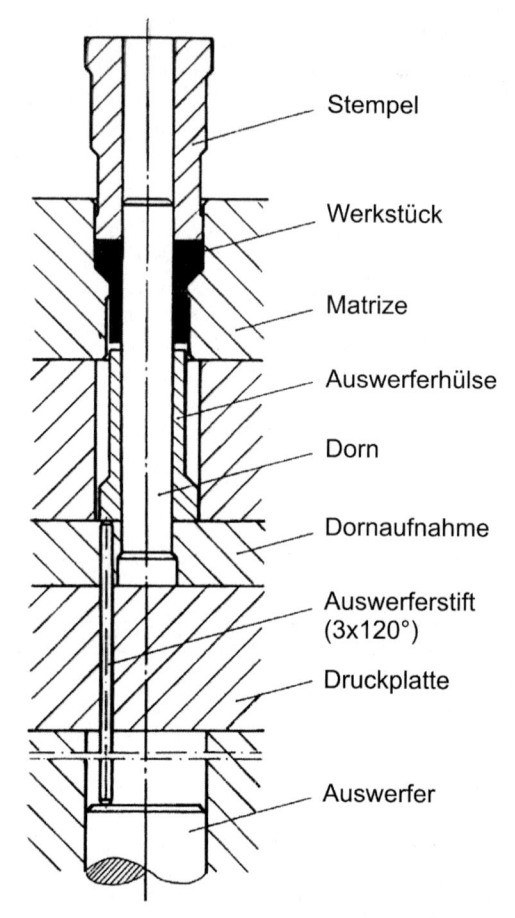

Abb. 6.26 Hohl-Vorwärts-Fließpressen mit matrizenseitigem Dorn, u.a. zur Erzielung einer höheren Rundlaufgenauigkeit am Pressteil

Beispiel. Führungshülse

Ausgehend von einem rohrförmigen Rohteil wird die Führungshülse aus C15 in drei Arbeitsgängen fertig gepresst (Abb. 6.27), so dass das Teil bis auf ein Ablängen am Schaft einbaufertig ist. Der Stauchvorgang in Stufe 2 ist erforderlich, damit der Werkstoff in der 3. Stufe nicht durch Zugspannungen oben am Bund anreißt. Die bezogene Querschnittsänderung beim Hohl-Vorwärts-Fließpressen in der 1. Stufe beträgt 78%. Sie dient der Werkstoffvorverteilung für die nachfolgende Umformstufe. Zur Herstellung der Vorstufe (Rohrstück) erfolgen die Arbeitsgänge Scheren, Setzen,

Napf-Fließpressen und Lochen wirtschaftlich auf liegenden Warmumformpressen.

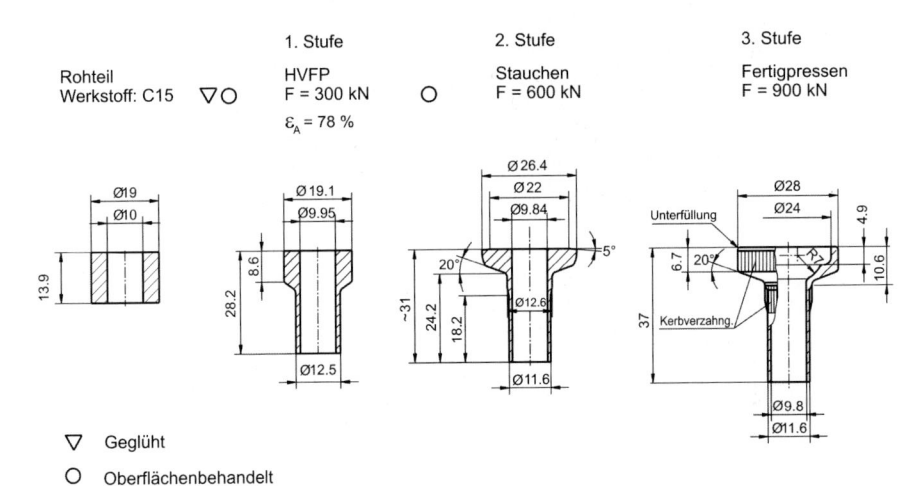

Abb. 6.27 Pressteil und Stadienplan Zentrierhülse

| Rohteil Werkstoff: C15 ▽○ | 1. Stufe HVFP F = 300 kN ε_A = 78 % | 2. Stufe Stauchen F = 600 kN | 3. Stufe Fertigpressen F = 900 kN |

▽ Geglüht
○ Oberflächenbehandelt

Beispiel. Schaltergehäuse

Wirtschaftlich lässt sich das Rohteil des Schaltergehäuses aus QSt32-3 oder C10 in Abb. 6.28 auf einer liegenden Warmumformpresse herstellen (Abb. 6.29). Es wird vor dem Kaltfließpressen phosphatiert und mit MoS_2 beschichtet. Zum Fertigteil wird das Schaltergehäuse in einer Stufe durch Napf-Rückwärts-Fließpressen kombiniert mit Hohl-Vorwärts-Fließpressen hergestellt. Die bezogene Querschnittsänderung beträgt $\varepsilon_A=(51)^2/(56{,}4)^2 \approx$ 83% und liegt damit jenseits des in Tab. 6.3 angegebenen Grenzwertes von $\varepsilon_{Amax} = 75\%$. Das ermöglicht die Verfahrenskombination, die einen Spannungszustand herstellt, der höhere Umformgrade zulässt, als sie in verfahrensisolierten Experimenten ermittelt wurden. Die Matrize erfordert eine axiale Vorspannung und es muss ein Matrizeneinsatz vorhanden sein, um Spannungskonzentrationen im Bereich der Fließpressschulter zu verhindern.

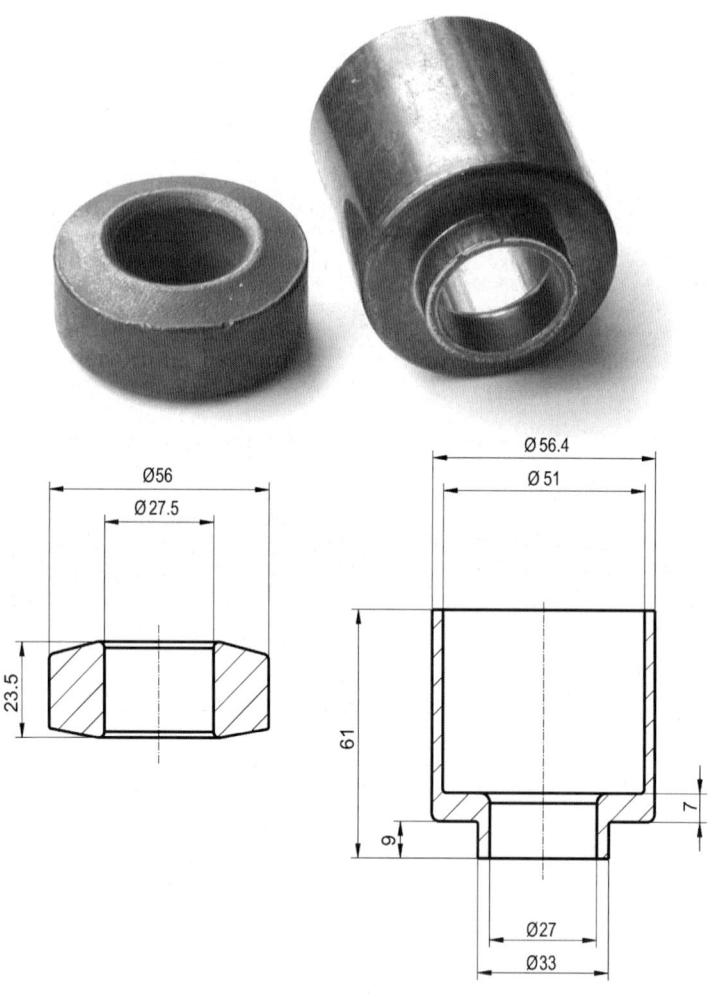

Abb. 6.28 Schaltergehäuse aus QSt32-3 oder C10 *(Foto: Schöck)*

Für hohe Rundlaufgenauigkeit am Fertigpressteil ist ein Rohteil mit geringem Mittenversatz erforderlich. Auf einer Warmpresse ist die Herstellung eines geringen Mittenversatzes schwierig. Ursachen hierfür liegen beispielsweise beim Führungsspiel des Pressenstößels, am Einlegespiel und bei der Wärmedehnung an den Werkzeugen. Ein einmal vorhandener Mittenversatz ist in den Folgestufen (kalt oder Halbwarm) im allgemeinen nicht mehr zu korrigieren. Er könnte nur in einem separaten Prozess, beispielsweise durch Ringwalzen, beseitigt bzw. verringert werden.

Abb. 6.29 Warmpresse, geeignet für die Rohteilherstellung in hohen Stückzahlen, schwierig: geringer Mittenversatz. Bild: Hatebur AG

Beispiel. Anlasserritzel mit angespitzten Zähnen

Das Anlasserritzel aus 16MnCr5 in Abb.6.30 wird in einem Fließpressarbeitsgang vom ringförmigen Rohteil mit einer Mittengenauigkeit von ± 2.5/100 mm gefertigt. Ein Ausdrehen des Innendurchmessers ist nicht mehr nötig, da eine Duobox eingepresst wird. Abb. 6.31 zeigt den Werkzeugaufbau. Die Matrize ist quergeteilt und axial vorgespannt. Die Matrizenteilungsebene liegt dabei ca. 1,5 mm oberhalb der Querschnittsverminderung. Die Geometrie zum Anformen der angespitzten Zähne ist in die untere Matrize durch Funkenerosion eingebracht. Das Ritzel kann auf einer 5-stufigen Umformpresse vom gescherten Rohteil in unterschiedlichen Größenordnungen gefertigt werden. In VDI 3138 Blatt 1 (1998), Seite 13, sind übliche Toleranzen für geradverzahnte Werkstücke zusammengestellt.

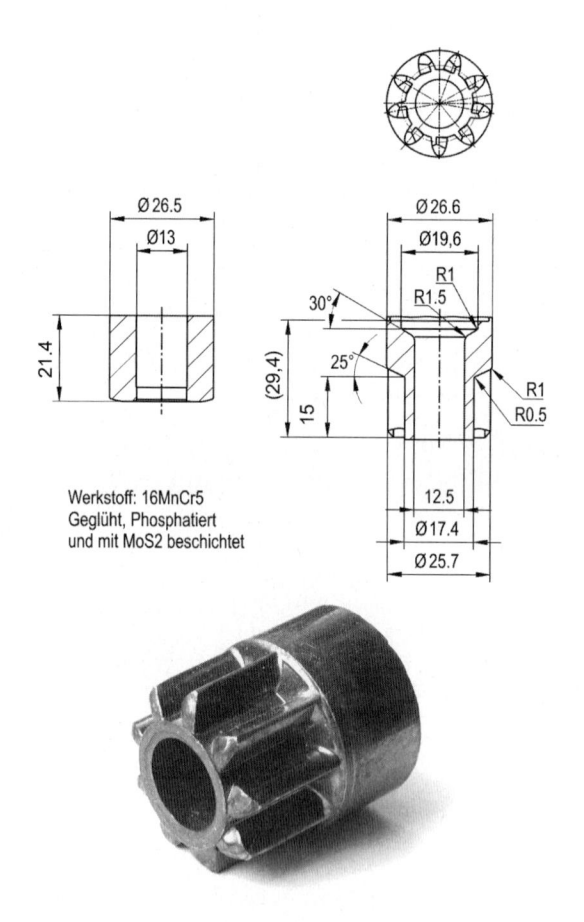

Abb. 6.30 Anlasserritzels mit angespitzten Zähnen

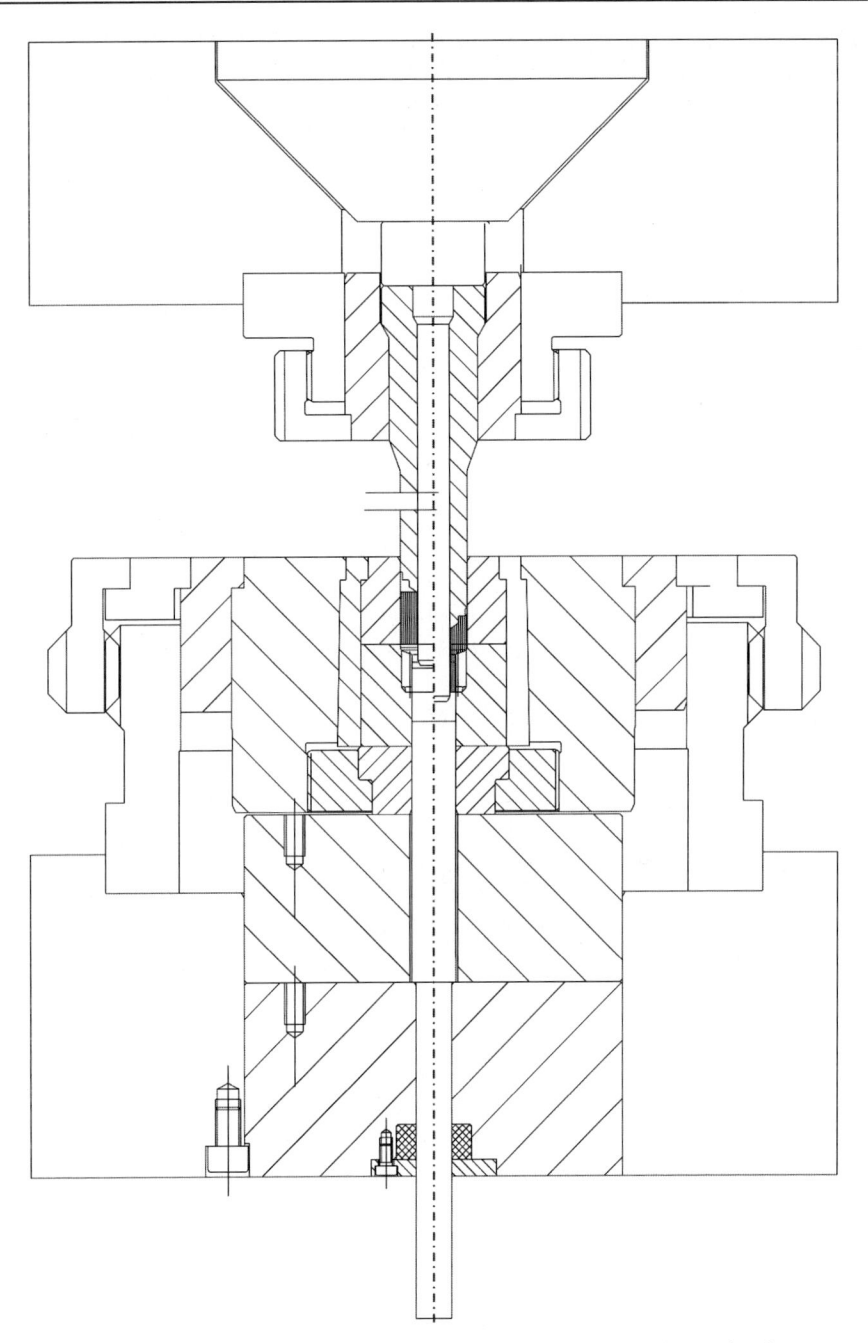

Abb. 6.31 Fließpresswerkzeug zur Herstellung des Anlasserritzels

6.4 Napf-Vorwärts-Fließpressen

Prinzip

Ausgehend von einem Vollkörper als Rohmaterial wird ein meist dünnwandiger Hohlkörper (Napf, Hülse) hergestellt. Die formgebende Werkzeugöffnung wird durch die Matrize und den Napfstempel, der im Unterwerkzeug steht, gebildet. Der Werkstofffluss erfolgt in Richtung der Stempelbewegung (Abb. 6.32).

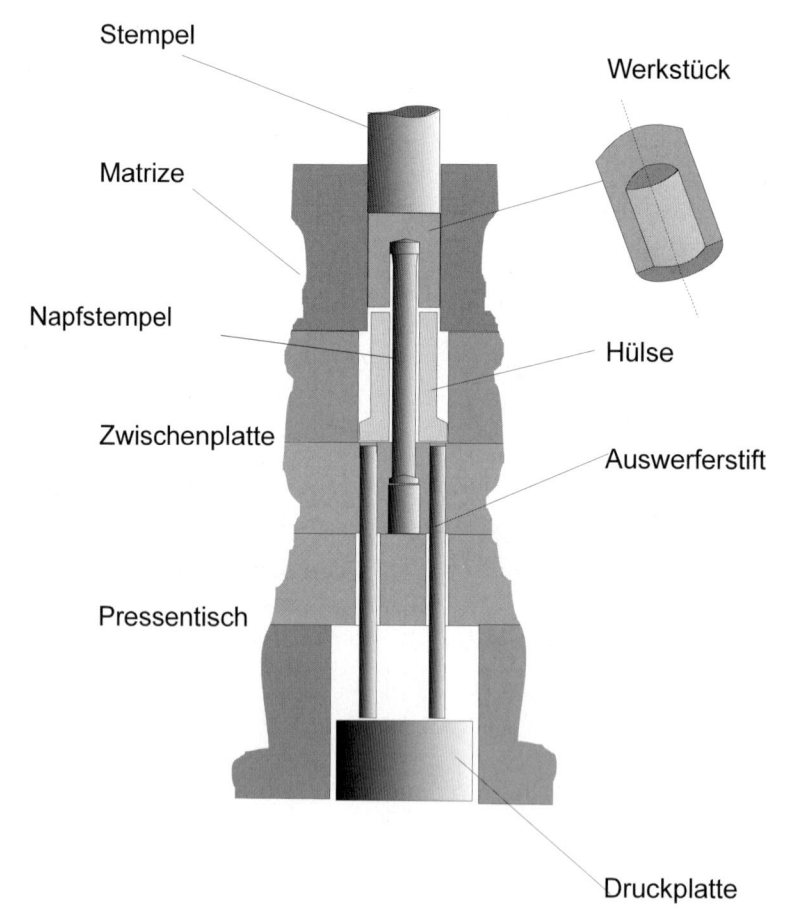

Abb. 6.32 Napf-Vorwärts-Fließpressen [6.30]

6.4 Napf-Vorwärts-Fließpressen

Verfahrensablauf

Ein stabförmiges Rohteil wird in die Matrize eingelegt und unter hohem Druck vom Stempel durch die formgebende Werkzeugöffnung zwischen Matrizenwand und Napfstempel gepresst. Dabei entsteht ein napfförmiges Teil mit einer definierten Wanddicke und einem geschlossenen Boden. Die Querschnittsverminderung bewirkt, dass die hülsenförmige Wandung um ein vielfaches schneller in Stempelwirkrichtung aus dem Spalt zwischen Stempel und Matrize tritt als der Stempel den Werkstoff einschiebt.
Der Umformvorgang ist beendet, wenn die gewünschte Napftiefe bzw. Bodendicke erreicht ist. Nach der Umformung wird das Fertigteil im allgemeinen über eine matrizenseitige Auswerferhülse vom Napfstempel abgestreift und nach oben ausgeworfen. Aufgrund der Platzverhältnisse im Unterwerkzeug kann die Gestaltung des Auswerfermechanismus schwierig sein. Bei gefederten Unterwerkzeugen ist es auch möglich, den Federhub als Auswerferbewegung zu nutzen, wobei hier die Matrize das Werkstück beim Zurückfedern aus der Gravur hebt.

Verfahrensgrenzen

Verfahrensgrenzen sind durch die Beanspruchbarkeit des Napfstempels und der Matrize gegeben. Sie entsprechen den Verfahrensgrenzen beim Napf-Rückwärts-Fließpressen, auf das im nachfolgenden Abschnitt eingegangen wird.
Abb. 6.33 zeigt einen typischen Werkzeugaufbau zum Napf-Vorwärts-Fließpressen mit Angaben zu üblicherweise eingesetzte Werkstoffgüten für die entsprechenden Werkzeugkomponenten. Die erforderliche Auswerferhülse wird im dargestellten Fall über Auswerferstifte angehoben und beim Pressen des nachfolgenden Teils wieder in ihre Ausgangslage nach unten geschoben. Sie ist im Normalfall nicht an der Formgebung beteiligt.

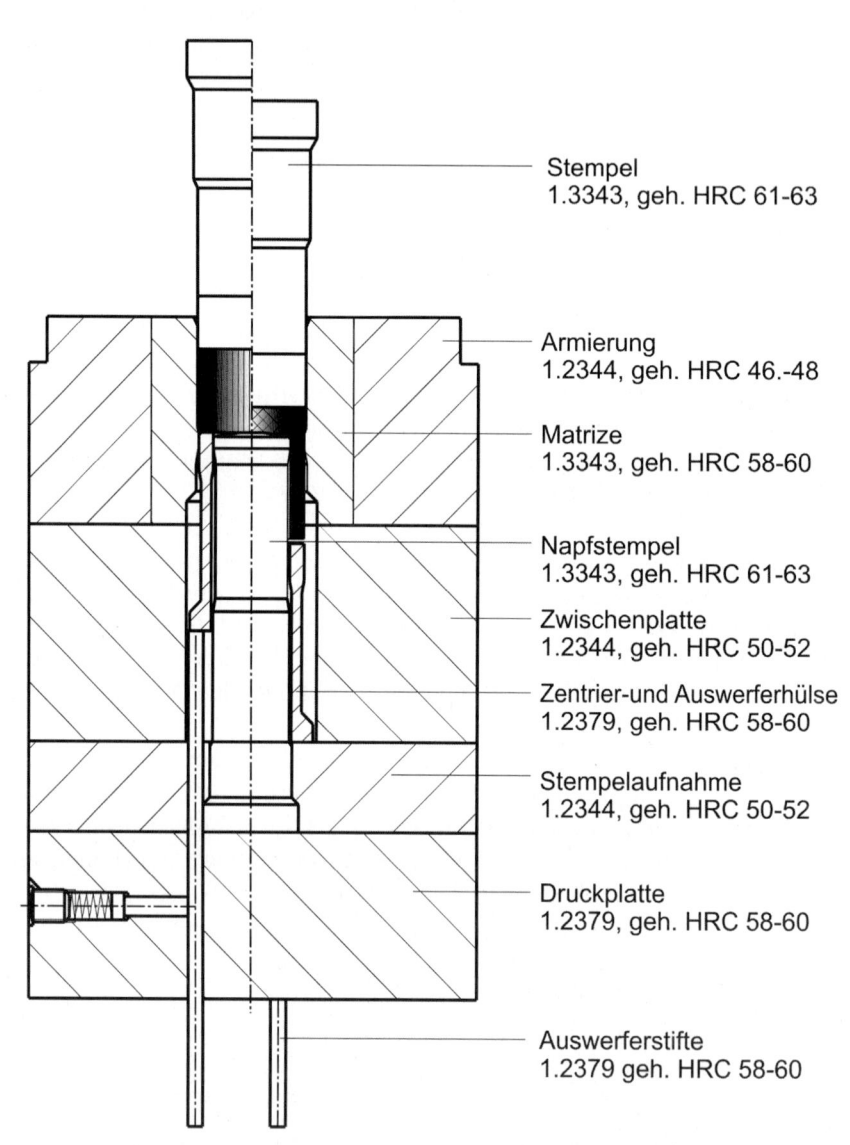

Abb. 6.33 Werkzeugaufbau zum Napf-Vorwärts-Fließpressen

Beispiel. Flanschgehäuse

Das Flanschgehäuse aus C15 für die PKW-Radaufhängung (Abb. 6.34) ist ein Präzisionsteil und hat aus Sicherheitsgründen hinsichtlich Gefüge und Werkstofffestigkeit hohen Anforderungen zu genügen. Das Bauteil wird, ausgehend vom gesägten, eng maßtolerierten, weichgeglühten, phosphatierten und molykotierten Rohteil in folgenden Arbeitsgängen gefertigt (siehe Abb. 6.35):

- Stufe 1: Napf-Vorwärts-Fließpressen der eng maßtolerierten Wandung.
- Stufe 2: Stauchen des dreieckförmigen Flansches zur Werkstoffvorverteilung für das folgende Flanschfertigpressen auf Flanschdicke 6,5 mm.
- Weichglühen sowie eine Oberflächenbehandlung.
- Stufe 3: Fließlochen eines Zapfens im Napfgrund (siehe Abb. 6.36), welches zur Vorbereitung des Beschneidens in Stufe 5 dient. Gleichzeitig bewirkt der Zapfen eine Entlastung für die Werkzeuge und eine Verringerung der erforderlichen Presskraft um etwa 20%.
- Stufe 4: Stauchen der Flanschstruktur mit Werkstoffüberlauf in Matrizenquerrichtung sowie Kalibrieren der Napfinnenkontur auf Fertigmaß.
- Stufe 5: Beschneiden der Flanschaußenkontur und Auslochen des fließgelochten Zapfens.

Zu bemerken ist, dass dieses Teil in der Innenkontur und im Flansch einbaufertige Endmasse hat.

Abb. 6.34 Flanschgehäuse aus C15

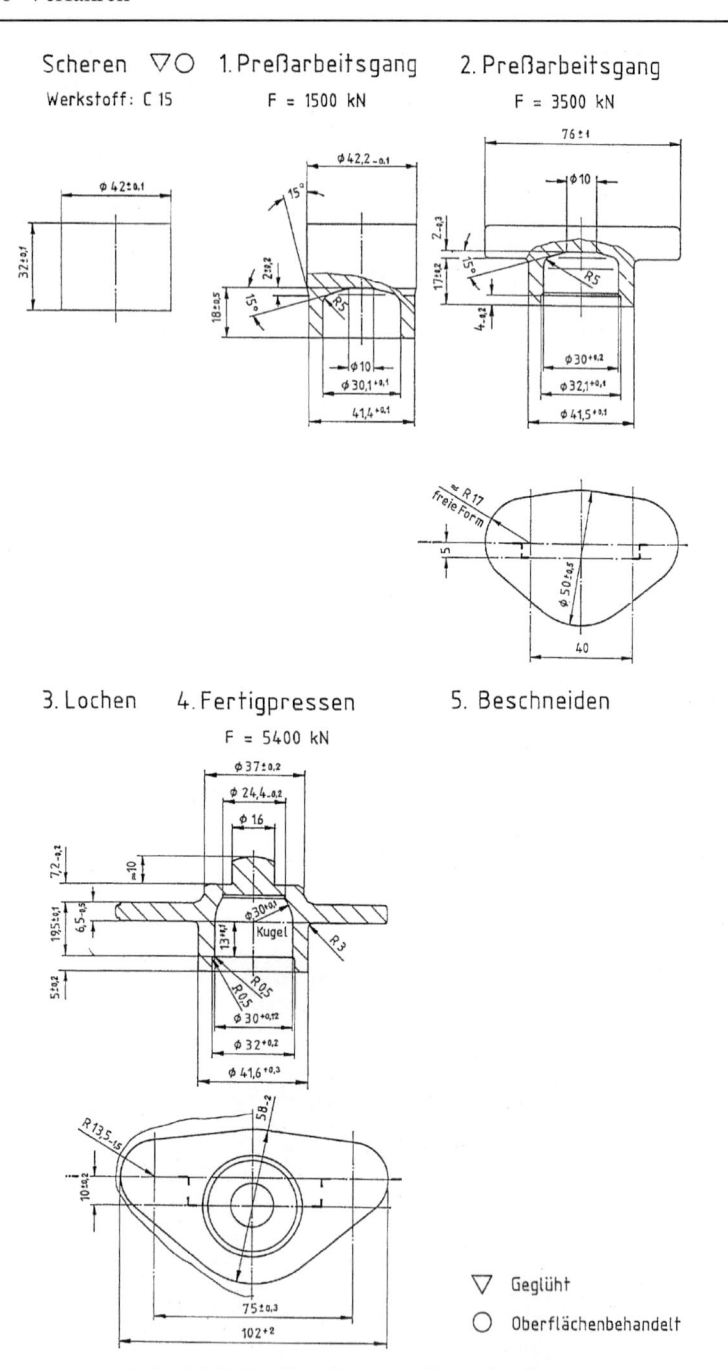

Abb. 6.35 Stadienplan zum Flanschgehäuse

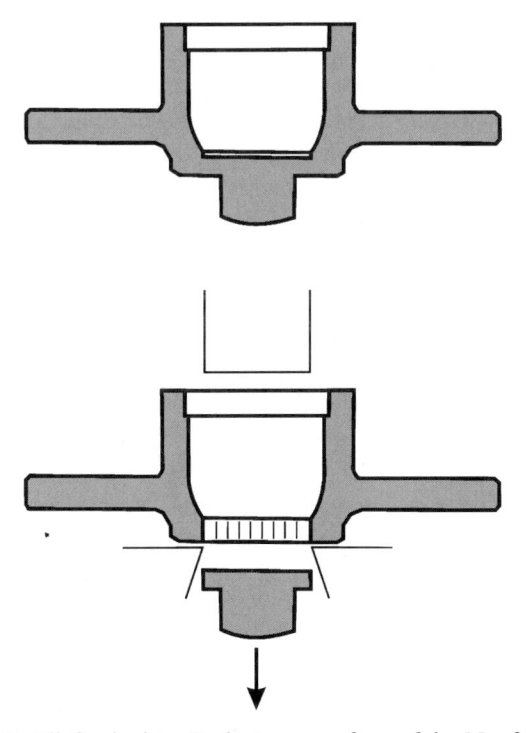

Abb. 6.36 Fließgelochter Entlastungszapfen auf der Napfrückseite

Beispiel. Tassenstößel für hydraulischen Ventilspielausgleich

Die Fertigung des in Abb. 6.37 dargestellte Stößelkörper aus C15 für ein hydraulisches Ventilspielausgleichsystem war eine Herausforderung durch den extrem hohen Umformgrad, die geforderte niedrige Wanddicke (außen) und Stegdicke (innen) sowie die hohen Genauigkeitsanforderungen am Bauteil. Die verfahrenstechnische Lösung ergab sich durch Kaltfließpressen in mehreren Werkzeugstufen vom Draht ausgehend. Die letzte Umformstufe ist eine Verfahrenskombination aus Napf-Vorwärts-Fließpressen und Napf-Rückwärts-Fließpressen mit geringem Kraftbedarf. Der Werkstoff kann weitgehend frei in Richtung der 3 Napfwände fließen (Abb. 6.38), ohne dass sich Risse am Teilaußendurchmesser in Höhe der Fließscheiden aufgrund gegenläufigen Werkstoffflusses bilden. Bei diesem Bauteil lagen optimale Fließverhältnisse aufgrund des Sachverhaltes vor, dass sich beim Pressen eines Doppelnapfes die Napfhöhen unterschiedlich, im allgemeinen in einem Verhältnis von 2/3 zu 1/3 ausbilden, wobei die größere der beiden Napfhöhen auf der Stempelseite liegt (Abb. 6.39). Die Werkzeugbeanspruchung ist infolge der günstigen Fließbedingungen vergleichsweise gering. Durch die gewählte Verfahrenskombination sind enge Toleranzen erzielbar. Die spanende Nachbearbeitung beschränkt sich auf das Ablängen und das Rundschleifen von Innen- und Aussendurchmesser nach dem Einsatzhärten. Die gewählte Verfahrenskombination ermöglicht ferner eine wirtschaftliche günstige Rohteilfertigung. Vor allem der Einsatz einfach herstellbarer Blech-Sechskantplatinen ist sehr vorteilhaft. Der Stadienplan zum Tassenstößel und weitere Erläuterungen zur Rohteilherstellung finden sich in Kap. 5.3.4 (Abb. 5.12 und Abb. 5.13).

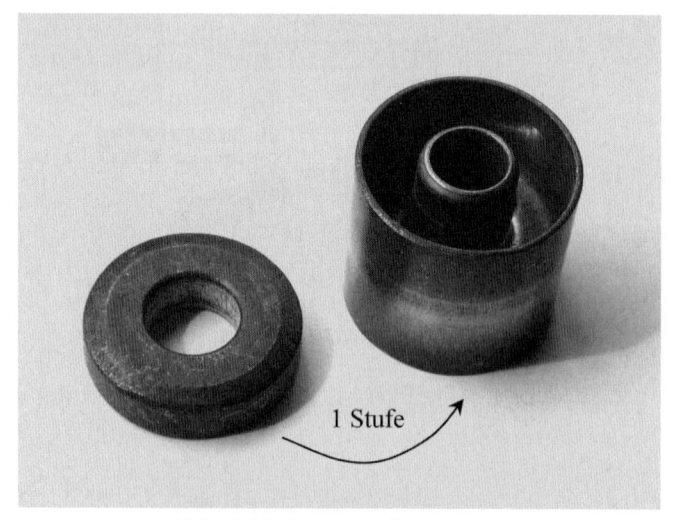

Abb. 6.37 Tassenstößel aus C15

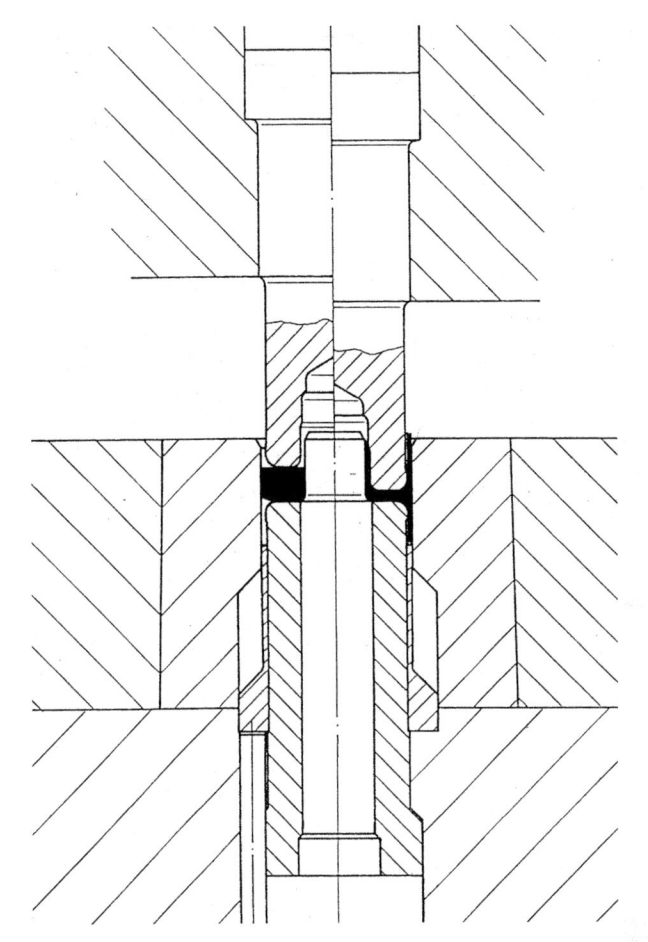

Abb. 6.38 Werkzeug zur Herstellung des Tassenstößel kombiniertes Napf-Vorwärts- und Napf-Rückwärts-Fließpressen

Natürliche Genauigkeit

Jedes Umformverfahren hat eine sich ohne besondere Sorgfalt einstellende *natürliche Genauigkeit*. Je schwieriger die Gestalt des Werkzeugs, d.h. je verwinkelter die Hauptgeometrie, desto größer sind die auftretenden Abweichungen zwischen Soll- und Ist-Maß und erforderlichen Maßnahmen, diese Abweichungen zu beherrschen [6.46]. In Abb. 6.39 ist der natürliche

Werkstofffluß beim Doppelnapfpressen mit einem klassischen Werkzeugaufbau (Stempel oben, Matrize unten) dargestellt: die Napfhöhen bilden sich etwa im Verhältnis 2/3 zu 1/3 aus.

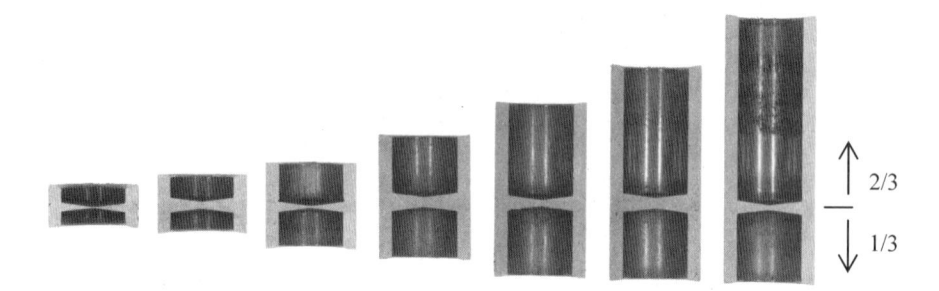

Abb. 6.39 Ausbildung unterschiedlicher Napfhöhen beim Pressen eines Doppelnapfes in einem konventionellen Napf-Fließpresswerkzeug. Bild: R. Geiger

Die Nutzung der *natürlichen Genauigkeit* von Umform- und Fließpressverfahren durch eine entsprechende Verfahrensentwicklung und Werkzeugkonstruktion kann in vielen Fällen bedeuten, die üblichen Fertigungsgenauigkeiten beim Kaltfließpressen (Standard: IT 11, durch Sondermaßnahmen IT 8 – 10) oder auch beim Halbwarmfließpressen ($\approx$ IT 12) gegenüber den Genauigkeitswerten beim Zerspanen (IT 5 – 7) deutlich zu erhöhen (Abb. 6.40).

Abb. 6.40 Erreichbare Genauigkeiten verschiedener Fertigungsverfahren [6.46]

6.5 Napf-Rückwärts-Fließpressen

Prinzip

Ausgehend von einem meist runden Vollkörper wird ein Hohlkörper mit überwiegend dünner Wandung (Napf, Hülse mit Boden, Becher) hergestellt. Die formgebende Öffnung wird durch Matrize und Stempel gebildet. Der Werkstofffluss erfolgt entgegen der Richtung der Stempelbewegung. Das Verfahren ist weit verbreitet (Abb. 6.41).

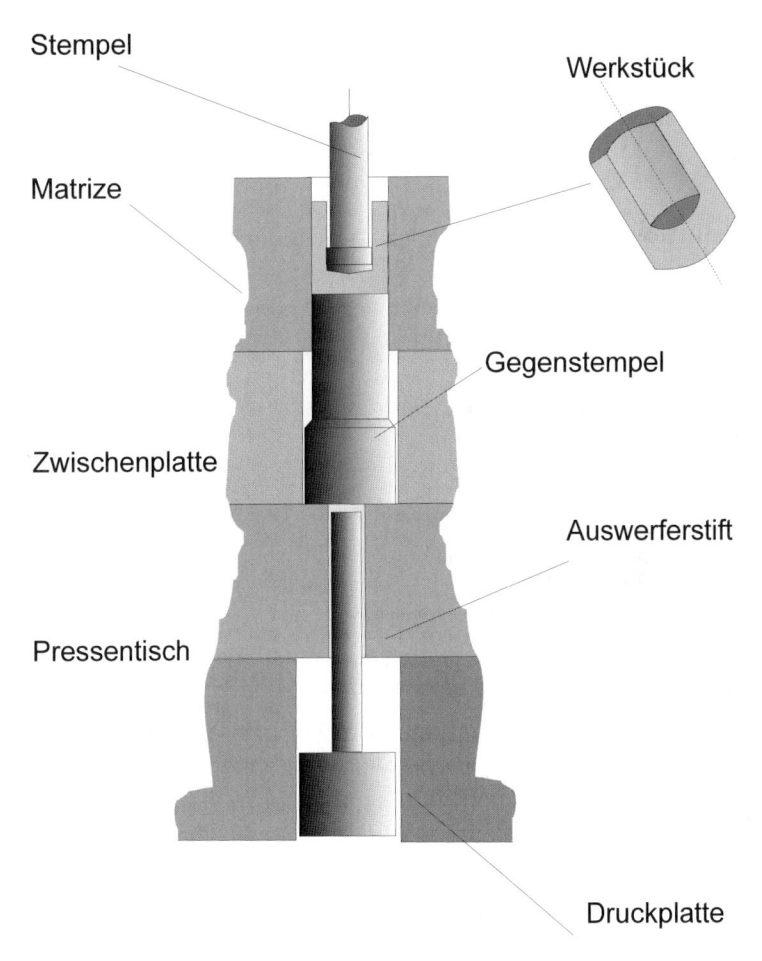

Abb. 6.41 Napf-Rückwärts-Fließpressen [6.30]

Verfahrensablauf

Beim Napf-Rückwärts-Fließpressen wird ein Stababschnitt in einem Arbeitsgang zu einem einseitig hohlen, meist rotationssymmetrischen Napf umgeformt. Der Werkstoff fließt entgegen der Stempelbewegung zwischen Matrize und Stempel nach oben. Der Anwendungsbereich dieses Verfahrens reicht von dünnwandigen Tuben aus Reinaluminium (Al 99,9) und Zinkbechern für Trockenbatteriezellen, über Ausgangsformen aus Stahl mit mittleren Wanddicken, bis zu schwereren Gehäuseteilen mit z.B. quadratischer Außen- und runder Innenform bzw. runder Außenform und verschiedenen Innenformen. Auch mit dem Napf-Rückwärts-Fließpressen kombinierte Verfahren aus Vorwärts- und Rückwärts-Fließpressen finden Anwendung, beispielsweise zur Herstellung technischer Teile für die Automobil- und Elektroindustrie (vgl. Kap. 8).

Verfahrensgrenzen

Verfahrensgrenzen sind durch die Beanspruchbarkeit des Fließpressstempels und der Matrize gegeben. Die höchste Beanspruchung erfolgt am Fließpressstempel. Die Stempelbelastung kann Werte von 2500 N/mm² und mehr erreichen. Hinzu kommen Biege- und Knickspannungen. Es sollten deshalb kurze Stempel verwendet werden. Das begrenzt die Napftiefe h_i im Verhältnis zum Napfinnerdurchmesser d_i. (Abb. 6.42).

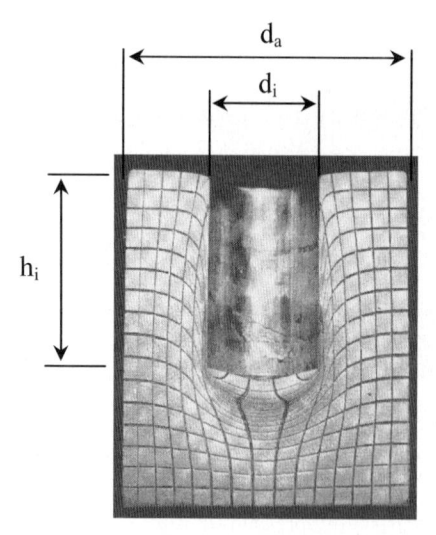

Bezogene Querschnittsänderung:

$$\varepsilon_A = \left(\frac{d_a^2 - d_i^2}{d_a^2}\right) - 1$$

Abb. 6.42 Bezogene Querschnittsänderung beim Napf-Fließpressen [6.40]

Bei Stahlwerkstoffen wirkt sich das stärker aus als bei Nichteisenmetallen: Bei der Verarbeitung von Stahl bedeutet das für die Gestaltung des Napfes, dass das Verhältnis hi/di im allgemeinen den Wert 2,5 nicht überschreiten sollte; siehe hierzu Tab. 6.5 und 6.6.

Da es sich beim Napf-Fließpressen um einen Vorgang mit sehr inhomogenem Formänderungszustand handelt, wird zur Berechnung und Beurteilung der Umformung in der Praxis anstelle des Umformgrades φ die bezogene Querschnittsänderung ε_A herangezogen; in Kap. 10 wird darauf und auch auf die Modellvorstellung der Doppelstauchung nach DIPPER, welche eine (recht gute) Annäherung des Formänderungszustandes mit dem „mittleren" Umformgrad φ_m bietet, eingegangen.

Tabelle 6.5 Richtwert, zum Teil nach VDI 3138, ( )* praxisnähere Werte

Umformbarkeit	Stahlwerkstoffe	ε_{Amin}	ε_{Amax}	$(h_i/d_i)_{max}$
Gut umformbar	QSt32-3, Cq15	0,15 (0,3)*	0,75	3
Schwerer umformbar	Cq35, 16MnCr5	0,25 (0,4)*	0,65	2
Schwer umformbar	Cq45, 42CrMo4	0,35 (0,4)*	0,60	1,5

Tabelle 6.6 Richtwert, zum Teil nach VDI 3138

Umformbarkeit	NE-Werkstoffe	ε_{Amin}	ε_{Amax}	$(h_i/d_i)_{max}$
Sehr gut umformbar	Aluminium (z.B. Al 99,5), Blei, Zink (> 100°C)	0,10	0,98	6
Gut umformbar	Kupfer (z.B. E-Cu)	0,12	0,8	4
Schwer umformbar	Messing CuZn37 bis CuZn28	0,15	0,75	3

Um zu große Stempelbelastungen zu vermeiden, müssen auch gewisse Grenzen bei den Napfwanddicken beachtet werden; die Wanddicke entspricht beim Napf-Fließpressen der bezogenen Querschnittsänderung ε_A. Abb. 6.44 stellt die Abhängigkeit der Stempelbelastung $\bar{p}_{St\,max}$ von der bezogenen Querschnittsänderung ε_A beim Napf-Fließpressen verschiedener Werkstoffe dar. Beim Napf-Fließpressen von Ck15 steigt die Stempelbelastung von einem Minimum bei $\varepsilon_A \approx 0{,}5$ sowie zu größeren als auch zu kleineren Werten für ε_A an; dies gilt besonders für Näpfe mit tiefen Bohrungen, d.h. mit großem l_0/h_0-Verhältnis (vgl. Abb. 6.44).

Die in Tab. 6.5/6.6 genannten Grenzwerte für ε_{Amax} und ε_{Amin} ergeben sich daraus. Für Stähle gilt im allgemeinen:

- $\varepsilon_{Amax} = 0{,}6$ bis $0{,}75$
- $\varepsilon_{Amin} = 0{,}4$ bis $0{,}3$

Die ersten Werte gelten für schwerer, die zweiten für leichter verarbeitbare Stähle [6.34]. Der in der Literatur für ε_{Amin} häufig genannte Bereich 0,35 bis 0,15 stimmt nach Ansicht der Autoren mit der Praxis wenig überein.

Die kleinsten erreichbaren Wanddicken für Stahl betragen etwa 1 mm, bei Reinaluminium etwa 0,1 mm. Die kleinstmöglichen Bodendicken liegen für Stahl bei etwa 1 – 2 mm und für Aluminium bei 0,1 – 0,3 mm; die genauen Werte sind natürlich abhängig vom Teiledurchmesser.

Für die Bodendicke kann als Faustformel gelten, dass sie nicht kleiner sein sollte als die Wanddicke des Napfes.

Zum Abheben der Bodenkante (Abb. 6.43) kann es führen, wenn die Bodendicke wesentlich kleiner ist als die Wanddicke; in manchen Fällen bliebt ein ringförmiger Span zurück. Zudem besteht die Gefahr, dass es zu Bodenreißern am Übergang zwischen Napfboden und Napfwand kommt [6.34].

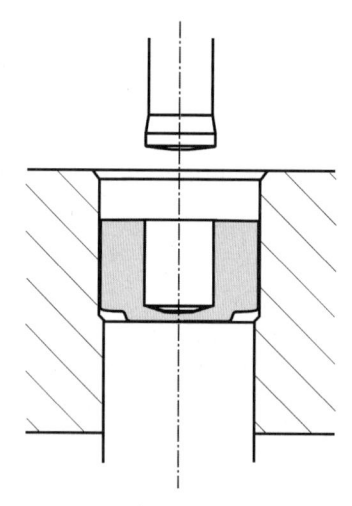

Abb. 6.43 Napf-Rückwärts-Fließpressen mit zu geringer Bodendicke im Verhältnis zur Wandstärke, d.h. bei unterschrittenem ε_{Amin} [6.34]

Für die Ermittlung der Umformkraft sind folgende Einflussgrößen maßgebend [6.31]:
- Werkstückwerkstoff (k_f-Wert)
- Bezogene Querschnittsänderungen $\varepsilon_A, \varepsilon_{Amax}, \varepsilon_{Amin}$ in Verbindung mit dem Verhältnis l_0/d_0
- Schmierung auf der Napfinnenseite
- Oberflächenvergrößerung – abhängig vom Verhältnis h_i/d_i

6.5 Napf-Rückwärts-Fließpressen

Abb. 6.45 zeigt einen typischen Werkzeugaufbau zum Napf-Rückwärts-Fließpressen mit Angaben zu üblicherweise eingesetzte Werkstoffgüten für die entsprechenden Werkzeugkomponenten.

Im Normalfall bleibt das Fließpressteil nach der Umformung aufgrund der höheren Reibung in der Matrize haften und wird von einem Auswerferstift bzw. -stempel („Gegenstempel") ausgehoben.

Das Werkstück kann aber auch am Stempel haften bleiben, so dass ein Absteifer erforderlich ist, der das Napfteil vom Fließpressstempel herunter schiebt. Das Absteiferwerkzeug besteht im allgemeinen aus radial mit Federn abgestützten Backen und sitzt in einer Absteiferbrücke.

Durch eine geringe Hinterscheidung in der Matrize (z.B. eine 2-3/100 mm tiefe Eindrehung) kann erzwungen werden, dass das Teil in der Matrize verbleibt; dies ist oftmals günstig bei mehrstufigen Werkzeugen (vgl. hierzu Hinweise in Kap. 8).

Der Gegenstempel ist beim Napf-Rückwärts-Fließpressen an der Formgebung beteiligt. Bei hohen Napfkräften ist die elastische Einfederung dieses Stempels durch entsprechend längere Gestaltung zu berücksichtigen, d.h. der Stempel ragt im unbelasteten Zustand etwas in die Matrize (vgl. Kap. 8).

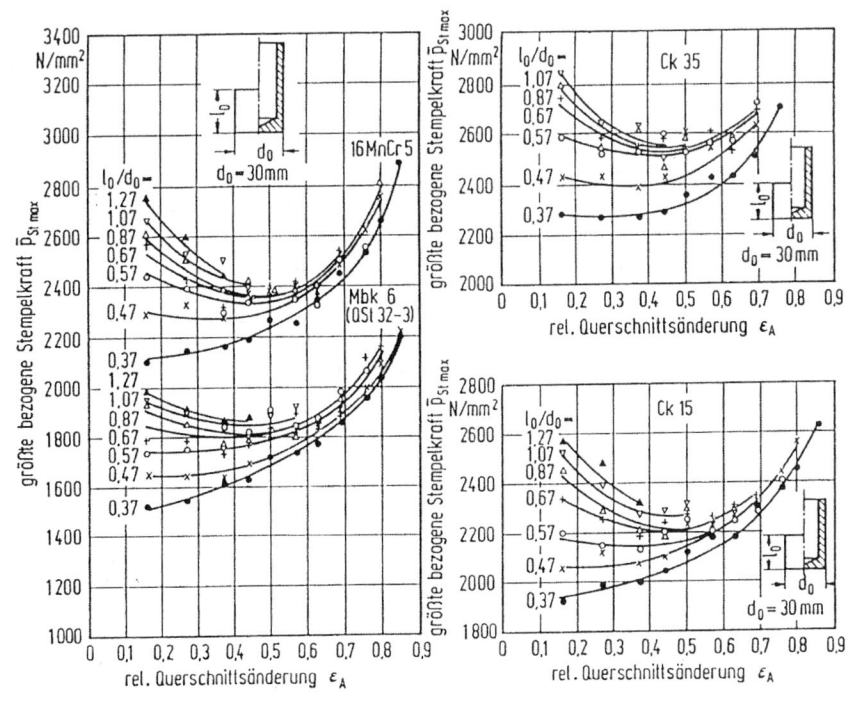

Abb. 6.44 Bezogene Stempelkraft $\bar{p}_{St\,max}$ beim Napf-Fließpressen [6.40]

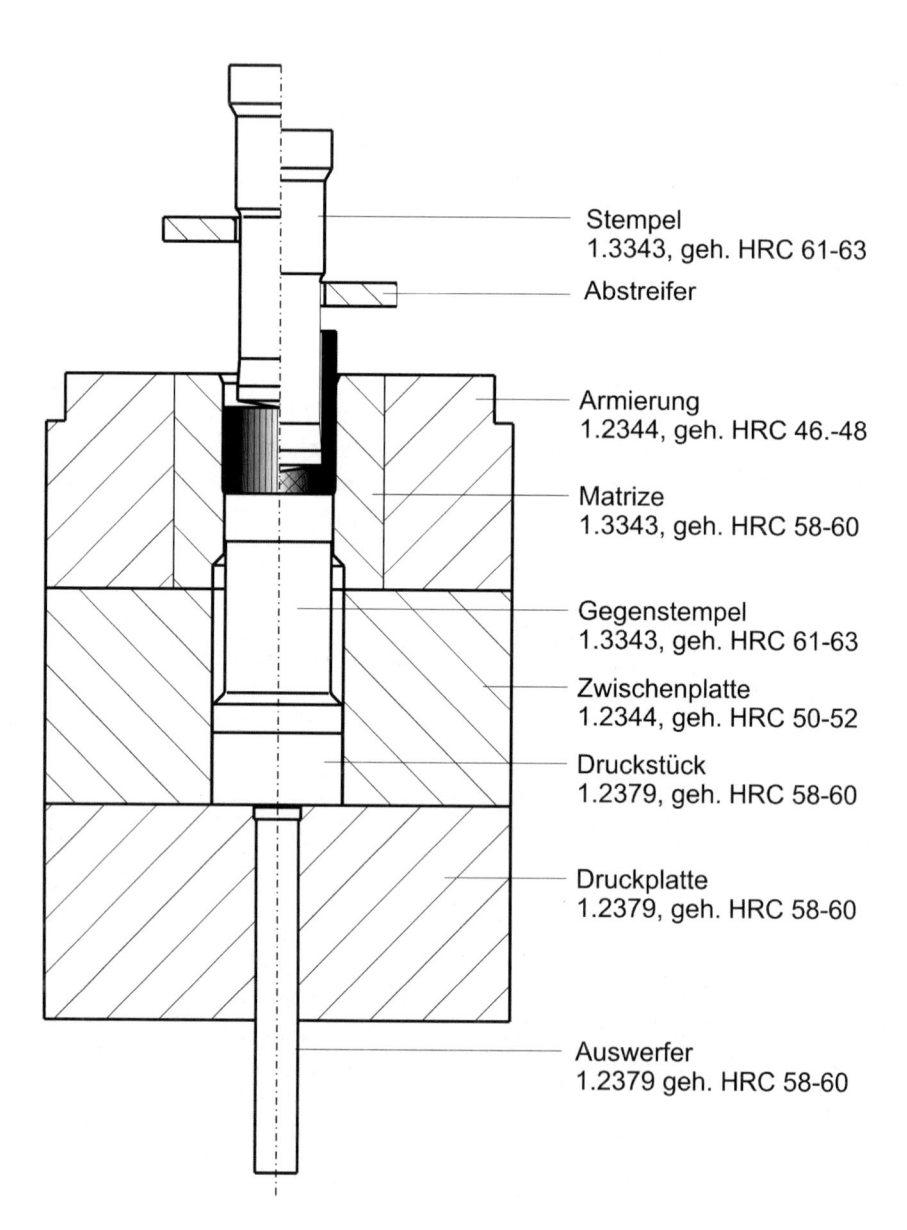

Abb. 6.45 Werkzeugaufbau zum Napf-Rückwärts-Fließpressen

6.5 Napf-Rückwärts-Fließpressen

Beispiel. Mitnehmer

Der Mitnehmer wurde aus 16MnCr5 und 21MnCrMo2 gefertigt. Der Stadienplan ist in Abb. 5.19 (Kap. 5) gezeigt. Die Schritte zur Fließpressteilherstellung sind wie folgt (Abb. 6.46):

Rohteil:	Scheren, Weichglühen, Beizen, Phosphatieren, Befetten
1. Stufe:	Stauchen, danach Weichglühen, Beizen, Phosphatieren, Befetten
2. Stufe:	Napf-Rückwärts-Fließpressen
3. Stufe:	Lochen
4. Stufe:	Hohl-Vorwärts-Fließpressen
5. Stufe:	Kombiniertes Hohl-Vorwärts- und Napf-Rückwärts-Fließpressen

Die Formgestaltung der Stirnfläche an der Pressstufe 4 („a", Abb. 6.47) bewirkt, dass das Fertigteil (Stufe 5) an der Profilstirnfläche („b", Abb. 6.47) keine Einzüge bekommt und eben ausgeformt wird, so dass es dort nicht spanend bearbeitet werden muss.

Abb. 6.46 Press-Stadien 1 – 5. Bild: Presta

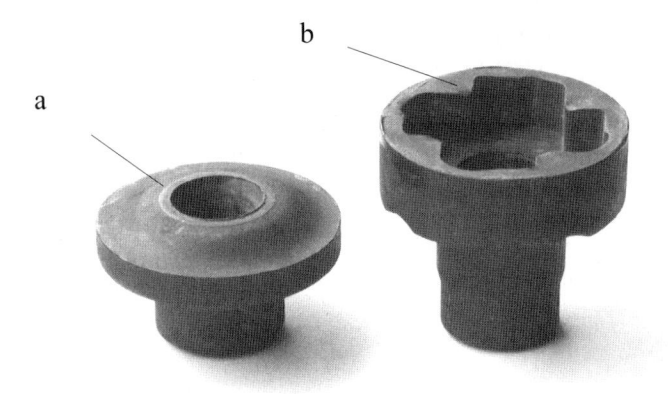

Abb. 6.47 Stufe 4 und Stufe 5

Der Napfstempel der 5. Stufe ist profiliert, damit der Napf gleichzeitig eine Innnenverzahnung erhält. Die Besonderheit dabei ist, dass die Werkstoffverteilung nach dem Hohl-Vorwärts-Fließpressen in Stufe 4 die gute Ausbildung des Profils beim Pressen in Stufe 5 beeinflusst und die Werkzeugbelastung vermindert.

In der anfänglich vorgesehenen Fertigung rissen beim Pressen des Mitnehmerprofils die Längsstege in Querrichtung auf (Abb. 6.48 links). Eine Untersuchung ergab, dass das infolge der Ausbildung einer Werkstofffließscheide geschah: der Werkstoff floss teils in Stempelrichtung, teils in die entgegengesetzte Richtung. Durch Erhöhung des Fließwiderstandes, welcher durch eine Verjüngung am Schaftende des Mitnehmers bewirkt wurde (Abb. 6.48 rechts), konnte dieser Fehler behoben werden.

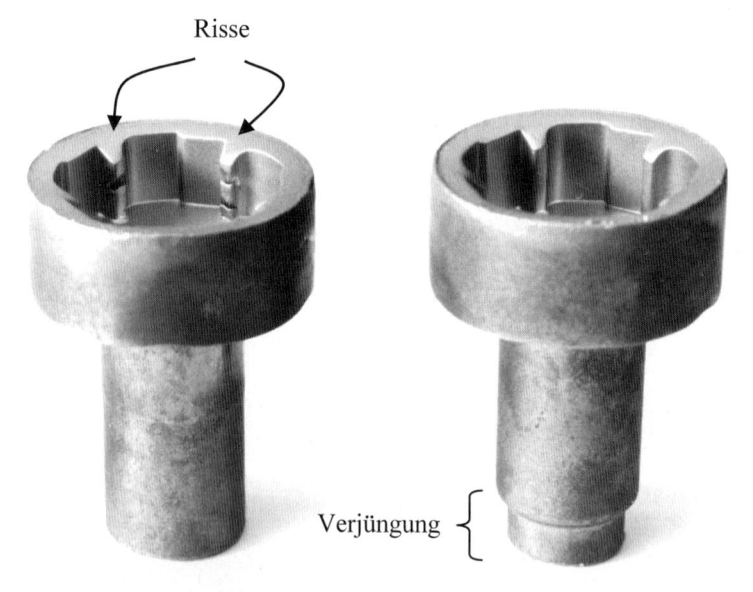

Abb. 6.48 Querrisse an den Mitnehmerstegen und Beseitigung durch eine Verjüngung auf der Teilgegenseite

---

Beispiel. Sechskantmutter aus Tantal

Diese Sechskantmutter ist ein verhältnismäßig einfaches Formteil. Die Besonderheit liegt im Werkstoff Tantal. Es ist ein selten vorkommendes, duktiles graphitgraues Metall mit hoher Korrosionsbeständigkeit und wird aufgrund seiner Eignung als Strahlenschutzwerkstoff zum Schutz vor ionisierender Strahlung speziell in der Reaktor- und Raumfahrttechnik eingesetzt. Der Werkstoffpreis liegt weit über 1000€/kg. Abgesehen von den Werkstoffkosten ist eine spanende Bearbeitung auch mit erheblichen technischen Schwierigkeiten verbunden, weshalb es nahe liegt, derartige Muttern zwischen M5 und M10 durch Kaltfließpressen herzustellen. Abb. 6.49 zeigt die gewählte Stadienfolge; in Abb. 4.16 (Kap. 4) ist die Fließkurve des Tantals dargestellt.

Problematisch war die Wahl einer geeigneten Schmierung. In mehreren Versuchen erwies sich der MoS_2-Gleitlack 321R als am besten geeignet. Die Teile werden heute in Losgrößen von ca. 3.000 bis 5.000 Stück gefertigt. Tantal kann wegen seiner Duktilität zu Feindraht gezogen werden.

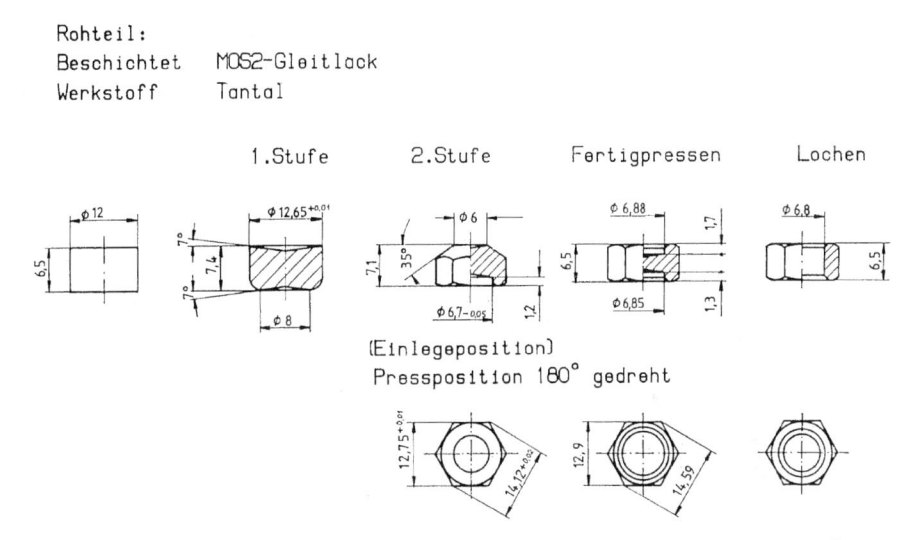

Abb. 6.49 Stadienplan für das Fließpressen einer M8-Mutter aus Tantal

Beispiel. Hutmutter

Den Stadienplan für die Herstellung einer Hutmutter aus QSt36-6 bzw. Cq15 zeigt Abb. 6.50. Da die Umformung in der ersten Stufe durch ein kombiniertes Voll-Vorwärts-Napf-Rückwärts-Fließpressen bereits eine hohe Umformbarkeit des Werkstoffes abverlangt, wurde das Gefüge der Rohteile weichgeglüht auf kugeligen Zementit (GKZ) und damit besonders gut fließfähig gemacht. Anders als bei der Herstellung des 6-Kants in Abb. 6.19 bzw. 6.20 durch Verjüngen oder in Abb. 6.21 durch Beschneiden wird im vorliegenden Fall der 6-Kant in der 2. Stufe durch das Napf-

Rückwärts-Fließpressen mit gleichzeitigem Werkstofffluss quer zur Stempelbewegung bewirkt. Die Presskräfte zur Ausformung des Profils liegen dabei relativ niedrig.

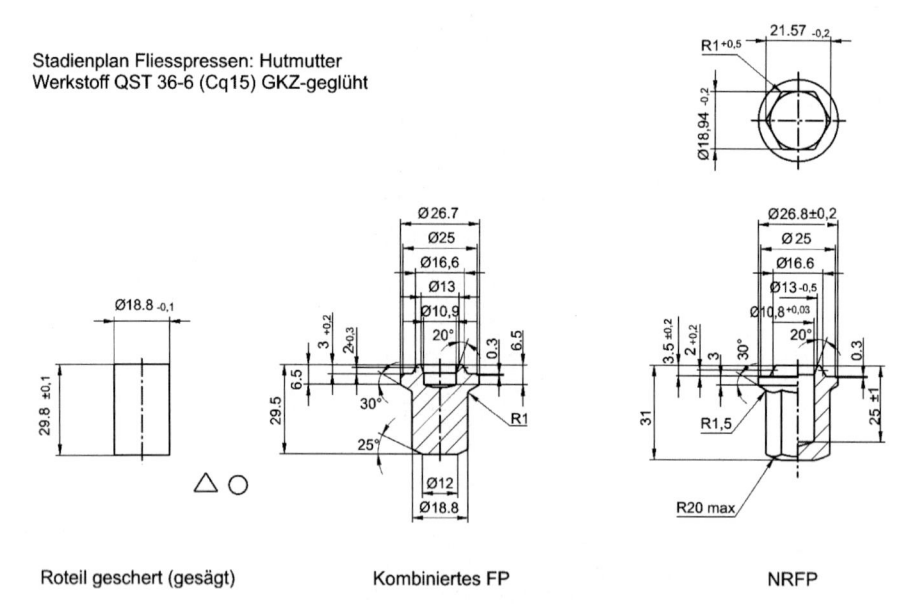

Abb. 6.50 Hutmutter aus QSt36-6 bzw. Cq15

Beispiel Stoßdämpferrohr

Die Herstellung des Stoßdämpferrohres (Abb. 6.51) aus dem kohlenstoffarmen Werkstoff C15 erfolgt durch Napf-Rückwärts-Fließpressen und anschließendes mehrmaliges Abstreckgleitziehen. Die erzielbare Oberflächenrauheit im Innendurchmesser beträgt $R_a \leq 5\mu m$. Auch Hydraulikzylinder mit der Toleranz H8 des Innendurchmessers werden serienmäßig auf diese Weise hergestellt. Die Werkstücklänge ist beim Abstreckgleitziehen nur durch den Arbeitshub der Presse begrenzt.

Abb. 6.51 Stossdämpferrohr aus C15

Beispiel. Gabelkopf

Bei den in Abb. 6.52 dargestellten Gabelköpfen aus C15 werden ausgehend von einem Rohteil mit quadratischem Querschnitt durch Napf-Rückwärts-Fließpressen die beiden Schenkel erzeugt. Gleichzeitig kann durch Voll-Vorwärts-Fließpressen anstatt des in Abb. 6.52 gezeigten quadratischen Schaftes ein kreiszylindrischer Schaft angeformt werden; wie im Werkzeugaufbau in Abb. 6.53 gezeigt. Im Prinzip könnte auch von einem Rohteil mit rundem Querschnitt ausgegangen werden, das dann zunächst durch Setzen auf quadratischen Querschnitt gebracht werden müsste. Ein Setzen ist auch bei quadratischem Ausgangsmaterial nötig, um eine Vorzentrierung des Schlitzes zu erreichen. Mit dieser Fertigungsfolge wird die Endkontur des Werkstückes nahezu erreicht, und es ist nur eine geringe spanende Nachbearbeitung erforderlich (Gewindedrehen). Allerdings sind bei dieser Fertigung zwei Schwierigkeiten zu bedenken:

- Der Fließpressstempel muss zur Matrize absolut maßgenau eingepasst werden, da sonst von Anfang an entlang den Kanten ein dicker Grat entstehen würde. Bei höheren Stückzahlen muss aufgrund von Werkzeugverschleiß auch damit gerechnet werden, dass keine völlig gratfreien Teile entstehen. Geringe Gratbildung kann kostengünstig durch Gleitschleifen (Trovalieren) entfernt werden.
- Die beiden Schenkel werden auch bei vorzentrierten Rohteilen nie exakt gleich dick. Speziell bei großen Schenkellängen weicht der Stempel während des Pressvorganges merklich zur Seite aus, so dass neben der Außermittigkeit eine Nichtparallelität der Schenkel auftritt. Eine Verbesserung der Präzision ist durch die Integration des Fließpressstempels in die Matrize (Napf-Vorwärts-Fließpressen) zu erreichen.

Abb. 6.52 Gabelkopf

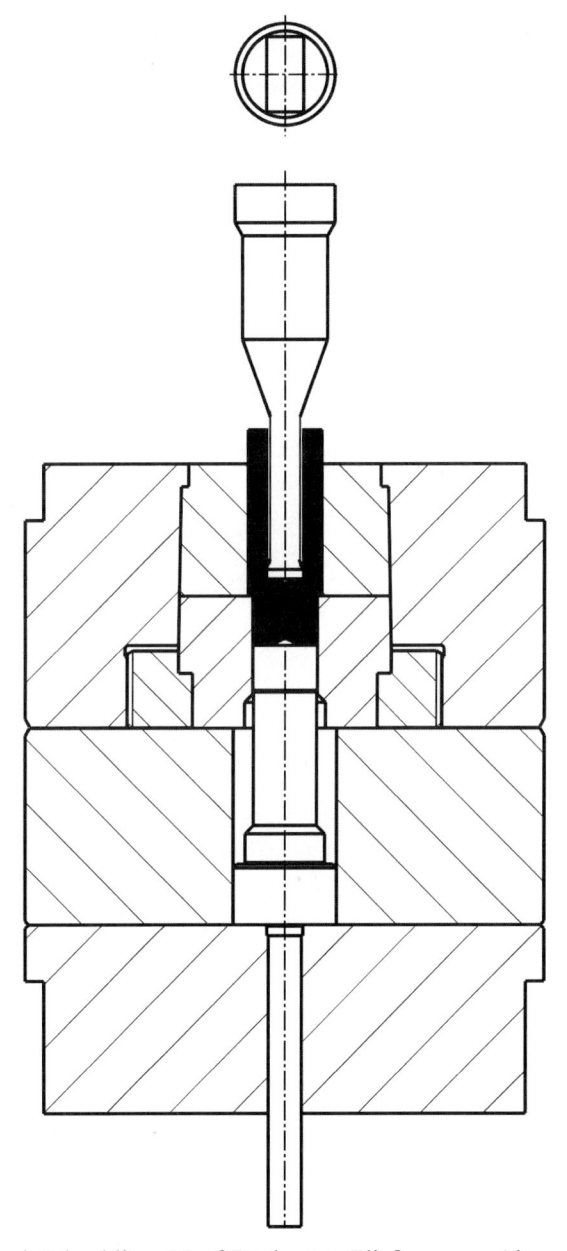

Abb. 6.53 Zwei-Schenkliges Napf-Rückwärts-Fließpressen. Alternativ dazu kann der Napfstempel matrizenseitig eingebaut werden (Napf-Vorwärts-Fließpressen), womit er sich relativ zur formgebenden Matrize nicht mehr bewegt und Gratbildung fast vollständig vermieden wird

6.5.1 Napf-Fließpressen mit hoher Präzision

Abb. 6.54 zeigt ein klassisches Napf-Fließpressteil, welches prinzipiell in verschiedenen Größenordnungen (von der hosentaschengroßen Tablettenhülse bis zum hüfthohen Feuerlöscherbehälter, vgl. Abb. 5.27 in Kap. 5) in einer Pressstufe hergestellt wird. Diese Napfteile machen auf den ersten Blick den Eindruck einfacher Herstellbarkeit. Doch sind die Umformgrade und Oberflächenver-größerungen erheblich, und die Stempel können während des Pressvorgangs merklich zur Seite ausweichen, so dass ein Mittenversatz an den Napfteilen auftritt (Abb. 6.55).

Abb. 6.54 Napf-Rückwärts-Fließpressteil

In vielen Fällen ist eine präzise Napfung gefordert. D. h. sehr enge Toleranzen bezüglich der Konzentrizität zwischen Außen- und Innendurchmesser bzw. zwischen Innen- und Außenkontur bei nicht rotationssymmetrischen Teilen, sowie genau vorgegebene Wanddicken und Bodenformen. Hinzu kommen Forderungen nach geringen Oberflächenrauhigkeiten im Innendurchmesser napf-fließgepresster Bohrungen.

Besonders stellen diese Präzisionsansprüche eine Herausforderung beim Napf-Fließpressen langer Bohrungen dar. Exzentrizitäten, die beim Napf-Rückwärts-Fließpressen entstanden sind, lassen sich in nachfolgenden Arbeitsgängen (z.B. durch Abstreckgleitziehen oder Hohl-Vorwärts-Fließpressen) nicht mehr beseitigen, sondern sie pflanzen sich fort.

Nachfolgend werden fünf Maßnahmen zur Erreichung exakter Napfungen erläutert:

- Napf-Rückwärts-Fließpressen mit geführtem Stempel
- Napf-Rückwärts-Fließpressen mit Rohteileinpassung
- Napf-Vorwärts- anstatt Napf-Rückwärts-Fließpressen
- Präzise Rohteilvorbereitung
- Kraftreduziertes Napf-Fließpressen

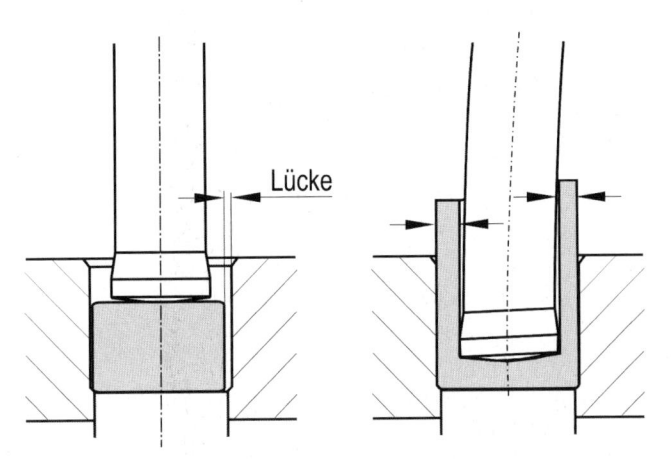

Abb. 6.55 Einlegespiel kann exzentrische Fließpressteilausformung bewirken

6.5.1.1 Napf-Rückwärts-Fließpressen mit geführtem Stempel

Um eine einwandfreie Zentrizität des Pressteiles zu erreichen, kann man den Napfstempel so gestalten, dass er in einer Hülse geführt ist, die sich beim Einfahren in die Matrize zentriert (Abb. 6.56). Besonders bei langen Napfstempeln gewährleistet diese Werkzeugkonstruktion eine genaue zentrische Stempelführung. Die Hülse übernimmt gleichzeitig die Funktion einer Stempelabstreiferhülse. Sie ist entweder fest im Oberwerkzeug integriert (wie in Abb. 6.56) oder verschieblich in einer (Auswerfer-)Brücke untergebracht, die die Hülse über lange abgefederte Stifte während des Pressens im Spalt zwischen Stempelkopf und Matrizenöffnung vorn hält (vgl. Beispiel Kolbenbolzen, Abb. 6.131).

In beiden Fällen entspricht der Aussendurchmesser der Hülse dem Innendurchmesser der Matrize, sodass die Hülse in jeder Vorschubstellung den Stempel vor allem beim Einsetzen des Fließpressvorganges mit enger Passung zur Napfmatrize führt.

Druckstück

Druckfeder

Zentrierhülse

Stempel

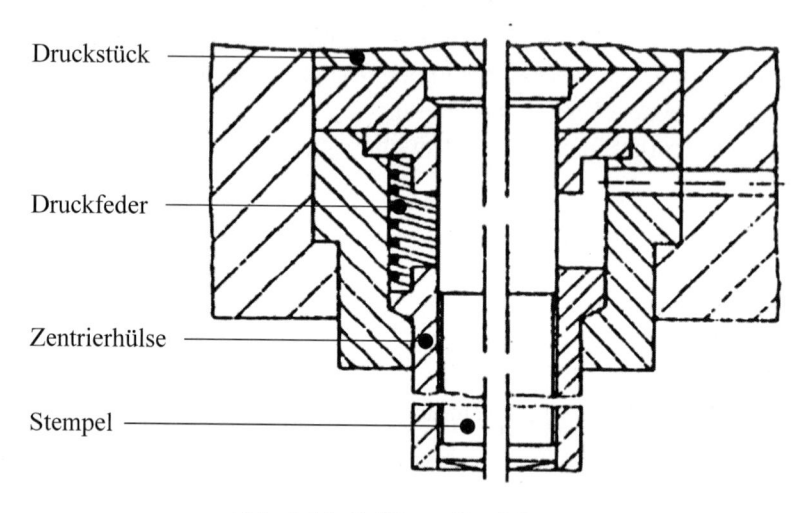

Abb. 6.56 Geführter Napf-Stempel

Dabei ist der Napfstempel fast während des gesamten Pressenhubes von der Hülse bzw. vom Pressteil umschlossen und es kann besonders bei langen Napfstempeln vorkommen, dass die Schmierung und Kühlung nicht in üblicher Weise über die Matrizenbohrung erfolgen kann, sondern dass der Napfstempel über Kanäle von rückwärts mit Ölnebel geschmiert und gekühlt werden muss. In solchen Fällen ist eine ausreichende und genau abgestimmte Schmierung und Kühlung des Napfstempels in hohem Masse entscheidend für die Oberflächenrauhigkeit und Exzentrizität des Pressteiles und für den Verschleiß und die Lebensdauer des Fließpressstempels.

6.5.1.2 Napf-Rückwärts-Fließpressen mit Rohteileinpassung

Zu großes Einlegespiel zwischen Rohteil und Matrize führt zu exzentrischem Sitz des Rohteils in der Matrize (Abb. 6.55). Beim Napf-Rückwärts-Fließpressen füllt während der ersten Millimeter der Umformung der Werkstoff zuerst die Matrize aus, bevor er nach oben fließt. Liegt das Rohteil nicht exakt in der Mitte der Matrize, kommt der Werkstoff in der Anfangsphase der Formfüllung auf einer Matrizenseite früher zur Anlage und der Napfstempel tendiert dazu, zur noch nicht vollständig mit Werkstoff ausgefüllten Seite hin auszuweichen, da der Widerstand für den Werkstoff, auf der bereits ausgefüllten Seite nach oben zu fließen (das ist die einzige für den Werkstoff noch verbleibende Ausweichmöglichkeit), viel höher ist. Die in Abb. 6.57 gezeigte Lösung, die Matrizenöffnung mit zwei Durchmesserstufen zu versehen, bietet mehrere Vorteile:

1. Das Rohteil kann mit ausreichend Einlegespiel in die Matrize eingeführt und vorzentriert werden (Matrizeninnen-Ø ca. 0,2 – 1 mm grösser als der Rohteilaußen-Ø).
2. Die Stempelabwärtsbewegung wird dazu genutzt, das vorzentrierte Rohteil in seine endgültige Lage zu bringen, wobei ein sehr geringes Passmaß zwischen Matrizeninnendurchmesser und Rohteilaußendurchmesser gewählt werden kann (im allgemeinen 0 – 0,05 mm).
3. Das Rohteil steht von Pressbeginn an unter gleichmäßiger radialer Druckvorspannung, und das begünstigt den Werkstofffluss.
4. Die erzielbare Rundlaufgenauigkeit kann bei 2/100 mm liegen.
5. Das Vorgehen kann gut auf Mehrstufenpressen mit automatisiertem Teiletransfer umgesetzt werden.

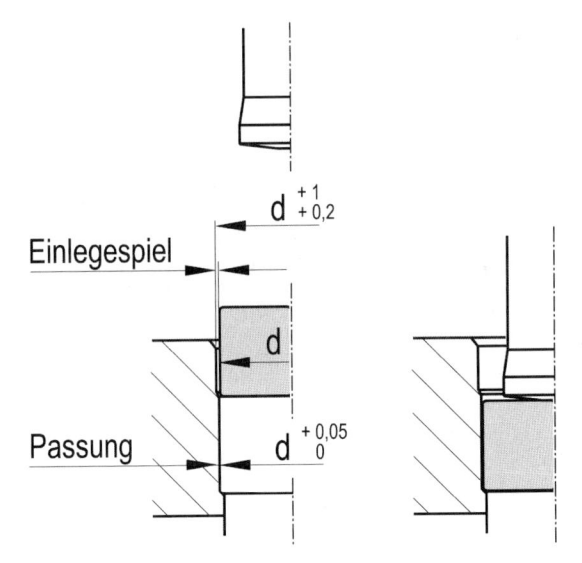

Abb. 6.57 Prinzip der Rohteileinpassung.

6.5.1.3 Napf-Vorwärts- anstatt Napf-Rückwärts-Fließpressen

Sehr genaues Napf-Fließpressen kann als Vorwärts-Fließpressen mit matrizenseitigem Stempel erfolgen. Damit ist jeglicher Einfluss des Stößelschlittenspiels der Maschine auf Exzentrizität der Bohrung und damit Biegebelastung des Fließpressstempels ausgeschaltet. Das Verfahren ist in Abschnitt 6.4 beschrieben und ein Werkzeugaufbau in Abb. 6.33 gezeigt.

Zur Herstellung besonders genauer Teile, z.B. Hülsen mit hoher Mittentoleranz (Mittenversatz < 2/100 mm), die auf Endmaß gepresst und nicht mehr ausgedreht werden, muss vor dem Napf-Vorwärts-Fließpressen eine sehr gründliche Rohteilherstellung erfolgen: z.B. ausgehend vom gescherten Rohteil ein Setzen nicht nur in einer, sondern in zwei aufeinander folgenden Stufen zur Herstellung absoluter Planparallelität.

6.5.1.4 Präzise Rohteilvorbereitung

Hierzu gehören 4 Gesichtspunkte:

a. Vollausformung des Rohteils
b. Gleichmäßige Härteverteilung am Rohteil
c. Gleichmäßige Beschichtung des Rohteils
d. Vorzentrierung des Rohteils

a. Vollausformung des Rohteils

Ist das Rohteil nicht voll ausgeformt (Abb. 6.58), wird der Napfstempel beim Auftreffen und erstem Eindringen aus seiner mittigen Lage ausgelenkt. Unterfüllungen am Rohteil stellen Hohlräume zwischen Matrize und Rohteil dar und weisen einen geringeren Widerstand unter dem eindringenden Napfstempel auf als Bereiche am Rohteil, die bereits infolge des lokal gut ausgefüllten Rohteils an der Matrizenwand anliegen und einen höheren Widerstand bei der Formfüllung darstellen.

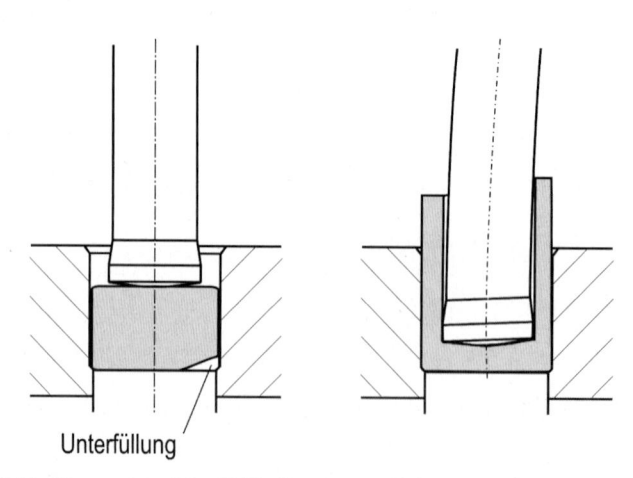

Abb. 6.58 Unpräzises Napf-Fließpressen infolge unausgeformter Rohteile

b. Gleichmäßige Härteverteilung am Rohteil

Analog zu den Folgen bei nicht voll ausgeformten Rohteilgeometrien verhalten sich ungleichmäßige Härtewerte am Rohteil (Abb. 6.59), die beispielsweise vom Scheren im Werkstoff zurückgeblieben und nicht durch Weichglühen beseitigt worden sind: Stellen höherer Härte drücken den Stempel beim Napf-Fließpressen in Richtung der weicheren Rohteilzonen. Es kommt zum Verbiegen des Stempels und damit zu exzentrischen, ungenauen Napfungen.

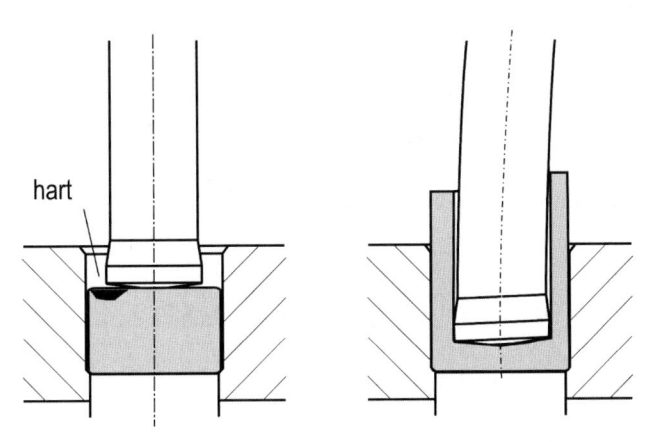

Abb. 6.59 Unpräzises Napf-Fließpressen infolge ungleichmäßiger Härteverteilung am Rohteil

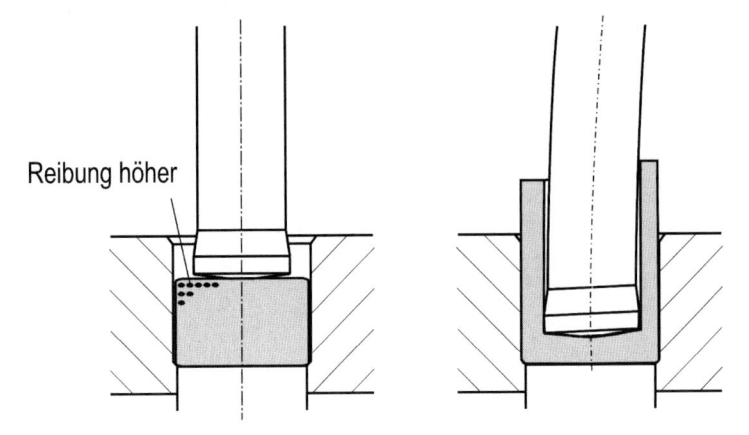

Abb. 6.60 Unpräzises Napf-Fließpressen infolge ungleichmäßiger Rohteilbeschichtung

c. Gleichmäßige Beschichtung des Rohteils

Ungleichmäßiger Schmierstoffauftrag am Rohteil (Abb. 6.60) führt zum Ausweichen des Napfstempels und damit zu Exzentrizität und erhöhtem Werkzeugverschleiß, mit der Folge verminderter Oberflächengüten. Art und Menge des Schmierstoffs und seine Verteilung in Abhängigkeit von Pressteilwerkstoff und –form, Hubzahl der Presse usw. müssen deshalb genau aufeinander abgestimmt sein, um möglichst präzise Fließpressergebnisse zu erzielen.

d. Vorzentrierung des Rohteils

Die Vorzentrierung hat zum Ziel, ein Ausweichen des Napfstempels und damit schwankende und grosse Exzentrizität am genapften Fließpressteil zu verhindern. Abb. 6.61 zeigt die Stadienfolge zur Herstellung einer exakten Hülse: Vor dem Napf-Fließpressen erfolgt ein Zentrieren des Rohteils.

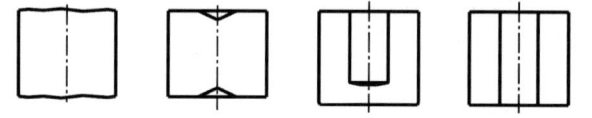

Abb. 6.61 Vorzentrierung des Rohteils zum Napf-Fließpressen für eine Hülse

Die Gestalt der Vorzentrierung am Rohteil und die Stirnfläche des Napfstempels müssen geometrisch aufeinander abgestimmt sein, damit sich gleich zu Beginn des Fließpressens ein Ölpolster ausbildet, welches den Fließpressvorgang eine ausreichende und genügend gleichmäßige Schmierung begünstigt und damit zu optimalen Napfstempel-Standmengen und nur geringer Exzentrizität der Pressteile führt (Abb. 6.62).

Ölexpolsion

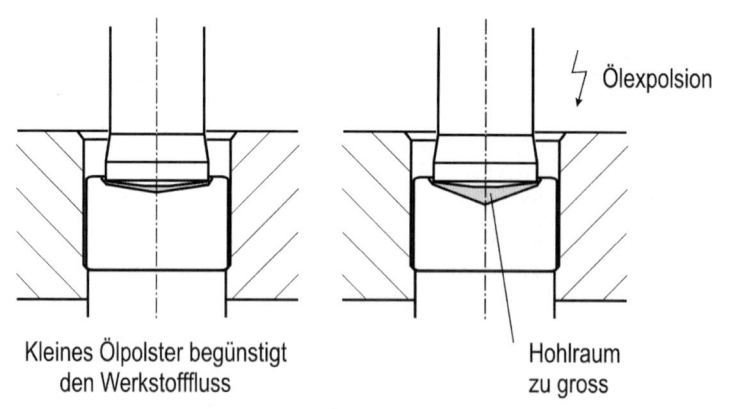

Kleines Ölpolster begünstigt
den Werkstoffluss

Hohlraum
zu gross

Abb. 6.62 Ölpolsterausbildung beim Fließpressen tiefer exakter Napfungen

Wenn die geometrische Form der Vorzentrierung und der Napfstempel-Stirnfläche gleich sind, kann sich kein Ölpolster ausbilden und die Schmierwirkung zwischen Napfstempel und Pressteil ist zu gering und über dem Bohrungsumfang ungleichmäßig. Weichen die Formen hingegen zu sehr voneinander ab, so kann ein zu großes Ölpolster entstehen. Das kann zu Ölexpolsionen führen, die die Arbeitsfläche des Napfstempels sehr schnell verschleißen lassen bzw. zerstören.

6.5.1.5 Kraftreduziertes Napf-Fließpressen

Je geringer die Kräfte beim Napf-Fließpressen sind, desto geringer sind die elastischen Aufweitungen und Verbiegungen der Werkzeuge und damit Form- und Maßabweichungen. Besonders bei Mehrstufenwerkzeugen sucht man Maßnahmen, die Napfkräfte in einem ausgeglichenen Verhältnis zur Nachbarumformstufe auszulegen, um Stößelverkippungen zu vermeiden. Deshalb wird nachfolgend auf Möglichkeiten der Kraftverminderung beim Napf-Fließpressen eingegangen. Es werden drei Maßnahmen erläutert:

a. Napf-Fließpressen mit Entlastungszapfen
b. Napf-Fließpressen gegen einen kugelförmigen Hohlraum (Durchsetzen)
c. Quer-Hohl-Vorwärts-Fließpressen anstatt Napf-Fließpressen

a. Napf-Fließpressen mit Entlastungszapfen

In Abb. 6.63 ist das Prinzip dargestellt. Beim Napf-Fließpressen ohne Zapfen sind die Spannungen in der Stempelmitte maximal. Das liegt daran, dass der Werkstoff unterhalb des Stempels eingesperrt ist und gegenüber weiter außerhalb liegenden Werkstoffbereichen daran gehindert wird, zu fließen. Durch das Öffnen der Matrize wird diesem Maximum die Spitze genommen und dem Werkstoff im Bereich der Stempelachse die Möglichkeit gegeben, zu entweichen. Es bildet sich ein Zapfen durch Vorwärts-Fließpressen.

Die Kräfte zur Erzeugung des Napfes vermindern sich je nach Zapfengröße deutlich. Am Verzahnungsteil in Abb. 6.64 war ein Zapfen gewünscht. Die den Fließpressvorgang wesentlich beeinflussenden Reibungsverhältnisse wurden so geschickt in Betracht gezogen, dass bei vorgegebenem Zapfendurchmesser die geforderte Napfhöhe erreicht und gleichzeitig durch Quer-Fließpressen eine Verzahnung angepresst werden konnte. Der Vorgang war aufgrund der kraftvermindernden Wirkung des Entlastungszapfens bei minimalen Fließpresskräften durchzuführen.

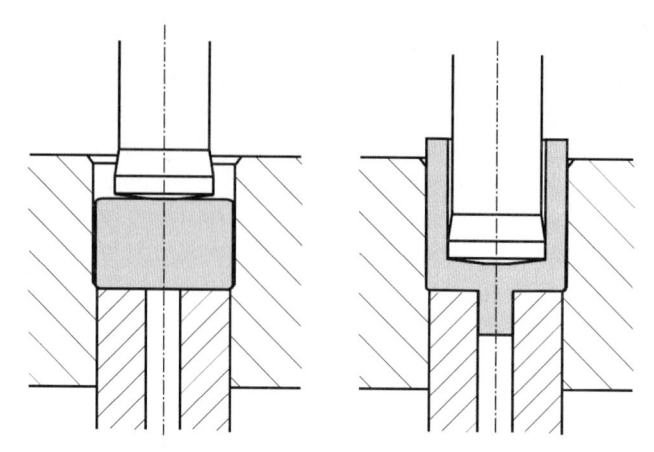

Abb. 6.63 Prinzip des Napf-Fließpressens mit Entlastungszapfen

Werkstoff: C 15

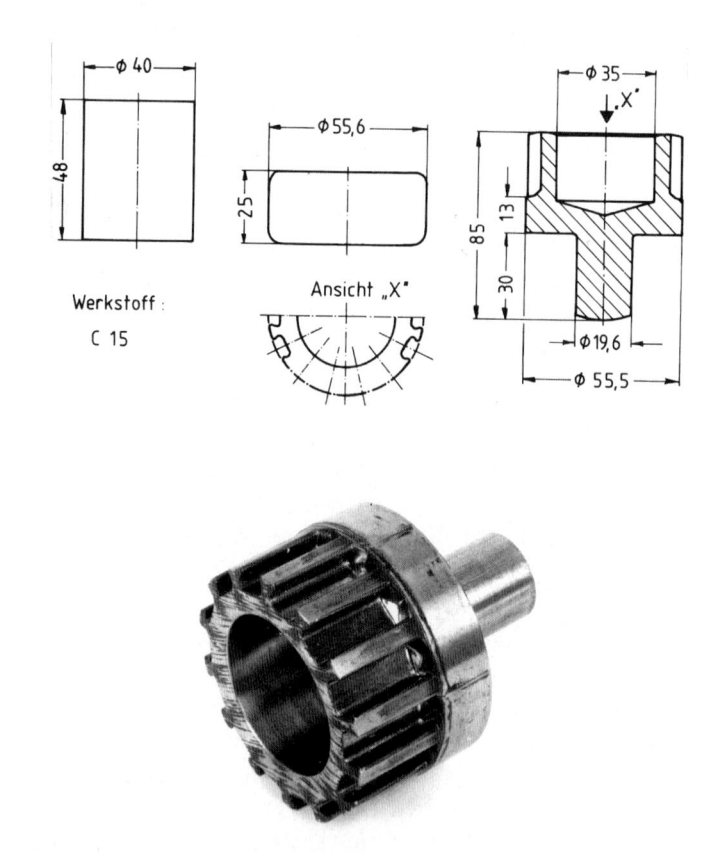

Ansicht „X"

Abb. 6.64 Presskraftverminderte Herstellung des Verzahnungsteils durch gleichzeitiges Auspressen eines Zapfens beim Napf-Fließpressen

Die Napfung an der in Abb. 6.65 gezeigten 5. Stufe des Spurstangenkopfes kann ohne Verformung des seitlich auskragenden Ansatzes mit Hilfe eines Entlastungszapfens durchgeführt werden. Der Zapfen wird soweit mit einem dünnen verbleibenden Napfboden ausgepresst, dass er anschließend einfach ausgelocht werden kann. Dieser Vorgang wird als Fließlochen bezeichnet.

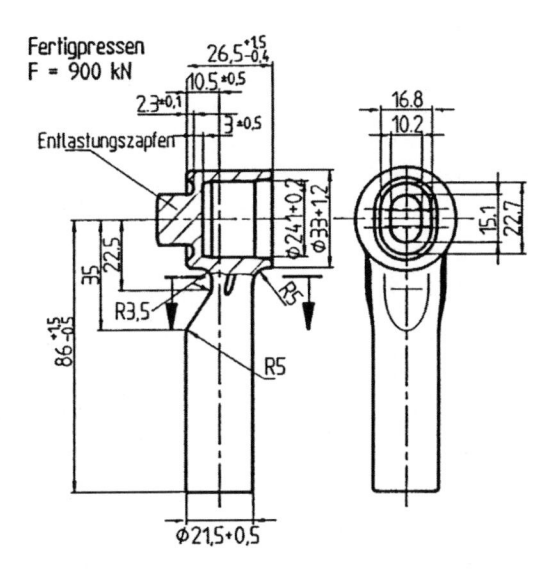

Abb. 6.65 Spurstangenkopf (Stufe 5) mit Entlastungszapfen

b. Napf-Fließpressen gegen einen kugelförmigen Hohlraum („Durchsetzen")

Das Prinzip des Durchsetzens und ein Beispielteil ist in Abb. 6.66 dargestellt. Es handelt sich um eine Art Durchwölben des Werkstoffs zur Herstellung einer Napfung, wobei erheblich geringere Kräfte erforderlich sind als durch Napf-Fließpressen. Der Hohlraum, der später vollkommen verschwindet, wird in einer Vorstufe erzeugt. Der Kugeleindruck des in Abb. 6.66 gezeigten Flanschgehäuses wurde in der 1. Umformstufe kombiniert mit einem Quer-Fließarbeitsgang hergestellt. Oft ist ein kugelförmiger Hohlraum am geeignetsten, da er nach dem Durchsetzen keine Falten oder Werkstoffüberlappungen hinterlässt. Das Volumen des Hohlraums muss entsprechend der gewünschten Napftiefe und des Napfdurchmessers genau dimensioniert sein wobei gilt: $V_{Kugel} = V_{Bohrung}$. Beim Durchsetzen ändert sich dann die Höhe des Teiles nicht ($\Delta H=0$).

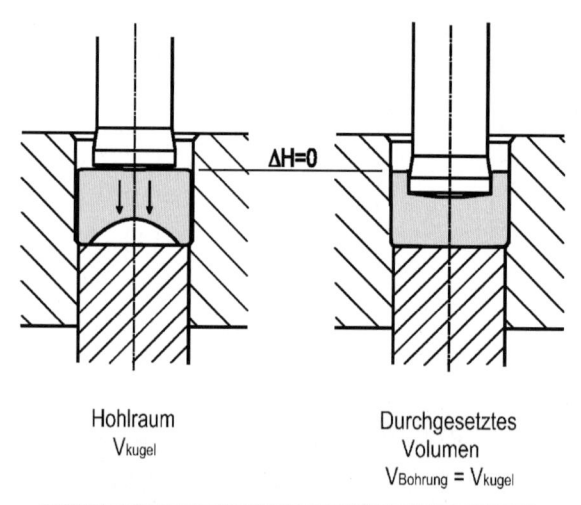

Hohlraum
V_{kugel}

Durchgesetztes Volumen
$V_{Bohrung} = V_{kugel}$

Abb. 6.66 Kugelförmiger Hohlraum zur Herstellung einer Napfung

6.5 Napf-Rückwärts-Fließpressen

Abb. 6.67 zeigt den Stadienplan zur Herstellung eines Miniaturteils. Nur mit Hilfe der in Stufe 1 auf der Gegenseite eingepressten Kugelform war es möglich, die tiefe Napfung mit einem Ø von 1,8 mm presskraftarm durch Durchsetzen herzustellen, ohne dass dabei der dünne und biegeempfindliche Stempel bricht und die Werkzeugstandzeiten unwirtschaftlich werden. Die Gefahr des Verlaufens des Stempels ist auf diese Weise erheblich vermindert, der Mittenversatz damit gering und die erzielbare Bohrungsgenauigkeit hoch.

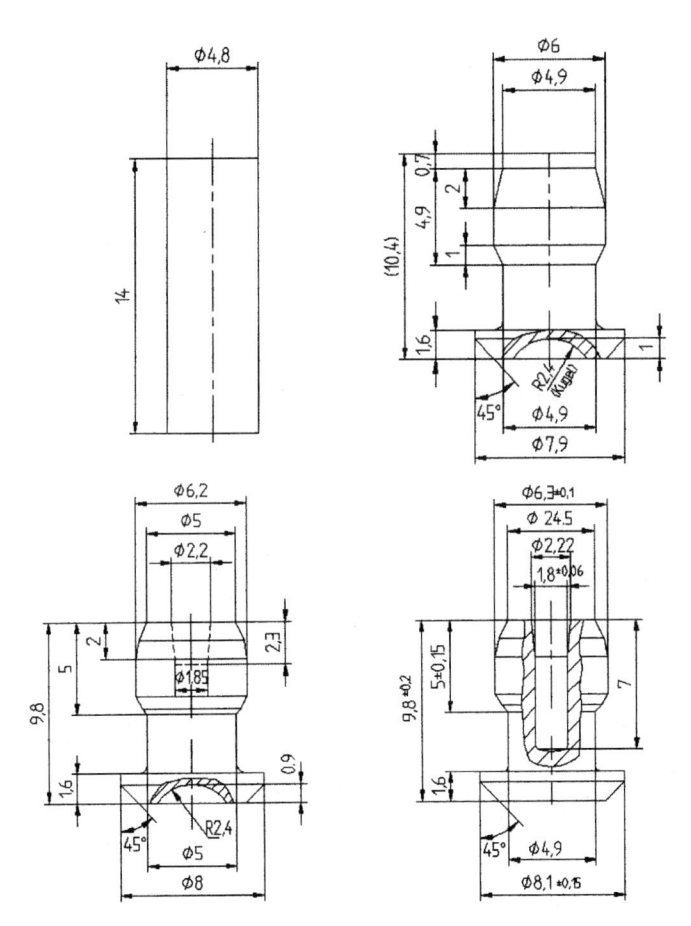

Abb. 6.67 Normalerweise kritisch: tiefe Napfung mit 1,8 mm Durchmesser

Durch eine Kombination von Durchsetzen und Napf-Rückwärts-Fließpressen ist die Erzeugung großer Napftiefen möglich (Abb. 6.68). Da sich beim Durchsetzen die Höhe des Teiles kaum ändert, kann der Werkstofffluss damit etwas beeinflusst werden. Zum Beispiel kann der

Zeitpunkt des Steigens des Napfrandes (Maß H, Abb. 6.68) relativ zu anderen, am Fließpressteil befindlichen Elementen, gesteuert werden. Bei dem in Abb. 6.69 dargestellten Flanschteil wurde diese Lösung angewendet.

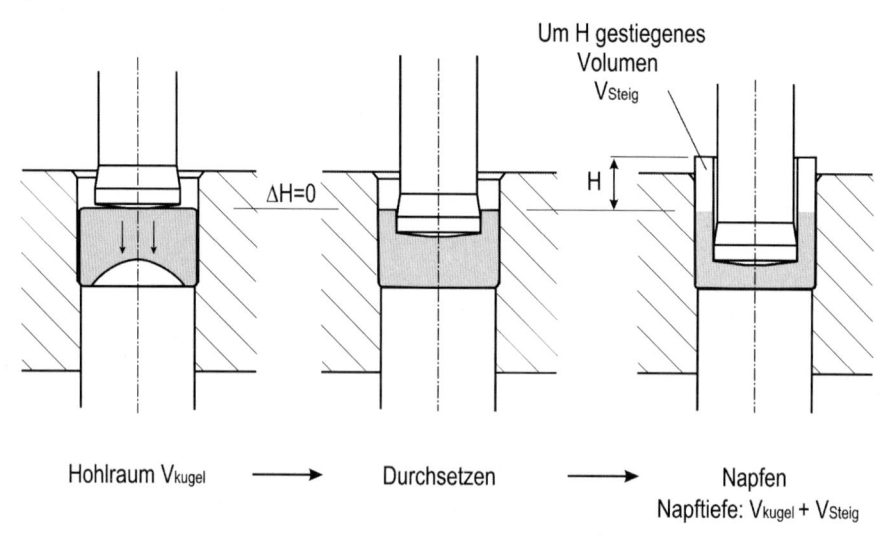

Abb. 6.68 Erzeugung großer Napftiefen durch kombiniertes Durchsetzen und Napf-Rückwärts-Fließpressen

Von beiden Seiten wurden Kugeln eingedrückt und daraus anschließend durch Napf-Fließpressen ein tiefer Napf bei verminderten Kräften erzeugt, ohne dass der angrenzende Flansch mitverfomt wurde.

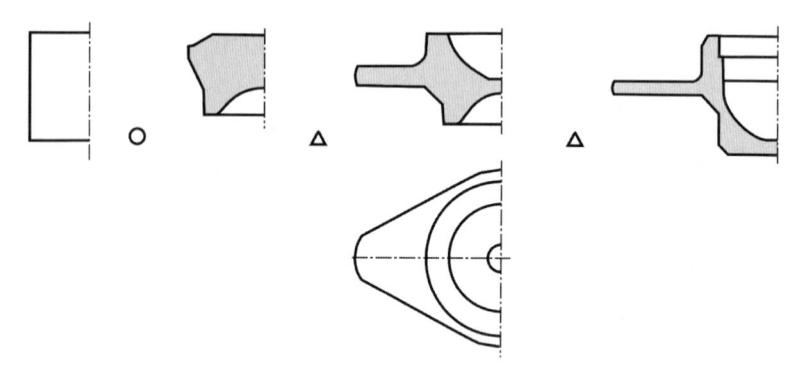

Abb. 6.69 Kugelförmige Hohlräume begünstigen das Napf-Fließpressen und ermöglichen das Steuern des Werkstoffflusses

c. Quer-Hohl-Vorwärts-Fließpressen anstatt Napf-Fließpressen

Das Verfahren (Abb. 6.70) erinnert an Napf-Vorwärts-Fließpressen; die herstellbaren Teile können sehr ähnlich sein (Abb. 6.71), denkt man beispielsweise an das zweischenkelige Gabelteil in Abb. 6.52. Jedoch liegen die erforderlichen Stempelkräfte beim Quer-Hohl-Vorwärts-Fließpressen durch den freien Werkstofffluss in Querrichtung und die 90°-Umlenkung an der Matrizenwand bedeutend niedriger als beim Napf-Fließpressen. Der Rohteilaußendurchmesser kann wesentlich kleiner sein als der Napfinnendurchmesser.

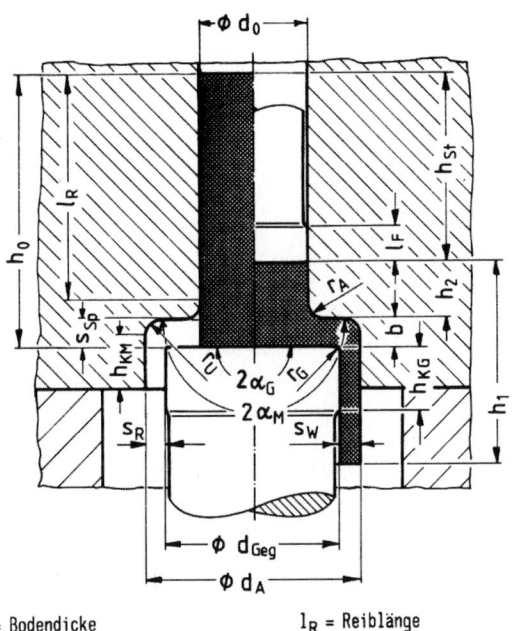

b = Bodendicke	l_R = Reiblänge
d_0 = Rohteildurchmesser	l_F = Führungslänge
d_A = Außendurchmesser	r_A = Auslaufradius
d_{Geg} = Gegenstempeldurchmesser	r_G = Gegenstempelkantenradius
h_0 = Rohteilhöhe	r_U = Umlenkradius
h_1 = Werkstückhöhe	s_{Sp} = Spalthöhe
h_2 = Schafthöhe	s_R = Ringspaltbreite
h_{KM} = Kalibrierlänge d.Matrize	s_W = Wanddicke
h_{KG} = Kalibrierl.d.Gegenstempels	$2\alpha_M$ = Matrizenöffnungswinkel
h_{St} = Stempelweg	$2\alpha_G$ = Kegelwinkel d. Gegenstempels

Abb. 6.70 Quer-Hohl-Vorwärts-Fließpressen, charakteristische Größen [6.38]

Abb. 6.71 Lenkungsteil, hergestellt durch Quer-Hohl-Vorwärts-Fließpressen

6.6 Voll-Rückwärts-Fließpressen

Dieses Verfahren beschränkt sich auf ein enges Anwendungsgebiet. Die formgebende Werkzeugöffnung wird allein durch den Fließpressstempel gebildet. Abb. 6.72 zeigt das Verfahrensprinzip.

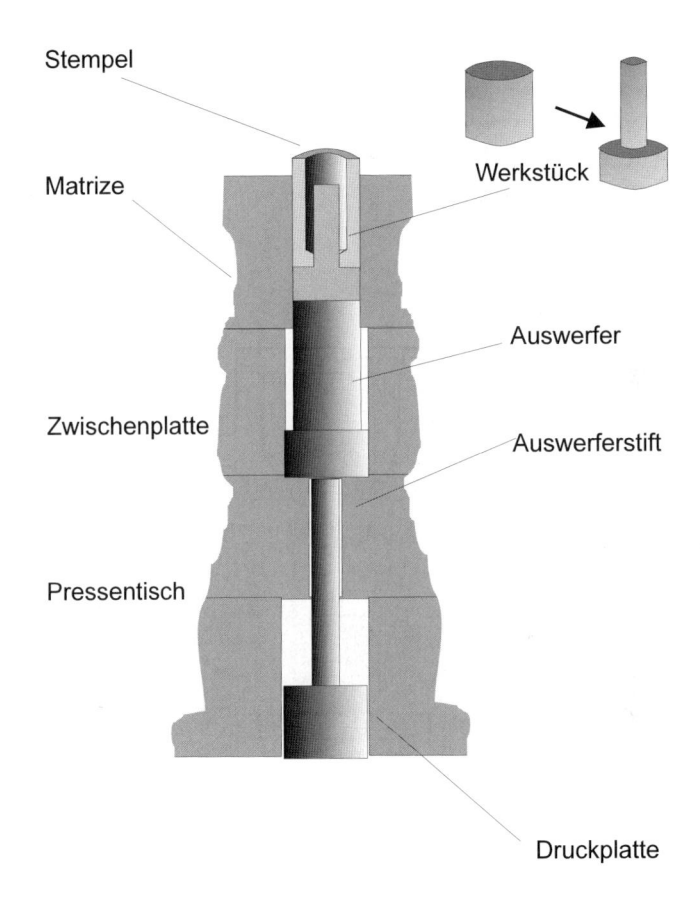

Abb. 6.72 Voll-Rückwärts-Fließpressen (prinzipiell) [6.30]

Das in Abb. 6.73 dargestellte Teil hätte nicht durch Voll-Vorwärts-Fließpressen hergestellt werden können, da es auf eine präzise Ausformung der Kuppe am ausgepressten Zapfen ankam und es für die eingesetzte Mehrstufenpresse mit Quertransport vorteilhafter war, das Bauteil durch

Voll-Rückwärts-Fließpressen herzustellen, um auf ein Wenden des Teils verzichten zu können.

In Abb. 6.73 ist zu erkennen, dass der Fließpresshohlstempel eine Schrägung von 30 ° aufweist, mit der er bei Pressbeginn auf die mit 45° vorgeformte Fase am Rohteil trifft. Damit wurde zum einen eine Überlastung der empfindlichen Stempelspitze vermieden und zum anderen ein Eindringen von Werkstoff (Gradbildung) zwischen Hohlstempel und Matrizenwand beim Fließpressen verhindert. Der zwischen Hohlstempel und Pressteil entstehende, kommaförmige Hohlraum, der auch während des Fließpressens nicht völlig mit Werkstoff ausgefüllt wird, füllt sich mit Pressöl. Dieses wandert kontinuierlich mit dem Vorgehen des Hohlstempels als mitlaufendes Ölpolster.

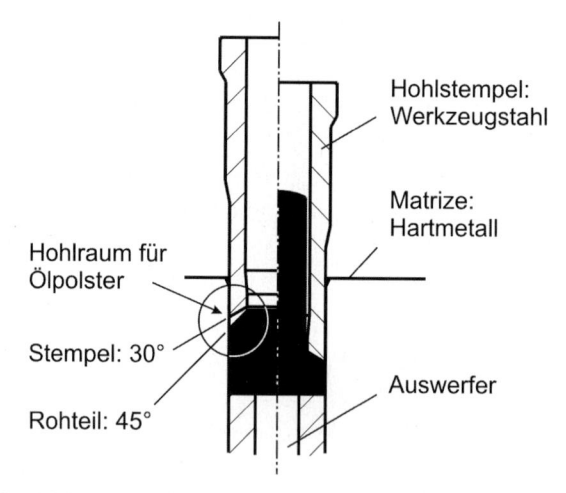

Abb. 6.73 Unterschiedliche Winkel an Rohteil und Stempel.

Damit während des Fließpressens der hohe Innendruck nicht vollständig auf den relativ biege- und druckempfindlichen Hohlstempel übertragen wird, ist der Aussendurchmesser des Hohlstempels mit dem Innendruchmesser der Matrize so abgestimmt, dass bei seinem unbelasteten Einführen nur ca. 0,01 mm Durchmesserdifferenz vorliegen. Während des Pressens wird der Stempel elastisch aufgeweitet, kommt ohne grosse Dehnungsbeanspruchung an der Matrizenwand zur Anlage und stützt sich dort ab. Da der Matrizenkern aus Hartmetall besteht, und dieses einen doppelt so hohen Elastizitätsmodul aufweist als Stahl, sich also unter Druckbelastung nur halb so viel ausdehnt, kann der Pressdruck durch den Hohlstempel an die Matrizenwand, die weniger stark elastisch nachgibt als der Hohlstempel, übertragen werden. Natürlich ist diese Übertragung nur im Bereich der Fließpressdüse erforderlich, weswegen der Hohlstempel auch in seinem Schaftbereich ca. 0,1 mm im Durchmesser hinterschliffen ist, um die Reibung zu verringern. Ein nicht erwünschter Schmierstoffstau im unteren Bereich der Matrize und im Hohlraum des Hohlstempels muss durch Anbringen von ausreichend großen Entlüftungsnuten vermieden werden.

Der Hohlstempel sollte mindestens eine Wanddicke von 1,5 mm aufweisen. Bei relativen Querschnittsänderungen zwischen ε_A = 50 - 70% kann man mit Standmengen von 30.000 bis 80.000 Pressungen rechnen [6.35]. Der Werkstoff des Hohlstempels ist hochlegierter Schnellarbeitsstahl. Die Härte muss zwischen 61 und 63 HRC betragen. Bei der Herstellung derartiger Stempel sollte besonders auf einwandfreie riefenlose Oberflächen und auf gut ausgerundete Radienübergänge Wert gelegt werden.

Zum leichteren Einsuchen des Hohlstempels in die Matrize und um geringfügiges Schlittenspiel der Umformpresse auszugleichen, ist am Einlauf der Matrize ein Kegel von ca. 5° Öffnungswinkel empfehlenswert [6.35].

Beim Schlittenrückgang bleibt das Pressteil im Normalfall in der Matrize und nicht im Hohlstempel hängen, weshalb im allgemeinen matrizenseitig ein Auswerfer vorzusehen ist. Das zeigt auch der Werkzeugaufbau in Abb. 6.74. Darin wird keine Hartmetallmatrize sondern eine Matrize aus Schnellarbeitsstahl verwendet, weshalb der Hohlstempel mit einem leichten Presssitz in die Matrize gefügt werden muss.

Stempel
1.3343, geh. HRC 61-63
Bemerkung: Stempel muss mit leichtem Presssitz in Matrize passen

Armierung
1.2344, geh. HRC 46.-48

Matrize
1.3343, geh. HRC 58-60

Matrizeneinsatz
1.3343, geh. HRC61-63

Zwischenplatte
1.2344, geh. HRC 50-52

Gegenstempel
1.2344, geh. HRC 50-52

Druckstück
1.2379, geh. HRC 59-61

Druckplatte
1.2379, geh. HRC 58-60

Auswerfer
1.2379 geh. HRC 58-60

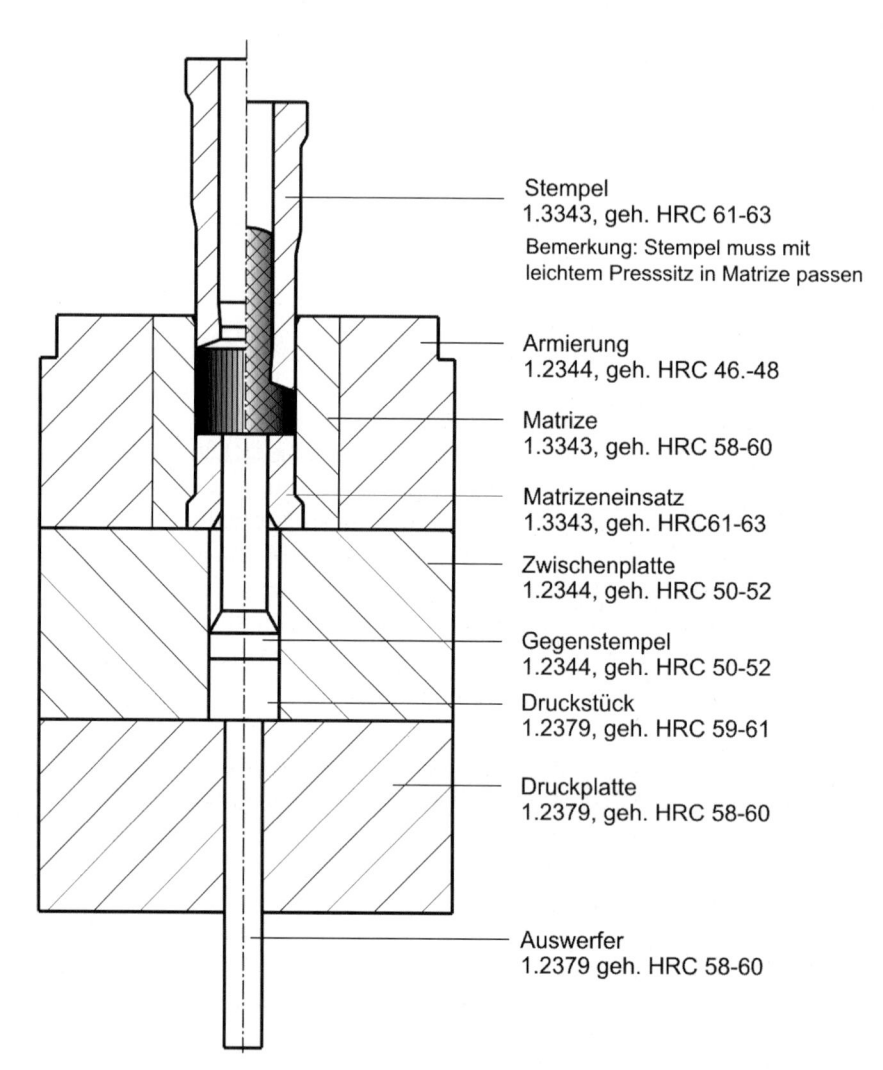

Abb. 6.74 Werkzeugaufbau für das Voll-Rückwärts-Fließpressen

Beispiel. Gabelkopf

Das in Abb. 6.75 dargestellte Bauteil aus C15 wird durch kombiniertes Voll-Vorwärts- und Voll-Rückwärts-Fließpressen in einer Kaltfließpressstufe ausgehend von einem kreiszylindrischen Rohteil gefertigt. Das Voll-Vorwärts-Fließpressen bewirkt das Auspressen der zwei Schenkel mit rechteckigem Querschnitt. Durch das Voll-Rückwärts-Fließpressen werden gleichzeitig etwa 2/3 der geforderten Länge des zylindrischen Schaftes geformt. Die eingepresste konische Zentrierung ist eine Vorbereitung für ein Bohren.

Das Übereckmaß der Schenkel (Ø D_3 in Abb. 6.75) ist etwas kleiner als der Schaftdurchmesser D_1. Das ist eine wichtige Bedingung für das Voll-Vorwärts-Fließpressen. Denn damit können die beiden Schenkel mit exakt gleicher Dicke gefertigt werden. Allerdings ist im Vergleich zum Pressen der Schenkel durch Napf-Rückwärts-Fließpressen (Abb. 6.53) ein etwas größerer Aufwand bei der spanenden Nachbearbeitung erforderlich, da der nach dem Fließpressen verbleibende Bund abgedreht werden muss.

Die für das Pressen des Gabelteils benötigten Matrizen wurden zunächst einteilig hergestellt, wobei die Durchbrüche durch Drahterodieren erzeugt wurden. Diese Matrizen zeigten jedoch nach einer relativ kleinen Anzahl gefertigter Teile Risse am Steganssatz infolge derer sie versagten. Um das zu vermeiden, wurde auf eine zweiteilige Matrizenkonstruktion übergegangen (Abb. 6.76). Die quergeteilte Matrize ist über eine Verschraubung von innen axial vorgespannt. Der Fließpressstempel ist matrizenseitig untergebracht. In 2 Schlitzen sind die beiden schieberförmigen Auswerfer geführt.

Aufgrund der beengten Platzverhältnisse im Unterwerkzeug und wegen des sehr langen Fließpressstempels wurde später auf eine veränderte Konstruktion des Unterwerkzeuges übergegangen. Dabei wurde der Fließpressstempel als kurzes Teil in Form eines Mittelsteges in einen durch Drahterodieren erzeugten Durchbruch in die Matrize eingepresst.

Mit dieser Konstruktion konnte während des Umformvorganges kein Werkstoff in die Fuge zwischen Steg und Matrize eindringen. Bei dieser Vorgehensweise wird im Vergleich zu der Fertigung durch Napf-Rückwärts-Fließpressen zwar ein aufwendigeres Werkzeug benötigt, wegen der höheren Fertigungsgenauigkeit ist aber diese Variante dennoch vorzuziehen, zumal eine höhere Werkzeuglebensdauer erreicht wird. Die in Abb. 6.52 gezeigten Gabeln sind mit einem solchen Werkzeug gefertigt.

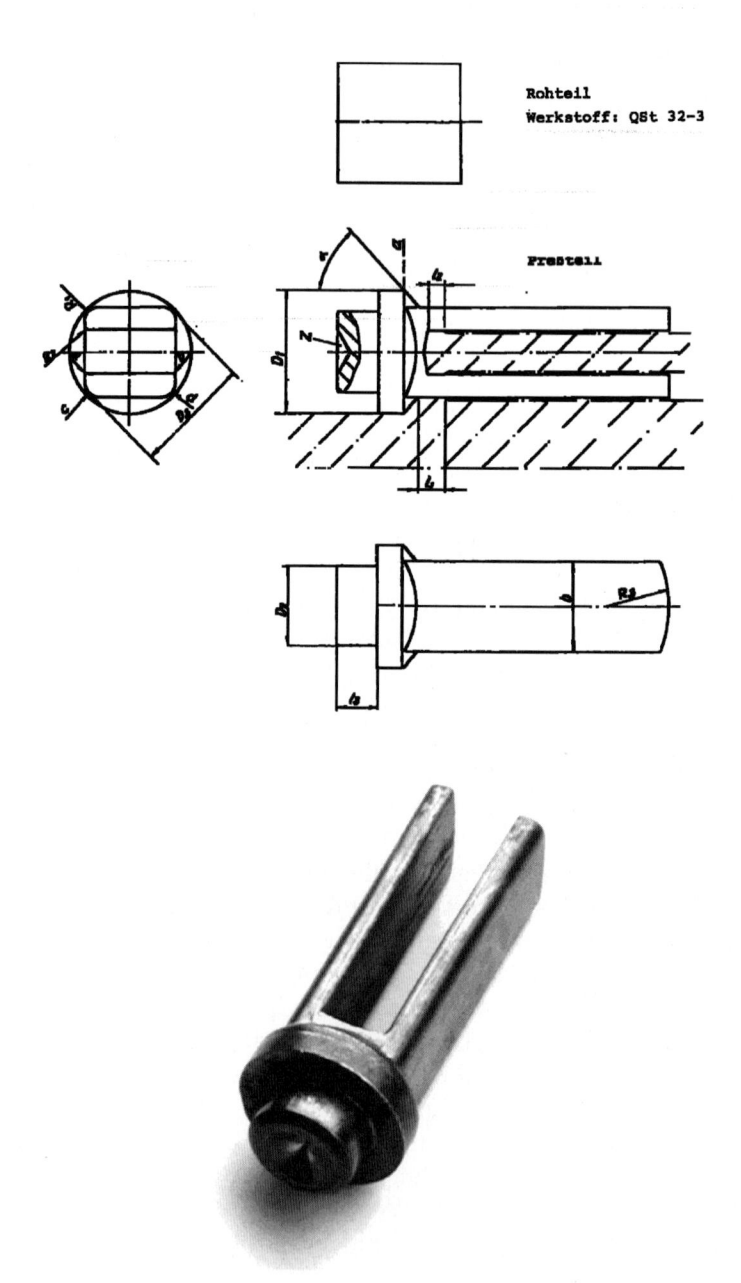

Abb. 6.75 Gabelkopf mit zylindrischem Ansatz

6.7 Hohl-Rückwärts-Fließpressen

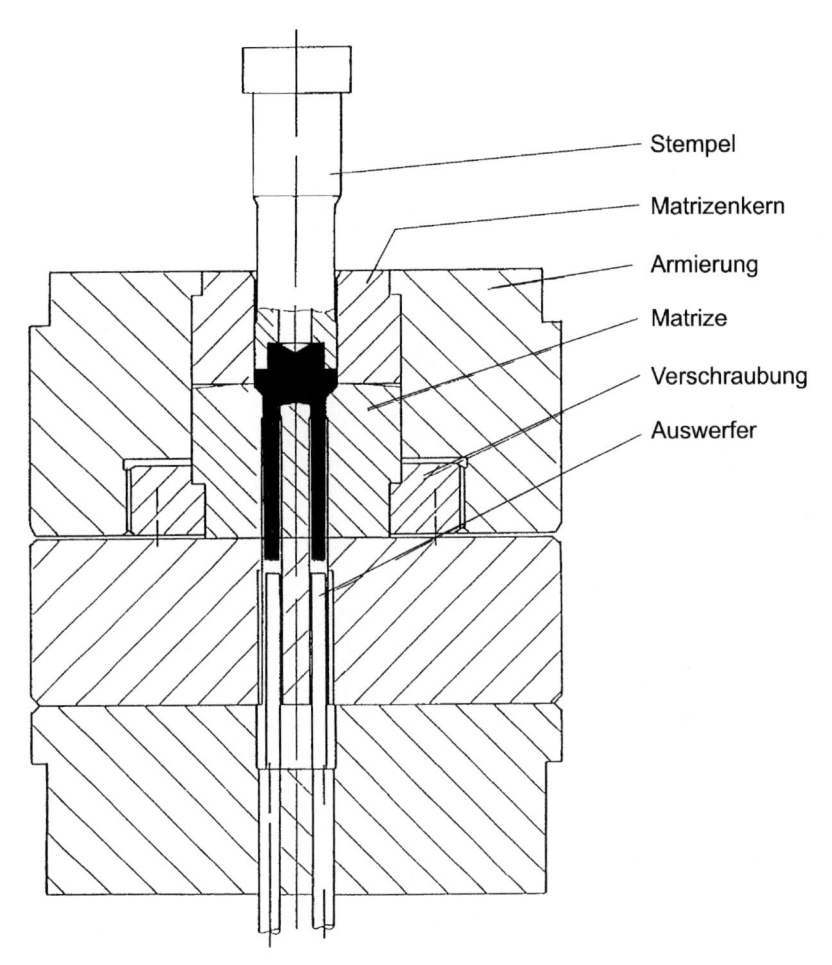

Abb. 6.76 Werkzeugaufbau

6.7 Hohl-Rückwärts-Fließpressen

Prinzip

Aus einem Napf oder einer Hülse wird bei diesem Verfahren ein Hohlkörper mit verminderter Wanddicke hergestellt. Die formgebende Werkzeugöffnung wird nur durch den Fließpressstempel und den Gegenstempel gebildet (Abb. 6.77).

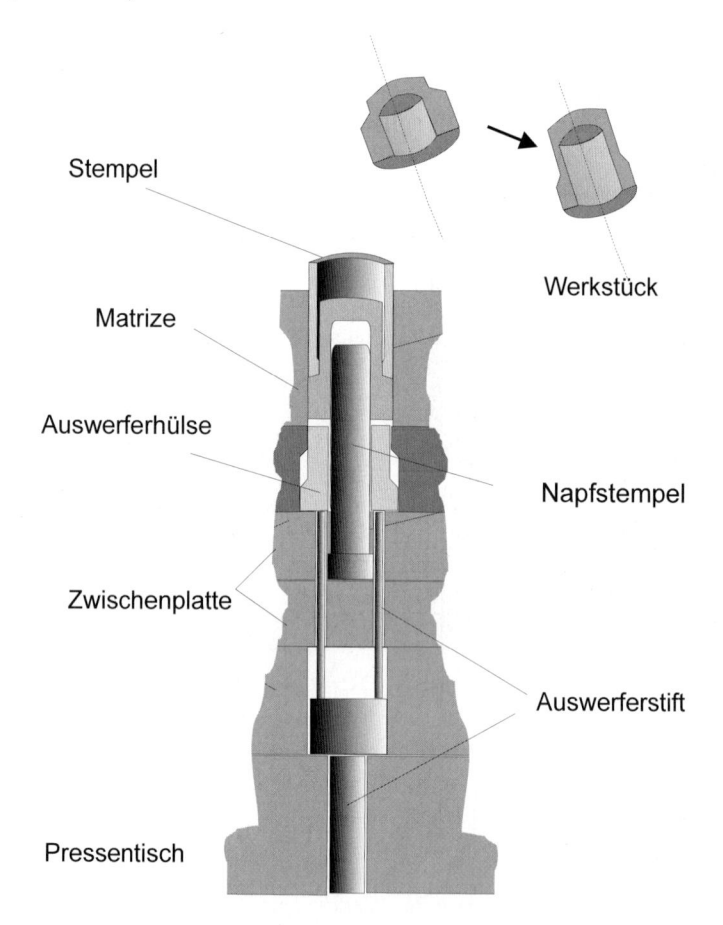

bb. 6.77 Hohl-Rückwärts-Fließpressen [6.30]

6.7 Hohl-Rückwärts-Fließpressen

Das Verfahren ist dem Hohl-Vorwärts-Fließpressen ähnlich. Jedoch fließt der Werkstoff beim Hohl-Rückwärts-Fließpressen entgegen der Stempelwirkrichtung. Die Fließschulter ist im Rohrstempel enthalten. Für den Hohlstempel gelten die gleichen Hinweise wie für das Voll-Rückwärts-Fließpressen.

Beispiel. Verzahnungsteil

In Abb. 6.78 ist das durch Hohl-Rückwärts-Fließpressen hergestellte Verzahnungsteil dargestellt. Der Bund, welcher vom Fließpressen zurückbleibt, wird durch Abspanen beseitigt. Ebenfalls spanend wird der Innen- und Aussendurchmesser des Ritzelschaftes nachgearbeitet, sowie eine Nut in die Welle eingefräst. Abb. 6.78 zeigt das Ritzel nach der abschließenden Wärmebehandlung. In Abb. 6.79 ist das Fließpresswerkzeug gezeigt.

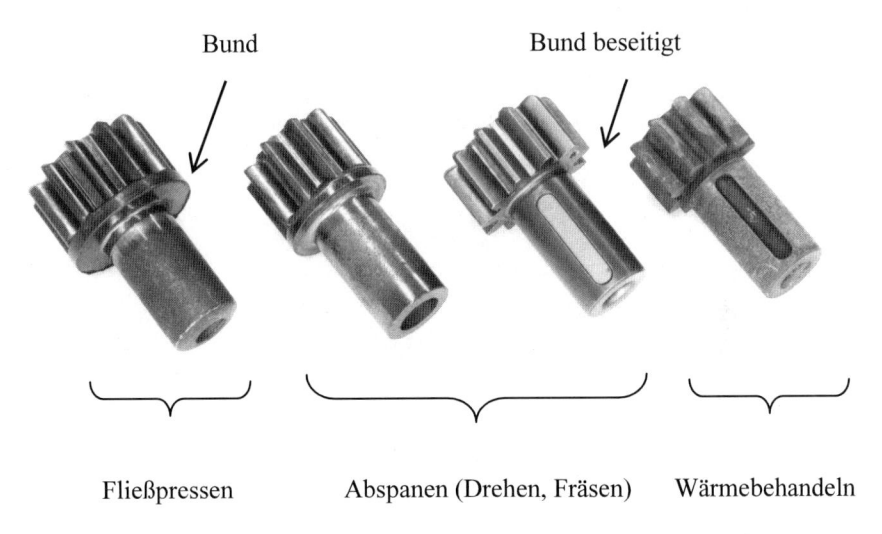

Abb. 6.78 Verzahnungsteil, hergestellt durch Hohl-Rückwärts-Fließpressen

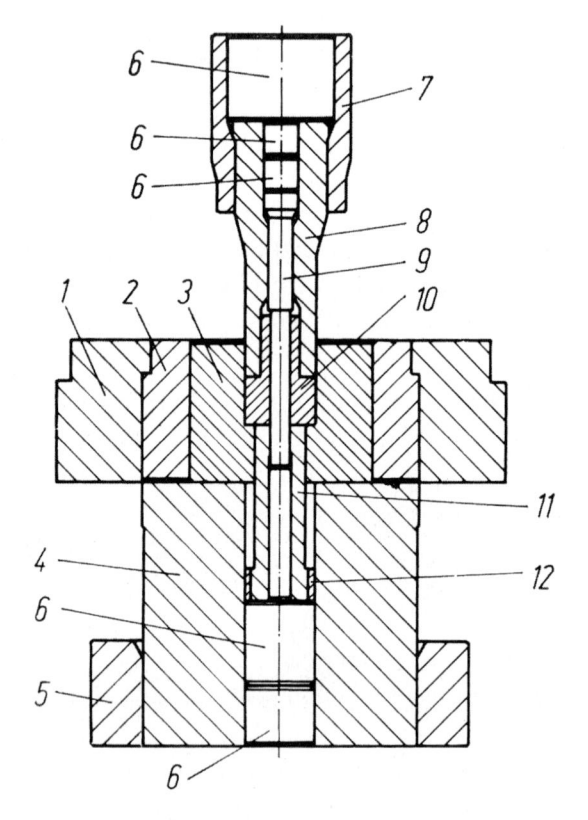

Abb. 6.79 Werkzeug zum Hohl-Rückwärts-Fließpressen [6.23]. 1, 2: Armierungsring, 3: Matrize, 4: Druckstück, 5: Zentrierring, 6: Druckstück, 7: Stempelhalterbuchse, 8: Stempel, 9: Dorn, 10: Werkstück, 11: Gegenstempel, 12: Führungsring

6.8 Quer-Fließpressen

Prinzip

Quer-Fließpressen ist Fließpressen mit Werkstofffluss quer zur Stempelbewegung. Wesentlich ist, dass die formgebende Werkzeugöffnung während des Pressvorganges unverändert bleibt. Hierin liegt der Unterschied zum Stauchen, mit dem zum Teil ähnliche Werkstückformen gepresst werden können.

Das Quer-Fließpressen dient zur Herstellung von (Abb. 6.80):

Nebenformelementen mit vollem Profil → Voll-Quer-Fließpressen
Nebenformelementen mit hohlem Profil → Hohl-Quer-Fließpressen
Nebenformelementen mit Napfform → Napf-Quer-Fließpressen
umlaufenden Flanschen → Flansch-Quer-Fließpressen

an Voll- oder Hohlkörpern.

Voll-Quer-Fließpressen   Hohl-Quer-Fließpressen   Napf-Quer-Fließpressen   Flansch-Quer-Fließpressen

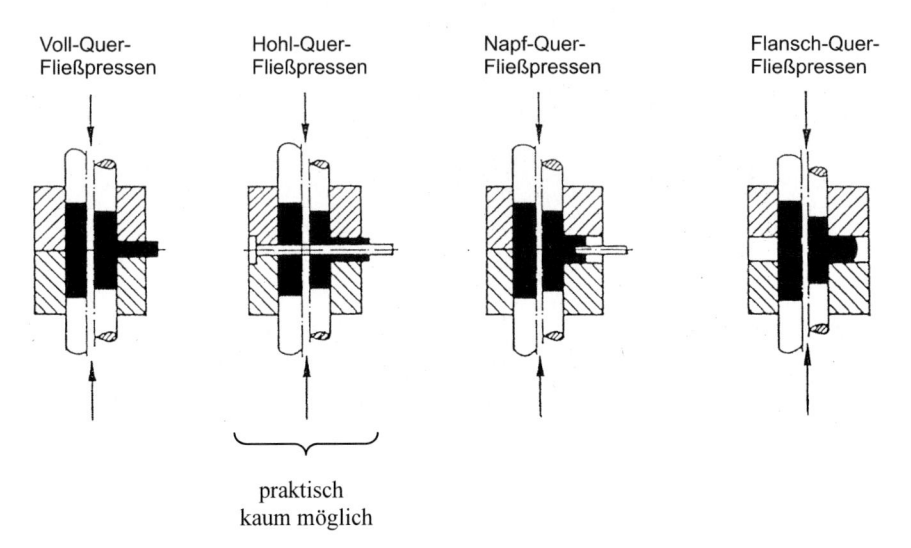

praktisch kaum möglich

Abb. 6.80 Verfahren des Quer-Fließpressens

Verfahrensablauf

Ein im allgemeinen zylindrisches Rohteil wird in eine zuvor geschlossene Matrize mit einem oder zwei Stempeln in einem Arbeitsgang in eine oder mehrere Richtungen quer zur Stempelbewegung ausgepresst. Dafür sind geteilte Matrizen erforderlich. Die Matrizenhälften sind im allgemeinen in eine spezielle Vorrichtung zum Quer-Fließpressen eingebaut. Diese Vorrichtungen werden als *Schließvorrichtungen* bezeichnet. Abb. 6.81 zeigt schematisch den Aufbau einer Schließvorrichtung zum Quer-Fließpressen.

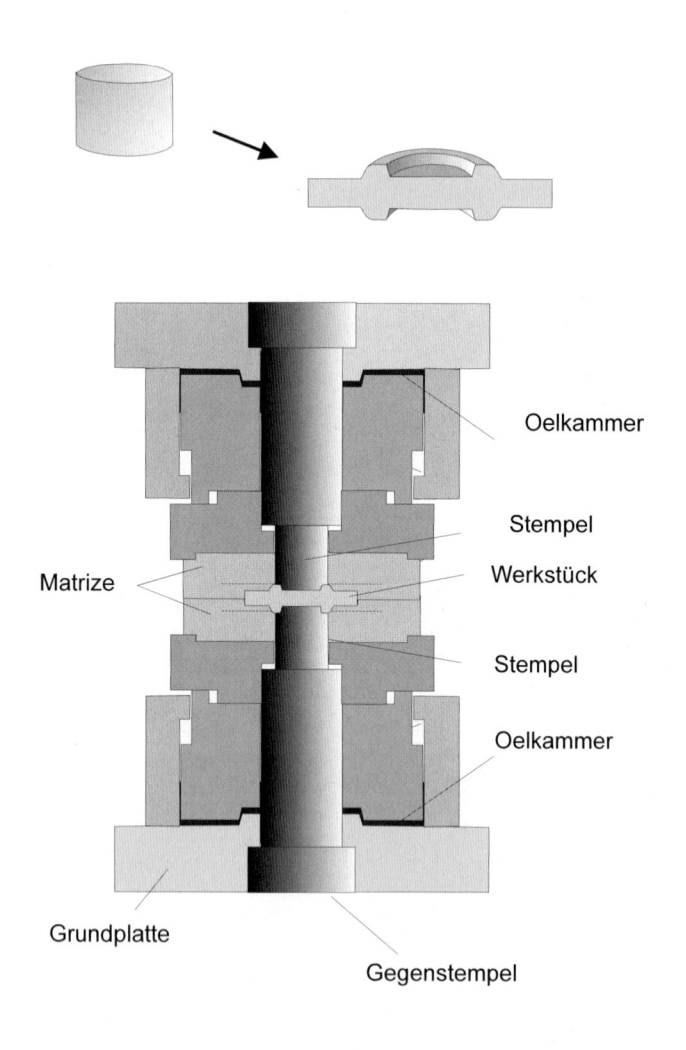

Abb. 6.81 Flansch-Quer-Fließpressen in einer Schließvorrichtung [6.30]

Voll-Quer-Fließpressen

Hierbei werden an einem Voll- oder Hohlkörper ein oder mehrere Nebenformelemente mit beliebigem vollem Profil hergestellt (Abb. 5.82). Die formgebende Werkzeugöffnung wird allein durch die Matrize gebildet.

Hohl-Quer-Fließpressen

Im Gegensatz zum Voll-Quer-Fließpressen werden bei diesem Verfahren an einen Voll- oder Hohlkörper ein oder mehrere Nebenformelemente mit beliebigem hohlem Profil hergestellt. Die formgebende Werkzeugöffnung wird durch die Matrize und den Dorn gebildet, wobei die Außengeometrie des Dornes das Hohlprofil formt. Das Verfahren ist allerdings kaum praktikabel, da ein Rohteil in die Werkzeuganordnung nur sehr umständlich einzulegen ist.

Napf-Quer-Fließpressen

Anders als bei Hohl-Quer-Fließpressen wird bei Napf-Quer-Fießpressen kein durchgehendes hohles Profil am Nebenformelement erzeugt, sondern lediglich eine begrenzt tiefe Napfung. Die formgebende Werkzeugöffnung wird durch die Matrize und den Napf-Stempel hergestellt. Das Napf-Quer-Fließpressen wird heute in großem Umfang zur Herstellung von Kardankreuzen mit Zapfenloch angewendet (siehe Bild 6.89).

Flansch-Quer-Fließpressen

Bei diesem Verfahren wird als Nebenformelement ein rotationssymmetrischer Flansch an einen Voll- oder Hohlkörper durch die Ober- und Untermatrize als formgebende Werkzeugöffnung erzeugt. Allerdings ist dieses Verfahren nur zum Pressen relativ geringer Flanschdurchmesser geeignet, da Zugspannungen am Flanschaußendurchmesser schnell zu Rissen führen. Das Verfahren ist nicht in der Übersicht nach DIN 8583 (Abb. 6.1) enthalten.

Unterschied zwischen Quer-Fließpressen und Stauchen

Im Gegensatz zum Stauchen bleibt während des Quer-Fließpressens die mit Werkstoff zu füllende Werkzeugöffnung unverändert.
  Beim Stauchen verändert sich die Werkzeugöffnung kontinuierlich mit dem Abstand zwischen Ober- und Untermatrize beim Stößelhub. Das in Abb. 6.83 dargestellte Ritzen wurde durch Stauchen hergestellt. Der freie Werkstofffluss in Querrichtung lässt eine nicht reproduzierbare Flansch-

kontur entstehen, die beschnitten werden muss, um die gewünschte Fertigteilkontur zu erhalten. Das in Abb. 6.82 durch Voll-Quer-Fließpressen hergestellte Gelenkkreuz hingegen kann gratfrei auf hohe Fertigteilgenauigkeit gepresst werden; ein Beschneiden wie beim Stauchen ist nicht erforderlich.

Abb. 6.82 Durch Quer-Fließpressen hergestelltes Gelenkkreuz

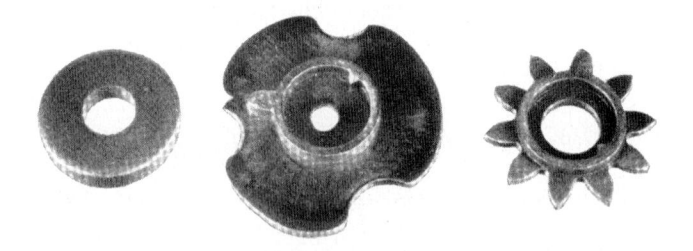

Abb. 6.83 Durch Stauchen hergestelltes Ritzel [6.36]

Horizontale und vertikale Werkzeugteilung

In Abb. 6.84 sind beide Prinzipien für das Quer-Fließpressen, gezeigt.

Die horizontale Werkzeugteilung ist in der Praxis am meisten angewandt und kommt bei Quer-Fließpressteilen zum Einsatz, deren Nebenformelemente auf einer zur Werkstück-Symmetrieachse horizontalen Ebene angebracht sind. Bei dieser Werkzeugteilung ist in der Unter- und Obermatrize jeweils die „halbe" Pressteilegeometrie eingearbeitet. Die beiden Matrizenhälften müssen bei der Umformung absolut deckungsgleich und dicht geschlossen sein, damit sich die Kontur des Fertigteils präzise ausbildet.

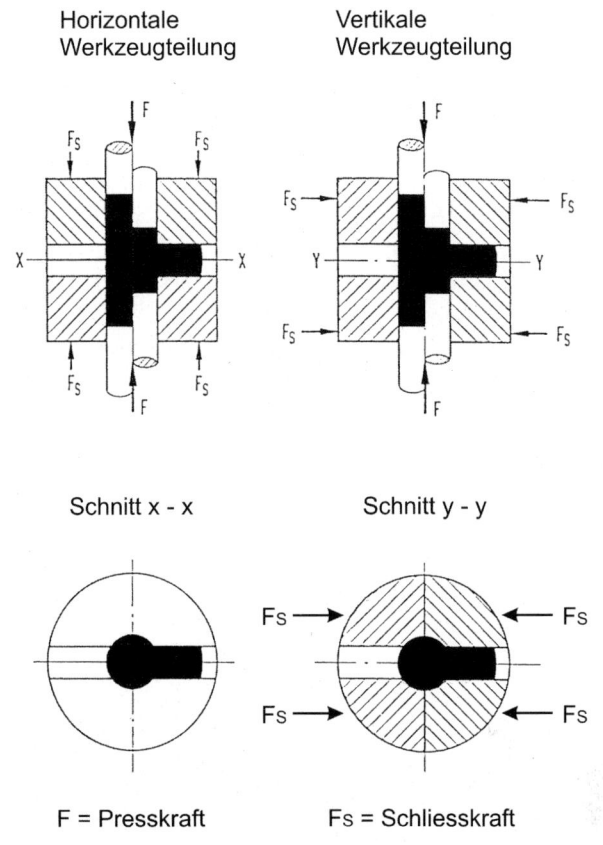

Abb. 6.84 Horizontale und vertikale Werkzeugteilung zum Quer-Fließpressen

Eine vertikale Teilung der Werkzeughälften wird dann notwendig, wenn seitliche Formelemente in verschiedenen Ebenen angeordnet sind. Im allgemeinen können solche Werkstücke aufgrund der Hinterscheidungen nicht gefertigt werden, da sie nach dem Umformen nicht mehr aus der Gravur auszuformen sind. Durch eine vertikale Werkzeugteilung mit geteilten (segmetierten) Werkzeugen können sie gepresst und danach wieder gut ausgeformt werden. Im allgemeinen bezeichnet man diese Werkzeuge als Backenwerkzeuge. Ein Beispiel ist in Kap. 8 gezeigt: Es dient der Herstellung von schrägverzahnten Gelenknaben und erfordert sowohl eine horizontale als auch eine vertikale Werkzeugteilung; die Horizontalteilung ermöglicht das Quer-Fließpressen, die Vertikalteilung das Ausformen und Auswerfen des Werkstücks nach dem Pressen aus der Matrize.

Schließvorrichtung

Während des Pressvorganges muss sichergestellt sein, dass Ober- und Untermatrize durch den im Innern verdrängten Werkstoff nicht aufgedrückt werden. Dies erfordert eine entsprechende Zuhaltekraft, die *Schließkraft*. Theoretisch könnten hierfür zweifachwirkende Pressen eingesetzt werden (Abb. 6.85 links). Doch da zum Fließpressen einfachwirkende Pressen üblich sind, werden zur Erzeugung der Schließkräfte zum Quer-Fließpressen im allgemeinen *Schließvorrichtungen* eingesetzt, in die die Matrizenhälften eingebaut werden (Abb. 6.85 rechts). Eine Schließvorrichtung kann durch den einfachen Austausch der Matrizenhälften (und weniger fließpressteilabhängiger Einbauteile) für die Herstellung unterschiedlicher Querfließpressteile verwendet werden.

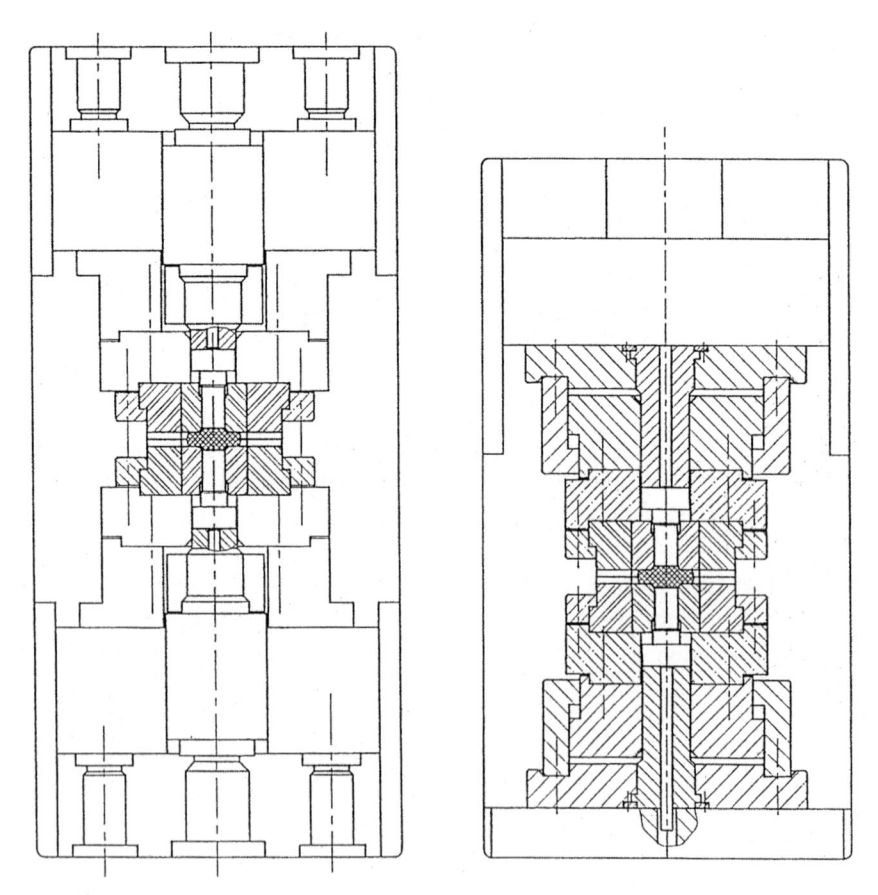

Abb. 6.85 Werkzeugaufbauten zum Quer-Fließpressen: Links: für den Einsatz auf einer mehrfachwirkenden Presse (unüblich). Rechts: „Schließvorrichtung" für den Einsatz auf einfachwirkenden Pressen (üblich)

6.8 Quer-Fließpressen 205

Schließvorrichtungen sind Aggregate mit integrierten Federsystemen und Mechanismen. Es existieren verschiedene Varianten von Schließvorrichtungen, die nach Art der Schließkrafterzeugung unterschieden werden; darauf wird ausführlich im Kap. 8 eingegangen. In Abb. 6.86 ist eine hydraulische Schließvorrichtung zum Flansch-Quer-Fließpressen mit Schließaggregat oben und unten (eingebaut in eine einfach wirkende Presse in der Ansicht von Vorne) gezeigt. Das Werkzeug ist im geöffneten Zustand nach dem Pressen mit ausgestoßenem Werkstück gezeigt. Oben und unten ist der Kabelauslaß für Druckmessdosen zu erkennen. Rechts und links befinden sich massive Stahlzylinder zur Sicherung gegen zu tiefe Stößelabsenkung.

Abb. 6.86 Hydraulische Schließvorrichtung. Ansicht von Vorne [6.38]

Abb. 6.87 zeigt die Schließvorrichtung aus Abb. 6.86 in der Rückansicht. Es sind die Blasenspeicher und Manometer zur Einstellung des Schließdruckes und des Gleichlaufs zu erkennen. Der Gleichlauf ist wichtig für eine symmetrische Pressteilausformung (vgl. Kap.8). Das Werkzeug ist im geschlossenen Zustand gezeigt. Der dünne Schlauch dient zum Befüllen der Blasenspeicher mit Stickstoff, der dicke Schlauch zum Entleeren und Befüllen der Hydraulikflüssigkeit.

Abb. 6.87 Schließvorrichtung aus Abb. 6.86 in der Rückansicht [6.38]

Querfließpressen von Gelenkkreuzen

Zum Pressen des in Abb. 6.89 gezeigten Gelenkkreuzes durch Napf-Quer-Fließpressen kann die in Abb. 6.86/6.87 dargestellte Schließvorrichtung verwendet werden. Das Unterwerkzeug muss lediglich durch eine Vorrichtung zum Quer-Napf-Fließpressen ergänzt werden. Diese komplizierte Zusatzvorrichtung ist in Abb. 6.88 dargestellt. Sie beinhaltet ein Kniehebelsystem, welches in Strecklage das Quernapfen ermöglicht und kurz vor dem Ausstoßen des Fertigpressteils die kleinen Quer-Napf-Fließpressstempel über eine Schwenkbewegung wieder zurückzieht. Der Mechanismus funktioniert zuverlässig bei hohen Hubzahlen.

Abb. 6.88 Vorrichtung zum Napf-Quer-Fließpressen von Gelenkkreuzen

Gelenkkreuze, oftmals in den Werkstoffgüten 16MnCr5 und 20MnCr4 gefertigt, stellen ein klassisches Teil einer einstufigen Umformung mittels Quer-Fließpressen dar. Gelenkkreuze sind integraler Bestandteil von Kardanwellen und Lenkungsteilen (Abb. 6.89). Sie werden in den verschiedensten Abmessungen benötigt (Abb. 6.90).

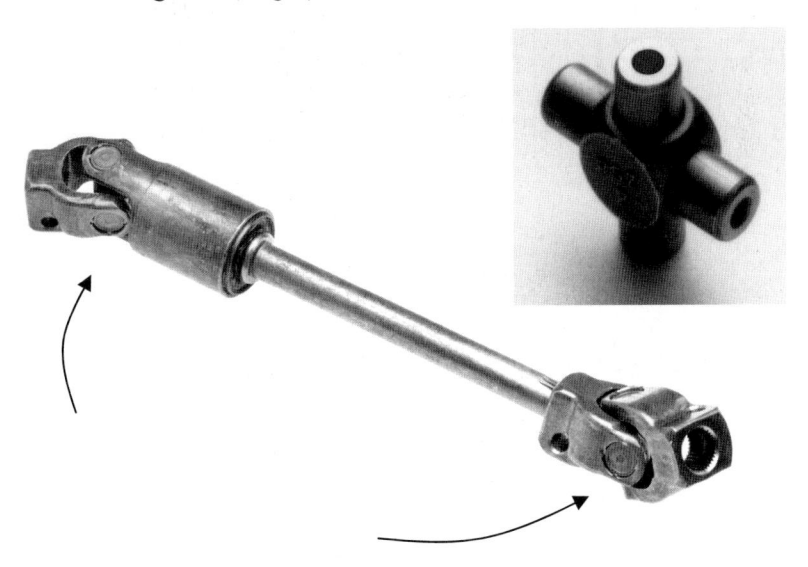

Abb. 6.89 Lenksäule mit zwei eingebauten Gelenkkreuzen. Bildchen oben: Gelenkkreuz mit genapften Zapfen. Bilder: Presta

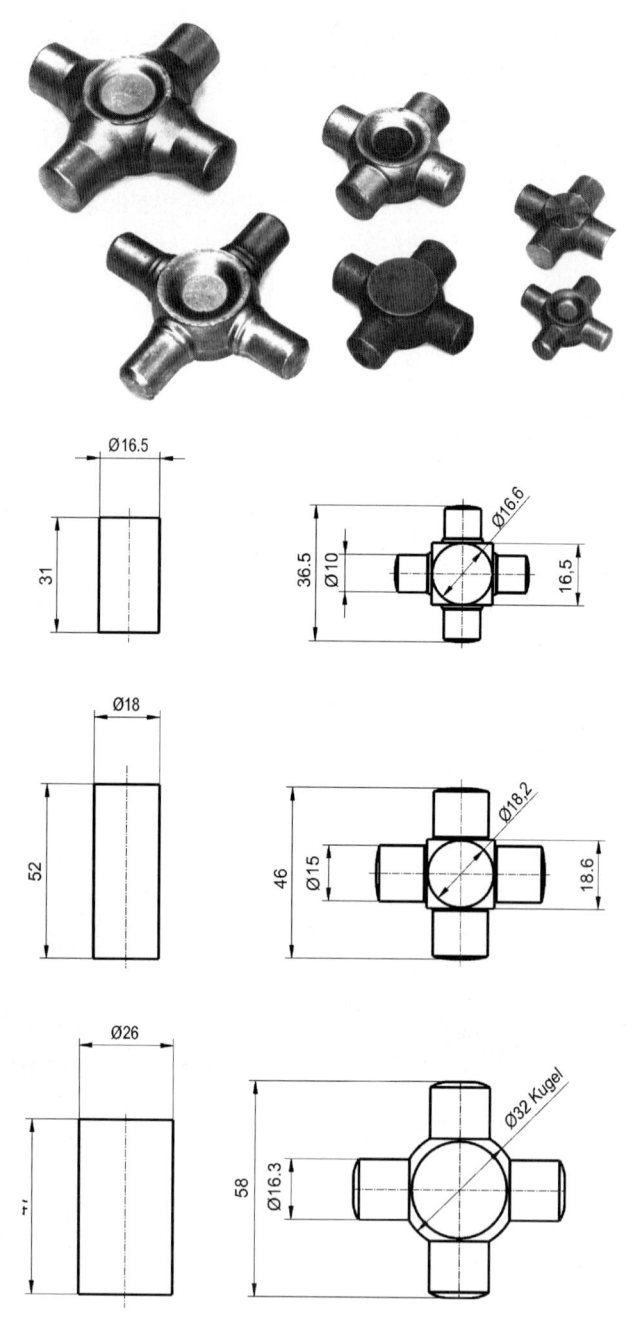

Abb. 6.90 Stadienfolge verschiedener Kreuzvarianten. Bild oben: Presta

Beim Pressen von Gelenkkreuzen wird von einem kreiszylindrischen Rohteil ausgegangen. Die zur Verwendung kommende Schließvorrichtung verfügt über ein Federaggregat im Ober- und Unterwerkzeug. In Abb. 6.91 (oben) sind Sequenzen des einstufigen Umformvorganges dargestellt; das Verhalten der Federaggregate der Schließvorrichtung ist symbolisch mit Federn skizziert. Abb. 6.91 (unten) zeigt den Formfüllungsprozess anhand entsprechender Zustellmuster.

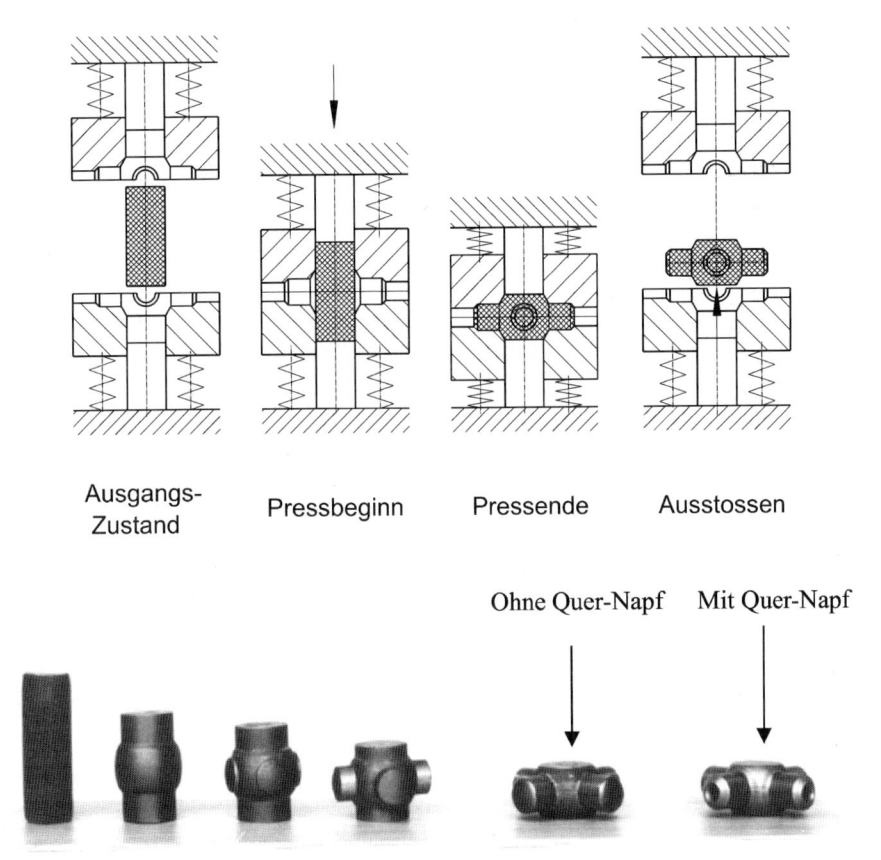

Ausgangs-Zustand   Pressbeginn   Pressende   Ausstossen

Ohne Quer-Napf   Mit Quer-Napf

Abb. 6.91 Gelenkkreuz-Pressvorgang (oben) und Zustellmuster (unten)

Die Schließvorrichtung ermöglicht an den Gelenkkreuzen reproduzierbar eine Genauigkeit der Symmetrie der Teilmitte zu den Stirnflächen innerhalb +/- 0,15 mm.

Die Bearbeitungsfolge für die Rohteile sind Scheren vom Draht, Beizen und Phosphatieren, Beschichten mit MoS_2(Molybdändisolfid-)-Suspension und anschließendes Pressen in einem Arbeitshub mit oder ohne Loch in den Zapfen. Durch das Quer-Fließpressen kann gratfrei gepresst werden. Die Zapfen werden mit Schleifaufmaß gepresst, d.h. sie müssen nicht mehr überdreht werden. Die Presskraft für das in Abb. 6.90 gezeigte, mittlere Gelenkkreuz, liegt bei ca. 400 kN, die Schließkraft beträgt dabei ca. 300 kN; das entspricht ca. 70% der Presskraft. Die Fertigung kann mit 30 Hüben pro Minute (jeder Hub ein Teil) durchgeführt werden.

Verfahrensgrenzen bei Gelenkkreuzen

Beim Quer-Fließpressen von Gelenkkreuzen gibt es generell Probleme, wenn das Rohteil im Durchmesser nur unwesentlich grösser ist als die Zapfendurchmesser sind. So kann man z.B. von einem Rohteildurchmesser 25 mm keine 4 Zapfen mit 18 mm oder 20 mm Durchmesser herauspressen. Es treten in solchen Fällen Zugspannungen auf, die zu Rissen im Bereich der Zapfenausflüsse führen. In Abb. 6.92 ist dies gezeigt.

Abb. 6.92 Gelenkkreuz mit Rissen im Zapfenausfluss

Beim Quer-Fließpressen gilt stets, dass Druckspannungen vorliegen müssen. In Kenntnis dessen können folgende Maßnahmen erfolgen, um trotz eines ungünstigen Verhältnisses von Rohteil- zu Zapfendurchmesser gute Teile ohne Risse zu produzieren:

(1) Als Schmierstoff am besten trockenes MoS_2-Pulver, aufgetrommelt auf das Rohteil, verwenden; es darf kein Öl oder keine Seife genommen werden.
(2) Beim Pressen auf die Zapfen einen Gegendruck aufbauen,
    a. durch stirnseitiges Napf-Fließpressen der Zapfen (Quer-Napf-Fließpressen), oder, da dies sehr aufwendig ist,
    b. durch leicht kegelig gestaltete Zapfen; es reichen wenige Zehntelmillimeter aus, z.B. 0,4 -0,5 mm (Abb. 6.93).
(3) Die Napftiefe im Mittelkörper sollte gering sein, z.B. 1 mm, oder ganz weggelassen werden (Abb. 6.93).

(4) Die Napfungen an den Stirnflächen der Mittelkörper sollten keine rechtwinkligen Schultern sondern fließpressgünstige konische Übergange aufweisen.
(5) Die Oberkante des Mittelkörpers bzw. der Napfböden darf nicht in die Zapfenausflüsse hineinragen.
(6) Kaltschmieden mit Grad anwenden anstelle von Quer-Fließpressen.

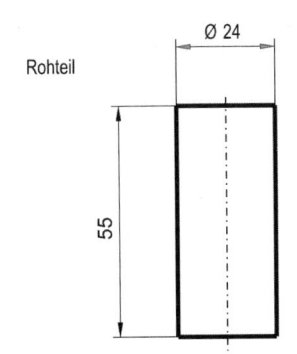

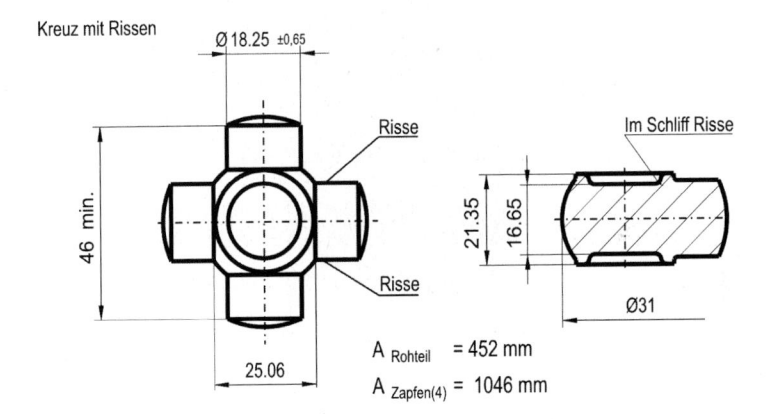

$A_{Rohteil}$ = 452 mm
$A_{Zapfen(4)}$ = 1046 mm

Abb. 6.93 Maßnahmen zur Vermeidung von Rissen an Gelenkkreuzen

> **Beispiel.** Tripode
> Tripoden werden in Fahrzeugen im Antriebstang verwendet und dienen der Übertragung des Drehmomentes auf die Fahrzeugräder. Die Tripode ist in das Tripodengehäuse eingebaut (Abb. 6.94).
> Für die Neuentwicklung einer Tripode wurde die anfängliche Gestalt des Mittelkörpers mit drei Abflachungen versehen, aus denen die drei Zapfen herausragen (Abb. 6.95). Eine Computersimulation mit Hilfe der FEM ergab - bedingt durch diesen rechtwinkligen Übergang zwischen den Zapfen und dem Mittelkörper - einen ungünstigen Werkstofffluß; Pressversuche bestätigten dies. Die Rechtwinkligkeit der Zapfenaustritte führt zu einem Strömungsabriss und zu Oberflächenfehlern in Form von schuppenförmigen Überschiebungen, welche ein erhöhtes Schleifaufmass erfordern würden. Vor allem aber wäre bei dieser Tripodenversion das Werkzeug im Pressbetrieb durch die vielen Kanten und Übergänge besonders bruchgefährdet.

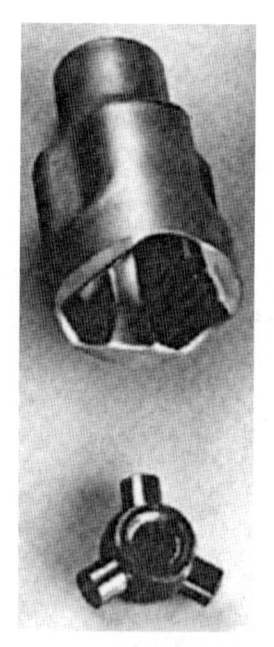

Abb. 6.94 Tripodengehäuse und dazugehörige Tripode. Bild: Daimler-Chrysler AG

Aus diesem Grunde wurde zu einer fließpressgerechten Konstruktion übergegangen (Abb. 6.96). Bei dieser Variante besteht der Mittelkörper aus zwei kreisförmigen Kegelstümpfen, aus denen die Zapfen direkt austreten, d.h. die Abflachungen entfallen.

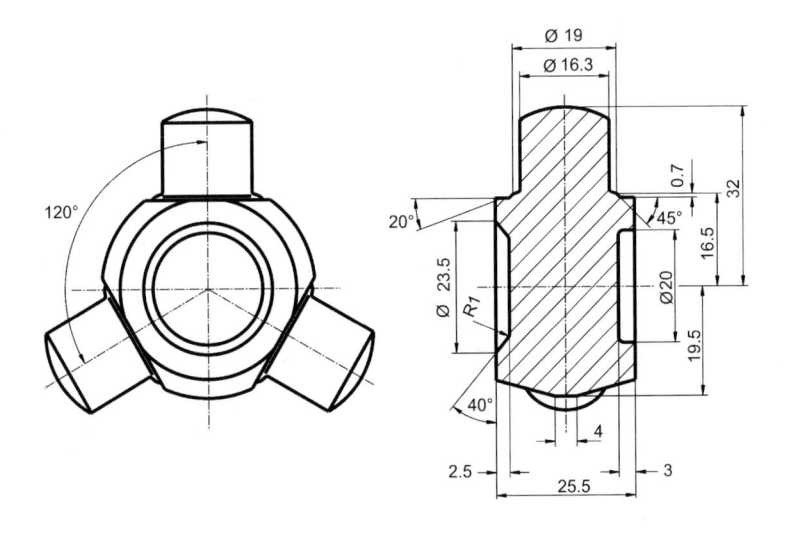

Erste Variante

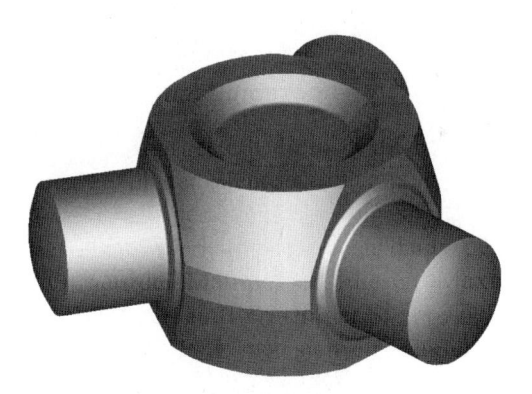

Abb. 6.95 Tripode (Zeichnung und 3D-Computergrafik) mit kantigem Absatz im Zapfenübergang

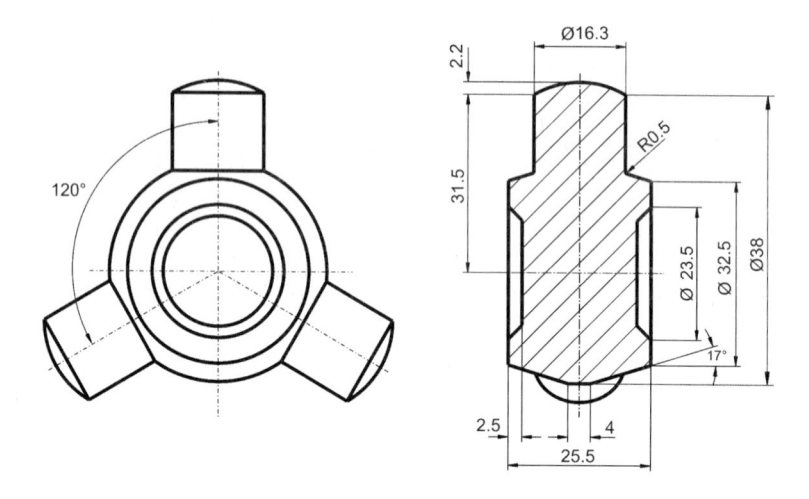

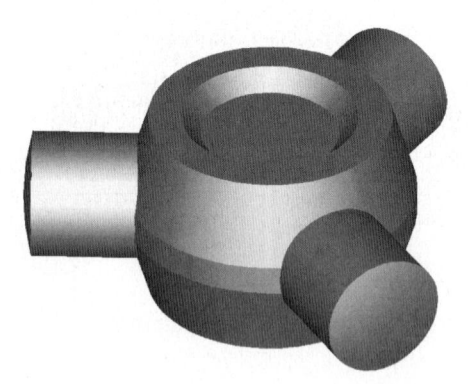

Optimierte Variante

Abb. 6.96 Fließpressoptimierte Tripode (Zeichnung und 3D-Computergrafik)

Durch diese strömungsgünstigere Mittelkörpergestaltung kommt es zu einem weichen Einfließen des Werkstoffes in die Zapfen. Sie zeigen jetzt eine fehlerfreie Oberfläche ohne schuppenförmige Überlappungen. Ferner bestätigen mikroskopische Schliffbildanalysen, dass Fehlerstellen am Zapfen im Werkstoff-Faserverlauf, wie sie bei der ersten Gelenkkreuzvariante noch vorhanden waren, durch die fließpressgerechte Geometriegestaltung beseitigt sind.

Mit diesem Beispiel hat sich die vielfach gemachte Erfahrung bestätigt, dass es bei der Festlegung eines Pressteils sehr auf eine fließpressgerechte Geometrie ankommt. Die 3D-Darstellungen in Abb. 6.95 und 6.96 zeigen, dass bereits am Bildschirm eine sehr realitätsnahe Beurteilung und Bewertung von Fließpressteilen möglich ist. Abb. 6.97 zeigt das Gelenkkreuz der optimierten zweiten Variante als realisiertes Pressteil.

Abb. 6.97 Gepresste Tripode

Beispiel. Trisphär

Abb. 6.98 Trisphär mit aufgestauchten querfließgepressten Zapfen

Der Trisphär in Abb. 6.98 bzw. 6.100 ist eine Art Tripode mit kugelförmigen Zapfenenden. Das Besondere des Verfahrens ist das Aufstauchen der Kugeln im geschlossenen Quer-Fließpresswerkzeug. Beim Pressen fließen die zylindrischen Zapfen zunächst frei aus den Öffnungen der geschlossen Matrizen heraus und treffen dann auf kalottenförmige Aussparungen im Werkzeug. Dort werden sie aufgestaucht. Dieses Stauchen am Ende des Quer-Fließvorganges erfolgt nicht parallel zur Wirkrichtung der Stempel sondern 90° dazu (Abb. 6.99).

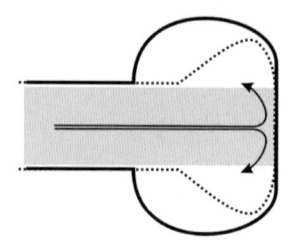

Abb. 6.99 Formfüllen eines Trisphär-Kugelkopfes durch Stauchen

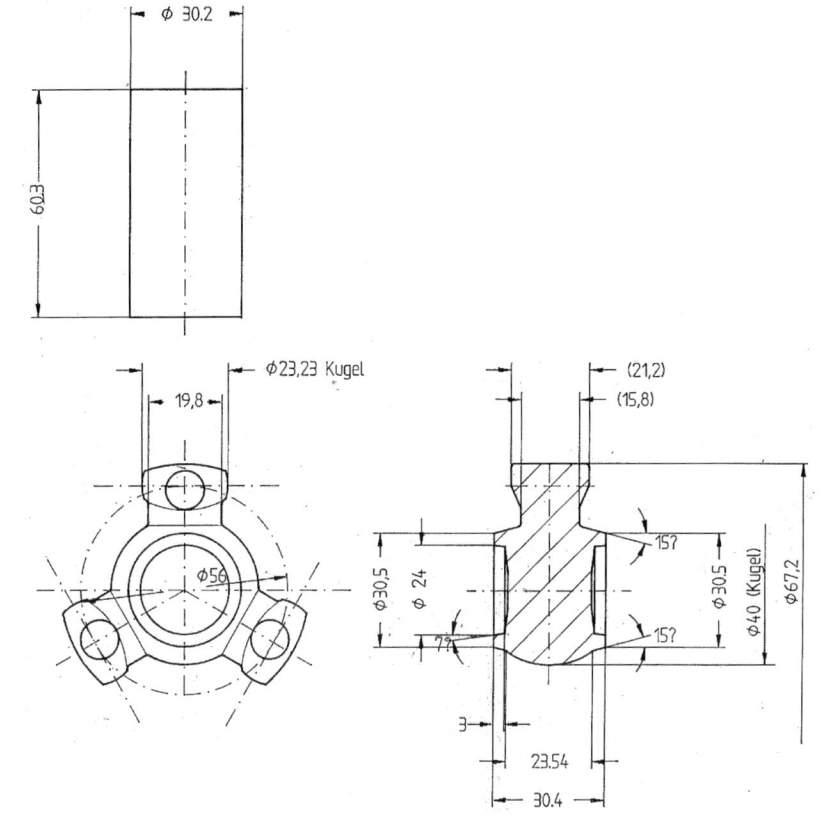

Abb. 6.100 Trisphär, Stadienplan

Die hohen Presskräfte bei der Herstellung des Trisphärs, insbesondere bei Verwendung höherfester Werkstoffe, führen zu einer starken elastischen Einfederung der Quer-Fließpresswerkzeuge. Die Folge können Flitterbildung und spanähnliche Rückstände in den Werkzeugen sein. In der Teileproduktion kann dies immer wieder zu Unterbrechungen führen, da sich die Partikel zwischen Fließpresstempel und Matrize einlagern und schließlich die Stempelbeweglichkeit blockieren. Dann müssen die Werkzeuge auseinandergebaut, gereinigt, neu poliert und wieder zusammengebaut werden. An den Pressteilen zeigte sich ein hoher Presskraftbedarf und eine starke elastische Aufweitung der Werkzeugkomponenten in Form eines Grats an den Stirnseiten des Mittelkörpers (in Abb. 6.98 zu erkennen). Deshalb werden diese Teile heute bevorzugt bei etwa 500°C halbwarm umgeformt. Die Temperatur liegt oberhalb der Blausprödigkeit der verwendeten Stahllegierung.

Beispiel. Verzahnte Radnabe

Abb. 6.101 zeigt den Stadienplan und ein gepresstes Versuchsteil der verzahnten Radnabe aus C45 vor einer Verfahrensoptimierung. Das Besondere dieses Verfahrens ist, das für das Quer-Fließpressen von einem hohlen Rohteil ausgegangen wird. Das Rohteil wurde vom gesägten bzw. gescherten und gesetzten Stababschnitt durch Napf-Fließpressen und Lochen hergestellt. Die Zähne sind durch Voll-Quer-Fließpressen angeformt.

Werkstoffüberlauf:

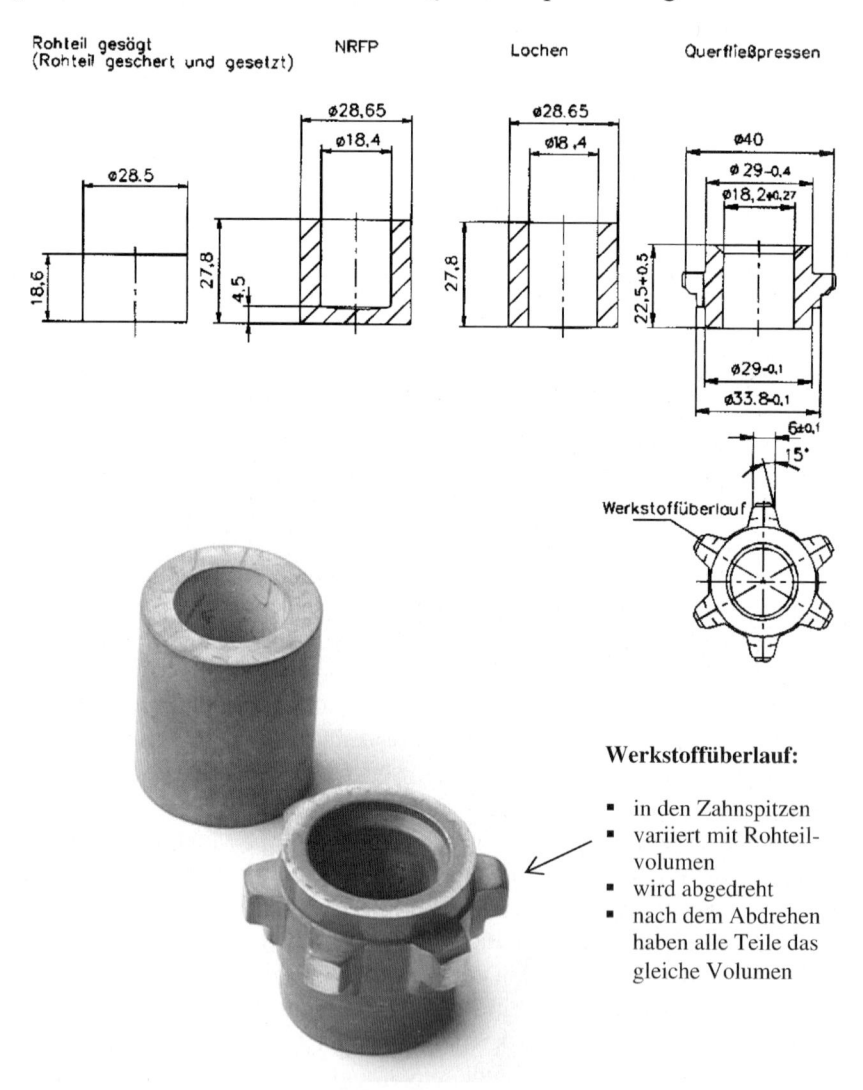

- in den Zahnspitzen
- variiert mit Rohteilvolumen
- wird abgedreht
- nach dem Abdrehen haben alle Teile das gleiche Volumen

Abb. 6.101 Verzahnte Radnabe vom ringförmigen Rohteil

Da die Wanddicke des ringförmigen Rohteils mit ca. 5 mm relativ gering ist, bilden sich am Innendurchmesser an den Stellen der ausgepressten Zähne trichterförmige Einzüge, mindestens 0,1 mm tief. Im späteren Einsatz dieser Bauteile ist dort die Belastung wegen der Momentenübertragung über die Verzahnung sehr hoch, so dass diese Einzüge potentielle Bruchstellen darstellen. Es musste eine Verfahrensalternative gefunden werden. Zunächst wurde der Innendurchmesser des Rohteils verkleinert, um damit die Wandstärke zu vergrößern. Dies erforderte bei der Rohteilherstellung lediglich einen Napfstempel mit einem kleineren Durchmesser. Zwar wurde durch diese Maßnahme die Bildung der Trichter vermieden, doch stiegen infolge des relativ harten Werkstück-Werkstoffes C45 die Flächenpressungen am Napfstempel auf Werte von 2.700 – 2.900 N/mm², die absehbar unwirtschaftliche niedrige Stempelstandmengen und daneben eine starke elastische Stempeleinfederung bedeuteten; ein Ausweichen auf einen Werkstoff niedrigerer Festigkeit (z.B. C22 oder C35) war nicht möglich. Die Stadienfolge musste neu entwickelt und eine neue Lösung für die Werkzeugkonstruktion gefunden werden.

Abb. 6.102 Verzahnte Radnabe vom Rohteil-Vollkörper

Anstelle des mehrstufig und damit teuer hergestellten Rohteilringes wurde nun das Fertigen in einem Fließpressarbeitsgang vom massiven Stababschnitt erwogen (Abb. 6.102). Die Bohrung wurde durch möglichst tiefes Einpressen eines Doppelnapfes so weit wie möglich vorgeformt, damit der zurückbleibende Boden durch kostengünstiges Ausbohren oder Lochen beseitigt werden konnte. Computersimulationen ergaben allerdings auch für diese Lösung sehr hohe Stempelbelastungen. Deshalb wurde der Einsatz von Fließpressstempeln aus Hartmetall geprüft, auch, um die elastischen Stempeleinfederungen aufgrund des höheren E-Moduls zu vermindern und die resultierenden Genauigkeitsschwankungen am Fertigteil besser zu beherrschen. Schließlich wurde eine Lösung gefunden, das Bauteil mit relativ geringer Presskraft und kostengünstigen Werkzeugen herzustellen. Dazu wurde ein Halbwarmfließpressen bei ca. 300°C gewählt sowie geringere Napftiefen (Abb. 6.103 und 6.104).

Abb. 6.103 Zustellmuster zur verzahnten Radnabe

Abb. 6.104 Erste Fertigteilmuster

Beispiel. Flansch

Das Flanschteil aus Cq22 lässt sich auf verschiedene Weise herstellen. Dazu werden die Fertigungsalternativen Stauchen (Abb. 6.106) und Quer-Fließpressen (Abb. 6.105) gegenübergestellt.

Die im Stadienplan in Abb. 6.106 gezeigte Version ist 9-stufig und beinhaltet anstelle eines Quer-Fließpressvorgangs ein Stauchen in Stufe 2. Da der Werkstoff nicht in eine unverändert geschlossene Gravur hineingepresst sondern in offenen Gravurhälften gebreitet wird, muss der entstehende großflächige Werkstoffüberlauf (Grat) nach dem Stauchen durch Beschneiden entfernt werden. Anschließend erfolgt ein Zentrieren für das nachfolgende Napf-Rückwärts-Fließpressen, dann ein Lochen, Prägen sowie ein Beschneiden der geprägten Kontur und schließlich ein Fertigpressen, d.h. Kalibrieren auf Endmaß.

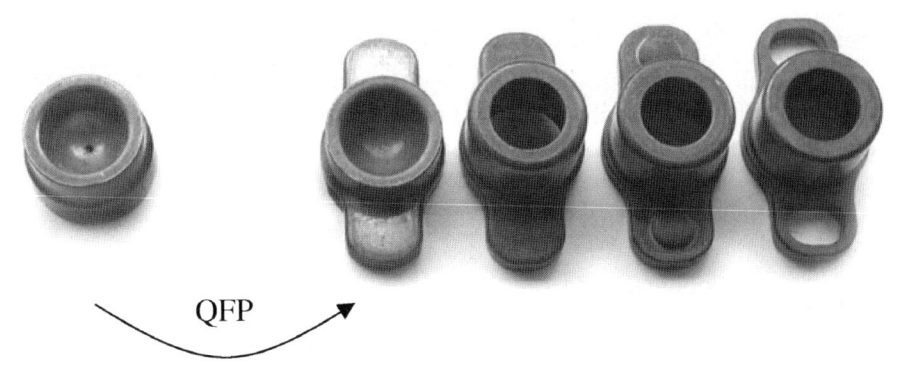

Abb. 6.105 Flanschherstellung durch Voll-Quer-Fließpressen. Quelle: Presta

Die in Abb. 6.105 gezeigte Fertigungsfolge beinhaltet ein Voll-Quer-Fließpressen. Zuvor wurde vom gescherten Abschnitt gesetzt und eine Kalotte durch Napf-Vorwärts-Fließpressen angeformt. Die kugelförmige Einformung dient der Formfüllung für das nachfolgende Napf-Fließpressen bei geringeren Kräften. Das Quer-Fließpressen minimiert den Werkstoffverlust gegenüber der Fertigungsvariante durch Stauchen.

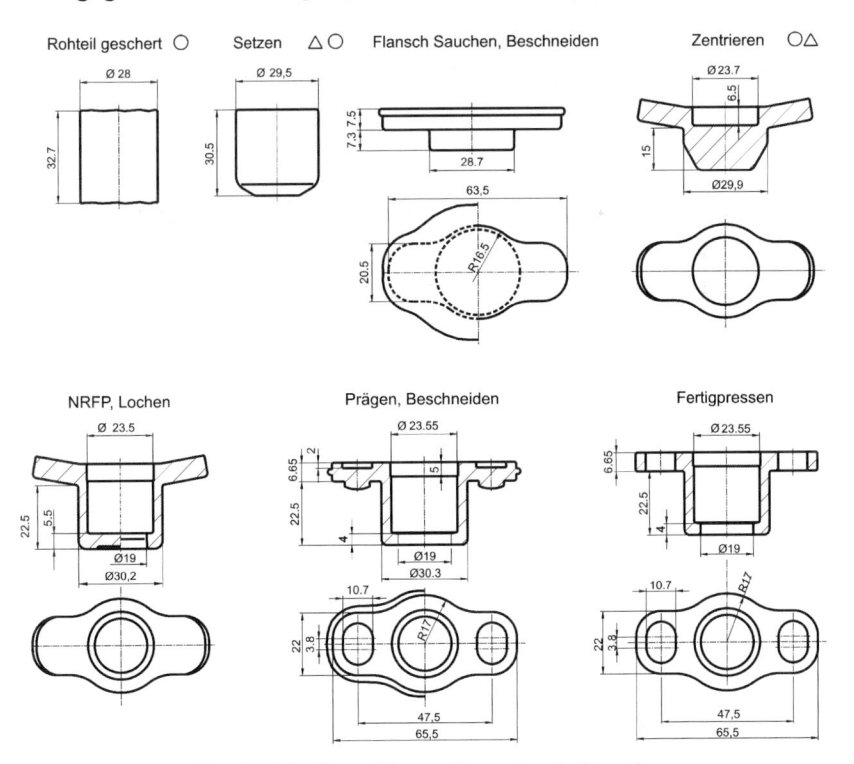

Abb. 6.106 Flanschherstellung durch Stauchen

Beispiel. Achssymmetrischer Gelenkflansch

Der in Abb. 6.107 dargestellte Gelenkflansch mit keilförmigen Nebenformelementen wird aufgrund des hohen Kohlenstoffgehaltes und damit der hohen Fließspannung des Werkstückwerkstoffes C45 durch Halbwarmumformen bei etwa 720 °C hergestellt; das betrifft die 2. Stufe (Quer-Fließpressen) und 5. Stufe (Kalibrieren). Bei Vorhandensein einer Mehrstufenpresse bietet es sich an, sämtliche Arbeitsgänge halbwarm auszuführen. Der Stadienplan ist in Abb. 6.108 dargestellt.

Stufe 1
Hier wird das zylindrische Rohteil gesetzt und einseitig verjüngt, wodurch der zylindrische Ansatz (Bereich F, Abb. 6.108) für das kombinierte Form- und Quer-Fließpressen in der Folgestufe vorbereitet wird; das Teil ist in Abb. 6.107 nicht mit dargestellt.

Abb. 6.107 Pressstadien des achssymmetrischen Gelenkflansches aus C45

Stufe 2
In der Stufe 2 werden mit Hilfe einer Schließvorrichtung durch Quer-Fließpressen die Nebenformelemente, 3 Arme jeweils um 120° versetzt, ausgepresst. Die Arme werden mit planparallelen Seitenflächen hergestellt. Die stark kegelige Form der Arme wird erst in der letzten Stufe durch Kalibrieren erzeugt. Denn würde man die Arme bereits in Stufe 2 konisch anformen, können aufgrund unterschiedlicher Strömungsgeschwindigkeiten Chevronrisse entstehen. Der Geschwindigkeitsgradient der Werkstoff-Strömung ist umso höher, je grösser der Keilwinkel ist. Die Chevronrisse lassen sich vermeiden, wenn die Arme weniger stark konisch gestaltet werden; dies war im vorliegenden Fall nicht möglich.

Je nach geforderter Endgeometrie des zylindrischen Mittelkörpers und der Nebenformelemente kann beim Quer-Fließpressen eine Schließvorrichtung mit einseitiger oder beidseitiger Abfederung der Werkzeughälften eingesetzt werden. Bei einer einseitigen Abfederung – in diesem Fall kommt das gesamte umzuformende Werkstoffvolumen von einer Werkzeugseite - besteht die Gefahr der Rissbildung im Flansch. Aufgrund des im Durchmesser verminderten Zylinders auf der Schaftseite (Bereich G, Abb. 108) wurde nur eine Werkzeugseite abgefedert.

In Stufe 2 wird neben dem Quer-Fließpressen für das nachfolgende Napf-Rückwärts-Fließpressen zentriert. Ansonsten wäre in den nachfolgenden Umformstufen die Geometrie nicht zu beherrschen. Die Tiefe der Zentrierung ist beschränkt: Sie darf nicht oder nur minimal in den Bereich des quer verlaufenden Werkstoffflusses hineinragen, da sonst eine ringförmige Rille an der Innenwand der Zentrierung entstehen würde. Das Einprägen der Kugel auf der Unterseite ist für das nachfolgende Napf-Fließpressen von Bedeutung. Die Kugelkalotte ist nicht in der Endgeometrie vorgesehen; sie dient nur dazu, beim Napf-Rückwärts-Fließpressen dem Werkstofffluss eine bestimmte Richtung anzubieten

Stufe 3
In dieser Stufe wird die Napfung erzeugt. Beim Napfvorgang wird zuerst der kugelförmige Hohlraum ausgefüllt (man spricht von Durchsetzen). Danach beginnt das eigentliche Napf-Rückwärts-Fließpressen.

Der Hohlraum ist so dimensioniert, dass das eigentliche Napf-Rückwärts-Fließpressen erst beginnt, wenn die Stempelstirnfläche die Unterseite der Nebenformelemente passiert hat (zylindrischen Bereich H, Abb. 108) und sichergestellt ist, dass kein unerwünschter radialer Werkstofffluss den Übergang vom Flansch zum Zylinder verformt, denn hier ist das Werkstück nicht durch die Matrize abgestützt. Es wird sich immer zuerst der Hohlraum füllen, denn es ist für den Werkstoff zunächst der Weg des geringsten Widerstandes.

Stufe 4
In dieser Stufe erfolgt ein zweiter Napfvorgang. Für den Fall, dass das Volumen der Kugelkalotte in Stufe 3 zu klein bemessen ist, muss dem Werkstofffluss ein Überlauf angeboten werden. Das erfolgt in Form einer Bohrung (Hohlraum J, Abb. 108). Diese füllt sich dann aus und bildet einen

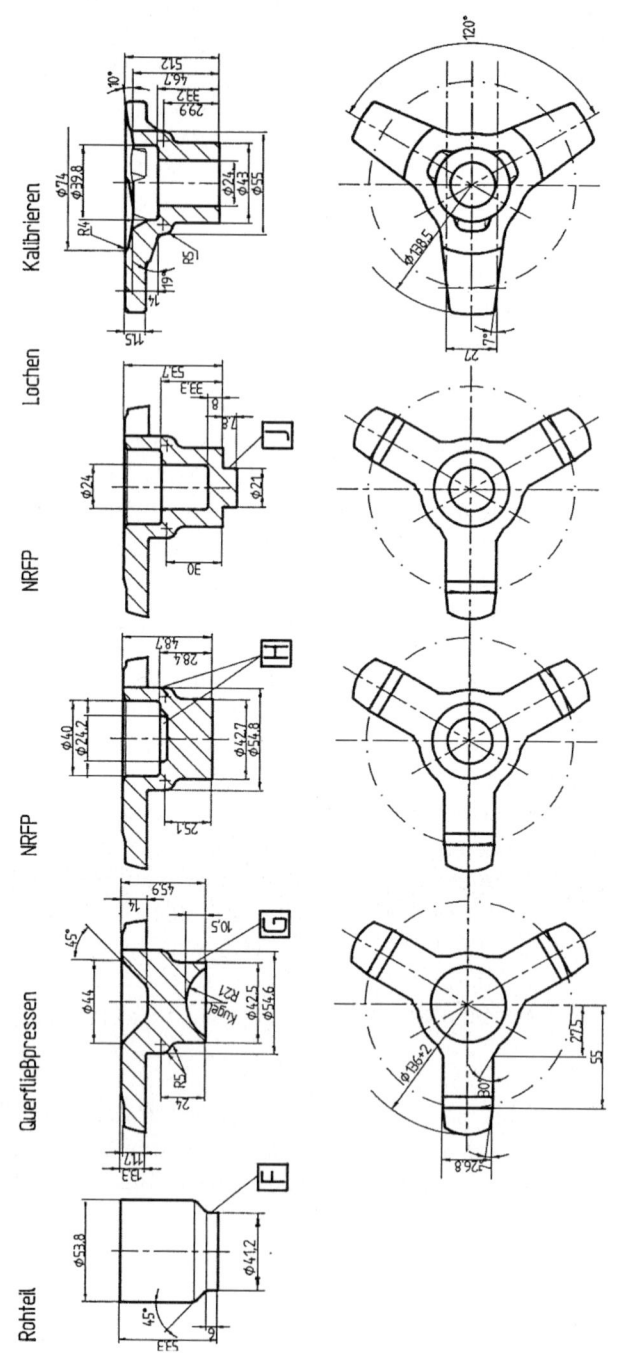

Abb. 6.108 Stadienplan des achssymmetrischen Gelenkflansches aus C45

Zapfen, der neben der Funktion als Werkstoffüberlauf das Napfen bei verminderten Kräften ermöglicht.

Stufe 5
Hier wird der Boden gelocht. Dabei wird auch der in Stufe 4 erzeugte Werkstoffüberlauf (Zapfen) entfernt.

Stufe 6
Hier erfolgen ein Kalibrieren der gesamten Teilekontur sowie ein Breiten der planparallelen Nebenformelemente in eine keilförmige Form.

Beispiel. Spurstangenkopf
Dieses Teil aus C35 wird auf einer Mehrstufenpresse in fünf Stufen kalt umgeformt. Alle fünf Stufen erfordern eine Schließvorrichtung mit horizontaler Werkzeugteilung. Die Rohteilherstellung erfolgt gesondert auf einer liegenden Presse, ebenfalls umformtechnisch.

Ursprünglich wurde der Spurstangenkopf durch Schmieden gefertigt. Die Kosteneinsparung durch Kaltfließpressen beträgt etwa 10%.

Abb. 6.109 zeigt das Rohteil und 5 Pressstadien. In Abb. 6.111 ist der Stadienplan dargestellt.

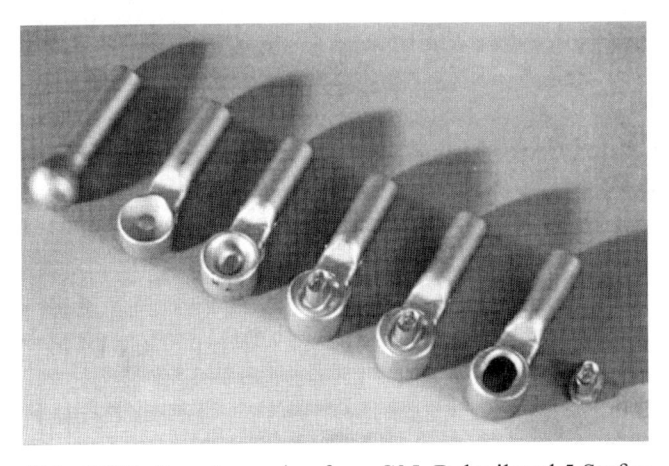

Abb. 6.109 Spurstangenkopf aus C35, Rohteil und 5 Stufen

Rohteil
Die Herstellung des knüppelförmigen Rohteils erfolgt durch Abscheren eines Abschnittes vom Draht, Lochen des Schaftes und einseitiges Anstauchen einer kugelähnlichen Geometrie.
Das Rohteil wird vor Beginn der nachfolgenden Mehrstufenumformung geglüht, phosphatiert und mit Molydag 15 beschichtet oder beseift.
Durch die gewählte Rohteilgeometrie wird durch die damit verbundene Werkstoffvorverteilung Einfluss auf die späteren Umformvorgänge genommen.

Die Geometrie des Rohteilkopfes (Abb. 6.110) wurde für den gleichmäßigen Werkstofffluss in der Matrize der nachfolgenden Stufe mit verschiedenen Radien versehen. Dadurch kommt es zu Pressbeginn in Stufe 1 zu einem etwa gleichzeitigen Anliegen des Werkstoffes an die Matrizenwand und die Werkzeugbelastung ist damit geringer als sie wäre, wenn die Kopfgeometrie einen konstanten Radius hätte. Dann nämlich würde der Werkstoff die Werkzeuggravur zu unterschiedlichen Zeitpunkten erreichen und es würde die Gefahr von Faltenbildung bestehen. Außerdem wäre die Werkzeugbelastung wesentlich grösser aufgrund unnötig höher lokaler Flächenpressungen.

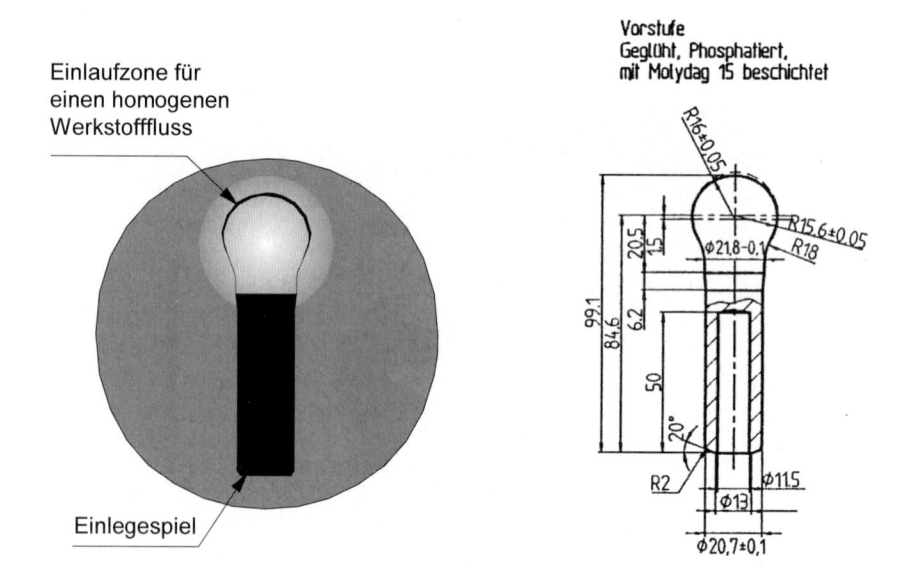

Abb. 6.110 Spurstangenkopf, Rohteil [6.47]

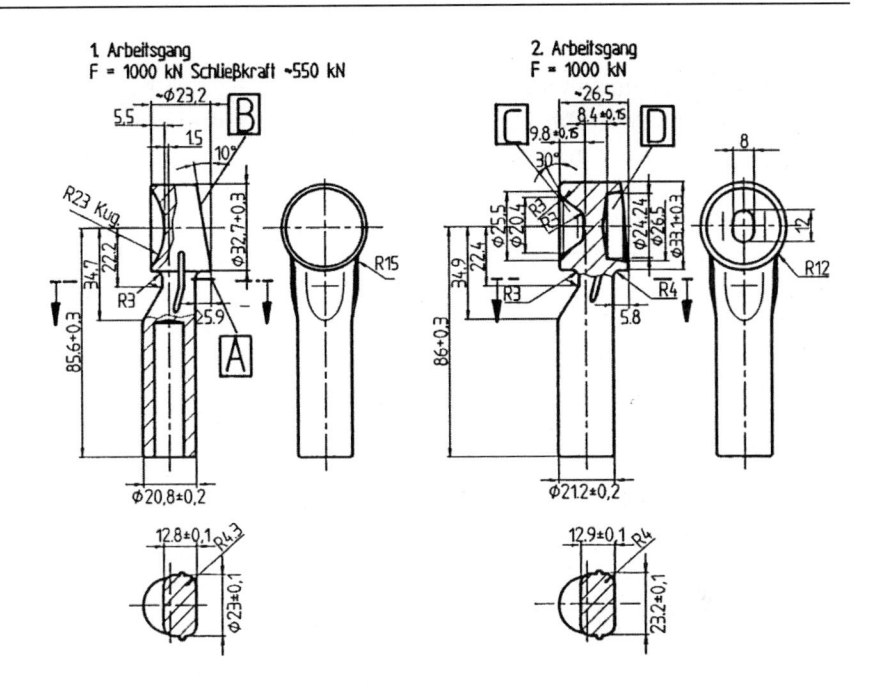

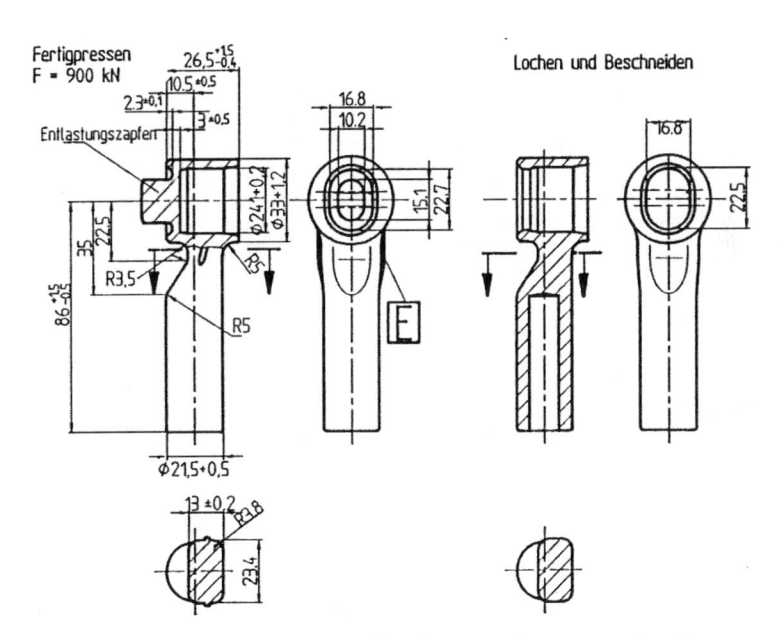

Abb. 6.111 Stadienplan zum Spurstangenkopf

Stufe 1

Im ersten Arbeitsgang wird der Rohteilkugelkopf in einen zylindrischen Körper umgeformt (Abb. 6.112). Der kugelförmige Eindruck auf der Oberseite dient zur Werkstoffvorverteilung und dem Ausfüllen der Schräge auf der Gegenseite. Die Anpressung der 10°-Schräge und des 5,8 mm hohen Absatzes (Bereich B, Abb. 6.111) bewirkt, dass der Werkstoff im Übergang zum Schaft bereits die endgültige Kragenhöhe für den späteren Napfrad erreicht (Bereich A, Abb. 6.111); Abb. 6.113 soll dies verdeutlichen. Das Anpressen der Schräge muss bereits in dieser Stufe erfolgen, da diese Höhe am Schaftübergang in einer späteren Umformstufe nur mit dem Risiko erzeugbar wäre, dass die angestrebte Endgeometrie verloren geht.

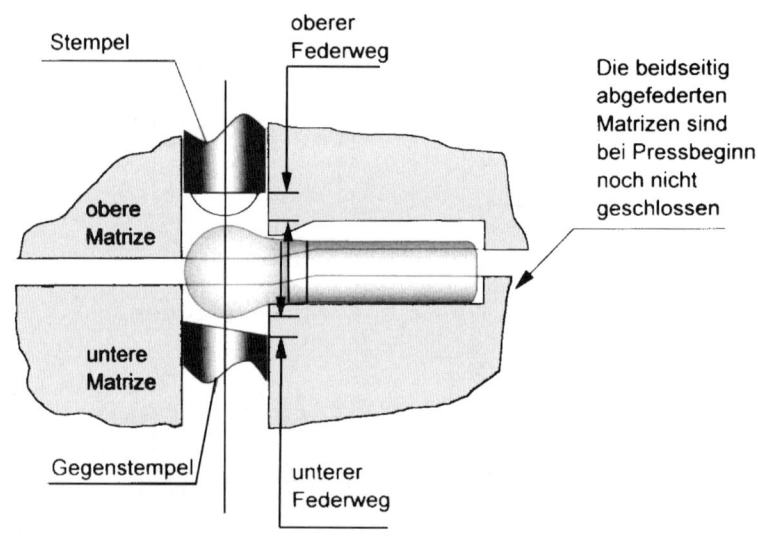

Abb. 6.112 Rohteileinlage für Stufe 1 [6.47]

Stufe 2

Im zweiten Arbeitsgang wird ein Napf auf der Oberseite der Schräge (Bereich D, Abb. 6.111) erzeugt. Gleichzeitig wird auf der Unterseite die Kugelform zum elliptischen Eindruck umgeformt (Bereich C, Abb. 6.111). Die elliptische Form ist nötig, um später an der Endform auf der Unterseite eine ovale Öffnung zu erhalten. Eine andere als die elliptische Vorform würde zu Faltenbildung führen. Zur Vermeidung von Falten in diesem Bereich ist zudem darauf zu achten, dass der Umfang des Stempels stets grösser oder mindestens gleich ist, wie der größte Umfang der kugelförmigen Einprägung. Dies stellt sicher, dass es stets zu einer Oberflächenvergrößerung kommt.

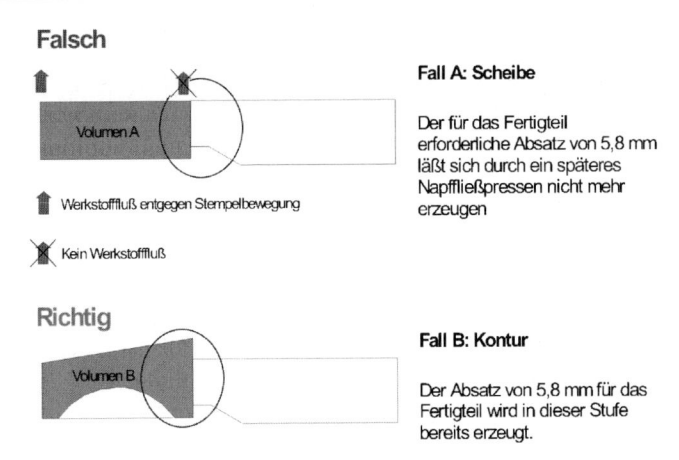

Abb. 6.113 Anpressen auf endgültige Absatzhöhe schon in der 1. Stufe [6.47]

Stufe 3
Im dritten Arbeitsgang erfolgt eine Kombination aus Durchsetzen und Napf-Rückwärts-Fließpressen. Die elliptische Einformung (Bereich C, Abb. 6.111) auf der Rückseite wird dabei teilweise zurückgedrängt. Die Matrize stützt die elliptische Kontur ab; sie ist in der Mitte geöffnet, so dass der Werkstoff in einen Entlastungszapfen fließen kann. Eine durch Napf-Rückwärts-Fließpressen erzeugte umlaufende Sollbruchstelle (Abb. 6.114) erlaubt in Verbindung mit einer gezielten seitlichen Werkstoffanhäufung ein Lochen ohne Matrize.

Stufe 4
Im vierten Arbeitsgang wird die Außenkontur im Bereich E beschnitten.

Stufe 5
Im fünften Arbeitsgang erfolgt das Auslochen des ovalen Bodens. Dabei fällt der Entlastungszapfen heraus. Ferner werden die Nebenflächen im Bereich E (Abb. 6.111) angeprägt.

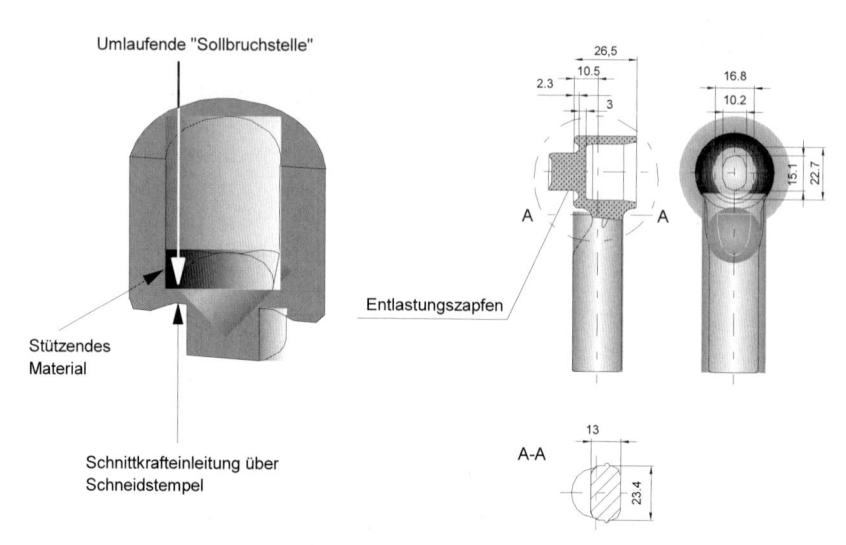

Abb. 6.114 Angepresste Sollbruchstelle für ein Lochen ohne Matrize [6.47]

Beispiel. Flanschgehäuse

In Abb. 6.115 sind die Pressstadien und in Abb. 6.116 der Stadienplan für das Flanschgehäuse mit einseitigem Flansch dargestellt. Es kommen die Verfahren Quer-Fließpressen, Napf-Rückwärts-Fließpressen und Kalibrieren zur Anwendung. Auch hier ist Halbwarmumformen wegen der hohen Festigkeit von C45 erforderlich. Die Rohteilfertigung erfolgt getrennt durch Sägen. Damit kann auf ein Setzen des Rohteils verzichtet werden.

Stufe 1
Durch Quer-Fließpressen wird im ersten Arbeitsgang der zungenförmige, einseitige Flansch ausgepresst. Entscheidend für diesen Fließpressvorgang ist der Einsatz einer zweiseitig abgefederten Schließvorrichtung. Beide Abfederungen an der Schließvorrichtung müssen sich hierfür sehr feinfühlig einstellen lassen. Mit einer hydraulischen Schließvorrichtung ist das, im Gegensatz zu einer Elastomer-Schließvorrichtung, problemlos möglich.

Infolge gleicher Kräfte im oberen und unteren Schließaggregat bewegt sich die horizontale Matrizenteilungsebene mit halber Geschwindigkeit relativ zum Stößel der eingesetzten einfachwirkenden Presse, wodurch ein absoluter Gleichlauf beider Federwege und damit ein symmetrischer Werkstofffluß gewährleistet ist.

Parallel zum Quer-Fließpressen werden sowohl an der oberen Stirnfläche als auch an der Unterseite Behelfsgeometrien (Kalotten und Schrägen) für die nachfolgenden Napf-Fließpressvorgänge angebracht. Die Napftiefe darf oben am Teil nur sehr gering sein (Bereich K, Abb. 6.116). Im Falle einer zu großen Napftiefe kommt es zum Einziehen des Werkstoffes aus dem Bereich des Flanschansatzes und damit zur Zerstörung der Napfwand oberhalb des Flansches und möglicherweise zu Rissen am Flanschansatz (vgl. Beispiel achssymmetrischer Gelenkflansch).

Abb. 6.115 Flanschgehäuses aus C45, Pressstadien

Stufe 2
Der in Stufe 1 angepresste Napf wird in diesem Arbeitsgang weiter ausgeformt. Der gesamte Flansch wird dabei formschlüssig in der Matrize gehalten. Die weitere Ausbildung des Napfes erfolgt mit einem Durchsetzen des Werkstoffes in das freie Volumen der kugelförmigen Einprägung auf der Gegenseite des Teils (Bereich M, Abb. 6.116). Dabei vermindert sich die Kugelabschnittshöhe um 2,8 mm.

Stufe 3
Durch kombiniertes Durchsetzen und Napf-Rückwärts-Fließpressen wird der Napf fertig gepresst. Dabei wird zur Überbrückung des Stempelweges über die Flanschzone zuerst das restliche Kugelvolumen ausgenutzt und dann ein Entlastungszapfen angepresst. Entscheidend hierbei ist wiederum, dass das restliche Kugelvolumen ausreicht, um den Stempelboden über den Flanschquerschnitt (Bereich N, Abb. 6.116) hinwegzuführen, so dass

der Werkstoff radial durch die Matrize gestützt wird und es zu keiner Maßbeeinflussung im Flanschbereich kommt.

Stufe 4
Der letzte Arbeitsgang ist das Lochen des Napfbodens mit gleichzeitigem Entfernen des Entlastungszapfens.

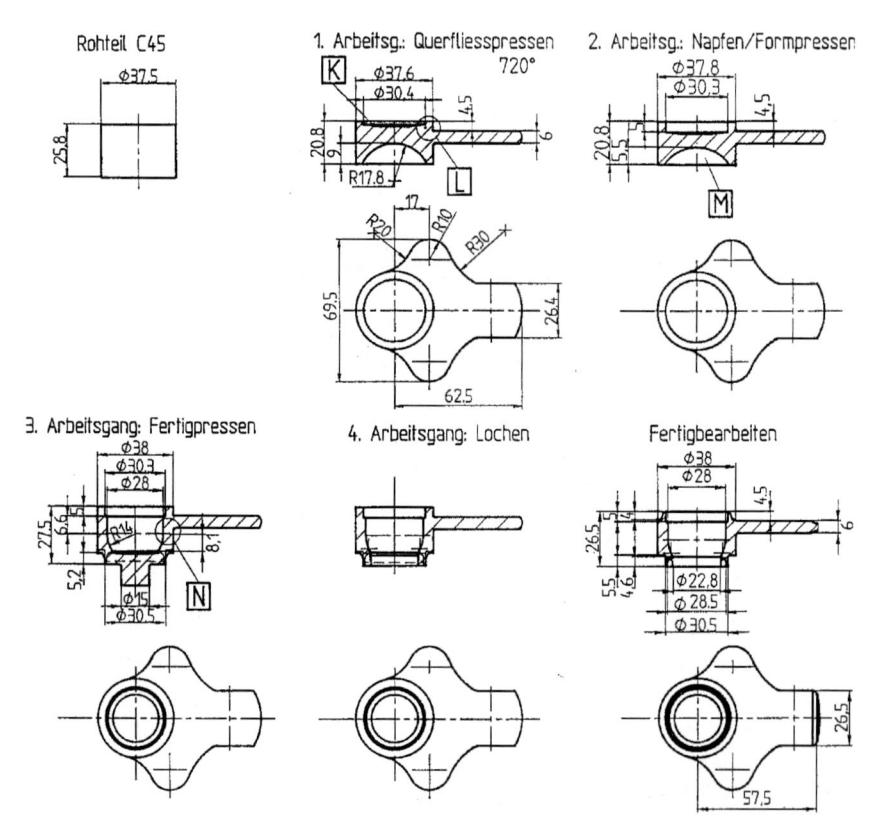

Abb. 6.116 Flanschgehäuse, Stadienplan

Spanende Nachbearbeitung
Dem Umformen folgt eine spanende Nachbearbeitung. Hierbei handelt es sich im Wesentlichen um das Andrehen einer definierten Aussparung an der Teilunterseite. Ferner werden der obere und untere Bund der Stirnseiten kegelig bzw. zylindrisch nachgedreht.

6.9 Verjüngen

Prinzip

Man unterscheidet das Verjüngen von Vollkörpern und Hohlkörpern (vgl. Abb. 1.15, Kap. 1). Das Verjüngen von Vollkörpern (Abb. 6.117) bewirkt eine Verkleinerung des Querschnitts, wobei im Unterschied zum Voll-Vorwärts-Fließpressen das Werkstück nicht von der formgebenden Matrize abgestützt wird (vgl. Abb. 1.15b, Kap. 1). Die erreichbaren Durchmessergenauigkeiten beim Verjüngen liegen innerhalb IT 8 bis IT 9.

Abb. 6.117 Rohteil und verjüngtes Teil. Bild: Hatebur AG

Verfahrensablauf und –grenzen

Im Verfahrensablauf darf es weder zum elastischen Ausknicken des noch nicht umgeformten Teils des Werkstücks noch zum plastischen Aufstauchen mit der Folge von Wulstbildung vor der Düse kommen. Die maximal erreichbaren Umformgrade sind neben diesen Kriterien vom Schulteröffnungswinkel abhängig; im Einzelnen kann gesagt werden:

Elastisches Ausknicken: Zur seiner Vermeidung wird vor allem bei schlanken und längeren Teilen bei der Werkzeugkonstruktion eine Werkstückführung vorgesehen (Abb. 6.120). Die auf das Werkstück wirkende (bezogene) Stempelkraft p_{St} darf den Wert der kritischen Knickspannung σ_K

nicht erreichen, d.h. die Rohteillänge h_0 muss kleiner sein als die Knicklänge l_K (vgl. Kap. 10).

Plastisches Aufstauchen: Am Einlauf in die Düse entsteht bei zu großen Umformgraden, zu großen Einlaufwinkeln oder bei verhältnismäßig weichen Werkstoffen eine Aufwulstung des Werkstückes (Abb. 6.118). Solche Werkstoffansammlungen beeinträchtigen bzw. verhindern ganz das weitere Durchdrücken des Werkstoffs durch die Düse. Um dies zu vermeiden, muss die (bezogene) Stempelkraft p_{St} stets kleiner als die Anfangsfließspannung k_{f0} des Rohteilwerkstoffes sein; es gilt: $p_{St} < k_{f0}$.

Schulteröffnungswinkel: Wie in Abb. 6.119 für die Werkstoffe 16MnCr5 und Ck45 dargestellt, liegen die maximal erreichbaren Umformgrade bei einem Matrizenöffnungswinkel 2α zwischen 15° und 30°. Vorverfestigte Werkstückwerkstoffe erlauben höhere Umformgrade; bei grösseren Öffnungswinkeln nehmen die erreichbaren Umformgrade sehr schnell ab. Für die gängigen Werkstoffe zum Verjüngen gilt $2\alpha \leq 30°$.

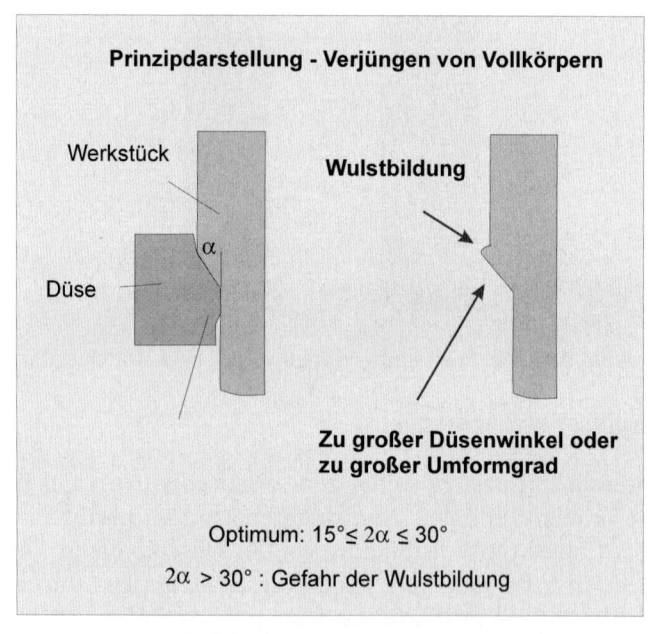

Abb. 6.118 Gefahr der Wulstbildung beim Verjüngen

Eine Besonderheit beim Verjüngen von Hohlkörpern ohne Innenabstützung (vgl. Abb. 1.15a, Kap. 1) ist die freie Ausbildung der Radien am Werkstück an Einlauf und Auslauf der Düse. Die Wanddicke stellt sich in Abhängigkeit vom Verhältnis Rohteildurchmesser zu Rohteilwanddicke

d_0/s_0, der Durchmesserabnahme, dem Düsenöffnungswinkel 2α und dem Schmierzustand ein. D.h., die Wanddicke und der Innendurchmesser im verjüngten Teil können nicht in engen Grenzen konstant gehalten werden.

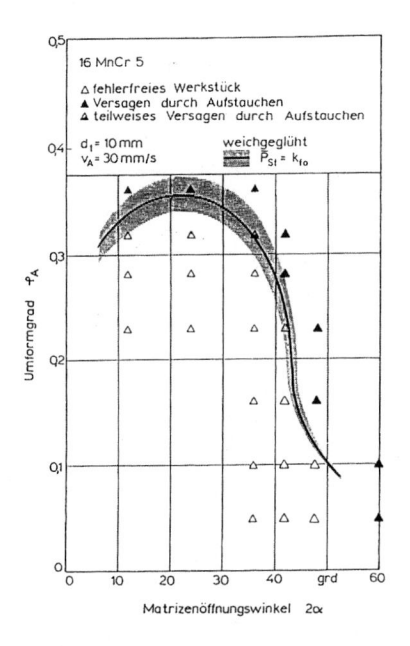

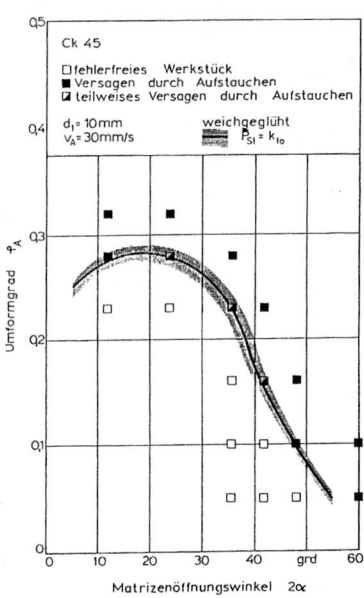

Abb. 6.119 Verfahrensgrenzen beim Verjüngen von Vollkörpern [6.23]

Zu enge Toleranzen für diese Abmessungen und für die Übergangsradien im Innendurchmesser sollten bei diesem Verfahren deshalb nicht gefordert werden.

Wie beim Verjüngen von Vollkörpern entsteht auch beim Verjüngen von Hohlkörpern bei zu großen Umformgraden und Düsenwinkeln die Gefahr einer Aufwulstung des Werkstoffs vor der Düse.

Um das Einführen der Rohteile in die Verjüngungsmatrize zu erleichtern und Werkstoffaufwulstungen zu vermeiden, sollten die Rohteile mit einer konischen Phase, deren Winkel etwa dem Schulteröffnungswinkel entspricht, versehen werden.

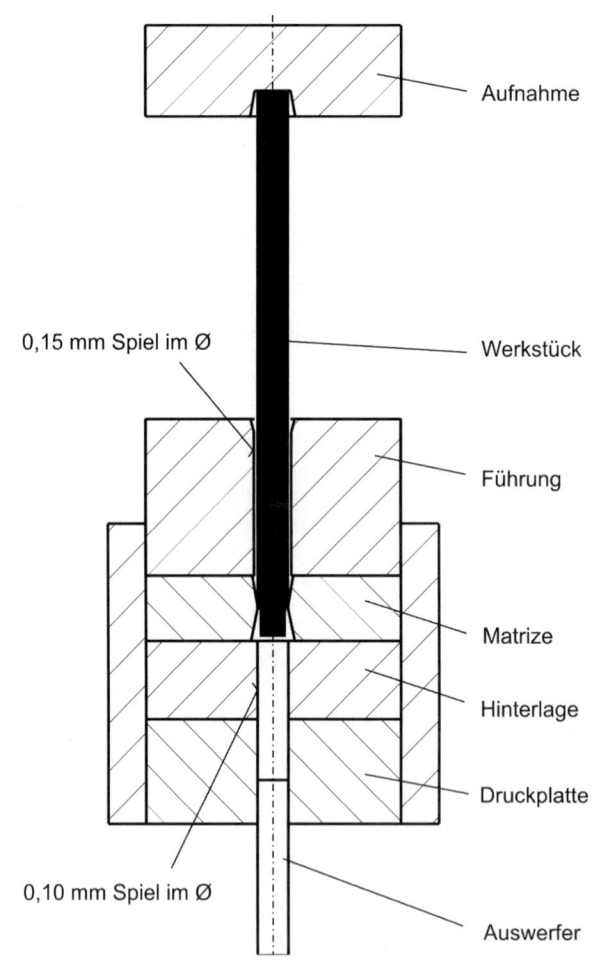

Abb. 6.120 Werkzeugaufbau für das Verjüngen eines langen Teils

6.9 Verjüngen

Beispiel. Verjüngen einer Welle mit 4-Kant

Die beiden 4-Kants an der Welle in Abb. 6.121 sind durch Verjüngen hergestellt, ähnlich dem Anpressen des 6-Kants in Abb. 6.19 bzw. Abb. 6.20. Auch hier ist das Übereckmaß des 4-Kants etwas kleiner als der Rohteildurchmesser. Der Bund Ø 21^{+4} wurde durch Stauchen in der Teilungsebene des Werkzeuges angeformt. Die großzügige Durchmessertolerierung zeigt an, dass dort der Werkstoffüberlauf vorgesehen ist.

Die geforderte Rundlaufgenauigkeit zwischen den beiden zylindrischen Flächen bedingt eine präzise Ausrichtung und Führung von Ober- und Unterwerkzeug. Der nichtrostende Werkstoff stellt bei vorheriger Glühung bei der Umformung kein Problem dar; die Umformgrade durch das Verjüngen liegen deutlich unterhalb 0,3.

Um ein Anfressen der Werkzeuge zu vermeiden, ist eine Oxalatbeschichtung am Rohteil erforderlich. Die beiden 1x45°-Phasen begünstigen das Einsuchen des Teils in die Verjüngungsmatrize und vermeiden Werkstoffverwerfungen, die durch eventuelle Grate entstehen könnten.

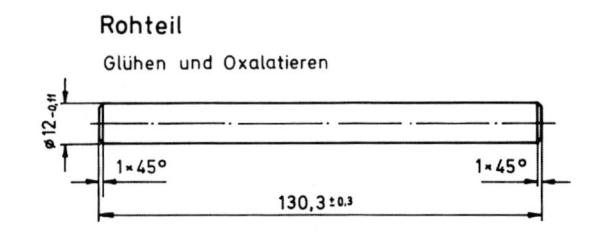

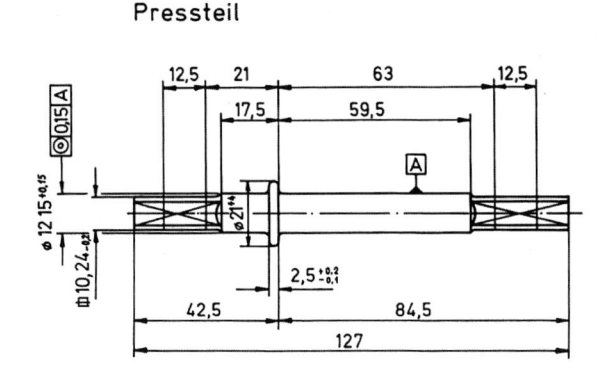

Abb. 6.121 Welle mit 4-Kant, Stadienplan

6.10 Abstreckgleitziehen

Prinzip

Ausgehend von einem fließgepressten Hohlkörper mit Boden (Napf) oder einem tiefgezogenen Hohlkörper mit Boden (Becher) wird ein Hohlkörper mit verringerter Wanddicke hergestellt (Abb. 6.122). Die formgebende Werkzeugöffnung wird durch den Abstreckring (Matrize) und den gegen den Werkstückboden drückenden Stempel gebildet. Das Verfahren dient besonders der Herstellung sehr geringer Wanddicken. Ähnlich wie beim Tiefziehen ist die Grenze des Verfahrens durch das Auftreten von Bodenreißern gegeben.

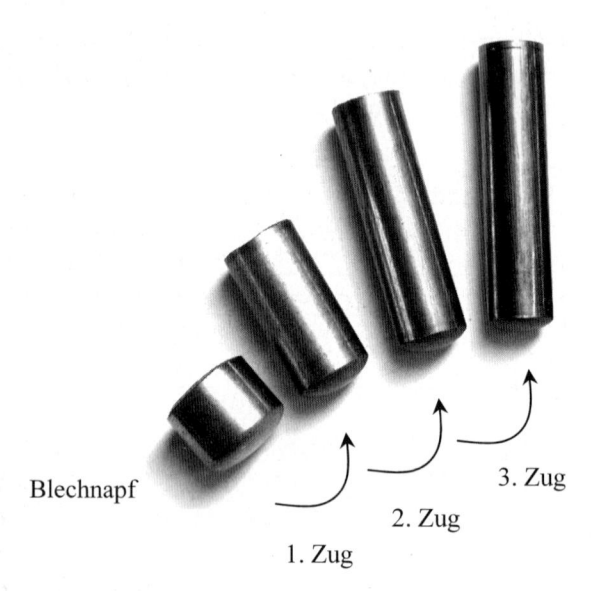

Abb. 6.122 Abstreckgleitziehen einer Messing-Hülse ausgehend vom Blechnapf

Verfahrensablauf und –grenzen

Der Werkzeugaufbau in Abb. 6.123 lässt erkennen, dass der vorgeformte Napf bzw. Becher vom Stempel aufgenommen und vollkommen durch die Matrize hindurchgezogen wird. Bei konventionellen Abstreckwinkeln liegt der Hülsenboden beim Durchziehen fest an der Stempelstirnfläche an. Die entstehende Wanddicke kann grösser oder kleiner als die Bodendicke sein. Die Bodendicke wird durch das Abstreckgleitziehen nicht verändert. Im Prozess übernimmt zunächst der Boden die Abstreckkraft. Später legt sich die Napfwand an den Abstreckdorn an und die Umformkraft wird von der umgeformten Werkstückwand aufgenommen und an die Matrize übertragen. Überschreitet die Spannung in der Wand die Zugfestigkeit des Werkstoffes, kann es zum Versagen durch Bodenreißer kommen.

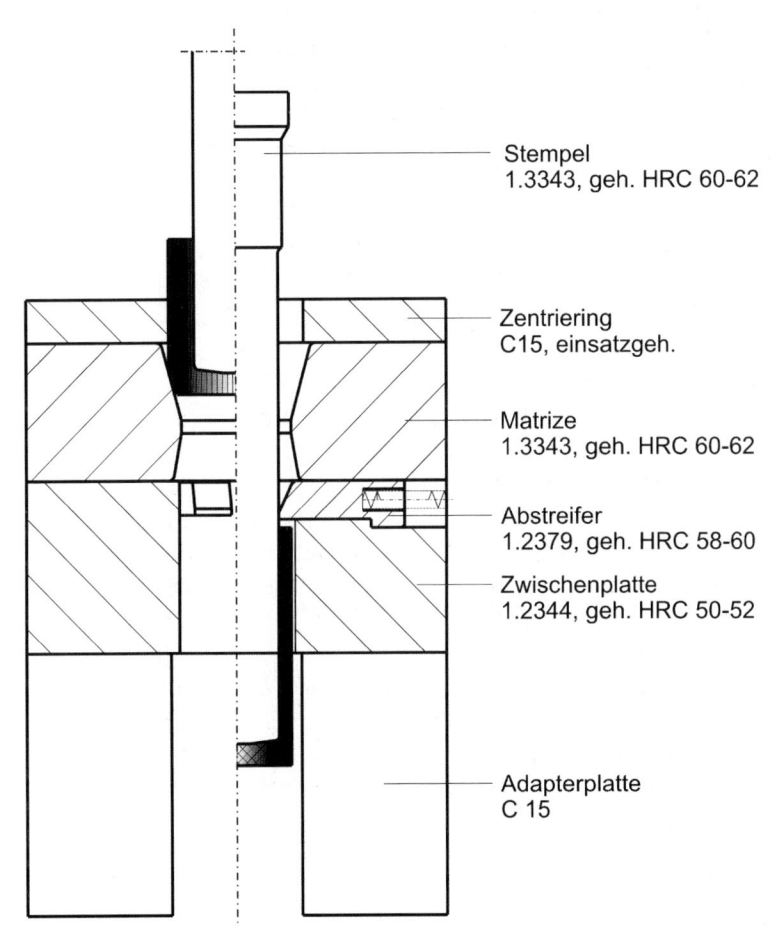

Stempel
1.3343, geh. HRC 60-62

Zentrierring
C15, einsatzgeh.

Matrize
1.3343, geh. HRC 60-62

Abstreifer
1.2379, geh. HRC 58-60

Zwischenplatte
1.2344, geh. HRC 50-52

Adapterplatte
C 15

Abb. 6.123 Werkzeugaufbau zum Abstreckgleitziehen (Einfachzug)

Man stellte fest, dass der Öffnungswinkel der Abstreckdüse in starkem Maße für die Bodenreißer verantwortlich ist. Je geringer der Öffnungswinkel gewählt wird, desto geringer werden die zur Umformung erforderlichen Kräfte. Für kleine Abstreckwinkel α geht die Umformkraft gegen Null (vgl. Abb. 6.124), die Umformkraft wird hierbei vollständig als Reibkraft vom Stempel auf die Napfwand übertragen, ein Versagen durch Bodenreißer kann nicht mehr auftreten; lt. [6.41] liegt hinsichtlich minimaler

Bodenkraft der optimale Abstreckwinkel bei Winkeln unter 6°. In diesem Winkelbereich ist der gefährdete Querschnitt (im Boden, wo die Gefahr von Bodenreißer besteht) zum Teil völlig entlastet, und es kann sogar ein „Vorauseilen" des Hülsenbodens auftreten, wobei der Werkstoff beim Verlassen der Abstreckhülse eine größere Geschwindigkeit aufweist als der Ziehstempel. Als Folge der sinkenden Axialspannungen bei kleinen Abstreckwinkeln lassen sich grosse Querschnittsabnahmen realisieren. D.h. mit abnehmendem Winkel α kann ein großer Umformgrad gewählt werden.

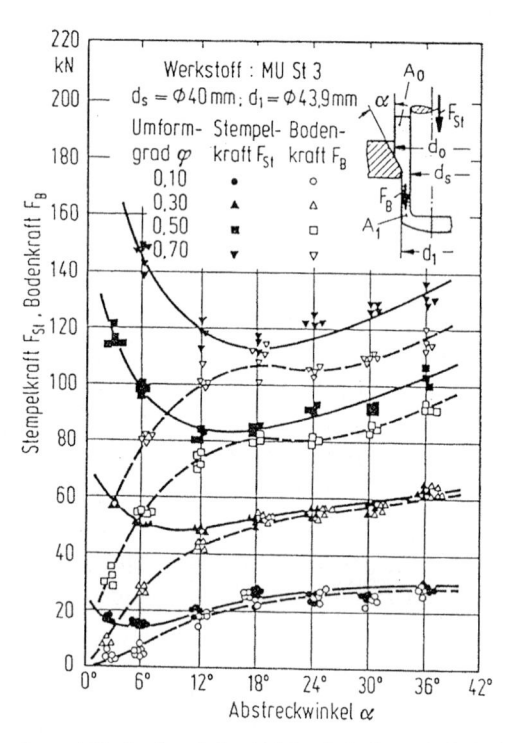

Abb. 6.124 Stempel- und Bodenkraft in Abhängigkeit vom Schulteröffnungswinkel α [6.41]

Der Umformgrad ergibt sich zu $\varphi = \ln(A_0/A_1)$, wobei A_0 die Ausgangsquerschnittsfläche und A_1 die Querschnittsfläche nach dem Abstreckgleitziehen darstellt. Ist der Umformgrad gegeben, kann durch einfache Rechnung der durch die Umformung zu erzielende Außendurchmesser errechnet werden. Beim Abstreckgleitziehen mit einem Ziehring sind die in Kap. 10 angegebenen Werte zulässig.

Grundsätzlich kann der Abstreckgleitziehvorgang unter den oben genannten Bedingungen durch Einfachzug oder Mehrfachzug realisiert werden. Das Prinzip des Mehrfachzuges zeigt Abb. 6.125. Der Mehrfachzug hat den Vorteil, dass durch die Aufteilung des Gesamt-Umformgrades auf mehrere Ringe unter bestimmten Umständen ein höherer Umformgrad zu erreichen ist als durch einen Einfachzug.

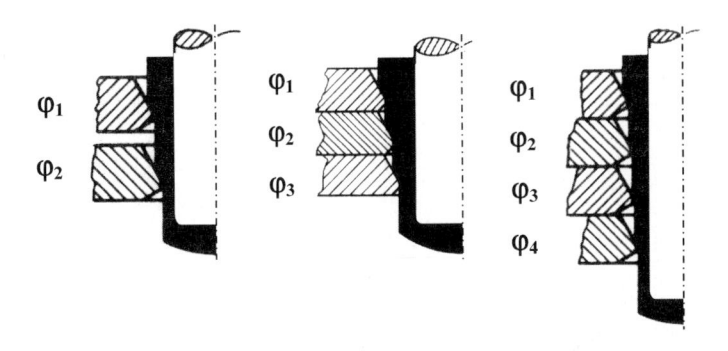

Abb. 6.125 Mehrfachzug. Prinzip mit 2, 3 und 4 Abstreckringen [6.41]

Anstatt in enger Folge die Abstreckringe, wie in Abb. 6.125 dargestellt, zu schichten, ist es empfehlenswert, die Ringe weiter voneinander entfernt zu positionieren, damit sich die plastischen Zonen nicht gegenseitig beeinflussen; Abb. 6.126. zeigt eine Empfehlung der ICFG.

Um das Einführen des Rohteils in den Abstreckring zu erleichtern und Werkstoffaufwulstungen zu vermeiden, sollten die Rohteile mit einer Phase außen im Bereich des Bodens vorgesehen werden, wobei der Neigungswinkel des kegeligen Übergangs etwa dem Schulteröffnungswinkel entsprechen sollte (vgl. Stufe 1, Beispiel Kolbenbolzen, Abb. 6.130).

Tiefgezogene Becher sind als Rohteile für das Abstreckgleitziehen unproblematisch, da sie verfahrensbedingt außen am Teil einen Übergangsradius von der Wand zum Boden aufweisen sowie Boden- und Wanddicke gleich sind. Tiefgezogene Becher haben gegenüber fließgepressten Näpfen ferner den Vorteil, dass sich die Maßschwankungen von Blechwerkstoffen wesentlich unproblematischer auf das Fertigteil auswirken als die Maßschwankungen von Stab- oder Drahtdurchmessern beim Fließpressen.

Bei fließgepressten Näpfen existiert oft ein scharfkantiger Übergang außen im Übergang von der Wand zum Boden sowie eventuell ein dicker Boden, welcher bei Vorgangsbeginn Bodenreißer provozieren kann. Bei Näpfen mit dickem Boden empfiehlt sich vor dem Abstreckgleitziehen das Anpressen eines zylindrischen Ansatzes mit kegeligem Übergang.

Nach dem Abstreckgleitziehen wird das Teil von abgefederten Rückhaltebacken vom Stempel abgestreift (vgl. Abb. 6.123 u. 6.126).

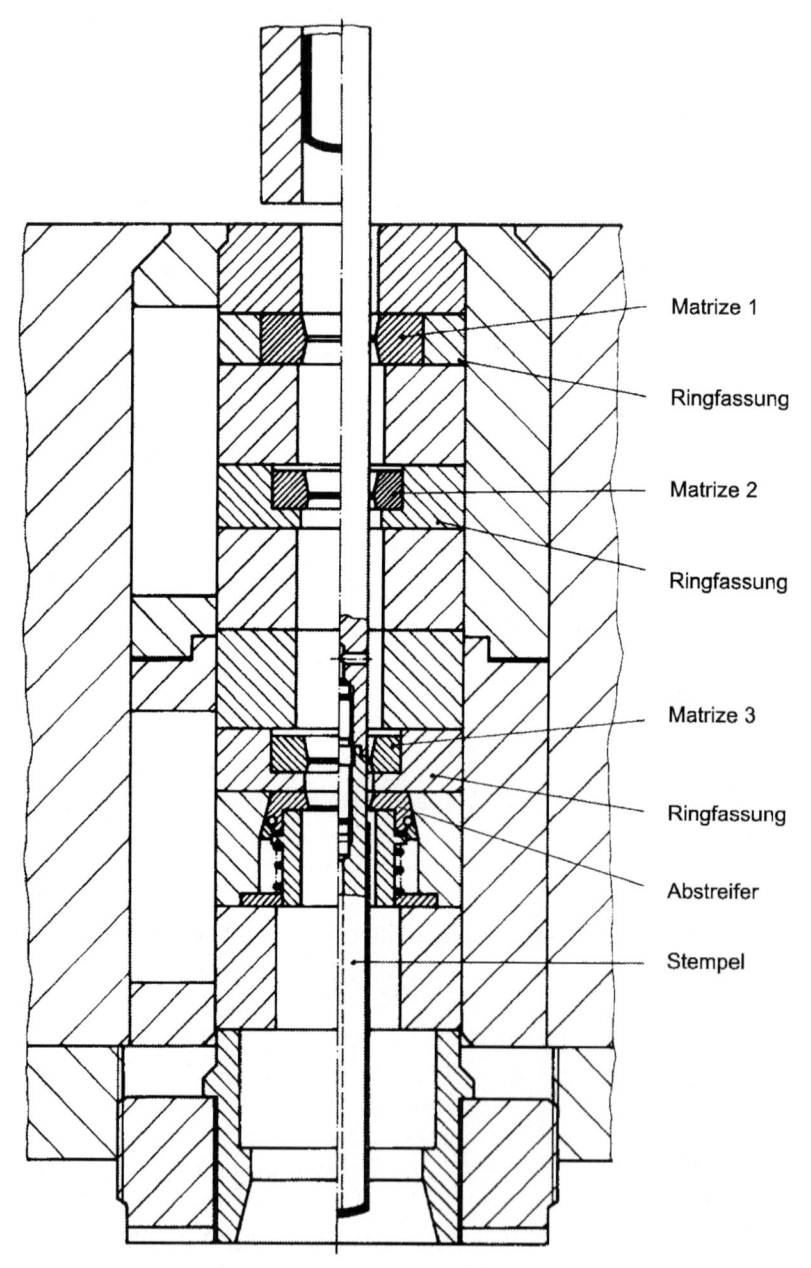

Abb. 6.126 Werkzeugaufbau Mehrfachzug. Bild: ICFG [6.45]

6.10 Abstreckgleitziehen

Beispiel. Schutzhülse für ein Antiblockiersystem (ABS)

Die ABS-Hülse (Abb. 6.127) wird aus nichtrostenden Stahl 1.4301 gefertigt. Die Schwierigkeiten bei der Bearbeitung dieses Werkstücks liegen einerseits in der starken Verfestigung – die Fließkurve ist in Abb. 4.14 (Kap. 4) gezeigt - , andererseits in der Tribologie: Die Schmierstoffträgerschicht (ein Oxalat) und die Schmierstoffschicht müssen den hohen Kontaktspannungen in der Wirkfuge zwischen Werkstück und Abstreckwerkzeug standhalten und dürfen auch bei starker Oberflächenvergrößerung des Napfmantels nicht aufreißen und zu Fressern führen. Nichtrostende Stähle haben eine besonders hohe Affinität zu Werkzeugstahl.

Der in Abb. 6.128 dargestellte Stadienplan zeigt die Herstellung der ABS-Hülse zum einbaufertigen Teil. In einer seriennahen Versuchsfertigung wurden über zwei Jahre lang insgesamt 130.000 Stück in zwei Varianten hergestellt; danach wurde die Fertigung an einen Industriebetrieb abgegeben.

Aus Gründen der Volumengenauigkeit wurden für die Fließpressfertigung gedrehte napfförmige Rohteile gewählt. Das Abstreckgleitziehen erfolgte in einem Arbeitsgang durch Mehrfachzug in zwei Ringen. Die Wanddicke wurde von 1.1 mm auf 0.35 mm vermindert. Anschließend erfolgte ein Beschneiden und Kalibrieren der Bodenzone. Es schloss sich eine Glühbehandlung zur Beseitigung des Umformmartensits an. Im letzten Arbeitsgang wurden fünf Nocken ausgestellt.

Abb. 6.127 Schutzhülse für ein Antiblockiersystem aus 1.4301. Foto: Schöck

Arbeitsfolge:

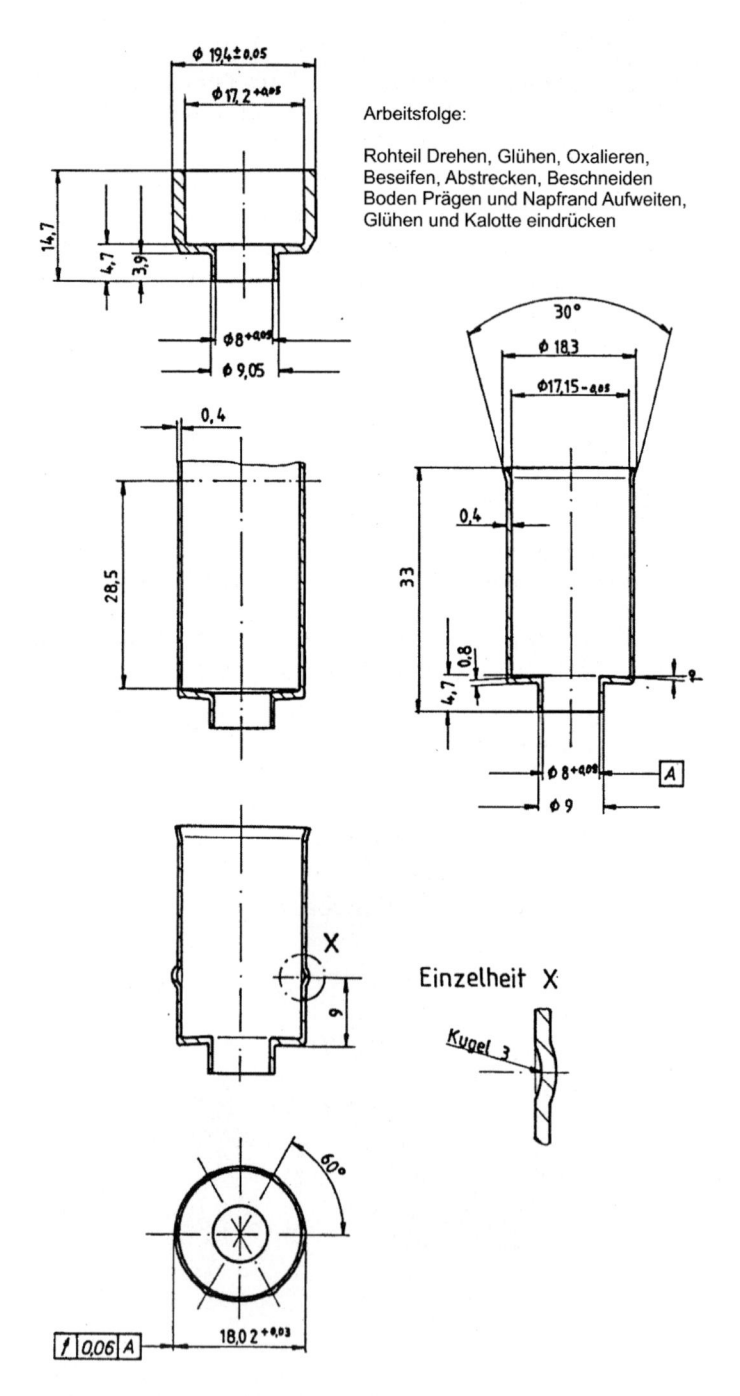

Rohteil Drehen, Glühen, Oxalieren,
Beseifen, Abstrecken, Beschneiden
Boden Prägen und Napfrand Aufweiten,
Glühen und Kalotte eindrücken

Einzelheit X

Abb. 6.128 Stadienplan zur Schutzhülse aus 1.4301 durch Abstreckgleitziehen

Beispiel. Kolbenbolzen

Bei der Herstellung von Kolbenbolzen wird gewöhnlich von kostengünstigem warmgewalztem Stab- oder Drahtwerkstoff ausgegangen; dieser wird vor dem Kaltfließpressen auf Maß nachgezogen, geschert, gesetzt und wärme- und oberflächenbehandelt. Für die weitere Verfahrensfolge gibt es mehrere Möglichkeiten durch Fließpressen; sie sind alle mehrstufige Lösungen, da bei Kolbenbolzen das Verhältnis von Bohrungslänge zu -durchmesser im allgemeinen sehr groß ist (meist > 4) und die Umformung in einer Stufe kalt im allgemeinen nicht möglich ist:

1. Zweimaliges Napf-Rückwärts-Fließpressen zum Doppelnapf in 2 Arbeitsgängen;
2. Kombiniertes Napf-Vorwärts/Napf-Rückwärts-Fließpressen zum Doppelnapf;
3. Napf-Rückwärts-Fließpressen mit anschließendem Hohl-Vorwärts-Fließpressen;
4. Napf-Rückwärts-Fließpressen mit anschließendem Abstreckgleitziehen.

Bei den Verfahren 1 und 2 verbleibt ein Steg in Bolzenmitte, der durch Bohren oder Lochen entfernt werden muss (Abb. 6.129). Dies ist von Nachteil, da der Faserverlauf dort gestört wird und ein Grat in Bolzenmitte zurückbleibt, genau an der Stelle im Teil, wo es beim späteren Einsatz im Kfz-Motor am höchsten beansprucht ist und Risse durch Kerbwirkung auftreten können, welche die Lebensdauer der Bolzen erheblich vermindern.

Bei den Verfahren 3 und 4 verbleibt der entstehende Boden an einem Ende des Kolbenbolzens als Napfboden, wo die Störung des Faserverlaufs nicht kritisch ist; der Boden wird anschließend abgedreht oder gelocht.

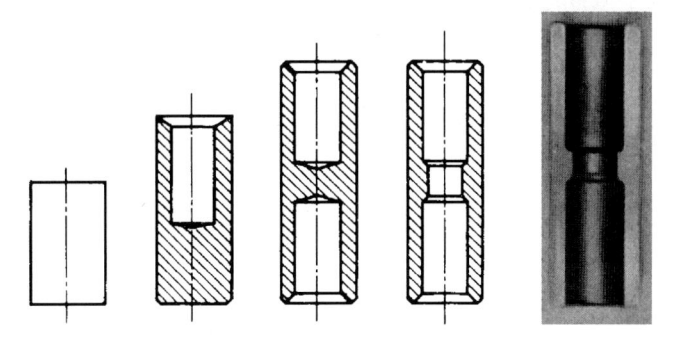

Abb. 6.129 Kolbenbolzenherstellung durch Napf-Rückwärts-Fließpressen

Die Fertigung des Kolbenbolzens nach dem Verfahren 4 durch Napf-Rückwärts-Fließpressen mit anschließendem Abstreckgleitziehen entwickelte sich aus der Aufgabenstellung, ein einfaches und wirtschaftliches Verfahren für die Serienfertigung von Kolbenbolzen zu erzielen. Die Bolzen sollten nur noch auf die Endlänge gedreht, angefast und an den Aussenflächen durch Schleifen und Läppen bearbeitet werden.

Abb. 6.130 zeigt die schließlich realisierte Verfahrensfolge und den Stadienplan. Das Rohteil aus Ck15 (später auch aus 15Cr3) wird vom Draht bzw. vom Stab durch Scheren, Setzen und anschließendes Weichglühen, Beizen, Phosphatieren, und Befetten gefertigt.

Die Rohteilhärte durfte nach dem Weichglühen HB 112 bis HB 115 nicht überschreiten, um Bodenreißer beim Abstreckgleitziehen zu vermeiden.

In der ersten Stufe (Abb. 6.131) erfolgt ein Napf-Rückwärts-Fließpressen mit einer bezogenen Querschnittsänderung von $\varepsilon_A = 0.36$. Zur Verringerung der Mittigkeitsabweichung wurde der Fließpressstempel mit Hilfe einer Zentrierhülse in der Matrize geführt, so dass der Mittenversatz am Fertigteil gering gehalten werden konnte; er betrug 0,03 bis 0,06 mm.

Für das nachfolgende Abstreckgleitziehen wird beim Napf-Rückwärts-Fließpressen ein kegeliger Ansatz an den Napfboden angepresst. Er dient dazu, dass der Abstreckgleitziehvorgang oberhalb des Bodens beginnt. Damit wird verhindert, dass der Boden infolge zu hoher Reibung durch den Dorn gelocht wird. Gleichzeitig steht das Teil durch die Schrägen gleich zu Beginn des Abstreckens unter Druckspannung.

In der zweiten Stufe (Abb. 6.132) wird durch Abstreckgleitziehen eine weitere Querschnittsverminderung von $\varepsilon_A = 0.41$ bewirkt. Erreicht wird am Fertigteil eine Rauhtiefe in der Bohrung von $R_t = 3$ bis 6 µm sowie Härten entlang der Bolzenlänge an drei Stellen verteilt von HB 200 bis HB 210.

Auf eine Wärme- und Oberflächenbehandlung zwischen Napf-Fließpressen- und Abstreckgleitziehen konnte verzichtet werden, nachdem ein optimierter Abstreckwinkel gewählt wurde. Versuche ergaben gute Ergebnisse mit Winkeln zwischen 10° und 20°. Schließlich wurde ein Winkel von 15° gewählt. Als optimaler Abstreckwinkel werden 12,5° angegeben.

6.10 Abstreckgleitziehen 247

Gelochtes
und geschliffenes
Fertigteil

Rohteil
Scheren, Setzen
Weichglühen
Beizen
Phosphatieren
Befetten (Bonderlube 235)

1. Stufe
Napf-Fließpressen

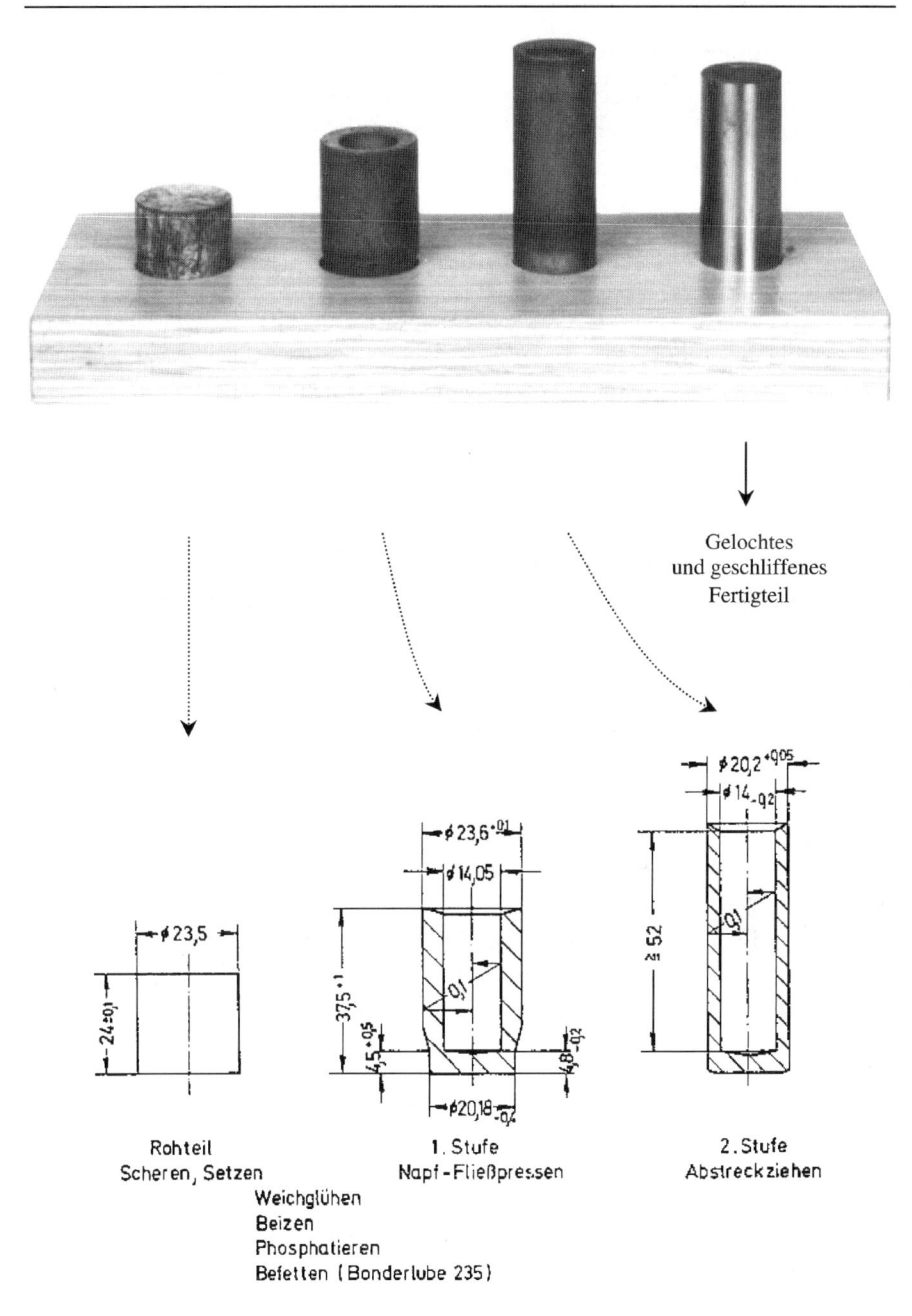

2. Stufe
Abstreckziehen

Abb. 6.130 Zweistufige Kolbenbolzenfertigung durch Napf-Rückwärts-Fließpressen (Stufe 1) und anschließendes Abstreckgleitziehen (Stufe 2)

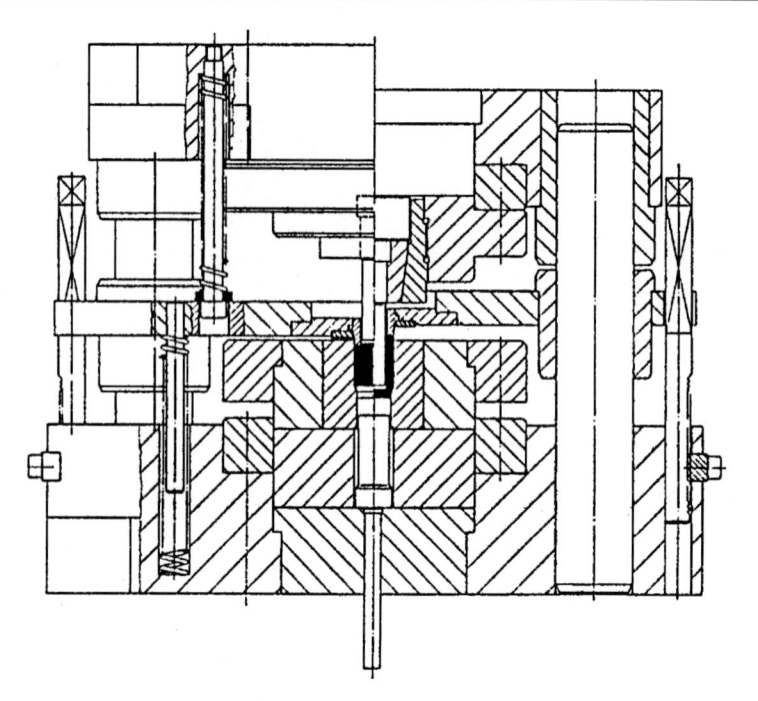

Abb. 6.131 Stufe 1: Napf-Rückwärts-Fließpressen

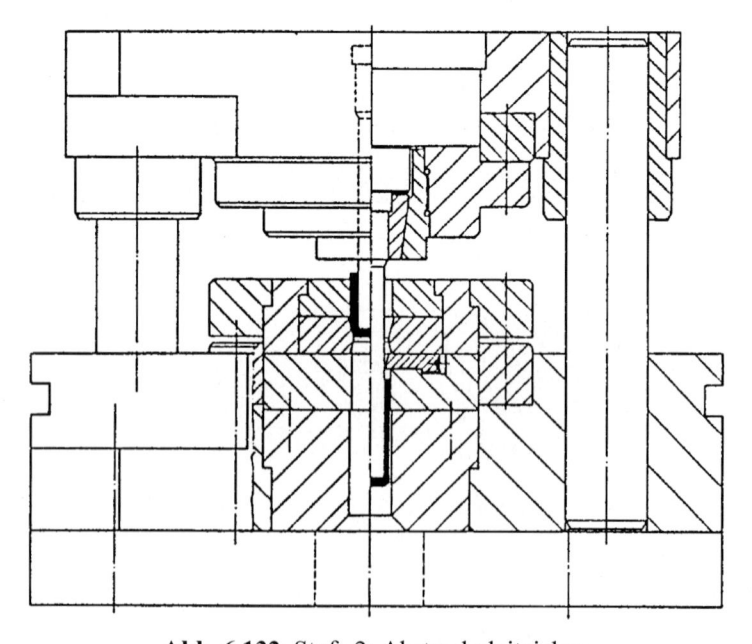

Abb. 6.132 Stufe 2: Abstreckgleitziehen

6.11 Stauchen

Das Stauchen ist kein Fließpressverfahren, sondern gehört innerhalb der Druckumformverfahren zum „Freiformen". Im Allgemeinen enthalten die Stauchbahnen teilweise oder ganz eine Gegenform. Wie Abb. 6.133 zeigt, wird beim Stauchen die Ausgangshöhe h_0 eines Rohteils – meist ein Stababschnitt aus Rund- oder Profilwerkstoff - vermindert. Die maximal möglichen Höhenreduktionen (=Umformgrade) sind vor allem vom Fließvermögen des Werkstoffes abhängig. Der Werkstoff fließt quer zur Wirkrichtung des Stempels. Im Gegensatz zum Quer-Fließpressen verändert sich dabei die Gravuröffnung ständig. In Stempelmitte ist der Werkstofffluss behindert. Je nach Reibungsverhältnissen (ungeschmiert, geschmiert) bildet sich eine Haftzone aus. Sie befindet sich im Falle eines zylindrischen Stauchkörpers in der Mitte, so dass das Maximum der Kontaktnormalspannungen und Druckspannungen in der Symmetrieachse auftreten. Wird in diesem Bereich das Werkzeug (matrizen- oder stempelseitig) geöffnet, können die Spannungen und damit die zur Umformung erforderlichen Kräfte erheblich gesenkt werden. Das ist das Prinzip des Entlastungszapfens (vgl. Abschnitt 6.5). In Kap. 10 ist der Verlauf der Spannungen ohne Öffnung in der Stauchbahn dargestellt.

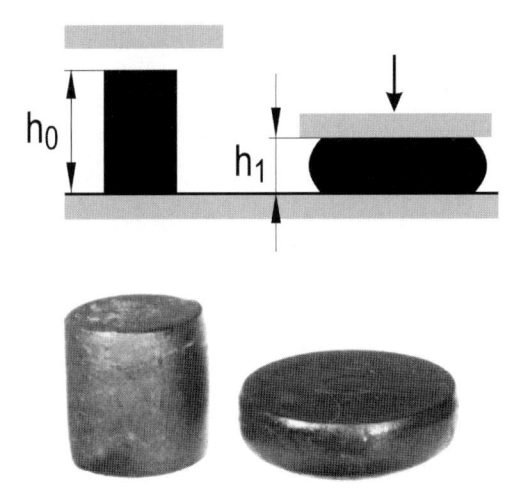

Abb. 6.133 Prinzip des Stauchens (oben), Beispiel (darunter)

Die Stirnfläche des Stauchgutes vergrössert sich im allgemeinen durch Gleiten unterhalb der Stauchbahnen. Der Grad der Ausbauchung an den gestauchten Körpern wird von den Reibungsverhältnissen bestimmt.

Das Stauchen ist bei mehrstufig hergestellten Fließpressteilen oft wichtiger Bestandteil der Umformfolge, wie das nachfolgende Beispiel Radbolzen zeigt. Dabei stellt es beim Arbeiten vom Draht oder vom Stab meist eines der ersten Arbeitsgänge dar und hat das Ziel, den Werkstoff hinsichtlich der Fertigkontur vorzuverteilen.

Wenn von kleinen Draht- oder Stabdurchmessern ausgegangen wird, dient das Stauchen dem Anpassen von standardisierten Rohteilabmessungen an die individuellen Zwischen- oder Endformen der Werkstücke. Gebräuchlich ist bei der Bolzen- oder Wellenfertigung das Anstauchen von Köpfen und Ansätzen unterschiedlicher Konturen, auch bei längeren Teilen, wie z.B. an Schrauben oder anderen Formteilen.

Dem Stauchen sind u.a. folgende Verfahrensgrenzen gesetzt (vgl. Kap. 10):

1. der *Umformgrad* φ bzw. die bezogene Höhenänderung ε_h, welche sich aus der Höhenänderung durch das Stauchen errechnet und für die Grenze des Umformvermögens des Werkstoffes maßgebend ist, es gilt: $\varphi=\ln(h_1/h_0)$ bzw. $\varepsilon_h=(h_1-h_0)/h_0$
2. das *Stauchverhältnis s*, welches aus dem Längen- zu Durchmesserverhältnis des Rohteils errechnet wird und die Grenze gegen das Ausknicken des Werkstücks darstellt: $s=h_0/d_0$
3. die *mittlere Druckbelastung des Stempels* $\bar{p}_{St}$ als Grenze erhöhter Werkzeugbeanspruchung: $\bar{p}_{St} = F4/d_1^2\pi$

Beispiel. Radbolzen

Ausgehend von einem phosphatierten und beseiften Drahtbund wird der Radbolzen aus 41Cr4 vom gescherten Abschnitt in drei Umformstufen: 1. Verjüngen, 2. Vorstauchen des Kopfes, 3. Fertigstauchen der Kopfes und 4. Beschneiden der Randkontur am Kopf gefertigt (Abb. 6.134).

In der Stadienplanentwicklung war das Vorstauchen in Stufe 2 wichtig, um die asymmetrische Werkstoffverteilung für eine gute Formfüllung in der nächsten Umformstufe zu gewährleisten. Ein großer Teil der Werkzeuge wurde in Hartmetall ausgeführt. Die Fertigung dieses komplizierten Werkstücks erfolgt bis heute mit geringfügigen Änderungen in der beschriebenen Weise auf einer liegenden Mehrstufenpresse. In Abb. 6.135 das entsprechende Mehrstufenwerkzeug dargestellt.

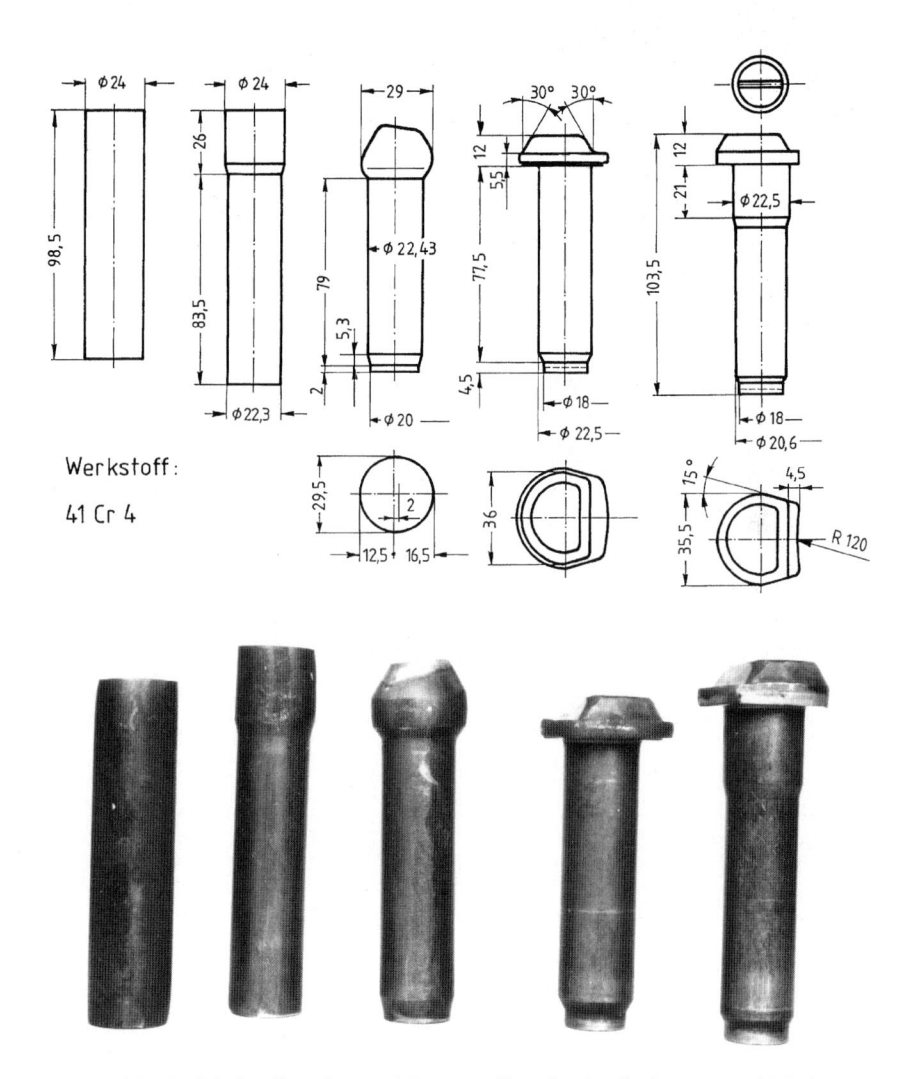

Abb. 6.134 Stadienplan und Pressstadien des Radbolzens aus 41Cr4

Werkstoff: 41 Cr 4

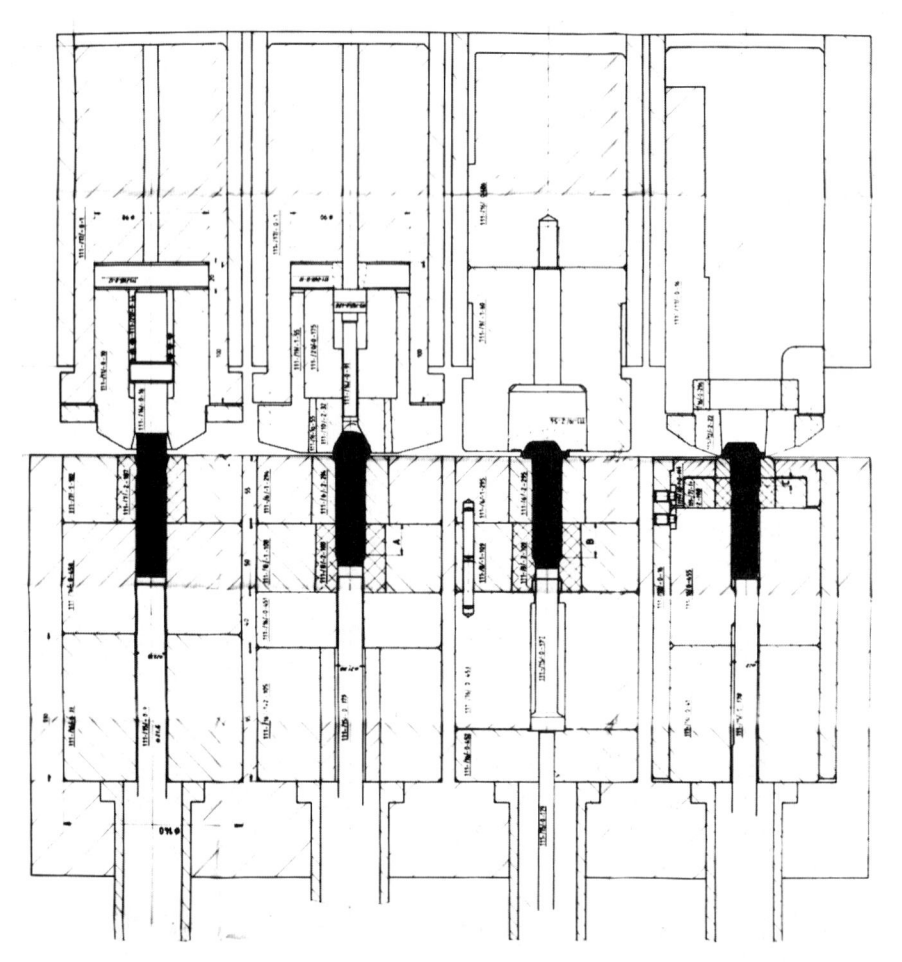

Abb. 6.135 Mehrstufenwerkzeug für die Fertigung des Radbolzens aus 41Cr4

Beispiel. Dreieckflansch

Das Teil aus kohlenstoffarmen Werkstoff QSt32-3 wird nach dem Napf-Rückwärts-Fließpressen durch Stauchen in Kombination mit Hohl-Vorwärts-Fließpressen hergestellt (Abb. 6.136). Die Dreieckkontur wird durch Beschneiden und die Bohrungen durch Lochen gefertigt. Der weiche Werkstoff hat eine gute Umformbarkeit. Das Bauteil ist im Einsatz nur geringen mechanischen Beanspruchungen ausgesetzt.

Abb. 6.136 Dreieckflansch aus QSt32-3

Beispiel. Kurbelwelle

Die in Abb. 6.137 dargestellten Kurbelwellen für Kleinmotoren wurden durch Kaltschmieden hergestellt. Kaltschmieden ist Formpressen mit Grat bei Raumtemperatur. Anstatt dem Umformen durch Schmieden ist das Kaltschmieden für kleinere und genaue Bauteile, bei denen eine starke Abkühlung erwartet wird, eine Alternative. Die Werkzeugbelastung liegt bei diesem Teil mit 1.600 – 2.000 N/mm² etwa doppelt so hoch als beim Pressen eines auf Schmiedetemperatur vorgewärmten Werkstücks. Der Grat, der durch das offene Stauchgesenk verursacht wird, muss entfernt werden. Der Werkstoffüberlauf dient zum Ausgleich von Rohteilgewichtsschwankungen.

Abb. 6.137 Kurbelwelle für Kleinmotoren Bild: Presta

Beispiel. Antriebswelle

Dieses in Abb. 6.138 dargestellte Pressteil aus 16MnCr5 erfordert entsprechend des dargestellten Stadienplanes folgende Bearbeitungsschritte:
- Rohteil: Scheren nach Gewicht, Weichglühen, Beizen, Phosphatieren, Befetten;
- Stufe 1: Vorstauchen, Verjüngen (Presskraft ca. 650 kN);
- Stufe 2: Fertigstauchen (Presskraft ca. 1.600 kN);
- Weichglühen, Beizen, Phosphatieren, Befetten;
- Stufe 3: Zapfenpressen und Verjüngen (Presskraft ca. 2.050 kN).

Werkstoff: 16 MnCr5

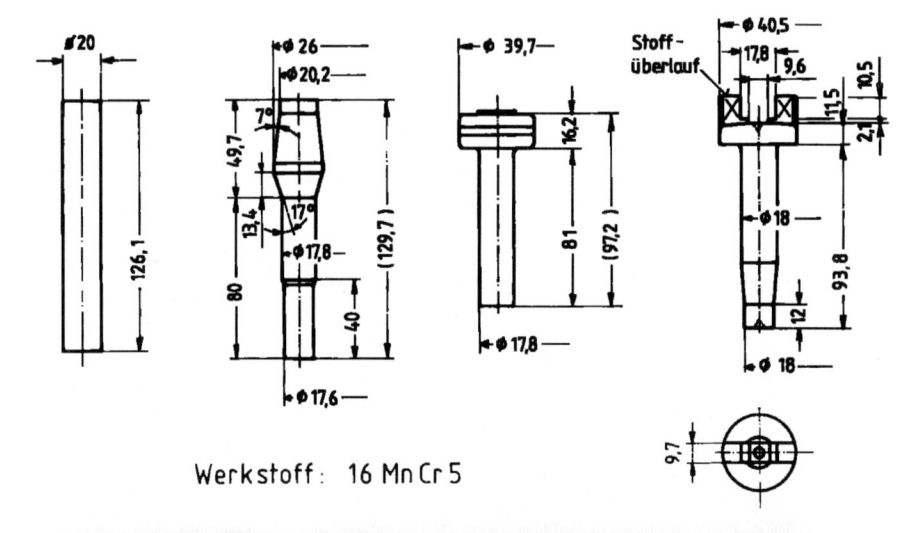

Abb. 6.138 Antriebswelle aus 16MnCr5. Bild: Presta

6.11 Stauchen

Beispiel. Gelenknabe

Gelenknaben werden in Fahrzeugen im Antriebstang verwendet und dienen der Übertragung des Drehmoments auf die Fahrzeugräder. Die Gelenknabe ist in die Gelenkwelle eingebaut (Abb. 6.139). Stahlkugeln verbinden beide Elemente funktional miteinander und lassen es zu einem schwenk- und drehbaren Gelenk werden.

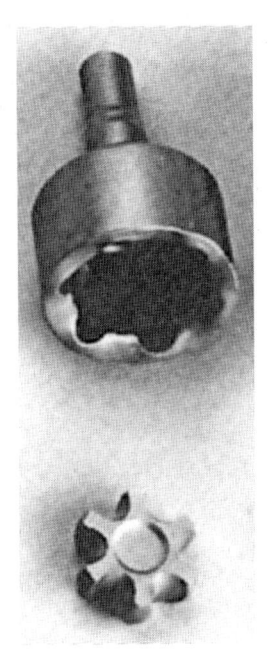

Abb. 6.139 Gelenkwelle und zugehörige Gelenknabe. Bild: Daimler-Chrysler AG

Es gibt mehrere Möglichkeiten zur Herstellung einer Gelenknabe. Die in Abb. 6.141 dargestellte Gelenknabe aus 25CrMo4 wird durch Quer-Fließpressen in geschlossenen Werkzeughälften warm oder halbwarm hergestellt. Am Teil bleibt ein umlaufender Grat im Bereich der Werkzeugteilung zurück. Die Kugellaufbahnen sind mit Schleifaufmass gepresst.

Durch die horizontale Werkzeugteilung können die Kugellaufbahnen auf der Teilober- und Unterseite gewölbt ausgeführt sein.

Bei der durch Stauchen in einem Pressenhub hergestellten Gelenknabe (Abb. 6.140) kann nur auf einer Seite eine Wölbung der Laufbahnen angepresst werden. Allerdings werden sie gratfrei auf einbaufertiges Endmaß mit einer Genauigkeit von IT 6 – 7 (± 0,02 mm) gepresst. Die Kugellaufbahnen sind elliptisch, damit die später eingebauten Kugeln eine definierte Abrollbahn erhalten. Die eingepresste Vertiefung (Napf) in Nabenmitte kann durch das Stauchen tief eingedrückt werden, so dass nur noch ein dünner Boden ausgebohrt werden muss. Durch die Gestaltung der Dornspitzengeometrie (Radien und Winkel) lässt sich auf einfache Weise die Laufbahnausformung außen an der Kontur steuern.

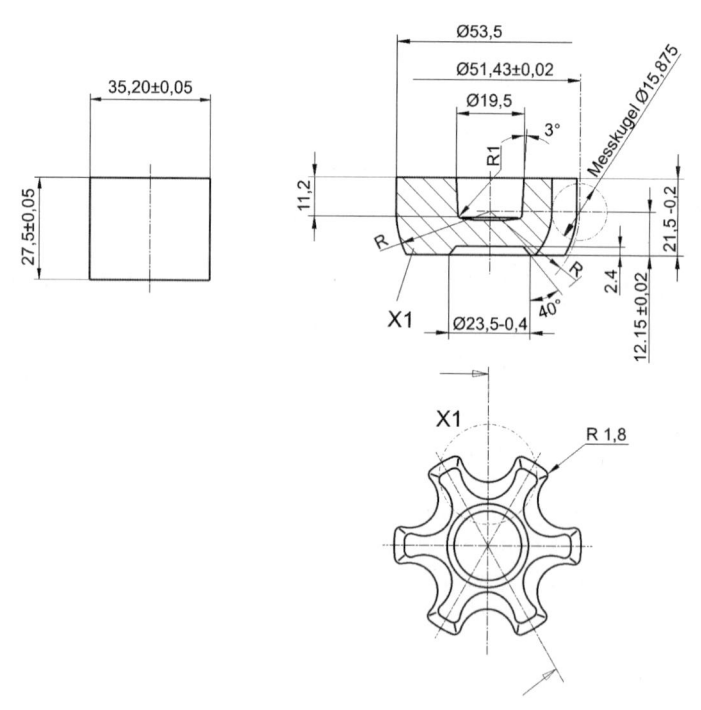

Abb. 6.140 Gelenknabe, hergestellt durch Stauchen mit gratfreien Kugellaufbahnen

Verfahrensbedingt können für das Stauchen von Gelenknaben relativ harte Fließpresswerkstoffe verwendet werden (z.B. Cf53). Die entsprechenden Werkzeugauffederungen (im vorliegenden Beispiel betrug sie für GKZ-geglühtes Cf53 13/100 mm) müssen aber wegen der relativ hohen Presskräfte bei der Werkzeugkonstruktion berücksichtigt, d.h. vorgehalten werden.

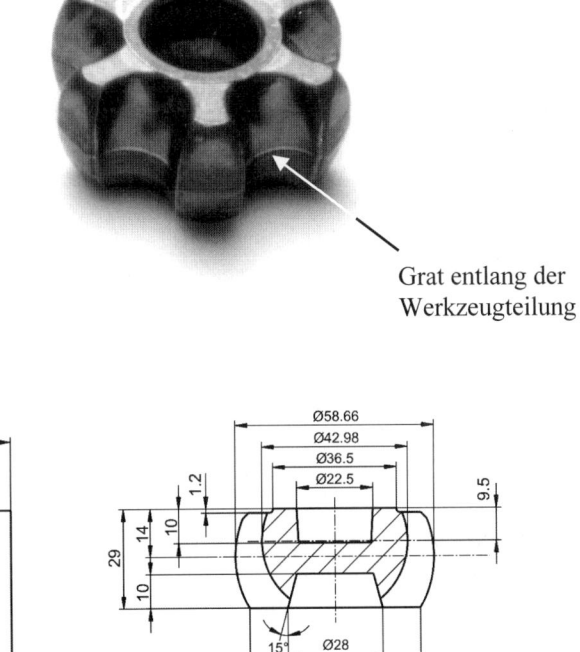

Grat entlang der Werkzeugteilung

Abb. 6.141 Gelenknabe, hergestellt durch Quer-Fließpressen, mit Grat

Da sich neben der elastischen Einfederung auch eine Veränderung der Maßhaltigkeit durch wechselnde Temperaturverhältnisse ergibt, wurde die Stauchmatrize im Dauerbetrieb über einen konstanten Luftstrom bei 30°-40°C erwärmt gehalten.

Wie an dem Stauchwerkzeug in Abb. 6.142 ersichtlich ist, kann eine bandgewickelte Matrize mit Hartmetallzwischenkern verwendet und der Matrizenkern axial vorgespannt werden. Mit diesen Maßnahmen können die elastischen Einfederungen in radiale und axiale Richtung vermindert und die geforderten hohen Maßhaltigkeiten eingehalten werden.

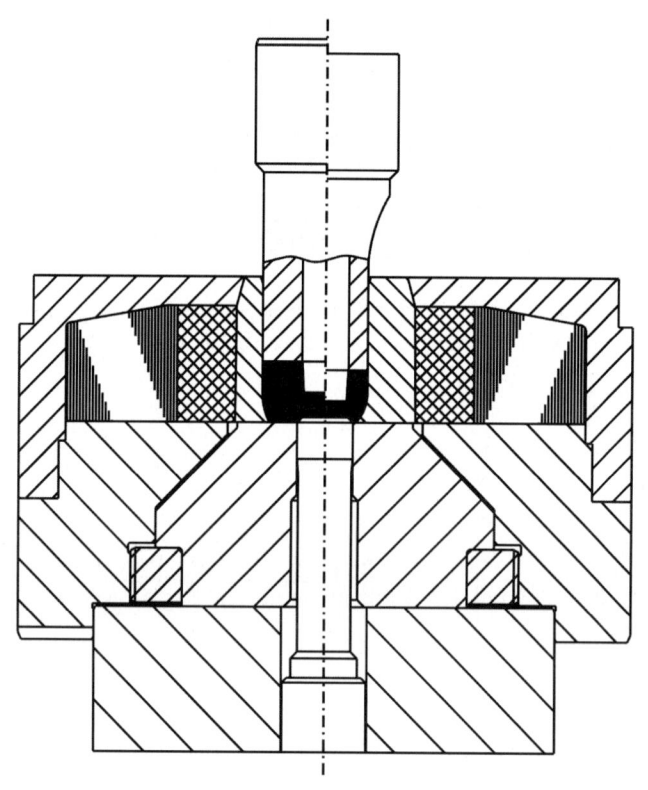

Abb. 6.142 Stauchwerkzeug: axial vorgespannt und radial bandarmiert

6.12 Setzen

Setzen ist Stauchen im geschlossenen Werkzeug. Das Setzen erfolgt im allgemeinem an einem gescherten Draht- oder Stababschnitt, bei sehr präzisen Werkstücken auch an einem gesägten Abschnitt, um volumengenaue Rohteile mit planparallelen Flächen herzustellen. Das Setzen verbessert die Durchmessergenauigkeit und Rundheit eines Rohteils. Im allgemeinen werden die Teile beim Setzen nicht mit scharfen Kanten ausgepresst, sondern zum Ausgleich von Volumenschwankungen des Rohteils werden Werkstoffüberläufe oder Werkstoffunterfüllung vorgesehen.

Die Werkzeugkonstruktion in Abb. 6.143 sieht einen Werkstoffüberlauf vor. Das überschüssige Volumen wird in einen Grat ausgepresst. Dieser wird in der Folgestufe (Abb. 6.144) abgeschnitten. Der Beschnitt, ein Ring, bleibt am Stempel hängen, wird vom Abstreifer beim Stempelrückhub abgeschoben und nach dem Abstreifen in den Kanal (in Abb. 6.144 anskizziert) weggeblasen. Verfahrenstechnisch stellt der kleine Radius im Oberstempel der Setzstufe (Abb. 6.143) sicher, dass die Schnittfläche am Rohteilmantel glatt wird und der Übergang von der Rohteilstirnfläche zur –mantelfläche unabhängig vom Rohteilvolumen präzise ausgeformt ist.

Das Setzen kann in einem Mehrstufenverfahren oder auf separaten Maschinen erfolgen. Im allgemeinen sind zum Setzen nur kurze Hübe erforderlich, und die Oberflächenvergrößerung am Pressteil ist so gering, dass in vielen Fällen kein Schmieren erforderlich ist. Die Geometrie des Setzteils wird auf die Arbeitsstufen, die nachfolgen, abgestimmt.

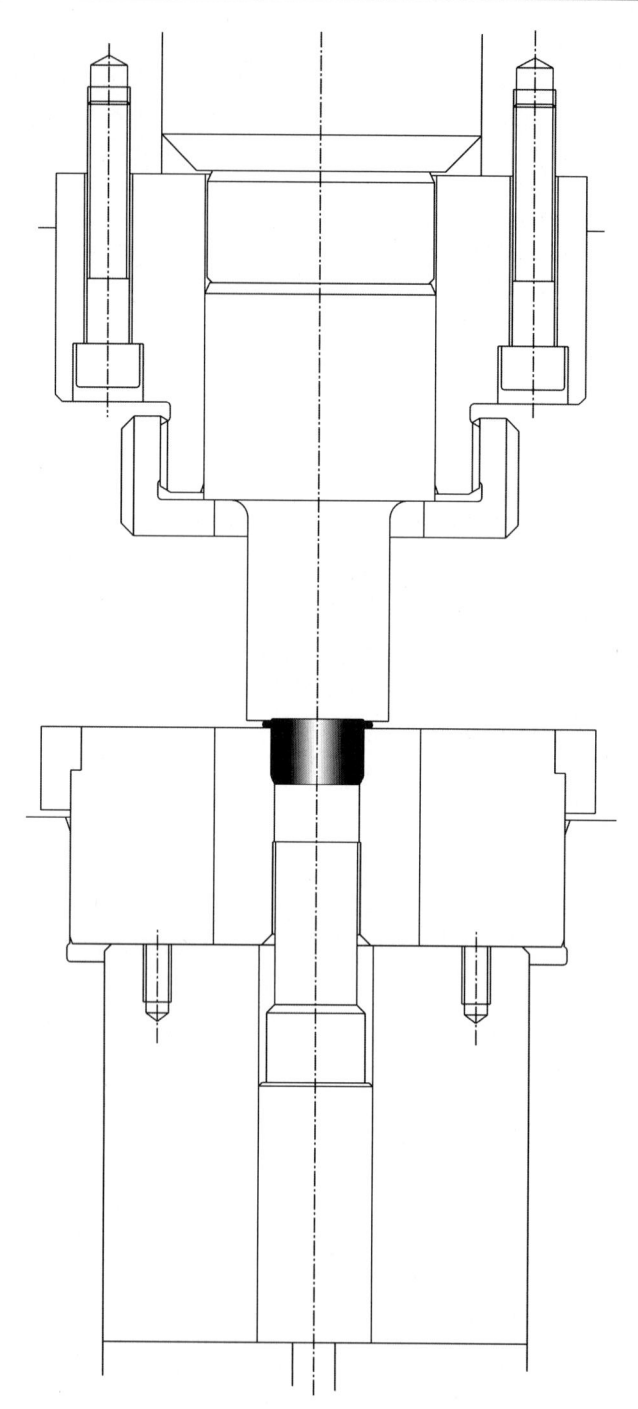

Abb. 6.143 Setzwerkzeug mit Werkstoffüberlauf

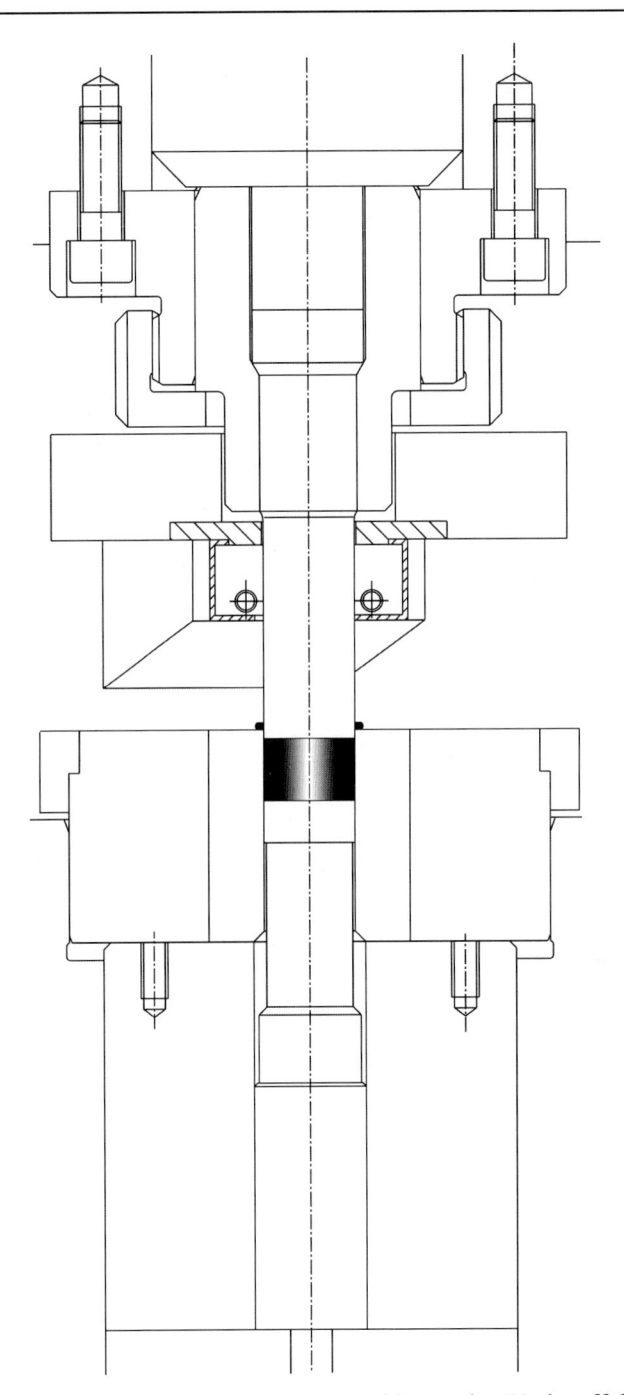

Abb. 6.144 Beschneidewerkzeug zur Beseitigung des Werkstoffüberlaufs

6.13 Quer-Hohl-Vorwärts-Fließpressen

Bei diesem Verfahren (Abb. 6.145) fließt der Werkstoff zunächst quer zur Stempelbewegung in einen während des gesamten Vorgangs konstant gehaltenen Spalt. Der Spalt wird mit Hilfe einer Schließvorrichtung von der Matrize und dem Gegenstempel gebildet. Im weiteren Verlauf entsteht durch radialen Werkstofffluss ein Flansch, der an der Matrizenwand axial umgelenkt und hohl-vorwärts-fließgepresst zu einem geschlossenen rotationssymmetrischen Hohlzylinder (Abb. 6.147) oder zu nicht rotationssymmetrischen Schenkeln (Abb. 6.148) mit oder ohne Profil (Abb. 6.152) umgeformt wird.

Durch Variation des Gegenstempelabstandes lässt sich eine Änderung der Hohlzylinder- bzw. Schenkelwanddicke erreichen. Wird das stabförmige Rohteil nicht vollständig durchgepresst, verbleibt ein Zapfen in der gewünschten Länge zurück. Oftmals finden diese gabel- und napfförmigen Geometrien mit Schaftansatz Anwendung als Lenkungsteile (Abb. 6.146).

Besonderheiten dieses Verfahrens, wie das Auftreten einer der Stempelbewegung entgegen gesetzten Kraft auf die Matrize und die zum Vorgang benötigten Stempel-, Schließ- und Auswerferbewegungen, die über relativ lange Wege ausgeführt werden müssen, stellen besondere Anforderungen an die Konstruktion des Werkzeuges (Abb. 6.149).

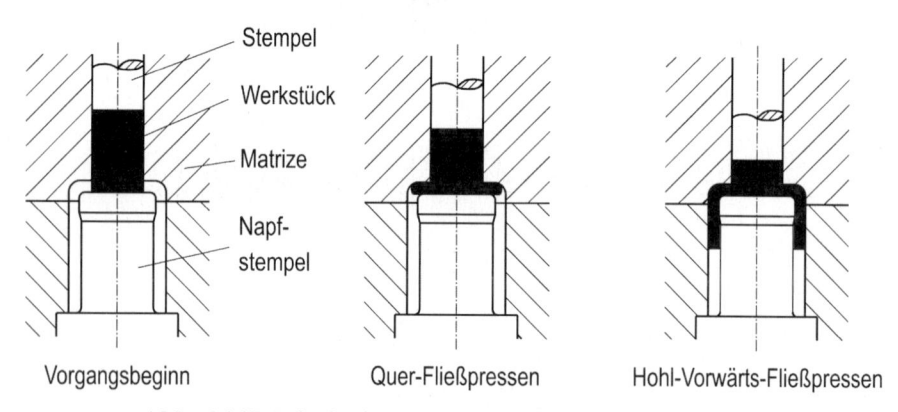

Abb. 6.145 Prinzip des Quer-Hohl-Vorwärts-Fließpressens

Abb. 6.146 Gabel- und napfförmige Lenkungsteile (teilweise montiert), hergestellt durch Quer-Hohl-Vorwärts-Fließpressen. Bilder: Presta

Das Verfahren hat folgende Vorteile:

1. Der Stempel wird in der Matrize geführt und kann somit nicht verlaufen, wie dies beispielsweise beim Napf-Fließpressen der Fall sein kann; mit dem Verfahren ist deshalb eine gute Rundlaufgenauigkeit an den Werkstücken zu erreichen;
2. Es ist eine Durchmesservergrößerung bezüglich des Rohteilaußendurchmessers möglich;
3. Die Presskräfte sind wesentlich niedriger als beim Napf-Fließpressen, da:
   a. die mit Kraft beaufschlagte Fläche relativ klein ist;
   b. für die Umlenkung des quer fließenden Werkstoffs weniger Kraft erforderlich ist (bzw. es können bei gleichen Presskräften größere Umformgrade realisiert werden);
4. Wegen Punkt 3 sind relativ geringe Schließkräfte nötig;
5. In einem Presshub können komplizierte Teile gefertigt werden.

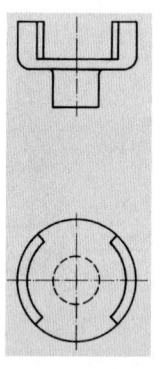

Abb. 6.147 Fertigbare nicht rotationssymmetrische Geometrie [6.38]

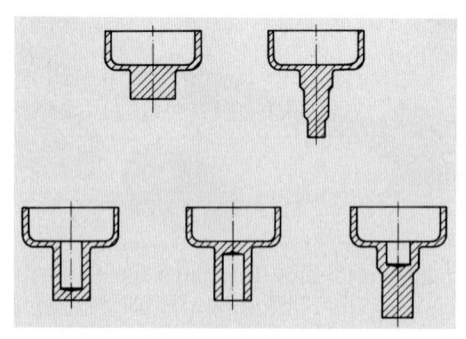

Abb. 6.148 Fertigbare rotationssymmetrische Geometrien [6.38]

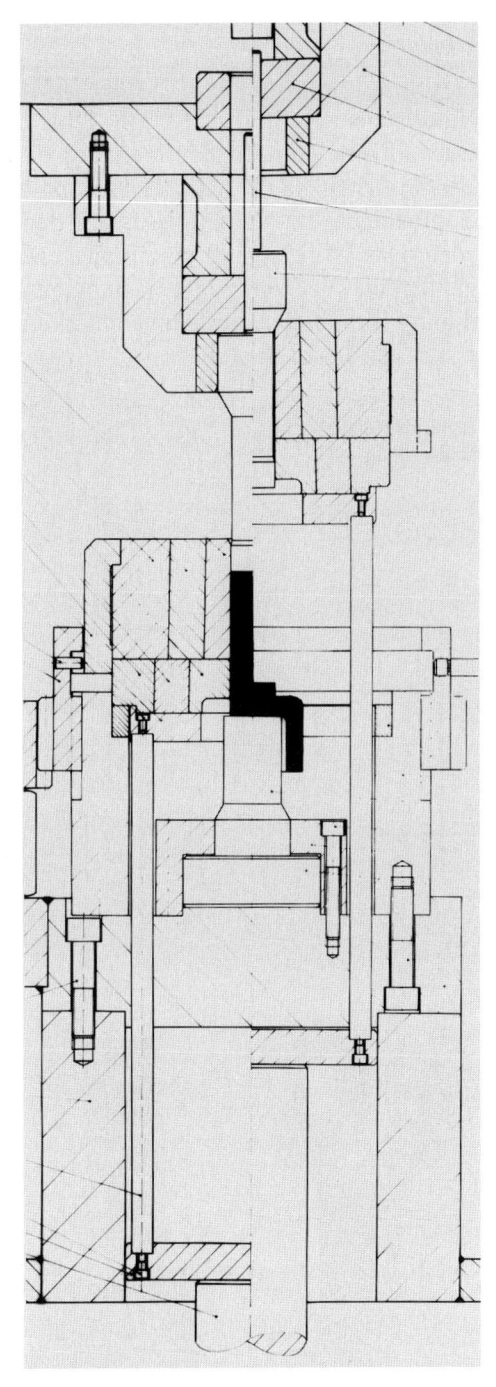

Abb. 6.149 Werkzeugaufbau zum Quer-Hohl-Vorwärts-Fließpressen [6.37]

Beispiel. Klauenkörper

Der Klauenkörper (Abb. 6.150) wird aus C15 oder 16MnCr5 in einem Arbeitshub vom zylindrischen Rohteil gefertigt. Durch das Quer-Hohl-Vorwärts-Fließpressen ist eine gute Rundlaufgenauigkeit gewährleistet. Im Vergleich zum herkömmlichen Napf-Fließpressen kann bei der Rohteilherstellung wegen des günstigen h/d-Verhältnisses auf den Arbeitsgang Setzen verzichtet werden. Das Werkzeug ist geteilt ausgeführt und wird beim Umformvorgang geklemmt. Die Werkzeugbelastung ist relativ niedrig. Eine Kleinserienfertigung bestätigte die Anwendbarkeit des Quer-Hohl-Vorwärts-Fließpressens für dieses Bauteil.

Werkstoff: 16 MnCr5
Masse: 120g

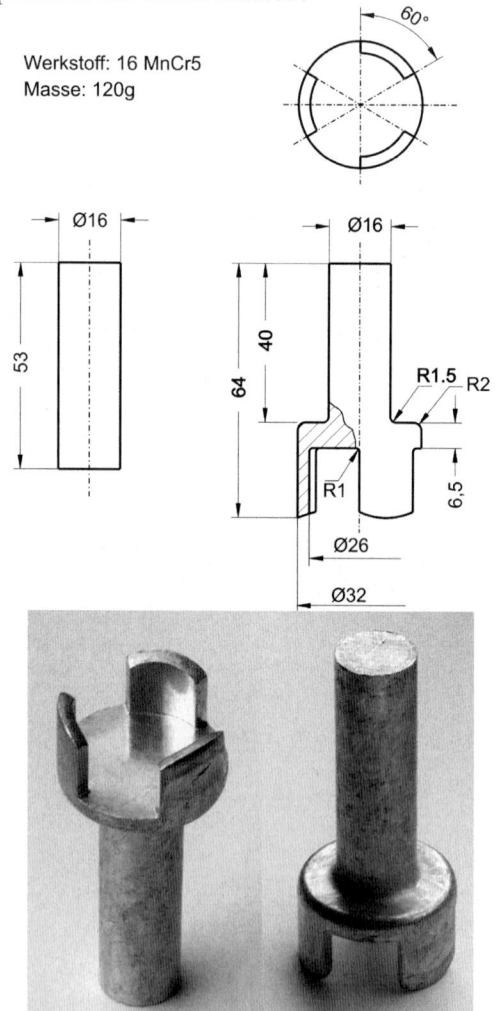

Abb. 6.150 Quer-Hohl-Vorwärts-Fließpressen eines Klauenkörpers

Beispiel. Kupplungsteil

Das in Abb. 6.151 dargestellte Kupplungsteil aus AlMgSi1 wurde ebenfalls in einem Arbeitsgang durch Quer-Hohl-Vorwärts-Fließpressen gefertigt. Es wurde von einem Stababschnitt mit einem Durchmesser von 16 mm ausgegangen. Der nach vorne fließgepresste Hohlkörper ist nach der Systematik von [6.38] 3-fach unterbrochen (vgl. Abb. 6.152). Die Aktivwerkzeuge bestehen aus einer armierten Matrize, einem Stempel und einem Gegenstempel. Stempel und Gegenstempel sind aus Schnellarbeitsstahl 1.3343 mit einer Härte von 61 – 63 HRC. Die Matrize besteht aus Kaltarbeitsstahl 1.2379 mit einer Härte von 59 – 61 HRC.

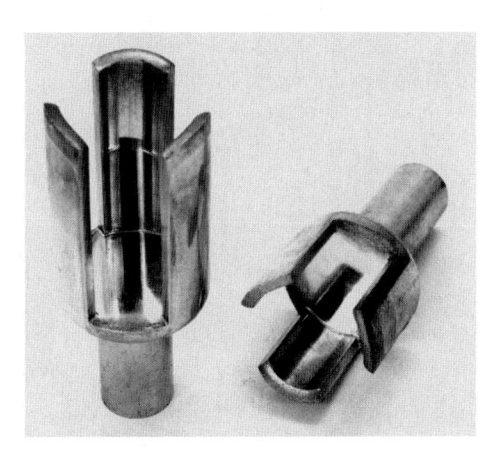

Abb. 6.151 Dreischenkliges Kupplungsteil aus AlMgSi1

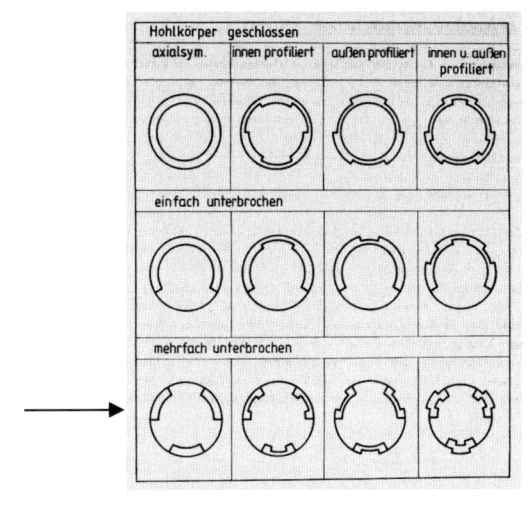

Abb. 6.152 Geschlossene und geöffnete Geometrien mit und ohne Profil [6.38]

6.14 Verfahren zur Verzahnungsherstellung [6.42, 6.43]

Abb. 6.153 zeigt verschiedene einbaufertig fließgepresste Verzahnungsteile mit einer Genauigkeit in der Serienfertigung von IT8; durch eine gezielte Abstimmung von Werkzeuge, Fertigungsablauf und Schmierung kann eine Genauigkeit von IT 7 erreicht werden.

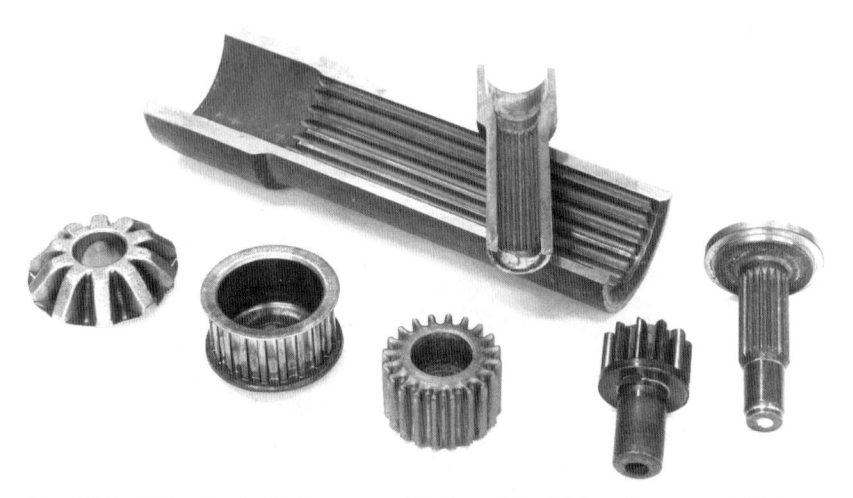

Abb. 6.153 Einbaufertig fließgepresste Werkstücke mit Verzahnungen. Bild: Presta

Im Automobilbau liegen die Anwendungsgebiete fließgepresster Funktionsteile vor allem in den Bereichen Getriebe, Motor, Antrieb und Lenkung. Das teilweise Ersetzen spanender Fertigung durch Umformung steht dabei vor allem bei kostenintensiven spanabhebenden Bearbeitungen im Vordergrund. Hohe Oberflächengüte, beanspruchungsgerechter Faserverlauf und Nutzung der Kaltverfestigung sind dabei besondere positive Effekte der Kaltumformung, die bei verzahnten Bauteilen meistens zu einer höheren dynamischen Belastbarkeit führt [6.1]. Laut [6.3] sind Near-netshape geformte Verzahnungen stoffflussbedingt 15 – 20% höher belastbar. Mit ständig verbesserter Simulationssoftware für Umformvorgänge wird die Bestrebung nach belastungsgerechter Masseminimierung von Bauteilen unterstützt. Tab. 6.7 enthält eine Aufstellung verzahnter Bauteile in der Automobilindustrie. Nachfolgend wird eine systematisierte Gesamtübersicht zu bekannten Einzelverfahren, Verfahrenskombinationen und Verfahrensfolgen zur Herstellung von Verzahnungen durch Kaltfließpressen gegeben. Zunächst wird auf die grundsätzlichen Verzahnungsarten und derzeit bekannte Umformverfahren der Zahnradherstellung eingegangen.

6.14 Verfahren zur Verzahnungsherstellung [6.42, 6.43]

Tabelle 6.7 Anwendung verzahnter Bauteile in der Automobilindustrie [6.4]

Einheit	Bauteil mit Verzahnung	Verzahnungsart
Motor	Motorzahnkranz am Schwungrad	Geradverzahnt
Schaltgetriebe	Festräder	Schrägverzahnt
	Rücklaufräder	Schrägverzahnt
	Losräder	Schrägverzahnt
	Wellen	Profilverzahnt
Automatikgetriebe	Sonnenrad	Schrägverzahnt
	Planetenrad	Schrägverzahnt
	Hohlrad	Schrägverzahnt
	Wellen	Profilverzahnt
Zahnstangenlenkung	Ritzel	Bogenverzahnt
	Zahnstange	Gerad-/Schrägverzahnt
Antriebsstrang	Differentialkegelräder	Geradverzahnt
	Antriebskegelrad	Bogenverzahnt
	Antriebstellerrad	Bogenverzahnt

Verzahnungsarten und umformtechnische Herstellungsmethoden

Hinsichtlich der Funktion von Verzahnungen lassen sich grundsätzlich zwei Verzahnungsarten unterschieden, Lauf- und Mitnahmeverzahnungen.

Unter Laufverzahnungen sind meistens gerad- oder schrägverzahnte zylindrische Außen- und Innenverzahnungen zu verstehen, und ferner auch Kegelverzahnungen. Die Drehmoment- und Drehzahlübertragung findet durch Abwälzen statt (Abb. 6.154).

Abb. 6.154 Beispiel für Laufverzahnungen: Endkonturnah kaltumgeformte Planetenräder und Kegelzahnräder. Bilder: KruppPresta AG

Mitnahmeverzahnungen hingegen sind innen- oder außenverzahnte Profilverzahnungen auf Wellen oder Naben, welche im allgemeinen als feste oder lösbare Kupplungen fungieren oder lediglich als einfache Steckverzahnung beispielsweise zum Längenausgleich bei der Kraftübertragung dienen (Abb. 6.153, hinten und rechts) [6.4].

Bezüglich Form- und Maßhaltigkeit werden an beide Verzahnungsarten hohe Ansprüche gestellt. Von Laufverzahnungen werden im Hinblick auf übertragbare Leistung, Lebensdauer, Geräuschemission und wegen der Forderung nach Laufruhe besonders enge Toleranzen und Oberflächengüten gefordert.

Die umformtechnischen Herstellungsmethoden für Lauf- und Mitnahmeverzahnungen lassen sich in zwei Klassen unterteilen: erzeugende und abbildende Verfahren [6.7]. Bei den abbildenden Verfahren weist - im Gegensatz zu dem erzeugenden Verfahren - das Werkzeug die Negativform des Werkstückes auf. Die Verzahnungsgenauigkeit wird wesentlich von der Genauigkeit und Steifigkeit der Werkzeuge bestimmt; die Kinematik der Maschine hat beim abbildenden Verfahren nur geringen Einfluss. Zu den erzeugenden Verfahren zählen die beiden Walzverfahren Querwalzen und Längswalzen [6.8]. Das Fließpressen gehört zu den abbildenden Verfahren. Um die Werkzeugbelastung und den Kraft- und Arbeitsbedarf beim Pressen zu vermindern sowie die Ausfüllung der Gravur zu verbessern, wird das Fließpressen von Verzahnungen zunehmend im halbwarmen Zustand durchgeführt. Da bei niedrig legierten Kohlenstoffstählen die Fließspannung bereits bei 500 - 600°C steil abfällt - bei nichtrostenden Stählen schon zwischen 200 und 300°C - , kann bei der Verzahnungsherstellung auch bei diesen relativ niedrigen Temperaturen das Halbwarmumformen genutzt werden. Dabei wird zwar die Fließspannungsabsenkung nicht voll ausgeschöpft, aber es lassen sich Vorteile ähnlich wie bei der Kaltumformung bewirken; zum Beispiel einen noch relativ hohen Anteil verbleibender Kaltverfestigung im Bauteil [6.12] sowie der Wegfall thermisch bedingter Schwindungen, Verzüge und der Zunderbildung [6.6].

Die Entwicklung im Kaltfließpressen von Verzahnungen ist soweit fortgeschritten, dass bereits Verzahnungen mit einer Genauigkeit von ISO-Qualitätsklasse IT 8 - 12 nach dem Pressen prozessfähig in großen Mengen gefertigt werden können [6.6]. Mitnahmeverzahnungen sind in dieser Genauigkeitsklasse ohne weitere spanende Bearbeitung einbaufertig pressbar.

Höhere Genauigkeitsansprüche liegen bei schnelldrehenden Laufverzahnungen für Pkw-Getriebe vor. Dort werden Qualitätsklassen im Bereich IT 5 - 6 gefordert. Da für diese Fälle die Werkzeuge mindestens 2 - 3 Qualitätsklassen genauer sein müssen, um die Summe der systematischen und zufälligen Fehler der Fertigung auszugleichen [6.26] und solche Werkzeuge teuer in der Herstellung und ungünstig in der Standmenge sind, ferner derartig hochgenaue Laufverzahnungen ohnehin nach dem Pressen z.B. durch Einsatzhärten wärmebehandelt und spanend nachgearbeitet werden müssen - Hartfeinbearbeitungen wie Schleifen, Schaben oder Kaltwalzen -, wird ein Kompromiss aus kalt Vorpressen und spanender Fertigbearbeitung angestrebt [6.6]. So werden entsprechende Verzahnungsbauteile bei IT 8 - 9 mit Schleif- oder Schabeaufmaß gepresst [6.25, 6.26]; durch Quer-Fließpressen (Kalt), so [6.1], sind „unter Laborbedingungen" bei Planetenrädern für Automatikgetriebe sogar IT-Klassen von 6 – 7 erreicht worden.

Tab. 6.8 fasst typische Verzahnungsbauteile der Pkw-Industrie mit entsprechenden Angaben zu IT-Qualitätsklassen nach dem Kaltfließpressen und nach anschließender Feinbearbeitung zusammen.

Tabelle 6.8 IT-Qualitätsklassen typischer Verzahnungskomponenten

Verzahntes Bauteil	Verzahnungsart	IT-Klasse Fertigteil	IT-Klasse Pressteil
Anlasserritzel	Mitnahmeverzahnung	8 – 9	8 – 9, fertiggepresst [6.1]
Kfz-Getriebe 2. – 4. Gang	Laufverzahnung	6 – 8	8 – 9, spanende Nacharbeit [6.26]
Kfz-Getriebe 1. u. Rw.-Gang	Laufverzahnung	9	8 – 9, ggf. spanende Nacharbeit wegen Härteverzug [6.26]
Schrägverzahnte Ritzel	Laufverzahnung	5 – 6	8 – 11, spanende Nacharbeit [6.1, 6.6]
Nabenhülsen für Verschiebungsstücke	Mitnahmeverzahnung	8 – 9	8 – 9, fertiggepresst [6.1]
Keilwellenprofile	Mitnahmeverzahnung	8 – 9	8 – 9, fertiggepresst [6.1]
Geradverzahnte Kegelräder	Laufverzahnung	8 – 9	8 – 9, fertiggepresst [6.1, 6.15]

Einzelverfahren, Verfahrensfolgen und Verfahrenskombinationen

Die erreichbaren Maß- und Formgenauigkeiten sowie die mögliche Ausformung des Zahnprofiles beim Kaltfließpressen sind wesentlich vom Umformverfahren abhängig. Insoweit kommt der richtigen Wahl des Verfahrenskonzeptes beim Verzahnungspressen große Bedeutung zu.

In Anlehnung an die neun Verfahren des Fließpressens nach DIN 8583 (Abb. 6.1) werden in Tab. 6.9 - für Außenverzahnungen - und in Tab. 6.10 - für Innenverzahnungen – bekannte Herstellungsmethoden nach Vorwärts-, Rückwärts- und Quer-Fließpressen sowie Voll-, Hohl- und Napf-Fließpressen eingeteilt. Diese Verfahren sind zum Teil als Massenproduktionsverfahren im industriellen Einsatz.

Tab. 6.11 und Tab. 6.12 fassen die bekannten Verfahrensfolgen und Verfahrenskombinationen zum Kaltfließpressen von Verzahnungen zusammen. Durch diese Verfahren lassen sich in einem Vorgang am gleichen

Bauteil mehrere Verzahnungen erzeugen [6.29], wie beispielsweise das Anlasserritzel in Abb. 6.155 zeigt.

Abb. 6.155 Anlasserritzel aus 16MnCr5 *(Foto: Schöck)*

Darauf hingewiesen sei an dieser Stelle, dass auch Verfahrenskombinationen bzw. -folgen zwischen dem Fließpressen und anderen Verfahren der Massivumformung, wie beispielsweise dem Rundkneten oder Profilwalzen zu Fortschritten in der innovativen Auslegung von Umformteilen geführt haben [6.3]. Auch mehrstufige Vorgänge bei gleichem Umformverfahren, jedoch mit unterschiedlichen Temperaturen, sind möglich: Zum Beispiel halbwarm vorpressen und anschließend kalt kalibrieren, wie es etwa bei der Kegelzahnradherstellung auf automatisierten Pressenlinien angewandt wird.

Im Bereich der Herstellung von Keilwellenprofilen (Mitnahmeverzahnung) ist auch das „Verjüngen" zur Erzeugung einer Außenverzahnung üblich [6.28].

Tabelle 6.9 Fließpressen von Außenverzahnungen [6.4, 6.7, 6.17, 6.27]

Grundverfahren		Prinzip-Skizze
Vorwärts-Fließpressen	• Voll-Vorwärts-Fließpressen Einzeln oder ggf. im Paket „Samanta-Verfahren" Gerad- und schrägverzahnte Außenverzahnung	
	• Hohl-Vorwärts-Fließpressen Einzeln oder ggf. im Paket Gerad- und schrägverzahnte Außenverzahnung	
	• Napf-Vorwärts-Fließpressen Geradverzahnte Außenverzahnung	
Quer-Fließpressen	• Voll-Quer-Fließpressen Gerad- und schrägverzahnte Außenverzahnung	

Tabelle 6.10 Fließpressen von Innenverzahnungen [6.18]

Grundverfahren		Prinzip-Skizze
Vorwärts-Fließpressen	• Hohl-Vorwärts-Fließpressen Geradverzahnte Innenverzahnung	
Rückwärts-Fließpressen	• Hohl-Rückwärts-Fließpressen Geradverzahnte Innenverzahnung	
	• Napf-Rückwärts-Fließpressen Geradverzahnte Innenverzahnung	

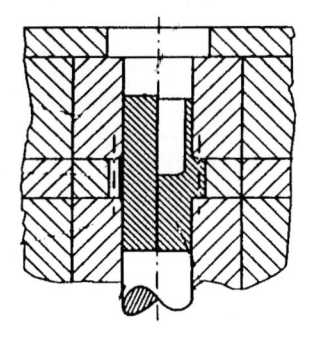

Tabelle 6.11 Verfahrenskombinationen zum Fließpressen von Verzahnungen [6.7, 6.19]

Stauchen + **Napf-Rückwärts-** **Fließpressen**	Verfahrenskombination	Außenverzahnung
Phase 1		Phase 2

| **Quer-Fließpressen +** **Napf-Rückwärts-** **Fließpressen** | Verfahrenskombination | Außenverzahnung |

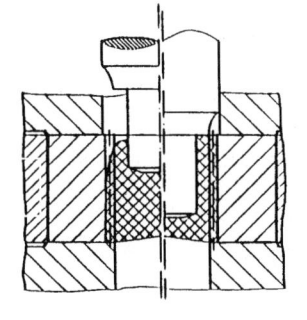

Tabelle 6.12 Verfahrenskombination und –folge zum Fließpressen von Verzahnungen [6.21, 6.22]

Quer-Fließpressen + Stauchen	Verfahrenskombination	Außenverzahnung

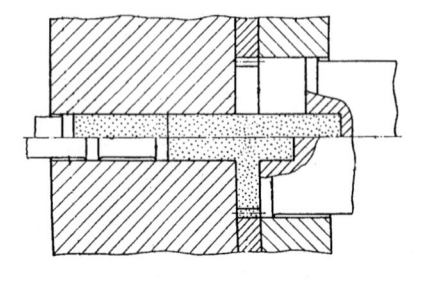

Stauchen (1. Stufe) + Napf-Rückwärts-Fließpressen (2. Stufe)	Verfahrensfolge	Außenverzahnung
		1. Stufe
		2. Stufe

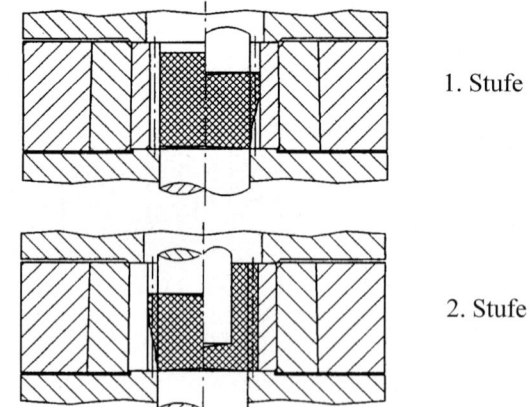

6.14 Verfahren zur Verzahnungsherstellung [6.42, 6.43] 277

Verzahnungsbauteile sind insbesondere dann wirtschaftlich zu pressen, wenn an ihnen noch weitere Elemente durch Kaltfließpressen eingebracht werden [6.29] oder sie durch eine geschickte Verfahrensentwicklung in hohen Stückzahlen teil- oder vollautomatisiert hergestellt werden können, wie dies beispielsweise mit dem Samanta-Verfahren (Abb. 6.156) möglich ist: Mit dem nachfolgenden Rohteil wird das zuvor hohl-vorwärts-fließgepresste Ritzel durchgepresst, so dass ein bundfreies Ritzel entsteht.

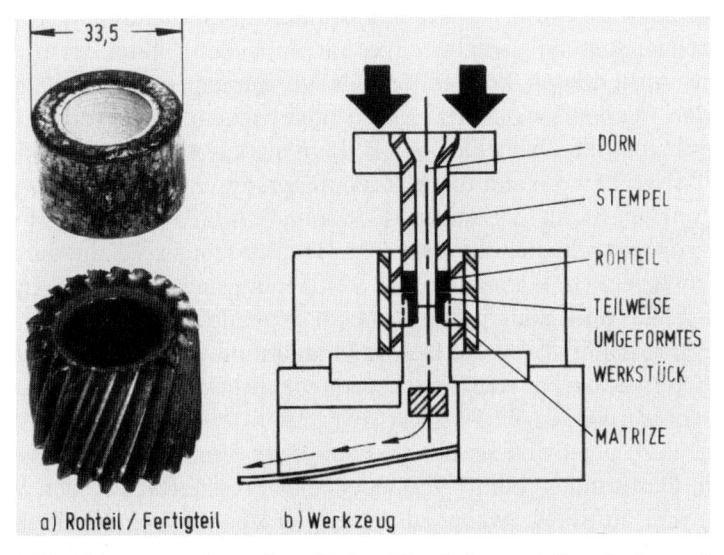

Abb. 6.156 Schrägverzahntes bundfreies Ritzel, hergestellt mit dem „Samanta-Verfahren" durch Hohl-Vorwärts-Fließpressen [6.23]

Werkzeugkonzepte

Die beschriebenen Fließpressverfahren zur Erzielung von Außen- bzw. Innenverzahnungen erfordern zum Teil sehr unterschiedliche Werkzeugkonzepte. So ist beispielsweise beim Quer-Fließpressen von Verzahnungen (Tab. 6.9 und Tab. 6.11 unten) eine Schließvorrichtung erforderlich, welche Relativbewegungen bestimmter Werkzeugteile zueinander während eines Pressenhubes ermöglicht.

Bei den anderen in Tab. 6.9 bis Tab. 6.12 gezeigten Verzahnungsherstellungsvarianten hingegen werden im allgemeinen herkömmliche Umformwerkzeuge verwendet. Bei diesen reicht das Auswechseln werkstückabhängiger Aktivteile (Stempel, Matrize, Gegenstempel usw.) sowie verschiedener Adapterteile aus, um die modular aufgebauten, werkstückunabhängigen Grundwerkzeuge unverändert einzusetzen [6.23]. Deren Qualitätsstufen müssen wegen zufälliger Fehler infolge unterschiedliche elastische Werkzeugverformungen bei Presskraftschwankungen oder wegen thermischer Werkzeugmaßänderungen, aber auch in Bezug auf systematische Fehler durch Werkzeugverschleiß und plastische Werkzeugverformung 2 – 3 Stufen höher als die vorgegebenen Verzahnungsqualitäten sein. Laut [6.6] kann bei quasistationärem Fließpressen mit nahezu konstanten Presskräften während des Umformens mit geringeren Werkzeugfederungsschwankungen gerechnet werden. In vielen Fällen entspricht die elastische Auffederung konventioneller Verzahnungsmatizen gerade der geforderten Werkstücktoleranz. Mit bandgewickelten vorgespannten Armierungsringen, die über einen Wickelkern aus Hartmetall (E-Modul: 500 – 580 GPa) verfügen, kann die Matrizenfederung um 30 - 50% gegenüber konventionellen Stahlwerkzeugen (E-Modul: 210 GPa) vermindert werden [6.24]. Kritisch wirkt sich die zyklische Beanspruchung auf die durch Kerben gekennzeichnete Geometrie von Verzahnungsmatrizen aus. Auch hier kann die hohe Steifigkeit von Hartmetall gegenüber Stahl bei der Matrizenauslegung genutzt werden. In Kombination mit einer axialen Matrizenvorspannung können gezielt Druckspannungen in das verzahnte Aktivteil eingebracht werden.

Ein nicht zu unterschätzendes Problem beim Verzahnungspressen kann nach der Umformung beim Ausstoßen des Pressteiles aus der Verzahnungsmatrize auftreten, wenn zum Beispiel der Auswerfer die Verzahnungsstirnseite aufstaucht oder das Pressteil beim Verlassen der Matrize durch plötzliches „Einschnappen" der vorgespannten Armierung beschädigt wird.

Bezüglich der Auslegung von Kaltfließpresswerkzeugen im allgemeinen, welche im speziellen auch für Verzahnungswerkzeuge wertvolle Hinweise bieten, wird auf das Kap. 8 sowie auf folgende VDI-Richtlinien verwiesen: VDI 3186 Bl. 1: Werkzeuge für das Kaltfließpressen von Stahl, Aufbau, Werkstoffe; VDI 3186 Bl. 2: Werkzeuge für das Kaltfließpressen von Stahl, Gestaltung, Herstellung, Instandhaltung von Stempeln und Dornen; VDI 3186 Bl. 3: Werkzeuge für das Kaltfließpressen von Stahl, Gestaltung, Herstellung, Instandhaltung, Berechnung von Pressbüchsen und Schrumpfverbänden.

Literatur

[6.1] Geiger R, Hänsel M (1994) Von Near-Net-Shape zu Net-Shape beim Kaltfließpressen – Stand der Technik

[6.2] Geiger R (1993) Stand der Kaltmassivumformung – Europa im internationalen Vergleich. Neuere Entwicklungen in der Massivumformung, Symposium Stuttgart, DGM Informationsgesellschaft mbH-Verlag

[6.3] Schacher H-D (1997) Entwicklungstendenzen in der Massivumformung für die Automobilindustrie. Neuere Entwicklungen in der Massivumformung, Symposium Stuttgart, DGM Informationsgesellschaft mbH-Verlag

[6.4] Altan T, Knörr M (1994) Prozeß- und Werkzeugauslegung für die endkonturnahe Fertigung von Verzahnungen durch Kaltfließpressen. Umformtechnisches Kolloquium in Darmstadt

[6.5] Zerbst K (1982) Prozeßerfahrungen mit kaltfließgepressten Verzahnungen. VDI-Berichte Nr. 445

[6.6] Geiger R (1987) Bedeutung moderner Präzisionsumformtechnik für die Kaltmassivum- formung von Stahl. Neuere Entwicklungen in der Massivumformung, Symposium Stuttgart

[6.7] Lennartz J (1995) Kaltfließpressen von gerad- und schrägverzahnten Getriebewellen. Fortschritt-Berichte VDI Reihe 2. Fertigungstechnik Nr. 341

[6.8] Lange K (1996) Modern Metal Forming Technology for Industrial Production

[6.9] Autorenkollektiv (1996) Handbuch der Umformtechnik, Fa. Schuler Pressen Göppingen, Springer-Verlag

[6.10] Doege E, Behrens B-A, Rüsch S (1997) Endkonturnahe Fertigung von Schmiedeteilen. wt Werkstatttechnik 87 S. 315-319

[6.12] Schmoeckel D, Sheljaskow S (1993) Halbwarmumformen ist die Alternative zum Kaltfließpressen und Warmumformen bei Fertigen großer Serien. Maschinenmarkt Nr. 3

[6.13] König W (1990) Fertigungsverfahren Band 4 – Massivumformung. VDI-Verlag

[6.14] Westerkamp C (1996) Präzisionsschmieden verzahnter Antriebselemente am Beispiel schrägverzahnter Zahnräder. Fortschritt-Berichte VDI Reihe 2 Nr. 427

[6.15] Körner E, Schöck J (1993) Rationalisierungspotentiale im Rahmen der Werkzeug- und Presseninbetriebnahme. Umformtechnik 27

[6.16] Pozdneev BM (1991) O primenenii termina „polugorâcaâ stampovka"; übersetzt von K. Lange, Draht 42 (1991) 10

[6.17] Dohmann F, Traudt O, Jütte F, Gödde B (1985) Kaltfließpressen von geradverzahnten Werkstücken – Teil 1. Draht 36 (1985) 11, S. 524 ff

[6.18] Dohmann F (1990) Technologische Grenzen von Kaltfließpressverfahren zur Herstellung gerad- und schrägverzahnter Werkstücke. Aus: Präzisionsumformtechnik, Ergebnisse der Deutschen Forschungsgemeinschaft 1981 bis 1989. Hrsg.: K. Lange u. H.G.Dohmen, Springer-Verlag 1990

[6.19] Dohmann F, Laufer M (1989) Kaltfließpressen von Schrägverzahnungen. Draht 40, 1989, 5 (S. 405-409) und 6 (S. 484-487).

[6.21] Voelkner W, Mewes H-J (1971) Verfahrenskombination Stauchen und Seitwärtspressen. Fertigungstechnik und Betrieb 21 (1971), Heft 3, pp. 151
[6.22] Laufer M (1991) Untersuchungen über das Kaltfließpressen gerad- und schrägverzahnter Stirnräder. VDI-Bericht 221, Reihe 2: Fertigungstechnik, VDI-Verlag Düsseldorf
[6.23] Lange K (1988) Band 2: Massivumformung, Springer-Verlag, 2. Auflage
[6.24] Grønbœk J, Birker T (1998) Moderne Armierung von Kaltumformmatrizen. Umformtechnik 4/98, pp. 51 –54
[6.25] Schmoeckel D, Gärtner R, Rupp M (1998) Trends in der Tribologie. Umformtechnik 4/98, pp. 42 – 46
[6.26] Schmieder F (1992) Beitrag zur Fertigung von schrägverzahnten Stirnrädern durch Quer-Fließpressen. Bericht Nr. 118, Institut für Umformtechnik Universität Stuttgart, Dissertation
[6.27] Szentmihályi V (1993) Beitrag der Prozeßsimulation zur Entwicklung komplexer Kaltumformteile. Bericht Nr. 121, Institut für Umformtechnik Universität Stuttgart, Dissertation
[6.28] Fujikawa S, Yoshioka H, Shimamura S (1992) Cold- and warm Forging Applications in Automotive Industry. Journal Mat. Proc. Techn. 35 (1992) 3-4, Elsevier, pp. 317ff
[6.29] Neher R (1999) Kaltfließpressen von Verzahnungen und Kupplungsprofilen. Wezel GmbH Kaltumform-Technik. Seminar Neuere Entwicklungen in der Massivumformung. DGM Informationsgesellschaft
[6.30] Kammerer M, Schöck J (1996) Einführung in die Umformtechnik. Schulungsunterlagen
[6.31] Dannenmann E (1997) Verfahren zur Herstellung schwieriger Kaltmassiv-Formteile. Seminar am Institut für Umformtechnik GmbH Lüdenscheid
[6.32] Schmid H (2003) Einführung in die Massivumformung. Lehrgang. Technische Akademie Esslingen
[6.33] Reiss W (1987) Untersuchung des Werkzeugbruches beim Voll-Vorwärts-Fließpressen. Dissertation, Institut für Umformtechnik Bericht Nr. 94, Universität Stuttgart. Springer-Verlag
[6.34] Burgdorf M (1973) Fließpreßgerechte Gestaltung von Werkstücken. wt- Z. ind. Fertig. 63 (1973) Springer-Verlag, pp. 387-392
[6.35] Schmid H (1980) Fragen des Werkzeugbaues und der Verfahrenstechnik in der Kaltmassivumformung. Karl Sieber Fabrik, Vortrag
[6.36] NN (1965) Kaltformpressen, von 30t bis 800t Presskraft. Prospekt May-Pressenbau GmbH, Schwäbisch Gmünd
[6.37] Bahlbach R (1983) Konstruktion eines Werkzeugs für die Fertigung von Kaltfließpressteilen nach dem Verfahren Kombiniertes Quer-Hohl-Vorwärtsfließpressen. Diplomarbeit, Institut für Umformtechnik, Universität Stuttgart
[6.38] Schätzle W (1986) Querfließpressen eines Flansches oder Bundes an zylindrischen Vollkörpern aus Stahl. Dissertation, Bericht Nr. 93, Institut für Umformtechnik, Universität Stuttgart, Springer-Verlag

[6.39] Schmoeckel D (1966) Untersuchungen über die Werkzeuggestaltung beim Vorwärts-Hohlfließpressen von Stahl und Nichteisenmetallen. Dissertation, Institut für Umformtechnik Bericht Nr. 4, Universität Stuttgart
[6.40] Schmitt G (1968) Untersuchungen über das Rückwärts-Napffließpressen von Stahl bei Raumtemperatur. Dissertation, Institut für Umformtechnik Bericht Nr. 7, Universität Stuttgart
[6.41] Busch R (1969) Untersuchungen über das Abstreckziehen von zylindrischen Hohlkörpern bei Raumtemperatur. Dissertation, Institut für Umformtechnik Bericht Nr. 10, Universität Stuttgart
[6.42] Schöck J, Kammerer M (1999) Verzahnungsherstellung durch Kaltfließpressen. Umformtechnik 4, Meisenbach-Verlag, pp. 36-42
[6.43] Schöck J, Kammerer M (2000) Verzahnungsherstellung durch Querfließpressen. Umformtechnik 1, Meisenbach-Verlag, pp. 70-76
[6.45] ICFG (1992) International Cold Forging Group ICFG 1967-1982 Objectives, History, Published Documents. Bamberg Meisenbach
[6.46] Lange K. (1988) Umformtechnik Bd. 1 Grundlagen. 2. Auflage
[6.47] Kammerer M, Werle T, Pöhlandt K (1995) Beitrag zur Entwicklung von Stadienplänen in der Kaltmassivumformung. Seminar Neuere Entwicklungen in der Massivumformung. DGM Verlag

Anhang

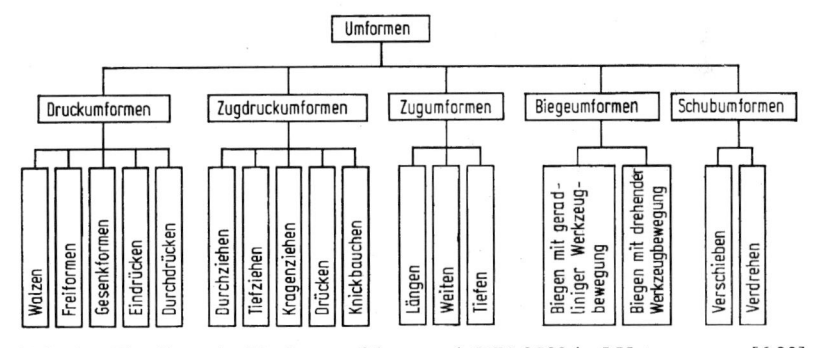

Abb. A1 Einteilung der Umformverfahren nach DIN 8582 in 5 Untergruppen [6.23]

282 6 Verfahren

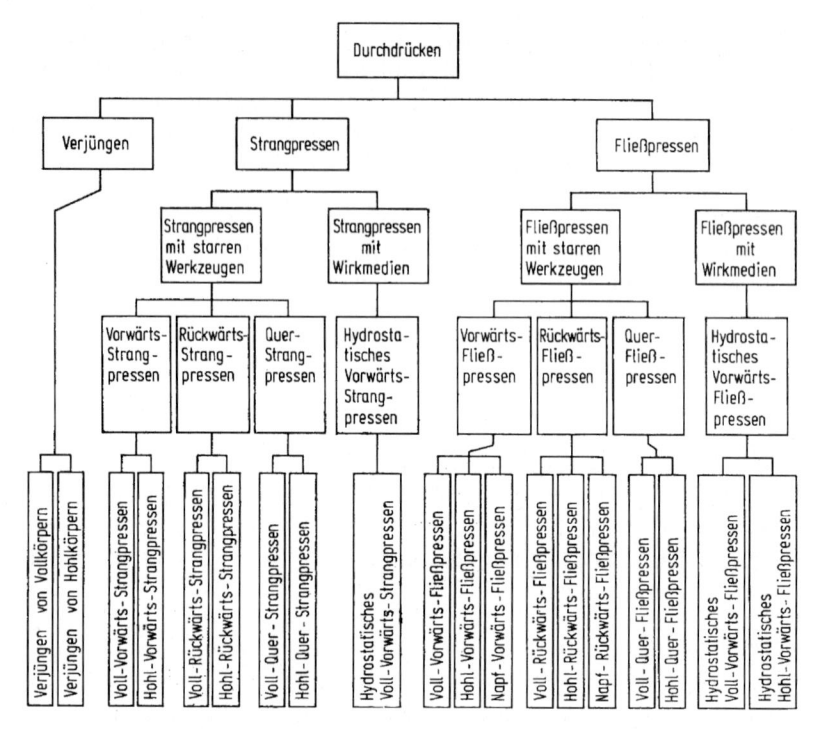

Abb. A2 Einteilung der Durchdrückverfahren nach DIN 8583 in 3 Untergruppen [6.23]

7 Werkzeugwerkstoffe

7.1 Einleitung

Werkzeugwerkstoffe für das Fließpressen sind höchsten Belastungen ausgesetzt. Von den Werkstoffen werden:

- Druckfestigkeit
- Härte
- Zähigkeit und
- Verschleißfestigkeit

gefordert. Zudem ist ausreichende Warmfestigkeit (Anlaßbeständigkeit) wichtig, wenn das Fließpressen bei erhöhten Temperaturen durchgeführt wird oder höhere Temperaturen an der Werkzeugoberfläche bei der Werkzeugbearbeitung (z.B. beim Draht- oder Senkerodieren) oder Werkzeugbeschichtung (z.B. durch das CVD- oder PVD-Verfahren) entstehen. Abb. 7.1 zeigt eine Auswahl von Werkzeugkomponenten für das Fließpressen.

Abb. 7.1 Werkzeugteile für das Fließpresswerkzeuge. Bild: Hatebur AG

7.2 Mechanische und thermische Beanspruchung

Beim Kaltfließpressen wird die Hauptbeanspruchung der Werkzeuge durch die Kontaktspannungen (Flächenpressungen) in der Wirkfuge zwischen Werkstück und Werkzeug hervorgerufen. Es wird dabei häufig vereinfachend von einem konstanten Kontaktspannungswert ausgegangen. Sie liegen für Fließpressstempel im allgemeinen höher als für Fließpressmatrizen. Im allgemeinen liegen die maximalen Werte für Stempel bei 2.000 – 2.700 N/mm², abhängig vom Fließpressverfahren. Für die Auslegung von Matrizen für das Voll-Vorwärts-Fließpressen beispielsweise werden Werte zwischen 1.500-1.800 N/mm² verwendet. Für das Querfließpressen höherfester Werkstoffe (z. B. Cf53) oder zum Napf-Rückwärts-Fließpressen muss mit wesentlich höheren Werten für die Stempelbelastung gerechnet werden, in manchen Fällen mit bis zu 3.500 N/mm² [7.5]. Die Erfahrung zeigt allerdings, dass die Druckfestigkeit heutiger Werkzeugwerkstoffe aus Kalt- bzw. Schnellarbeitsstahl Werte oberhalb $R_{p0,2} \approx 2.800$ N/mm² nicht ohne Setzerscheinungen an den Werkzeugen erreichen können. Bei der Verarbeitung höherfester Werkstoffe wird bei solchen Beanspruchungen deshalb verstärkt das Umformen mit (zum Teil nur leicht) vorgewärmten Rohteilen praktiziert.

Durch den Wärmeübergang zwischen Werkstück und Werkzeug stellt sich auch bei Kaltfließpresswerkzeugen ein Temperaturfeld mit einem Temperaturgradienten an der Werkzeugoberfläche ein. Zur Erwärmung des Werkstücks beim Kaltfließpressen kommt es durch Umwandlung eines Teils der Umformarbeit und Reibarbeit in Wärme. Anhaltswerte für die Werkzeuggrundtemperatur im Dauerbetrieb liegen bei 80 – 120°C. Durch Experimente und numerische Berechnungen wurde der Temperaturverlauf beim Kaltfließpressen an verschiedenen Stellen im Werkzeug bis zum Erreichen des stationären Betriebszustandes bestimmt. Für das Napf-Rückwärts-Fließpressen ergaben sich Temperaturspitzen am Fließbund des Stempels von 300°C und eine Grundtemperatur im Werkzeug von 120°C. Temperaturspitzen in der Matrize erreichen Werte von 150°C bis 200°C, während sich Grundtemperaturen von 80°C – 100°C einstellen. Ähnliche Temperaturerhöhungen wurden beim Abstreckgleitziehen und Hohl-Vorwärts-Fließpressen gemessen [7.1].

7.3 Trend

Gegenüber früher besteht heute aufgrund der am Markt erhältlichen leistungsfähigen Werkzeugwerkstoffe und der Forderung nach Schnelligkeit und Flexibilität im wirtschaftlichen Wettbewerb der Trend

- in einer Umformstufe höhere Umformgrade zu verwirklichen;
- höherfeste Werkstückwerkstoffe, wie beispielsweise Cf53 und 100Cr6, kalt bzw. leicht erwärmt umzuformen und
- auch niedrig legierte kohlenstoffarme Werkstoffe halbwarm umzuformen, mit dem Ziel
    o Umformstufen
    o Glühbehandlungen sowie
    o Oberflächenbehandlungen
  einzusparen.

Dieser Trend prägt weiter den Bedarf an Werkzeugen und deren Behandlung für das Fließpressen.

7.4 Werkstoffauswahl

Im allgemeinen geht man bei der Auswahl des geeigneten Werkzeugwerkstoffes in drei Schritten vor [7.4]:

1. Werkstoffauswahl nach *Druckfestigkeit* und *Härte*:
   Auf der Grundlage analytisch berechneter oder mit FEM oder durch Abschätzung ermittelter Kontaktspannungen (Matrizeninnendrücke, Druckspannungen auf den Stempel usw.) für die erforderliche Druckfestigkeit (N/mm^2) und Härte (HRC) erfolgt eine Auswahl geeigneter Werkstoffe. Bei zusätzlicher thermischer Werkzeugbeanspruchung muss die Warmfestigkeit und Anlaßbeständigkeit des Werkstoffes (einschließlich Warmfestigkeitsreserven) mit berücksichtigt werden.
2. Werkstoffauswahl nach *Zähigkeit*:
   Aus den Stahlsorten mit der geforderten Druckfestigkeit und Härte kommen die Werkstoffe mit der höchsten Zähigkeit in die engere Wahl.
3. Werkstofffestlegung nach *Verschleißfestigkeit, Beschichtbarkeit, Schmierung und Kühlung*:
   Aus den Werkstoffen der engeren Wahl werden jene mit der höchsten Verschleißfestigkeit gewählt bzw. wird eine für den Werkstoff geeignete Beschichtung festgelegt. Gegebenenfalls muss eine geeignete Werkzeugschmierung und –kühlung vorgesehen werden.

7.5 Werkzeugwerkstoffe

Als Werkzeugwerkstoffe kommen in Betracht:

- Kaltarbeitsstähle
- Warmarbeitsstähle
- Schnellarbeitsstähle
- Hartmetalle

7.5.1 Kaltarbeitsstähle

Definitionsgemäß (ISO 4948-1 und ISO 6929) sind Kaltarbeitsstähle Werkzeugstähle für Verwendungszwecke, bei denen die Oberflächentemperatur im allgemeinen unter 200°C liegt. Typischerweise werden sie für Kaltarbeiten wie Schneiden, Scheren, Biegen usw. verwendet.

Infolge ständiger Weiterentwicklung (insbesondere auf dem Gebiet der Wärmebehandlung) sind Kaltarbeitsstähle heute deutlich oberhalb 200°C anlass- und verschleißbeständig und somit auch für das Fließpressen geeignet. Ausgewählte Kaltarbeitsstähle können heute Temperaturen bis ca. 400°C ohne Gefügeveränderung dauerhaft ertragen (deshalb eignen sie sich auch für das Halbwarmfließpressen), wenn zuvor beispielsweise das Sekundärmaximum beim Anlassen voll ausgeschöpft wurde. Das ist nach dem Anlassen bei ca. 520°C beim 1.2379 der Fall. Im allgemeinen wird 3 bis 4 Mal angelassen, um den Restaustenitgehalt im Gefüge so gering wie möglich (am besten zu Null) werden zu lassen. Bei gleicher Härte kann ein Kaltarbeitsstahl je nach Restaustenitgehalt unterschiedliche Druckfestigkeit aufweisen. D. h., wurde der Restautenit durch mehrmaliges Anlassen nicht ausreichend beseitigt (im allgemeinen ergeben sich Probleme bei einem Restaustenitgehalt > 5%) kann trotz erreichter angegebener Härte der Werkstoff vor der erwarteten Druckfestigkeitsgrenze plastisch verformen und sich beim Umformen stauchen bzw. setzen; Restautenit ist im Gefüge leider nur schwer nachweisbar.

Ledeburitische 12%-ige Chromstähle, wie der 1.2379, zählen heute zu den Standard-Kaltarbeitsstählen für das Kaltfließpressen (Tab. 7.4 und 7.5). Man kann sie auf hohe Werte härten. Niedrig legierte Kaltarbeitsstähle werden für Kaltfließpresswerkzeuge heute nur noch selten verwendet.

7.5.2 Warmarbeitsstähle

Warmarbeitsstähle sind nach ISO 4948-1 und ISO 6929 legierte Werkzeugstähle für Verwendungszwecke, bei denen die Oberflächentemperatur im allgemeinen über 200°C liegt. Typischerweise werden sie für Warmarbeiten wie das Schmieden oder für Aluminiumdruckgusswerkzeuge eingesetzt. Für Kaltfließpresswerkzeuge wird beispielsweise der Stahl 1.2344 oder 1.2343 als Matrizenarmierungswerkstoff (vgl. Tab. 7.5) oder der Stahl 1.2367 als Stempelwerkstoff für die Halbwarmumformung verwendet (vgl. Tab. 7.13). Typische Legierungselemente von Warmarbeitsstählen sind Chrom, Wolfram, Silizium, Nickel, Molybdän, Mangan, Vanadium und Kobalt. Die Legierungselemente sind so aufeinander abgestimmt, dass die Warmarbeitsstähle neben ausreichender Härte und Festigkeit, hohe Warmfestigkeit und Warmhärte, d.h. hohen Verschleißwiderstand bei erhöhter Temperatur, besitzen.

7.5.3 Schnellarbeitsstähle

Schnellarbeitsstähle sind hochlegierte Kaltarbeitsstähle und zeichnen sich durch sehr hohe Verschleißbeständigkeit, Druckfestigkeit und Zähigkeit aus (Tab. 7.5). Nach ISO 4948-1 und ISO 6929 weisen sie aufgrund ihrer chemischen Zusammensetzung die höchste Warmhärte und Anlaßbeständigkeit bis rund 600°C auf.

Beispielsweise werden die Schnellarbeitsstähle S 6-5-2 (1.3343) und S 6-5-3 (1.3344) bevorzugt für hochbeanspruchte Kaltfließpressstempel und –matrizenkerne verwendet. Diese Stahlsorten verfügen über eine Anlassbeständigkeit von 520°C - 550°C. Das stellt sicher, dass eine Werkzeugoberfläche auch bei höheren Temperaturen nicht aufweicht. Die Normbezeichnung von Schnellarbeitsstählen wird durch den Buchstaben S gekennzeichnet und nachfolgend sind die ungefähren prozentualen Anteile der Legierungsbestandteile in der Reihenfolge Wolfram (W), Molybdän (Mo) und Vanadium (V) angegeben. Eine eventuell vierte Ziffer bezieht sich auf den Kobaltgehalt (Co). Beispielsweise enthält der S 6-5-3-9 ca. 6% W, ca. 5% Mo und ca. 3% V und 9% Co.

Kobalt erhöht die Warmfestigkeit und macht den Werkstoff hoch druckfest und geht keine chemische Verbindung ein. Ein relativ hoher Kohlenstoffgehalt und bis zu 30 % Anteil an Legierungselementen bilden zusammen die für den Einsatzzweck maßgeblichen Karbide (z.B. Chromkarbide oder Vanadiumcarbide). Sie verleihen dem Werkstoff Härte und Druckfestigkeit. Die erzielbaren Härten bei Werkzeugstählen hängen von der Anlasstemperatur ab.

Schnellarbeitsstähle sollten zu Gunsten der Zähigkeit unterhärtet sein [7.3]. Damit werden sie ausreichend hart bei gleichzeitig guter Zähigkeit. Durch Sekundärhärten kann die maximale Zähigkeit bei hoher Härte erreicht werden. Die Härtung sollte im Vakuumofen erfolgen (Abb. 7.2).

Das Anlassen vor dem Sekundärmaximum ist dabei nicht empfehlenswert. Aus Anlassschaubildern können entsprechende Temperaturwerte entnommen werden.

Abb. 7.2 Wärmebehandlungsbereich für Fließpresswerkzeuge. Bild: Hatebur AG

Die Angaben von Werkzeug-Werkstoff-Herstellern, die Druckfestigkeiten für Kalt- bzw. Schnellarbeitsstählen oberhalb $R_{p0,2}$ = 3000 N/mm² angeben, stimmen nicht mit der Praxis überein: Die Erfahrung zeigt, dass Werte oberhalb $R_{p0,2} \approx$ 2800N/mm² bisher nicht ohne Aufstauch- oder Setzerscheinungen an den Werkzeugen erzielt wurden. Die erreichbaren Druckfestigkeitswerte hängen von der gewählten Härte ab, die wiederum vom Anlassen mitbestimmt wird.

7.5.4 Pulvermetallurgisch hergestellte Schnellarbeitsstähle

Schnellarbeitsstähle werden schmelz- oder pulvermetallurgisch hergestellt. Neben den ersteren sind pulvermetallurgisch hergestellte Schnellarbeitsstähle (PM-Stähle) immer stärker verbreitet.

Pulvermetallurgisch hergestellte Werkstoffe haben gegenüber den schmelzmetallurgisch hergestellten den Vorteil höherer Druckfestigkeitswerte (vgl. Tab. 7.1) und höheren Verschleißwiderstandes bei gleichzeitig verbesserter Zähigkeit; bei schmelzmetallurgisch hergestellten Stählen ist eine Erhöhung der Zähigkeit nur auf Kosten eines Verlustes an Verschleißwiderstand (Härte) möglich. Pulvermetallurgische Stähle sind im allgemeinen auf höhere Werte härtbar (max. 66 - 68 HRC) als schmelzmetallurgische (max. 63 - 65 HRC).

Tabelle 7.1 Richtwerte für $R_{p0.2}$ (0,2% bleibende Dehnung bei Stauchung)

Werkzeugwerkstoff	$R_{p0,2}$ [N/mm²]
Kaltarbeitsstähle:	1.900 – 2.600
Schnellarbeitsstähle	
• schmelzmetallurgisch erzeugt:	bis 2.800
• pulvermetallurgisch erzeugt:	bis 3.000
Hartmetalle:	3.300 – 4.300

In schmelzmetallurgischen Werkstoffen sind die Karbide im allgemeinen relativ groß (30 µm – 50 µm). Bei gleicher chemischer Zusammensetzung können die Karbide durch pulvermetallurgische Stahlherstellung kleiner gehalten (2 µm - 6 µm) und gleichmäßig verteilt werden. Damit bekommen PM-Werkstoffe die höhere Druck- und Verschleißwiderstandsfestigkeit. Infolge des feinkarbidigen Gefüges werden die Werkstoffe zudem zäher und widerstehen Biegezugbeanspruchungen besser als chemisch gleiche bzw. sehr ähnliche schmelzmetallurgisch hergestellte Stähle. Mit der gleichmäßigen und feinkörnigen Karbidverteilung in PM-Stählen ist auch eine gute Haftung von Titankarbid- und Titannitridbeschichtungen (TiC und TiN) gegeben.

Beispielsweise ist der S 6-5-3 (1.3344) als pulvermetallurgischer ASP 23 oder Vanadis 23 ein oft verwendeter Stempel- und Matrizenkernwerkstoff. Einer der derzeit besten pulvermetallurgischen Werkstoffe für Kaltfließpressstempel ist der CPM Rex M4 (S 6-5-4).

Die sehr hoch legierten PM-Stähle sind auf hohe Werte härtbar (Tab. 7.2). Ähnliche Qualität hat der Stahl 1.3207 als PM-Werkstoff, der bei Härten von 63 - 64 HRC keine Aufstauch- oder Setzerscheinungen aufzeigt.

Tabelle 7.2 Härte- und chemische Richtwerte von PM-Schnellarbeitsstählen für Kaltfließpresswerkzeuge [7.3]

	C [%]	Cr [%]	W [%]	Mo [%]	V [%]	Co [%]	HRC
PM23	1,28	4,2	6,4	5,0	3,1	-	60 - 62
PM30	1,28	4,2	6,4	5,0	3,1	8,5	63 – 65
PM60	2,3	4,0	6,5	7,0	6,5	10,5	64 – 66
RexM76	1,5	3,75	10,0	5,25	3,1	9,0	67 - 69

Derzeit existiert eine Vielzahl von Markenbezeichnungen verschiedener Stahlhersteller bzw. Händler für typenähnliche PM-Stähle (Tab. 7.3). Obgleich die chemische Zusammensetzung dieser Werkstoffe sehr ähnlich oder gleich sein kann, differiert sehr oft die Verarbeitungs- bzw. Herstellungsmethode dieser Stähle, womit sich unterschiedliche Anwendbarkeiten ergeben.

Tabelle 7.3 Pulvermetallurgisch erzeugte Schnellarbeitsstähle nach Beanspruchungsgruppen [7.3, 7.4]

Gr.	Marke		Händler	Hersteller	DIN-Nr./ Werkstoff-Nr.
1	PM23	ASP 23	Zapp	Erasteel	S 6-5-3/1.3344
		Vanadis 23	Uddeholm	Uddeholm/Böhler	S 6-5-3/1.3344
		CPM Rex M3	Zapp	Crucible	S 6-5-3/1.3344
		S 790	Böhler	Uddeholm/Böhler	S 6-5-3/1.3344
		S 690	Böhler	Uddeholm/Böhler	S 6-5-4
		CPM Rex M4	Zapp	Crucible	S 6-5-4
		MPM M4	MWT Meyer		S 6-5-4
2	PM30	ASP 30	Zapp	Erasteel	S 6-5-4-10
		Vanadis 30	Uddeholm	Uddeholm/Böhler	S 6-5-4-10
		S 590	Böhler	Uddeholm/Böhler	S 6-5-4-10
		MPM 30	MWT Meyer		S 6-5-3-9
3		CPM Rex 76	Zapp	Erasteel	S 6-5-3-9
		CPM Rex T15	Zapp	Erasteel	S 12-1-4-5/1.3207
		MPM T15	MWT Meyer		S 12-1-4-5/1.3207
		TSP5	Thyssen		S 10-2-5-8
		S 390	Böhler	Uddeholm/Böhler	S 12-2-5-8
4	PM60	ASP 60	Zapp	Erasteel	S 7-7-7-11
		Vanadis 60	Uddeholm	Uddeholm/Böhler	S 7-7-7-11
		MPM 60	MWT Meyer		S 7-7-7-11
		MPM 72	MWT Meyer		S 7-5-8-5

7.5.6 Herstellung von schmelz- und pulvermetallurgischen Stählen

Die schmelzmetallurgische Herstellung von Werkzeugstählen entspricht im Prinzip der von Baustählen (vgl. Abb. 5.6 in Kap. 5). Die Gussblöcke sind nur kleiner. Flüssigmetall wird in Kokillen abgegossen und die erstarrten Gussblöcke werden zu Stäben warmumgeformt (geschmiedet oder gewalzt). Beim Erstarren der Gussblöcke können große örtliche Differenzen in der chemischen Zusammensetzung und im Gefüge entstehen. Im

fertigen Stabstahl finden sich Karbidseigerungen mit negativem Einfluss auf die Zähigkeit.
Pulvermetallurgisch hergestellte Werkzeugwerkstoffe sind frei von solchen Karbidseigerungen. Nach dem Verdüsen der Schmelze entstehen beim PM-Verfahren kleine erstarrte Tropfen (Pulver). Das Pulver wird in eine Kapsel eingefüllt und isostatisch gepresst. Es entsteht ein Rohblock, der zu Stabmaterial geschmiedet bzw. gewalzt wird. Da das PM-Verfahren die Bildung von Makroseigerungen beseitigt, ist es möglich, noch höher legierte Werkzeugstähle herzustellen als auf schmelzmetallurgischem Wege.

Tabelle 7.4 Chemische Zusammensetzung gebräuchlicher Werkzeugwerkstoffe [7.1, 7.3]. *) schmelz- oder pulvermetallurgisch erzeugt

Werkstoff-gruppe	Werkstoffnummer DIN-Bezeichnung	C	Si	Mn	Cr	Mo	Ni	Co	V	W
Kalt-arbeitsstahl	1.2379 X155CrVMo12 1	1,55	0,4	0,4	12	0,7	-	-	1,00	-
	1.2767 X45NiCrMo4	0,45	0,2	0,4	1,35	0,25	4,00	-	-	0,50
	1.2842 90MnCrV8									
	1.2709 X3NiCoMoTi1895	0,03	0,1	0,15	0,25	5,0	18	9,25	-	-
	1.2369 81MoCrV4216	0,81	0,25	0,35	4,0	4,2	-	-	1,00	-
Warm-arbeitsstahl	1.2343 X38CrMoV 5 1	0,38	1,0	0,4	5,3	1,1	-	-	0,4	-
	1.2714 56NiCrMoV7	0,58	0,3	0,7	1,0	0,5	1,7	-	0,1	-
	1.2367 X40CrMoV5 3	0,4	0,4	0,45	5,0	3,0	-	-	0,9	-
	1.2344 X40CrMoV 5 1	0,4	1,05	0,4	5,25	1,35	-	-	1,0	-
	1.2713 55NiCrMoV6	0,55	0,25	0,65	0,7	0,3	1,65	-	0,1	
Schnell-arbeitsstahl	1.3343* S 6-5-2	0,9	0,45	0,4	4,15	5,0	-	-	1,81	6,35
	1.3207* S 10-4-3-10	1,3	0,45	0,4	4,15	3,75	-	10,5	3,25	10,25
	1.3205* S 6-5-3-9 PM	-	-	-	-	-	-	-	-	-
	1.3344* S 6-5-3	1,2	0,45	0,4	4,15	5,0	-	-	2,95	6,35

Tabelle 7.5 Werte für Härte, Druckfestigkeit, Zähigkeit, Verschleiß und Beschichtbarkeit gebräuchlicher Werkzeugwerkstoffe [7.1, 7.3] *) gilt nur in Längsrichtung; **) theoretische Werte lt. Stahlhersteller, praktisch $R_{p0.2} \leq 2800$ N/mm²

Werkstoffgruppe	Werkstoffnummer DIN-Bezeichnung	Härten HRC	Druckfestigkeit $R_{p0.2}$ [N/mm²] bei HRC max.	Bruchzähigkeit K_{IC} [MPa/m$^{1/2}$] bei HRC	Zähigkeits-Index	Verschleiß-Index	Beschichtbarkeit CVD	PVD
Kaltarbeitsstahl	1.2379 X155CrVMo2 1	56-62	2300	18/62	4	8	x	x
	1.2767 X45NiCrMo4	52-54	1800	53/54	10*	4	-	x
	1.2842 90MnCrV8	50-61	2200	19/60	6	6	x	x
	1.2709 X3NiCoMoTi1895	54	2300	-	9	6	x	x
	1.2369 81MoCrV4216	60-62	-	-	-	-	-	-
Warmarbeitsstahl	1.2343 X38CrMoV 5 1	50-54	2000	38/54	8	5	x	x
	1.2714 56NiCrMoV7	42-56	1900	-	8	4	-	-
	1.2367 X40CrMoV5 3	54-56	-	-	-	-	-	-
	1.2344 X40CrMoV 5 1	50-52	-	-	-	-	-	-
	1.2713 55NiCrMoV6	42-44	-	-	-	-	-	-
Schnellarbeitsstahl	1.3343 S 6-5-2	60-65	2800	20/63	4	9	x	x
	1.3207 S 10-4-3-10	63-65	3100**	-	-	10	x	x
	1.3205 PM30 S 6-5-3-9 PM	63-66	3500**	-	4	10	x	x
	1.3344 S 6-5-3	60-65	-	-	-	-	-	-

7.5.7 Härte und Zähigkeit

Die Eigenschaften Härte und Zähigkeit sind im allgemeinen gegensätzlich. Zähe Werkstoffe sind oftmals weniger hart, harte Werkstoffe oftmals spröde. Zähe Werkstoffe beispielsweise setzt man für dehnungsfähige Armierungsringe und für auf Wechselfestigkeit beanspruchte Matrizen ein. Harte Werkstoffe werden verwendet für Stempel, Gegenstempel oder Auswerfer für hohe Druckbelastungen und bei Verschleißbeanspruchung.

7.5 Werkzeugwerkstoffe

Wenn Zähigkeit und gute Verschleißfestigkeit gleichermaßen erforderlich sind, z.B. bei biegebeanspruchten Napf-Fließpressstempeln, werden in neuerer Zeit entwickelte PM-Werkstoffe, die sowohl eine hohe Oberflächenhärte, als auch gute Zähigkeit im Werkstoffkern aufweisen verwendet (Tab. 7.6). Daneben werden immer wieder neue Werkzeugwerkstoffe entwickelt und von Fließpressern für den eigenen Bedarf ausprobiert.

Tabelle 7.6 Werkstoffe mit besonderen Zähigkeits- und/oder Härteeigenschaften, u.a. nach [7.3]

gute Zähigkeit	gute Härte	gute Zähigkeit + gute Härte
1.2713, 1.2714	1.3207 schmelzmetallurg.	1.2379 „klassisch"
1.2709, 1.2767	1.3207 PM, z.B. CMP Rex M76	1.3343 „klassisch"
1.2343, 1.2344	1.3205 schmelzmetallurg.	1.3344 schmelzmetallurg.
1.2365 (Eht.: 6-8 mm)	1.3205 PM, z.B. ASP 30	1.3344 PM, z.B. ASP 23

7.5.8 Werkzeugherstellung

Man geht heute immer mehr dazu über, Werkzeuge durch Hochgeschwindigkeits-Hartdrehen und –fräsen fertigzubearbeiten (Abb. 7.3).

Abb. 7.3 Fließpressmatrize für die Gelenkkreuzherstellung, im harten Zustand bearbeitet. Bilder: Hatebur AG

Die erreichbaren Oberflächengüten sind teilweise so hoch, dass auf ein Schleifen und Polieren ganz verzichtet werden kann. Der klassische Weg – Drehen, Fräsen, Schleifen, Erodieren, Polieren – kostet viel Zeit. Oft fallen in der Produktion unvorhergesehen Werkzeugaktivteile wie Stempel, Matrizen, Dorne usw. aus, und es müssen in kurzer Zeit neue Werkzeuge bereitstehen, damit die Stillstandszeiten in der Fertigung möglichst kurz sind. So ist es heute üblich, am Lager gehärtete Werkzeug-Vorformen (meist Zylinder in gewissen maßlichen Abstufungen) vorzuhalten, die in kurzer Zeit durch Hartdrehen oder –fräsen auf die entsprechende Werkzeugkontur gebracht werden können.

7.5.9 Hartmetall

Hartmetalle sind pulvermetallurgisch durch Sintern hergestellte Werkstoffe. Ihr Einsatzgebiet liegt dort, wo sehr hohe Druckfestigkeiten auszuhalten sind (Tab. 7.7). Sie werden ferner dort eingesetzt, wo gegenüber Stahl die geringere elastische Einfederung aufgrund des höheren E-Moduls vorteilhaft wirken kann.

Hartmetall ist ein Zwei-Komponenten-Werkstoff aus Körnern von Wolfram-Karbiden (WC), eingelagert in eine Matrix aus Kobalt (Co). Kobalt ist ein Bindemittel und Wolfram-Karbid eine Metallkeramik. Optimal sind Wolfram-Karbide als Feinstkorn, mit einer Korngröße von 0,5 μm [7.3]. Feinstkorn-Hartmetalle gelten als ein Zukunftswerkstoff für Fließpresswerkzeuge [7.3]. Die Standmengen von Hartmetallwerkzeugen mit Feinstkorn können 5mal höher liegen als normales Hartmetall mit einer Korngröße von etwa 2,5 μm.

Tabelle 7.7 Hartmetallgüten für Fließpresswerkzeuge [7.3]

	G10	G15	G20	G30	G40	G50
WC [Gew.%]	94	91	88	85	80	75
Co [Gew.%]	6	9	12	15	20	25
Härte HV30	1600	1450	1300	1150	1000	850
E-Modul [N/mm^2]	630.000	600.000	585000	550.000	530.000	490.000
Druckfestigkeit [N/mm^2]	5500	5200	4800	4400	4000	3200
0,2%Dehngrenze [N/mm^2]	4200	3500	3000	2500	2000	1300
Biegefestigkeit [N/mm^2]	2500	2700	2900	3000	3000	2700
Bruchzähigkeit K_{IC} [MPa/m$^{1/2}$]	10	11,5	12,5	14	15	15,5

Die Härte von Hartmetall steigt mit abnehmender Korngröße, die Biegefestigkeit geht zunächst zurück und steigt dann wieder im Korngrößenbereich unter 1 μm stark an (Tab. 7.8).

Tabelle 7.8 Abhängigkeit der Hartmetallhärte und Biegefestigkeit von der Korngröße [7.3]

Korngröße	Härte HV30	Biegefestigkeit [N/mm^2]
$\leq 0,2$ µm	≥ 1950	-
0,2 – 0,5 µm	1670 - 1950	3940
0,5 – 0,8 µm	1500 – 1670	3370
0,8 – 1,3 µm	1300 – 1500	2620
1,3 – 2,5 µm	1180 – 1300	2810
2,5 – 6,0 µm	1060 – 1180	3000
$\geq 6,5$ µm	≤ 1060	-

Die Biegefestigkeit ist ein entscheidender Faktor für Hartmetalle, insbesondere wenn es um Zentrierdorne und Napf-Rückwärts-Fließpressstempel geht, die im allgemeinen auf Biegung beansprucht werden (Tab. 7.9). In Einzelfällen kann Hartmetall auch für die Halbwarmumformung als Werkzeugaktivwerkstoff eingesetzt werden. Hier ist zu bedenken, dass sich die Eigenschaften von Hartmetall bei Wärme ändern; das betrifft insbesondere die bei steigender Temperatur abnehmenden Werte für die Härte, Biege- und Druckfestigkeit. Zudem ist Hartmetall thermoschockempfindlich (vgl. Abschnitt 7.8). Kobalt hat einen dreimal größeren Wärmeausdehnungskoeffizienten als Wolframkarbid, das kann bei Erwärmung zu inneren Spannungen im Hartmetall führen.

Tabelle 7.9 Empfohlene Hartmetallsorten für Kaltfließpresswerkzeuge [7.6]

Werkzeugkomponente	Werkstoff
Fließpressstempel	G15, G20, G30
Stauchstempel	G20, G30, G40, G50
Matrizenkern	G30, G40, G50
Matrize zum Verjüngen	G20, G30, G40, G50
Abstreckmatrize	G10, G15, G20, G30
Abstreckstempel	G20, G30, G40

7.6 Ausfallerscheinungen bei Werkzeugen

Nachfolgend werden fünf Werkzeug-Ausfallerscheinungen unterschieden:
- Verschleiß (abrasiv, adhäsiv und gemischt)
- Ausbrüche
- Plastische Verformung
- Rissbildung, Bruch
- Kaltaufschweißungen

Die genannten Erscheinungen sind mechanischer Art. Sie werden durch hohe Spannungen im Werkstück-Werkzeugkontakt und durch die Reibung zwischen Werkzeug und Werkstück erzeugt. Bei jeder Werkzeuganwendung tritt z.B. Verschleiß auf. Je nach Werkzeuganwendung, Betriebsbedingungen und Werkstückstoffen können mehrere der genannten Ausfallerscheinungen gemeinsam auftreten.

7.6.1 Verschleiß

a. *Abrasiver Verschleiß:* Harte Partikel im Werkstückstoff (Oxide, Karbide) verursachen durch Mikropflügungen oder Mikrozerspanen ein Abtragen der Werkzeugoberfläche.

b. *Adhäsiver Verschleiß:* Es bilden sich lokalisierte Mikroaufschweißungen zwischen Werkzeug- und Werkstückoberfläche. Diese werden durch die Relativbewegung beim Werkzeugeingriff immer wieder aufgebrochen, wodurch fortwährend Teilchen aus der Werkzeugoberfläche herausgerissen werden. In der Folge kann Ermüdung einsetzen, wobei sich Mikrorisse bilden, die beginnen sich zu vertiefen und auszubreiten, und zu einem Ausbrechen von Werkzeugteilen oder zum Werkzeugbruch führen.

c. *Gemischter Verschleiß:* Treten abrasiver und adhäsiver Veschleiß parallel auf, spricht man vom gemischten Verschleiß.

7.6.2 Ausbrüche

Diese können bereits nach kurzem Werkzeugeinsatz auftreten. In den Aktivflächen des Werkzeugs bilden sich Mikrorisse, die sich fortsetzen und zu Ausbröckelungen führen. Gegen Ausbröckeln wirkt eine höhere Duktilität (Zähigkeit) der Werkzeugoberfläche.

7.6.3 Plastische Verformung

Diese findet statt, wenn die Fließgrenze des Werkzeugwerkstoffes überschritten wird. Plastische Verformung führt zu einer Veränderung der Werkzeugaktivflächenform, z.B. ein Aufstauchen oder Setzen. Abhilfe bietet ein Werkzeugwerkstoff mit höherer Druckfestigkeit und Härte. Optimal ist eine harte Werkzeugoberfläche und ein weicherer Werkzeugkern.

7.6.4 Rissbildung, Bruch

Risse und Brüche werden durch Werkstoffermüdung und durch Überlastung eingeleitet. Bei hartem Werkstoff breiten sich Risse schnell aus. Die Entstehung von Rissen wird durch Kerbwirkung (z.B. Schleif- und Bearbeitungsriefen, scharfe Radien oder Kanten) stark begünstigt (Abb. 7.4). Auch erodierte Oberflächen sind eine häufige Ursache für Ausfälle durch Werkzeugbruch. Widerstand gegen Risswachstum wird durch hohe Zähigkeit erreicht. Die Gefahr von Rissbildung wird ferner durch riefenfreies Polieren der Aktivwerkzeugflächen, –kanten und –radien bewirkt.

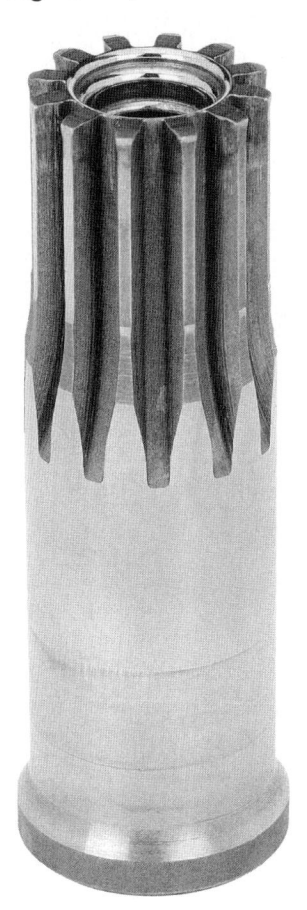

Abb. 7.4 Verwinkelte Fließpressstempelgeometrie. Bild: Hatebur AG

7.6.5 Kaltaufschweissungen

Diese treten bei der Verarbeitung weicher und/oder adhäsiver Werkzeugwerkstoffe auf. Sie entstehen als sich langsam fortsetzender Aufbau von abgelösten Werkstückstoffteilchen auf den Werkzeug-Aktivflächen. Eine niedrige Reibzahl hilft gegen Kaltaufschweissungen.

7.7 Werkzeugoberflächenbehandlung

Maßhaltigkeit und Oberflächenqualität am Pressteil werden vom Werkzeugverschleiß beeinflusst. Je geringer der Verschleiß ist, desto höher sind die Werkzeugstandzeiten bzw. Werkzeugstückmengen, vorausgesetzt, es tritt nicht vorzeitig Werkzeugbruch infolge von Überbelastung oder Ermüdung ein.

Zur Verminderung von Verschleiß kommen für Fließpresswerkzeuge zwei Gruppen von Oberflächenbehandlungen in Betracht (Abb. 7.5): Auflageschichten (z.B. Keramik-Hartstoffschichten wie Titannitrid TiN oder Titankarbid TiC, oder Auftragschweißen) und Reaktionsschichten (z.B. durch Nitrieren und Ionenimplantieren).

Werkzeugbeschichtungen

Reaktionsschichten	Auflageschichten
▷ Nitrieren	▷ Hartverchromen
▷ Borieren	▷ Vernickeln
▷ Vanadieren	▷ Aufschweißen
▷ Aufkohlen	▶ CVD-Verfahren
▷ Ionenimplantieren	▶ PVD-Verfahren

Abb. 7.5 Werkzeugbeschichtungen für Fließpresswerkzeuge

Für Kaltfließpresswerkzeuge haben sich besonders Keramik-Hartstoffschichten bewährt, die durch das CVD- und PVD-Verfahren aufgetragen werden (Abb. 7.6).

Voraussetzung für den Erfolg der Beschichtung ist gute Haftung zwischen Schicht und Trägerwerkstoff, der mit im allgemeinen hoher Härte und Druckfestigkeit eine ausreichende Stützwirkung bieten muss. In VDI 3198 wird empfohlen, die Arbeitsflächen vor dem Beschichten riefenfrei mit einer Rauhtiefe Rz < 1 µm zu polieren. Wichtig ist auch, die Teile nach dem Beschichten an den Funktionsflächen nochmals nachzupolieren!

Beschichteter Bereich

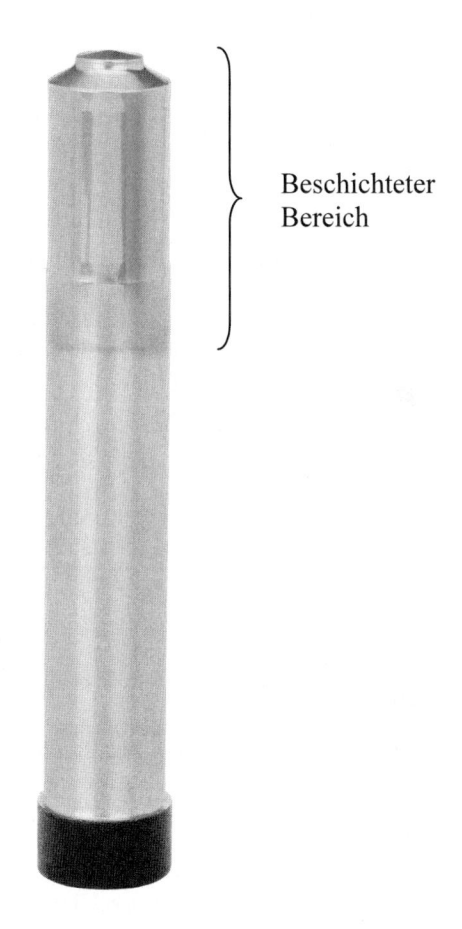

Abb. 7.6 Fließpressstempel mit titannitriertem Stempelkopf. Bild: Hatebur AG

7.7.1 Reaktionsschichten

Diese werden durch Diffusion oder Bestrahlungen mit aufhärtenden Legierungselementen in den Grundwerkstoff eingebracht. Es handelt sich damit um keine Auflageschicht, und es erfolgt auch keine Maßänderung der beschichteten Kontur.

Für Fließpresswerkzeuge gebraucht man bevorzugt Nitrierverfahren (Plasmanitrieren, Gasnitrieren). Dabei wird eine harte Randschicht mit gutem Verschleißwiderstand erzeugt. Allerdings sind die harten nitrierten Randschichten spröde. Werden die Werkzeuge Stößen oder starken Temperaturschwankungen ausgesetzt, neigen sie zum Ausbröckeln oder Abplatzen. Die Gefahr nimmt mit der Schichtdicke zu. Vor dem Nitrieren muss das Werkzeug gehärtet und angelassen werden. Die Nitrierschicht setzt die Adhäsion zwischen Stempel und Werkstückstoff herab.

Das Nitrocarburieren bewirkt Nitrierschichten, die normalerweise dünner und zäher sind und bessere Gleiteigenschaften besitzen. Weitere Reaktionsschichtverfahren sind das Borieren, Vanadieren (TD- und VC-Verfahren), Aufkohlen und Ionenimplantieren. Die erreichbaren Schichtdicken und Härten sowie Behandlungstemperaturen zeigt Tab. 7.10.

Tabelle 7.10 Kenndaten zu Reaktionsschichten und –verfahren

Verfahren	Temperatur [°C]	Schichtdicke[µm]	Härte HV
Nitrieren (Nitrocarburieren)	500-600	VS < 10 DS ~ 200	1100
Borieren	900	20-60	1900
Vanadieren	800-1250	4-10	3000
Ionenimplantieren	<200	<0,5	1500-2500

7.7.2 Auflageschichten

Die aufgebrachten Hartschichten sind üblicherweise (vgl. Tab. 7.11):

TiN	Titannitrid (goldgelbe Farbe)
TiC	Titankarbid
TiCN	Titancarbonitrid (violett bzw. braune Farbe)
TiAlN	Titanaluminiumnitrid (schwarze Farbe)
CrN	Chromnitrid
Diamant	synthetisch hergestellt

Die letztgenannten kristallinen Diamantschichten haben gute Eigenschaften, werden aber noch nicht verbreitet industriell genutzt, da sie sehr teuer sind. Es gibt verschiedene Methoden, die oben genannten Schichten aufzutragen. Für Kaltfließpresswerkzeuge haben sich besonders das CVD- und PVD-Beschichtungverfahren bewährt.

PVD (Physical Vapour Deposition) ist ein physikalisches Beschichtungsverfahren. Praxisrelevante Schichtdicken werden bereits bei Temperaturen von 300°C - 500°C erzielt (teilweise auch schon bei niedrigeren

7.7 Werkzeugoberflächenbehandlung

Temperaturen, z.B. bei 200°C). Der zu beschichtende Werkzeugstahl muss eine sehr hohe Anlassbeständigkeit haben. Die Schicht wird nach dem Härten und Anlassen aufgebracht. Es kommt zu keinem nennenswerten Maßverzug oder Härteverlust. Stempel und Dorne können eine Länge bis zum 20fachen ihres Durchmessers haben, ohne einen Mittenversatz von 0,01 mm zu überschreiten.

CVD (Chemical Vapour Deposition) ist ein chemisches Ausscheidungsverfahren, das bei Temperaturen von ca. 800°C - 1100°C durchgeführt wird. Das Verfahren ermöglicht dicke Schichten (> 10 μm). Nach dem CDV-Beschichten müssen die Werkzeuge gehärtet (bevorzugt sekundärgehärtet) und angelassen werden (in einem Vakuumofen). Bei diesem Verfahren besteht die Gefahr von Maßänderungen. Aus diesem Grund wird diese Methode nicht für Werkzeuge mit engen Maßtoleranzen empfohlen. Andernfalls müssen die Teile nach dem Beschichten nochmals gehärtet oder vergütet und an den Funktionsflächen auf Endmaß bearbeitet werden. Mit starken Krümmungen von Stempeln bzw. Dornen ist zu rechnen, wenn ihre Länge das 10fache des Durchmessers überschreitet. Wegen der Probleme mit den hohen Beschichtungstemperaturen gibt es neuere Entwicklungen, z.B. das Mitteltemperatur-CVD-Beschichten bei 700-850°C und das Plasma-CVD-Beschichten (P-CVD) bei 400 – 600°C.

Tabelle 7.11 Kenngrößen zu gängigen Hartstoffschichten [7.3, 7.5]

	TiN	TiC	TiCN	TiAlN	CrN	Diamant
Herstellungsverfahren	PVD/CVD	CVD	PVD	PVD	PVD	P-CVD
Schichtstärke [μm]	2 – 5	8 – 20	2 – 5	2 – 5	2 – 15 (30)	3 – 5
Mikrohärte HV0,05	~ 2300 ±400	3000 ±400	3000 ±400	2800 ±400	~ 1800 ±400	~ 6000 ±1000
E-Modul [N/mm²]	260000	320000	300000/ 260000			
Reibungskoeffizient gegen St, ungeschmiert	0,4	-	0,25	0,3	0,3	0,05
Einsatztemperatur [°C]	PVD: <450 CVD: >800	950 – 1100	< 350	< 600	< 600	< 600

Seit den 90er Jahren sind Multilayer-Beschichtungen eingeführt, z.B. eine 2er („Duplex"-) Beschichtung bestehend aus Nitrieren des Grundwerkstoffs (als Stützschicht) und Auftragen einer CrN-, TiC, TiN oder TiAlN-Schicht (als Deckschicht). Diese Mehrfachbeschichtungen haben zum

Ziel, einen kontinuierlichen Härteübergang zwischen weichzähem Kern und harter Außenhaut des Werkzeugwerkstoffes herzustellen. TiAlN-(Titanaluminiumnitrid)-Beschichtungen werden auch zum Halbwarmumformen und Pressen von Buntmetallen und Aluminium eingesetzt. Bei kohlenstoffhaltigen Schichten kann es dabei zu Kaltaufschweissungen beim Pressen von Aluminium kommen. Der Kohlenstoff z.B. in TiCN (Titancarbonitrid) vermindert die Reibung. Bei CrN-(Chromnitrid)-Beschichtungen wächst die Schichtdicke 3 – 10 µm pro Stunde. Diese Beschichtung wird für das Pressen von Aluminium bevorzugt eingesetzt. Ein geringer Reibwert der Schicht ist nicht immer vorteilhaft für das Fließpressen. Tab. 7.12 gibt Beispiele für gut beschichtbare Werkzeugstähle. Das gilt vor allem für Stähle mit ausgeprägtem Sekundärhärtemaximum [7.4].

Tabelle 7.12 Beispiele für gut beschichtbare Werkzeugstähle [7.5]

Werkstoff	Härte
1.2379	60-62 HRC
1.3207 schmelzmetallurgisch	63-65 HRC
1.3207 PM (z.B. CMP Rex M76)	63-65 HRC
1.3343 schmelzmetallurgisch	61-64 HRC
1.3343 PM	61-64 HRC
1.3344 PM (z.B. ASP23)	62-65 HRC
CPM REX M4	61-63 HRC
ASP 30	63-66 HRC
ASP 60	63-66 HRC

7.8 Werkzeugwerkstoffe für die Halbwarmumformung

Beim Halbwarmfließpressen ist der prinzipielle Aufbau der Werkzeuge ähnlich wie bei Kaltfließpresswerkzeugen; die Werkzeugwerkstoffe stammen jedoch größtenteils aus dem Bereich der Schmiedetechnik. Daher kommen vornehmlich Warmarbeitsstähle zum Einsatz. Kennzeichnend für Halbwarmfließpresswerkzeuge sind Kanäle und Düsen für die Werkzeugkühlung und Schmierung (Abb. 7.7). In der Kaltumformung werden Emulsionen verwendet, in der Halbwarmumformung wasserlösliche graphithaltige oder graphitfreie Kühl- und Schmierstoffe. Der Kühl- und Schmierzyklus kann über eine SPS-Steuerung einstellt werden; in Abb. 7.9 ist ein Steuerdiagramm eines Werkzeug-Kühlschmiersystems für ein mehrstufiges Halbwarmumformwerkzeug gezeigt. Die von der Steuerung angesteuerten Ventile sind als Baugruppen am Pressentisch und –stößel montiert (7.8).

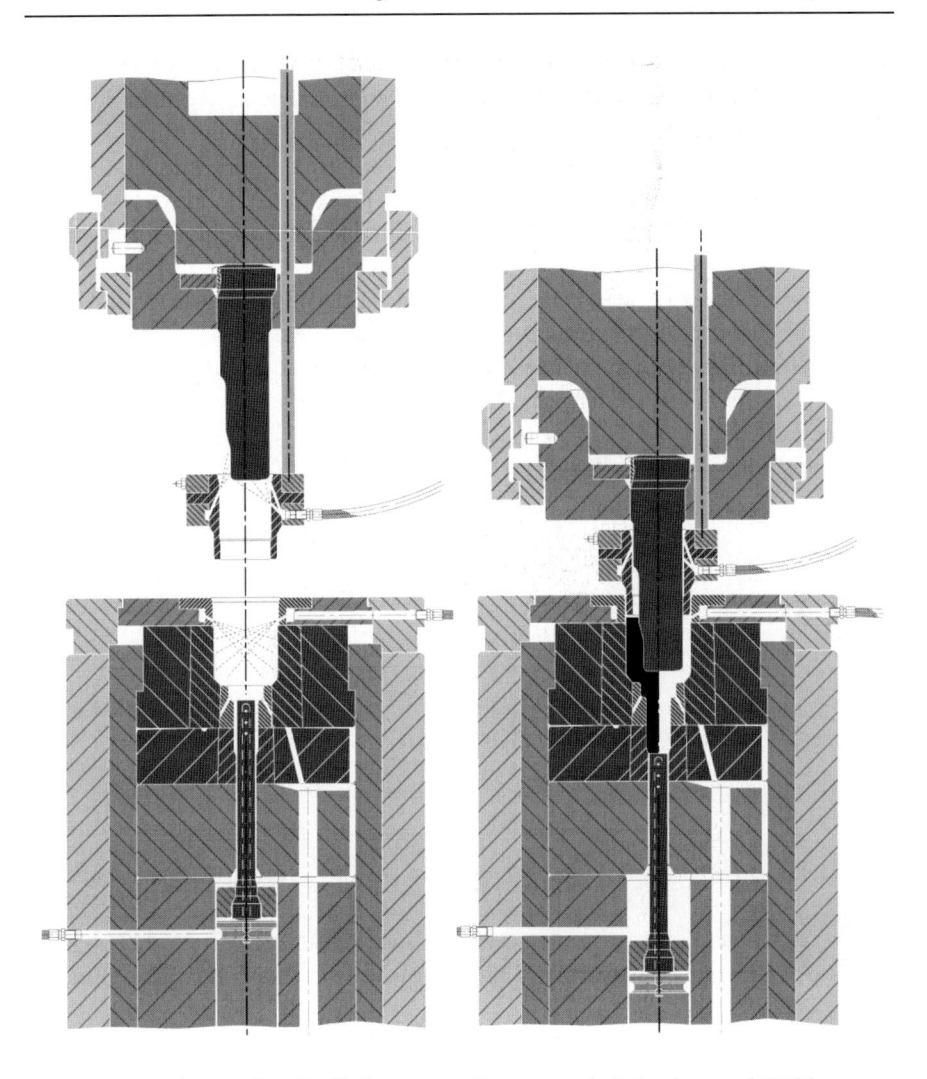

Abb. 7.7 Werkzeug für die Halbwarmumformung mit Schmier- und Kühlsystem. Bild: Schuler AG

Die abzuführende Wärmemenge beim Halbwarmumformen ist wesentlich geringer als beim Schmieden. Die Werkzeuge erreichen Durchschnittstemperaturen von 150°C – 200 °C. Durch die Kühlung liegen die Temperaturen weit unterhalb von 100°C. Beim Einsatz von Schließvorrichtungen zum Halbwarmfließpressen können die Temperaturen allerdings an der Werkzeugoberfläche kurzzeitig kritische Werte von ca. 550°C erreichen, so dass die Werkzeugwerkstoffe in den Anlassbereich geraten können [7.2].

Abb. 7.8 Kühlschmiersystem: Ventile und Schläuche im Werkzeugraum. Bild: Schuler AG

7.8 Werkzeugwerkstoffe für die Halbwarmumformung

In der Halbwarmumformung kommen vornehmlich Warmarbeitsstähle zum Einsatz mit den wichtigen Legierungselemente Cr, Mo, W, V und Ni bei Kohlenstoffgehalten von 0,3 – 0,6%. Für höchste Anforderungen an die Anlaß- und Wärmebeständigkeit wird noch Co zulegiert.

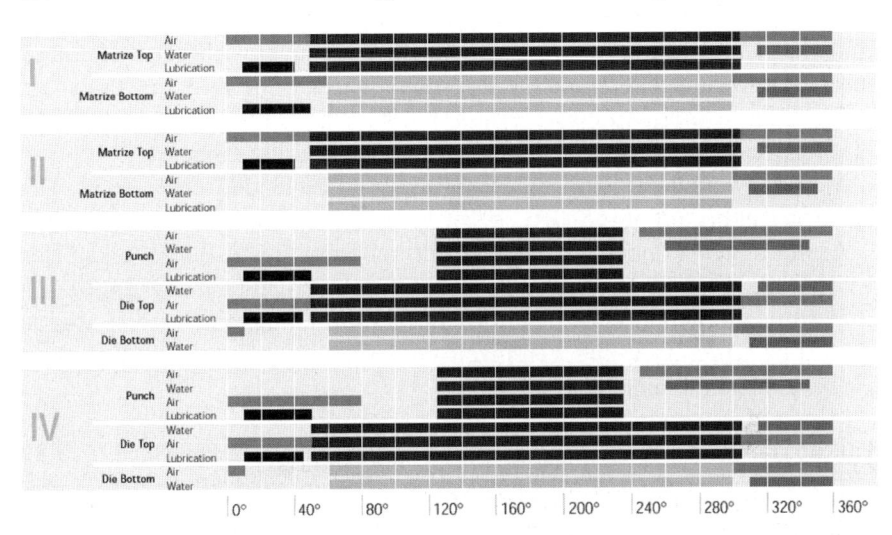

Abb. 7.9 Steuerdiagramm eines Werkzeug-Kühlschmiersystems für die Halbwarmumformung. Der Kühl- und Schmierzyklus ist über eine SPS-Steuerung einstellbar. Bild: Schuler AG

Für Pressstempel werden als Werkzeugwerkstoffe die Warmarbeitsstähle 1.2365, 1.2367 und 1.2622 eingesetzt. Sie stellen Kompromisse bezüglich der Anforderungen der Härte und Temperaturbeständigkeit dar. Beispielsweise besitzt der 1.2622 nach dem Anlassen mit 500°C ca. 57 HRC ($\approx$ 2160N/mm²), bei 550°C ca. 56 HRC und bei 700°C nur noch ca. 46 HRC. D.h., bei höheren Temperaturen fällt die Festigkeit sehr ab, bei Anlasstemperaturen von 500°C - 550°C besitzt der Werkstoff noch gute Festigkeit und kann relativ hohen Flächenpressungen standhalten. Es sollte grundsätzlich darauf geachtet werden, dass die Oberflächentemperatur am Werkzeug die Anlasstemperatur nicht erreicht.

Erfolgt eine gezielte Kühlung und Schmierung, kann ein Härteabfall durch Werkzeugüberhitzung verhindert werden und es können als Stempelwerkstoff auch Kaltarbeitsstähle (z.B. der 1.2369) und Schnellarbeitsstähle Verwendung finden. Beispielsweise ist der 1.3343 mit einer Härte von HRC 60 - 62 einsetzbar, wenn auf eine gleichmäßige Dosierung von Kühlung und Schmierung geachtet wird. Ist dies nicht sichergestellt, kann es bei hohen Flächenpressungen schnell zum Aufstauchen der Fließpressstempel kommen; gute Werkzeugstandmengen sind 20.000 Teile [7.8]. Kalt- und Schnellarbeitsstähle sind beim Einsatz von Wasser/Graphit-Dispersionen warmrissempfindlich; die Oberflächentemperaturen dürfen nicht zu hoch sein und der Werkstoff darf nicht schroff abgekühlt werden.

Pulvermetallurgische Werkstoffe für Fließpressstempel werden bei der Halbwarmumformung kaum verwendet: gegenüber schmelzmetallurgischen Werkzeugstählen sind sie 4-5mal so teuer, ohne dass mit ihnen ein wesentlicher Vorteil zu erreichen ist. Vereinzelt wird der ASP 23 für hohe Flächenpressungen bei guter Kühlung und Schmierung eingesetzt.

Matrizenwerkstoffe sind z.B. der 1.2344, 1.2343 und der 1.2622. Der 1.2767 kann bis auf 56-58 HRC gehärtet sein.

Armierungen können wie beim Kaltfließpressen mit den Werkstoffen 1.2713, 1.2714, 1.2343 oder 1.2344 ausgeführt werden (Tab. 7.13).

Hartmetalle haben zwar Thermoschockempfindlichkeit, werden aber in der Halbwarmumformung vereinzelt eingesetzt. Verwendet werden dann die harten Haltmetallsorten.

Tabelle 7.13 Werkzeugwerkstoffauswahl für das Halbwarmfließpressen [7.7, 7.8]

Werkzeugkomponente	Werkstoff	Härte
Stempel	1.2367	52-54 HRC
	1.2369	52-54 HRC
	1.2622	54-56 HRC
	1.3343 (Warmrißgefahr)	60-62 HRC
Matrizenkern	1.2767	52-54 HRC
	1.2622	54-56 HRC
	1.3343 (Warmrißgefahr)	58-60 HRC
	1.2344	52-54 HRC
	1.2343	52-54 HRC
Matrizenarmierung	1.2713	42-44 HRC
	1.2714	42-44 HRC
	1.2343	46-48 HRC
	1.2344	46-48 HRC

Werkzeuge für das Halbwarmfließpressen werden nitriert oder durch Aufschweißen gegen Verschleiß beschichtet. CVD- und PVD-Beschichtungen sind unüblich; diese Beschichtungen würden aufgrund der geringeren Härte der Werkzeuggrundwerkstoffe schnell einbrechen und ihre Wirkung verlieren.

Literatur

[7.1] Knörr M (1996) Auslegung von Massivumformwerkzeugen gegen Versagen durch Ermüdung. Dissertation. Bericht Nr. 124 aus dem Institut für Umformtechnik. Springer-Verlag
[7.2] Körner E, Schöck J (1994) Anlagen und Verfahren zum kombinierten Halbwarm- und Kaltfließpressen. Journal of Material Processing Technology 46 (1994), pp. 227-237
[7.3] Schmid H (2003) Einführung in die Massivumformung. Lehrgang. Technische Akademie Esslingen
[7.4] Persönliche Mitteilung (2006) Schmidt Th. Firma Uddeholm
[7.5] Eversberg K-R (1993). Verschleißschutzschichten auf Werkzeugen für die Kaltmassivumformung. Neuere Entwicklungen in der Massivumformung. DGM Informationsgesellschaft
[7.6] ICFG (1982) Doc. No. 4/82
[7.7] Autorenkollektiv (1996) Handbuch der Umformtechnik, Fa. Schuler Pressen Göppingen, Springer-Verlag
[7.8] Persönliche Mitteilung (2007) Dr.-Ing. D. Boos

8 Werkzeuge

8.1 Einleitung

Der Werkzeugkonstruktion für ein neues Fließpressteil geht die Verfahrensentwicklung und Stadienplanentwicklung voraus. Durch die Festlegungen im Stadienplan sind die geometrischen Abmessungen und formgebenden Arbeitsflächen für die einzelnen Pressstufen an sich bestimmt (vgl. Kap. 6). Bei der Konstruktion von Fließpresswerkzeugen für ein neues Fließpressteil steht in der praktischen Routine im Allgemeinen nicht die Auslegung des gesamten Werkzeugaufbaus neu an, sondern es kann auf vorhandene Werkzeugpläne ähnlicher Pressteile zurückgegriffen werden, so dass es sich im allgemeinen um Anpassungs- bzw. Änderungskonstruktionen handelt.

Analog dazu kann in der Werkstatt im allgemeinen auf einen Fundus an vorhandenen Werkzeuggestellen und Werkzeugkomponenten wie Druckplatten, Auswerferstifte, Hülsen, Spannringe, Scheiben verschiedenen Durchmessers und Dicken usw. zurückgegriffen werden, die immer wieder für unterschiedliche Pressteile verwendbar sind.

Die Konstruktion und Fertigung neuer Werkzeugkomponenten beschränkt sich somit im Wesentlichen auf die sog. Aktivteile. Das sind die formgebenden Werkzeugelemente, z.B. Matrizen, Stempel, Dorne und Auswerfer. Sie müssen für jedes Pressteil neu ausgelegt und hergestellt werden. Die Aufgabe des Konstrukteurs besteht nun darin, diese Werkzeugkomponenten so zu konstruieren, dass sie sowohl eine hohe Standmenge beim Pressen erreichen als auch möglichst wirtschaftlich gefertigt werden können. Denn an den Herstellungskosten eines fertigen Pressteils spielen die laufenden Werkzeugverbrauchskosten eine erhebliche Rolle. Die erreichbaren Werkzeugstandmengen werden begrenzt durch Überlastungsrisse oder Ermüdungsbrüche und den Verschleiß; die Verschleißsicherheit der Presswerkzeuge ist abhängig vom gewählten Werkzeugwerkstoff, seiner Härte, der Oberflächenrauhigkeit der formgebenden Arbeitsflächen und von der Beanspruchung. Die Eigenschaften des Werkstückwerkstoffes sowie die Werkzeugschmierung und ggf. -kühlung sind weitere Einflussfaktoren, die bei der Konstruktion der Presswerkzeuge berücksichtigt werden müssen.

Neben den verfahrenstechnischen Notwendigkeiten bei der Werkzeugkonstruktion sind die betrieblichen Rahmenbedingungen zu berücksichtigen, beispielsweise die Entscheidung, auf welchen vorhandenen oder gegebenenfalls neu anzuschaffenden Maschinen das Fließpressteil gefertigt werden soll. Relevant für die Pressenauswahl sind z.B. die Werkzeugeinbauhöhe, Stößelverstellung, Tisch- und Stößelfläche, vorhandene Auswerfer im Tisch und/oder Stößel sowie die Klärung der Rohteilzu- und Werkstückabfuhr. Vertikale ein- oder mehrstufige hydraulische Pressen bedingen beispielsweise andere Transporteinrichtung als ein- oder mehrstufige horizontale mechanische Pressen (vgl. Kap. 9).

Nachfolgend wird auf das prinzipielle Vorgehen und auf Grundsätze bei der Konstruktion von Fließpresswerkzeugen eingegangen. Das geschieht am Beispiel eines einfachen aber prinzipiell vollständigen *einstufigen Werkzeugs* für das Kaltfließpressen - der prinzipielle Werkzeugaufbau beim Halbwarmfließpressen ist dem für das Kaltfließpressen sehr ähnlich. Hat man diese Gestaltungsprinzipien einmal verstanden, befähigt das dazu, auch komplizierte mehrstufige Umformwerkzeuge zu begreifen und an ihrer Gestaltung kreativ mitzuwirken (Abb. 8.1).

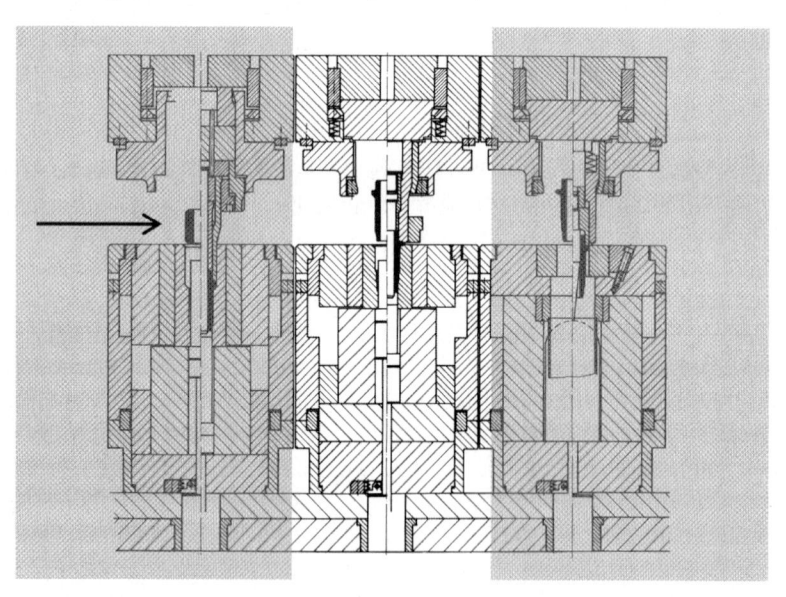

Abb. 8.1 Fokussierung dieses Kapitels auf den prinzipiellen Aufbau einstufiger Fließpresswerkzeuge als Einzelbestandteil von Mehrstufenwerkzeugen [8.1]

8.2 Werkzeugbestandteile

Die Grundbestandteile eines Fließpresswerkzeuges sind

- Gestellteile
- Einbauteile
- Aktivteile.

Diese Systematik gilt für alle Fließpresswerkzeuge. Abb. 8.2 zeigt die Werkzeugkomponenten für das Hohl-Vorwärts-Fließpressen, Abb. 8.3 für das Napf-Rückwärts-Fließpressen.

Aktivteile:
Diese stehen während der Umformung in direktem Kontakt mit dem Umformteil, sind „aktiv" in das Umformgeschehen eingebunden und unterliegen Bruch und Verschleiß. In Abhängigkeit von der Abnutzung müssen sie regelmäßig ausgetauscht werden (zur Nacharbeit oder Neuanfertigung). Typische Aktivteile sind Matrizen, Stempel, Auswerfer, Dorne und Abstreiferelemente.

Einbauteile:
Diese leiten den Kraftfluss durch das Gesamtwerkzeug und sind „hinter" den Aktivteilen lokalisiert. Sie fassen die Aktivteile ein, stützen sie direkt oder indirekt ab. Man unterscheidet (press-)teileabhängige und (press-) teileunabhängige Einbauteile. Die teileunabhängigen Einbauteile liegen weiter weg von den Aktivteilen; sie können auch für andere Werkzeuge verwendet werden. Die teileabhängigen Einbauteile besitzen Anschlussmaße zu den Aktivteilen und müssen dementsprechend gestaltet sein; sie können nur in Einzelfällen auch für andere Werkzeuge verwendet werden. Einbauteile unterliegen nur geringfügig Überlastungen und Verschleiß. Klassische Einbauteile sind Druckplatten, Druckstücke, Hülsen, Einfassungen.

Gestellteile:
Diese dienen zur Aufnahme der Aktiv- und Einbauteile. Die Gesamtheit der Gestellteile bildet das Werkzeuggestell. Im Werkzeuggestell sind die Einbau- und Aktivteile des Ober- und Unterwerkzeuges Hilfe von Säulen geführt und zueinander für den Einbau in die Presse zentriert. Das Werkzeuggestell ist universell konstruiert zur Herstellung unterschiedlicher Fließpressprodukte geeignet. Die Gestelle variieren in Größe und Ausführung entsprechend der Gewichts-, Funktions- oder Presskraftklasse des Fließpressteils.

Die geometrische Auslegung der Aktiv- und Einbauteile im Werkzeuggestell sollte der parabolischen Kraftverteilung im Werkzeug folgen. Vereinfacht kann von einem Kraftverteilungskegel mit einem Öffnungswinkel von 60° ausgegangen werden (Abb. 8.5).

Gestellteile
Einbauteile
Aktivteile

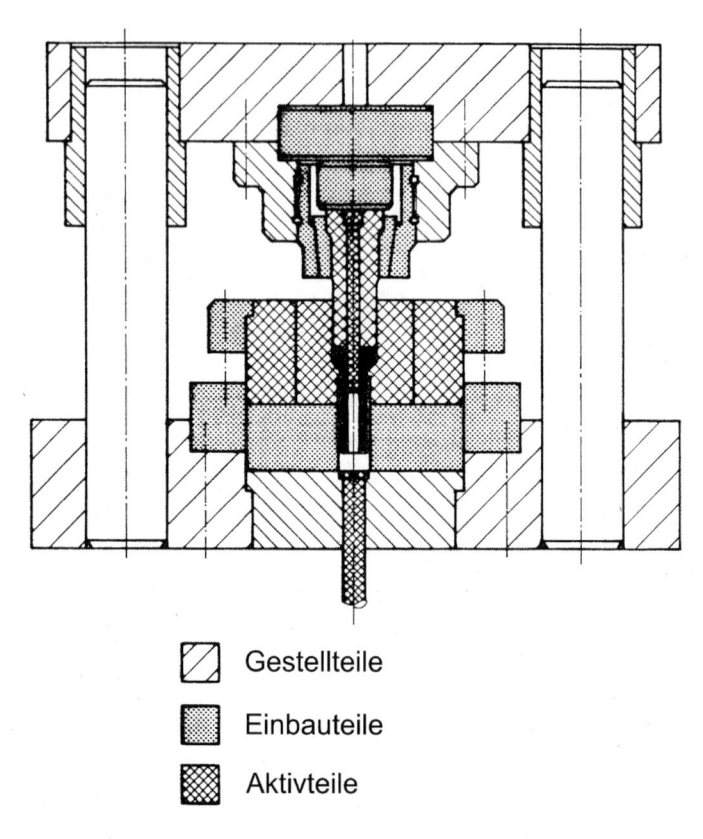

Abb. 8.2 Werkzeugteile eines Hohl-Vorwärts-Fließpresswerkzeugs [8.2]

Gestellteile

Einbauteile

Aktivteile

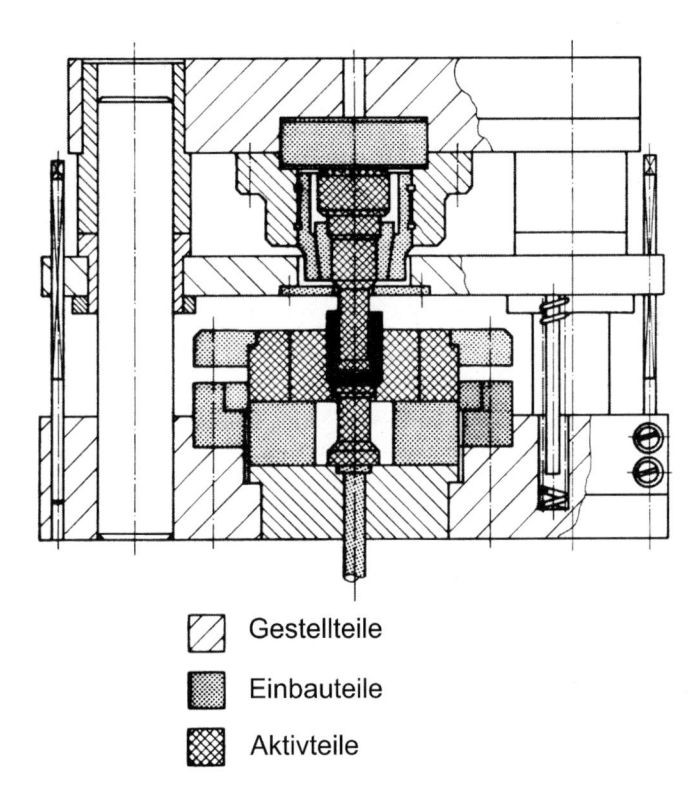

Abb. 8.3 Werkzeugteile eines Napf-Rückwärts-Fließpresswerkzeugs (mit Abstreiferbrücke) [8.2]

Die Aktivteile werden mit zunehmendem Abstand vom Werkstückkontakt breiter, ebenso die Druckstücke im Kraftfluss (Abb. 8.5). Einerseits kann damit der Kraftfluss umgelenkt werden um notwendige Hohlräume für Auswerferstifte oder Dorne. Andererseits wird die Kraft auf eine größere Fläche verteilt, wodurch sich die Flächenpressungen vermindern. Druckstücke und Scheiben im hinteren Bereich des Werkzeugs können mit geringeren Härten und kostengünstigeren Werkstoffgüten gefertigt werden. Sind hohe Presskräfte zu erwarten, ist an die Durchbiegung der Werkzeuggrundplatte oder sogar des Pressentisches bzw. –stößels zu denken. Gegebenenfalls muss eine ausreichend dicke Aufspannplatte gewählt werden, damit die Kräfte großflächig in den weicheren Pressentisch und Stößel eingeleitet werden. Eindrücke oder Abplatzungen an diesen Teilen der Pressen sind nur mit großem Aufwand zu reparieren und stören die Fertigungsgenauigkeit für andere Fertigungen. Meist sind im Pressentisch und –stößel relativ große Öffnungen für Auswerferstifte vorhanden, so dass auch hier die Aufspannplatte eine „Brückenfunktion" bei der Kraftverteilung übernimmt.

Die Verschraubung der Grundplatte mit dem Pressentisch bzw. -stößel muss so erfolgen, dass Rückzugskräfte, die beim Umformen auf die Aktivteile wirken (z.B. beim Napf-Rückwärts-Fließpressen), nicht zum Abheben des Werkzeuggestells führen (siehe Abb. 8.4).

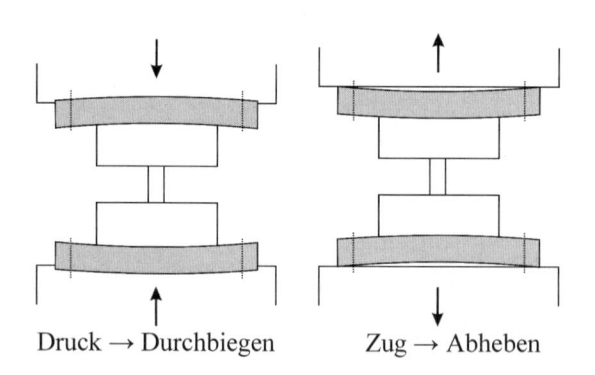

Druck → Durchbiegen   Zug → Abheben

Abb. 8.4 Gefahr der Durchbiegung und des Abhebens von Gestellteilen bei hohen Press- und Rückzugskräften

In den Kraftfluss kann eine Kraftmessdose eingebaut werden, um die tatsächlich auftretenden vertikalen Kräfte (Zug- und/oder Druckkräfte) messtechnisch zu erfassen (vgl. Beispiel Kraftmessdose, Abb. 8.6).

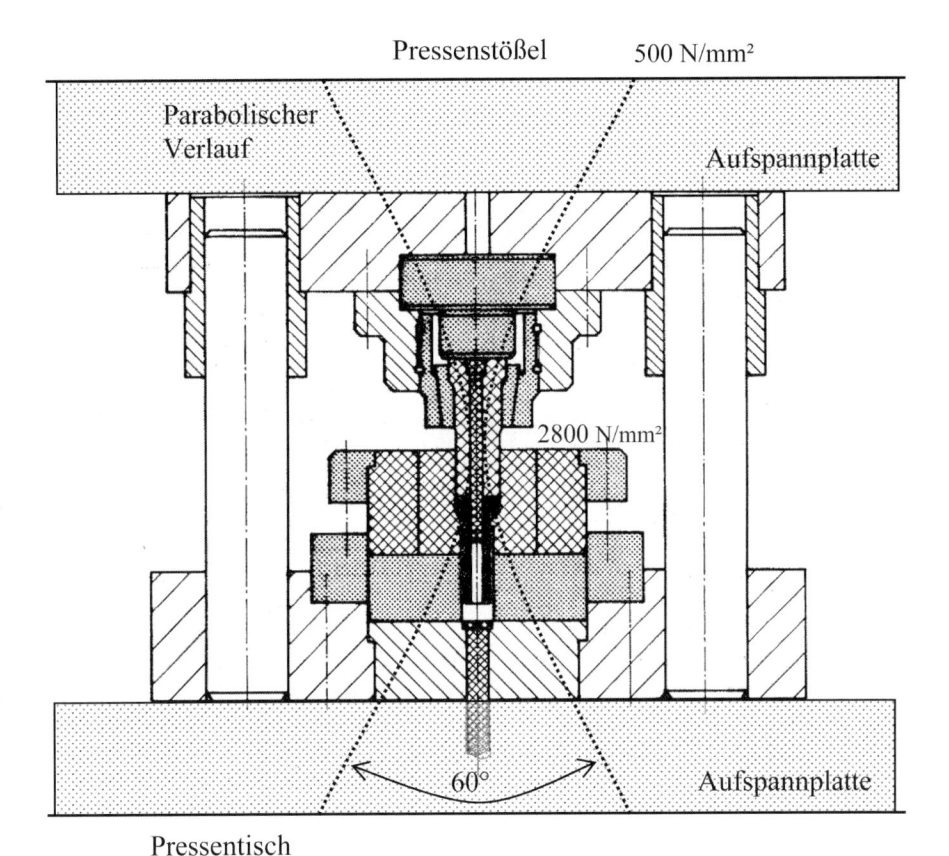

Abb. 8.5 Kraftverteilung in einem Fließpresswerkzeug mit Aufspannplatte zur Verminderung der Flächenpressung auf Pressentisch und –stößel.

8 Werkzeuge

Beispiel. Kraftmessdose

Gegeben ist die in Abb. 8.6 dargestellte Einbausituation einer Kraftmessdose in einem Werkzeug zum Napf-Rückwärts-Fließpressen. Sie besteht aus dem Werkstoff 1.2379 (X155CrVMo121) und ist gehärtet (HRC 58 – 60). Die Druckfließgrenze des Werkstoffs beträgt $R_{p0,2} \approx 1700$ N/mm², der E-Modul 210.000 N/mm². Bei einer maximal zulässigen Dehnung von ε_{max} = 2‰ sind der mittlere Durchmesser d_m sowie die Druckspannung σ_d auf die Kraftmeßdose bei einer maximalen Presskraft von F_{max} = 2000 kN gesucht.

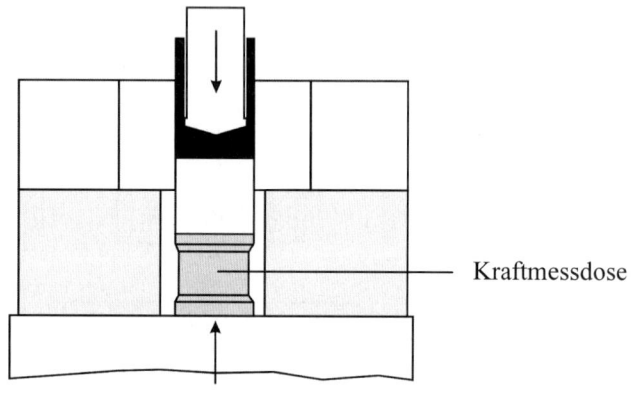

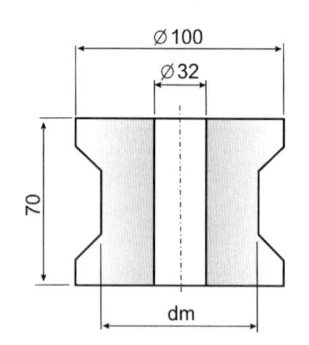

Abb. 8.6 Kraftmessdose mit Durchgangsbohrung für Auswerfer

Lösung: $\sigma = E \cdot \varepsilon = F/A$ (1), $A = \pi/4 \, (d_m^2 - d_i^2)$ (2)

(2) in (1): $d_m = \sqrt{\dfrac{4F}{\pi \varepsilon E} + d_i^2} \approx 80$ mm

$\sigma_d = \dfrac{F}{A} = \dfrac{4 \cdot 2 \cdot 10^6 \, N}{\pi \left(80^2 - 32^2\right)} = 473$ N/mm² ($\ll$ 1700 N/mm²)

8.2.1 Gestellteile

In Abb. 8.7 sind die Gestellteile eines Fließpresswerkzeuges dargestellt, ebenso typischerweise verwendete Werkzeug-Werkstoffgüten.

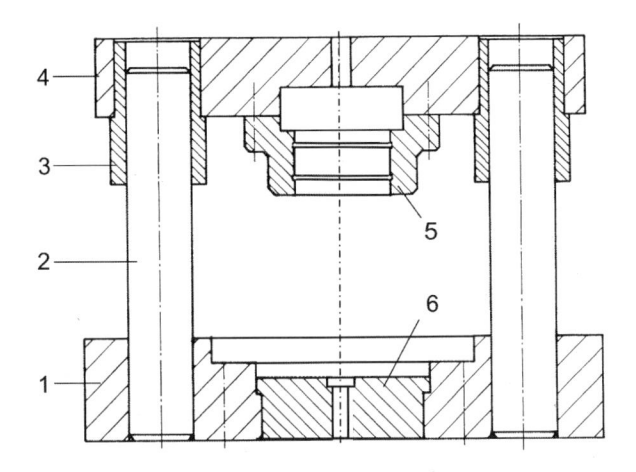

1	Grundplatte	1.2714, vergütet, 1480 N/mm²
2	Säule	1.2764, einsatzgehärtet, 58-60 HRC, Eht. 0,8mm
3	Hülse	G-CuSn 12
4	Kopfplatte	1.2714, vergütet, 1480 N/mm²
5	Aufnahme	16MnCr5, einsatzgehärtet, 58-60 HRC, Eht. 1mm
6	Druckplatte	1.2344, gehärtet, 54-56 HRC

Abb. 8.7 Werkzeuggestellteile (Eht. = Einhärtetiefe)

Die Geometrie eines Werkzeuggestells soll für verschiedene Fließpressteile unverändert bleiben. In Fließpressbetrieben sind deshalb im allgemeinen Werkzeuggestelle in verschiedenen Größenabstufungen für unterschiedliche Gewichts-, Funktions- oder Presskraftklassen von Fließpressteilen (Abb.8.8) vorhanden. Die Werkzeuggestelle sind ferner den maschinen- und betriebsspezifischen Rahmenbedingungen angepasst, zum Beispiel dem Werkzeugeinbauraum einer Presse (liegende oder stehende Bauweise) oder der Mehr- bzw. Einstufigkeit des Arbeitsablaufes. Im allgemeinen sind Werkzeuggestelle Eigenkonstruktionen der Fließpressbetriebe. Manche Pressen verfügen über keine oder über eine nur begrenzte Stößelverstellung. In solchen Fällen ist in den Gestellen eine entsprechende Höhenverstellung vorgesehen. Meistens sind dies

Keilschiebersysteme, die in das Oberwerkzeug integriert sind und über welche die Aktivteile werkzeugintern in vertikale Richtung verschoben werden können.

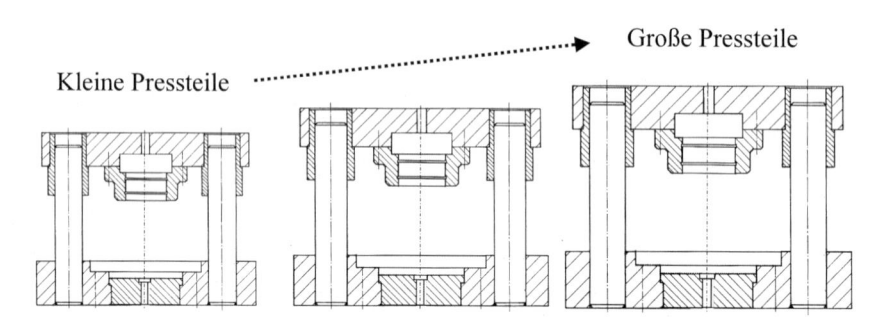

Kleine Pressteile ················▶ Große Pressteile

Abb. 8.8 Werkzeuggestellte unterschiedlicher Größenabstufung

Die Säulenführungen an den Gestellen haben nicht nur die Aufgabe, Ober- und Unterwerkzeug miteinander zu führen und zu zentrieren, sondern haben auch eine wichtige Funktion beim Ein- und Ausbau in die Presse. Ungenauigkeiten der Pressenstößelführung oder ineinander greifender Werkzeugteile beispielsweise können jedoch damit nicht oder nur sehr geringfügig kompensiert werden.

Bei der Auslegung der Werkzeuggestellteile sind die Anschlussmaße zur Presse maßgebend. Hierfür wichtige Dimensionen sind (vgl. Abb. 8.9 und 8.10):

- Auswerferbohrungsabstände (Tisch und Stößel)
- Werkzeugeinbauhöhe
- Stößelhub
- Auswerferhub (Tisch und Stößel)
- T-Nutenabstände und –abmessungen (Tisch und Stößel)
- Zentrierbohrungen (Tisch und Stößel)

Die Werkzeugeinbauhöhe ist der Abstand zwischen Pressentisch und Pressenstößel, im unteren Totpunkt (UT) des Stößels mit Stößelverstellung oben, d.h. in der hinteren Endlage. Sind auf dem Pressentisch und/oder –stößel Aufspannplatten angebracht, verringern diese die Einbauhöhe entsprechend ihren Dicken.

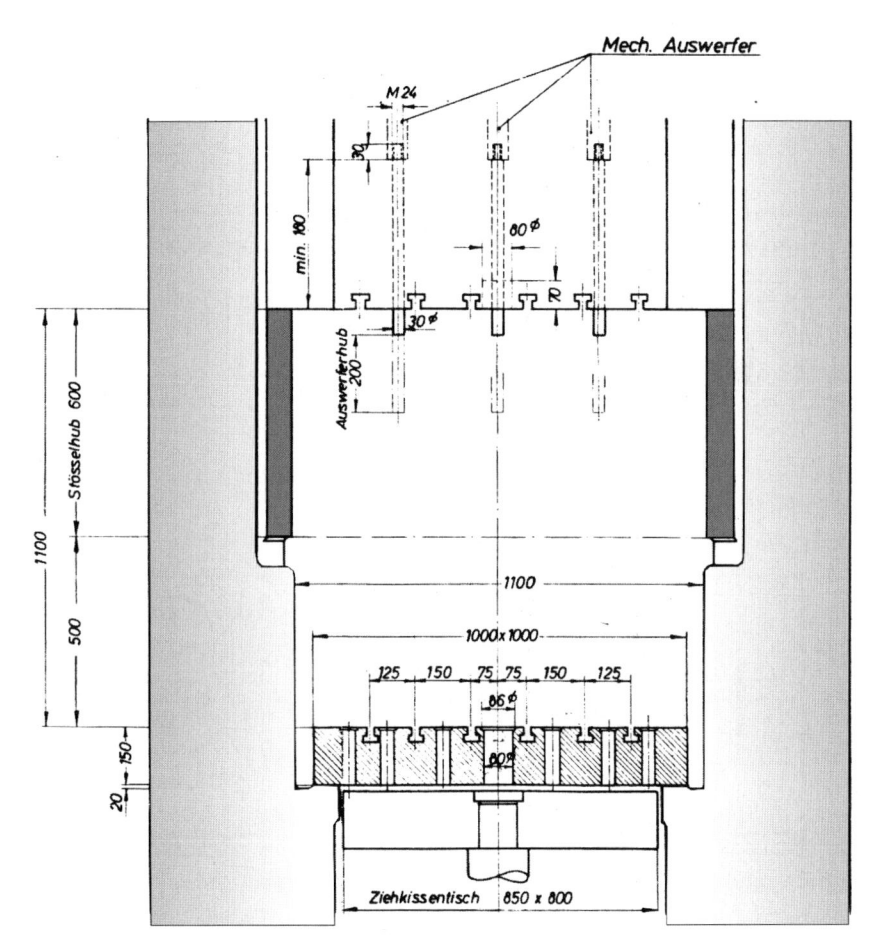

Abb. 8.9 Presseneinbauraum [8.3]

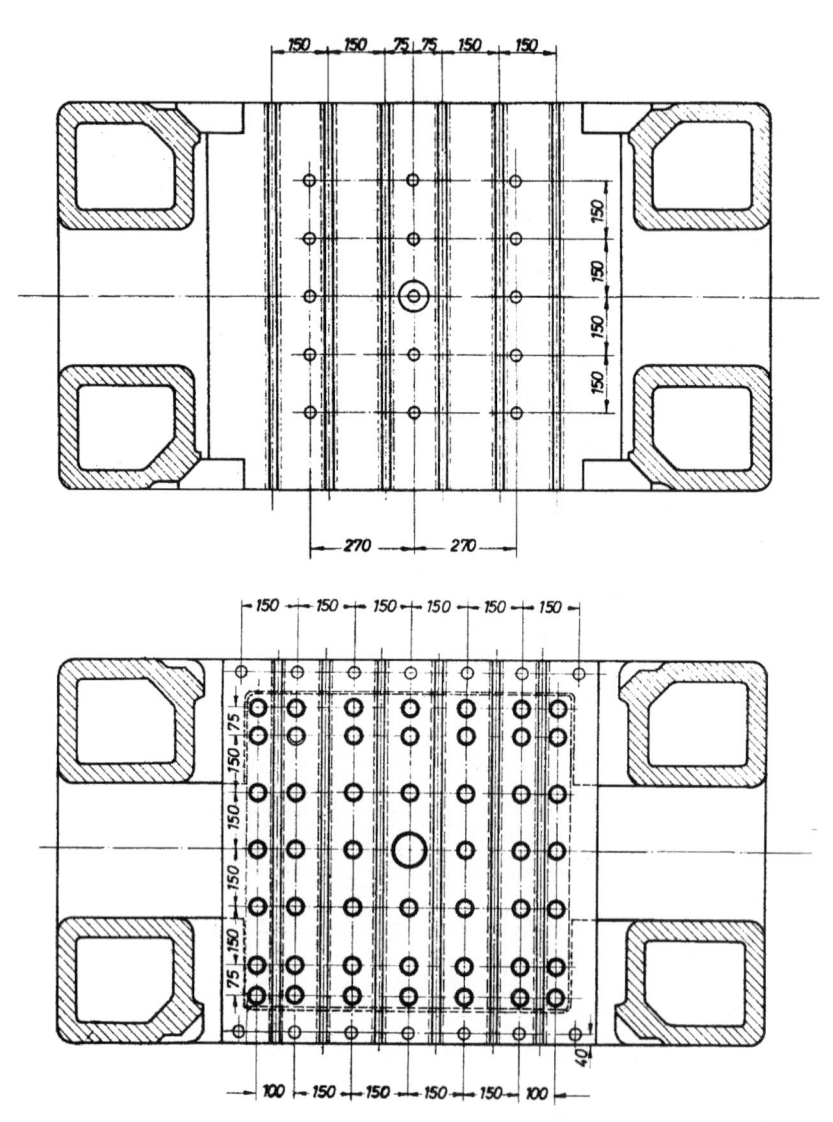

Abb. 8.10 Stößeltisch (oben) und Pressentisch (unten). T-Nuten und Auswerferbohrungen [8.3]

8.2.2 Einbauteile

In Abb. 8.11 sind die Werkzeug-Einbauteile hervorgehoben. Ein wichtiges Einbauteil sind die Druckplatten. Sie haben die Funktion, die Last hinter dem Stempel oder der Matrize aufzunehmen und weiterzuleiten. Dafür ist eine ausreichende Plattendicke und –härte erforderlich. Die Platteneinfederung unter Last sollte minimal sein, damit die Aktivteile unter Last nicht zurückweichen, und am Pressteil Einfederungsmarken oder mangelnde Maßhaltigkeit hervorgerufen werden. Die Werkstoffe sollten eine Druckfestigkeit bis 1700 N/mm² aufweisen. Die Auslegung und Wahl der Werkstoffe für Druckplatten kann nach VDI 3186 erfolgen; in Abb. 8.11 sind Werkstoffbeispiele genannt. Im allgemeinen sind Druckplatten nicht dünner als 0,8 x D (D=Plattendurchmesser); vgl. Beispiel Druckplatte (Abb. 8.12). Bei der Auslegung ist auf die Einhaltung von Formtoleranzen, insbesondere auf die Parallelität und Rechtwinkligkeit der Platten, zu achten. Oftmals verlaufen Führungsbohrungen für Auswerferstifte durch die Druckplatten. In vielen Fällen haben sie enge Maßtoleranzen (z.B. Ø 12 H7), damit die Stifte länger werden können als nach der Euler-Knickung für ungestützte, frei stehende Stifte.

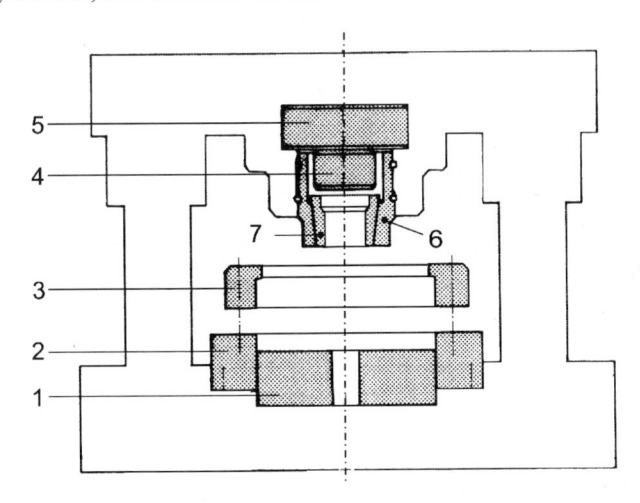

1	Druckplatte	1.2379, gehärtet, HRC 58 - 60
2	Zentrierring	16MnCr5, einsatzgehärtet, 58-60 HRC, Eht. 0,8 mm
3	Spannring	16MnCr5, einsatzgehärtet, 58-60 HRC, Eht. 1 mm
4	Druckstück	1.2379, gehärtet, HRC 58 - 60
5	Druckstück	1.2379, gehärtet, 58-60HRC
6	Aufnahme	16MnCr5, einsatzgehärtet, 58-60 HRC, Eht. 1 mm
7	Hülse	16MnCr5, einsatzgehärtet, 58-60 HRC, Eht. 0,8 mm

Abb. 8.11 Werkzeug-Einbauteile

Mit dem Spannring wird die Matrize über Schrauben mit dem darunter liegenden Druckstück gegen das Werkzeuggestell bzw. den Pressentisch verspannt, so dass sich der Matrizenverband beim Pressen nicht verdrehen oder verschieben kann. Die Vorspannung muss so groß sein, dass sich unter Presslast kein Spalt zwischen den Werkzeugkomponenten bilden kann. Der Spannring verhindert auch ein Abheben der Matrize beim Auswerfen des Pressteils.

Die Zentrierung der Matrize erfolgt über den gehärteten Zentrierring, der im Außen- und Innendurchmesser entsprechend eng toleriert sein muss. Im allgemeinen werden einheitliche Spann- und Zentrierringe eingesetzt, so dass sie für unterschiedliche Matrizen verwendbar sind. Für eine Gruppe von Fließpressteilen ergeben sich danach Matrizen gleichen Aussendurchmessers. Da sich aber der Matrizenaußendurchmesser über den Innendurchmesser und den Umforminnendruck errechnet, ist der Matrizeninnendurchmesser für kleinere Pressteile überdimensioniert. Diese Überdimensionierung und der unnötige Werkzeugwerkstoffeinsatz werden aber durch die Vorteile der Vereinheitlichung von Gestell-, Einbau- und Aktivteilen kompensiert.

Beispiel. Druckplatte

Gegeben:
Druckplatte aus X210CrV12,
gehärtet auf HRC 62,
$R_{p0,2} \approx 1700 N/mm^2$,
max. Stempelkraft: $F_{St}=1540$ kN

Gesucht: Ø D, s, σ_d

Lösung:
Aufgrund des Krafteinleitungskegels von 60° wird D = 100 mm, wegen s = 0,8D wird s = 80 mm festgelegt.

$$\sigma_d = \frac{F_{max}}{A} = \frac{F_{St,max}}{A} = \frac{4 \cdot 1,54 \cdot 10^6 N}{\pi(48^2 - 12^2)mm^2}$$

$= 910$ N/mm² ($\ll 1700$ N/mm²)

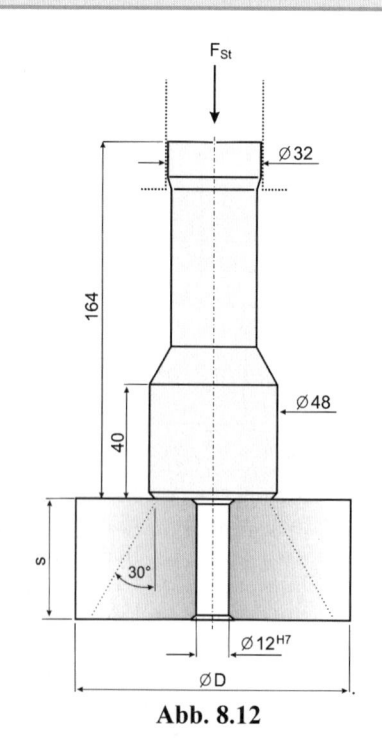

Abb. 8.12

8.2.3 Aktivteile

Die genaue Anordnung der Aktivteile ergibt sich aus dem Fließpressverfahren. In Abb. 8.13 sind die Aktivteile am Beispiel des Hohl-Vorwärts-Fließpresswerkzeuges herausgestellt. Da die Aktivteile in direktem Kontakt mit dem Werkstück stehen, sind sie beim Umformen am höchsten belastet.

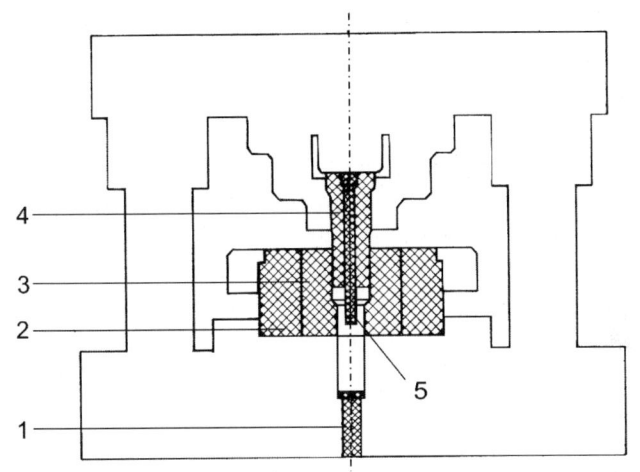

1	Auswerfer	1.2379, gehärtet, 59-61 HRC
2	Armierungsring	1.2344, gehärtet, 46-48 HRC
3	Matrizenkern	1.3343, gehärtet, 59-61 HRC
4	Stempel	ASP23, gehärtet, 63-65 HRC
5	Stempeldorn	1.3343, gehärtet, 59-61 HRC

Abb. 8.13 Werkzeug-Aktivteile

8.3 Stempel

Der Dimensionierung und Gestaltung der Fließpressstempel kommt bei allen Fließpressverfahren eine herausragende Bedeutung zu. Nicht nur, weil die Stempelkopfkontur wesentlich zur Pressteilformgebung und -qualität beiträgt, sondern weil der Fließpressstempel - neben dem Matrizenkern – das im allgemeinen am höchsten belastete Werkzeugteil ist. Er wird in der Regel auf Druck und auf Knicken (Biegung) belastet. Zur Beurteilung der Knick- und Druckbelastung geht der Stempelkonstruktion die Ermittlung der Fließpresskraft F voraus (vgl. Kap. 10), um die bezogene Stempelkraft p_S berechnen zu können; es gilt

$$p_S = \frac{F}{A_0}$$

F ist die Fließpresskraft und A_0 die kleinste Querschnittsfläche des Stempels.

Knickbelastung

Die Knickgrenze eines Fließpressstempels darf nicht überschritten werden. Ein Stempel knickt aus, wenn seine Länge im Verhältnis zu seinem Durchmesser zu groß ist. Um die Knickbelastung zu minimieren, sollte der Stempel deshalb so kurz wie möglich sein. Die VDI-Richtlinie Nr. 3186 Blatt 2 gibt eine theoretisch und empirisch ermittelte Kurve an, nach der bei einem gegebenen Verhältnis von Stempellänge L zu -durchmesser D (sog. Schlankheitsgrad) Knicken eintreten kann, wenn die bezogene Stempelkraft p_S einen bestimmten Wert erreicht (Abb.8.14).

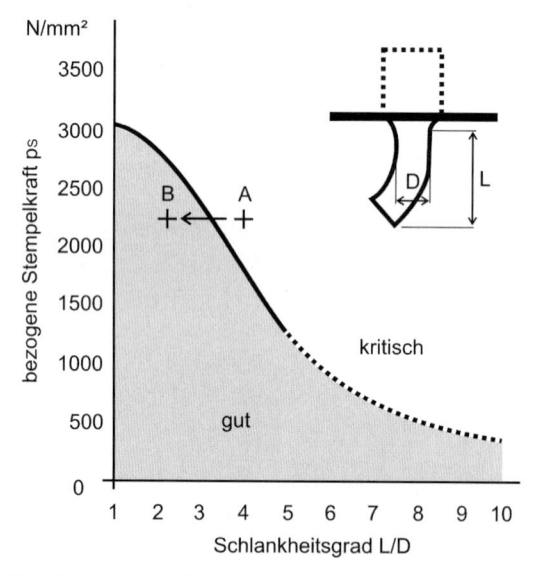

Abb. 8.14 Knickgrenze für Stempel aus Schnellarbeitsstahl, n. VDI 3186

Beispielsweise ist bei einem Stempel mit der Länge 200 mm und dem Durchmesser 50 mm der Schlankheitsgrad L/D = 4. Eine angenommene bezogene Stempelkraft von max. 2200 N/mm² (Druckfließgrenze von

Werkzeugstahl 1.2379, gehärtet) liegt oberhalb der Knickgrenze im „kritischen" Bereich (Punkt A, Abb. 8.14). Da Stempeldurchmesser und bezogene Stempelkraft im allgemeinen nur innerhalb enger Grenzen zu variieren sind, wurde im Beispiel die Stempellänge auf 112 mm vermindert, um unterhalb des Kurvenzuges auf der sicheren Seite zu liegen (von Punkt A nach B, Abb. 8.14); zumindest wäre ein Grenzwert von L = 170 mm erforderlich.

Stempel zum Napf-Fließpressen sind gegen Knicken mehr gefährdet als Stempel für das Voll-, Quer- oder Hohl-Fließpressen, da die letztgenannten im allgemeinen während des Pressens in der Matrize geführt sind.

Druckbelastung

Die am Stempel wirkenden bezogenen Stempelkräfte sollten mindestens mit einem Sicherheitsfaktor 1.3 unterhalb der zulässigen Druckfließgrenze des eingesetzten Stempelwerkzeugwerkstoffes liegen. Die in Tab. 8.1 angegebenen Werte sind Mittelwerte, die sich in der Anwendung als praktikabel erwiesen haben. Tatsächlich ist die Druckspannungsverteilung am Stempel lokal unterschiedlich, abhängig vom Fließpressverfahren und von der Stempelkopfgeometrie. Die Autoren sind der Ansicht, dass die Druckfließgrenze von 2.800 N/mm² von heutigen Werkzeugstählen nicht ohne plastische Stempelverformung überschritten werden kann.

Tabelle 8.1 Werte üblicher Stempelwerkstoffe für Druckfließgrenze, Verschleißfestigkeit, Zähigkeit und Zerspanbarkeit. Die Skala geht von 1 (schlecht) bis 10 (sehr gut). Quelle: Uddeholm

Bezeichnung	Druckfließgrenze $R_{p0.2}$ N/mm²	Verschleißfestigkeit	Zähigkeit	Zerspanbarkeit
1.3343/HRC 60-62	2350	9	4	4
ASP23/HRC 61-63	2400-2650	10	3	3
ASP60/HRC 62-64	2700-3000	10	2	2

Neben der plastischen Beanspruchungsgrenze muss bei der Stempelauslegung auch die elastische Beanspruchung berücksichtigt werden. Je kürzer ein Fließpressstempel ist, desto geringer ist auch seine elastische Einfederung. Ein Stempel mit 200 mm Länge verkürzt sich unter einer Druckspannung von 2100N/mm² elastisch um 1%, d.h. 2mm. Gleichzeitig wird der Durchmesser infolge der Querdehnung elastisch um 0,3%, d.h. 0,15 mm größer. Das muss auch beim Einfahren des Werkzeugs berücksichtigt werden; eventuell kann der Stempel nicht ohne Rohteil gefahren werden.

8.3.1 Stempel für das Voll- und Quer-Fließpressen

Stempel für das Voll- und Quer-Fließpressen sind im allgemeinen relativ einfach gestaltet (Abb. 8.15). Die bezogenen Stempelkräfte liegen meist nicht höher als 2.100 N/mm². Der Verschleiß am Stempel ist im allgemeinen von untergeordneter Bedeutung.

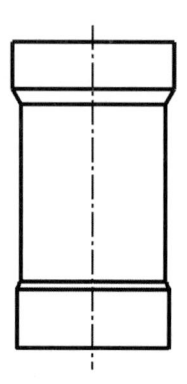

Abb. 8.15 Stempel zum Voll-Fließpressen

Zu beachten ist bei der Stempelkonstruktion das Führungsspiel zwischen Stempel und Matrizenbohrung.

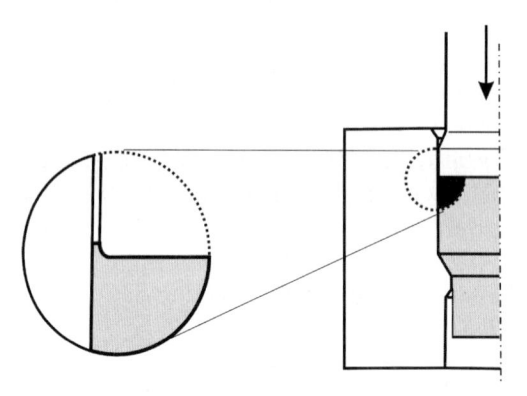

Abb. 8.16 Gratbildung bei zu großem Spiel zwischen Stempel und Matrize [8.6]

Abb. 8.17 gibt ein Beispiel für eine Maßtolerierung einer Stempel-Matrizen-Paarung; der Stempel muss nicht über die gesamte Schaftfläche präzise geführt sein, sondern kann im allgemeinen im hinteren Teil um ca. 1/10 mm freigedreht bzw. -geschliffen sein. Da durch den Stempel hohe Presskräfte geleitet werden, sind an allen Querschnittsübergängen große Übergangsradien vorzusehen und kerbfrei zu polieren, um Spannungskonzentrationen zu verhindern.

Ist das Spiel zwischen Stempel und Matrize nicht eng genug toleriert, kann Werkstoff in den Spalt einfließen, sodass ein Grat am Pressteil verbleibt (Abb. 8.16). Besonders bei weichen Werkstückwerkstoffen besteht diese Gefahr; dabei können erhöhte Stempel-Rückzugskräfte entstehen und zu Stempelbruch infolge überhöhter Zugspannungen führen.

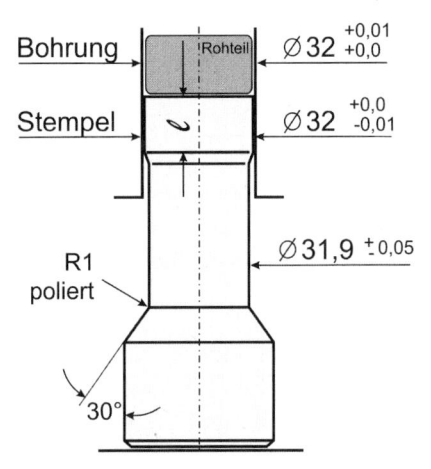

Abb. 8.17 Beispiel für eine Stempel-Matrizen-Paarung

Ein zu strammes Laufen des Stempels in der Matrizenbohrung ist ebenso unerwünscht, da es bereits nach wenigen Hüben zum Anfressen des Stempels kommen kann. Empfehlenswert sind ein eng toleriertes Stempelspiel von ca. 2/100 mm und eine relativ lange Gleitfläche. Beide verhindern ein Verkanten des Stempels und das Eindringen von Werkstoff. Im allgemeinen kommt es bei einer solchen Paarung nach den ersten Presshüben zu einer leichten Aufstauchung des Stempelkopfes (plastisches Einspielen); man beseitigt diese durch Schleifen oder Hartdrehen. In diesem Zusammenhang ist das elastische Ausbauchen des Stempelkopfes bei der Stempelauslegung und der –werkstofffestlegung zu berücksichtigen.

Muss die Stempelstandfläche wesentlich breiter als die lastbeaufschlagte Stempelwirkseite sein, können Biegespannungen am Querschnittsübergang auftreten, die zum Bruch an dieser Stelle führen. Durch Anbringen einer leichten Anfasung an der Stempelstandfläche kann das auf geschickte Weise verhindert werden (Abb. 8.18); der Durchmesser D_K sollte ca. 5% größer sein als der Schaftdurchmesser D.

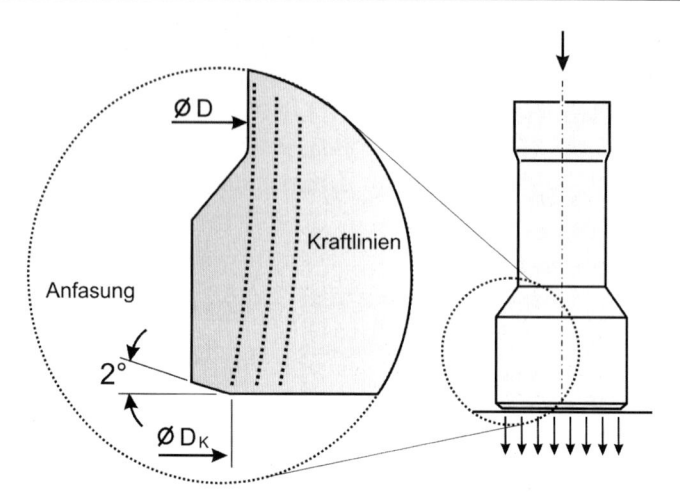

Abb. 8.18 Stempelgestaltung in Berücksichtigung des Kraftflusses mit Anfasung: D_K ca. 5% > D

Alternativ dazu kann zur Verminderung von Spannungskonzentrationen am Querschnittsübergang der Stempel in zwei Bestandteile aufgeteilt werden: in ein kurzes Stempelstück und in ein Druckstück, welches im Durchmesser größer sein kann (Abb. 8.19).

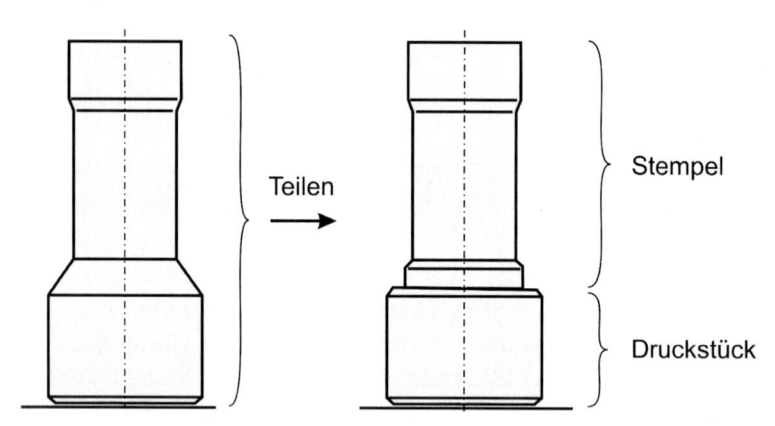

Abb. 8.19 Aufteilen der Stempelgeometrie in zwei Teile

8.3.2 Stempel für das Hohl-Vorwärts-Fließpressen

Stempel und Dorn aus einem Stück

Aufgrund der am Dorn auftretenden Zugspannungen beim Hohl-Vorwärts-Fließpressen infolge des Werkstoffflusses in Stempelwirkrichtung darf der Durchmesserunterschied zwischen Stempelschaft und -dorn nicht groß sein. Bei einem dünnen Dorn besteht die Gefahr des Abreißens infolge hoher Biege- und Zugkräfte, die auf den relativ geringen Dornquerschnitt wirken (Abb. 8.20). Das schränkt die Anwendung dieser Stempelart z. B. auf das Fließpressen dünnwandiger Werkstücke ein. Das Verhältnis der aus dem Stempelschaft auskragenden Dornlänge h und des Dorndurchmessers d sollte nicht größer sein als h/d = 1,5. Ferner sollte die Rauheit der Dornoberfläche und des Radius zum Schaft $R_t \leq 0,5$ µm betragen, um Reibkräfte und Kerbspannungen klein zu halten.

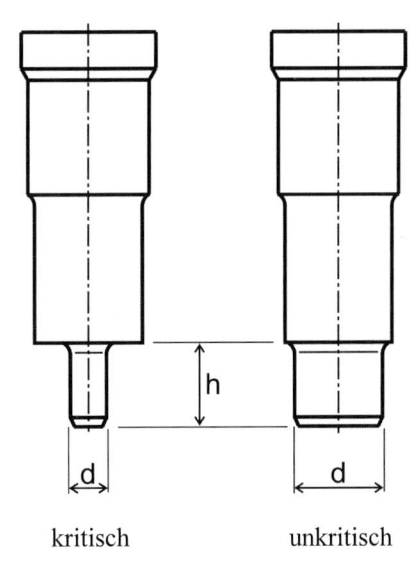

kritisch   unkritisch

Abb. 8.20 Stempel und Dorn aus einem Stück für das Hohl-Fließpressen

Angaben über Maße von Stempel mit Dorn aus einem Stück können der VDI-Richtlinie 3186 Blatt 2 im Detail entnommen werden. Der Vorteil dieser Stempelform ist ihre einfache und vergleichsweise kostengünstige Herstellung. Nachteilig sind die gefährlichen Spannungskonzentrationen am Übergang vom Schaft zum Dorn; auch kann das Werkstück nicht vom Dorn abgestreift werden. Das Kap. 6 gibt weitere Hinweise.

Stempel mit eingesetztem Dorn

Ist bedingt durch die geforderte Geometrie am Pressteil der Durchmesserunterschied zwischen Stempelschaft und –dorn relativ groß, empfiehlt sich eine Längsteilung des Stempels in Hohlstempel und eingesetzten Dorn. Damit entfallen Spannungskonzentrationen am Übergang vom Schaft zum Dorn, die durch die entgegengesetzte Wirkung der Zug- und Druckspannungen beim Hohl-Vorwärts-Fließpressen mit Stempel ohne Längsteilung entstehen würden. Zwei Möglichkeiten der Stempelkonstruktion sind üblich (Abb. 8.21):

- Stempel mit festem Dorn
- Stempel mit beweglichem Dorn

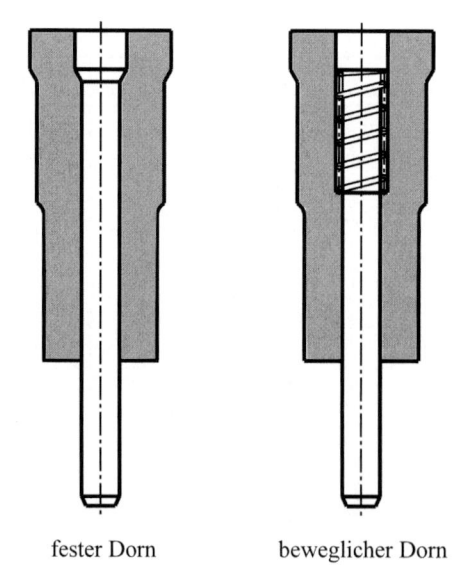

fester Dorn   beweglicher Dorn

Abb. 8.21 Stempel mit eingesetztem Dorn für das Hohl-Fließpressen

Stempel mit festem Dorn werden meist bei Innenkonturen angewandt, die durch den Dorn leicht kegelig geformt werden können; dadurch erleichtert sich das Abstreifen des Fertigpressteils, das ggf. durch eine Hubbewegung des Hohlstempels relativ zum Dorn unterstützt werden kann. Für das Pressen eng tolerierter Bohrungen empfiehlt es sich, den Dorn matrizenseitig in einer Hülse, die gleichzeitig als Auswerfer dienen kann, zu führen. Damit wird verhindert, dass der Dorn während des Pressens weggedrückt wird. So können rechtwinklige und konzentrische Bohrungen sicher ausgeformt werden (Abb. 8.22). Es reicht aus, wenn der Dorn in der Hülse über eine Länge von etwa 1,5 - 2 x D geführt und dahinter freigedreht bzw. -geschliffen ist (ca. 0,05 mm je Seite); die Übergänge sind mit Radien zu versehen.

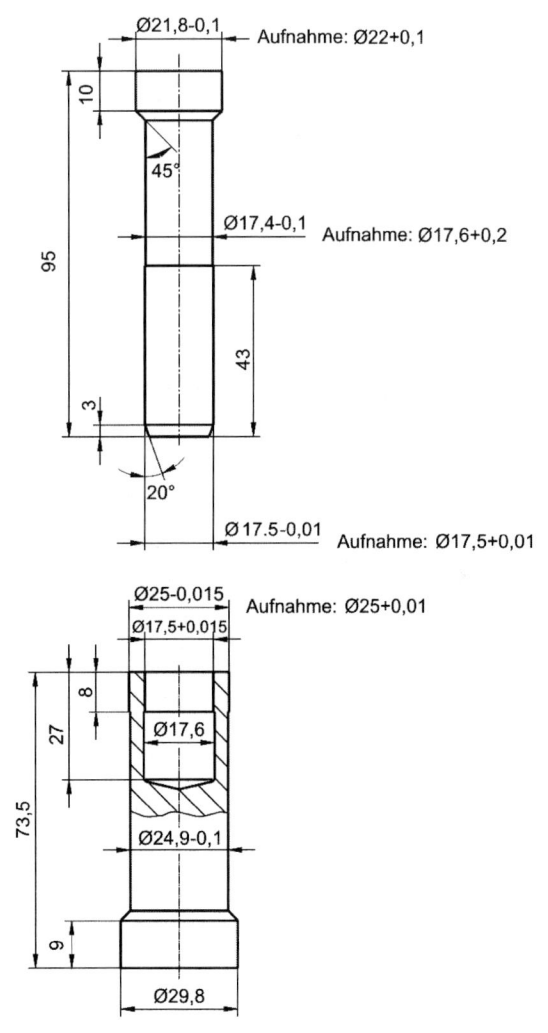

Abb. 8.22 Matrizenseitige Dornführung (Auslegungsbeispiel) für die Herstellung eng tolerierter Bohrungen

Die in Abb. 8.22 dargestellte Anordnung kann prinzipiell - um 180° gedreht gedacht - auch für das Hohl-Vorwärts-Fließpressen mit matrizenseitig angeordnetem Dorn gewählt werden; in diesem Fall übernimmt die Zentrierhülse die Funktion des Stempels (vgl. Kap. 6).

Bei der Konstruktion eines Stempels mit beweglichem Dorn kann sich der Dorn beim Pressen in Fließpressrichtung mitbewegen, wodurch sich die Reibkräfte zwischen Werkstück und dem Dorn vermindern. Im Stempelkopf sind oftmals Federn untergebracht, die beim stoßartigen Stempelrückzug ein sanfteres Lösen des Dorns vom Werkstück und damit eine verminderte Zugspannungswirkung auf den Dorn gewährleisten, woraus sich eine Erhöhung der Lebensdauer ergeben kann. Angaben zu den Maßen der Stempelbauformen mit festem und beweglichem Dorn können der VDI-Richtlinie 3186 Blatt 2 im Detail entnommen werden.

8.3.3 Stempel für das Voll- und Hohl-Rückwärts-Fließpressen

Abb. 8.23 zeigt einen Hohlstempel für das Voll- bzw. Hohl-Rückwärts-Fließpressen. Im Kap. Verfahren wird auf diese Stempelkonstruktion und das maßgebliche Zusammenwirken mit der Matrize im Detail eingegangen. Im allgemeinen wird diese Stempelbauweise nur angewandt, wenn die geforderte Pressteilgeometrie nicht mit robusteren und weniger kostenintensiv herzustellenden Pressstempeln oder mit anderen Fließpressverfahren, z.B. dem Voll-Vorwärts- oder Hohl-Vorwärts-Fließpressen, gefertigt werden können.

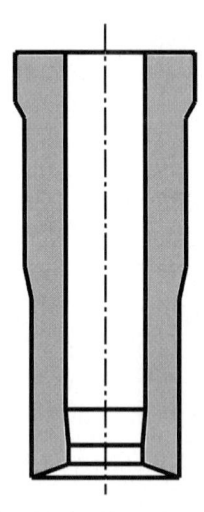

Abb. 8.23 Hohlstempel für das Voll- und Hohl-Rückwärts-Fließpressen

8.3.4 Stempel für das Napf-Fließpressen

Beim Napf-Fließpressen wird der Stempel auf Biegung (Knicken) und durch hohe Druckspannungen belastet. Die Bruchgefahr und der Verschleiß sind im allgemeinen hoch und verstärken sich mit steigenden Prozesstemperaturen und -geschwindigkeiten. Das betrifft vor allem die Stempelnase. Die Druckspannungen erreichen dort im allgemeinen 2.200 N/mm² und darüber. Beim Stempelrückzug wirken Zugspannungen am Stempel. Bei Napf-Fließpressstempeln unterscheidet man die

- kurze Bauart
- lange Bauart.

Kurze Bauart

Diese Bauart wird im allgemeinen für Napfvorgänge ohne Abstreifer vorgesehen. Das Pressteil bleibt in der Matrize haften und wird dort von einem Auswerfer ausgestoßen (vgl. Abb. 8.66). Häufig findet sich diese Stempelbauart bei Teilen, die neben dem Napf-Rückwärts-Fließpressen noch ein Vorwärts-Fließpressen beinhalten. Wird in der Matrize eine leichte Hinterdrehung angebracht, um ein Haften des Pressteils in der Matrize zu erzwingen, so wird beim Auswerfen diese leichte Werkstoffanhäufung wieder eingeglättet; sie ist am Fertigteil nicht mehr zu erkennen (Abb. 8.24 rechts).

Lange Bauart

Diese Bauart findet sich häufig bei einstufigen und mehrstufigen Werkzeugen zur Herstellung langer hülsenförmiger Körper und allgemein bei solchen Napfvorgängen, die Abstreifer erfordern, weil das Teil sonst nach dem Pressen am Stempel haften bleibt (vgl. Abb. 8.65).

Andererseits besteht die Möglichkeit, am Fließpressstempel eine leichte Hinterdrehung vorzusehen, um das Haften des Pressteils am Stempel zu erzwingen, damit dieses aus der Matrize herausgezogen wird. Das gilt z. B. bei Miniaturpressteilen mit sehr kleinen Zapfendurchmessern, bei denen die Gefahr besteht, dass sie bei konventionellem Ausstoßen über einen matrizenseitigen Auswerfer verformt werden; beim Abstreifen wird die kegelige Werkstoffanhäufung wieder eingeglättet und ist am Fertigpressteil ebenfalls nicht mehr zu erkennen (Abb. 8.24 links).

Für Napf-Fließpressvorgänge mit langen Stempeln sollte am Pressteil eine Vorzentrierung vorhanden sein, damit der Stempel von Anfang an unter konstanter Axiallast steht und nicht zum Verlaufen neigt. Daneben sind die im Kap. 6 zusammengestellten Maßnahmen geeignet, den Mittenversatz beim Napfen zu vermindern und eine hohe maßliche Genauigkeit am fertigen Napf-Fließpressteil zu erreichen.

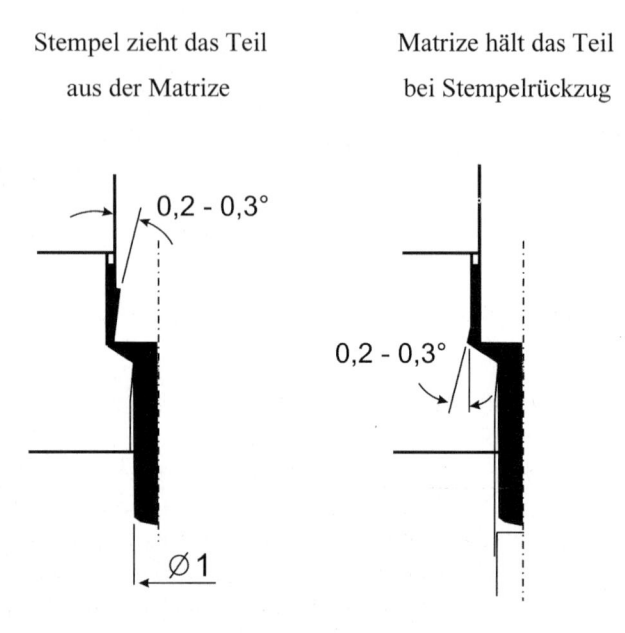

Stempel zieht das Teil aus der Matrize

Matrize hält das Teil bei Stempelrückzug

0,2 - 0,3°

0,2 - 0,3°

⌀1

Hinterdrehung am Stempel   Hinterdrehung an der Matrize

Abb. 8.24 Maßnahmen zur Steuerung der Pressteilhaftung

Der in Abb. 8.25 gezeigte Napf-Fließpressstempel weist an der Stempelstandfläche 3 um 120° versetzte Anschliffe zur Vorbeileitung von Auswerferstiften auf. Für die Montage von Stempeln, die keine derartigen Anschliffe aufweisen, sollte trotzdem ein Einschliff, bis ca. 1mm tief, vorgesehen werden, damit das Einsetzen der Stempel in die passgenauen Bohrungen nicht durch eingeschlossene Luftpolster erschwert wird und dieses entweichen kann. Der Fließbund am Napf-Fließpressstempel muss absolut zylindrisch sein. Neben den in Abb.8.26 gezeigten Abmessungen kann für die Breite des Ziehbundes unabhängig von seinem Durchmesser folgende Faustformel nach [8.4] gelten:

- Stahl: $0,8_{-0,2}$ mm
- Aluminium: 0,1 – 0,2 mm

Die Konstruktion für Stempel kann nach Empfehlungen der ICFG [8.5] in folgende Schritte unterteilt werden

- Ermittlung der Kraft zum Fließpressen und daraus der axialen Stempelkraft. Diese hängt hauptsächlich ab von

    o der Fließspannung des Werkstückwerkstoffes entsprechend der Temperatur und Umformgeschwindigkeit;
    o dem Fließpressverfahren;
    o der Geometrie des Stempels und der anderen formgebenden Aktivteile;
    o der Beschaffenheit und Geometrie des Rohteils (Abschnitt oder vorgeformtes Teil);
    o der Reibung und der Schmierung.
- Festlegung der Stempelform und der Proportionen der angrenzenden Werkzeugteile, insbesondere detaillierte Gestaltung des Stempelkopfes
- Auswahl eines geeigneten Stempelwerkstoffes unter Berücksichtigung der zu erwartenden Druckspannungen, der Anschaffungskosten und Möglichkeiten der Fertigung
- Detaillierte Stempelauslegung und Überprüfung der Festigkeitsberechnung

Empfehlungen zur Konstruktion von Stempeln, insbesondere für solche, deren Stempelnase frei in den Werkstoff eintaucht und nicht in einer Matrize oder Buchse geführt wird, wie beispielsweise beim Napf-Rückwärts-Fließpressen:

- Die Stempellänge sollte so kurz wie möglich sein (wegen elastischer Einfederung und Biegebeanspruchung).
- Große und abrupte Querschnittsänderungen sollten vermieden werden (wegen Gefahr von Spannungskonzentration und Rissinitiierung).
- Bei Querschnittsänderungen sollten große Übergangsradien und flache Winkel gewählt werden. Die Oberflächen sollten anpoliert sein.
- Die Stempelnase sollte sich an der in Abb. 8.26 gezeigten, in der Praxis bewährten Geometrie orientieren.

Rille:
sollte nicht sein
(Fertigungsfehler)

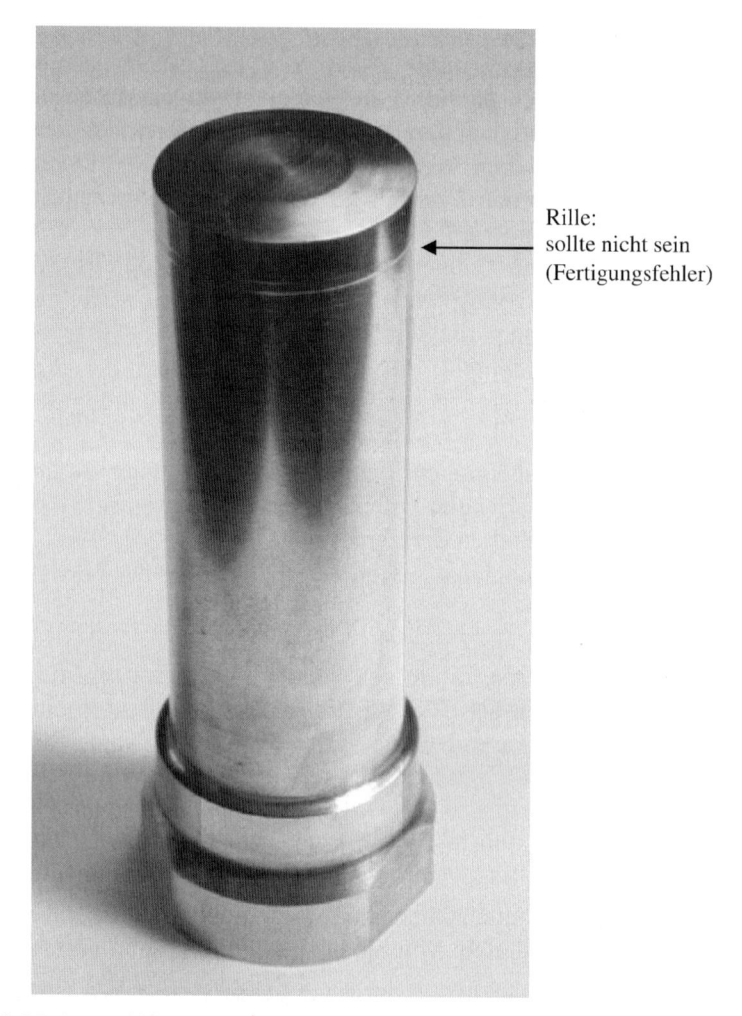

Abb. 8.25 Stempel für das Napf-Fließpressen. Die Anschliffe seitlich an der Stempelstandfläche dienen der Aufnahme von 3 Auswerferstiften

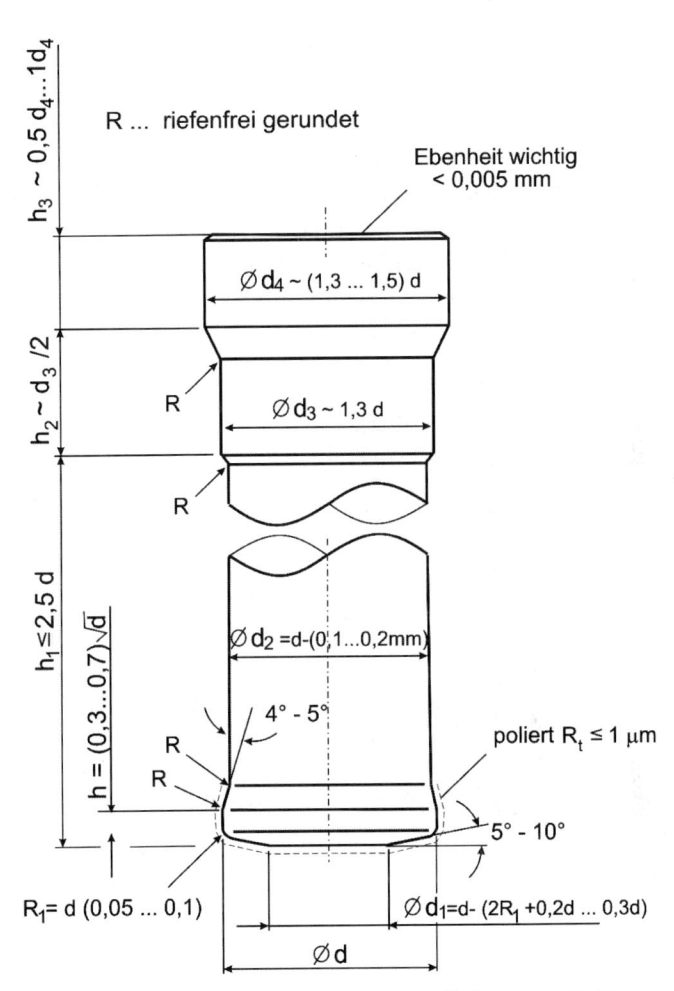

Abb. 8.26 Stempel für das Napf-Fließpressen [8.5]

8.4 Matrize

Matrizen neigen beim Umformen unter Last zum

- elastischen Federn („Atmen")

in der Frequenz des Pressenhubes, sowie bei Überlastung zum

- Reissen.

Deshalb werden Matrizen nicht aus einem Block gefertigt (Abb. 8.27 oben), sondern in einzelne Komponenten geteilt (längs und/oder quer) und miteinander verspannt (radial und/oder axial), wie in Abb. 8.27 dargestellt. Die radiale Vorspannung wird als Armierung bezeichnet.

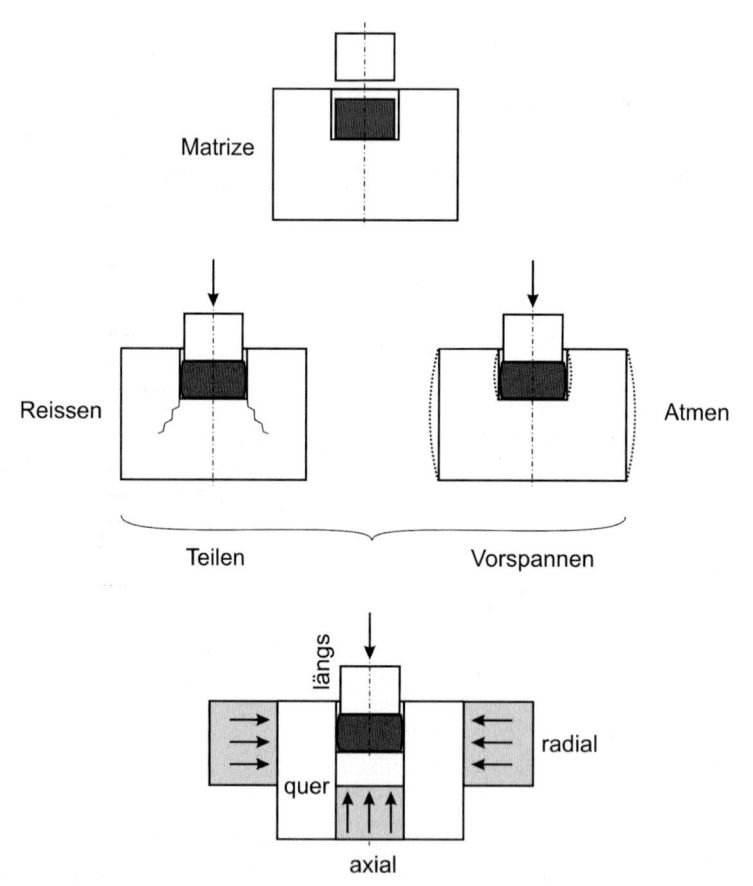

Abb. 8.27 Fließpressmatrizen werden geteilt (längs, quer) und vorgespannt (radial, axial)

8.4.1 Matrize ohne Armierung

Fließpressmatrizen oder beispielsweise Matrizen zum Abstreckgleitziehen müssen auch für das Pressen von Stahlwerkstoffen nicht immer armiert sein. Bei einem Innendruck unterhalb 1000 N/mm² und entsprechender Geometrie im Innendurchmesser kann der Matrizenwerkstoff durchaus Zugbelastungen aufnehmen und gleichzeitig ausreichende Oberflächenhärte im Bereich der formabbildenden Matrizeninnenfläche haben.

Eine derartige „schwach armierte" Matrize kann beispielsweise aus 100Cr6 gefertigt sein. Durch Wasserstrahlhärten der Bohrung (Erwärmen auf ca. 800°C und anschließendes Abschrecken mit Wasser) wird die Matrizeninnenwand hart (60-62 HRC), wobei der Matrizenkern zäh bleibt (Abb. 8.28) [8.4]. Die Zähigkeit ist wichtig für das Aufnehmen der Zugspannungen ohne Rissbildung.

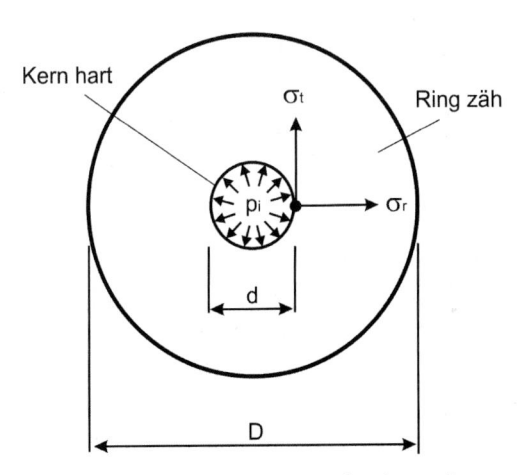

Abb. 8.28 Matrize ohne Armierung unter Innendruck p_i mit tangentialer Zug- und radialer Druckbelastung an der Matrizeninnenwand. Ein wasserstrahlgehärteter Innendurchmesser bewirkt quasi eine Armierung [8.4]

Durch das partielle Härten der Bohrung wird indirekt eine Druckvorspannung erreicht, welche die Matrize bis 1000 N/mm² belastbar macht. Die elastische Auffederung des Matrizeninnendurchmessers bei Innendruck erfolgt linear mit dem Druck (Hook-Gesetz). Am Innendurchmesser entsteht durch den Innendruck eine Zugbelastung in tangentialer Richtung. Diese Zugspannung σ_t ist am Innenrand der Bohrung maximal und fällt zum Ringaussenrand hin ab. Dort kann die Zugspannung immer noch einen Restwert haben (Abb. 8.29). In radialer Richtung entsteht infolge des Innendrucks die Druckbelastung σ_r. Der Werkstoff wird innerhalb der Ringdicke elastisch aufgestaucht. Diese Druckspannung σ_r ist (wie σ_t) am Innenrand der Bohrung maximal und fällt zum Ringaussenrand hin ab. Dort nimmt sie aber (im Gegensatz zu σ_t) den Wert Null an (Abb. 8.29).

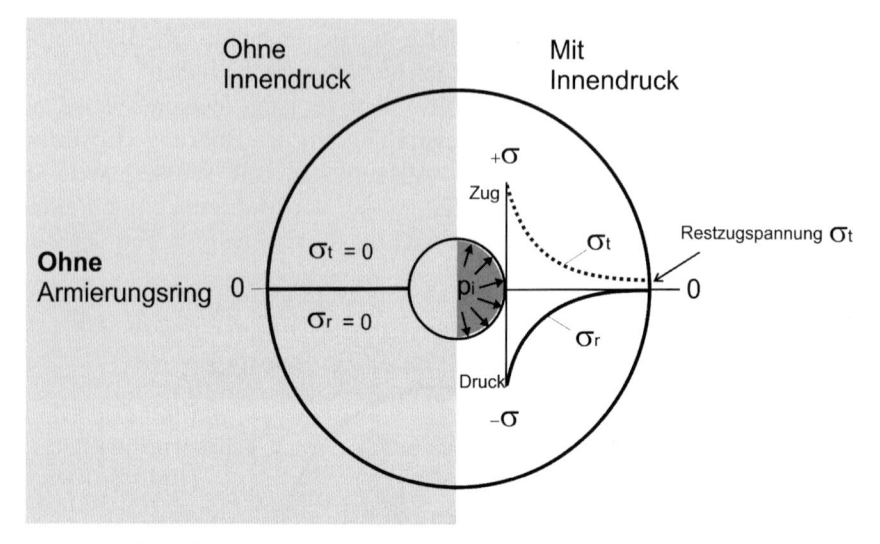

Abb. 8.29 Spannungsverteilung bei einer Matrize ohne Armierung

Die Vergleichsspannung, die sich als Summe aus der tangentialen und radialen Spannung ergibt ($\sigma_V = \sigma_t + \sigma_r$), darf an der Matrizeninnenwand die Streckgrenze $R_{p0,2}$ des Matrizenwerkstoffes nicht überschreiten, um eine plastische Verformung zu vermeiden. Andererseits ist eine Überdimensionierung der Matrize, welche einer Nichtausschöpfung der Dehnbarkeit des Matrizenwerkstoffes entspricht, nicht wünschenswert, da teurer Matrizenwerkstoff unnötig verarbeitet wird (Abb. 8.30).

In der Praxis werden die in der VDI 3186 empfohlenen Richtwerte zum Durchmesserverhältnis verwendet. Dabei geht man hinsichtlich der verwendeten Werkstückwerkstoffe von folgenden D/d-Verhältnissen aus:

- Stahl: 4 bis 6
- Aluminium: 2,5 bis 4,5.

Bei kleinen Matrizeninnendurchmessern wird überschlägig, d.h. faktisch überdimensioniert, ausgelegt. Bei größeren Innendurchmessern wird aus

Gründen des Gewichts, der Handhabung und der Kosten für Werkstoff und Fertigung die Matrize genauer berechnet.

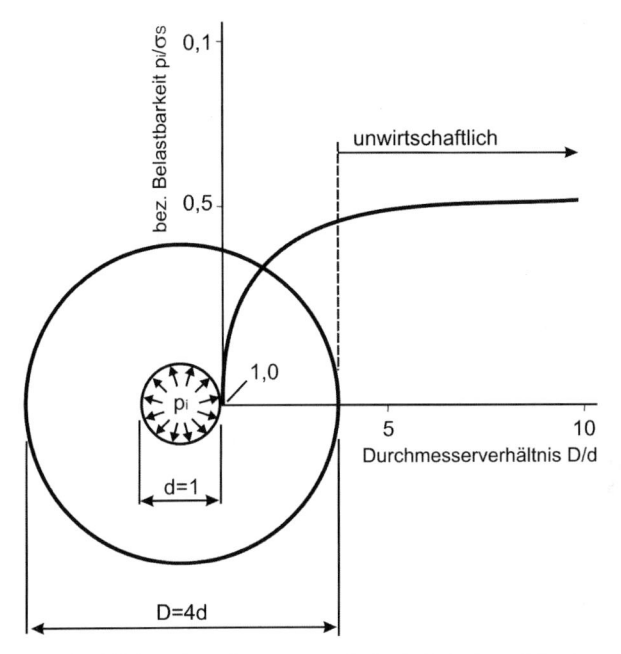

Abb. 8.30 Wirtschaftliches Durchmesserverhältnis bei einer Matrize ohne Armierung mit einem Durchmesserverhältnis D/d = 4 [8.4]

Metallische Werkstoffe ertragen im allgemeinen eine Druckbelastung um ein vielfaches besser als eine Zugbelastung. Deshalb werden Matrizen auf Druck radial vorgespannt. Näherungsweise gilt [8.4]:

- Druck-Zug-Verhältnis für Stahl: ~ 2 : 1
- Druck-Zug-Verhältnis für Hartmetall: ~ 3,5 : 1

8.4.2 Matrize mit Armierung

Treten im Innendurchmesser Drücke oberhalb 1000 N/mm² auf, muss die Matrize armiert werden, da sie sonst unter Last aufreisst. Die Armierung wird dadurch hergestellt, dass ein harter Matizenkern mit Übermaß in einen zähen Ring eingepresst wird, wodurch ihm eine Druckvorspannung aufgezwungen wird (Abb. 8.31).

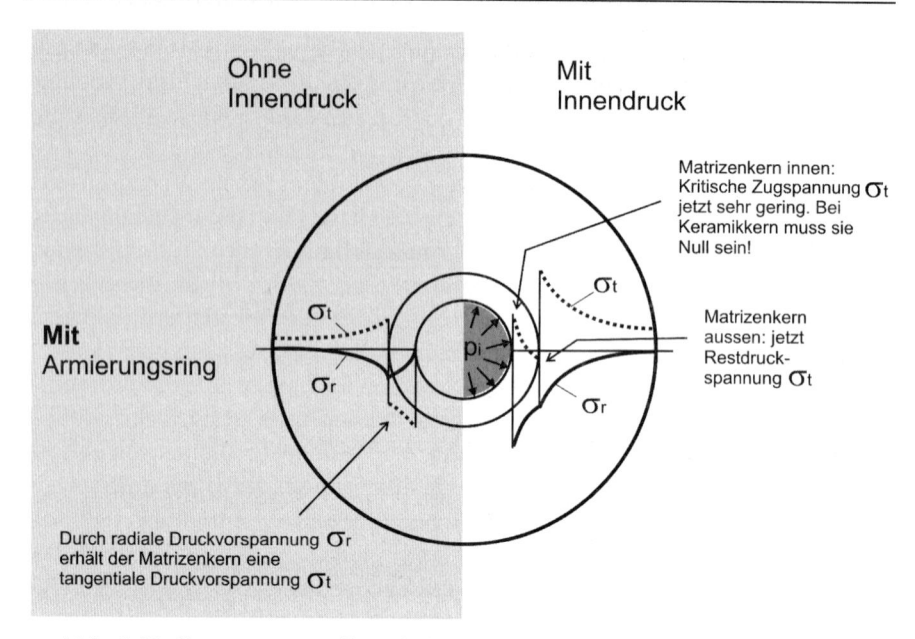

Abb. 8.31 Spannungsverteilung bei einer Matrize mit einem Armierungsring

Durch diese Druckvorspannung auf den Matrizenkern ist ein höherer Druck auf die Matrizenkerninnenwand möglich als ohne Armierung. Je höher das Übermaß („Haftmaß") ist, desto größer ist die radiale Druckvorspannung. Die Druckvorspannung darf aber nicht zu hoch sein, da sonst der Armierungsring reisst, d.h. die Zug-Belastungsgrenze des Armierungswerkstoffs überschritten ist. Andererseits können Risse in der Matrizeninnenwand als Anzeichen einer Überarmierung entstehen, wenn die Druckfestigkeit des Werkstoffes erreicht ist, beispielsweise infolge zu weichen Kernwerkstoffs oder eines falsch festgelegten Haftmaßes. Besonders bei nicht rotationssymmetrischen Konturen ist es deshalb wichtig, nach dem Einpressen die risskritischen Bereiche im Innendurchmesser des Matrizenkerns nach Mikrorissen zu untersuchen, z.B. mit optischen Geräten.

Grundsätzlich sollte die Druckvorspannung auf den Kern so groß sein, dass im Kern möglichst keine Zugspannungen auftreten.

Je Matrizenkernwerkstoff kann aber ein gewisses Maß an Zugspannungen erträglich sein [8.4]; bei

- Stahl: etwas
- HM: wenig
- Keramik: gar nicht.

Einfache Armierungen werden bis zu Innendrücken von etwa 1600 N/mm² eingesetzt. Darüber sind weitere Armierungsringe erforderlich. Zweifache Armierungen erlauben Innendrücke bis etwa 2000 N/mm² (Tab. 8.2); aufgrund der Zugspannungsempfindlichkeit von Hartmetall ertragen Stahlkerne im allgemeinen höhere Innendrücke als Hartmetallkerne.

Tabelle 8.2 Grenzwerte für armierte Matrizen [8.6]

Anzahl Armierungsringe	Innendruck
Nicht armierte Matrizen	$p_i < 1000$ N/mm²
Einfach armierte Matrizen	$p_i < 1600$ N/mm²
Doppelt armierte Matrizen mit Stahlkern	$p_i < 2160$ N/mm²
Doppelt armierte Matrizen mit Hartmetallkern	$p_i < 2000$ N/mm²

Für die Auslegung der Abmessungen von Armierungsringen können die in Tab. 8.3 angegebenen Werte herangezogen werden.

Tabelle 8.3 Richtwerte für Abmessungen von Matrizenarmierungen aus Stahl, nach VDI 3186, Blatt 3

Innendruck p_i N/mm²	Anzahl Armierungsringe	Durchmesser-verhältnis D/d	Fugendurchmesser
bis 1000	0	4 – 5	-
1000 – 1600	1	4 – 6	$d_1 \approx 0{,}9\sqrt{D \cdot d}$
1600 – 2000	2	4 – 6	$d/d_1 = 1/(1{,}6...1{,}8)$
			$d/d_2 = 1/(2{,}5...3{,}2)$
			$d/D = 1/(4...6)$

Haftmaß: 0,2 - 0,45% von d_1 bzw. d_2

Der Matrizenwerkstoff wird am besten ausgenutzt, wenn alle Armierungsringe bis zu ihrer jeweiligen Streckgrenze beansprucht werden. Eine

Ausnahme bilden armierte Hartmetallwerkzeuge. Hier dürfen bei dem höchsten auftretenden Umformdruck die Druckvorspannungen gerade abgebaut werden, da Hartmetall zwar höhere Druckspannungen aber nur sehr niedrige Zugspannungen aufnehmen kann. Tab. 8.4 und 8.5 zeigen eine Auswahl von Werkstoffen für Matrizenkerne und Armierungsringe aus Stahl.

Tabelle 8.4 Werkzeugstähle für Matrizenkerne, insbesondere mit Innenverzahnung

Werkstoffnummer	Bezeichnung	HRC
1.2379	X155CrVMo12 1	58 - 60
1.2369	81MoCrV4 2 16	59 - 61
1.2767	X45NiCrMo4	56-58
1.3343	S 6-5-2	59-61
1.3344 (PM)	ASP 23	59-61
S 6-5-4 (PM)	CPM Rex M4	61-63
1.3207 (PM)	CPM Rex M76	63-65

Tabelle 8.5 Werkzeugstähle für Armierungsringe (Außenring)

Werkstoffnummer	Bezeichnung	HRC
1.2343	X38CrMoV5 1	46-48
1.2344	X40CrMoV5 1	46-48
1.2714	56NiCrMoV 7	42-45
1.2709	X3NiCoMoTi18 9 5	54

Höhere Vorspannungen als durch Armieren mit Ringen lassen sich mit Bandwickelarmierungen erreichen (Abb. 8.32).

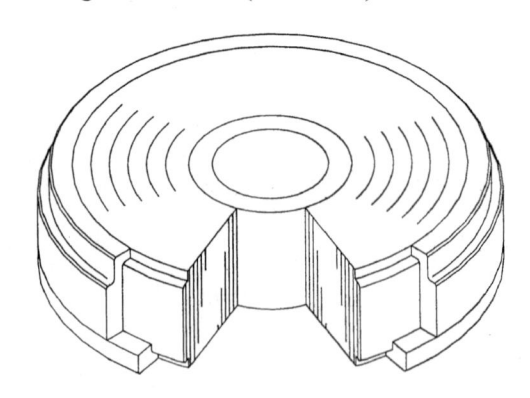

Abb. 8.32 Bandgewickelte Matrize. Bild: Danfoss

Eine Bandwickelarmierung besteht aus einem unter Vorspannung aufgewickelten Blechband aus Federstahl mit etwa 0,06 mm Dicke (Abb. 8.33), welches in einem Metallgehäuse gefasst ist (Abb. 8.32).

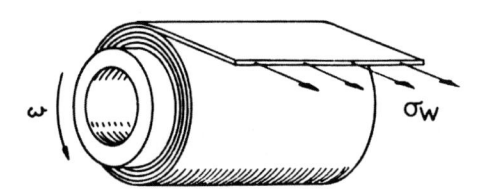

Abb. 8.33 Prinzipielle Herstellung einer Bandwickelarmierung. Bild: Danfoss

Beim Einsatz einer Bandwickelarmierung können höherfeste Matrizenwerkstoffe verwendet werden. Als Erfahrungswert gilt, dass die armierten Matrizen im Aussendurchmesser zwischen 25% und 40% kleiner sein können gegenüber konventionell vorgespannten Matrizen bzw. die Innendrücke bei vergleichbaren Außendurchmessern zwischen 40% und 60% höher liegen können (Abb. 8.34).

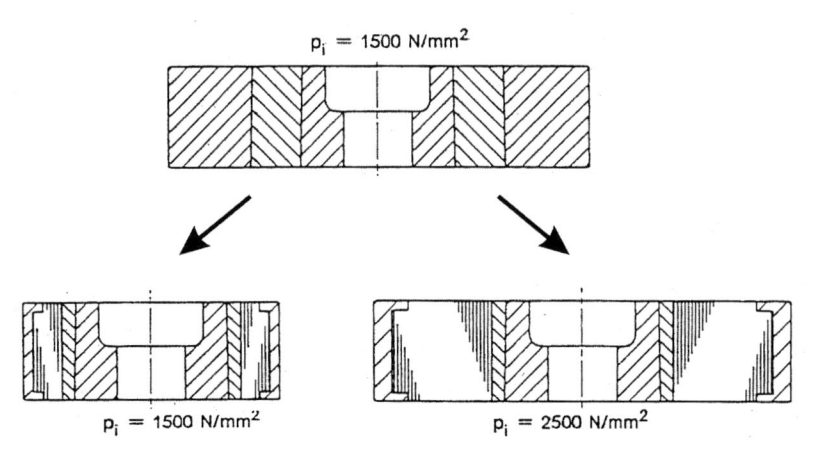

Abb. 8.34 Bandgewickelte Fließpressmatrizen ermöglichen 40 - 60%ige Innendruckerhöhung bzw. eine 25 - 40%ige Verkleinerung des Aussendurchmessers. Bild: Danfoss

Zwischen Matrizenkern und Bandwicklung ist oftmals ein Hartmetallzwischenring gebräuchlich. Dieser hat den Vorteil einer aufgrund des höheren E-Moduls (z.B. 410.000 N/mm²) geringeren Auffederung, womit höhere Genauigkeiten am Werkstück erzielbar sind (vgl. Beispiel Gelenknabe, Kap. 6). Ferner eignet sich der Zwischenring gut für wiederholtes Ein- und Auspressen der Matrizenkerne. Hartmetallzwischenringe bieten auch den Vorteil, dass bei asymmetrischen Teilekonturen, bei denen die Spannungsverteilung im Matrizen-Druckraum ungleichmäßig ist, die Vorspannkraft besser optimierbar ist. Es gibt verschiedene Möglichkeiten, Matrizenkern und Armierungsring miteinander zu verspannen:

1. **Einschrumpfen**: Die Armierung wir auf ca. 400-450°C erwärmt. Dann wird der Kern eingelegt bzw. man lässt ihn hineinfallen. Er darf auf keinen Fall eingepresst werden, da sich Riefen bilden können, die später zum Reißen des Armierungsringes führen können. Beim Abkühlen entsteht die Vorspannung. Vorteil des Verfahrens ist, dass die Fügeflächen zylindrisch sind und die Kerne im Pressbetrieb nicht wandern. Nachteilig ist, dass Wärmeausdehnung und Anlasstemperatur das Einschrumpfübermaß und damit die Vorspannung begrenzen.

2. **Kegeliges Fügen**: Abb. 8.35 stellt den Vorgang dar. Die Seitenwinkel der kegeligen Matrizeneinzelteile betragen im allgemeinen 1° (Kegelverhältnis 1/100) oder 0,5° (Kegelverhältnis 1/50); bei geringen Matrizenhöhen sollte der größere Winkel gewählt werden, da sonst der Matrizenkern vor dem Einpressen zu weit übersteht und zu wenig Führungsfläche im Armierungsring besitzt.

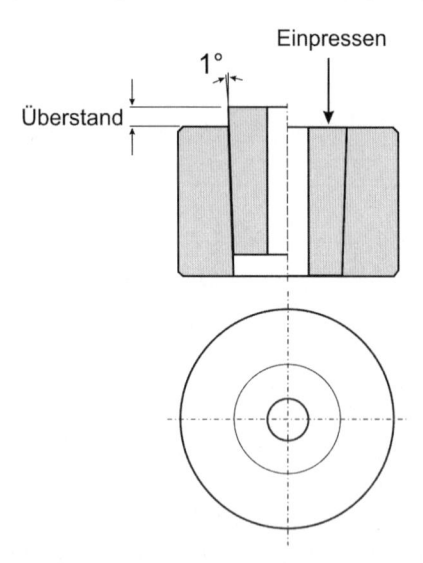

Abb. 8.35 Kegeliges Fügen von Armierungsringen, Überstand = Kontrollmaß für das Haftmaß

8.4 Matrize

Vorteile des Verfahrens sind die Handhabung bei Raumtemperatur, kürzere Fügewege im Vergleich zum Einschrumpfen sowie die Möglichkeit, das Haftmaß direkt am auskragenden Matrizenkern (Überstand) zu messen. Beispielsweise steht bei einem Haftmaß von 0,2 mm der Kern vor dem Einpressen beim einem 1/100-Kegel 20 mm vor.

Das Eindrücken der Kerne beim kegeligen Fügen ist mit Hilfe von Molybdändisulfid (MoS_2) gebräuchlich; es wird hauchdünn aufgewischt (Abb. 8.36). Vorteil dieses Verfahrens ist, dass die Kerne austauschbar sind (z.b. für Nacharbeiten oder Korrekturen); die erforderlichen Kräfte zum Einpressen liegen im Vergleich zum Einpressen ohne Hilfsstoff bei 60-70%. MoS_2 verhindert wegen seiner hohen Druckfestigkeit das Anfressen beim Fügen. Nachteilig ist, dass im Pressbetrieb die Kerne wandern können.

In vielen Fällen wird das kegelige Fügen praktiziert. Um ein Herausschieben des Matrizenkerns aus dem Armierungsring infolge der Umform- und ggf. Ausstosskraft zu verhindern, wird der Kegel im Armierungsring entsprechend der zu erwartenden Bewegungsrichtung angelegt. Bei axial vorgespannten Matrizenkernen wird das Wandern des Kerns durch eine Schulter als Festanschlag verhindert (vgl. Abb. 8.51).

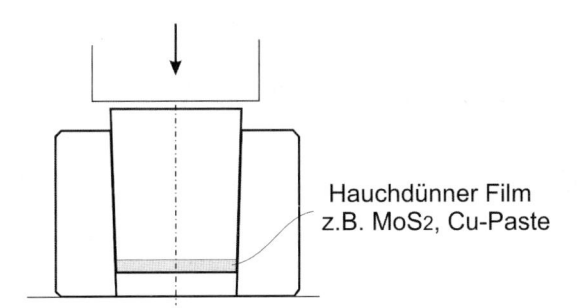

Abb. 8.36 Einpressen eines kegeligen Matizenkerns mit Hilfsstoff

Die Innenkontur des Matrizenkerns muss aufgrund der elastischen Einfederung durch das Fügen im eingepressten Zustand fertiggeschliffen werden, insbesondere die Absätze und Radien. Nicht bei allen Innenkonturen ist das möglich. In solchen Fällen muss die elastische Veränderung an der Matrizenkerninnenform vorkorrigiert werden. Ferner muss neben der elastischen Einfederung beim Fügen die elastische Veränderung der Matrize unter Presslast zur Gewährleistung der Maßhaltigkeit am Werkstück Berücksichtigung finden.

Die elastische Veränderung der Innenkontur durch das Fügen kann zur Kompensation von Verschleiß positiv genutzt werden, indem der Kern einfach etwas weiter in die Armierung eingedrückt wird (Haftmaß wird erhöht) und der überstehende Armierungs- bzw. Kernwerkstoff abgedreht bzw. abgeschliffen wird (Abb. 8.37).

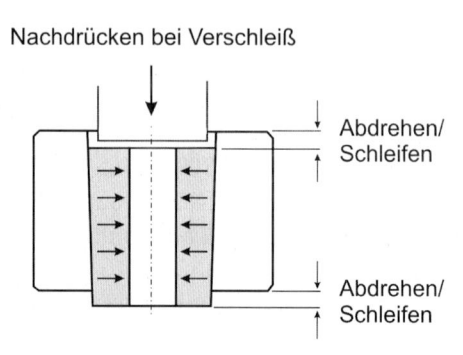

Abb. 8.37 Nachdrücken eines kegeligen Matrizenkerns für die Weiterverwendung einer verschlissenen Kern-Innenkontur

Armierungsringe werden in der Fließpressproduktion im allgemeinen für mehrmaliges Verwenden ausgelegt. Eine gute Lösung sind geschlitzte Zwischenhülsen (zwischen Armierungsring und Kern), die eine ähnliche Funktion übernehmen wie Spannzangen. Sie ermöglichen es, unterschiedliche Matrizenkerndurchmesser aufzunehmen oder auch geteilte (segmentierte) Matrizenkernelemente einzufassen. Vorteilhaft ist dabei, dass die Aussenflächen der Matrizenkerne kostengünstig in zylindrischer Form gefertigt werden können.

Abb. 8.40 zeigt einen segmentierten Matrizenkern zum Pressen einer schrägverzahnten Gelenknabe (Abb. 8.38), der in einer geschlitzten Zwischenhülse aufgenommen ist. Die 6fach-Teilung des Matrizenkerns berücksichtigt die Spannungskonzentrationen und Rissbildungspotentiale (Abb. 8.39). Der mehrteilige Matrizenkern wird auch als „Backenwerkzeug" bezeichnet. In Abb. 8.41 sind die Backen im ausgebauten Zustand gezeigt; die Federn ermöglichen das Öffnen der Segmente zur Freigabe des Werkstücks nach dem Pressen. Die elastische Aufweitung der Innenkontur pro Hub beträgt 0,12 – 0,13 mm. Diese wurde durch eine Vorkorrektur an der Matrize berücksichtigt. Am fertigen Bauteil war eine Toleranz von +/- 0,02 mm gefordert. Mit der dargestellten Werkzeugkonstruktion konnte diese Toleranzvorgabe mit einer hohen Wiederholgenauigkeit problemlos eingehalten werden.

Abb. 8.38 Schrägverzahnte Gelenknabe aus Cf53, hergestellt in einem Arbeitsgang durch Querfließpressen vom zylindrischen Rohteil im segmentierten Werkzeug. Quelle: Daimler-Chrysler AG

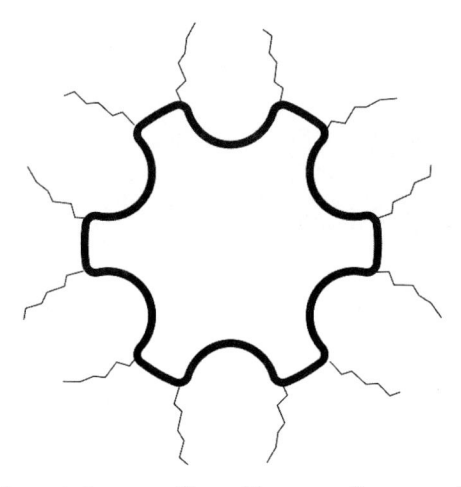

Abb. 8.39 Werkzeugteilung zur Vermeidung von Spannungskonzentrationen

Abb. 8.40 Segmentiertes (Backen-)Werkzeug. Die Backen werden nach Rohteileinlage mit dem Oberwerkzeug geschlossen. Nach dem Pressen werden sie durch die Federkraft wieder geöffnet und geben das Werkstück frei. Die Backen gleiten entlang einer Schräge von ca. 16° und führen einen Hub von ca. 15 mm aus. Quelle: Daimler-Chrysler AG

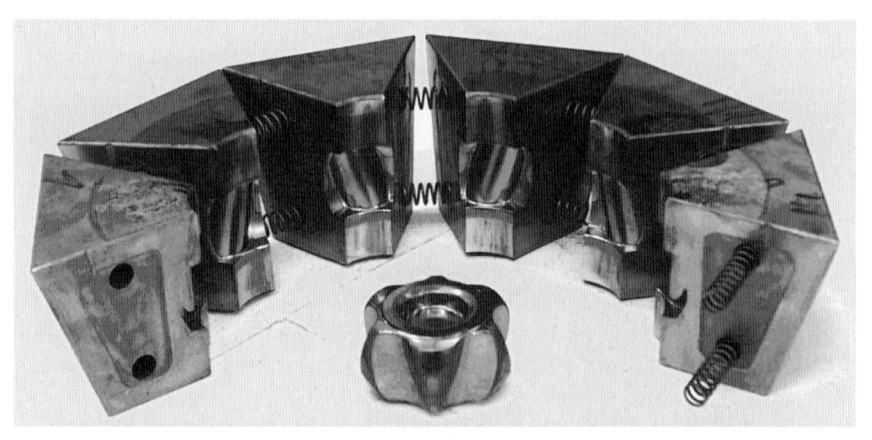

Abb. 8.41 Segmentiertes (Backen-)Werkzeug, demontiert. Quelle: Daimler-Chrysler AG

Quer- und Längsteilung von Matrizen

Im allgemeinen ist die Spannungsverteilung beim Fließpressen entlang der Matrizeninnenwand ungleichmäßig (Abb. 8.42, σ_V = Vergleichsspannung). Häufig sind die Innenkonturen in Matrizen abgesetzt. Das führt neben einer konzentrischen Matrizenaufweitung zu Biegemomenten an exponierten Stellen im Werkzeug. Die Folge sind unterschiedliche Spannungen (Zug, Druck, Biegung), die sich im Matrizenkern überlagern und auf engstem Raum wechselwirken. Besonders an Übergängen, Radien und Kanten führt das zu Spannungskonzentrationen und Rissbildung.

Durch Längs- und/oder Querteilung der Matrizenkerne an den Stellen mit hoher Spannungskonzentration kann die Lebensdauer der Werkzeuge deutlich erhöht werden [8.4]. Abb. 8.42 zeigt prinzipiell Beispiele für das Längs- und Querteilen von Matrizen zum Voll-Vorwärts- und Napf-Rückwärts-Fließpressen.

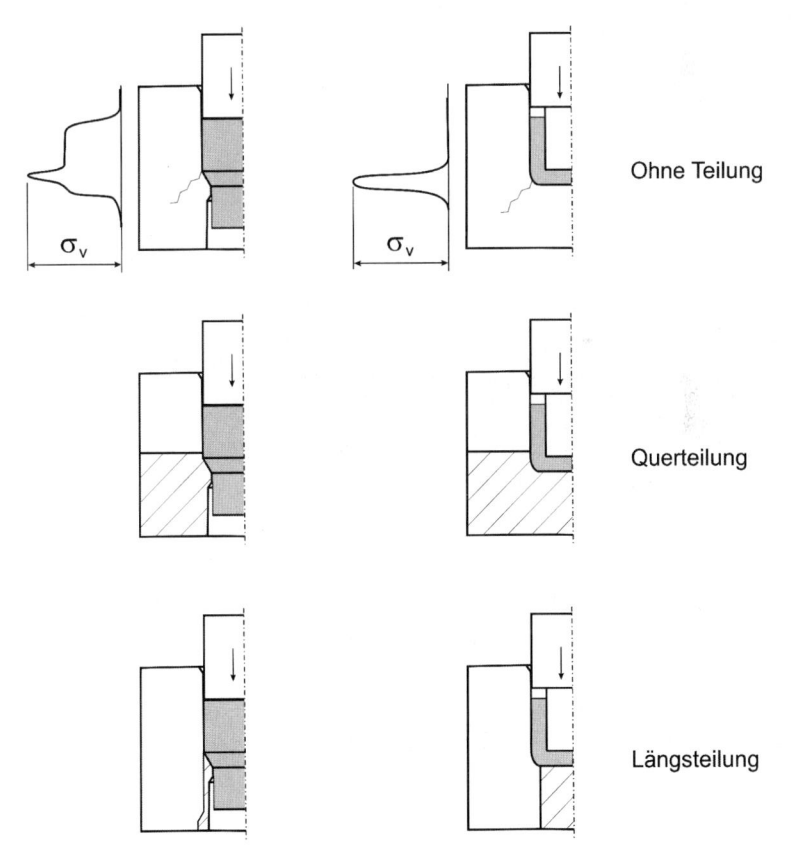

Abb. 8.42 Quer- und Längsteilung von Matrizen zum Voll-Vorwärts- und Napf-Rückwärts-Fließpressen (z. T. nach [8.4]); σ_V = Vergleichsspannung

Nachfolgend werden am Beispiel einer Matrize für das Voll-Vorwärts-Fließpressen fünf Möglichkeiten für eine belastungsgerechte Matrizengestaltung vorgestellt:

1. Matrize mit einteiligem Kern
2. Matrizenkern mit Einsatz (Längsteilung)
3. Matrize mit Querteilung, von außen axial vorgespannt
4. Matrize mit Querteilung, von innen axial vorgespannt
5. Matrize mit Längs- und Querteilung, axial vorgespannt

Mit steigender Komplexität der Matrize erhöhen sich auch die Werkzeugherstellungskosten. Die Wahl der geeigneten Matrizenkonstruktion sollte deshalb wirtschaftlich sinnvoll in Abhängigkeit der zu erwartenden Belastung erfolgen.

8.4.3 Matrize mit einteiligem Kern

Abb. 8.43 zeigt eine Voll-Vorwärts-Fließpressmatrize mit einteiligem Kern. Die Fließschulter ist aus dem Vollen gedreht.

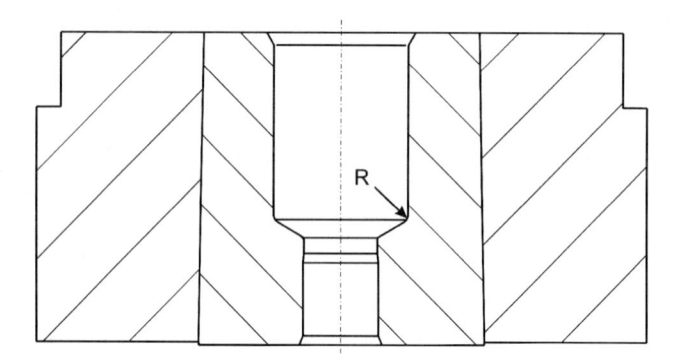

Abb. 8.43 Voll-Vorwärts-Fließpressmatrize mit einteiligem Kern

Sind beim Voll-Vorwärts-Fließpressen hohe Umformgrade, d.h. starke Querschnittsänderungen, erforderlich, oder werden werkstückbedingt große Schulteröffnungswinkel oder kleine Übergangsradien benötigt, dann sind diese Matrizen mit einteiligem Kern querrissgefährdet. Biegekräfte an der Fließschulter entwickeln Zugspannungen und bewirken Risse an den Übergangsradien (Abb. 8.44).

Beispielsweise begann die Rissbildung an der in Abb. 8.43 dargestellten Matrize bereits nach 5.000 – 6.000 Pressteilen. Nach weiteren 3.000 bis 4.000 Teilen brach der Matrizenkern schließlich. Ursache war die Spannungskonzentration am Querschnittsübergang (Abb. 8.45).

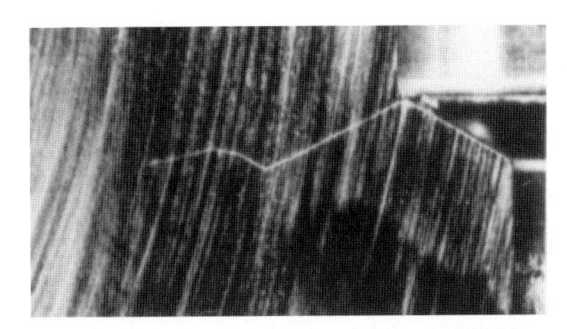

Abb. 8.44 Rissausbreitung quer in den Kernwerkstoff [8.1]

Abb. 8.45 Riss am Querschnittsübergang [8.1]

Um die Spannungskonzentrationen im Querschnittsübergang abzubauen, wurde der einteilige Matrizenkern in zwei Teile längsgeteilt: in einen Matrizenkerneinsatz und einen Matrizenkern mit zylindrischer Bohrung (Abb. 8.46)

8.4.4 Matrizenkern mit Einsatz (Längsteilung)

Diese Lösung mit längs geteiltem Matrizenkern hat sich in der Praxis gut bewährt. Sie ist eine einfache und kostengünstige Lösung zur Vermeidung von Spannungskonzentrationen am Querschnittsübergang. Die Längsteilung hat in vielen Fällen den Vorteil, lediglich durch Auswechseln des Matrizeneinsatzes unterschiedlich lange Teile eines Pressteiltyps herstellen zu können.

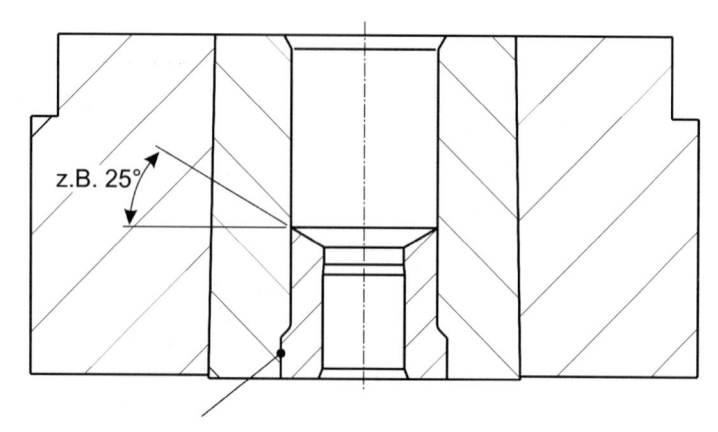

z.B. 25°

Bund verhindert ein Wandern des Matrizeneinsatzes beim Auswerfen des Werkstücks

Abb. 8.46 Voll-Vorwärts-Fließpressmatrize mit Einsatz im Matrizenkern

Hohe Matrizenstandzeiten lassen sich erreichen, wenn der Matrizeneinsatz mit größtmöglichem Aufmaß (Haftmaß) in den Matrizenkern eingeschrumpft wird (Abb. 8.47). Dadurch wird dem beim Pressen druckspannungsfreien Abschnitt im unteren Bereich des zylindrischen Matrizenkerns eine radiale Druckvorspannung aufgezwungen, damit bei anliegendem Pressdruck die Spannung nicht übergangslos auf Null abfällt. Eine gefährliche Konzentration von Tangential- und Axialzugspannungen am Querschnittsübergang wird dadurch vermieden.

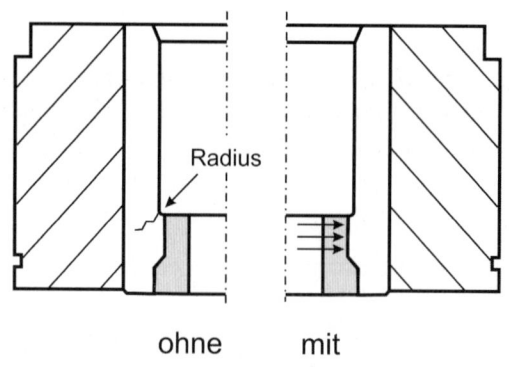

Radius

ohne   mit

Abb. 8.47 Matrizenkern-Einsatz mit und ohne radiale Druckvorspannung

Zudem unterbindet ein erhöhtes Schrumpfaufmaß am Matrizeneinsatz das Eindringen von Werkstoff in den Fügespalt zwischen Einsatz und Kern. Die achsparallelen Zugspannungen verschwinden infolge der Längsteilung völlig. Auf der Stirnseite des Matrizeneinsatzes wirken nur unschädliche Druckspannungen. Sie führen zu einer elastischen Einfederung des Einsatzes und müssen durch entsprechende Maßzugabe (leichter Überstand in die Matrize) berücksichtigt werden (siehe Abb. 8.48). Einsatz und Matrizenkern sollten auf der Matrizenunterseite auf gleiche Höhe geschliffen sein und leicht aus dem Armierungsring vorstehen.

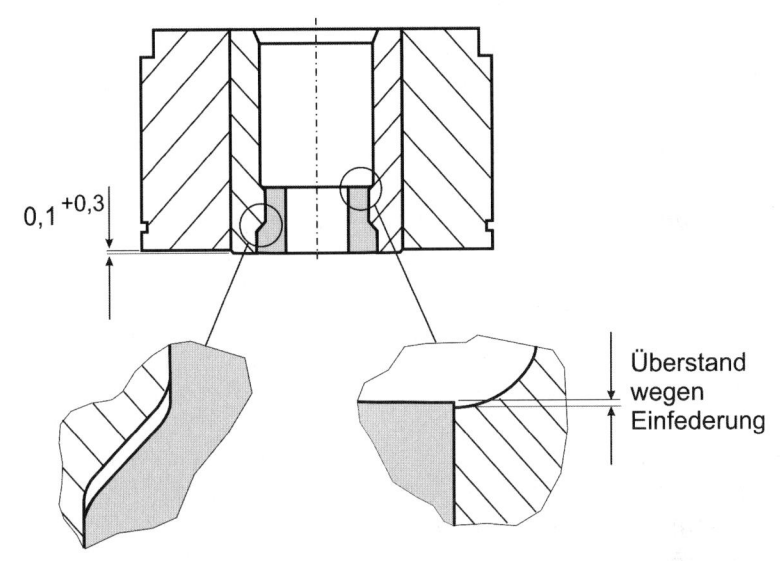

Abb. 8.48 Berücksichtigung der elastischen Einfederung des Einsatzes

Der Einsatz sollte möglichst kurz sein. Die bei Pressdruck auftretende elastische Verkürzung des Matrizeneinsatzes kann zu Reibverschweissungen zwischen Einsatz und zylindrischer Matrizeninnenwand führen. Sollte die Länge des Matrizeneinsatzes aus konstruktiven Gründen nicht ausreichend klein gehalten werden können, sollte die Manteloberfläche des Einsatzes phosphatiert, nitriert oder verkupfert werden. Eine andere Möglichkeit ist, den Matrizeneinsatz in zwei Elemente aufzuteilen (vgl. Ab. 8.53).

In Abb. 8.49 ist dargestellt, wie durch eine entsprechende Maßfestlegung ein verkippungsfreies Einpressen des Matrizeneinsatzes in die Matrize möglich ist.

Muss der Winkel am Einsatz, bedingt durch die Schultergeometrie des Pressteils, spitz sein (vgl. Abb. 8.46), ist es trotz radial vorgespanntem Einsatz möglich, dass mit der Zeit Werkstoff in den Spalt zwischen Einsatz und Matrizeninnenwand eindringt. Dann muss der Einsatz ausgepresst und der Bereich gereinigt werden.

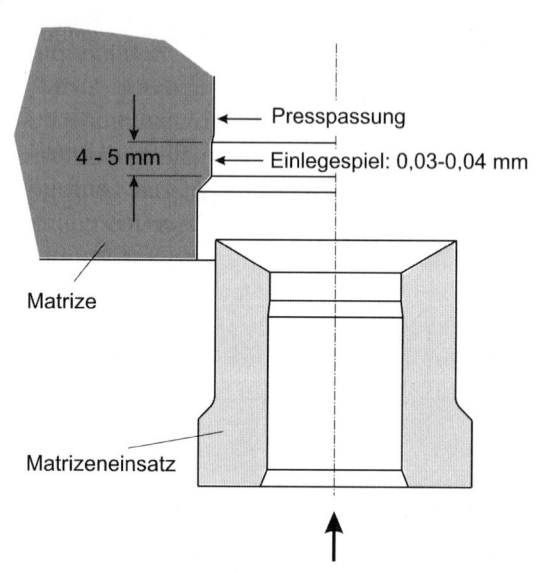

Abb. 8.49 Einlegespiel zum verkippungsfreien Einpressen des Matrizeneinsatzes

Ist am Übergang vom Matrizenkern zum –einsatz ein Radius nach Abb. 8.47 erforderlich, können trotz Längsteilung und radialer Druckvorspannung am Radiusübergang in der Serienfertigung dort Risse entstehen, sodass die Matrize ausfällt. Das liegt dann daran, dass an dem radiusförmigen Vorsprung die radiale Abstützung nicht ausreichte, um dauerhaft Zugspannungen durch Biegung und damit einen Anriss zu vermeiden. In solchen Fällen oder allgemein bei höher beanspruchten Matrizeninnenkonturen muss das Auftreten von Ermüdungsquerrissen am Querschnittsübergang durch eine Querteilung der Matrize vermieden werden.

8.4.5 Matrize mit Querteilung, von außen axial vorgespannt

Eine Matrizenquerteilung erfordert das Aufbringen einer axialen Vorspannung, um das Abheben beider Matrizenhälften unter Presslast zu vermeiden. Bei der in Abb. 8.50 dargestellten Lösung wird die axiale Vorspannung über den Matrizenaussendurchmesser mittels eines Spannrings in Form einer Überwurfmutter aufgebracht. Sie wird über einen Hebel von Muskelkraft angezogen. Die auf diese Weise aufgebrachte Vorspannkraft reicht für die Fertigung von Aluminiumfließpressteilen aus, da dabei geringere Kräfte im Druckraum entstehen als bei der Fertigung von Stahlteilen.

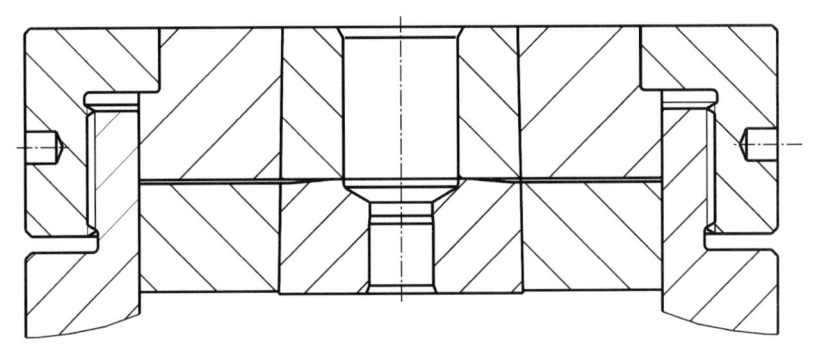

Abb. 8.50 Von Hand mittels einer Überwurfmutter axial vorgespannter quer geteilter Matrizenkern.

Mit der in Abb. 8.50 gezeigten Matrize mit Radius im Querschnittsübergang wurden 8.000 – 10.000 Fließpressteile hergestellt. Danach mussten die beiden Hälften auseinander genommen und gereinigt werden, da Werkstoff in die Querfuge eindrang. Das kann durch Erhöhung der axialen Vorspannkräfte vermieden werden. Allerdings sind die mit der Überwurfmutter erreichbaren axialen Vorspannkräfte begrenzt; bei zu großen Anzugskräften würde sich bei dieser Konstruktion die Matrize verbiegen. Sind höhere Vorspannkräfte erforderlich, müssen die Matrizenkernhälften von innen axial vorgespannt werden.

8.4.6 Matrize mit Querteilung, von innen axial vorgespannt

Bei der in Abb. 8.51 gezeigten quer geteilten Matrize erfolgt die axiale Vorspannung über ein innen liegendes Druckstück mit Mutter. Die erzielbaren Vorspannkräfte sind damit präzise einstellbar. Sie können die Druckfließgrenze des verwendeten Matrizenkernwerkstoffes (z.B. 2.100 N/mm^2) erreichen.

Mit der in Abb. 8.51 gezeigten Matrizenkonstruktion wurden Stückzahlen von ca. 150.000 Fließpressteilen erreicht. Für die Erzielung hoher Standmengen ist das belastungsgerechte Einstellen der axialen Vorspannung von großer Bedeutung. Sie erfordert viel Erfahrung. Beispielsweise sollte die Matrize nach Aufbringung der Vorspannung ca. 1 Tag liegen gelassen werden. Danach sollte sie wieder gelöst und neu vorgespannt werden. Der durch partielle Plastifizierung während der beiden Vorspannphasen und der dazwischen liegenden Entspannungsphase entstandene Grat in der Tennfuge wird auspoliert. Durch dieses Vorspannen-Entspannen-Vorspannen konnte die oben genannte Standmenge von 150.000 um weitere 30.000 gesteigert werden.

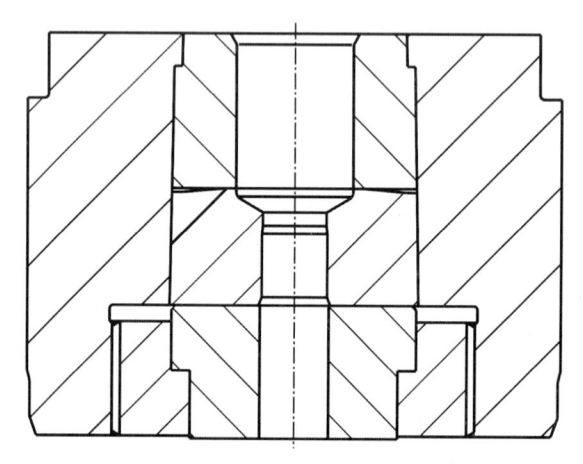

Abb. 8.51 Über ein innen liegendes Druckstück mit Mutter axial vorgespannter quer geteilter Matrizenkern

Die definierte Axial-Vorspannung der Matrize erfolgt im allgemeinen auf einer hydraulischen Einsenkpresse. Darin werden die beiden Matrizenkernhälften über ein Druckstück mit einem vorher errechneten Druck zusammengepresst; der Druck berechnet sich aus der gewünschten Flächenpressung in der Trennfuge und der Trennfugenringfläche. Unter Beibehaltung dieses Druckes wird sodann die innenliegende Spannmutter angezogen. Die Flächenpressung an der Trennfuge sollte mindestens 800 - 1000 N/mm² betragen. Bei der Verarbeitung höherfester Werkstoffe reicht sie bis knapp unterhalb der Fließgrenze des weicheren Kernwerkstoffpartners (z.B. 2000 N/mm²). Jedenfalls müssen die beiden Matrizenhälften so stark axial miteinander verspannt sein, dass sie beim Fließpressen nicht druckentlastet aufklaffen. In diesem Fall würde eine Fuge entstehen und Gratbildung zu ungenauen Fließpressteilen führen. Die Trennfuge hat eine Breite von ca. 1 mm, bei größeren Matrizeninnendurchmessern bis zu 1,5 mm. Mit einem Freischliff von ca. 30 Minuten ist sie ausreichend freigestellt. Der Bund oben am Innendurchmesser des Armierungsrings verhindert das Wandern des Kerns unter der axialen Vorspannung.

Auch die Lage der Querfuge ist ein wichtiges Kriterium für die Werkzeugstandzeit. In Abb. 8.52 ist ein Beispiel für eine gute und schlechte Teilung gezeigt. Eine gute Lage ist diejenige oberhalb des Radius, im zylindrischen Bereich. Sie ist einfach herstellbar. Bei einer Teilung unterhalb des Radius bleibt eine spitze Werkstoffkante zurück, die bereits beim axialen Vorspannen abplatzen kann.

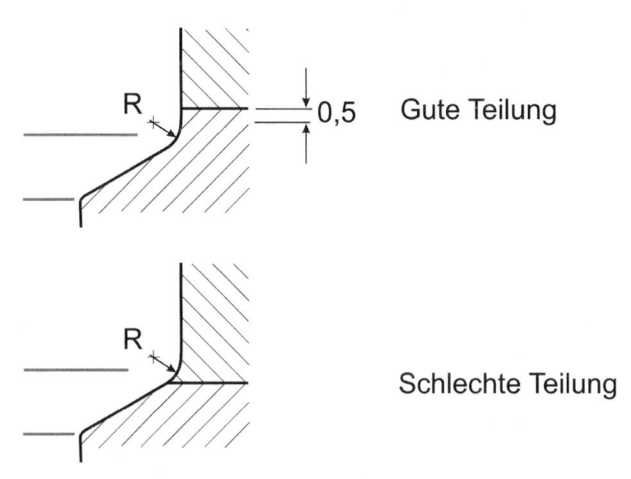

Abb. 8.52 Eine gute Lage der Querfuge wirkt sich günstig auf die Werkzeugstandmengen aus

8.4.7 Matrize mit Längs- und Querteilung, axial vorgespannt

Eine weitere Erhöhung der Lebensdauer quer geteilter, axial vorgespannter Matrizen kann durch eine zusätzliche Längsteilung mit einem Matrizeneinsatz erreicht werden. In Abb. 8.53 ist eine radial und axial vorgespannte, längs- und quer geteilte Matrize für das kombinierte Napf-Rückwärts- und Hohl-Vorwärts-Fließpressen gezeigt.

Um die Einfederung des Matrizeneinsatzes zu verringern, kann dieser in zwei Elemente aufgeteilt werden: in ein kurzes Stück, welches beim Pressen mit dem Werkstück direkt in Kontakt steht und verschleißt und in ein Druckstück. Wird dabei, wie in Abb. 8.53 gezeigt, die Ringfläche des Druckstücks, auf dem der Einsatz steht, etwas größer im Durchmesser gewählt, kann die Flächenpressung vermindert und die Gesamteinfederung beider Teile geringer sein als im Vergleich zur Einfederung eines einteiligen Matrizeneinsatzes gleicher Bauhöhe. Da das Matrizeneinsatzstück bei dieser Lösung relativ einfach und klein ausfällt, ist es bei Verschleiß relativ schnell und kostengünstig zu ersetzen.

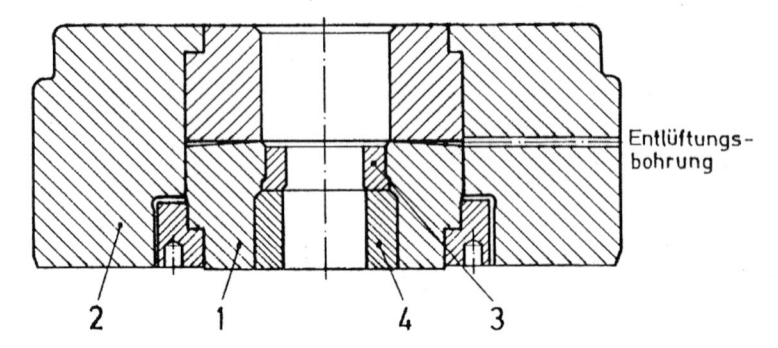

Abb. 8.53 Radial und axial vorgespannte, längs und quer geteilte Matrize [8.1].
1: Matrizenkern-Druckstück, 2: Armierungsring, 3: Matrizeneinsatz, 4: Druckstück

Die Entlüftungsbohrung, welche gleichzeitig die Funktion eines Schmutzkanals übernimmt, dient der Vermeidung von Kavitation durch unter hohen Druck eingesperrten Schmierstoff.

8.4.8 Matrize mit Keramikkern

Aktuelle Entwicklungen befassen sich mit der Verwendung von technischer Keramik als Werkzeugwerkstoff. Durch den Einsatz von Keramik als Matrizenkernwerkstoff werden Steigerungen der Werkzeuglebensdauer sowie Verbesserungen der Oberflächenqualität und Maßhaltigkeit an den gefertigten Werkstücken erwartet. Ferner wird durch verringerte Reibung die Einsparung von Phosphatbeschichtungen an den Pressteilen angestrebt.

Nachteile von Keramik als Werkzeugwerkstoff sind die niedrige Zug- und Biegefestigkeit, Sprödigkeit, ein unterschiedlicher Wärmeausdehnungskoeffizient zu Stahl sowie hohe Bearbeitungskosten [8.7].

Vorteile sind eine hohe Härte, Verschleiß- und Temperaturbeständigkeit, Druckfestigkeit sowie geringe Adhäsionsneigung zu Metallen. Abb. 8.54 zeigt ein zweifach armiertes Werkzeug zum Voll-Vorwärts-Fließpressen einer Schraube mit langem Schaft aus rostfreiem Stahl (1.4401). Die keramischen Matrizenkerne sind axial vorgespannt, die Armierungsringe aus Stahl. Die Querteilungsebenen der kerbspannungsempfindlichen Keramikteile liegen relativ weit außerhalb der Querschnittsänderung.

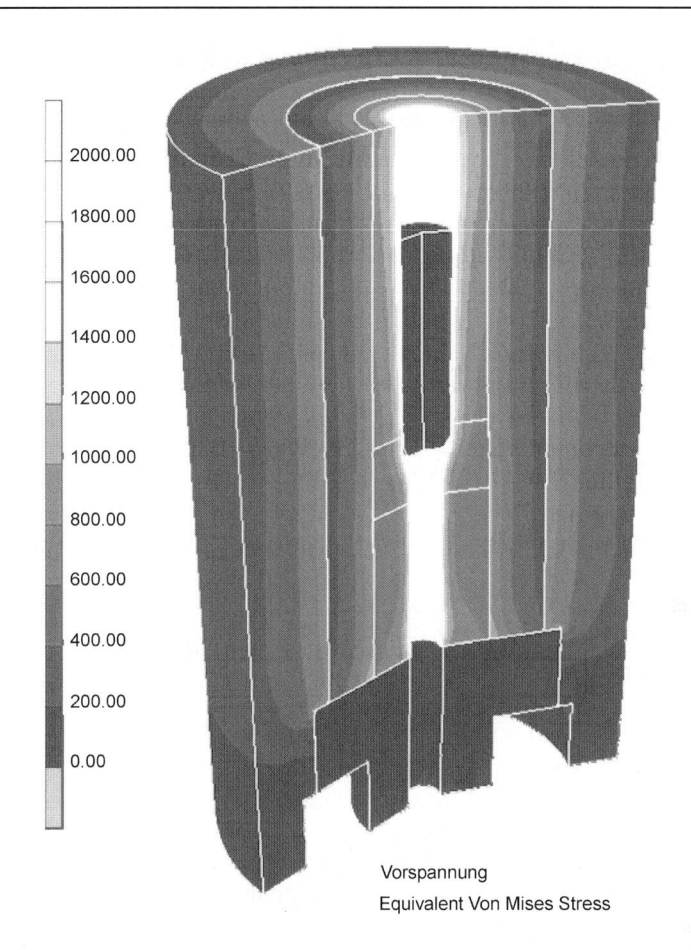

Abb. 8.54 Spannungsverteilung in einem zweifach armierten Fließpresswerkzeug mit quer geteilten Keramik-Matrizenkernen (FE-Berechnung) [8.7]. Bild: LFT

8.4.9 Bersten von Armierungsringen

Das Bersten (Aufplatzen) von Armierungsringen kommt zwar selten vor, es kann aber eintreten, wenn die Armierungsringe nicht sorgfältig gefertigt sind und zum Beispiel scharfe Kanten oder ungünstig positionierte Bohrungen aufweisen. Ferner kann ein falsches Vorgehen beim Einpressen von Matrizenkernen Riefen an den Innenflächen der Armierungsringe erzeugen und ein Bersten der Armierungsringe von Innen heraus bewirken.

An den Aussenflächen der Armierungsringe, insbesondere im Bereich der Druckzone (Abb. 8.55), dürfen keine Riefen o.ä. vorhanden sein, da sie

Risse initiieren und zum Bersten führen können. Kanten, z.B. für Spannringe und Ausheberillen, sollten mit anpolierten Radien versehen sein. Bei der Dimensionierung der Ringe sollte mit den Nettodurchmessern gerechnet werden, d.h. es sollte sichergestellt sein, dass der Umformbereich im kerbfreien Bereich der Armierung liegt. Beim Verschicken von Schrumpfverbänden, z. B. mit dem Flugzeug, sollten Sicherheitsringe um die Schrumpfverbände gelegt werden.

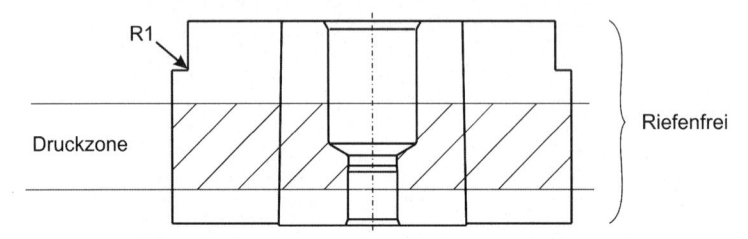

Abb. 8.55 Riefenfreie Anfertigung von Armierungsringen zur Vermeidung von Anrissen

8.5 Werkzeuge für Aluminiumfließpressteile

In diesem Abschnitt wird auf die wesentlichen Gesichtspunkte zur Gestaltung von Fließpresswerkzeugen für Aluminiumwerkstoffe eingegangen. Beispiele zu Werkzeugausführungen sollen das Verständnis vertiefen. Werkzeuge für Aluminiumfließpressteile werden vor allem auf Verschleiß beansprucht, insbesondere, wenn abrasive Einschlüsse im Werkstückwerkstoff vorliegen. Werkzeugbruch spielt beim Fließpressen von Aluminium als Versagenskriterium meist nur eine untergeordnete Rolle, vor allem, wenn es sich um einfache Hohlkörper wie Hülsen, Tuben oder Dosen aus Reinaluminium wie z.B. aus Al 99,5 für Verpackungsteile handelt (Abb. 8.56 und 8.57). Mit fortschreitender Technik werden aber immer mehr technische Fließpressteile aus schwer fließpressbaren, höherfesten Aluminiumwerkstoffen und komplizierten Werkstückgeometrien benötigt (Abb. 8.58, 8.59 und 8.60). Diese Forderungen sind nur mit hoch beanspruchbaren, komplexen Werkzeugen zu erfüllen. Auch bei Fließpresswerkzeugen für Aluminiumwerkstoffe müssen dann armierte Matrizen eingesetzt werden. Des weiteren sind von Fall zu Fall auch quergeteilte oder axial vorgespannte Matrizen notwendig. Auch ist die Auswahl und Behandlung der Werkzeugwerkstoffe wichtig. Bei richtiger Gestaltung und Behandlung der Stempel und Matrizen durch Härten oder Beschichten lassen sich in der Regel auch für komplizierte Bauteile aus höherfesten Aluminiumlegierungen ausreichende Standmengen erreichen.

8.5 Werkzeuge für Aluminiumfließpressteile 363

Abb. 8.56 Aluminiumteile für die Verpackungsindustrie. Bild: Schuler AG

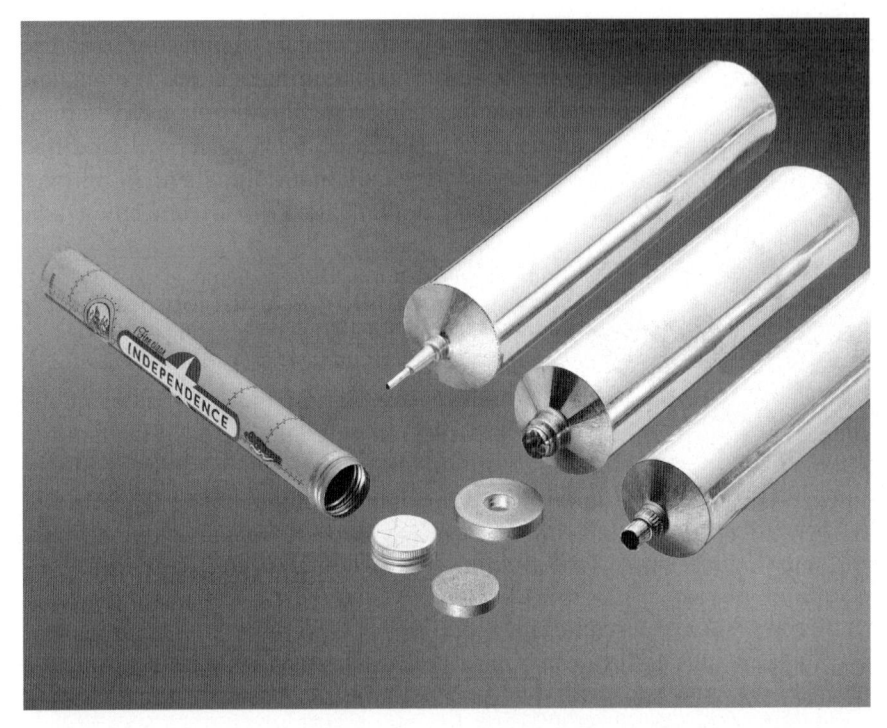

Abb. 8.57 Aluminiumteile für die Verpackungsindustrie. Bild: Schuler AG

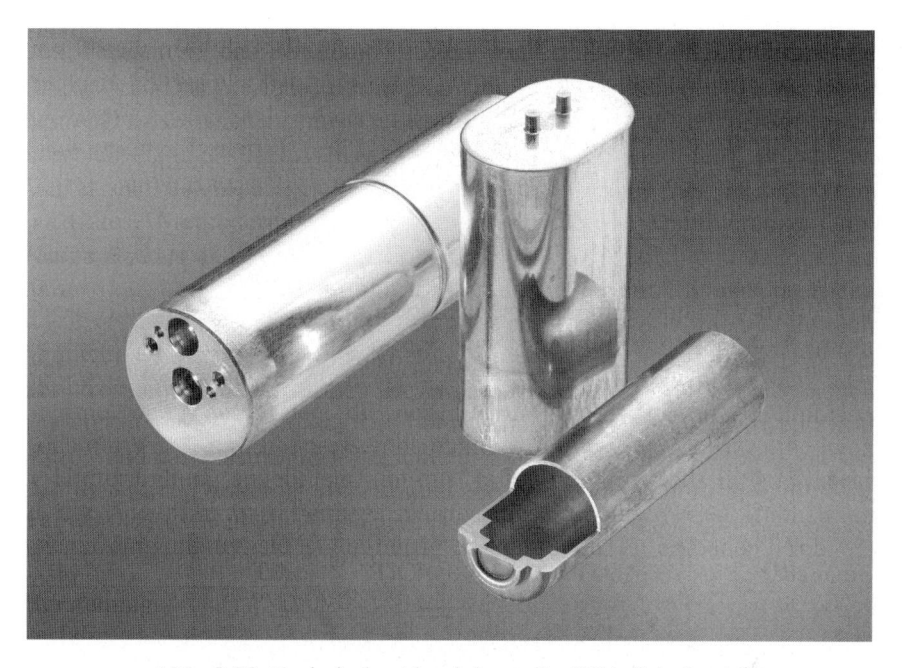

Abb. 8.58 Technische Aluminiumteile. Bild: Schuler AG

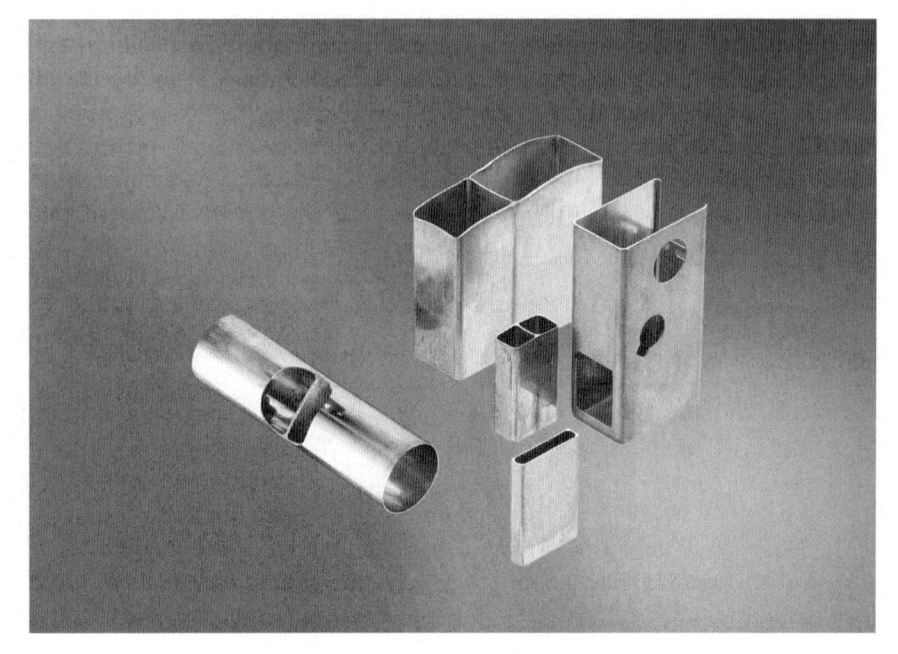

Abb. 8.59 Aluminiumteile für die Elektronikindustrie. Bild: Schuler AG

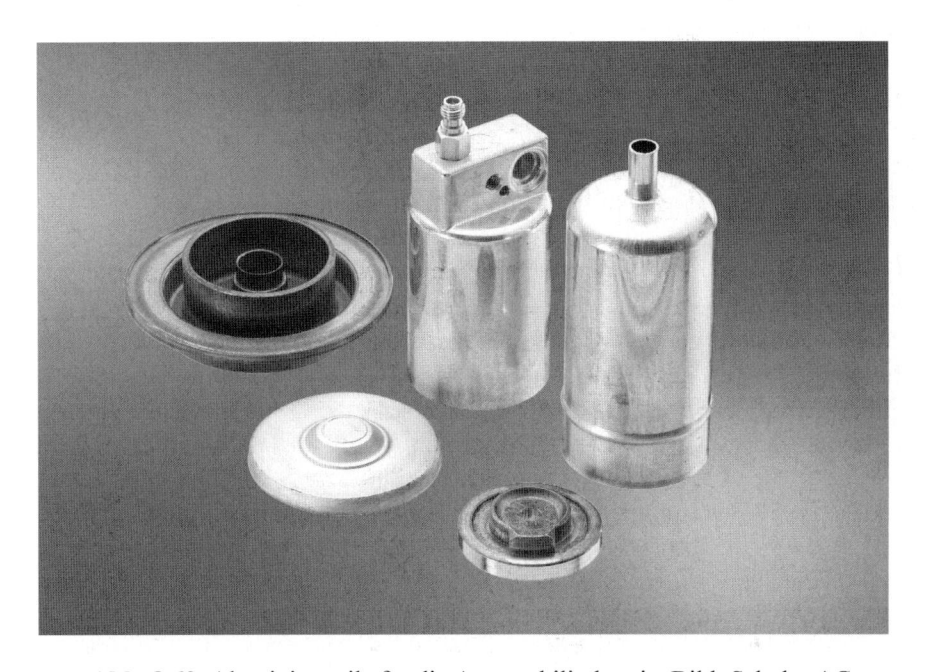

Abb. 8.60 Aluminiumteile für die Automobilindustrie. Bild: Schuler AG

Abb. 8.61 zeigt den Werkzeugeinbauraum einer liegenden Kniehebelpresse, wie sie für das einstufige Fliesspressen von Aluminium oft eingesetzt werden.

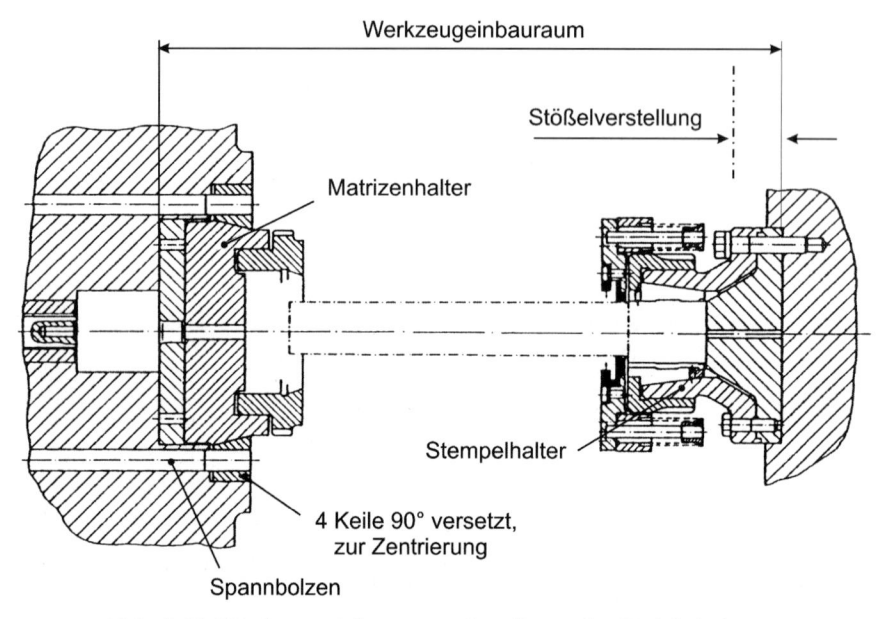

Abb. 8.61 Werkzeugeinbauraum einer liegenden Kniehebelpresse

Matrizenseitig ermöglicht eine Keilverstellung eine exakte Ausrichtung der Matrize zum Stempel. Der Stempelkopf ist hohem Verschleiß unterworfen. Damit bei Verschleiß nicht der ganze Stempel ausgetauscht werden muss, ist der Stempelkopf mit einer Passschraube auf den Stempelschaft aufgeschraubt und abnehmbar (Abb. 8.62).

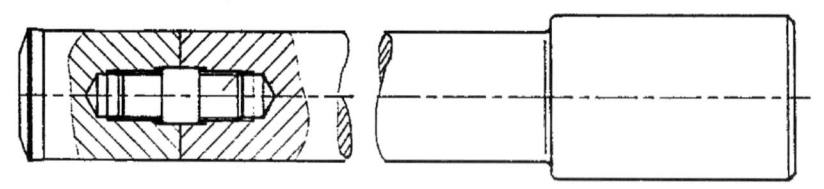

Abb. 8.62 Stempelschaft mit aufgeschraubtem Stempelkopf

8.5 Werkzeuge für Aluminiumfließpressteile

Der Stempelschaft ist mit einer Spannzange in der Stempelaufnahme befestigt (Abb. 8.63). Die Spannzange ist außen kegelig und wird mit einer Spannmutter gegen eine kegelige Aufnahme gespannt.

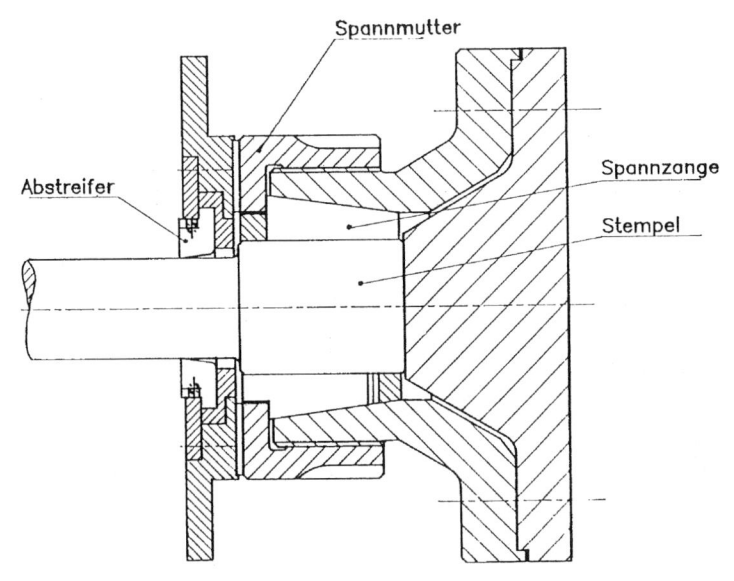

Abb. 8.63 Stempelfixierung über Spannzange und Spannmutter

Die gebräuchlichsten Stempelformen zum Napf-Rückwärts-Fließpressen von Dosen, Tuben und Hülsen zeigt Abb. 8.64:

1: Einfachste Form eines Napf-Rückwärts-Fließpressstempels zur Herstellung von Teilen mit geschlossenem, ebenem Boden.
2: Stempel mit Kerben oder Nuten zur Herstellung profilierter Bodenformen.
3: Stempel mit Dorn zur Herstellung von Hülsen mit unterschiedlich geformten Hohlzapfen am Boden (vgl. Abb. 8.65 und 8.66).
4: Stempel mit Dorn und stirnseitiger Aussparung für Fließpressteile mit innenliegendem Hohlzapfen.
5: Stempel mit Belüftungsventil für extrem dünnwandige Hülsenteile. Die Belüftungsnuten dienen zur Verhinderung eines Vakuums beim Zurückziehen und Abstreifen des Teiles vom Stempel. Außerdem ist durch die Bohrung im Stempelschaft eine Druckluftbeaufschlagung möglich.

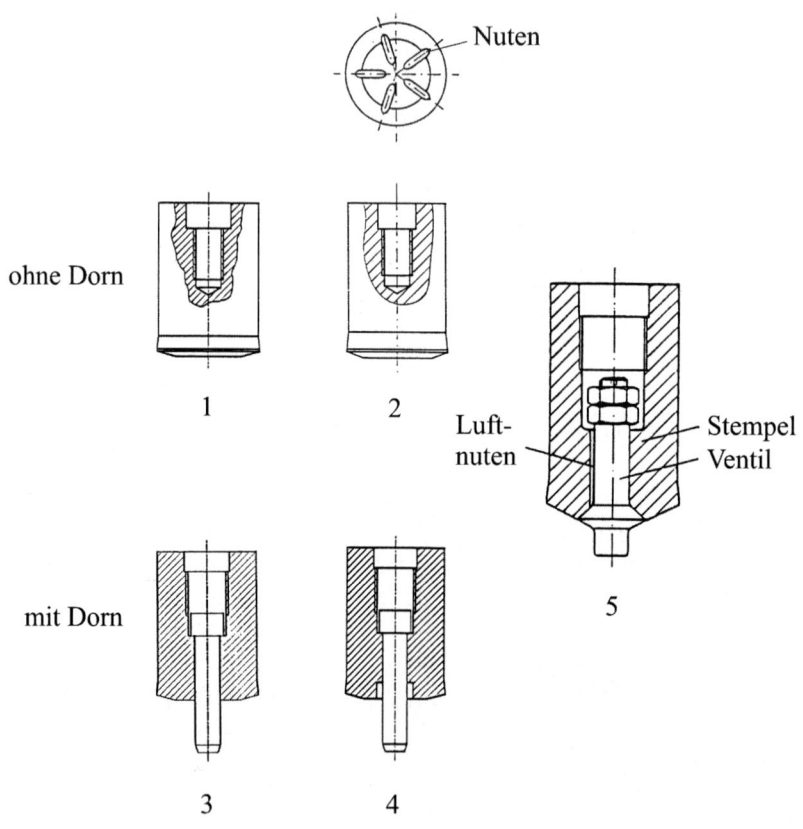

Abb. 8.64 Stempelformen zum Fließpressen von Aluminium

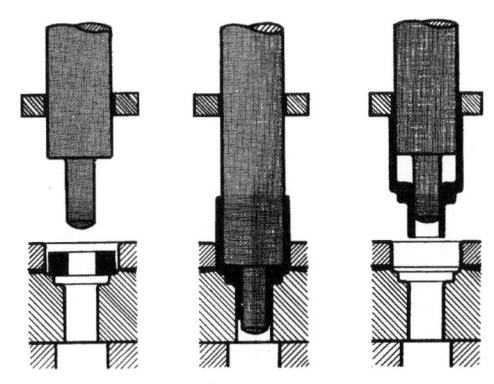

Fließpressteil
bleibt am **Stempel** haften

→ **Abstreifer** erforderlich

Abb. 8.65 Kombiniertes Hohl-Vorwärts-Napf-Rückwärts-Fließpressen von Aluminiumwerkstoff zur Herstellung hülsenförmiger Teile. Bild: Gesamtverband der Aluminiumindustrie e. V.

Fließpressteil
bleibt in der **Matrize** haften

→ **Auswerfer** erforderlich

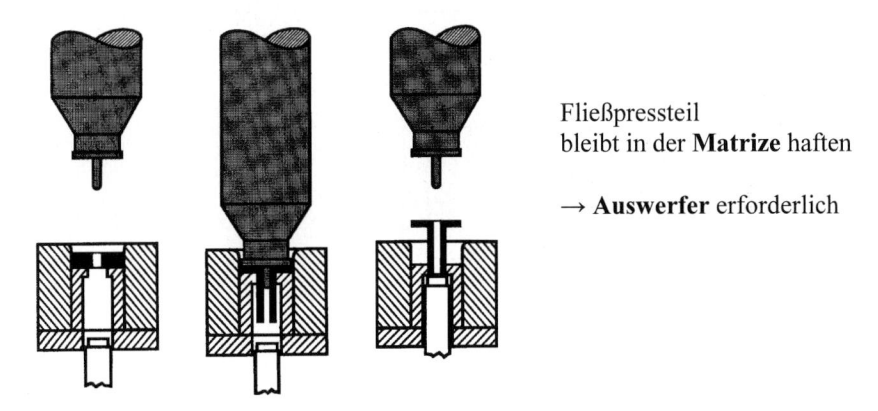

Abb. 8.66 Hohl-Vorwärts-Fließpressen von Aluminiumwerkstoff. Bild: Gesamtverband der Aluminiumindustrie e. V.

Für Fließpressstempel entsprechend Form 1 (Abb. 8.64) können harte Werkstoffe, wie beispielsweise Schnellarbeitsstahl 1.3343 oder Kaltarbeitsstahl 1.2379, vergütet auf 60 – 63 HRC, verwendet werden.

Für Stempel mit Bohrungen und Nuten werden zähere Werkzeug-Werkstoffe angewandt, wie die Kaltarbeitsstähle 1.2767 mit 56 – 58 HRC oder 1.2379 mit 58 – 60 HRC.

Bei vielen Napf-Rückwärts-Fließpressteilen aus Aluminium mit geschlossenem Boden und einfacher Bodenkontur bleiben die Teile am Stempel haften, so dass kein matrizenseitiger Auswerfer nötig ist und die Teile mit einem Abstreifer vom Stempel gezogen werden. Eine übliche Matrizenanordnung für solche Fälle ohne Auswerfer zeigt Abb. 8.67. Über einen Spannring wird der Matrizenverband gleichzeitig axial und radial vorgespannt; im Bereich des Bodens ist die Matrize quergeteilt.

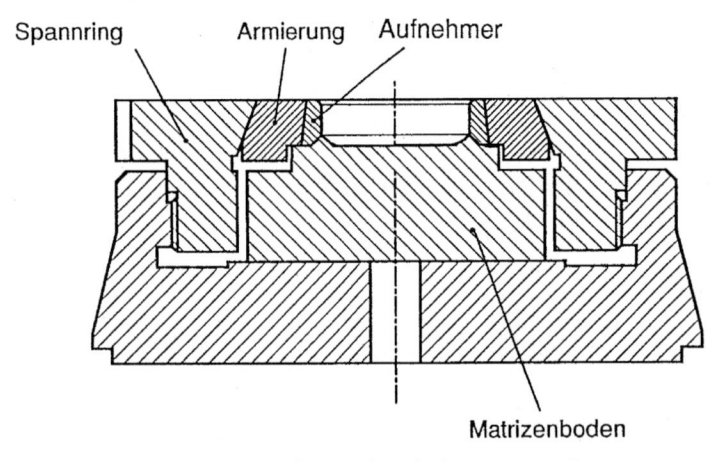

Abb. 8.67 Matrizenverband ohne Auswerfer

Wie in Abb. 8.68 prinzipiell dargestellt, wird mit dem in Abb. 8.67 gezeigten Werkzeugaufbau die Wand des Fließpressteils im Spalt zwischen Matrizeninnenwand und Stempelkante geformt. Hierfür reicht eine nur geringe Matrizenhöhe aus. An der im Fließpressspalt austretenden Pressteilwand sind im gleichen Arbeitsgang keine weiten Umformungen möglich. Hinterschneidungen sind verfahrensbedingt nicht möglich. Ebenso müssen Sicken oder Ausklinkungen an der Wand des Fließpressteils oder das Walzen und Schneiden von Gewinden sowie das Formen des Pressteilrandes in

8.5 Werkzeuge für Aluminiumfließpressteile 373

nachfolgenden Arbeitsgängen auf gesonderten Maschinen angebracht bzw. vorgenommen werden.

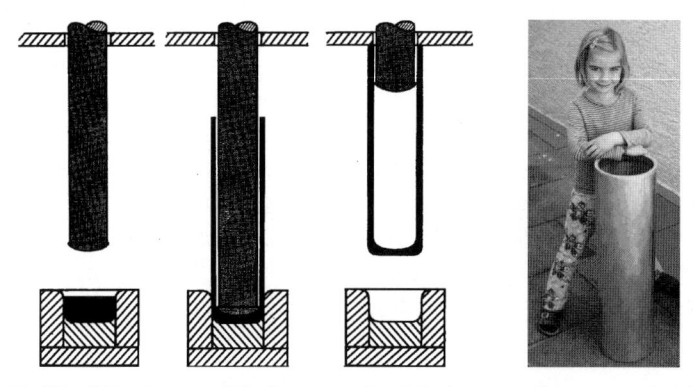

Abb. 8.68 Napf-Rückwärts-Fließpressen im Werkzeugaufbau gemäß Abb. 8.67. Schemabild: Gesamtverband der Aluminiumindustrie e. V. Foto: Schöck

In Abb. 8.70 ist ein fließgepresster zylindrischer Napf für anschließendes Einhalsen zur Trinkflasche (Abb. 8.71) gezeigt. Das Einhalsen ist ein vielstufiger Vorgang, bei dem der Napfrand sukzessive verjüngt wird (Abb. 8.69 zeigt das Prinzip). Der Werkstoff staucht sich dabei auf, so dass sich im Flaschenhals die Wand verdickt, und in einem weiteren Arbeitsschritt darin ein Gewinde geschnitten werden kann.

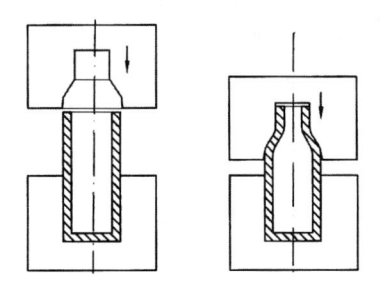

Abb. 8.69 Einhalsen („necking"). Bild: ICFG Doc. 13/02

Der Boden der Pressteile kann über den Querschnitt unterschiedliche Dickenmaße haben (Abb. 8.72). Die Mindestbodendicke sollte 10 – 25 % größer sein als die Wanddicke. Der Werkstofffluß im Boden wird durch Schrägen und Radien am Fließpressstempel bestimmt.

Abb. 8.73 zeigt Rohteile mit und ohne Vorzentrierung zur Stempelführung für präzise Napfwandausformungen.

Abb. 8.70 Zylindrischer Napf in einem Hub fließgepresst …

Abb. 8.71 … für die Weiterverarbeitung zur Trinkflasche *(Foto: Schöck)*

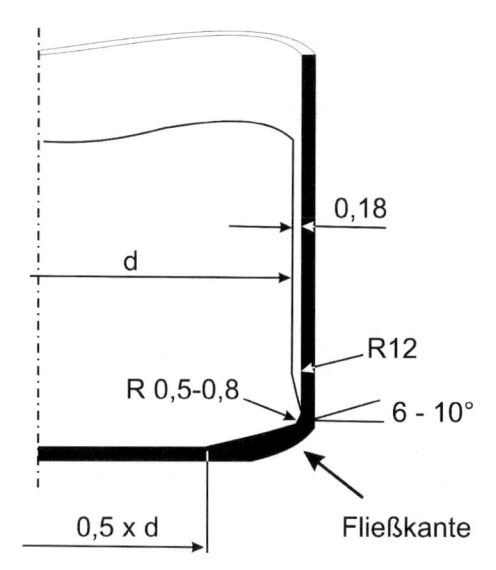

Abb. 8.72 Die Napfwand wird im Spalt zwischen Matrize und Stempel-Fließkante geformt, der Napfboden durch die Stempelstirnfläche [8.8]

Abb. 8.73 Aluminiumrohteile mit und ohne Vorzentrierung zum Napf-Rückwärts-Fließpressen

Beim Fließpressen mit vorwärts gepresstem Zapfen im Boden überwiegen die Reibanteile in der Matrize gegenüber dem Reibwiderstand am Stempel und das Teil bleibt in der Matrize haften, womit ein Auswerfer erforderlich wird, der das Teil nach dem Pressen aus der Matrize hebt.

Der Matrizenverband in Abb. 8.74 zeigt den Werkzeugaufbau aus Abb. 8.67 ergänzt um einen Gegenstempel und Auswerfer. Der Auswerfer wird über eine Feder nach dem Ausstoßen in seine ursprüngliche Lage zurückgedrückt und dient gleichzeitig als Gegenstempel, der aktiv die Formgebung mitbestimmt.

Mit der Konstruktion in Abb. 8.74 ist es möglich, Teile mit rotationssymmetrischem Zapfen (Zylinder, Kegel, o.ä.) und achssymmetrische Zapfen (Vielkant, Profile, u.ä.) am Boden zu fertigen. Gegebenenfalls erfordern die achssymmetrischen Zapfen eine Armierung der Matrize aufgrund der erhöhten Spannungskonzentrationen in den Kanten.

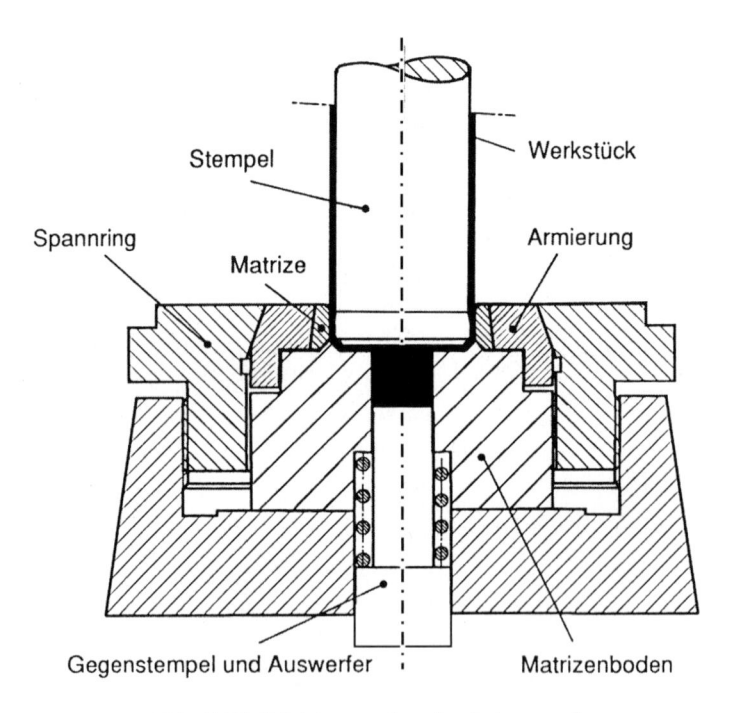

Abb. 8.74 Matrizenverband mit Auswerfer

Der Matrizenboden in Abb. 8.75 besteht aus einem Auswerfer, der sich an der Unterseite über einen Kegel an einem Matrizeneinsatz abstützt. Mit diesem ist ein schonendes Auswerfen des Pressteils möglich, da sich die Ausstoßkräfte über die gesamte Fläche des Pressteils verteilen und damit am Pressteilboden nur geringe Auswerfermarkierungen zurückbleiben. Durch die axiale Belastung beim Fließpressvorgang wird der Auswerfer gegen den Matrizeneinsatz gedrückt. Der Kegel wirkt dabei wie eine geschlossene Trennfuge und verhindert Einfließen von Werkstoff, da er infolge des Axialdrucks dicht abschließt. Voraussetzung ist ein einwandfreier Sitz des Auswerfers im Matrizeneinsatz.

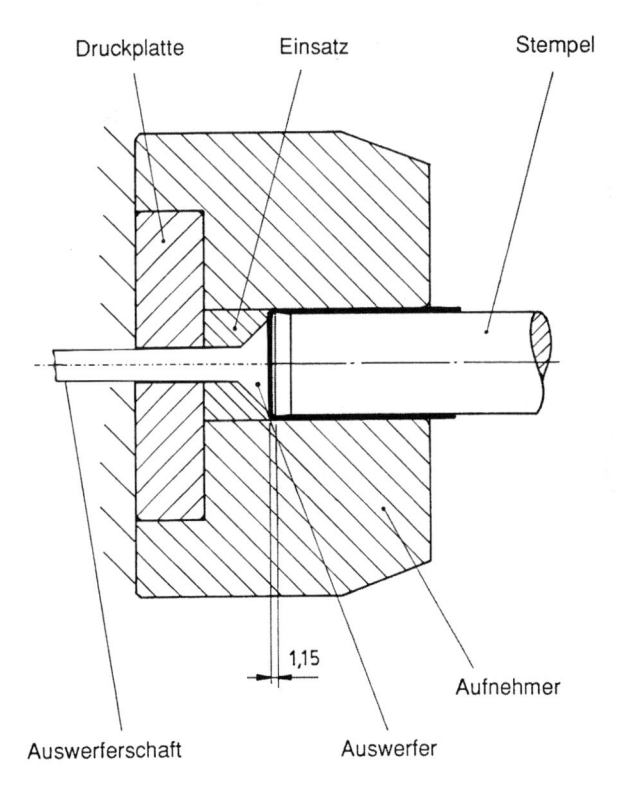

Abb. 8.75 Fließpresswerkzeug mit kegeligem Ausstoßerrücken

Innendrücke bis ca. 1000 N/mm², wie sie z.B. beim Fließpressen von Tuben auftreten können, erfordern nicht zwingend eine Armierung der Matrize. Diese ist aber erforderlich, wenn Hartmetall als Matrizenwerkstoff eingesetzt werden soll. Zur Erhöhung der Standmengen werden Hartmetalle, z.B. die Qualität G 30 (isostatisch nachverdichtet), verwendet. Hier muss die Armierung kegelig ausgeführt werden, damit sich bei der axialen Vorspannung die Matrize nicht verschiebt.

Beim Fließpressen von höherfesten Aluminiumwerkstoffen und komplexeren Teilegeometrien können höhere Belastungen in den Werkzeugen auftreten, die eine Werkzeugkonstruktion wie beim Fließpressen von Stahl erfordern. Einem Versagen des auf Druck und Biegen beanspruchten Stempels kann durch geeignete Werkstoffauswahl und Wärmebehandlung entgegengewirkt werden. Die Schwierigkeiten liegen somit hauptsächlich im Matrizenverband.

Matrizen sollten ähnlich wie beim Fließpressen von Stahl armiert werden. Da jedoch beim Fließpressen von Aluminium und Aluminiumlegierungen üblicherweise nur Innendrücke bis max. 1500 N/mm² auftreten, sind einfache Armierungen ausreichend. Neben radial vorgespannten Matrizen für rein zylindrische Teile werden zur Herstellung abgesetzter Werkstücke auch quergeteilte Matrizen verwendet. Die axiale Vorspannung muss so hoch sein, dass sich das Werkzeug unter Pressdruck nicht öffnen kann, womit auch vermieden wird, dass Werkstückwerkstoff in die Fuge eindringt. Dazu wird die Stirnfläche des unteren Matrizenteils leicht kegelig geschliffen, damit die Auflagefläche zum Matrizenkern klein und damit die Kraft pro Fläche größer wird. Die Vorspannkräfte richten sich nach der Fließgrenze der verspannten Teile. Sie dürfen knapp erreicht werden, da sich unter Belastung die Vorspannkräfte vermindern. Für das Entweichen von Schmierstoff und Luft sollte in Höhe der Querfuge der Matrizenteilung eine Bohrung angebracht werden.

Neben den Möglichkeiten, Matrizenverbände zu berechnen (vgl. VDI-Richtlinie 3186) gibt es auch überschlägige Richtwerte für die Auslegung. Während bei Stahl das erforderliche Durchmesserverhältnis einfach armierter Matrizen D/d ca. 4 – 6 beträgt, wird bei Aluminium mit einem D/d -Verhältnis von ca. 2,5 – 4,5 gerechnet. Bei kleinen Matrizeninnendurchmessern wird die Armierung meist überschlägig (überdimensioniert) ausgelegt, während bei größeren Innendurchmessern aus Gründen des Gewichts, der Handhabung und der Kosten für Material und Fertigung der Matrizenverband berechnet werden sollte.

Dass die maximale Belastbarkeit bei Matrizen mit Kerben und Ecken am Umfang durch auftretende Kerbspannungen gegenüber rein rotationssymmetrischen Aktivflächen wesentlich geringer ist, verdeutlicht Abb. 8.76.

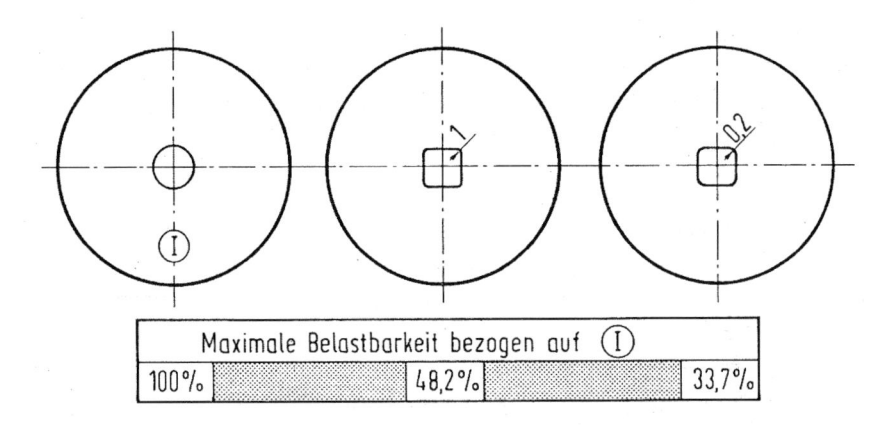

Abb. 8.76 Einfluss der Matrizengeometrie auf die Belastbarkeit der Matrize (Innenkonturen erodiert, Oberflächenfehler bis 0,03 mm tief) [8.1]

In steigendem Maße werden bestimmte Aluminiumlegierungen vom Drahtbund ausgehend umgeformt. Diese Entwicklung trat ein, nachdem es gelungen war, geeignete Pressöle zur Verminderung des Ansetzens von Presswerkstoff an das Werkzeug trotz der metallisch blanken Drahtoberfläche zu entwickeln. Im Gegensatz zum Verarbeiten von Ronden auf einstufigen Pressen kann auf Transferpressen nicht mit den üblichen Stearatüberzügen auf Aluminiumteilen gearbeitet werden, weil diese Schmierstoffe schon nach kurzer Betriebsdauer sehr feste und schwer zu beseitigende Rückstände in den Werkzeugen bilden und zur Unterbrechung des Produktionsablaufes führen. Man benötigt daher Pressöle, die leicht pumpfähig sind. Das Verwenden von quergeteilten Matrizen auf Transferpressen zum Pressen von Aluminium ist problematisch, weil durch das Eindringen von Schmieröl und den dadurch bedingten Aufbau eines hohen hydraulischen Druckes die Matrizen sehr leicht voneinander getrennt werden. Das führt schnell zur Spanbildung und Zerstörung der Kerne (insbesondere bei Hartmetallkernen). Für diese Fälle haben sich axial vorgespannte wie oben beschriebene Matrizen bewährt.

Beispiel. Rechteckiger Aluminiumbecher („Platinenhalter")
Aluminiumbecher werden in unterschiedlichen Längen- zu Breitenverhältnissen fließgepresst. Problemlos sind in der Regel Rechteckbecher oder Becher, bei denen das Verhältnis Länge zu Breite kleiner als 1,5 ist. Der Becher in Abb. 8.78 hat ein ungünstiges Längen- zu Breitenverhältnis (> 4), so dass er beim Fließpressen in der Mitte der Längsseite aufgrund des Werkstoffflusses zum Aufreißen neigt. Zudem besteht die Gefahr, dass an

der Öffnung sowie an der Längsseite Verwölbungen auftreten. Eine Optimierung der Stempelform erfolgte durch Anbringen von

- Schrägen, - sie begünstigen den Werkstofffluss;
- Nuten, - sie bremsen den Werkstofffluss und dienen der seitlichen Stabilisierung des Stempels während des Pressens.

Sehr wesentliche Bedeutung kommt auch der Auswahl des Schmierstoffes zu. Im vorliegenden Fall wurde Zinkstearat eingesetzt. Auch Öl wäre möglich, doch bildet sich damit eine Orangenhaut auf der Teiloberfläche aus. Ein Anwärmen des Werkzeugs auf Betriebstemperatur kann in manchen Fällen das Aufreißen der Längsseite verhindern.

Die Herstellung des Stempels (Abb. 8.77) erfolgt durch Drahterodieren. Damit lassen sich die Radien und Konturen exakt herstellen. Die Nuten zur Steuerung des Werkstoffflusses werden eingeschliffen. Der Stempel besteht aus Kaltarbeitsstahl 1.2379 mit einer Härte von 58 – 60 HRC.

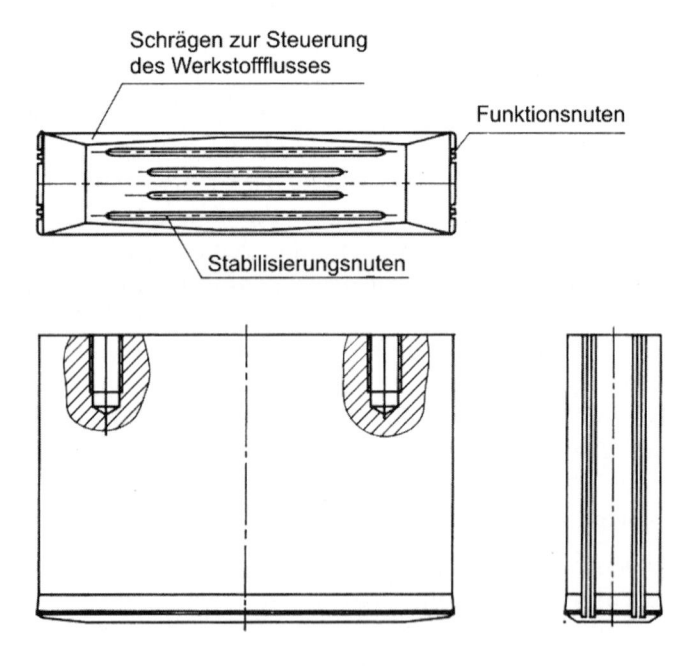

Abb. 8.77 Fließpressstempel zur Fertigung des Aluminiumbechers in Abb. 8.78

8.5 Werkzeuge für Aluminiumfließpressteile

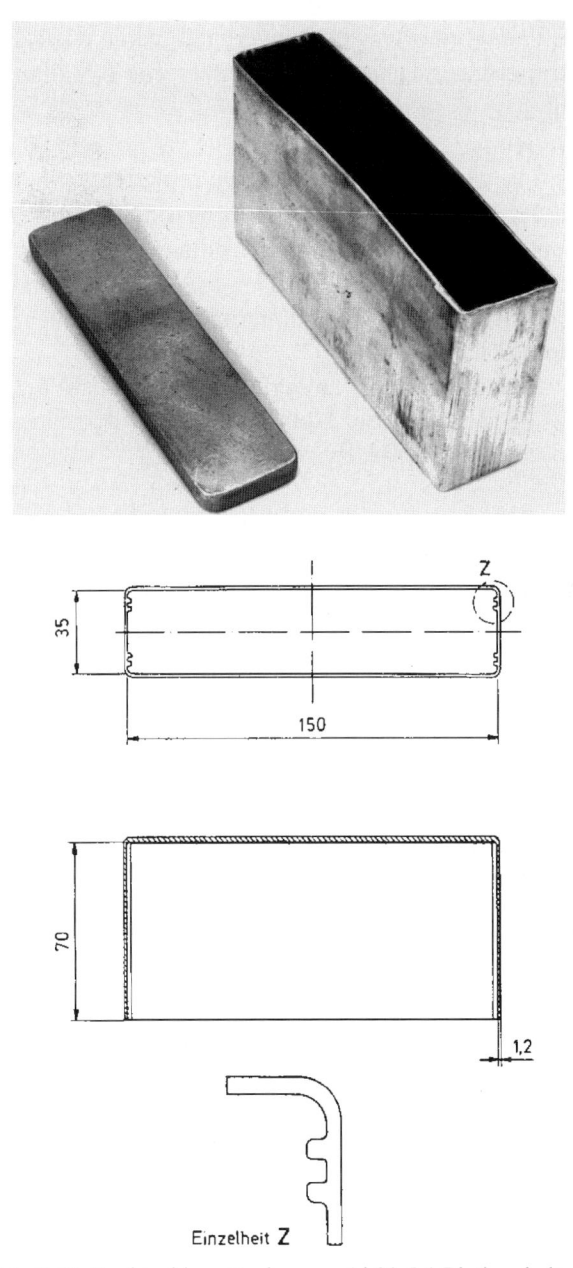

Abb. 8.78 Rechteckiger Becher aus Al 99,5 („Platinenhalter")

Der in Abb. 8.79 dargestellte Matrizenverband wurde wie folgt gefertigt:
- Matrize, Armierungsring und Bodeneinsatz mit Schleifaufmaß spanend bearbeiteten;
- alle Teile härten;
- Armierungsring innen und Matrize außen schleifen;
- Matrizenkern („Aufnehmer") in Armierungsring einpressen;
- Aktivflächen des Matrizenkerns drahterodieren und polieren;
- Bodeneinsatz härten und die Stirnfläche senkerodieren, mit 0,01 – 0,02 mm Aufmaß die Außenkontur drahterodieren, Stirnfläche polieren und Einsatz einpressen.

Für den Armierungsring wurde der Warmarbeitsstahl 1.2344 mit einer Härte von 46 – 48 HRC, für die Matrize und den Bodeneinsatz der Kaltarbeitsstahl 1.2379 mit 58 – 60 HRC verwendet.

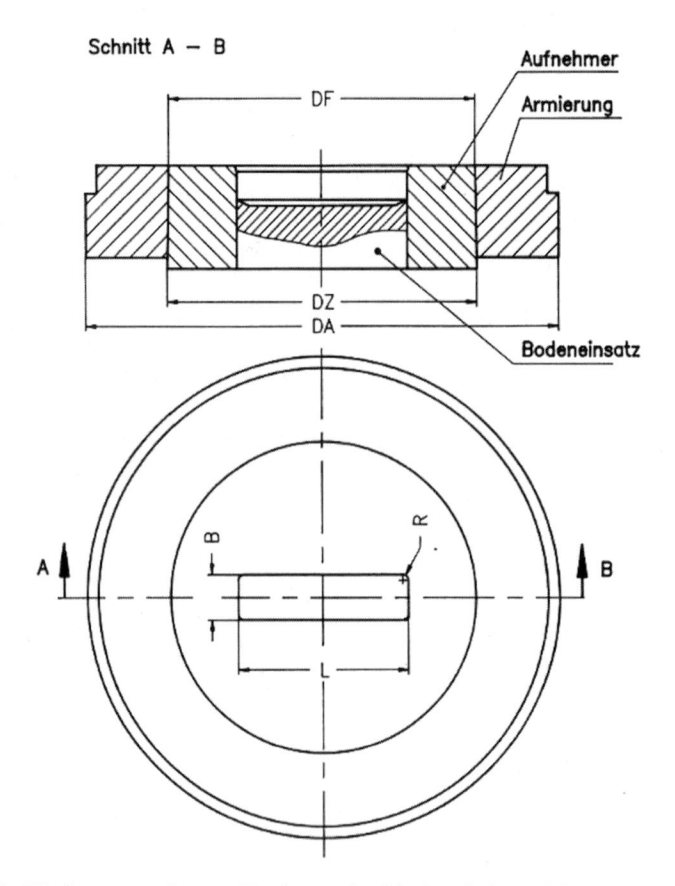

Abb. 8.79 Fließpressmatrize zur Fertigung des Platinenhalters. DF = Fugendurchmesser, DZ = Durchmesser mit Haftmaß, DA = Aussendurchmesser

Beispiel. Lamellenteil

Das in Abb. 8.80 dargestellte komplizierte Lamellenteil aus AlMgSi1 wurde in einem Pressenhub gefertigt. Durch Voll-Vorwärts-Fließpressen wurden 16 Stege mit einer Breite von 2 mm ausgepresst. Die Lamellenstege wurden in Versuchen schrittweise stärker ausgepresst und dadurch der Werkstofffluß und die Formfüllung bei unterschiedlichen Umformwegen optimiert.

Abb. 8.80 Rohteil: gelochte Platine aus AlMgSi1, weichgeglüht, Aussendurchmesser: 69,6 mm, Bohrungsdurchmesser: 17,6 mm, Dicke: 6,5 mm. Fertigteil: Aussendurchmesser: 70,0 mm, Bodendicke: 3,8 – 4,0 mm, 16 Stege 2mm breit und 7mm hoch

Der maximale Umformweg war bei einer Bodendicke von ca. 4 mm und Steghöhen von ca. 7 mm erreicht. Die Kämme der Stege bilden sich entlang ihres Verlaufes nicht gleich hoch aus, sie fallen in Richtung des Werkstückaußenrandes (Werkstoffüberlauf) ab. Das wurde später durch eine gesteigerte Werkstoffüberlaufhemmung ausgeglichen. Einen verbesserten Werkstofffluß in den Stegen bewirken auch Einprägungen auf der Rückseite der Lamellen. Das wurde an anderen Teilen erfolgreich erprobt. Bei einer Fläche von 3404,6 mm² ergaben sich bei den Kaltfließpressversuchen Presskräfte von durchschnittlich 3200 kN. In der Praxis wird aufgrund langjähriger Erfahrung die Ausstosskraft mit 10 – 15 % der Presskraft angenommen. Im vorliegenden Fall wurden aber wegen der größeren Reibflächen (Lamellen) höhere Kräfte angenommen. Die Fläche der Auswerferhülse reichte aus, das Teil ohne Verformung auszuheben; Abb. 8.82 zeigt den Gesamtwerkzeugaufbau und Abb. 8.83 die Fließpressmatrize. Das Werkzeug wurde auf einer mechanischen Presse mit 6.000 kN Nennpresskraft eingesetzt.

Zum Ausgleich von Rohteilgewichtsschwankungen sowie zur Sicherstellung eines kontinuierlichen Werkstoffflusses im Fließpresswerkzeug wurde am Werkzeug ein Werkstoffüberlauf als Spalt zwischen Stempel und Matrize vorgesehen. Der Überlauf zeigt ein Wellental jeweils gegenüber einer Lamelle (siehe Abb. 8.81); der Werkstoff fließt mehr in diese als in den Werkstoffüberlauf nach oben. Im Bodenbereich des Teils zeichnet sich an den Stegansätzen ein leichter trichterförmiger Werkstoffeinzug ab, der die Oberflächengüte der Fläche jedoch nicht beeinträchtigt. Grundsätzlich gelten Einzüge dieser Art als Maßstab für gutes Fließverhalten.

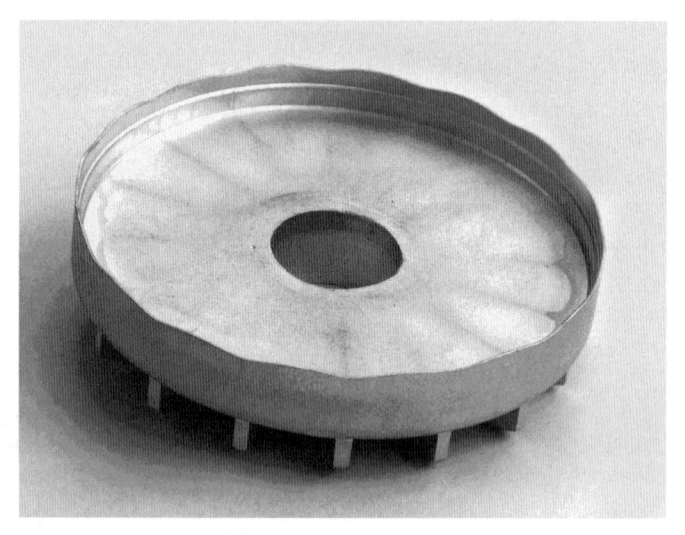

Abb. 8.81 Lamellenteil-Rückseite: Welliger Werkstoffüberlauf

Neben einer guten Formfüllung und Ausbildung der Lamellen waren Festigkeitsanforderungen von Bedeutung. Deshalb wurde das Teil aus AlMgSi1 gefertigt. Unter der Vielzahl möglicher Aluminiumlegierungen weist AlMgSi1 bei hinreichender Duktilität Mindestwerte für die Zugfestigkeit R_m im Bereich von 170 – 270 N/mm² auf. Im Vergleich zu Reinaluminium liegt die Fließspannung k_f nur um den Faktor 1,6 (weichgeglühter Zustand) höher, womit gute Fließpresseignung gegeben ist. Durch Kaltverfestigung ist auch im Vergleich zu den anderen Aluminiumlegierungen eine relativ hohe Brinellhärte von über HB 80 bzw. eine Festigkeit von 250N/mm² erreichbar. Da AlMgSi1 zu den aushärtbaren Legierungen zählt, ist eine Härtesteigerung durch Kalt- und Warmaushärtung bis zu HB 100 bzw. R_m = 310 N/mm² und zu einer Biegewechselfestigkeit von 80 N/mm² möglich. Diese Festigkeit kann unlegiertes Aluminium auch durch Kaltverfestigung nicht erreichen.

Für die Kaltfließpressversuche wurde als Schmierstoff Zinkstearat und alternativ Fließpressöl verwendet. Zwecks besserer Schmierstoffhaftung wurden die Teile sandgestrahlt. Warmversuche wurden bei etwa 250°C durchgeführt. Der Schmierstoff (erwärmte Graphitlösung) wurde mit dem Pinsel aufgetragen. Die Presskraftverminderung durch die Rohteilerwärmung war nicht nennenswert. In Verbindung mit der Kaltverfestigung wurden nach dem Fließpressen bei diesem Teil vier verschiedene thermomechanische Behandlungen von AlMgSi1 erprobt, um das Härtesteigerungspotential der kalt- und warmaushärtbaren Aluminiumlegierung anhand konkreter Härtewerte zu ermitteln. Die Härte wurde nach der Messmethode HB 2,5/62,5/30 bestimmt.

1. Fließpressen im Zustand „weichgeglüht"
→ Weichglühen der Platine (350°C, 4h), anschließend
  - Ofenabkühlung
  - Glasperlenstrahlen
  - Platine leicht mit Öl benetzen
→ Kaltfließpressen
→ Fertigteil
Presskraft: 3100 – 3300 kN
Härtewerte: Platine vor dem Pressen: HB 41 – 44. Fertigteil, unterhalb des Innenbodens: HB 54-59, am Steg: HB 42 – 47.

2. Fließpressen im Zustand „weichgeglüht" und Warmaushärten
→ Weichglühen der Platine (350°C, 4 h), anschließend
  - Ofenabkühlung
  - Glasperlenstrahlen
  - Platine leicht mit Öl benetzen
→ Kaltfließpressen
→ Lösungsglühen (525°C, 2 h)
→ Abschrecken in kaltem Wasser (schnell, < 5 Sek.)
→ Anlassen (175°C, 11 h)
→ Ofenabkühlung
→ Fertigteil
Härtewerte: Platine vor dem Pressen: HB 41 – 44. Fertigteil, unterhalb des Innenbodens: HB 102, im Steg: HB 89-93.
Presskraft: 3100 – 3300 kN.

3. **Fließpressen im Zustand „frisch abgeschreckt" und Kaltaushärtung**
   → Lösungsglühen der Platine (525°C, 2 h)
   → Abschrecken in kaltem Wasser (schnell, < 5 Sek.)
   → *sofort* Fließpressen (Kaltverfestigung)
   → Kaltaushärtung (Teil bei Raumtemperatur ruhen lassen)
   → Fertigteil
   Presskraft: 3250 – 3300 kN
   Härtewerte:
   Platine:
   a. unmittelbar nach dem Abschrecken: HB 54 – 55
   b. 1 h nach dem Abschrecken: HB 68
   c. 2 h nach dem Abschrecken: HB 72 – 74
   d. 2 Tage nach dem Abschrecken: HB 81 – 85
   Fertigteil:
   a. unterhalb des Innenbodens: HB 91
   b. im Steg: HB 68-92

4. **Fließpressen im Zustand „frisch abgeschreckt" und Warmaushärtung**
   → Lösungsglühen der Platine (525°C, 2 h)
   → Abschrecken in kaltem Wasser (schnell, < 5 Sek.)
   → *sofort* Fließpressen (Kaltverfestigung)
   → Anlassen (175°C, 11 h)
   → Ofenabkühlung
   → Fertigteil
   Presskraft: 3250 – 3300 kN
   Härtewerte:
   Platine unmittelbar nach dem Abschrecken: HB 54 – 55
   Fertigteil:
   a. unterhalb des Innenbodens: HB 81 – 85
   b. im Steg: HB 42-62

8.5 Werkzeuge für Aluminiumfließpressteile

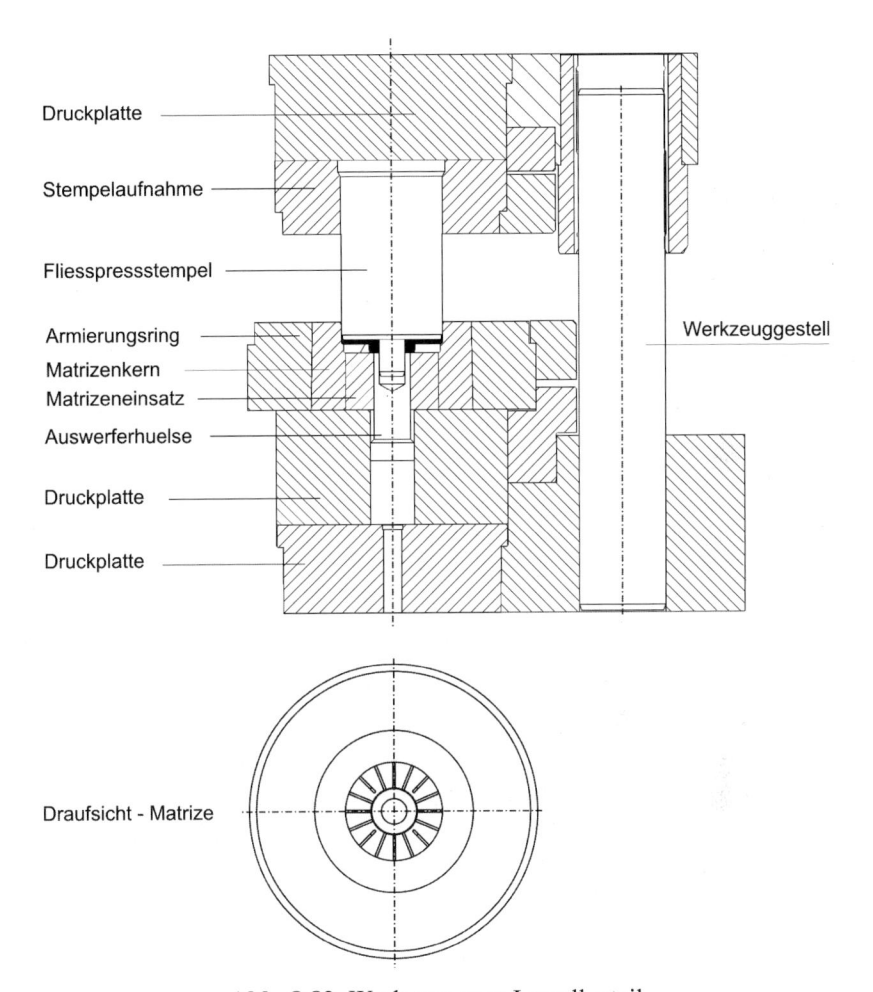

- Druckplatte
- Stempelaufnahme
- Fliesspressstempel
- Armierungsring
- Matrizenkern
- Matrizeneinsatz
- Auswerferhuelse
- Druckplatte
- Druckplatte
- Werkzeuggestell
- Draufsicht - Matrize

Abb. 8.82 Werkzeug zum Lamellenteil

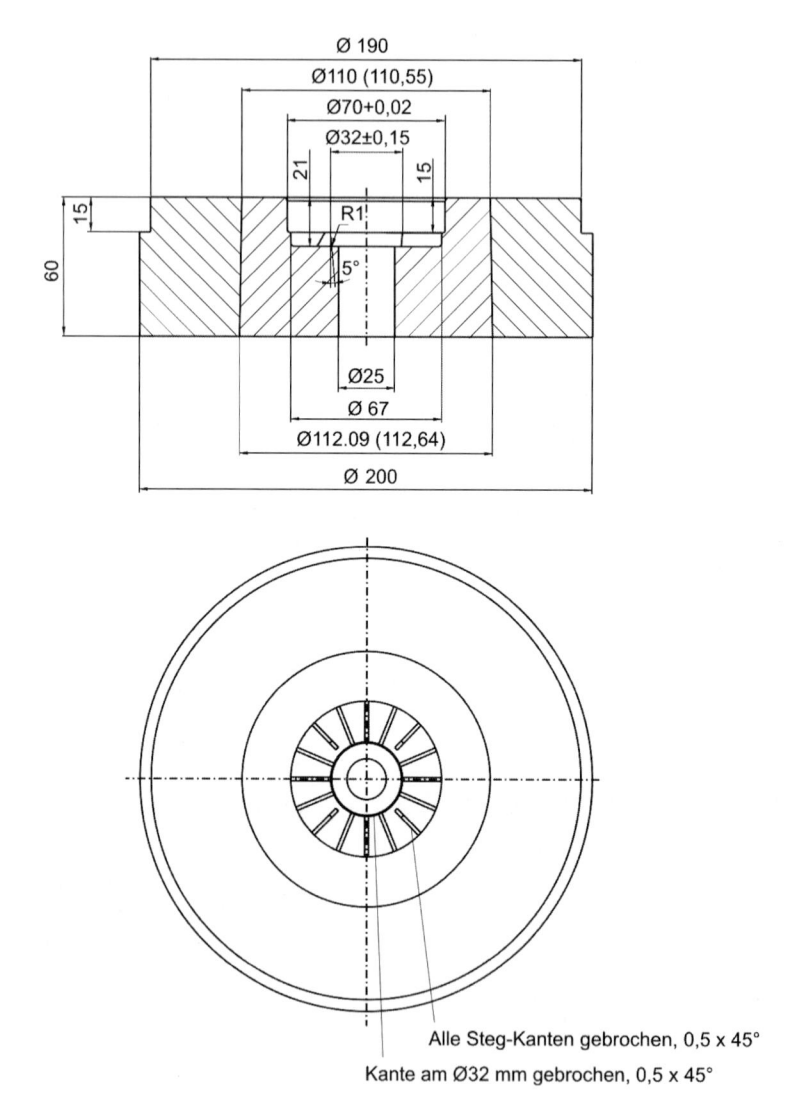

Abb. 8.83 Matrize zum Lamellenteil

8.6 Werkzeuge zum Querfließpressen

In Kap. 6 wird ausführlich auf das Querfließpressverfahren eingegangen. Dieser Abschnitt behandelt die Funktion und den Aufbau von Schließvorrichtungen zum Querfließpressen.

Abb. 8.84 Querfließgepresstes Gelenkkreuz mit Rohteil

Eine bekannte Anwendung ist das Pressen von Gelenkkreuzen (Abb. 8.84). Der Werkstoff wird in eine zuvor vollständig geschlossene Werkzeugform mit horizontaler Werkzeugteilung gepresst. Auf einfach wirkenden Pressen bewegt sich dabei der geschlossene Matrizenverband mit halber Stößelgeschwindigkeit relativ zu den Stempeln (Abb. 8.85). Die in der Schließvorrichtung erzeugte Schließkraft verhindert während des Pressens ein Öffnen der Matrizenhälften.

Ein wesentliches Kriterium beim Querfließpressen sind in Form und Lage zueinander absolut präzise hergestellte obere und untere Matrizenhälften. Zur Erhöhung der Flächenpressung und der Abdichtwirkung zwischen den Matrizenhälften wird die Schließkraft auf einen kleinen Kontaktbereich konzentriert, indem die Stirnflächen der Matrizenhälften nur im Bereich der Werkstückkontur sich eben berührend hergestellt sind und darüber hinaus durch eine leichte Schräge freigestellt sind. Das ist in Abb. 8.86 gut erkennbar.

Pressenhub H

Matrizenhub H/2

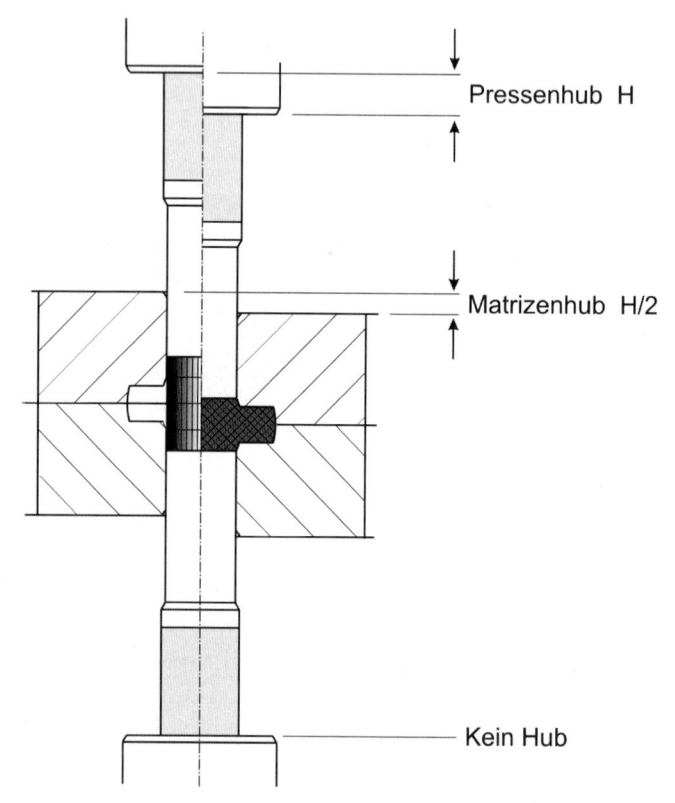

Kein Hub

Abb. 8.85 Prinzip der Werkzeugbewegung beim Querfließpressen eines Gelenk-Kreuzes auf einer einfach wirkenden Pressen mit „schwimmender Matrize"

Abb. 8.86 Matrizenhälfte mit Auswerfer. Foto: Schöck

8.6.1 Schließkraft

Die Schließkraft wird in einem Großteil der Schließvorrichtungen durch Federsysteme erzeugt. Grundsätzlich lassen sich 3 Federmedien unterscheiden [8.12]:

1. **Feste** Federmedien, z.B. Tellerfedern oder Elastomere.
2. **Gasförmige** Federmedien, z.B. Stickstofffedern oder Luftpolster.
3. **Flüssige** Federmedien, z.B. ölhydraulische Systeme.
Daneben können auch
4. **mechanische Verriegelungen**, z.B. Keil- oder Kniehebelsysteme

das Zuhalten der Matrizenhälften während des Pressvorganges bewirken. Derartige mechanische Schließvorrichtungen haben den Vorteil, dass das Zuhalten energetisch günstig durch einen geschlossenen Kraftfluss im Werkzeug zu erreichen ist. Allerdings kann es bei diesen Systemen bei hohen Presskräften zu elastischen Auffederungen und Verspannungen innerhalb des verriegelten Werkzeugs kommen. In der Praxis finden sich mechanische Schließvorrichtungen aber noch wenig für die Anwendung beim Fließpressen; sie sind jedoch in der Blechumformung beispielsweise für die Innen-Hochdruck-Umformung (IHU) verbreitet.

Nach [8.9] werden drei Varianten für die Anwendung von Fließpressstempeln zum Querfließpressen unterschieden (Abb. 8.87):

Variante 1: Querfließpressen mit einem Stempel gegen eine ebene Werkzeugoberfläche;
Variante 2: Querfließpressen mit einem beweglichen Stempel gegen einen festen Unterstempel, der ggf. das Werkstück nach der Umformung auswirft;
Variante 3: Querfließpressen mit zwei entgegengesetzt wirkenden Stempeln.

Während Variante 3 zwei Schließaggregate benötigt – eines im Ober- und eines im Unterwerkzeug -, erfordern die Varianten 1 und 2 lediglich ein Schließaggregat auf der Seite des beweglichen Stempels.

Bei Bauteilen, die entsprechend der Variante 3 für den unteren und oberen Stempel unterschiedliche Eindringwege erfordern (siehe Abb. 8.88 und 8.89), ergeben sich für Ober- und Unterstempel unterschiedliche Geschwindigkeiten.

Variante 1   Variante 2   Variante 3

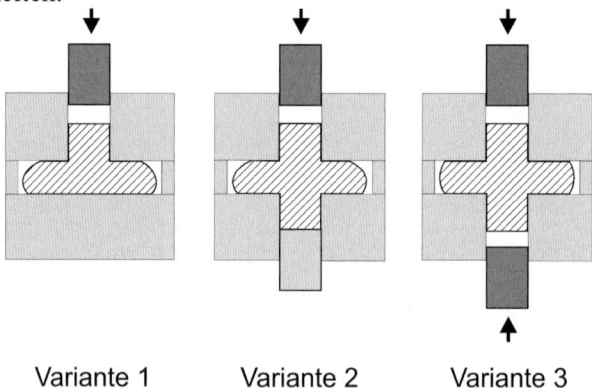

Abb. 8.87 Varianten des Querfließpressens, geordnet nach Stempelbewegungen [8.9]

Die in die Federsysteme beim Schließen der Werkzeuge bis zum unteren Totpunkt (UT) eingebrachte Federarbeit wird beim Hochfahren des Pressenstößels zum Zurückschieben der Werkzeughälften in die Ausgangslage eingesetzt.

Während feste Federmedien (Tellerfedern, Elastomere) beim Einfedern ihre Form verändern, werden gasförmigen Federmedien komprimiert. Beispielsweise wird bei Hydraulikschließvorrichtungen mit Blasenspeicher das Hydrauliköl gegen kompressiblen Stickstoff in eine externe Ölkammer verdrängt.

Bei Systemen mit Flüssigkeit wird die Federwirkung nicht durch die Kompressibilität der Flüssigkeit bewirkt, sondern durch ein Verschieben der Flüssigkeit. Beispielsweise gibt es Hydraulikschließvorrichtungen, bei denen die Federwirkung bewirkt wird, indem das Öl über einen Schlauch vom unteren Schließaggregat in das obere verschoben wird.

Im Umgang mit Flüssigkeiten, beispielsweise mit Hydrauliköl, muss bei hohen Drücken die Kompressibilität berücksichtigt werden.

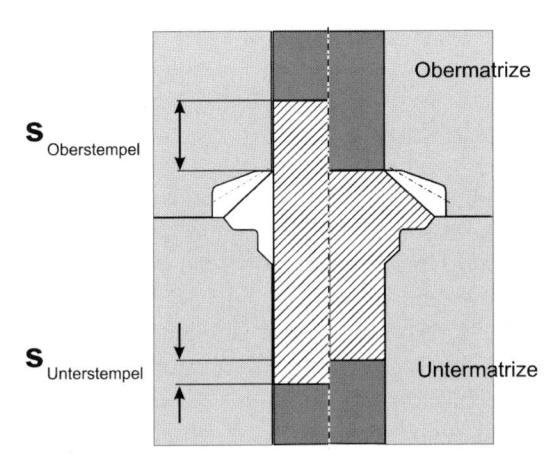

Abb. 8.88 Unterschiedliche Eindringwege des oberen und unteren Stempels beim Pressen eines Kegelzahnrades

Abb. 8.89 Schrägverzahntes Kegelzahnrad, in einem Arbeitsgang hergestellt durch Querfließpressen in einer Schließvorrichtung

Schließvorrichtungen mit festen und gasförmigen Federmedien sind so konstruiert, dass die Federelemente bereits vor dem Schließen unter Vorspannung stehen, damit bei Umformbeginn eine Mindestschließkraft vorhanden ist. Die Schließkraft steigt mit der Presskraft an. Der Verlauf der Schließkraft über den Einfederweg kann auch einen nichtlinearen Verlauf zeigen, wie etwa bei Elastomeren, die bei zu großer Einfederung warm werden.

8.6.2 Matrizengleichlauf

Neben dem Aufbringen der Schließkraft haben Schließvorrichtungen die Funktion der Synchronisation der Bewegung der geschlossenen Matrizenhälften relativ zu den Umformstempeln. Man spricht von Matrizengleichlauf. Der Matrizengleichlauf betrifft nur Schließvorrichtungen entsprechend der Variante 3 (Abb. 8.87) mit Schließaggregat im Ober- und im Unterwerkzeug. Ist der Matrizengleichlauf nicht korrekt eingestellt, dann federn die Matrizenhälften im Verhältnis zu den Stempeln ungleich ein und bewirken eine unsymmetrische Ausformung des Werkstücks. Das ist in Abb. 8.90 am Beispiel des Gelenkkreuzes gezeigt.

Beim Einsatz von Schließvorrichtungen für das Halbwarmfließpressen kommt der präzisen Einstellung des Matrizengleichlaufes aufgrund der unsymmetrischen Temperaturverteilung im Werkstück besondere Bedeutung zu, um symmetrisch ausgeformte Werkstücke zu erreichen.

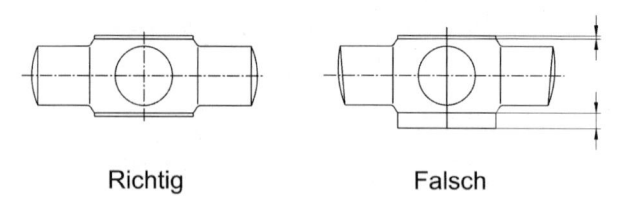

Richtig   Falsch

Abb. 8.90 Auswirkung des Matrizengleichlaufs in Schließvorrichtungen

Es werden *zwei Prinzipien* unterschieden, wie die Matrizen relativ zu den Stempeln bewegt werden:

1. Prinzip der schwimmenden Matrize
2. Prinzip der mechanischen Zwangsführung.

8.6 Werkzeuge zum Querfließpressen

- **Prinzip der schwimmenden Matrizen**
Das Prinzip der schwimmenden Matrizen erlaubt eine freie, selbst justierende Bewegung der geschlossenen Matrizenhälften. Das ist beim Einsatz fester, flüssiger und gasförmiger Schließkraftfedermedien gegeben, da die Matrizenhälften konstruktiv so in die Schließvorrichtung eingebettet sind, dass sie auf den Federn „sitzen". Die Einstellung des Matrizengleichlaufs erfolgt über die Einstellung des Druckes im oberen und unteren Schließaggregat; bei flüssigen Federmedien auch über die Variation des Ölvolumens. Durch einen einseitig angebrachten Anschlag kann auf einfache Weise bewirkt werden, dass beim Erreichen des unteren Totpunktes der Presse eine genaue Mittenlage bzw. symmetrische Ausformung an den Pressteilen erfolgt.

- **Prinzip der mechanischen Zwangsführung**
Das Prinzip der mechanischen Zwangsführung bedeutet eine zwangssynchronisierte Nachführbewegung der geschlossenen Matrizenhälften relativ zu den Umformstempeln. Anhand der von [8.10] entwickelten Schließvorrichtung (Abb. 8.91) ist das gegeben.

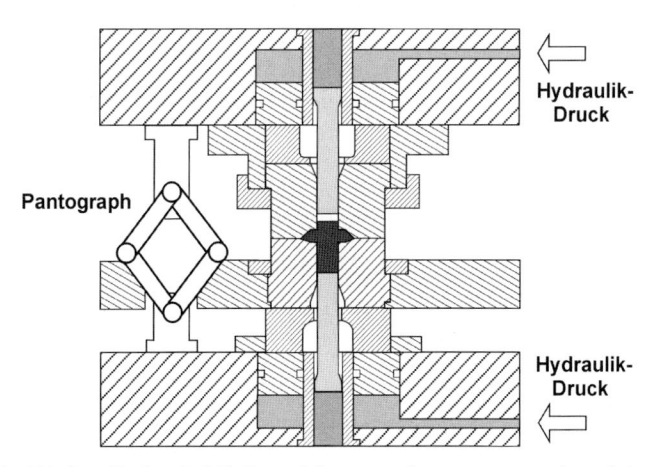

Abb. 8.91 Hydraulische Schließvorrichtung mit zwangssynchronisierter Matrizenbewegung über Doppelkniehebel (Pantograph) [8.10]

Neben einem hydraulischen Schließsystem für die Schließkraftbeaufschlagung besitzt es eine mechanische Zwangsführung für die Matrizenbewegung. Das Verhältnis zwischen der Stößelgeschwindigkeit und der Geschwindigkeit der geschlossenen Form kann so eingestellt werden, dass Unter- und Oberstempel sich bis zum unteren Totpunkt der Presse in einem bestimmten Geschwindigkeitsverhältnis bewegen. Bei dieser Lösung allerdings ein komplizierteres Hydrauliksystem erforderlich.

Der Einsatz mechanischer Zwangsführungen für den Matrizengleichlauf ist auch in Kombination mit mechanischen Verriegelungssystemen zum Zuhalten der Matrizen denkbar.

8.6.3 Kompakte Schließvorrichtungen

Ein wesentlicher Vorteil dieser Schließvorrichtungen ist, dass sie als autarke, kompakte Umformvorrichtung (siehe Abb. 8.92) auf preisgünstigeren einfach wirkenden, mechanischen oder hydraulischen Pressen eingesetzt werden können. Aufgrund des modularen Aufbaus können die Schließvorrichtungen auf einfache Weise für andere Fließpressgeometrien umgerüstet werden; in vielen Fällen reicht der Austausch der Werkzeugaktivteile und der teileabhängigen Einbauteile aus. Bezüglich der Schließkrafterzeugung lassen sich *vier Grundtypen* von Schließvorrichtungen [8.12] unterscheiden, die in Tab. 8.6 zusammengefasst sind.

Tabelle 8.6 Vier Grundtypen von Schließvorrichtungen [8.11, 8.12]

Typ I	Typ II
Schließkrafterzeugung: Gasförmiges Federmedium	Schließkrafterzeugung: Flüssiges Federmedium
Beispiele: • Hydrauliksysteme mit N_2-Blasenspeicher • Pneumatikfedersysteme • Stickstofffedersysteme	Beispiele: • Kombiniert mechanisch-hydraulische Systeme • Schlauchsysteme • Druckwaagensysteme
Typ III	**Typ IV**
Schließkrafterzeugung: Festes Federmedium	Schließkrafterzeugung: Mechanische Verriegelung
Beispiele: • Elastomerfedersysteme • Tellerfedersysteme • Schraubenfedersysteme	Beispiele: • Keilschiebersysteme • Zahnstangensysteme • Kniehebelsysteme

Der Federweg und die Federkraft der Schließaggregate bestimmen die Anwendungsmöglichkeiten der Schließvorrichtungen.

8.6 Werkzeuge zum Querfließpressen 397

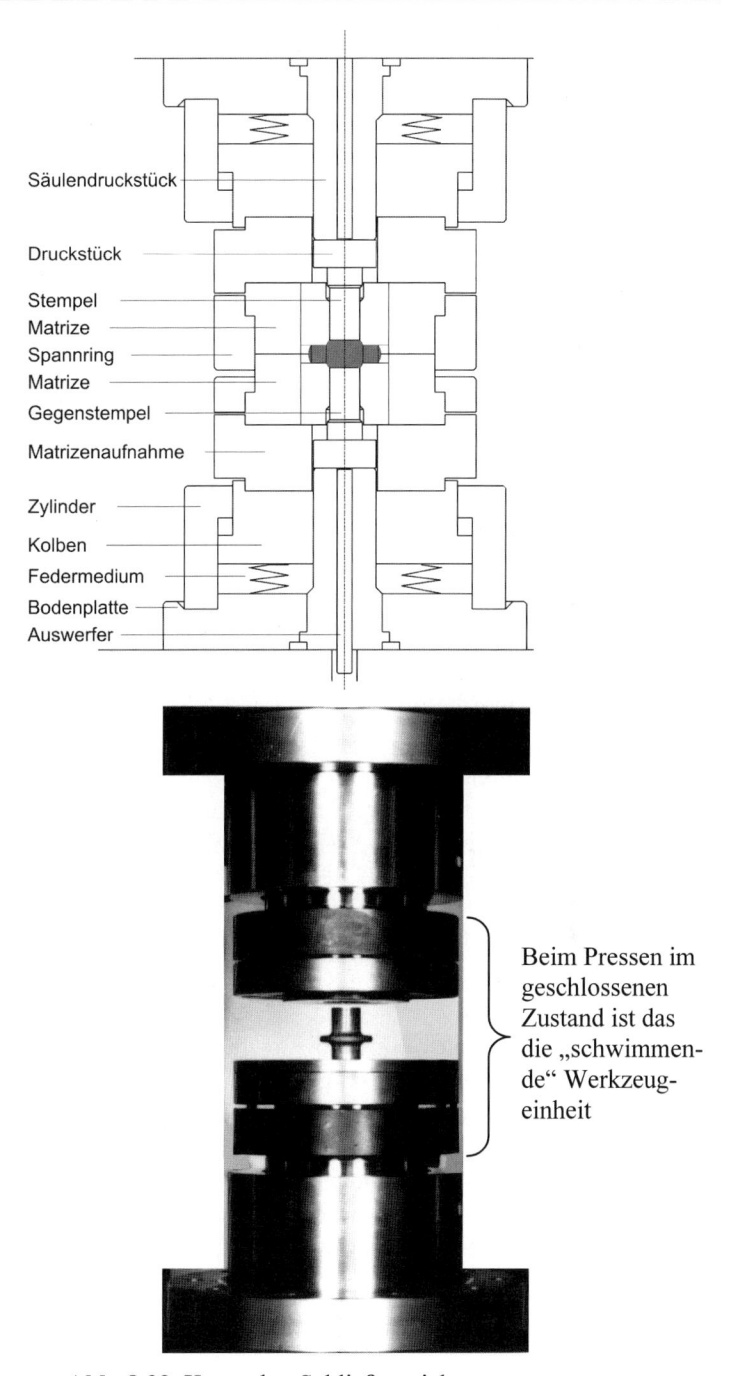

- Säulendruckstück
- Druckstück
- Stempel
- Matrize
- Spannring
- Matrize
- Gegenstempel
- Matrizenaufnahme
- Zylinder
- Kolben
- Federmedium
- Bodenplatte
- Auswerfer

Beim Pressen im geschlossenen Zustand ist das die „schwimmende" Werkzeugeinheit

Abb. 8.92 Kompakte Schließvorrichtung

Grundsätzlich können die werkzeuginternen Relativbewegungen auch auf mehrfach wirkenden Pressen durchgeführt werden (Abb. 8.122). Der höhere Aufwand für Werkzeugteile, die eingeschränkte Flexibilität sowie erheblich höhere Maschinenanlagekosten sprechen jedoch für die kompakten Schließvorrichtungen.

Bei den Schließvorrichtungs-Typen I, II und III (Tab. 8.6) wirkt die Federkraft entgegen der Stößelwirkrichtung. Damit wird die Umformpresse neben der Umformkraft zusätzlich mit der Schließkraft belastet; entsprechendes gilt für das Arbeitsvermögen. Anders ist dies beim Typ IV (Tab. 8.6); durch einen geschlossenen Kraftfluss im verriegelten Werkzeug wird die Presse nicht durch eine zusätzliche Schließkraft beaufschlagt, sondern es wird nur eine geringe Kraft zum Verriegeln des Werkzeugsystems benötigt.

Beim Einsatz von Schließvorrichtungen für die Halbwarmteilefertigung sind zwischen den Matrizen und den Schließaggregaten Zwischenplatten vorzusehen, die einen Wärmeübergang verhindern. Das können wärmeisolierende Einlagen oder Platten mit einem Kanalsystem zur Kühlung sein.

Im Folgenden wird auf Aspekte der Konstruktion von Schließvorrichtungen hinsichtlich

- Matrizenanordnung
- Führungssysteme
- Kraftdurchleitung
    o Schließvorrichtung mit Federelementen
    o Schließvorrichtung mit mechanischer Verriegelung

eingegangen.

8.6.4 Matrizenanordnung

Aufgrund der Praxisrelevanz wird hier nur auf Schließvorrichtungen mit horizontaler Werkzeugteilung eingegangen. Sie enthalten in der Unter- und Obermatrize jeweils einen Teil der Werkstückgeometrie. Die Matrizenhälften sind innerhalb der Schließvorrichtung über Spannringe in Aufnahmen befestigt, die auf beweglichen Kolben sitzen, unterhalb derer die Federaggregate untergebracht sind. Beim Pressen „schwimmen" die Matrizenhälften mit den Aufnahmen als geschlossene Werkzeugeinheit auf den Federaggregaten. Die Kolben laufen beim Einsatz flüssiger und gasförmiger Federmedien in abgedichteten zylindrischen Einfassungen (Abb. 8.92).

Die Matrizen für die Gelenkkreuzherstellung enthalten in der Unter- und Obermatrize jeweils die „halbe" Werkstückgeometrie (Abb. 8.93). Sie sind einfach armiert und bestehen aus Schnellarbeitsstahl S 6-5-2 (1.3343) oder aus S 6-5-3 (1.3344, pulvermetallurgisch ASP 23).

Die Aktivflächen der Matrizen werden nach dem Härten senkerodiert, geschliffen und poliert. Infolge der hohen Beanspruchung der Kanten beim Umformen ist eine TiN-Beschichtung mit dem PVD-Verfahren unerlässlich. Stempel und Gegenstempel können auch aus ASP 23 mit einer Härte von 61- 63 HRC hergestellt sein.

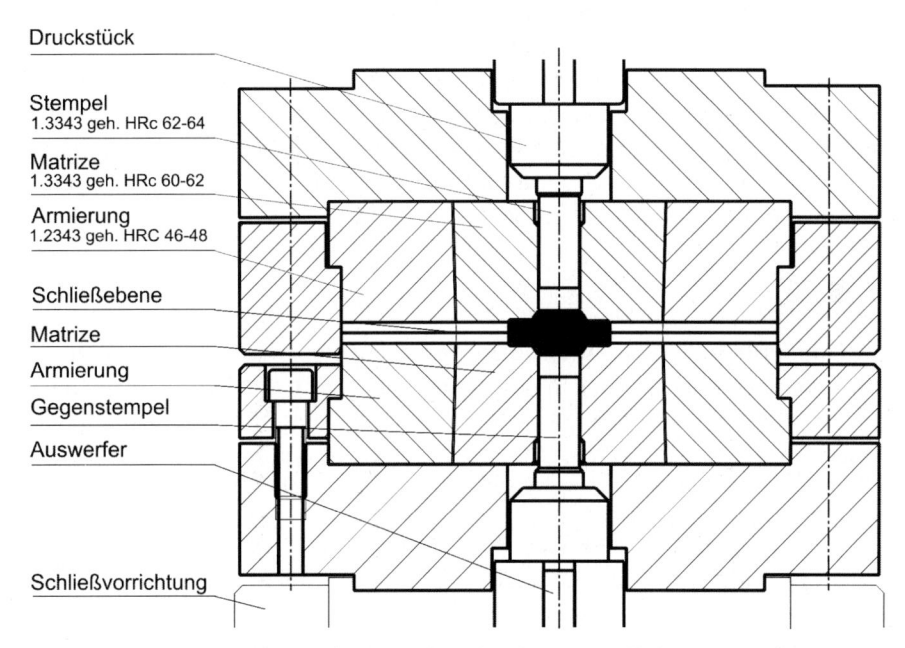

Abb. 5.93 Werkzeugaufbau für das Quer-Fließpressen

8.6.5 Führungssysteme

Die Schließvorrichtungen weisen im allgemeinen 3 Führungssysteme auf (vgl. Abb. 8.94):

- Verdrehsicherung
- Säulenführung
- Glockenführung

- Verdrehsicherung

Die Verdrehsicherung verhindert ein Verdrehen der Matrizenhälfte. Ohne diese könnten die Kolben, auf denen die Matrizenaufnahmen mit den Matrizenhälften fixiert sind, im eingefederten Zustand infolge des freien „Schwimmens" auf den Federaggregaten um die eigene Achse rotieren. Das ist besonders bei längerem Einsatz einer Schließvorrichtung von Bedeutung, wenn sich kleine Verdrehungen addieren können. Die Verdrehsicherung sichert somit dauerhaft ein deckungsgleiches Auftreffen der Matrizenhälften und verhindert einen Winkelversatz bei Querfließpressteilen mit nicht rotationssymmetrischen oder profilierten Nebenformelementen (Abb. 8.95). Die Matrizenhälften werden bei Inbetriebnahme der Vorrichtung auf deckungsgleiche Lage gebracht. Bei der Gelenkkreuzherstellung geschieht das mit Hilfe geschliffener Zylinder; die kraftschlüssige Fixierung erfolgt über die Spannringe.

- Säulenführung

Die Säulenführung ermöglicht die Einhaltung hoher Pressteilgenauigkeiten. Das Säulendruckstück in Werkzeugmitte führt die Matrizen in horizontaler Richtung verkipp- und verkantsicher mit geringem Verschleiß und hoher Zuverlässigkeit. Die Führung entspricht im Aufbau einer konventionellen Linearführung mit geschliffenem Säulenstab und Bronzebüchse, welche im Innendurchmesser eine umlaufende Schmierrille aufweist.

- Glockenführung

Die Glockenführung zentriert Ober- zu Untermatrize in horizontaler Richtung absolut genau und robust, indem sich beim Schließen der Vorrichtung der Spannring-Innendurchmesser der Obermatrize wie eine Glocke über den Aussendurchmesser der Untermatrize schiebt. Eine leichte Einführschräge unterstützt das passgenaue Fügen beider Elemente. Mit der Glockenführung kann zu großes Pressenstößel-Spiel in gewissen Grenzen ausgeglichen werden. Die Glockenführung ist auch eine gute Hilfe beim Einbau der Schließvorrichtung in die Presse und bietet Schutz während des Pressens, da sie die Schließebene (zwischen den beiden Matrizenhälften) kapselt und damit ggf. beim Zusammentreffen der Matrizenhälften auftretende Absplitterung von Werkzeugwerkstoff oder austretenden Werkstückwerkstoff zurückhält.

Verdrehsicherung: verhindert Matrizenverdrehung
Säulenführung: verhindert verkippen und verkanten
Glockenführung: sichert Deckung von Ober- zu Untermatrize

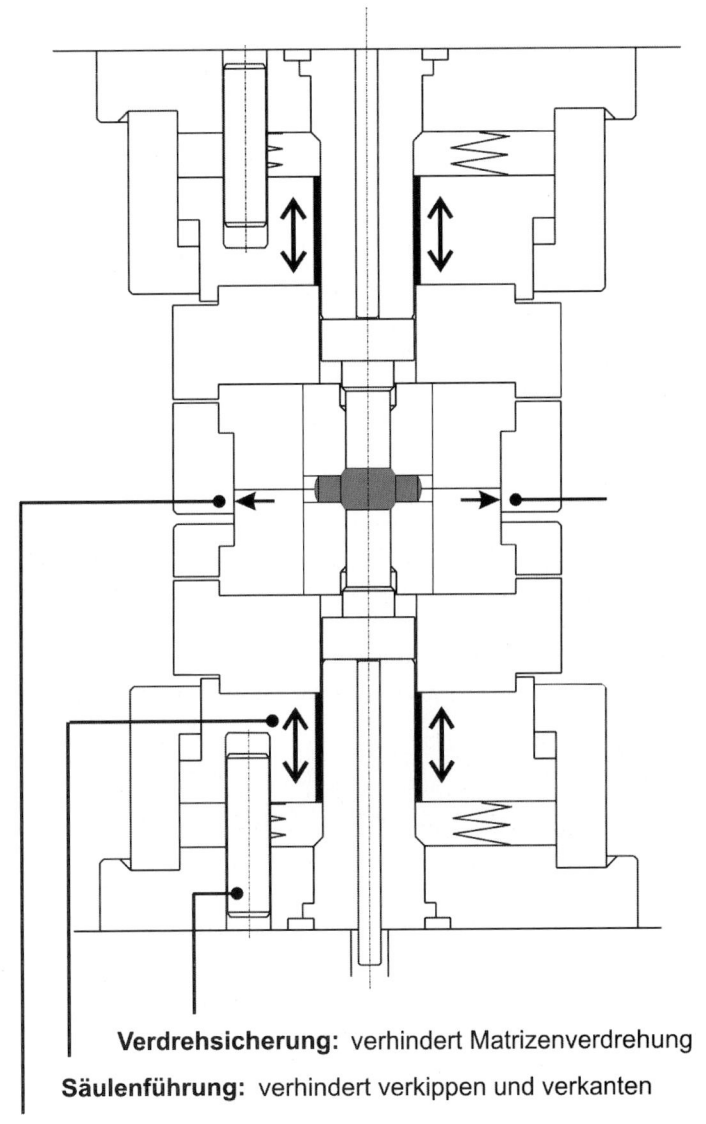

Abb. 8.94 Führungssysteme einer Schließvorrichtung

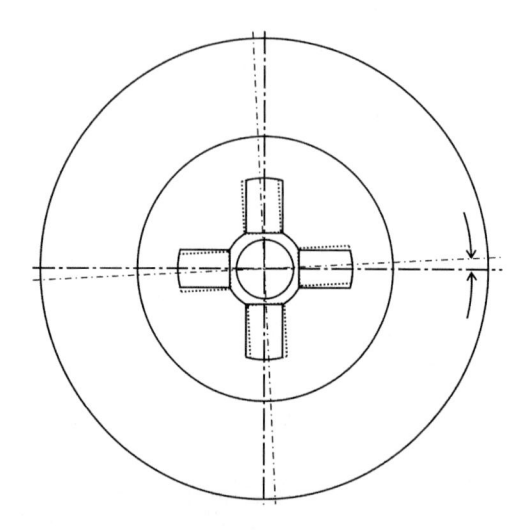

Abb. 8.95 Verdrehsicherung, Verhinderung des Winkelversatzes der Matrizenhälften

8.6.6 Kraftdurchleitung

Ein weiteres gemeinsames Merkmal der Schließvorrichtungen ist die Durchleitung der Presskraft durch das Werkzeug. Die Presskraft wird vom Stempel über das zentrale Säulendruckstück in den Pressentisch bzw. Pressenstößel abgeleitet. Dabei verteilt sich die Belastung von der Umformzone in Richtung Pressentisch bzw. –stößel - bedingt durch die schlanken Werkzeugkomponenten - innerhalb eines relativ spitzen Kraftverteilungskegels (Abb. 8.96).

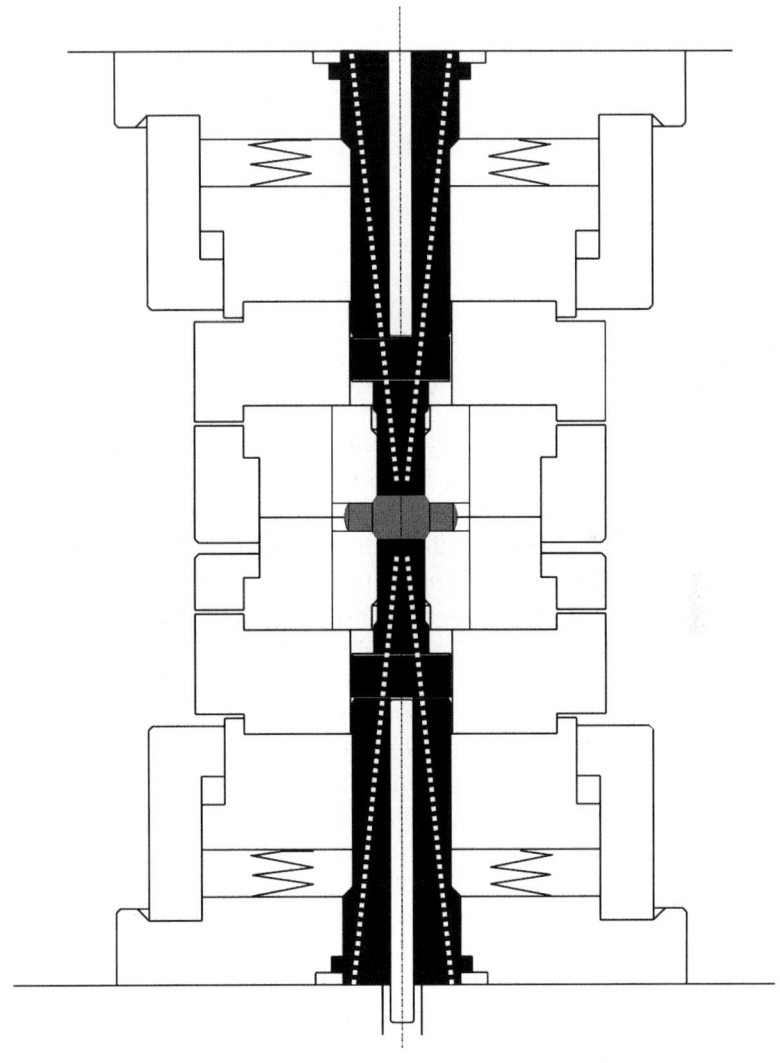

Abb. 8.96 Zentrale Presskraftdurchleitung in Schließvorrichtungen *(Foto: Schöck)*

In den Pressentisch ist meistens noch eine gehärtete Druckplatte eingelassen, um die Kraft vom schlanken Säulendruckstück nochmals über eine größere Fläche in den weichen Pressentisch einzuleiten. Schließvorrichtungen mit Federelementen drücken den Pressenstößel nach oben gegen den Pressenantrieb. Bei mechanischen Pressen betrifft dies Winkellagen des Pressenantriebes, bei denen die Lagerschalen der Pleuel im Vergleich zum Pressen mit konventionellen Werkzeugen noch relativ geringer Belastung ausgesetzt sind. Bei hydraulischen Pressen muss ggf. die Ventilsteuerung für den Stößelrückhub modifiziert werden, da die Schließvorrichtung auch nach UT einen erheblichen Druck gegen den Stößel ausübt (Beschleunigung des Stößels).

8.6.7 Schließvorrichtungen mit Federelementen

Beim Einsatz von Schließvorrichtungen mit Federelementen (Typ I – III, Tab. 8.6) stützt sich die Schließkraft über die Federelemente und Werkzeugbodenplatte am Pressentisch bzw. stößel ab. Die Umformpresse muss beide Kraftkomponenten, die Schließkraft und die Presskraft, bereitstellen (Abb. 8.97). Besonders bei mechanischen Pressen, bei denen die Nennpresskraft erst ab einem bestimmten Weg (bzw. Kurbelwinkel) vor dem unteren Totpunkt zur Verfügung steht, ist darauf zu achten, dass Einfederweg- und Federkraft der Schließvorrichtung mit der Kraft-Weg-Charakteristik der verwendeten Umformpresse im Einklang stehen und auch das erforderliche Arbeitsvermögen von der Presse geleistet werden kann; sonst können im ersten Fall Komponenten des Pressenantriebes beschädigt werden oder es kann im zweiten Fall die Presse mitten im Umformvorgang stehen bleiben. Die Presskraftreserve sollte deshalb mindestens 5% der Pressen-Nennpresskraft betragen. Die Schließkraft wird im allgemeinen nur abgeschätzt und in Abhängigkeit der Presskraft festgelegt; meist liegt sie je nach Pressteil zwischen 40 bis 80 % der Presskraft. Die Presskraft wird aufgrund des zur Anwendung kommenden Fließpressverfahrens und des Werkstückwerkstoffes errechnet. Die Dimensionierung der Federelemente erfolgt auf der Basis der ermittelten Schließkräfte.

Das Einstellen des Gleichlaufs von Ober- zu Untermatrize kann durch einen über Gewinde einstellbaren Anschlag an einer Matrizenseite auf einfache Weise sichergestellt werden (siehe Abb. 8.98); dazu muss die andere Schließaggregatseite einen etwas höher eingestellten Druck aufweisen.

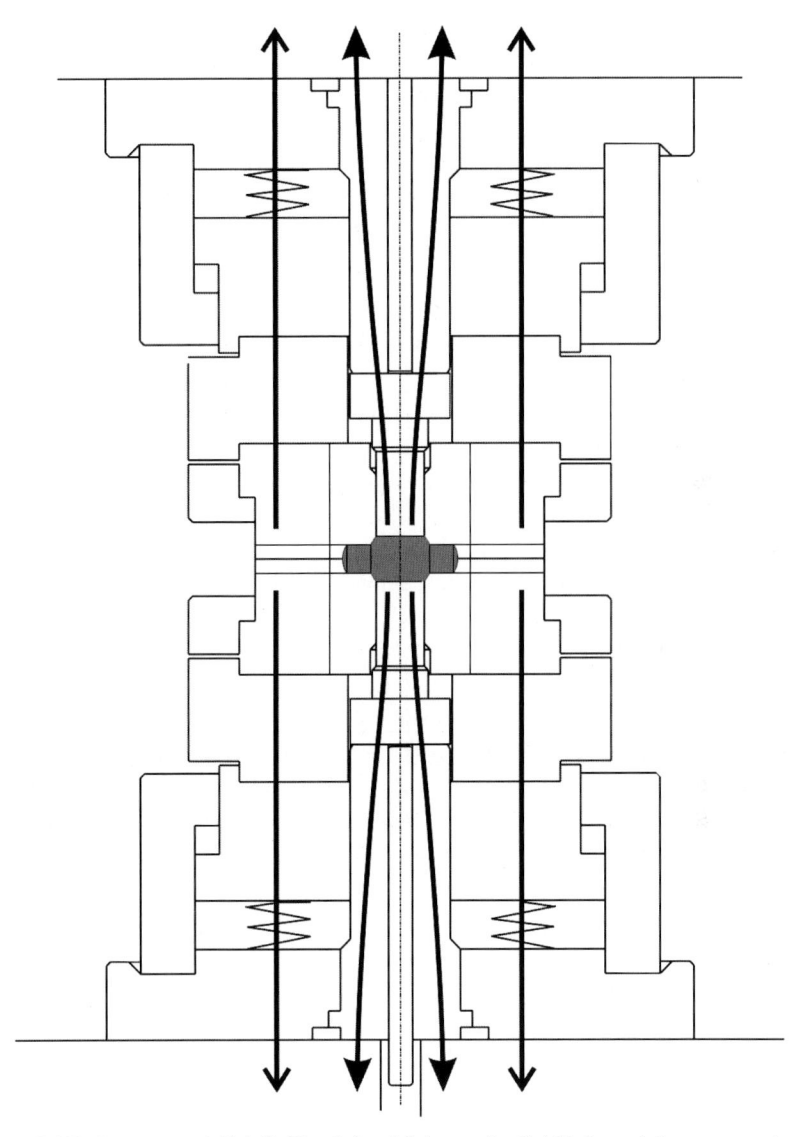

Abb. 8.97 Press- und Schließkraftdurchleitung in Schließvorrichtungen mit Federelementen

Leicht
höherer
Druck
als
unten

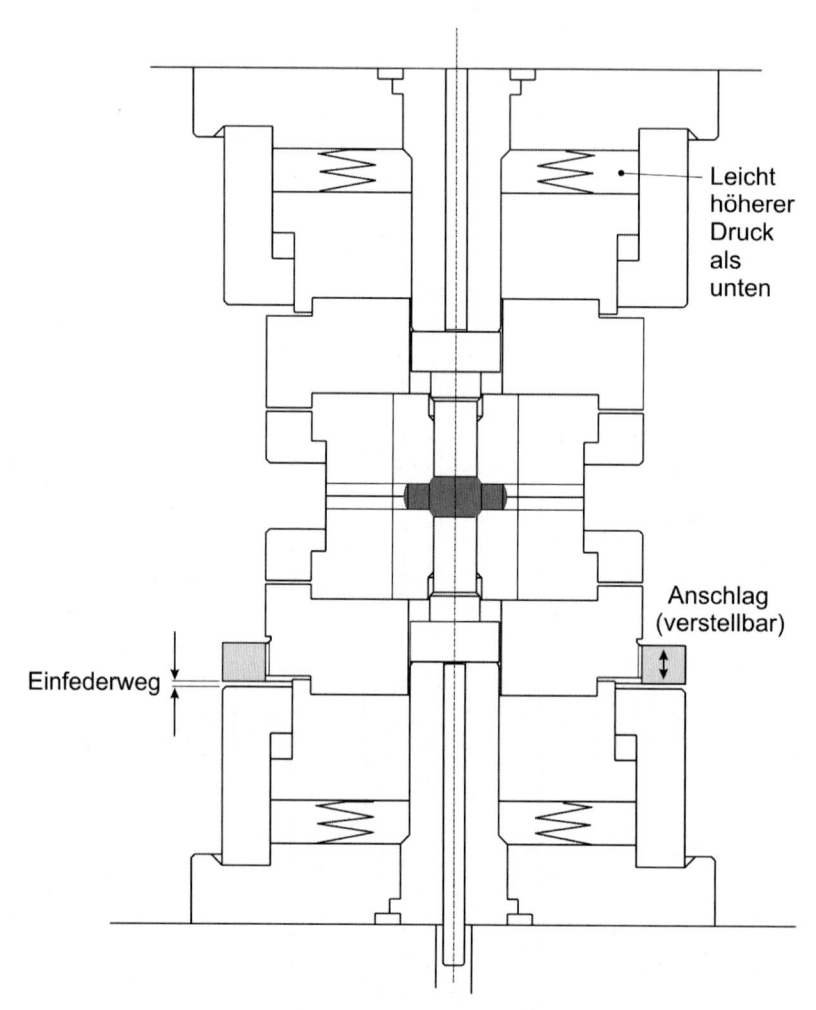

Anschlag
(verstellbar)

Einfederweg

Abb. 8.98 Schließvorrichtung mit Anschlag

8.6.8 Schließvorrichtung mit mechanischer Verriegelung

Bei mechanisch zugehaltenen Schließvorrichtungen (Typ IV, Tab. 8.6) bewirkt der Verriegelungsmechanismus zwischen Ober- und Untermatrize einen geschlossenen Kraftfluss (siehe Abb. 8.99); die Schließkraft entwickelt sich beim Umformen durch den entstehenden Innendruck.

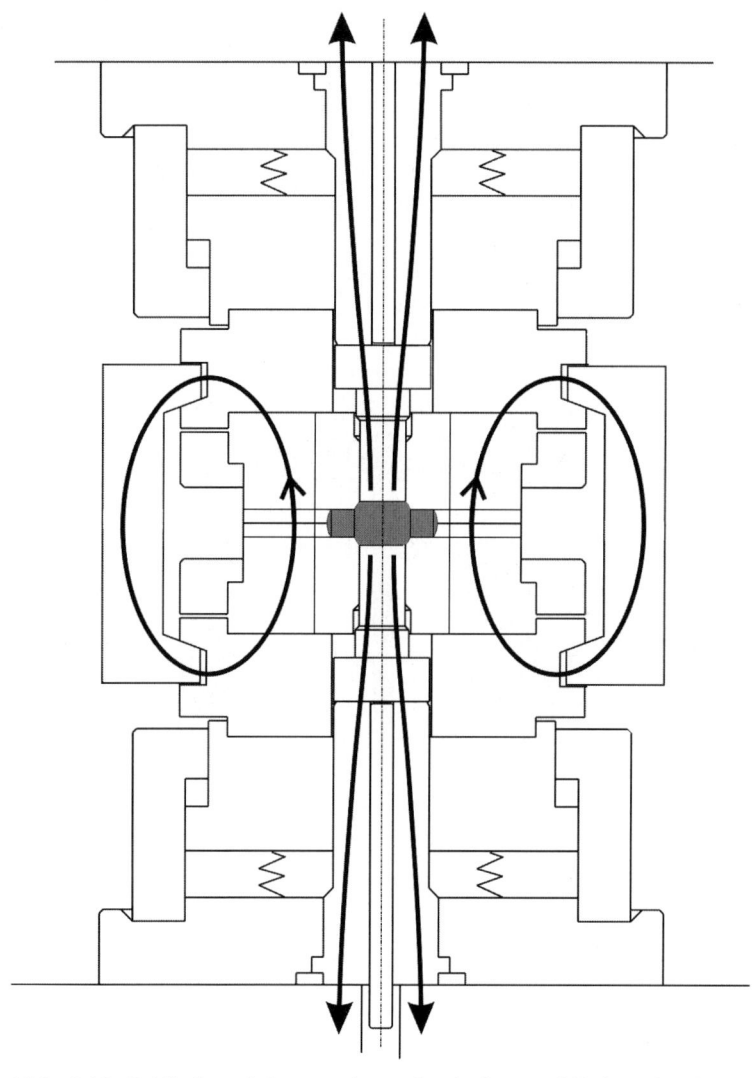

Abb. 8.99 Schließvorrichtung mit mechanischem Schließmechanismus

Sie müssen nicht von der Presse geleistet werden, sondern werden durch die Abstützung im Werkzeug bewirkt. Für die Bereitstellung einer Anfangsschließkraft und für den Matrizengleichlauf ist eine relativ geringe Federkraft vorzusehen.

Konstruktiv sind diese mechanischen Schließvorrichtungen so zu gestalten, dass die Matrizenhälften während der Umformung durch elastische Verformung der im geschlossenen Kraftfluss befindlichen Werkzeugelemente nicht geöffnet werden können. Das ist beispielsweise (wie in Abb. 8.99 angedeutet) durch keilförmige Werkzeugschließelemente gegeben, die nachrutschen und so einer Lockerung der Zuhaltung entgegenwirken können. Dabei ist der Winkel der keilförmigen Elemente so zu wählen, dass Selbsthemmung ausgeschlossen ist und die Elemente bei der Werkzeugöffnung zur Freigabe des Werkstücks problemlos zurückgezogen werden können.

In Abb. 8.100 ist ein mechanisches Verriegelungssystem am Beispiel eines Blechtiefziehwerkzeuges dargestellt.

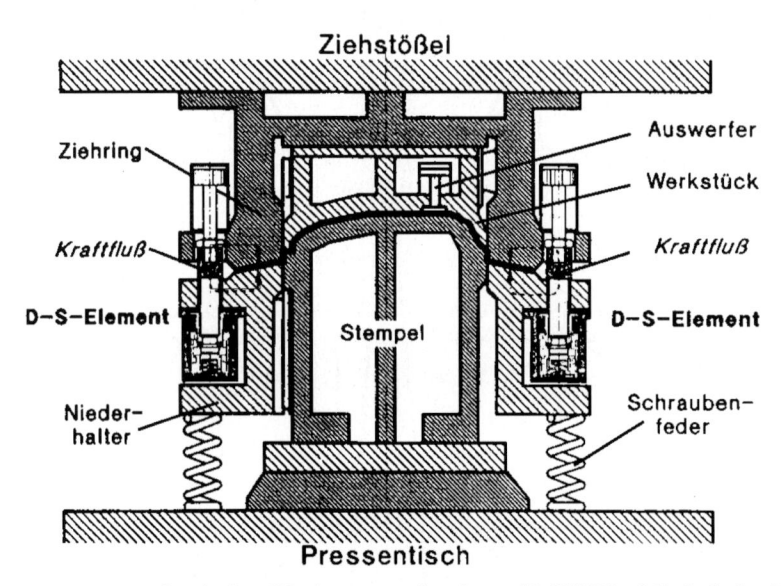

Abb. 8.100 Mechanische Werkzeugverriegelung [8.13]. Die Niederhalterkäfte stützen sich durch einen geschlossenen Kraftfluss im Werkzeug ab und müssen nicht durch externe Ziehapparate aufgebracht werden. Relativ schwache Schraubenfedern reichen zum Schließen über sog. D-S-Elemente aus

8.6 Werkzeuge zum Querfließpressen

Die auftretenden Ziehkräfte werden nicht durch zusätzliche Schließaggregate, wie üblicherweise mittels Ziehkissen aufgebracht, sondern durch den geschlossenen Kraftfluss im Werkzeug abgestützt. Ähnlich werden bei der Innenhochdruckumformung oder beim Spritzgießen von Kunststoffen die Formen zugehalten; in beiden Fällen treten während der Umformung hohe Schließkräfte auf, die ökonomisch nicht mehr sinnvoll durch zusätzliche Schließaggregate (Federkissen) aufgebracht werden können. Bei der Verfahrensauslegung verriegelter Systeme müssen Werkzeug und Presse in die Festigkeits- und Umformwegberechnungen mit einbezogen werden.

Nachfolgend werden die gegenwärtig in der Praxis eingesetzten Typen von Schließvorrichtungen der Reihe nach vorgestellt:

1. Hydraulische Schließvorrichtung mit N_2-Blasenspeicher
2. Elastomer-Schließvorrichtung
3. Stickstofffeder-Schließvorrichtung
4. Tellerfeder-Schließvorrichtung
5. Kombiniert mechanisch-hydraulische Schließvorrichtung
6. Schließvorrichtung mit Hochdruckschlauch
7. Schließvorrichtung nach dem Prinzip der Druckwaage
8. Mehrfach wirkende Presse als Schließvorrichtung

8.6.9 Hydraulische Schließvorrichtung mit N₂-Blasenspeicher

Hydraulische Schließvorrichtungen mit N_2-Blasenspeicher (N_2=Stickstoff) werden am häufigsten eingesetzt. Sie haben einen kompakten Aufbau, ermöglichen sehr hohe Schließkräfte, sind wartungsarm, einfach in der Handhabung und zuverlässig. Sie sind universell für verschiedenste Fließpressteilgeometrien einsetzbar. Die Herstellung der Einzelteile ist relativ unkompliziert, da es sich fast nur um rotationssymmetrische Teile handelt. An den Komponenten der Vorrichtung tritt nur geringer Verschleiß auf. In Kap. 6 ist in Abb. 6.86 und 6.87 eine hydraulische Schließvorrichtung von vorne und von hinten in einer einfach wirkenden Presse dargestellt.

Abb. 8.102 zeigt eine hydraulische Schließvorrichtung zum Querfließpressen von Trisphären. Der Kolbendurchmesser der Vorrichtung beträgt 250 mm, der Durchmesser des Säulendruckstücks 70 mm. Damit lässt sich mit der ringförmigen Kolbenfläche von 452 cm² eine Schließkraft von 1084,8 kN bei 240 bar (Maximalwert) erzeugen. Je Hydraulikaggregat (oben u. unten) steht ein Einfederweg von 20 mm zur Verfügung. Im Betrieb gleiten die Ringkolben über das zentrale Säulendruckstück und bewegen die Matrizenhälften im geschlossenen Paket mit halber Stößelgeschwindigkeit in Richtung der Stößelbewegung. Das Ölvolumen unter den Ringzylindern wird dabei gegen eine mit Stickstoff vorgespannte Gummimembran (Blasenspeicher) verdrängt (Abb. 8.101).

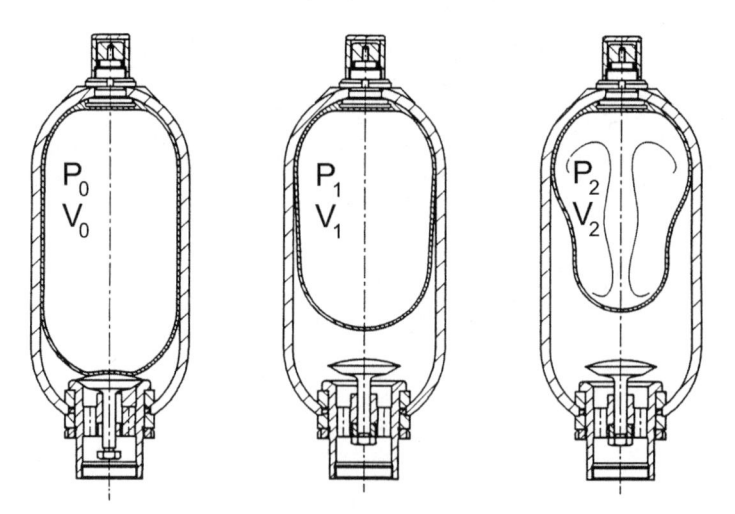

Abb. 8.101 Stickstoff-Blasenspeicher. Volumen- und Druckzustände während der Umformung

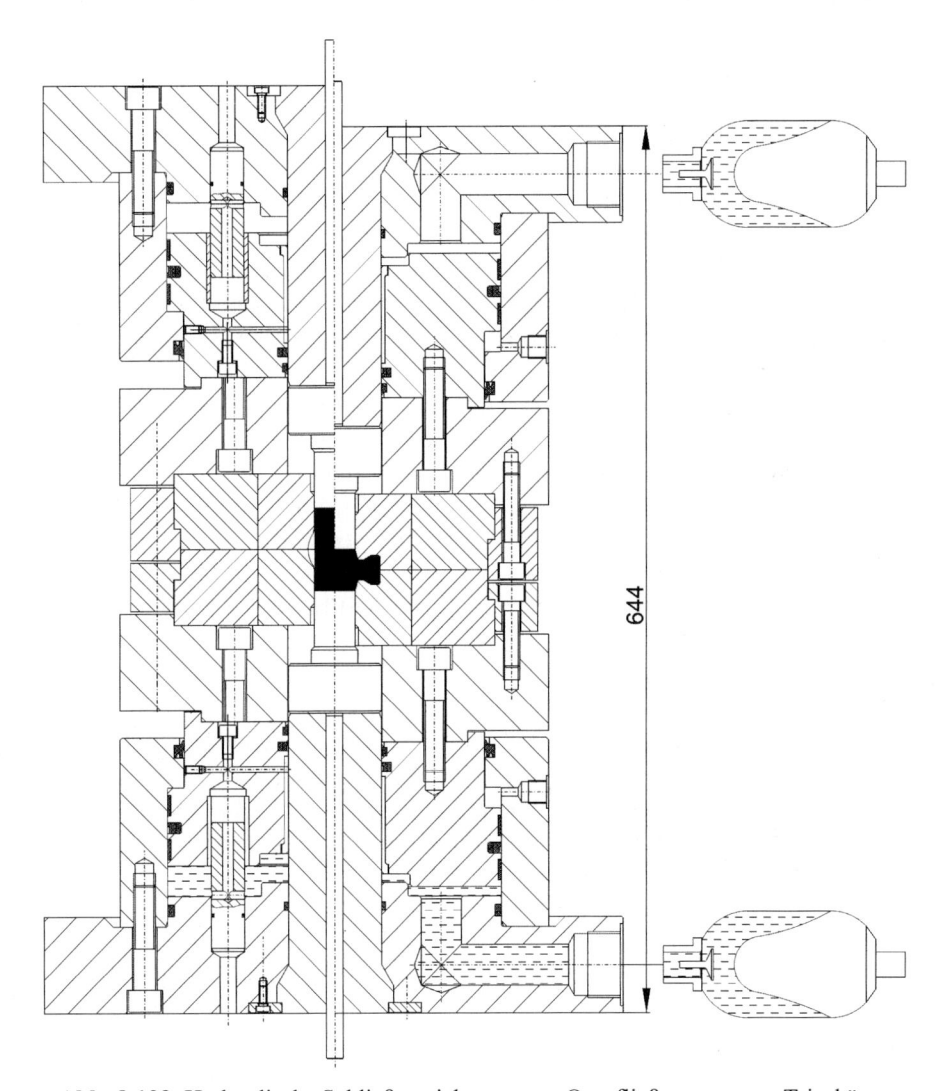

Abb. 8.102 Hydraulische Schließvorrichtung zum Querfließpressen von Trisphären

Die Blasenspeicher befinden sich außerhalb der Vorrichtung. An den Blasenspeichern wird die Schließkraft mit Hilfe von Manometern eingestellt; neuere Vorrichtungen verfügen über Drucksensoren und Messen den Druck elektronisch. Bei zur Werkzeugteilungsebene symmetrischen Pressteilen ist die Druckeinstellung für das obere und untere Aggregat gleich. Bei nicht symmetrischen Teilen sowie bei Halbwarmumformung liegen im allgemeinen unterschiedliche Druckeinstellungen vor. Neben der Schließkraft wird an der Druckregulierung der Blasenspeicher der Gleichlauf eingestellt. Ist der Matrizengleichlauf nicht richtig eingestellt, führt das zu einer unsymmetrischen Ausformung der Werkstücke.

Im Fall des Trisphärs führt das zu ungleichmäßigem Ausfließen der Zapfen und schrägen Zapfenstirnflächen; das zeigen die Pressstadien in Abb. 8.103. Die letzte Pressstadie zeigt eine durch den asymmetrischen Werkstofffluss am Anfang und in der Mitte des Vorgangs fehlerhafte Ausformung der Kugelköpfe; deutlich sind überlappende Werkstoffbereiche erkennbar (Abb. 8.104 unten). Diese Teile sind Ausschuss.

Zur Bereithaltung einer ausreichenden Schließkraft bei Umformbeginn ist an den Hydraulikaggregaten ein Schließdruck von etwa 150 - 180 bar eingestellt. Dieser steigert sich bei Erreichen des unteren Totpunktes auf den oben genannten Höchstwert von 240 bar. Hydraulische Schließvorrichtungen werden im allgemeinen bis etwa 350 bar (je nach Blasenspeicher) betrieben. Entgegen der weit verbreiteten Annahme ist Hydrauliköl nicht vollständig inkompressibel: bei 700 bar verdichtet es sich um etwa 4%, bei 160 - 200 bar sind es bereits 0,5%.

Nachteilhaft bei hydraulischen Schließvorrichtungen ist der harte Auftreffschlag beim Schließen der beiden Matrizenhälften. Dabei können kurzzeitig Druckspitzen bis zu 150% der eingestellten Schließkraft entstehen. Ein weiterer Nachteil ist die Beschränkung der Umformgeschwindigkeit durch die Strömungsgeschwindigkeit des Öls im Hydrauliksystem. Sie darf maximal 9 Meter pro Sekunde betragen und ist vorgegeben durch die kleinste Öffnung im Hydraulikkreislauf, welche sich im allgemeinen im Durchlass zum Blasenspeicher befindet. Damit ist die Produktionshubzahl je Minute beschränkt.

Abb. 8.103 Zustellmuster gepresster Trisphären. Fehlerhaft eingestellter Gleichlauf

Abb. 8.104 Zustellmuster fehlerhaft ausgepresster Trisphären

Die in Abb. 1.8 (Kap. 1) gezeigte hydraulische Schließvorrichtung beinhaltet Axial- und Radialrollenlager im Unterwerkzeug; der relevante Werkzeugbereich ist in Abb. 8.105 herausgegriffen. Auf dem Lagereinsatz sitzt das Schließaggregat mit der Matrize. Sie beinhaltet eine Schrägverzahnung.

Konventionell könnte das verzahnte Teil nach dem Pressen nicht aus der Matrize ausgestoßen werden. Mit den Axial- und Radiallager ist es jedoch möglich, es herausdrehend auszuformen, ohne die Verzahnung zu beschädigen.

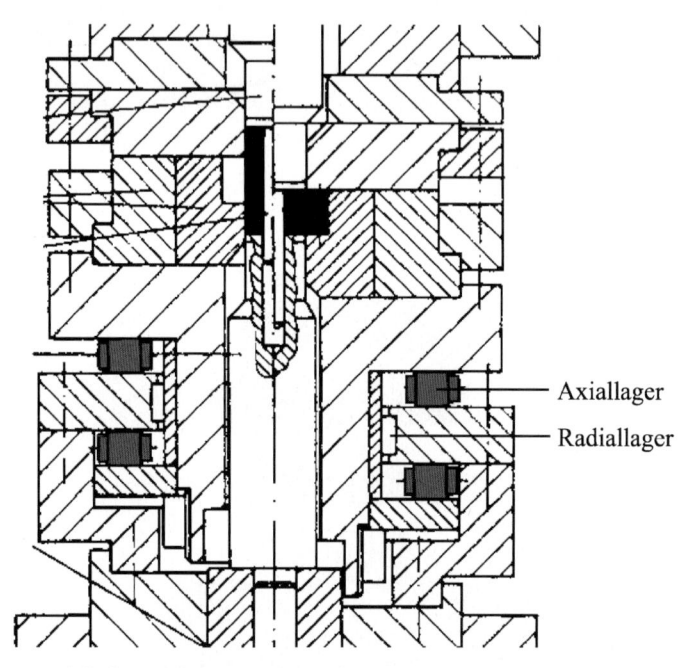

Abb. 8.105 Schließvorrichtungsaufsatz mit Axial- und Radiallager zum Herausdrehen eines verzahnten Werkstücks [8.14]

Auf diese Weise wurde das in Abb. 8.106 dargestellte schrägverzahnte Stirnrad und das in Abb. 8.89 gezeigte schrägverzahntes Kegelzahnrad gepresst.

Abb. 8.106 Durch Querfließpressen hergestelltes Schrägverzahntes Stirnrad [8.14]

8.6.10 Elastomer-Schließvorrichtung

Bei diesen Schließvorrichtungen werden im allgemeinen Elastomerfederelemente aus Polyurethan eingesetzt. Sie haben gute mechanische Eigenschaften und eignen sich für die Anwendung in Schließvorrichtungen auch aufgrund ihrer hohen Verschleißfestigkeit. Verwendet werden sowohl massive runde als auch blockförmige Federelemente.

Der Werkzeugaufbau von Elastomer-Schließvorrichtungen ist einfacher als bei den hydraulischen Schließvorrichtungen (siehe Abb. 8.107).

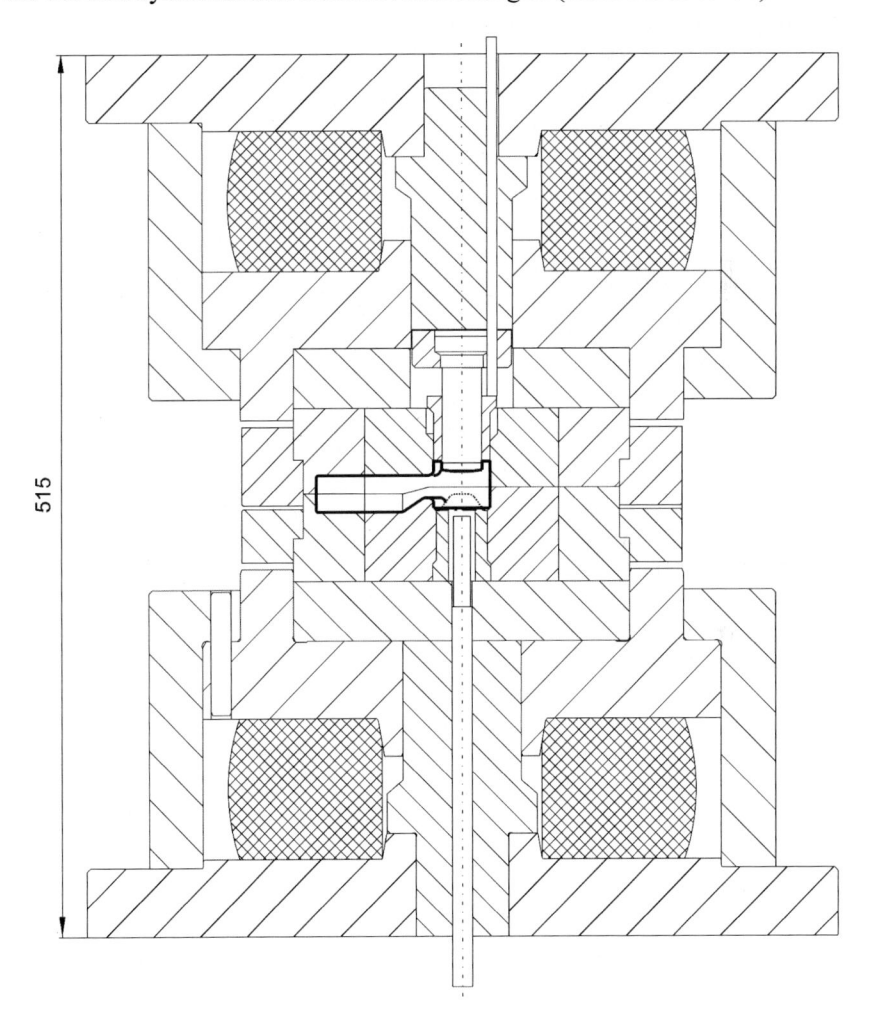

Abb. 8.107 Elastomer-Schließvorrichtung

Die Abmessungen der Federelemente sind vom erforderlichen Federweg (Hub) und von der Schließkraft abhängig. Die zulässige Einfederung hängt vom Elastomerwerkstofftyp ab. Weiche Elastomere ertragen größere Einfederungen als härtere.

Elastomerfederelemente sind in verschiedenen Shore-Härten erhältlich. Üblich sind 80, 90 und 95 Shore A. Die Elementhersteller geben im allgemeinen Werte für den Einfederweg an. Allerdings schwankt das Eigenschaftsprofil härtegleicher Elastomerwerkstoffe zwischen den Herstellern beträchtlich. Die Federn haben im Verhältnis zum Federweg große Einbauhöhen, woraus sich bei entsprechendem Schließkraftbedarf große Werkzeugeinbauhöhen ergeben. Die relativ kleinen Federwege ergeben sich daraus, dass im Dauerbetrieb der Elastomerwerkstoff durch Walken Temperaturen von über 60° erreichen kann. Werden 80°C überschritten, kommt es zu einem deutlichen Kraftabfall, womit die Schließvorrichtung ihre Zuverlässigkeit verlieren kann; es kann zum Öffnen der Matrizenhälften infolge zu niedriger Schließkraft kommen. Versuche mit 125 mm hohen Elastomer-Ringen (Aussendurchmesser 100 mm, Innendurchmesser 20 mm) ergaben im Dauerbetrieb die in Tab. 8.7 zusammengestellten Einfederungswerte. Man erkennt, dass härtere Elastomere nur etwa 20 % ihrer Ausgangshöhe dauerhaft als Einfederweg erlauben.

Tabelle 8.7 Maximalwerte für die Einfederung von Elastomer-Ringen [8.15]

Elastomerhärte in Shore A	Einfederung (Elastomer-Ring) Ausgangshöhe: 125 mm	
	absolut [mm]	[%]
80	36	28,8
90	28	22,4
95	24	19,2

Ist für die Federelemente ausreichend Platz im Werkzeug vorhanden und hat die Presse genügend Einbauraum, sollten bevorzugt weichere Elastomere eingesetzt werden. Bei diesen ist die Wärmeentwicklung durch Walkarbeit geringer; der erforderliche Durchmesser für eine bestimmte Schließkraft jedoch größer.

Elastomere neigen dazu, sich beim Einfahren zu setzen und an Höhe zu verlieren. Dieses elastische Einspielen findet ganz am Anfang des Lastwechselprozesses statt und stabilisiert sich dann bei einem festen Endwert, im allgemeinen bei 4 bis 7% der Ausgangshöhe. Für eine zuverlässige Pressteilproduktion empfiehlt sich deshalb ein Vorsetzen der Federn vor dem Einbau in die Schließvorrichtung.

Eine Verdopplung der Einfederwege sowie verbesserte Wärmeabfuhr ist durch in Reihe angeordnete Federelemente zu erreichen (Abb. 8.108). Hierfür muss ein großer Werkzeugeinbauraum in der Presse zur Verfügung stehen. Die Vorrichtung in Abb. 8.108 zeigt in die Bodenplatten integrierte flache Kolben, auf denen die Elastomere stehen. Sie dienen der axialen Vorspannung mit Hilfe von Hydraulikflüssigkeit und ermöglichen das Einstellen des Matrizengleichlaufes.

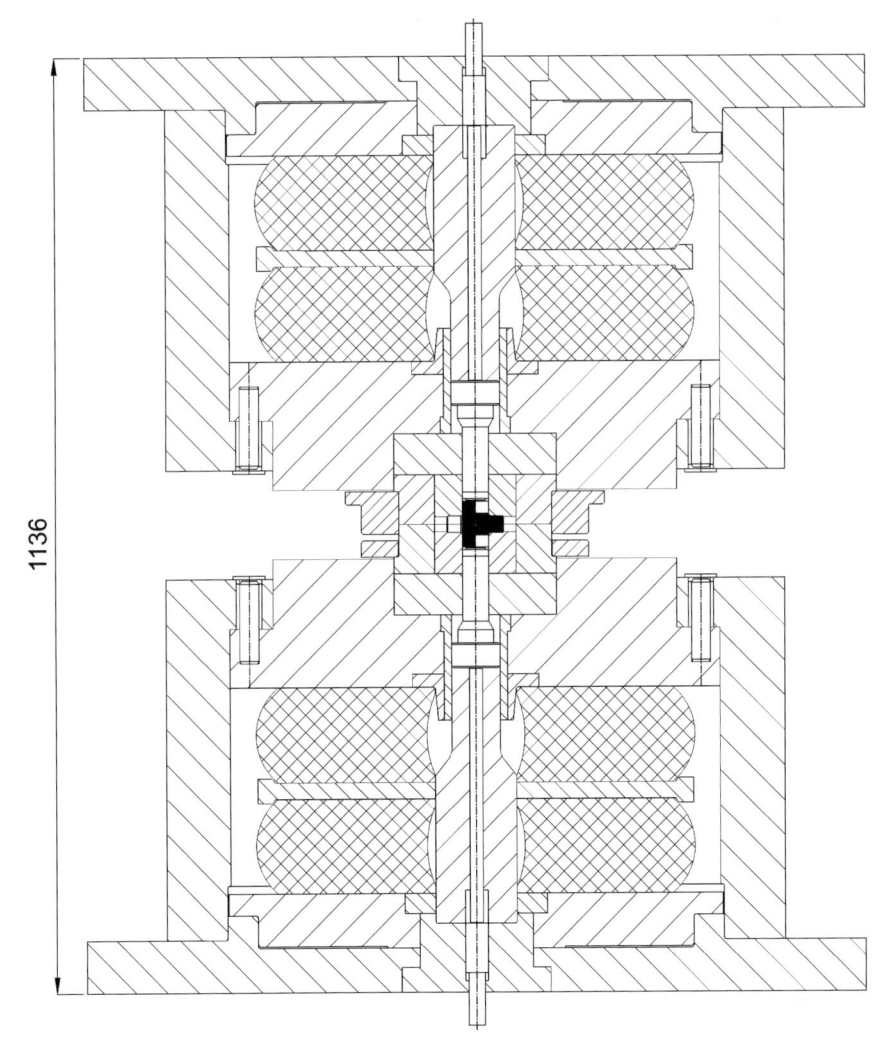

Abb. 8.108 Schließvorrichtung mit in Reihe angeordneten Elastomer-Ringen

Bei der Konstruktion von Elastomer-Schließvorrichtungen ist die Ausbauchung der Elastomere zu berücksichtigen. Ein Elastomer-Ring mit 100 mm Aussendurchmesser baucht sich auf 130 mm aus. Die volle Schließkraft steht erst am Ende des Federhubes zur Verfügung. Vorteile von Elastomer-Schließvorrichtungen sind die Wartungsfreiheit, das weiche Aufsetzen der Matrizenhälften, wodurch die Werkzeuge und die Maschine geschont werden sowie die sehr kostengünstige Herstellbarkeit. Die Einstellung des Gleichlaufs kann problemlos mittel der hydraulischen Verstelleinrichtung vorgenommen werden. Nachteilhaft ist der nichtlineare Kraftabfall durch starke Erwärmung der Federelemente, besonders wenn große Federwege benötigt werden oder bei hohen Hubzahlen. Dieser Nachteil kann durch den Einsatz größerer Federelemente kompensiert werden, natürlich nur, soweit ausreichend Werkzeugeinbauraum zur Verfügung steht.

Elastomer-Schließvorrichtungen eignen sich besonders für Umform- und Schneidvorgänge, welche kleine Schließwege und relativ geringe Schließkräfte bedingen. Beispielsweise wurde eine Elastomer-Schließvorrichtung für die Herstellung von sphärischen Kugellagerringen aus 100Cr6 eingesetzt (Abb. 8.109).

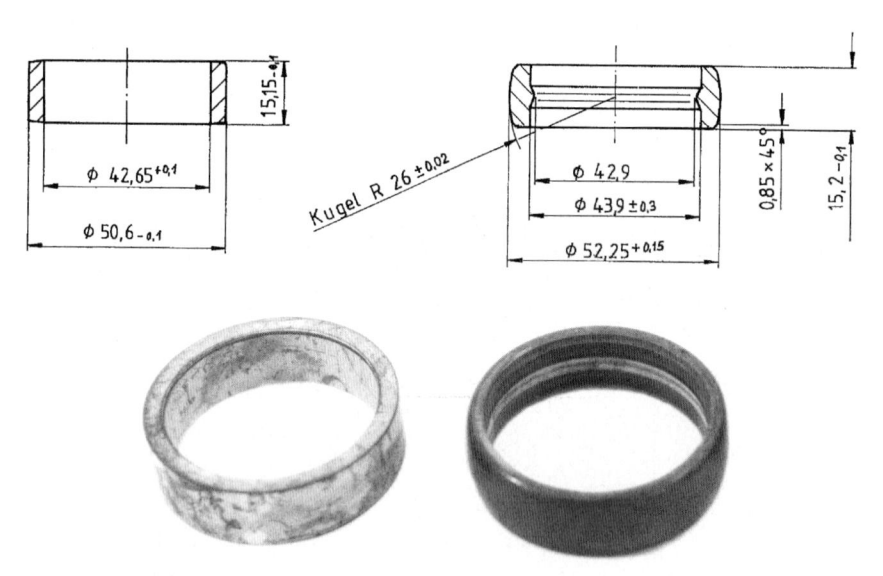

Abb. 8.109 Roh- und Fertigpressteil des sphärischen Kugellagerringes aus 100Cr6

Die Standmengen betrugen bei 45 Hüben pro Minute und einem Schließweg von 12 mm je Werkzeugseite bis zu 1.500.000 Stück. Danach wurden die Elastomerringe ausgetauscht. Eingesetzt wurden Elastomerringe mit einem Aussendurchmesser von 200 mm und einem Innendurchmesser von 100 mm. Ein Ring kostete etwa 170 €.

In Abb. 8.110 ist der Werkzeugeinsatz für die Elastomer-Schließvorrichtung zur Herstellung des sphärischen Kugellagerringes dargestellt. Die Fließpressstempel stehen nicht frei auf den Säulendruckstücken, sondern müssen wegen der auftretenden Stempelrückzugskräfte mit Schrauben fixiert werden. Zur Herstellung hoher Präzision der Konzentrizität von Ringaußen- zu Innendurchmesser ist die obere Matrize in der unteren über eine Glockenführung zentriert.

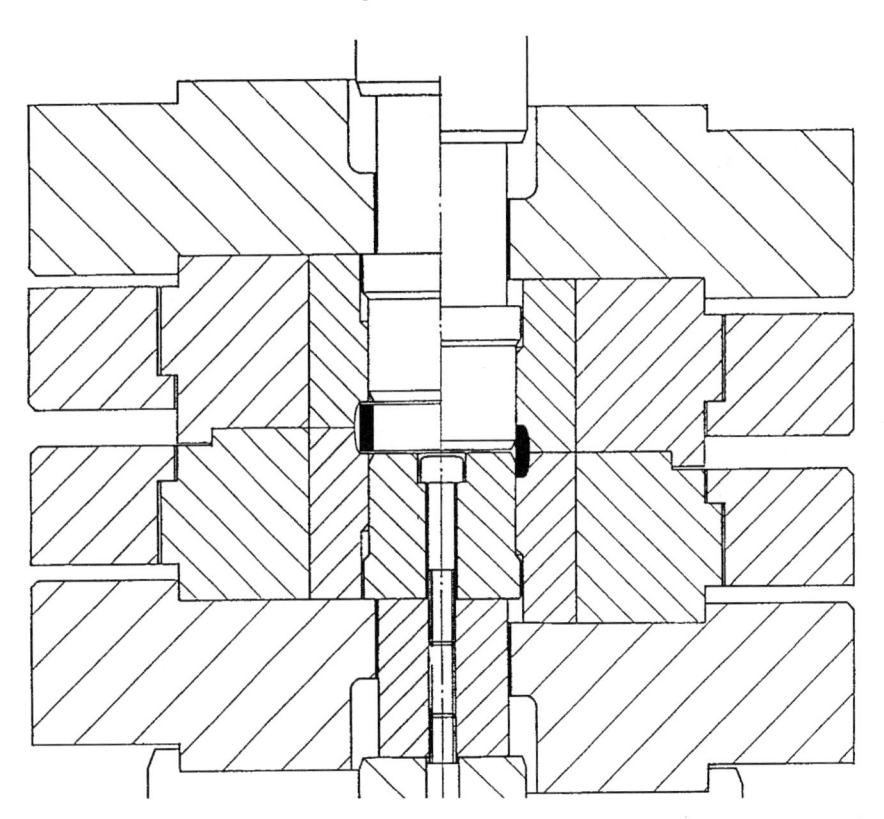

Abb. 8.110 Werkzeugeinsatz für eine Elastomer-Schließvorrichtung zur Herstellung des in Abb. 8.109 gezeigten sphärischen Kugellagerrings

8.6.11 Stickstofffeder-Schließvorrichtung

Abb. 8.111 zeigt prinzipiell den Aufbau einer Schließvorrichtung mit mehreren Stickstoff-Federelementen im Ober- und Unterwerkzeug.

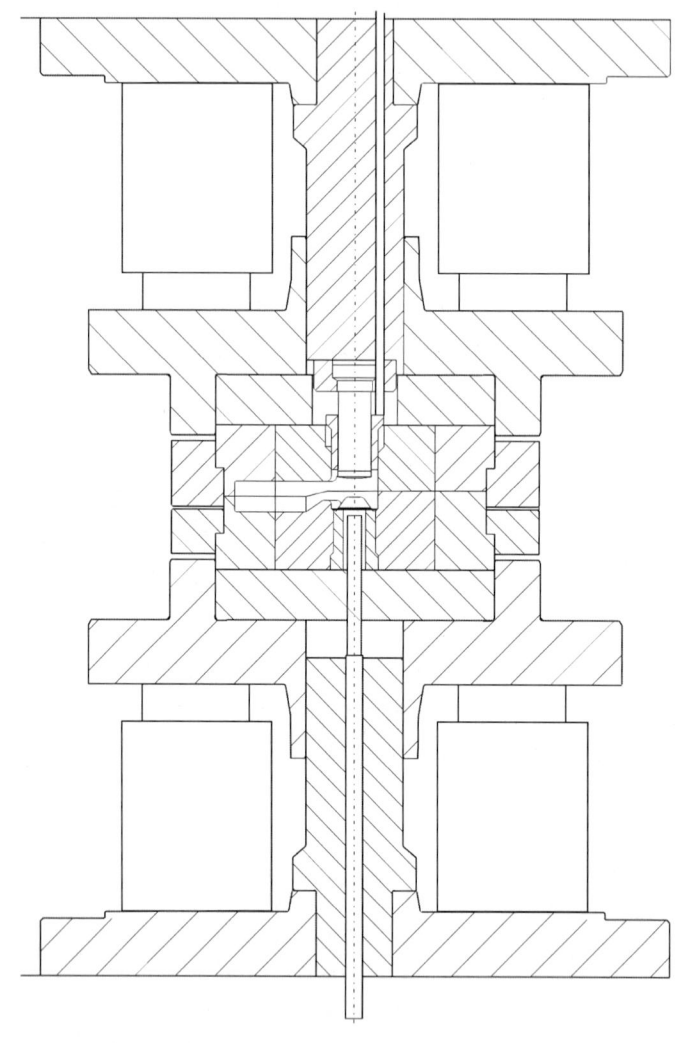

Abb. 8.111 Stickstofffeder-Schließvorrichtung mit Einzelelementen

Stickstofffeder-Schließvorrichtungen können auch analog zu den hydraulischen Vorrichtungen mit Ringkolben ausgeführt sein, wobei dann anstatt des Öls N_2-Gas verwendet wird; diese Vorrichtungen bauen bei gleicher Schließkraft kleiner (Abb. 8.112).

8.6 Werkzeuge zum Querfließpressen

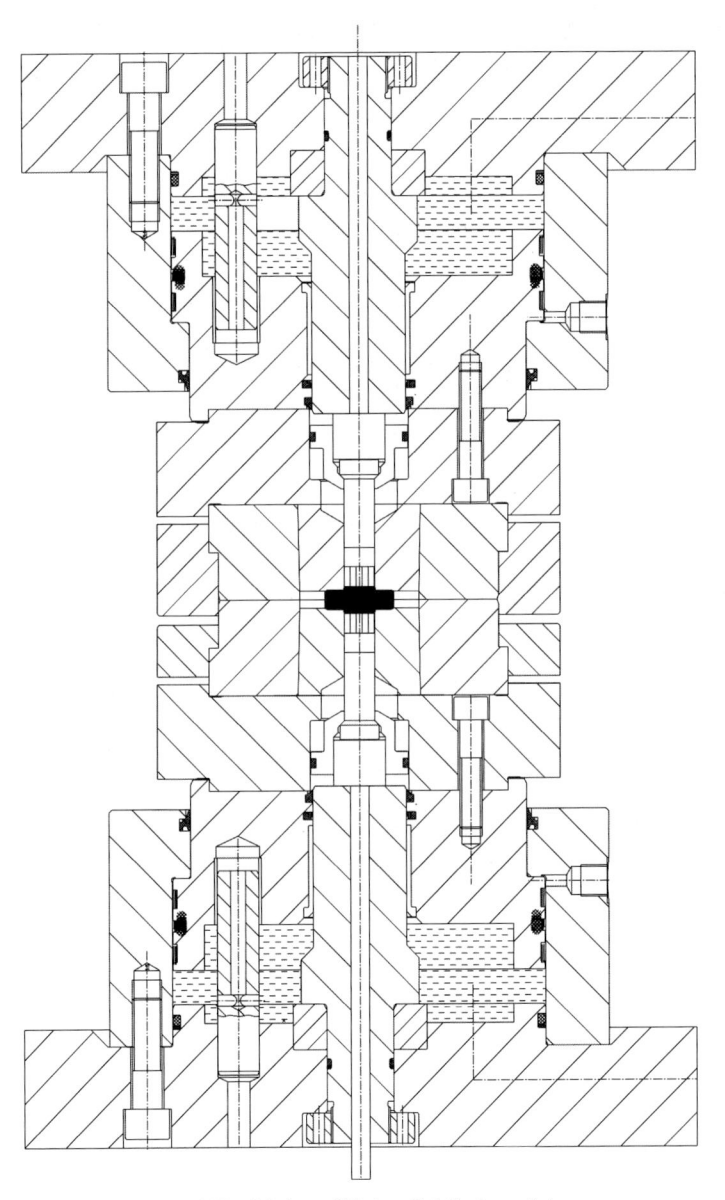

Abb. 8.112 Stickstofffeder-Schließvorrichtung

Die in Abb. 8.113 dargestellte Schließvorrichtung ist für das Kaltfließpressen einer Außenverzahnung konstruiert [8.11] und beinhaltet Stickstoff-Federelemente nur im Unterwerkzeug.

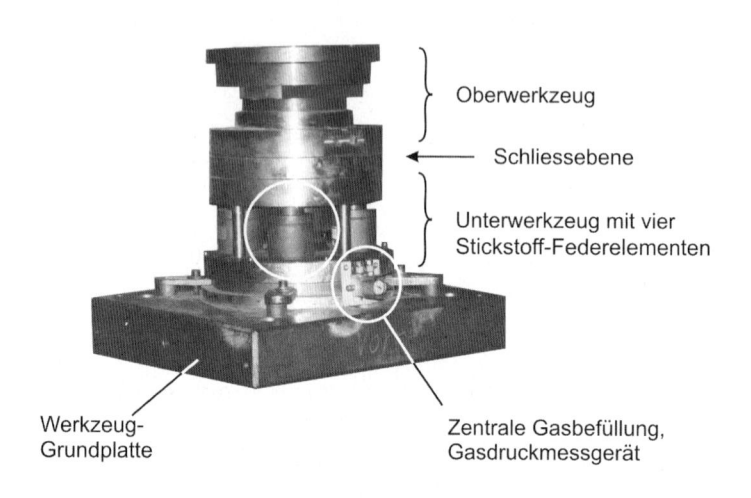

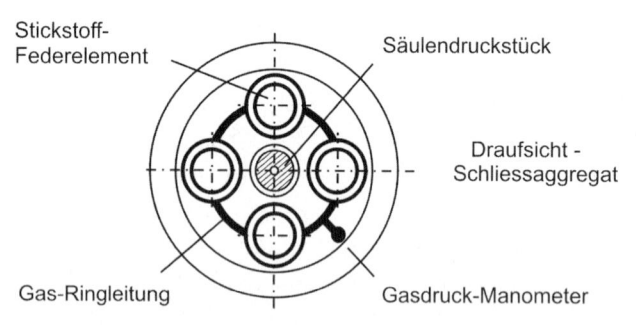

Abb. 8.113 Stickstofffeder-Schließwerkzeug [8.11]

Es gibt mehrere Möglichkeiten, die einzeln käuflich zu erwerbenden Stickstofffederelemente in eine Schließvorrichtung zu integrieren:

1. verbunden mit einem zentralen Druckbehälter;
2. autark mit integriertem Druckbehälter;
3. mit integriertem Druckbehälter, verbunden mit einer Ringleitung.

8.6 Werkzeuge zum Querfließpressen

Variante 1 mit zentralem Druckbehälter erfordert einen außerhalb der Schließvorrichtung liegenden Druckraum, gasführende Druckleitungen sowie eine Steuereinheit. Bei dieser Lösung kommen doppelt wirkende Zweikammmer-Stickstofffedern für Vorwärts- und Rückwärtshub zum Einsatz.

Variante 2 sieht kompakte, autonom arbeitende Gasdruckfedern mit integriertem Druckbehälter vor. Es sind einfach wirkende Einkammer-Stickstofffedern und benötigen keinen externen Druckraum. Der Druckaufbau entwickelt sich beim Einfedern durch die in den Druckraum eindringende Kolbenstange, die das Volumen des Druckraums verkleinert. Der Druckanstiegsverlauf ergibt sich aus der Anfangsfederkraft multipliziert mit einem Druckaufbaufaktor, der sich je Federtyp unterscheidet.

Variante 3 ist eine Kombination von Variante 1 und 2. Diese Variante eignet sich sehr gut für den Einsatz in Schließwerkzeugen und wurde in der Vorrichtung in Abb. 8.113 realisiert. Die einzelnen Gasdruckfedern mit integriertem Druckraum sind über eine Ringleitung miteinander verbunden. So bestehen in jeder Feder zu jeder Zeit gleiche Druckverhältnisse. Damit ist sichergestellt, dass die Schließkraft gleichmäßig über die einzelnen Federn auf das Werkzeug übertragen wird. Die Leitungsverbindungen zwischen den Federn sollten möglichst kurz sein. Die Gasbefüllung erfolgt zentral an der Stirnseite der Vorrichtung. Dort kann der Gasdruck jederzeit über ein Manometer kontrolliert werden (vgl. Abb. 8.113).

Wesentliche Kriterien bei der Auswahl des richtigen Stickstoff-Federtyps sind

- Federkraft
- Federweg.

Natürlich müssen auch die im Werkzeug und in der Umformpresse zur Verfügung stehenden Platzverhältnisse für eine sinnvolle Anordnung der Federelemente berücksichtigen werden.

Die Federkraft pro Feder wird über die Schließkraft ermittelt, die für den Umformvorgang erforderlich ist. Der Federweg ergibt sich aus den verfahrenstechnischen Erfordernissen. Der Schließweg entspricht dem Federweg s_F und ist für alle Federn eines Schließaggregates gleich. Er wird mit der Aufsummierung folgender Wegkomponenten ermittelt:

$$
\begin{aligned}
s_F \text{ (Feder)} = \;& s_1 \text{ (Umformstempel)} \\
& + s_2 \text{ (Einlegespiel)} \\
& + s_3 \text{ (Rohteilschwankung)} \\
& + s_4 \text{ (Vorspannung)} \\
& + s_5 \text{ (elastische Werkzeugeinfederung)} \\
& + s_6 \text{ (Reserve)}
\end{aligned}
$$

In s_6 gehen Federwegreserven für Zustellversuche während der Werkzeuginbetriebnahme ein sowie eventuelle Parameterveränderungen während der Verfahrensoptimierung. Die Praxis hat gezeigt, dass eine eher großzügigere Auslegung des Schließweges vorteilhaft ist, auch im Hinblick für die spätere Verwendung des Schließwerkzeuges für andere Fließpressteile. Allerdings kann ein zu groß gewählter Schließweg auch nachteilig wirken. Zum Beispiel kann die Ausbringungsrate des Werkzeugs sinken, weil das Werkzeug infolge des unnötig langen Hubes länger geschlossen ist. Außerdem können durch unnötig große Schließwege die Druckberührzeiten ansteigen, da die Aktivwerkzeugflächen länger als für die Umformung nötig mit dem Umformteil in Kontakt sind; das ist kritisch beim Einsatz der Vorrichtungen für die Halbwarmumformung.

Nachdem der Federweg und die Kraft je Feder ermittelt sind, werden aus Herstellerlieferprogrammen geeignete Federn gewählt.

Für das in Abb. 8.113 gezeigte Stickstofffeder-Schließwerkzeug wurden 4 Gasdruckfedern 90° zueinander versetzt mit einem maximalen Hub von 25 mm (Schließweg: 24,6 mm) gewählt. Bei Schließbeginn standen damit 472 kN, bei Schließwegende 656 kN zur Verfügung. Die Vorrichtung wurde für die Herstellung der in Abb. 8.114 bzw. Abb. 8.115 dargestellten Außenverzahnung eingesetzt; erforderlich war lediglich ein Schließaggregat (im Unterwerkzeug). Über eine zentrale Gasbefüll- und Entleerungseinheit mit Manometer konnte der in der Ringleitung und damit in den einzelnen Federn anstehenden Stickstoffgasdruck kontrolliert werden. Das System zeigte sich ausreichend dicht; ein Nachfüllen war im Produktionseinsatz erst nach etwa 2000 Teilen erforderlich.

Abb. 8.114 Kaltfließgepresste Außenverzahnung (re.) und daraus spanend fertigbearbeitetes Bauteil (li.). Aussendurchmesser: ca. 115 mm, Teilhöhe ca. 45 mm, Werkstoff: 20CrMo4 (1.7321). Presskraft: 5.300 kN, Schließkraft bei UT: 656 kN [8.11]

Mit diesem Schließwerkzeug wurden erste Kleinserien des gezeigten Verzahnungsteils gefertigt. Die Außenverzahnung wurde durch kombiniertes Napf-Quer-Fließpressen erzeugt. Abb. 8.116 zeigt die verwendeten Fließpressstempel.

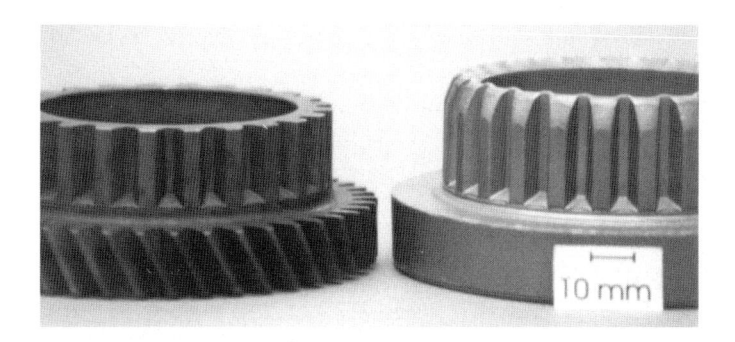

Abb. 8.115 Durch kombiniertes Napf-Rückwärts- und Quer-Fließpressen erzeugte (voll ausgeformte) Verzahnungshöhe von 19,25 mm (re.) und der Zustand nach dem Abdrehen des Werkstoffüberlaufes und dem Anbringen einer Schrägverzahnung am Flansch durch Abspanen (li.) [8.11]

Abb. 8.116 Fließpressstempel für das Napf-Rückwärts-Quer-Fließpressen [8.11]

8.6.12 Tellerfeder-Schließvorrichtung

Bei Tellerfeder-Schließwerkzeugen sind die Schließwege und –kräfte von der Wahl der eingesetzten Tellerfedern abhängig. Erheblichen Einfluss hat die Anordnung, das Stapeln der Federn. Die Einfederung einer Feder ist auf 75 % ihrer freien Höhe begrenzt. Über Schrauben (Abb. 8.117) werden die Federpakete auf eine Anfangsschließkraft vorgespannt. Der Aufbau der Tellerfeder-Schließwerkzeuge ist einfach und kostengünstig. Sie sind unempfindlich gegen Wärmeeinwirkung (im allgemeinen bis 400 °C problemlos) und daher auch gut für die Halbwarmumformung einsetzbar.

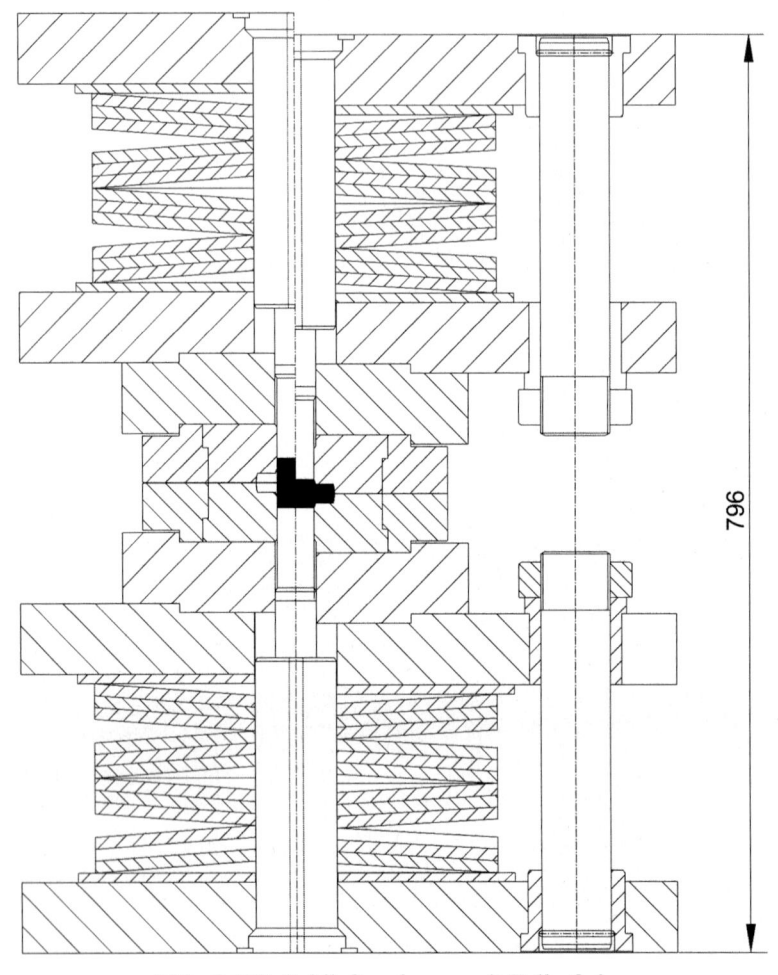

Abb. 8.117 Schließwerkzeug mit Tellerfedern

Die Schließvorrichtung in Abb. 8.117 hat eine Anfangsschließkraft von 500 kN und bei voller Einfederung von ca. 800 kN. Die Tellerfedern weisen einen Aussendurchmesser von 350 mm und einen Innendurchmesser von etwa 70 mm auf. Je Schließwerkzeugseite sind 12 Federn 3fach gleichsinnig geschichtet in 4 Paketen wechselsinnig aneinandergereiht. Damit stehen je Werkzeugseite 20 mm Schließweg zur Verfügung [8.15].

8.6.13 Kombiniert mechanisch-hydraulische Schließvorrichtung

Bei der in Abb. 8.118 gezeigten Schließvorrichtung kommt ein Hydraulikaggregat in Kombination mit einer Druckstangenmechanik zum Einsatz.

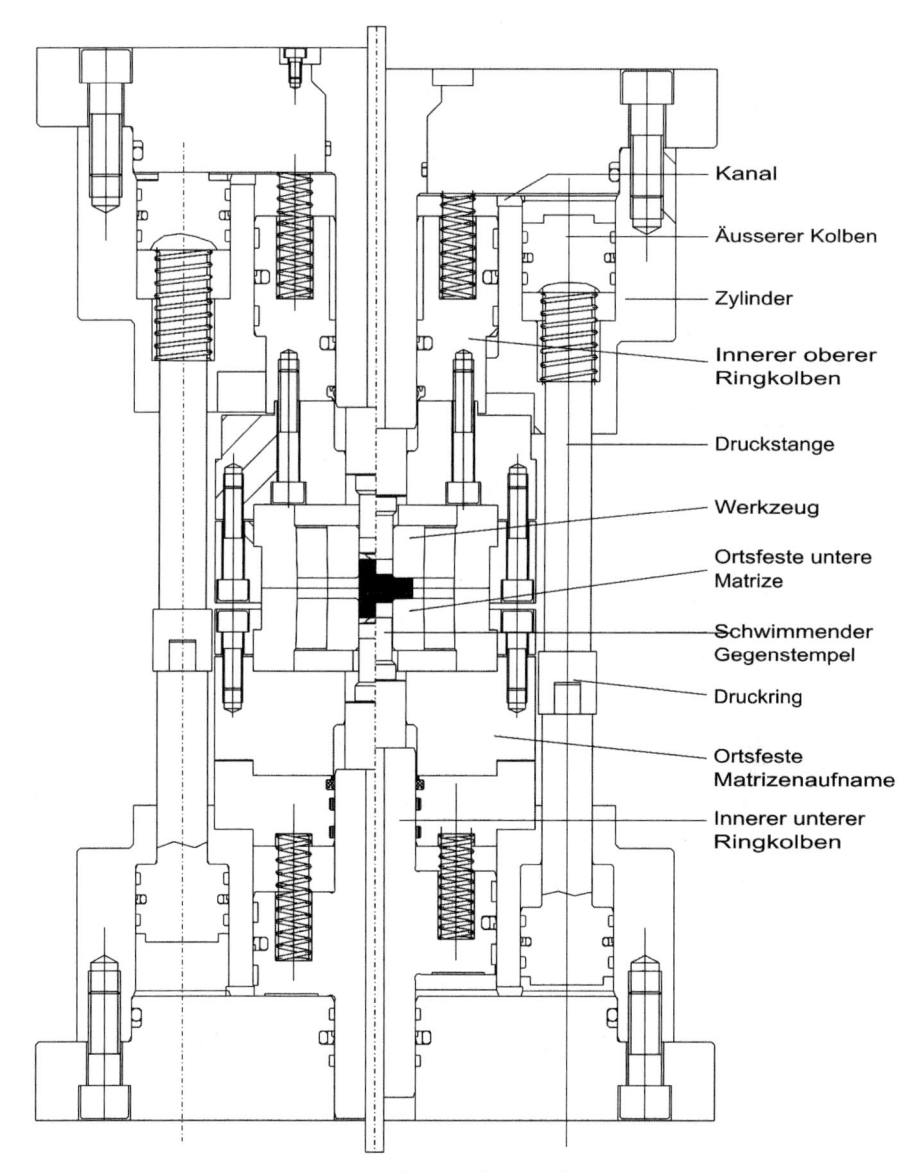

Abb. 8.118 Schließwerkzeug mit kombiniert mechanisch-hydraulischem System. Patent: Hatebur

Die Schließaggregate oben und unten sind über Druckstangen miteinander gekoppelt und bewirken eine wechselseitige Beeinflussung beider Hydrauliksysteme.

Im Vergleich zu einer hydraulischen Schließvorrichtung mit Blasenspeicher kann dieses System ohne externe Druckvorhaltung arbeiten und ist deshalb im Ruhezustand drucklos.

Das Zuhalten der Matrizenhälften und die Eindringbewegung des unteren Stempels werden über die Druckstangen eingeleitet.

Beim Schließen der Matrizenhälften taucht die Druckstange in das Hydraulikkissen des Unterwerkzeuges ein und drückt den inneren unteren Kolben mit dem Unterstempel nach oben. Sobald dieser auf das Werkstück trifft und sich zwischen diesem und dem Oberstempel ein Umformdruck aufbaut, steigt im gesamten Hydrauliksystem der Druck an, und es stellt sich automatisch eine Schließkraft ein, die gleich hoch ist wie die Presskraft. Mit vorrückendem Stößel wird Ölvolumen im Oberwerkzeug in der Weise von der äußeren (druckstangenseitigen) zur inneren (ringkolbenseitigen) Kammer verlagert, dass Obermatrize und Untermatrize schwimmend auf dem Niveau der Schließebene gehalten werden.

Im Gegensatz zu den anderen beschriebenen Schließwerkzeugen senkt sich die Schließebene also nicht ab, sondern hält sich unter dem freien Spiel der bewegten Kolben auf einer Höhe. Der Weg, den die Umformstempel zurücklegen, ist zusammengenommen doppelt so groß wie der Pressenstößelweg. Somit ist der Einsatz dieser Vorrichtung auf Pressen mit relativ kleinen Kennkraftwegen günstig.

8.6.14 Schließvorrichtung mit Druckschlauch

Bei dieser Schließvorrichtung (Abb. 8.119) sind die beiden Schließaggregate (oben und unten) über einen Druckschlauch miteinander verbunden. Es handelt sich um ein ölhydraulisches System.

Sobald während der Stößelabwärtsbewegung die Matrizenhälfte des Oberwerkzeuges auf die Matrizenhälfte des Unterwerkzeuges stößt, baut sich im zuvor drucklosen System ein Druck auf und es wird der obere Ringkolben nach oben verschoben. Das dabei verdrängte Ölvolumen wird über den Druckschlauch dem unteren Schließaggregat zugeführt, und der untere Ringkolben, auf dem der untere Fließpressstempel sitzt, bewegt sich nach oben. Da die Flächen der unteren und oberen Ringkolben gleich sind, bewegen sie sich die Kolben mit der gleichen Geschwindigkeit.

Die Schließkraft entspricht zu jedem Zeitpunkt der Presskraft und muss somit nicht abgeschätzt werden, sondern reguliert sich selbst. Aufgrund dieses Kräftegleichgewichts zwischen Presskraft und Schließkraft ist ein

Öffnen der Matrizenhälften ausgeschlossen. Das synchrone Bewegungsverhalten beider Ringkolben gewährleistet einen stets korrekten Matrizengleichlauf.

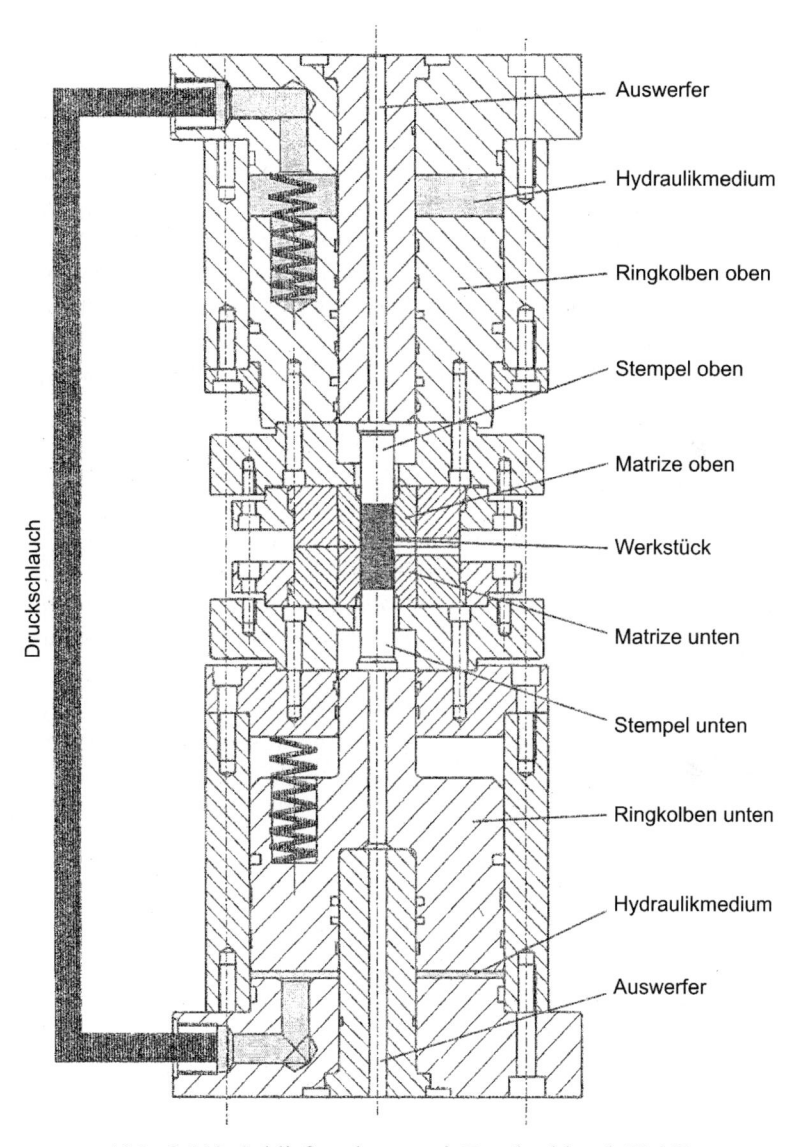

Abb. 8.119 Schließwerkzeug mit Druckschlauch [8.15]

Da beim Schließen die Presskräfte noch Null sind, entsteht kein Auftreffschlag zwischen den Matrizenhälften, und es bilden sich keine Druckspitzen im hydraulischen System, wie es bei den Schließvorrichtungen mit vorgespannten Federelementen der Fall ist.

Das System ist sofort nach Erreichen des unteren Totpunktes der Presse wieder drucklos und belastet die Maschine nicht beim Hochfahren (Beschleunigung des Stößels). Ein Presshub am Umformteil entspricht einem halben Hub an der Maschine, womit sich diese Schließvorrichtung auch für den Einsatz auf mechanischen Pressen mit kleinen Arbeitswegen eignet. Die Matrizenteilungsebene senkt sich beim Pressen nicht ab, sondern bleibt auf konstanter Höhe. Dies hat Vorteile beim Einsatz eines automatisierten Teiletransports. Bis auf die Federenergie der Schraubenfedern, welche die Ringkolben nach dem Pressen wieder in die Ausgangslage zurückschieben, entstehen bei dieser Schließvorrichtung kaum Verluste

In Abb. 8.120 sind die Kraft-Weg-Verläufe einer hydraulischen Schließvorrichtung mit Blasenspeicher im Vergleich zur Schließvorrichtung mit Druckschlauch am Beispiel des Querfließpressens eines Gelenkkreuzes dargestellt.

Die Vorrichtung mit dem *Druckschlauch* zeigt bei diesem Vergleich, dass [8.15]:

- Schließ- und Umformkraft deckungsgleich verlaufen, d.h.
- die Schließkraft bei Vorgangsbeginn Null beträgt;
- die Schließkraft nach Erreichen eines Maximums bis zum unteren Totpunkt kontinuierlich abfällt;
- das Pressteil bereits nach dem halben Stößelweg ausgepresst ist;
- das Maximum der Stößelkraft (=Summe aus Schließ- und Umformkraft) niedriger liegt;
- die aufgewendete Arbeit bzw. Energie (=Fläche unterhalb des Stößelkraftverlaufes) mehr als 50% niedriger liegt.

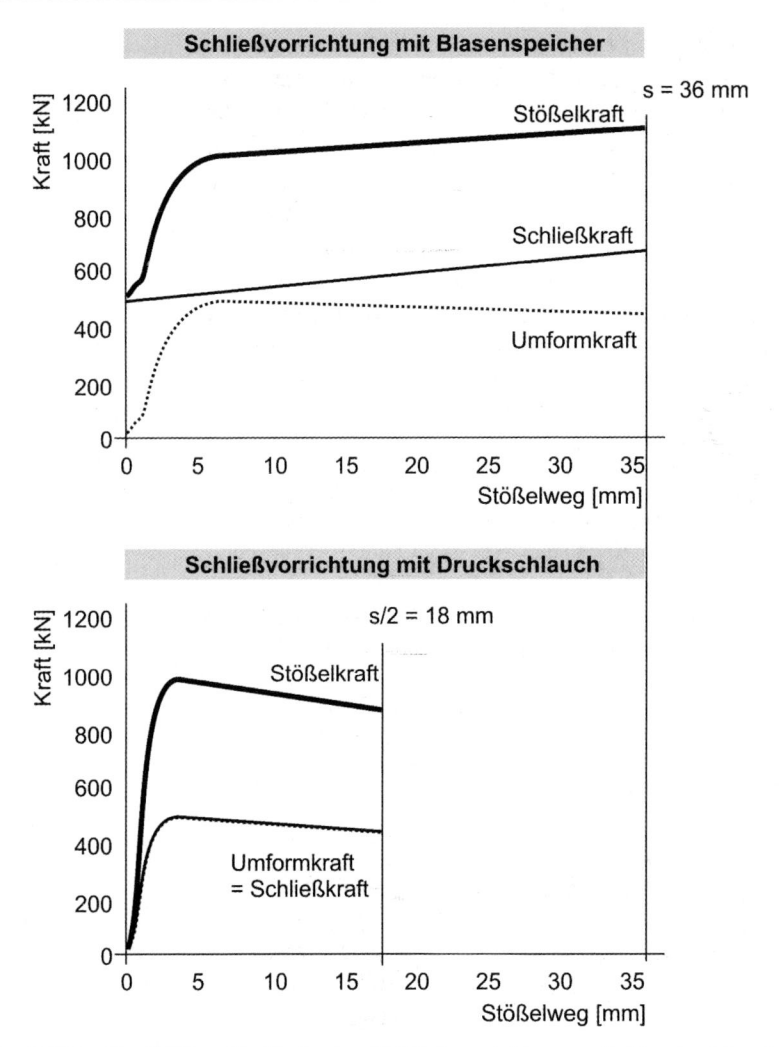

Abb. 8.120 Kraft-Weg-Verläufe der Schließvorrichtung mit Druckschlauch im Vergleich zur Vorrichtung mit N_2-Blasenspeicher [8.15]

8.6.15 Schließvorrichtung nach dem Prinzip der Druckwaage

Das Prinzip der Druckwaage (Abb. 8.121) wurde in einem Patent [8.16] für eine Vorrichtung zum Präzisionsschmieden auf einfach wirkenden Umformmaschinen verwendet. Das Schließaggregat dieser Vorrichtung besteht aus zwei in Längsrichtung verschiebbaren Hydraulikkolben in einem Hydraulikgehäuse. Die Kolben haben unterschiedliche Durchmesser. Auf dem inneren Kolben (Pressstempelkolben) sitzt der Fließpressstempel. Auf dem äußeren Kolben (Matrizenkolben) sitzt die Matrizenaufnahme und eine Matrizenhälfte. Das Flüssigkeitsvolumen unterhalb des Pressstempelkolbens ist mit dem Flüssigkeitsvolumen unterhalb des Matrizenkolbens in Verbindung. Im allgemeinen ist die Fläche unterhalb des Pressstempelkolbens etwas größer als unterhalb des Matrizenkolbens, da die Kraft zum Umformen im allgemeinen größer ist als die erforderliche Schließkraft zum Zuhalten der Matrizenhälften.

Solange die Matrizenhälften nicht geschlossen sind, ist das Hydrauliksystem drucklos. Beim Schließen steigen Pressstempelkraft und Werkzeugschließkraft proportional entsprechend den Flächenverhältnissen unter den Kolben an. Der Gleichlauf des schwimmenden Matrizenpaketes kann über Gewindeschrauben eingestellt werden, über die das Ölvolumen im Ober- bzw. Unteraggregat durch Hinein- bzw. Herausdrehen leicht variiert werden kann. Alternativ dazu lassen sich Druckbegrenzungsventile einbauen, die bei Überdruck Öl in einen Vorratsbehälter ablassen, welches dem System im drucklosen Zustand wieder zugeführt wird.

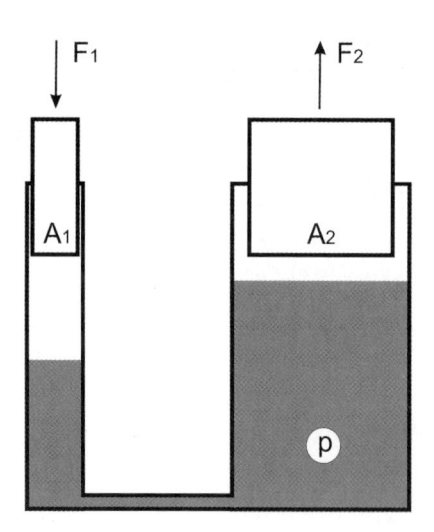

Abb. 8.121 Prinzip der Druckwaage: $\dfrac{F_2}{F_1} = \dfrac{A_2}{A_1}$, $F = p \cdot A$

Ein Presshub am Umformteil entspricht einem halben Hub an der Maschine. Somit ist der Einsatz solcher Schließvorrichtungen besonders für mechanische Pressen (besonders für Kniehebelpressen) geeignet, bei denen die Nennpresskraft erst wenige Millimeter vor UT in voller Höhe zur Verfügung steht.

Begrenzt durch die Leistungsfähigkeit der Dichtungen im Hydrauliksystem können diese Schließvorrichtungen mit vergleichbar sehr hoher Hubzahl pro Minute (z.B. 180/min) betrieben werden. Der bei den Schließvorrichtungen mit vorgespannter Feder kritische harte Auftreffschlag zwischen den Matrizenhälften entfällt hier; das Aufsetzen erfolgt werkzeugschonend drucklos.

8.6.16 Mehrfach wirkende Presse als Schließvorrichtung

Eigentlich handelt es sich hierbei um keine „Schließvorrichtung", sondern um ein Fließpresswerkzeug mit Gestell-, Einbau- und Aktivteilen, welches auf einer 4-fach wirkenden Presse zum Querfließpressen betrieben wird (Abb. 8.122).

Bei diesem System senkt sich die Schließebene während des Pressens nicht ab, sondern hält sich auf einer Höhe. Die äußeren Zylinder bringen die Schließkraft auf, mit den mittig angeordneten Presszylindern wird die Umformkraft aufgebracht. Ein Nachführen der Matrizenhälften (Matrizengleichlauf) ist nicht notwendig, da gleichzeitig von oben und von unten eingedrückt wird.

Betriebe, welche über eine derartige mehrfach wirkende Presse verfügen, können zum Querfließpressen auf sie zurückgreifen. Im allgemeinen sind mit diesem „Schließsystem" wesentlich größere Schließwege möglich, da die Ziehkissen herkömmlicher, mehrfach wirkender Pressen über einen großen Federweg verfügen.

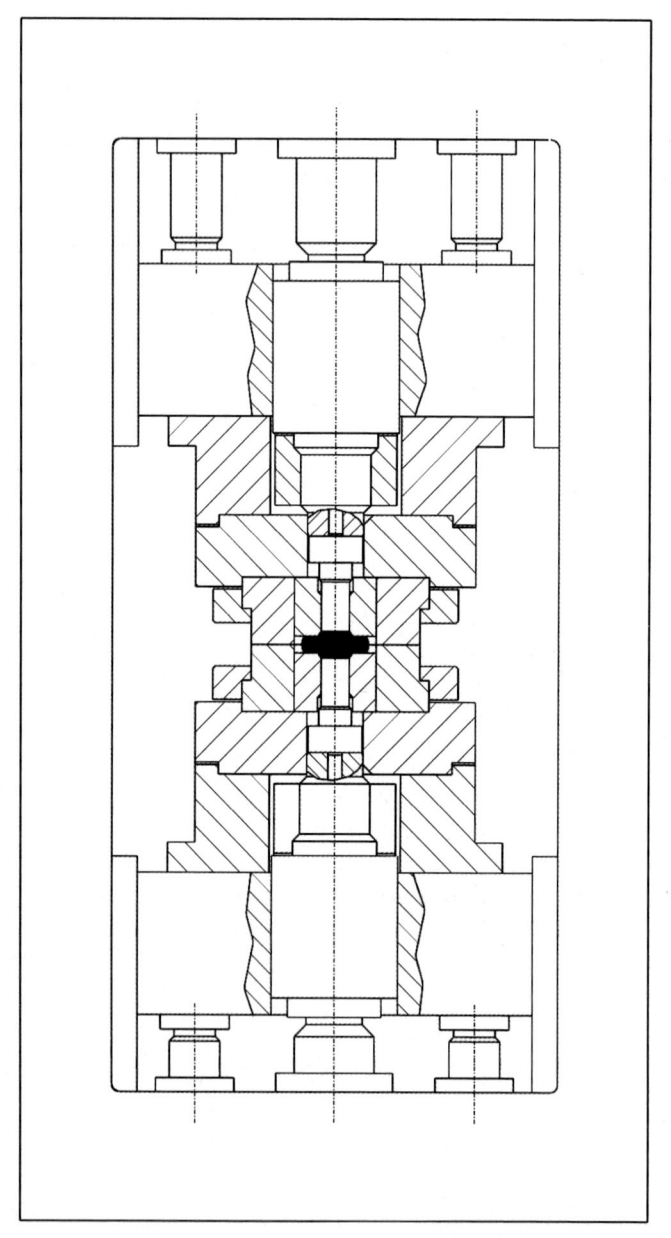

Abb. 8.122 Querfließpressen in einer mehrfach wirkenden Presse

Literatur

[8.1] Lange K (Hrsg) (1988) Umformtechnik Bd.2, Massivumformung. Springer, Berlin, Heidelberg New York
[8.2] Glöckl H (1983) CAE am Institut für Umformtechnik, in K. Lange (Hrsg.) Grundlagen der Umformtechink II, Bericht Nr. 75, Institut für Umformtechnik, Universität Stuttgart, Springer-Verlag
[8.3] Bahlbach R (1983) Konstruktion eines Werkzeugs für die Fertigung von Kaltfließpressteilen nach dem Verfahren Kombiniertes Quer-Hohl-Vorwärtsfließpressen. Diplomarbeit, Institut für Umformtechnik, Universität Stuttgart
[8.4] Schmid H (2003) Einführung in die Massivumformung. Werkzeugwerkstoffe, Werkzeugkonstruktion, Stadienpläne. Lehrgang. Technische Akademie Esslingen
[8.5] ICFG (1992) International Cold Forging Group ICFG 1967-1982 Objectives, History, Published Documents. Bamberg Meisenbach
[8.6] Burgdorf M (1976) Kaltfließpressen von Stahl. Kabel- und Metallwerk (Hrsg.)
[8.7] Arbak M Technische Keramik in der Kaltmassivumformung, Verbesserung der Oberflächenqualität und Maßhaltigkeit. ICFG-Workshop 22.5.2007 Universität Dortmund
[8.8] Schimz K (1962) Kaltformfibel II. Werkstoffe, Verfahren, Maschinen und Werkzeuge für die spanlose Formgebung von Schrauben, Muttern und Formteilen. Triltsch Verlag
[8.9] Schätzle W (1986) Querfließpressen eines Flansches oder Bundes an zylindrischen Vollkörpern aus Stahl. Dissertation, Bericht Nr. 93, Institut für Umformtechnik, Universität Stuttgart, Springer-Verlag
[8.10] Yoshimura H, Tanaka K, Wang CC (1999) Präzisionsumformung von Aluminium und Stahl in Schließwerkzeugen. Seminar Neuere Entwicklungen in der Massivumformung; Stuttgart pp. 339 – 358
[8.11] Schöck J (1998) Entwicklung, Konstruktion und Bau eines Kaltfließpresswerkzeuges zur Herstellung einer Außenverzahnung. Diplomarbeit, Technische Universität Dresden
[8.12] Schöck J, Kammerer M (2000) Verzahnungsherstellung durch Querfließpressen. Umformtechnik 1, Meisenbach-Verlag, pp. 70-76
[8.13] Doege E, Stock G (1993) Geregelter Tiefziehprozess mit verriegeltem Werkzeug ohne Ziehapparat. Blech Rohre Profile 40 (1993) 2, S.149
[8.14] Schmieder F (1992) Beitrag zur Fertigung von schrägverzahnten Zahnrädern durch Querfließpressen. Dissertation Universität Stuttgart
[8.15] Kretz Th (2003) Schließwerkzeuge für das Querfließpressen. Dissertation, Bericht Nr. 39, Institut für Umformtechnik, Universität Stuttgart, DGM-Verlag
[8.16] Langschwager I (1992) Vorrichtung zum Präzisionsschmieden auf einfachwirkenden Umformmaschinen . Offenlegungsschrift DE 4109407A1

9 Maschinen

9.1 Einleitung

Maschinen für das Fließpressen zur Kalt- und Halbwarmumformung werden entweder mechanisch über Kurbel- bzw. Exzenterantrieb oder mit Kniehebelantrieb oder hydraulisch betätigt, wobei sowohl horizontale als auch vertikale Bauarten mit Einzel- oder Mehrfachwerkzeugen zur Anwendung kommen (Abb. 9.1).

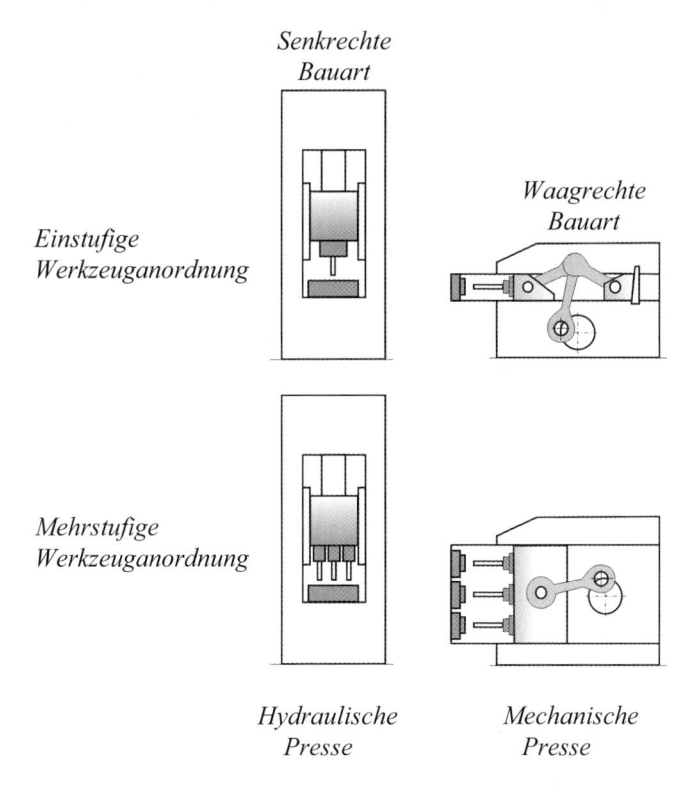

Abb. 9.1 Maschinen zum Fließpressen

Die Entscheidung, ob mechanische oder hydraulische Pressen eingesetzt werden, richtet sich unter anderem nach

- der Teilegeometrie
- dem Umformgrad
- der Teilegenauigkeit
- der Anzahl der Fertigungsstufen
- der Gesamtstückzahl pro Werkstück
- den vorgesehenen Losgrößen
- der geforderten Ausbringung pro Zeiteinheit
- der Teilelage beim Transport und
- der Art des zugeführten Rohteils.

Hinsichtlich der Art der zugeführten Rohteile: Einzelstücke oder Drahtbunde oder Stäbe, wird nachfolgend gegliedert in

1. Einzelstücke verarbeitende Einstufen-Kaltfließpressen
2. Einzelstücke verarbeitende Mehrstufen-Kaltfließpressen
3. Vom Draht arbeitende Mehrstufen-Kaltfließpressen
4. Vom Stab arbeitende Mehrstufen-Halbwarmfließpressen und
5. Einzelstücke verarbeitende hydraulische Pressen.

Daneben werden für diese Pressen die üblicherweise eingesetzten

1. Werkzeugwechsel- und
2. Werkstücktransportsysteme

vorgestellt und erläutert.

Unterscheidung in Kurbel-, Exzenter-, Kniehebel- und Gelenkpresse

Angaben über Bau- und Kenngrößen von Pressen zum Fließpressen werden in der VDI-Richtlinie 3145 Blatt 1 und 2 genannt. Hinsichtlich des Hauptantriebprinzips werden darin drei mechanische Pressentypen unterschieden: Kurbel- und Exzenterpressen (1), Kniehebelpressen (2) und Gelenkpressen (3).

Eine andere Systematik findet sich in [9.15]. Danach sind diese 3 Typen alle Pressen mit *Kurbelantrieb*: mit *einfachem* Kurbelgetriebe (Kurbel- und Exzenterpressen) und mit *erweitertem* Kurbelgetriebe (Kniehebelpressen und Kniehebelpressen mit modifiziertem Antrieb).

Nachfolgend wird sich an die o.g. VDI-Richtlinie angelehnt, wobei als *Gelenkpresse* allein die Kniehebelpresse mit modifiziertem Antrieb Geltung besitzt.

9.2 Einzelstücke verarbeitende Einstufen-Kaltfließpressen

Können Werkstücke mit einem 1-stufigen Werkzeug hergestellt werden oder müssen Werkstücke in einer getrennten Presse vorgeformt werden, so kommen meist liegende Pressen mit Kniehebelantrieb zum Einsatz (Abb. 9.2). Zugeführt werden Platinen oder Abschnitte.

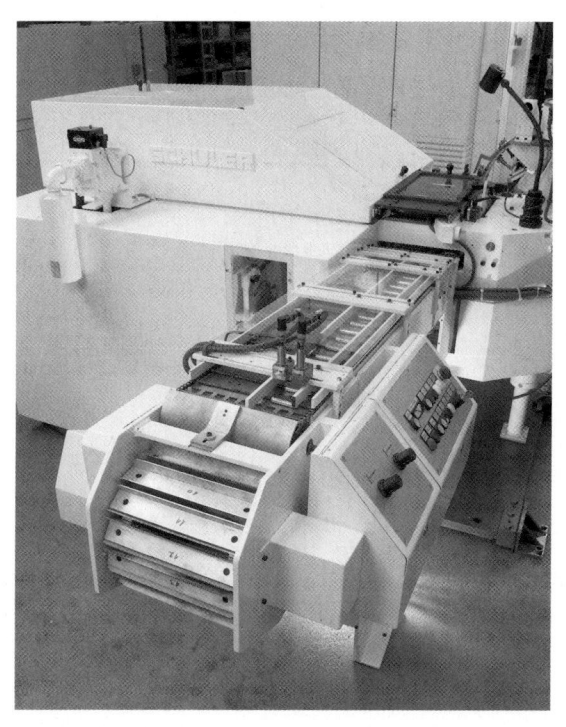

Abb. 9.2 Einstufen-Kaltfließpresse mit Förderband (Hub: 315 mm, Hubzahl: 75 – 165 min^{-1}, mögl. Teile-$\varnothing$: 11 – 45 mm, Pressentyp X150L). Bild: Schuler AG

Haupteinsatzgebiete solcher Anlagen mit im allgemeinen 750 kN bis 12.000 kN Nennpresskraft liegen vor allem in der Verarbeitung von Nichteisenmetallen. Das Teilespektrum umfasst u.a. Batteriebecher aus Zink, Kondensatorenbecher, Tuben, Hülsen, Dosenkörper, Feuerlöschergehäuse, Filtergehäuse für Öl und Benzin aus Aluminium bzw. Aluminiumlegierungen sowie Teile aus Kupfer und Messung (vgl. Kap. 8).
Die Mengenleistung solcher Maschinen kann abhängig von der Teilegeometrie, dem Werkstoff und den Umformbedingungen 300 Teile pro Minute erreichen (Tab. 9.1). Bei der Umformung von Stahl sind Hubzahlen zwischen 40 und 120 min^{-1} möglich.

Das Kniehebeltriebwerk (Abb. 9.3) bewirkt eine starke Verlangsamung der Stößelgeschwindigkeit. Damit ist ein weiches Auftreffen des Stempels im Werkzeug sichergestellt. Dies verhindert Vibrationen und ermöglicht engste Abpressungstoleranzen, gute Teilequalität sowie hohe Werkzeugstandzeiten.

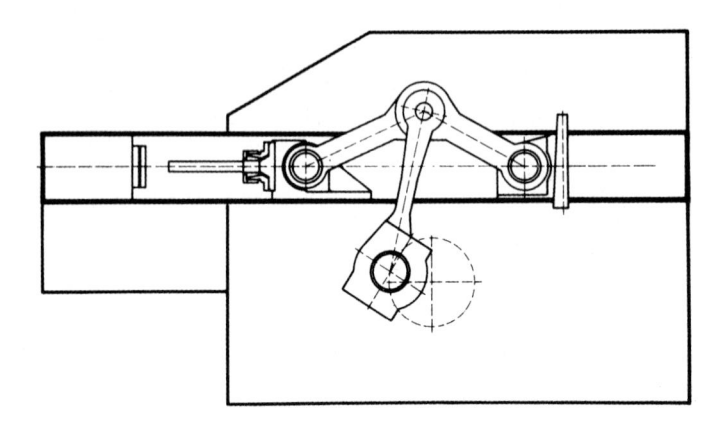

Abb. 9.3 Einstufen-Kaltfließpresse mit normalem Kniehebelantrieb. Bild: Schuler AG

In Verbindung mit hohen Presskräften sind entsprechende Nennarbeitswege notwendig. Für viele Fließpressteile aus leicht umformbarem Aluminium sind die Nennkraftwege des normalen Kniehebelantriebes gut ausreichend; sie weisen für die in Tab. 9.1 genannten horizontalen Einstufen-Kaltfließpressenmodelle Nennkraftwege zwischen 4 mm und 20 mm auf.

Tabelle 9.1 Kenndaten zu Einstufen-Fließpressen von Schuler [9.17]

Modell	Nennpresskraft [kN]	Max. Hubzahl [min-1]
X75	720	300
X150K (Kurzhub)	1500	300
X150L (Langhub)	1500	150
X250	2500	100
X400	4000	80
X630	6300	60
X800	8000	50
X1200	12000	40

Für das Fließpressen von Werkstücken aus schwerer umformbaren Nichteisenmetallen oder aus Stahlwerkstoffen sowie für lange Bauteile, welche größere Nennkraftweg erfordern, werden diese Pressen mit einem *modifizierten* Kniehebelantrieb eingesetzt (Abb. 9.4), welche Nennkraftwege von etwa 20 mm (bei 2.500 kN Presskraft) bis 40 mm (bei 12.000

9.2 Einzelstücke verarbeitende Einstufen-Kaltfließpressen   441

kN) ermöglichen und einen großen Bereich konstanter verminderter Umformgeschwindigkeit aufweisen (Abb. 9.5) [9.17].

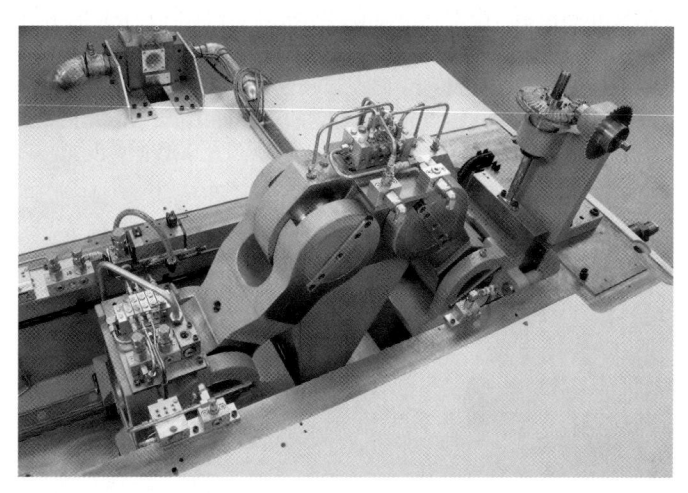

Abb. 9.4 Einstufen-Kaltfließpresse mit modifiziertem Kniehebelantrieb. Bild: Schuler AG

Für das Zuführen der Rohteile zur Matrize können bei diesen Fließpressen aufgrund der Horizontalbauweise wegen der Schwerkraftwirkung einfache Fallrinnen sowie zwangsläufig über mechanische Kurvantriebe bewegte Zuführ-, Transport- und Ablegevorrichtungen eingesetzt werden.

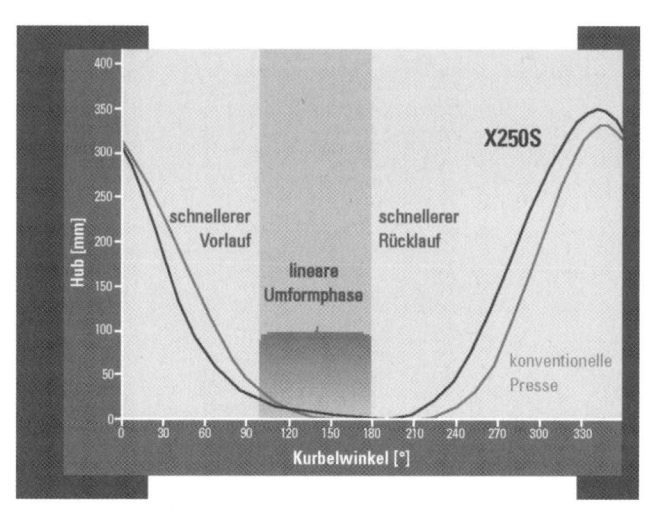

Abb. 9.5 Größerer Bereich konstanter Umformgeschwindigkeit des modifizierten gegenüber dem normalen Kniehebelantrieb einer „X250S". Bild: Schuler AG

9.3 Einzelstücke verarbeitende Mehrstufen-Kaltfließpressen

Für die Fertigung mittlerer Losgrößen (5.000 – 50.000 Stück) mit meist 3- bis 5-stufigen Werkzeugen kommen vertikale 1- oder 2-Punkt-Kaltfließpressen mit Kurbel- bzw. Exzenter- oder Kniehebelantrieb zur Anwendung (Abb. 9.6). Abschnitte aus Stahl werden auf diesen Maschinen im allgemeinen bis zu einer Presskraft von 16.000 kN verarbeitet.

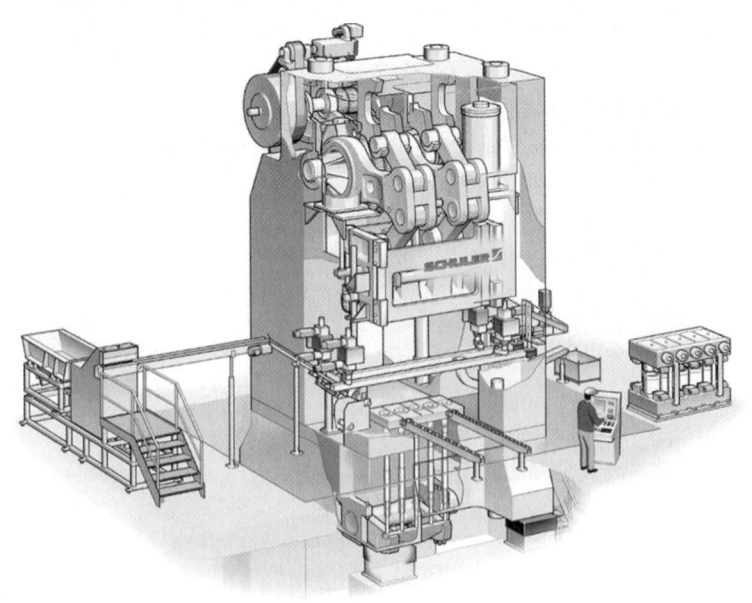

Abb. 9.6 Mehrstufenpressen im Betrieb. Bilder: Schondelmaier (o.), Schuler AG (u.)

9.3.1 Kurbel- bzw. Exzenterpressen

Das Antriebsprinzip von Kurbel- und Exzenterpressen ist identisch (vgl. Abb. 9.11), die konstruktive Gestaltung der Antriebswelle jedoch unterschiedlich. Während die Kurbelpresse eine gekröpfte Welle beinhaltet und deshalb ein zweigeteiltes Pleuel erfordert und keine Hubverstellung ermöglicht, weist die Antriebswelle einer Exzenterpresse eine exzentrische Eindrehung bzw. Wellenauskragung auf und ermöglicht eine Stößelhubverstellung. Sie ist steifer als die gekröpfte Welle, relativ einfach herstellbar und bedarf keine Pleuelteilung. Das Antriebsprinzip wird hier anhand von Exzenterpressen erläutert.

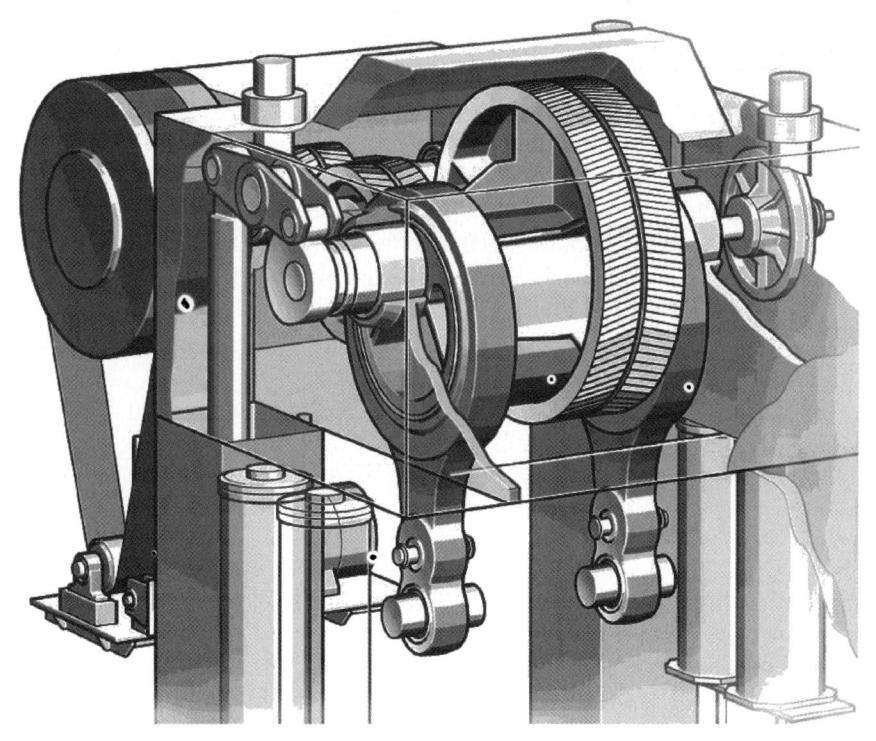

Abb. 9.7 . Exzenterantrieb. Bild: Schuler AG

Exzenterpressen sind in ihrem Aufbau sehr einfach und deshalb weit verbreitet. Der Antrieb weist meist druckbeanspruchte Pleuel auf (Abb. 9.7). Die relativ hohe Auftreffgeschwindigkeit der Werkzeuge auf die Pressteile ist für die Werkzeugstandmengen nachteilig. Aufgrund der kurzen Druckberührzeiten zwischen Werkstück und Werkzeug ist der Kurbel-

bzw. Exzenterantrieb jedoch ein geeigneter Antrieb für das Halbwarmfließpressen. Die Nennpresskraft kann je nach Antriebsleistung weit vor dem unteren Totpunkt erreicht werden, im allg. 30° vor UT. Bei vergleichbarer Baugröße sind die Nennarbeitswege größer als bei konventionellen Kniehebelpressen jedoch im allgemeinen kleiner als bei Kniehebelpressen mit modifiziertem Antrieb.

Der Nennkraftweg h_N ist die Wegstrecke vor dem unteren Umkehrpunkt des Stößels, innerhalb der die Nennpresskraft F_N beliebig oft wirken darf, ohne dass die Presse Schaden nimmt. Als Nennarbeitsvermögen W_N wird diejenige Nutzarbeit einer Presse bezeichnet, die ihr während eines Stößelhubes im Dauerbetrieb entnommen werden kann. Es gilt der Zusammenhang:

$$W_N = F_N \cdot h_N.$$

Bei Kurbel- bzw. Exzenterpressen (und Kniehebelpressen) steckt dieses Arbeitsvermögen im Schwungrad und ist abhängig von dessen Nenndrehzahl; mit jedem Hub verlangsamt sich die Drehzahl des Schwungrades aufgrund der abgegebenen Energie und es muss vom Elektromotor wieder „aufgeladen" werden. Abb. 9.7 zeigt, wie Elektromotor und Schwungrad über einen Riemen in Verbindung stehen.

Theoretisch könnte die Presse auch ohne Schwungrad angetrieben werden, doch müsste dann der Elektromotor unwirtschaftlich groß dimensioniert sein. So ist das Schwungrad durch seine Masse ein „Energiespeicher", in den ein relativ kleiner Elektromotor außerhalb zu leistender Umformarbeit Energie einspeist.

Bei Kurbel- bzw. Exzenterpressen sind Stößelhübe von bis zu 1000 mm üblich.

9.3.2 Kniehebelpressen

Werden verhältnismäßig kleine Stößelhübe und größere Nennpresskräfte und –wege gefordert, finden Kniehebelantriebe Anwendung. Aus dem Weg-Zeit-Diagramm in Abb. 9.11 ist erkennbar, dass der Stößel länger im unteren Totpunkt verweilt. Dies hat besondere Vorteile für das Ausformen und –prägen von Bodenpartien, Flanschen oder generell bei flachen Pressteilen [9.16]. Die Nennpresskraft steht bei Kniehebelpressen mit konventionellen Antrieben im allgemeinen erst wenige Millimeter vor dem unteren Totpunkt zur Verfügung (vgl. Kap. 9.2).

Bei Kniehebelpressen liegen die realisierbaren Stößelhübe bei max. 400 – 500 mm. Sie sind damit beträchtlich kleiner als bei Kurbel- bzw. Exzenterpressen.

9.3 Einzelstücke verarbeitende Mehrstufen-Kaltfließpressen 445

Kniehebelpressen gibt es in den Bauarten mit zugbeanspruchter und mit druckbeanspruchter Pleuelstange; sie werden im allgemeinen in Doppelständerbauweise mit Ober- oder Unterantrieb hergestellt.

In der Bauweise mit Unterantrieb (Abb. 9.8) wird der Pressenstößel beidseitig in Richtung des Pressentisches gezogen, und der Pressenkörper ist dabei von Zugspannungen entlastet.

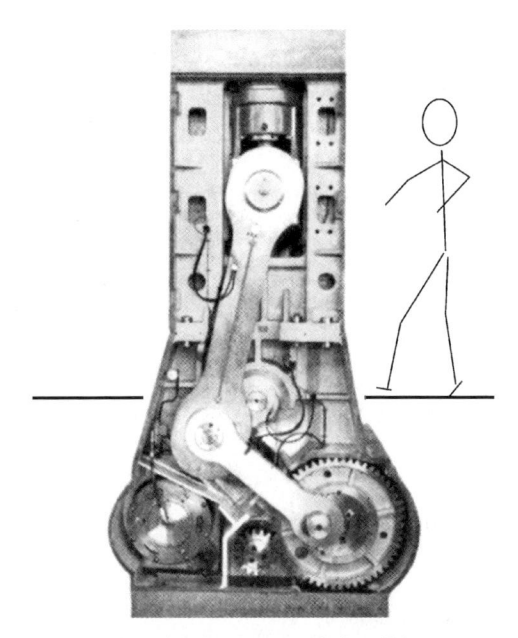

Abb. 9.8 Kniehebelantrieb im Pressenfuß. Bild: Komatsu-Maypres

In der Bauweise mit Oberantrieb (vgl. Abb. 9.6) sind Zugelemente (vorgespannte Zuganker, welche die Pressenständer unter Druckvorspannung halten) beidseitig zum Pressentisch angeordnet und entlasten den Pressenkörper von Zugbeanspruchungen, so dass beim Pressen nur der Stößel und Pressentisch durch Presskräfte beansprucht werden.

Mit dem waagrecht zum Kniegelenk angeordneten Pleuel entsteht beim Kniehebelantrieb ein unsymmetrisches Pressenkopf- bzw. Fußstück; Kurbel- bzw. Exzenterpressen besitzen im Vergleich dazu im allgemeinen einen symmetrischen Aufbau.

Die größte Kraftwirkung am Stößel wird bei Kniehebelpressen dann erzielt, wenn sich das Kniegelenk in Strecklage befindet. Mit Rücksicht auf einen weitgehend ruckfreien Ablauf der Stößelbewegung wird das Kniehebelgetriebe so ausgelegt, dass es im unteren Totpunkt nicht vollständig durchgedrückt ist.

9.3.3 Kniehebelpressen mit modifiziertem Antrieb

Gegenüber einem konventionellen Kniehebelantrieb ist bei diesem Antrieb das Pleuel als Dreieckslenker ausgebildet (Abb. 9.9, s. auch Abb. 9.11).

Der modifizierte Kniehebelantrieb hat bei gleichem Hub einen etwa 3fach größeren Nennkraftweg als der konventionelle Kniehebelantrieb und ist gekennzeichnet durch eine verminderte, nahezu konstante Stößelgeschwindigkeit im Bereich des Nennkraftweges, vor dem unteren Totpunkt (vgl. Abb. 9.5). So erfolgt das Auftreffen der Werkzeuge auf den Pressteilen bei erheblich reduzierter Geschwindigkeit. Das macht diesen Pressentyp für Kalt-Fließpressvorgänge sehr geeignet, denn es bewirkt

- ein optimales Fließen des Werkstoffs und damit
    - o höhere erzielbare Umformgrade
    - o erhöhte Maßgenauigkeit der Fließpressteile
- ein Schonen der Werkzeuge und damit
    - o erhöhte Werkzeugstandzeiten
- geringere Stößelbelastungen sowie
- eine Schallpegelabsenkung um bis zu 7 dB (A).

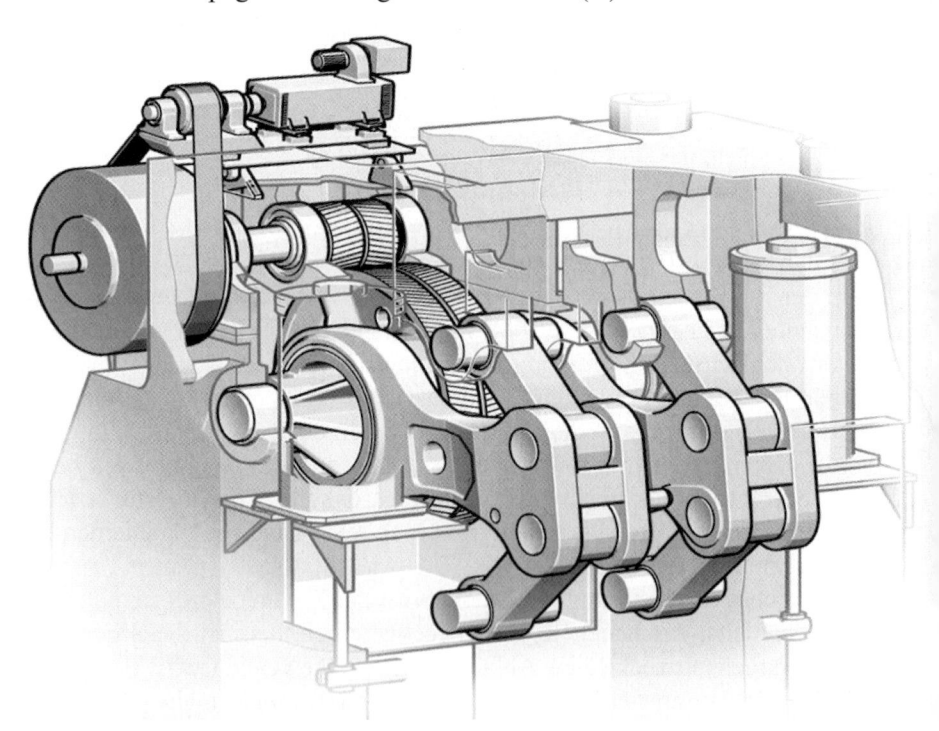

Abb. 9.9 Modifizierter Kniehebelantrieb (im Pressenkopfstück). Bild: Schuler AG

9.3 Einzelstücke verarbeitende Mehrstufen-Kaltfließpressen

Bei Kniehebelpressen mit modifiziertem Antrieb ist zu beachten, dass der untere Totpunkt von den üblichen 180° Kurbelwinkel verschoben ist, hin zu etwa 220°. Das Weg-Zeitdiagramm (Abb. 9.5 bzw. 9.11) zeigt die infolge dessen schnellere Abwärts- und Aufwärtsbewegung des Stößels in Form steilerer Kurvenverläufe. Damit stehen beim mehrstufigen Pressen für den Transport der Pressstadien von Umformstufe zu Umformstufe abhängig von den Werkstücklängen und erforderlichen Auswerferwegen nur wenige Kurbelgrade zur Verfügung [9.16].

Die Transportuntersuchung für das in Abb. 9.10 dargestellte, relativ lange Wellenteil ergab, dass für den Transportschritt in Abhängigkeit der erforderlichen Auswerferwege nur wenige Kurbelgrade (< 100°) zur Verfügung standen. Ein relativ großer Hebehub der NC- gesteuerten Transfereinrichtung ermöglichte in diesem Fall jedoch relativ wenige Kurbelgrade für den Transportschritt, womit die gezeigte Welle auf der vorhandenen Kniehebelpresse mit modifiziertem Antrieb fertigbar wurde. Zudem konnte das Werkstück durch den optimierten Bewegungsablauf des Transfersystems bei erhöhten Produktionshubzahlen gefahren werden.

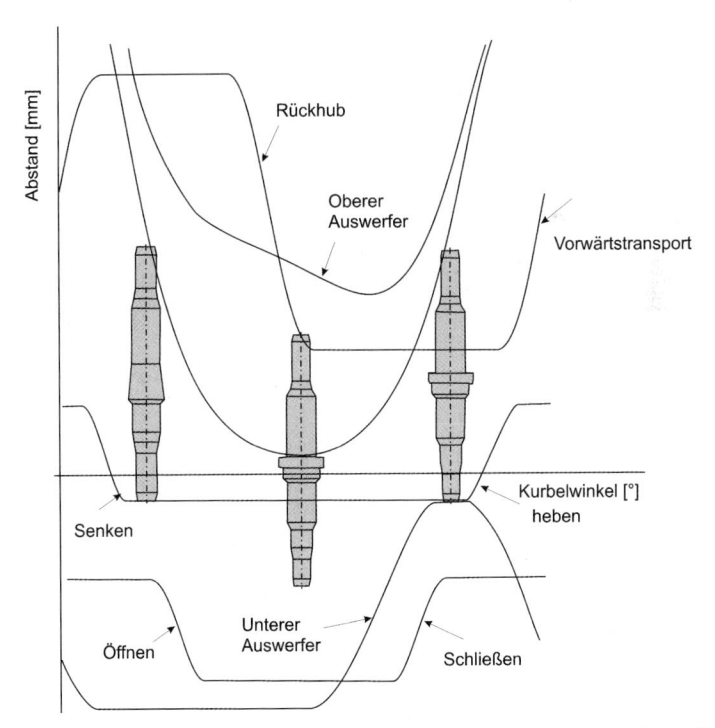

Abb. 9.10 Bei langen Teilen besonders wichtig: eine Transportuntersuchung [9.18]

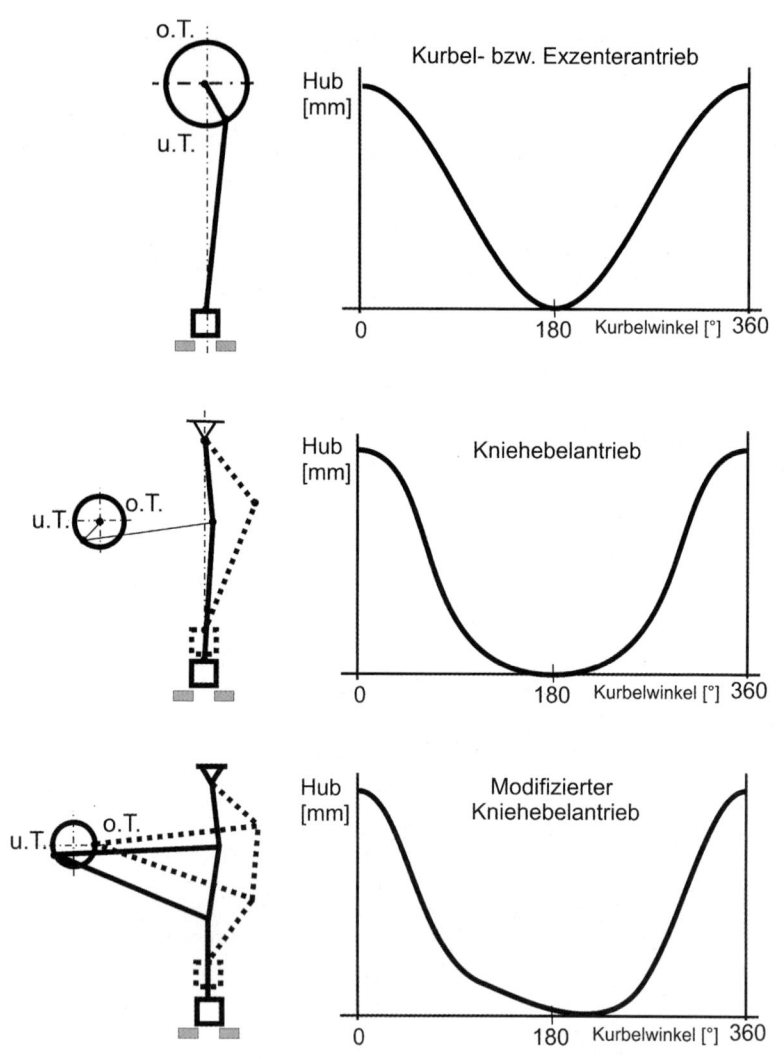

Abb. 9.11 Antriebsprinzip und Weg-Zeit-Verlauf mechanischer Pressen

Ein großer Vorteil mechanischer Pressenantriebe besteht in der Möglichkeit zur mechanischen Kopplung von Teilezuführ-, Transport- und Auswerfersystemen (Abb. 9.12 und 9.13) durch eine direkte Verbindung mit der Mechanik des Pressenhauptantriebes, woraus sich höhere Hubzahlen und ein automatisierter Pressenbetrieb im Dauerhub oder gesteuerten Einzelhub ergeben.

Abb. 9.12 Mechanische Zwangskopplung des Auswerfers über ein Kurvengetriebe am Hauptantrieb. Bild: Schuler AG

Der Werkstücktransport erfolgt meistens automatisiert über eine Transporteinrichtung (z. B. Transferschienen mit Greifer) von einer Seite zur anderen durch die Seitenständer der Presse (in Abb. 9.12 angedeutet).

Zweipunktpressen (Abb. 9.13) zeigen bei Verwendung von Mehrstufenwerkzeugen eine geringere Neigung zu Stößelschrägstellung und horizontalen Versatz bei exzentrischer Belastung als Einpunktpressen.

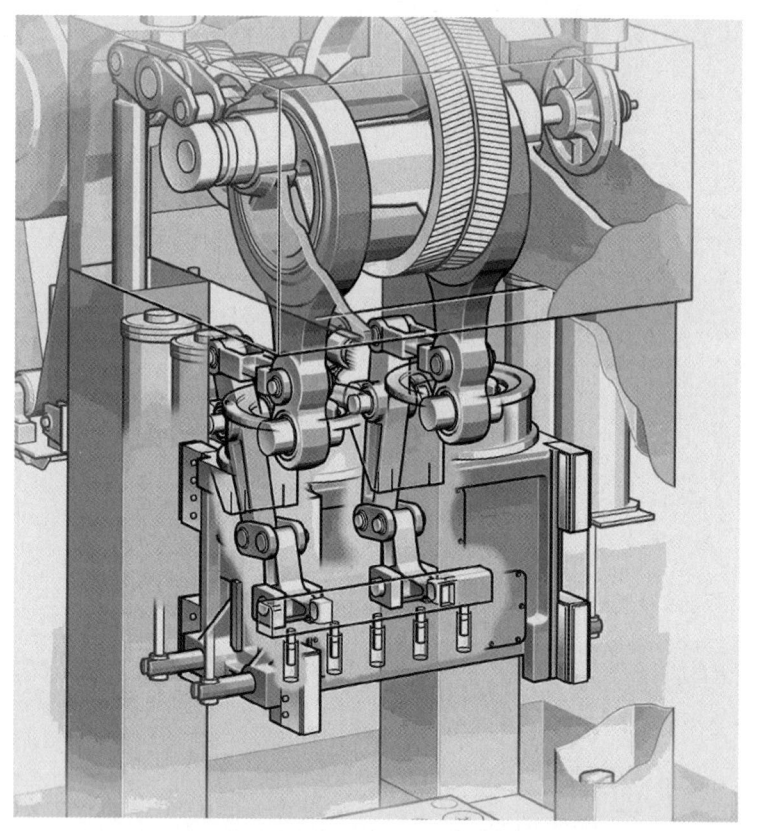

Abb. 9.13 Mechanisches Auswerfersystem im Stößel. Bild: Schuler AG

Selbst wenn der Verfahrensingenieur bei der Stadienplanauslegung bemüht ist, die einzelnen Werkzeugstufen in der Presse so anzuordnen, dass die Summe der Kräfte in der Stößelmitte wirkt, bleibt eine außermittige Belastung der Presse nicht ausgeschlossen. Das liegt daran, dass die Werkzeugbelastung in den einzelnen Werkzeugen im allgemeinen nicht zum gleichen Zeitpunkt beginnt und der Verschleiß in den einzelnen Werkzeugstufen unterschiedlich ist.

9.3 Einzelstücke verarbeitende Mehrstufen-Kaltfließpressen

Das mit der außermittigen Belastung verbundene Kippen des Stößels kann zu einer Verringerung der Lebensdauer der Stößelführung, zu einem vorzeitigen Versagen der Werkzeuge und zu einer Verminderung der Genauigkeit der Pressteile führen.

Vor allem kann der Versatz zwischen Stößel und Pressentisch zu einem Mittenversatz an den Pressteilen führen, der auch in Folgeoperationen nicht mehr verbessert werden kann.

An Fliesspressen mit Kurbel- bzw. Exzenter- oder Kniehebelantrieb sind deshalb oftmals 8-fach-Rechteckführungen vorgesehen.

Abb. 9.14 (und Abb. 9.15 in 3D-Ansicht) zeigt eine 8-fach-Stösselführung. Sie berücksichtigt die thermische Ausdehnung des Stößels. Mit dieser Konstruktion ist ein minimales Spiel für die Kalt- und Halbwarmumformung möglich. Gegenüber einer konventionellen 8-fach-Führung ist kein Zusatzspiel für die Wärmedehnung erforderlich; die Stößeldehnung kann ungehindert in eine Richtung erfolgen.

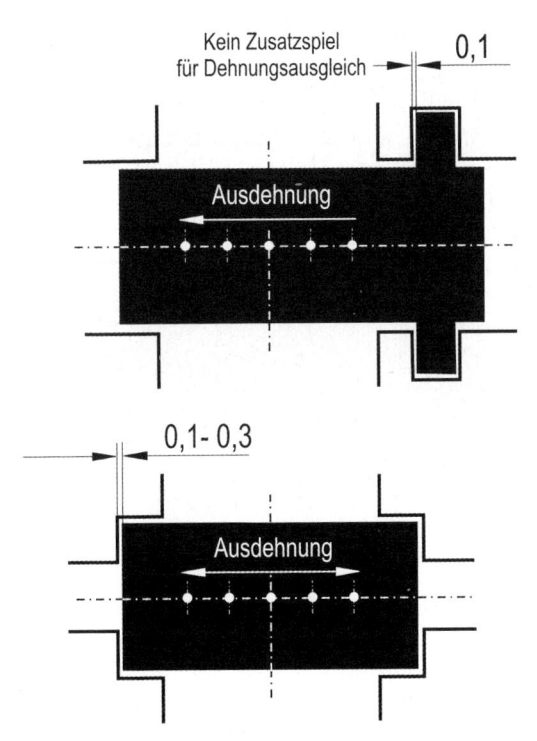

Abb. 9.14 Stößelführung in T-Anordnung (oben) mit minimalem Führungsspiel, im Vergleich zu einer konventionellen Führung (unten) [9.1, 9.2]

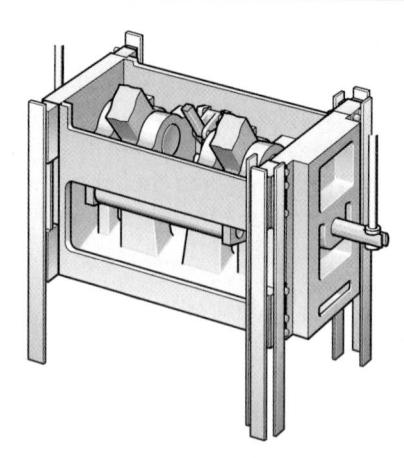

Abb. 9.15 Stößelführung in T-Anordnung in räumlicher Darstellung.
Bild: Schuler AG

Durch den Stößelgewichtsausgleich (Abb. 9.16) werden bei Pressen vertikaler Bauweise die Gewichte der vertikal bewegten Teile wie Pleuel, Stößel und das Werkzeugoberteilgewicht, welches sich je Fließpressteil ändert, durch Pneumatikzylinder ausgeglichen. Damit werden eine gleichmäßige Motorbelastung und kurze Bremswege sichergestellt. Die Pneumatikzylinder spannen die Gelenkglieder des Antriebes vor und gleichen die Laufspiele zwischen den Gliedern aus, so dass das Umformwerkzeug gerade und ruhig aufsetzen kann.

Abb.9.16 Stößelgewichtsausgleich. Bild: Schuler AG

9.4 Vom Draht arbeitende Mehrstufen-Kaltfließpressen

Für die Massenfertigung von Fließpressteilen werden meist vom Drahtbund arbeitende, schnell laufende 4 bis 5-stufige Kaltfließpressen eingesetzt (Abb. 9.17). Die Nennpresskräfte liegen zwischen 800 und 14.500 kN bei Drahtdurchmessern von 12 bis 52 mm; die Hubzahlen betragen bis 250 min^{-1}.

Abb. 9.17 Werkzeugraum einer liegenden Kaltfließpresse. Bild: Hatebur AG

Die Werkzeuge arbeiten horizontal und sind, je nach Pressenhersteller, übereinander an der Maschinenseite oder nebeneinander an der Oberseite der Maschine angeordnet (Abb. 9.19). Das ermöglicht einen ungehinderten Zugang zum Werkzeugbereich beim Einstellen und Wechseln der Werkzeuge und zur Überwachung der Produktion. Die Drahtzufuhr, das Abscheren und Transportieren der Abschnitte sowie die Weitergabe des Pressteils von Stufe zu Stufe erfolgen vollautomatisch (Abb. 9.18).

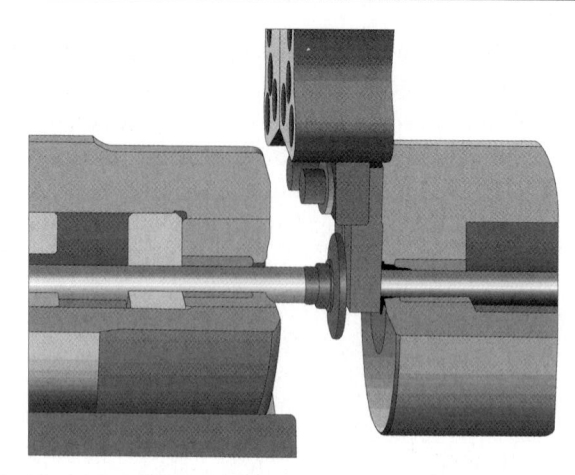

Abb. 9.18 Greifersystem für automatisierten Pressteiltransport von Stufe zu Stufe. Bild: Hatebur AG

Bei Pressteilen, die eine Zwischenbehandlung benötigen, kann das Werkstück während des Pressenlaufs nach einer beliebigen Pressstation ausgeleitet, in einer anderen Anlage bearbeitet oder wärmebehandelt, und anschließend wieder in die folgenden Stationen eingeführt und weiter bearbeitet werden.

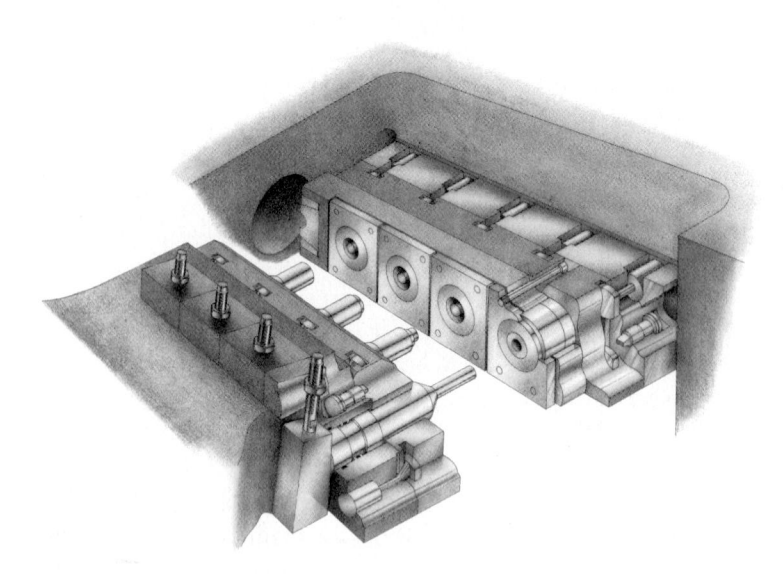

Abb. 9.19 Werkzeuganordnung in einer liegenden Mehrstufen-Fließpresse. Bild: Hatebur AG

Der Werkzeugaufbau und Übergang zum Pressenkörper sind so gestaltet, dass sie der Kraftverteilung folgen (Abb. 9.20); vereinfacht kann von einem Kraftverteilungskegel mit einem Öffnungswinkel von ca. 60° ausgegangen werden (vgl. Abb. 8.5 in Kap. 8).

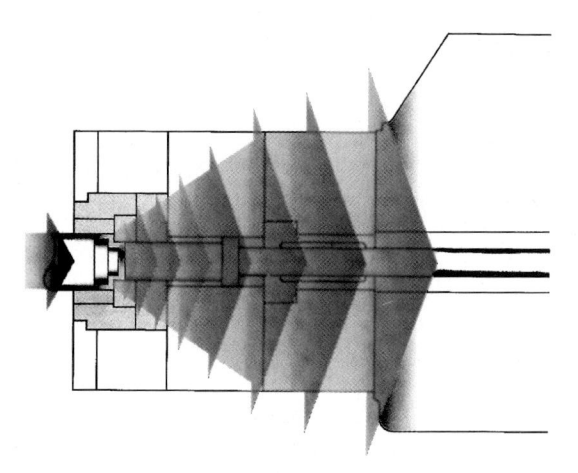

Abb. 9.20 Kraftwirkung von der Umformzone über das Werkzeug auf die Presse.
Bild: Hatebur AG

9.5 Vom Stab arbeitende Mehrstufen-Halbwarmfließpressen

Bei Pressteilen aus höherfesten Stahlwerkstoffen (z.B. Cf53, 42CrMo4) oder mit größeren Umformgraden ist die Kaltumformung nicht mehr geeignet, und sie können vielfach nur im halbwarmen (600° - 800°C) oder warmen Zustand (bis 1200°C) wirtschaftlich umgeformt werden.

Beim Halbwarmumformen tritt nahezu keine Zunderbildung an den Teile auf, und die erreichbaren Genauigkeiten sind wesentlich besser als bei Schmiedetemperatur. In der Regel ist bei Pressteilen, die mehrere Umformstufen benötigen, deshalb das mehrstufige Halbwarmfließpressen als Alternative zum Kaltfließpressen üblich.

Die wirtschaftlichen Losgrößen beginnen bei grösseren Stückgewichten im Durchschnitt ab 10.000 Stück (Tab. 9.2). Im allgemeinen werden 3- bis 5-stufige, senkrecht wirkende Pressen bis 25.000 kN Presskraft eingesetzt. Verarbeitet werden Stäbe. Der maximale Abschnittsdurchmesser liegt im allgemeinen bei ca. 85 mm, der maximale Pressteildurchmesser bei 120 mm. Die Hubzahlen betragen je nach Werkstück und Maschine zwischen

32 und 130 min^{-1}. Die in Abb. 9.21 gezeigte Halbwarm-Umformanlage besteht aus einer Exzenterpresse (Presskraft 20.000kN) mit Erwärmungsofen und Abkühlband und dient der Herstellung von Gelenkwellen (Tripodengehäusen) für Gleichlaufgelenke (c.v.-joints) mit Stückgewichten bis zu 6 kg, mit einer Produktionsstückzahl von 25 bis 38 Teilen min^{-1} in 4 bzw. 5 Pressstufen (Abb. 9.25).

Tabelle 9.2 Vergleich zwischen Schmieden, Kalt- und Halbwarmfließpressen [9.2]

	Schmieden	Kaltfließpressen	Halbwarm-Fließpressen
Erreichbare Genauigkeit	IT 12 – IT 16	IT 7 – IT 11	IT 9 – IT 12
Werkstückgewichte	5 g – 1500 kg	1 g – 30 kg	100 g – 50 kg
Wirtschaftliche Losgrößen (1 kg Stückgewicht)	ab 500 Stück	ab 3000 Stück	ab 10.000 Stück
Eingesetzte Werkstück-Stahlqualität	beliebig	niedrig legierte Stähle (C< 0,45%, Anteil sonstiger Legierungselemente < 3%)	C beliebig. Anteil sonstiger Legierungselemente < 10%
Formgebung	beliebig, ohne Hinterschneidungen in Umformrichtung	hauptsächlich rotationssymmetrisch, ohne Hinterschneidungen	möglichst rotationssymmetrisch, ohne Hinterschneidung
Umformvermögen	i.a. beliebig	Umformgrad φ < 1,6 (ohne Zwischenglühen)	Umformgrad φ >1,6 (Obergrenze von Stahlqualität und Temperatur abhängig)
Oberflächengüte R_t	> 100 μm	≈ 10 μm	< 30 μm
Möglichkeiten der Automatisierung	begrenzt	sehr gut geeignet	gut geeignet, vorteilhaft
Vorbehandlung der Rohteile	keine	glühen, phosphatieren	i.a. graphitieren
Zwischenbehandlung	keine	glühen, phosphatieren falls φ > 1,6	keine
Werkzeugstandmenge	2.000 bis 5.000 Werkstücke	20.000 bis 50.000 Werkstücke	10.000 – 20.000 Werkstücke

Für das Halbwarmfließpressen wird die mechanische Presse gegenüber der hydraulischen bevorzugt. Kürzere Druckberührzeiten gewährleisten einen verminderten Wärmeübergang zwischen Werkstück und Werkzeug. Hämmer und Spindelpressen besitzen diese Vorzüge zwar auch (Tab. 9.3),

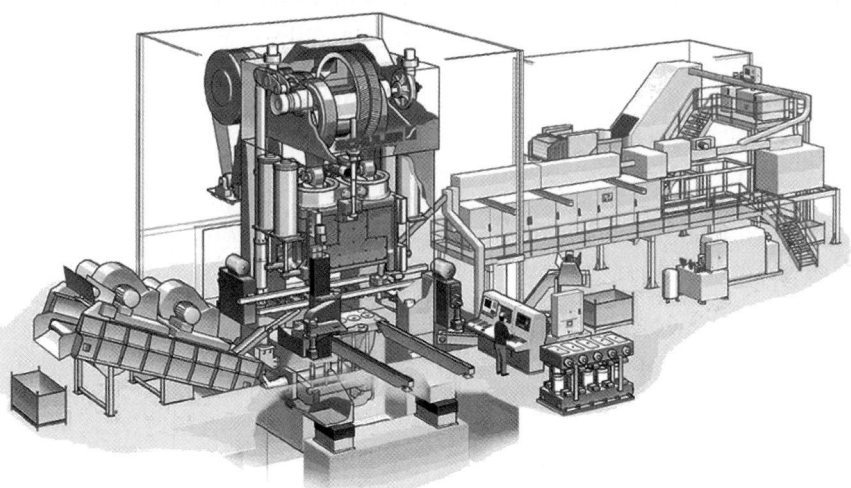

Abb. 9.21 Vollautomatische Pressenlinie für die Halbwarmumformung mit Erwärmungsofen, 20.000 kN-Exzenterpresse und Abkühlförderband. Bild: Schuler AG

scheiden aber aus Gründen der Wirtschaftlichkeit (geringere Ausbringung, ungeeignete Automatisierungsmöglichkeiten u.a.m.) aus.

Kurbel- bzw. Exzenter- und Kniehebelpressen können für die Halbwarmumformung eingesetzt werden. Sofern Kraft- und Arbeitsvermögen ausreichen, kann mit jeder Schmiedeanlage auch halbwarm gepresst werden. Für Halbwarm-Fließpressvorgänge empfehlen sich wegen der relativ langen Druckberührzeiten modifizierter Kniehebelantriebe in vielen Fällen Kurbel- bzw. Exzenterpressen als geeigneter.

Tabelle 9.3 Druckberührzeiten von Hämmern und Pressen zum Kalt-, Halbwarm- und Warmumformen

Presse	Druckberührzeit [s]
Hämmer	ca. 0,005 – 0,01
Spindelpressen	ca. 0,05 – 0,1
Mechanische Pressen	0,1 – 0,5
Hydraulische Pressen	0,1 – 1 … beliebig

Als Druckberührzeit wird die Zeit verstanden, in der das Werkstück mit dem Werkzeug unter Druck in Berührung steht. Beim Halbwarmumformen ist dieses Kriterium wesentlich, da die Gefahr des Anlassens und Erweichens der Werkzeuge besteht. Zudem kann Wärme in die Presse und deren bewegliche Glieder fließen. In Tab. 9.3 sind typische Werte für Druckberührzeiten, auch von Schmiedepressen (Hämmer, Spindelpressen) enthalten, die zeigen, dass die Zeiten beim Pressen bei erhöhten Temperaturen möglichst kurz sein sollten.

Halbwarmfließpressanlagen haben gegenüber Kaltfließpressanlagen eine wesentlich umfangreichere Peripherie. Bestandteile einer typischen Halbwarm-Fertigungslinie zeigt Abb. 9.22.

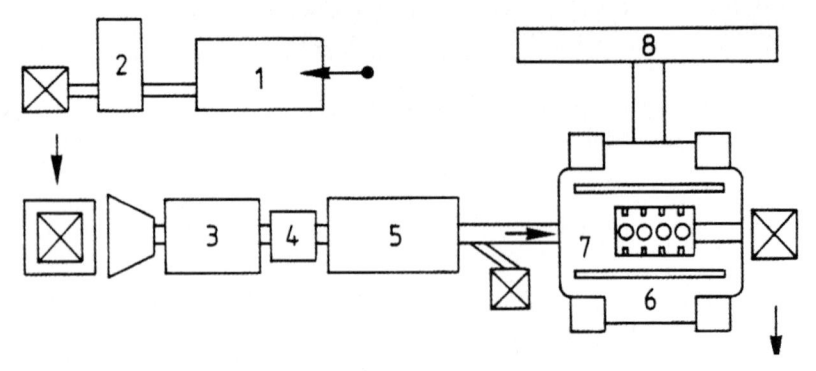

Abb. 9.22 Prinzipieller Aufbau einer Fertigungslinie zum Halbwarmfließpressen [9.4]

9.5 Vom Stab arbeitende Mehrstufen-Halbwarmfließpressen

Darin enthalten ist ein Schrägfördergerät (1) für die Stababschnitte (ein Stablager mit Säge- oder Scherapparat kann vorangestellt sein), ein Induktionsofen zur Vorwärmung der Abschnitte (3), eine Vorbeschichtungseinheit (4), ein Induktionsofen zur Erwärmung auf Umformtemperatur (5), ein Temperatursensor in Kombination mit einer Weiche und einem Förderband zur Absonderung falsch erwärmter Teile, die Umformpresse (7) mit Schmier- und Kühlsystem, ein Werkzeugwechselsystem (6) sowie ein Förderband für die Ableitung der fertig gepressten Werkstücke.

Häufig sind Abkühlstrecken vorzufinden, damit die Teile gleichen Abkühlbedingungen für die nachfolgende Kaltverarbeitung unterliegen.

Im Anschluss an das Halbwarmfließpressen ist ein Kalibriervorgang an den Pressteilen auf einer gesonderten Umformpresse üblich, um kleinste Fertigungstoleranzen im Sinne einer Near-Net-Shape-Fertigung zu erreichen. Ein schönes Beispiel für ein kombiniert durch Halbwarm- und Kaltfließpressen hergestelltes Bauteil ist das Polrad in Abb. 9.23.

Abb. 9.23 Herstellung eines Polrades vom Stababschnitt durch 4-stufiges Halbwarmfließpressen (Bildmitte) und anschließendes 4-stufiges Kaltfließpressen (Pressstadien unten). Dazwischen erfolgt ein Glühen, Phosphatieren und Beseifen. Bild: Schuler AG

Für die Halbwarmumformung werden die gescherten oder gesägten Rohteile vor der induktiven Erwärmung auf Halbwarm-Umformtemperatur vorgraphitiert. Die Vorgraphitierung erfolgt durch Induktionserwärmung auf ca. 80 bis 140°C und anschließendes Ansprühen mit graphithaltigem

Schmierstoff. Die Vorerwärmung ermöglicht eine einwandfreie Haftung der Graphit-Wasser-Emulsion im anschließenden Halbwarmumformprozess, unterbindet die Zunderbildung auf den Rohteilaußenflächen bei der Erwärmung auf Umformtemperatur und dient somit der Schonung der Werkzeuge der 1. Umformstufe und minimiert deren Verschleiß; im allgemeinen liegen die Umformgrade der ersten Umformstufe besonders hoch (Abb. 9.24).

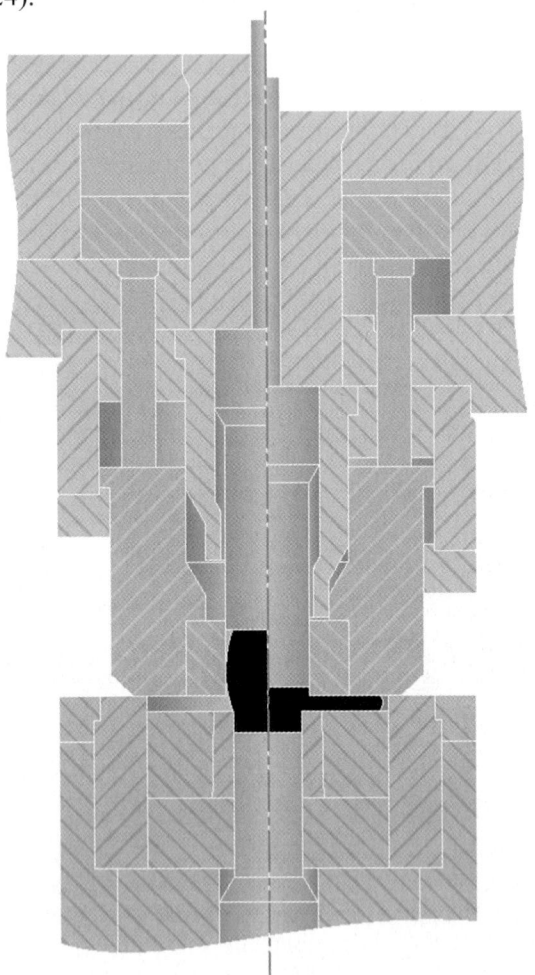

Abb.9.24 Schließwerkzeug der Halbwarm-Querfließpressstufe. Bild: Schuler AG

Im Anschluß an die Vorgraphitierung werden die Rohteile auf Halbwarm-Umformtemperatur erhitzt und gleichmäßig durchwärmt. Die Werkstücktemperatur sollte im Bereich +/- 10°C sein. Ein Temperatursensor schleust die Rohteile vor dem Eintritt in die Werkzeuge aus, die außerhalb der Temperaturtoleranz liegen.

Das wirtschaftliche Halbwarmfließpressen in mehreren Stufen in einem Pressendurchgang unterscheidet sich vom Kaltfließpressen insbesondere beim Einsatz von Kniehebelpressen aufgrund der längeren Druckberührzeiten dadurch, dass in vielen Fällen nur mit jedem zweiten Hub ein Teil gepresst wird; der Leerhub wird zur Kühlung und Schmierung der Werkzeuge benötigt. Bei den üblichen Hubzahlen vertikaler mechanischer Pressen von ca. 30 bis 50 min^{-1} liegt die Ausbringung somit bei 15 bis 25 Teile pro Minute. Im Vergleich dazu sind die Produktionszahlen liegender Mehrstufen-Schmiedepressen im allgemeinen zwar höher, jedoch ist das Investitionsvolumen auch erheblich größer; zudem weisen vertikale Pressensysteme im allgemeinen genauere Stößelführungen auf, womit ein geringer Mittenversatz und geringere Bearbeitungsaufmaße möglich sind.

Abb. 9.25 Mehrstufen-Werkzeug für die Halbwarmumformung, mit Zuleitungen für die Werkzeugkühlung und –schmierung. Bild: Schuler AG

Im prinzipiellen Aufbau sind die Halbwarmfließpresswerkzeuge eher mit Kaltfließpresswerkzeugen zu vergleichen, die Werkzeugwerkstoffe stammen jedoch aus dem Bereich der Schmiedetechnik; es werden aber auch Kaltarbeits- bzw. Schnellarbeitsstähle und vereinzelt Hartmetalle eingesetzt (vgl. Kap. 7).

Kennzeichnend für Halbwarmumformwerkzeuge sind Kanäle und Düsen für die Werkzeugkühlung und -schmierung. Die abzuführende Wärmemenge ist wesentlich geringer als beim Schmieden: Die Werkzeuge erreichen Durchschnittstemperaturen von 150°C – 200 °C. Durch die Kühlung können die Temperaturen weit unterhalb von 100°C liegen. Bei Mehrstufenwerkzeugen kann in allen Umformstufen individuell ein Sprühsystem zur Kühlung und Schmierung der Werkzeuge eingesetzt werden. Dabei kann pro Stufe an mehreren Stellen gesprüht werden. Bei tiefen Werkzeuggravuren (z.B. bei Napf- oder Schaftteilen oder für schwierigere Teileformen) kann zusätzlich Druckluft zum Versprühen oder Vernebeln für eine feinere Verteilung des Kühl- und Schmierstoffes eingesetzt werden.

Heute werden aus Umweltgründen bevorzugt graphit- und ölfreie Kühl- und Schmierstoffe eingesetzt. Die Sprühvorgänge werden gesteuert und synchronisiert mit dem Öffnen und Schließen der Umformwerkzeuge zugeschaltet. In machen Fällen, z.B. beim Halbwarmfließpressen von flachen Teilen, wird auch ohne individuelle Taktzeiten für Kühlung und Schmierung gearbeitet (vgl. Kap. 7).

9.6 Hydraulische Pressen

Ölhydraulische Pressen (9.26) haben den Vorteil, dass sie eine über den gesamten Hub gleichförmige Nennpresskraft und Stößelgeschwindigkeit aufweisen. Sie sind unempfindlich gegen Überlastungen. Nachteilig wirkt sich aus, dass sie keinen genauen unteren Totpunkt haben, wodurch z.B. die Bodendicke eines durch Napf-Rückwärts-Fließpressen hergestellten Teils nicht in engen Toleranzen gehalten werden kann.

Hydraulische Pressen werden insbesondere für Anwendungen eingesetzt, die große Pressenhübe und Nennkraftwege erfordern, z.B. für die Getriebewellenfertigung. Hier werden Maschinen mit 3 bis 5 Stufen und 800 bis 1000 mm Hub eingesetzt; in Sonderausführung sind Hublängen bis 4000 mm möglich [9.16]. Während die Presskräfte mechanischer Pressen für das Fließpressen in Standardbauweise zwischen 750 und 16.000 kN liegen, haben die hydraulischen Fliesspressen normaler Auslegung ihre Obergrenze bei ca. 25.000 kN.

Typische Pressgeschwindigkeiten liegen bei 30 bis 120 mm/s. Diese relativ niedrigen Werte liegen daran, dass hydraulische Pressen in einem Arbeitszyklus eine Vielzahl von Schaltungen durchführen und jede Schaltung etwa 0,1 s Zeit erfordert. Trotz der Servo- und Proportionalventiltechnik liegt die Leistungsfähigkeit von Hydraulikpressen bei maximal 8 bis 12 Teilen/min [9.16] und damit gegenüber mechanischen Pressen um den Faktor 2 -3 niedriger.

Abb. 9.26 Ölhydraulische Presse. Bild: Schuler AG

Mit hydraulischen Pressen wird oft versucht, das kinematische Verhalten der modifizierten Kniehebelpressen nachzufahren. Dies ist durch entsprechende Ventilansteuerung möglich (Abb. 9.27).

Aus den Teildimensionen, dem Werkstoff und dem Umformgrad ergeben sich die erforderlichen Presskräfte für die Umformung. Nimmt man die Grenzwerte der Werkzeugbelastung (1.500 – 2.000 mm²) bzw. der Umformung (Umformgrad bzw. bezogene Querschnittsänderung) als Maßstab für die Auslegung der Pressfolge heran, können auf einfache Weise grobe Richtwerte für die erforderlichen Presskräfte und die notwendige Presse ermittelt werden.

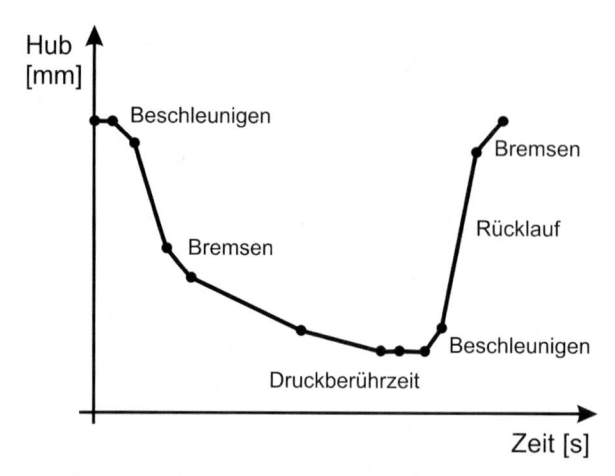

Abb. 9.27 Kraft-Weg-Verlauf einer programmierten Hydraulikpresse [9.14]

9.7 Werkzeugwechselsysteme

Werden häufig kleine Losgrößen produziert, kommen unterschiedliche Werkzeugsätze zum Einsatz, die komplett gewechselt werden, denn die Werkzeugstandmenge übersteigt im allgemeinen die Lösgröße. Für diese Fälle ist ein Werkzeuggestellwechsel für den kompletten Werkzeugsatz sinnvoll (Abb. 9.28).

Für den Werkzeugwechsel wird die Maschine im oberen Totpunkt angehalten und das Werkzeug nach dem Entfernen der Transferschienen, dem Lösen der hydraulischen Spannbacken und der Schlauch- und Kabelverbindungen aus der Presse gezogen. Hydraulisch betätigte Kugelrollleisten, die in den T-Nuten der Tischaufspannplatte eingebettet sind und das Werkzeuggestell in der Presse anheben, erleichtern das Herausschieben des Gestells über Rollenkonsolen an der Pressentischvorderseite auf einen im allgemeinen bereitstehenden Werkzeugwechselwagen. Nachdem wieder ein neuer Werkzeugsatz über die Konsolen in den Werkzeugraum der Presse gegen Zentrierbolzen geschoben wurde, Ober- und Unterwerkzeug hydraulisch an Pressentisch und -stößel fixiert sind, beenden das Anschließen der Schlauch- und Kabelverbindungen den Werkzeugwechsel.

Im allgemeinen müssen beim Umrüsten auch vorhandene Rohteilsortiereinrichtungen und -fördergeräte verändert, Sortiertöpfe gewechselt, Zuführkanäle ausgetauscht und Ladestationen umgerüstet werden.

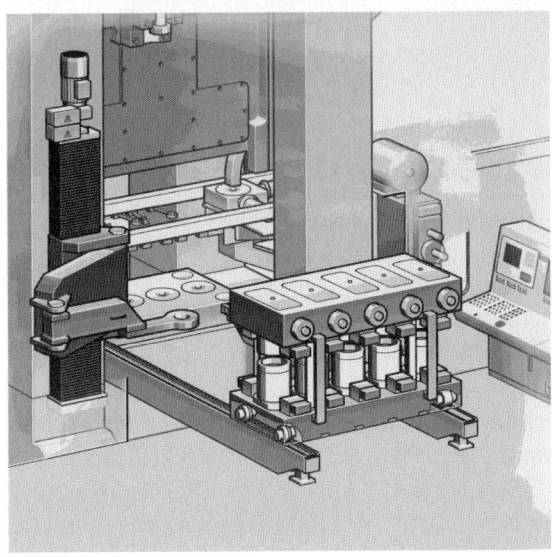

Abb. 9.28 Werkzeuggestellwechsel. Bild: Schuler AG

Ein kompletter Werkzeugwechsel schließt auch den Wechsel von Transfer-Greiferschienen ein.

Nach dem Werkzeugwechsel ist im allgemeinen ein Probepressen und die Nachjustage der Werkzeuge, Greifer und Zuführelemente erforderlich.

Bei der Fertigung von größeren Serien kommt die Forderung nach dem Wechseln von Einzelwerkzeugen hinzu, da die Losgröße im allgemeinen die Werkzeugstandmenge übersteigt und die Werkzeug-Aktivteile einzelner Pressstufen unterschiedlich verschleißen.

Zum Wechseln von Einzelwerkzeugen kann ein halbautomatisch betätigter Wechselarm eingesetzt werden (Abb. 9.29). Er besteht im wesentlichen aus einem von Hand schwenkbaren Greifarm mit hydraulisch betätigten Greifern.

Abb. 9.29 Einzelstufenwechsel mit schwenkbarem Arm. Bild: Schuler AG

9.8 Werkstücktransportsysteme

Werkstücktransportsysteme sind vor allem bei Mehrstufenwerkzeugen von Bedeutung. Für den Transport der Pressteile von Werkzeugstation zu Werkzeugstation dient das Transfergerät (Abb. 9.30). Das Transfergerät hat die Aufgabe, die Pressteile zu jedem Zeitpunkt reproduzierbar und definiert zu führen. Sowohl unter Last als auch bei Leerlauf darf es zu keiner

9.8 Werkstücktransportsysteme

Kollision zwischen den Werkzeugen und den Transfergreiferelementen kommen; daneben wird eine hohe Produktionshubzahl angestrebt.

Es gibt verschiedene Bauarten von Transfergeräten. Üblich sind Transfers mit 2 Greiferschienen in 2-Achsenausführung (Abb. 9.30 und Abb. 9.31): eine Bewegungsachse für das Öffnen und Schließen, die zweite für die Vorwärts- und Rückwärtsbewegung. Ferner kommen Geräte in 3-Achsenausführung zur Anwendung, welche neben dem Öffnen und Schließen und der Vorwärts- und Rückwärtsbewegung eine Hebe- und Senkbewegung durchführen. Mit dem Hebehub lassen sich die Gesamtauswerferwege vergrößern, womit das Pressen von langen Teilen, z.B. von Getriebewellen, bei relativ geringen Transportschritten möglich wird (vgl. Abb. 9.10).

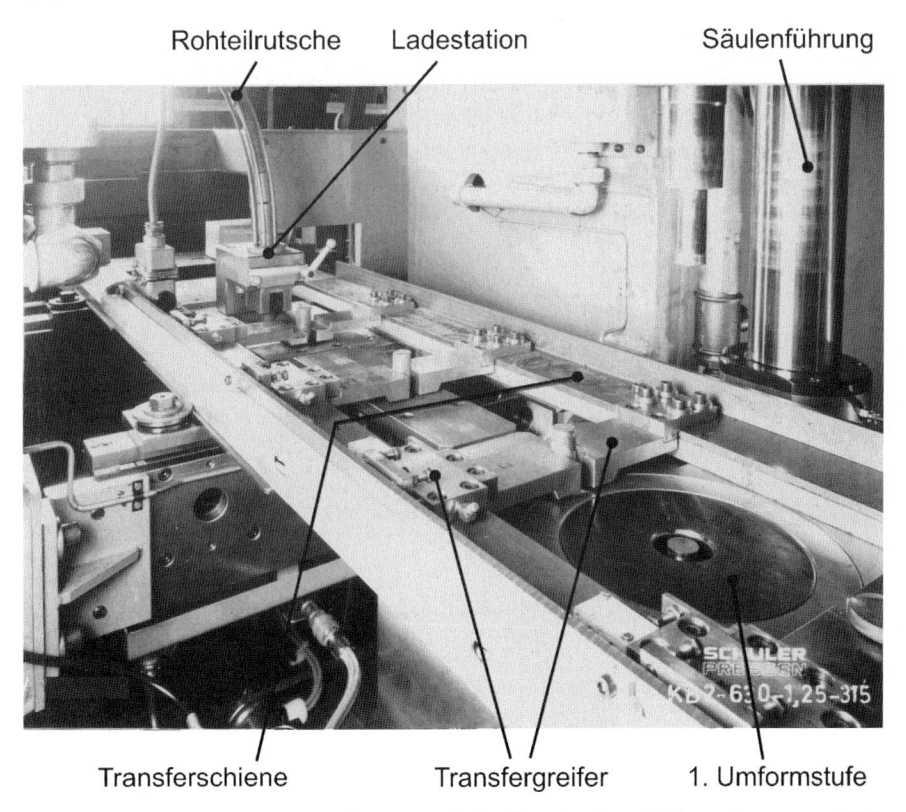

Abb. 9.30 Transfergerät mit Schienen und Greifern in einer Mehrstufenpresse. Bild: Schuler AG

Die Greiferarme sind an die Werkstückgeometrie angepasst. Wegen der zum Teil komplexen Formen der Pressteile ist dies oftmals nicht einfach. Für kurze Pressteile können Zangen zum Wenden der Teile zwischen den Arbeitsstufen eingesetzt werden.

Die höchste Ausbringung wird durch den Einsatz mechanisch angetriebener Transfersysteme erreicht; daneben sind NC-Transfergeräte üblich. Bei kurzen Teilen (Teilelänge kleiner als 30 % des verfügbaren Stößelhubes) und einem Stationsabstand unter 220 mm sind Pressenhubzahlen von 40 bis 50 pro Minute im Dauerbetrieb möglich. Eine Verringerung des Winkelbereichs für den Teiletransport bieten Transferschienen in Leichtbauweise.

Beim Einsatz von Transfergeräten in Mehrstufenwerkzeugen muss eine Transportuntersuchung durchgeführt werden, um Kollisionen zwischen Werkzeugelementen, dem Transportsystem und dem Pressteil im automatisierten Pressbetrieb zu verhindern und den Umformvorgang optimal zu gestalten (vgl. Abschnitt 9.3.3, Abb. 9.10). Beispielsweise lassen sich durch eine aufmerksame Transportuntersuchung die Druckberührzeiten optimieren.

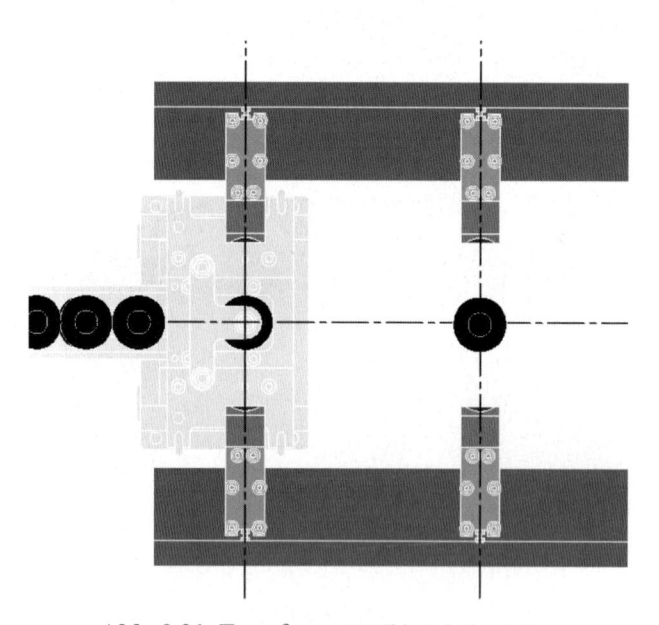

Abb. 9.31 Transfergerät Bild: Schuler AG

9.8 Werkstücktransportsysteme 469

Transporteinrichtungen drahtverarbeitender Mehrstufenpressen beinhalten meist Transportgreifer, welche über eine Kurvenmechanik vom Hauptantrieb der Presse angetrieben werden (vgl. Abb. 5.7 in Kap. 5).

Meist werden die Rohteile über Schrägfördergeräte mit Einfallrutsche der Presse zugeführt (Abb. 9.32). Dort werden sie der Ladestation zugeleitet.

Die Ladestation dient zur Übergabe der Rohteile an das Transfergerät. Ladestationen gibt es in verschiedenen Ausführungen: Beispielsweise sieht das Ladekonzept für zylindrische Teile eine Fallrinne und einen Aufsetzplatz vor, von wo das Teil vom Transfergerät abgeholt wird (siehe Abb. 9.30). Das Ladekonzept für flache Teile kann, wie in Abb. 9.33 gezeigt, ein Anheben der Rohteile auf Transferniveau beinhalten.

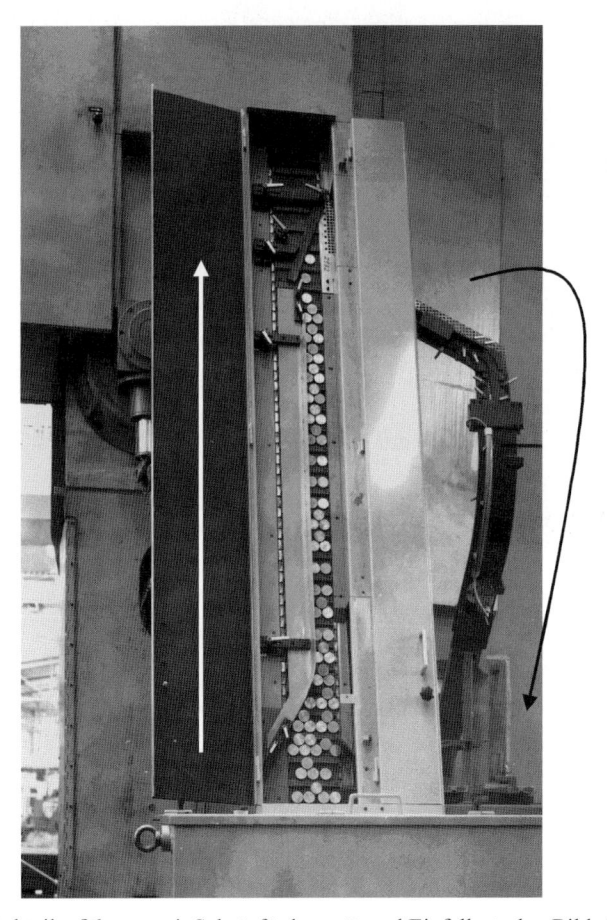

Abb. 9.32 Rohteilzuführung mit Schrägfördergerät und Einfallrutsche. Bild: Schuler AG

In der Halbwarmumformung sind zusätzlich Ausfallschieber für das Ausschleusen von zu stark erkalteten oder erwärmten Teilen vorgesehen

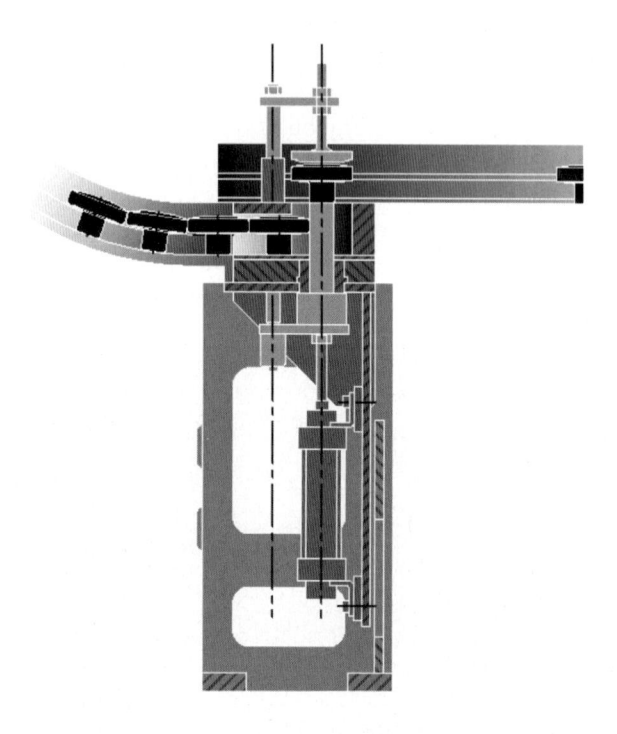

Abb. 9.33 Ladestation mit Einschiebevorrichtung Bild: Schuler AG

Literatur

[9.1] Remppis M (1993) Kalt- und Warmumformung von Stahl – Ihre Möglichkeiten und Grenzen, L. Schuler GmbH, Vortrag
[9.2] Remppis M (1989) Grundlagen der Halbwarmumformung, L. Schuler GmbH, Vortrag
[9.3] Körner E, Schöck J (1994) Anlagen und Verfahren zum kombinierten Halbwarm- und Kaltfließpressen. Journal of Material Processing Technology 46 (1994), pp. 227-237
[9.4] Schmoeckel D, Sheljaskow Sh, Busse D (1992) Entwicklungsstand der Halbwarmumformung und der Logistik der Massivumformung in Japan, Studie im Auftrag des VDW
[9.5] VDI 3145 Blatt 1 (1984) Pressen zum Kaltmassivumformen, Mechanische und hydraulische Pressen, VDI-Verlag

[9.6] Remppis M (1991) Persönliche Mitteilung
[9.8] Doege E, Finsterwalder K, Riedisser G, Bässler H (1992) Neues über Zweiständer-Pressen für die Kaltmassivumformung (Beitrag 1), Vereinheitlichung von Zweiständer-Pressen für die Kaltmassivumformung (Beitrag 2), Schuler Pressen, Sonderdruck aus Werkstattstechnik, Heft 11, 1992, S. 688-690 sowie Heft 12, S. 736-746.
[9.9] NN. (1964) Handbuch für die spanlose Formgebung, L. Schuler AG (Hrsg.). Ernst Klett-Verlag Stuttgart, 1964
[9.10] Körner E, Schöck J (1993) Rationalisierungspotentiale im Rahmen der Werkzeug- und Presseninbetriebnahme, Umformtechnik 27
[9.11] Hoffmann H (1987) Spanlose Werkzeugmaschinen I und II, Vorlesungsmanuskript
[9.12] Remppis M (1983) General Aspects of Cold- and Warmforming, L. Schuler GmbH
[9.13] VDI 3185 Blatt 3 (1977) Presskraftermittlung für das Hohl-Vorwärts-Fliesspressen von Stahl bei Raumtemperatur, VDI-Verlag
[9.14] NN (1996) Handbuch der Umformtechnik. Schuler Pressen (Hrsg.). Springer-Verlag
[9.15] Beitz W, Küttner KH (1990) Dubbel – Taschenbuch für den Maschinenbau, Springer-Verlag, 17. Auflage
[9.16] Schobig H P (1991) Entscheidungshilfe für hydraulischen oder mechanischen Pressenantrieb bei ein- oder mehrstufiger Umformung. Blech Rohre Profile 38 (1991) 4 pp. 275 – 277
[9.17] Schöck J (1994) Einstufige Fließdruckpressen der Baureihe X, Umformtechnik 28 (1994) 4, Meisenbach-Verlag, pp. 230-231
[9.18] Remppis M, Dytert Ch (2001) Fertigung von Wellenteilen auf Langhub-Gelenkpressen. In: Neuere Entwicklungen in der Massivumformung, MAT INFO

10 Berechnungen

10.1 Einleitung

Bei der rechnerischen Auslegung eines Fließpressvorganges für ein bestimmtes Werkstück müssen alle bei der Umformung zusammenwirkenden Einflussgrößen berücksichtigt werden (Abb. 10.1):

- Werkstoff
- Verfahren
- Werkzeug
- Maschine

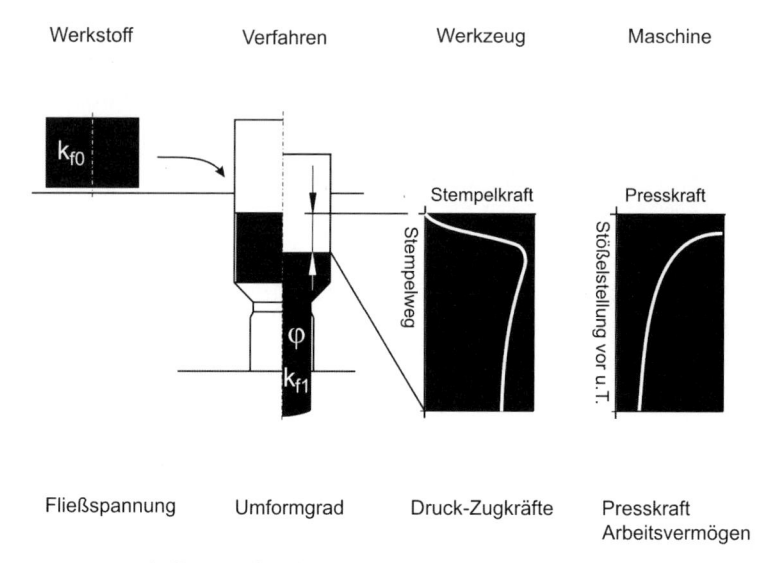

Abb. 10.1 Einflussgrößen bei der Berechnung von Fließpressvorgängen

Berechnungen zielen darauf, im Vorfeld einer Teilefertigung Grenzen und bewertbare Tendenzen (kritisch – unkritisch) erkennbar zu machen; es existieren jeweils charakteristische Grenzwerte:

Werkstoff: Die Grenze ist das Formänderungsvermögen des Werkstoffes; es ist abhängig von der
- Fließspannung k_{f0} des Ausgangswerkstoff (mit oder ohne Vorverfestigung) und der
- Fließspannung k_{f1} infolge der Verfestigung abhängig vom Umformgrad φ.

Verfahren: Die Grenzen sind der
- maximal zulässige Umformgrad φ_{zul} bzw. die
- bezogene Querschnittsänderungen ε_{Amax}.

Beim Napf-Rückwärts-Fließpressen existiert zudem eine untere Grenze für eine mindestens zu erreichende
- bezogene Querschnittsänderung ε_{Amin},

damit der ganze Wandquerschnitt zum Fliessen kommt und ein zu dünner Napfstempel beim Eindringen oder Zurückziehen nicht bricht.

Werkzeug: Die Grenzen sind elastische und plastische Verformungen an den Werkzeug-Aktivteilen; sie sind charakterisiert durch die
- mittlere Druckbelastung auf den Stempel $\overline{p}_{St}$ und die
- mittlere Druckbelastung auf die Matrizeninnenwand $\overline{p}_i$.

Beim Überschreiten der Grenzwerte kann es zum Bruch oder Aufstauchen der Werkzeugteile kommen.

Maschine: Die Grenzen sind gegeben durch die
- maximale Presskraft und das
- Arbeitsvermögen

der gewählten Presse. Bei der Umformung muss die zum Fließpressen benötigte Presskraft und Umformarbeit unterhalb der Kraft-Weg-Grenzlinie der Presse liegen.

Die Berechnungen erfolgen heute größtenteils mit Hilfe von Computerprogrammen. Die idealisierte Betrachtungsweise analytischer Verfahren (z.B. die Lösungsverfahren der elementaren Plastizitätstheorie wie die Streifentheorie, Scheiben- und Röhrentheorie) geht von Vereinfachungen aus, welche die tatsächlichen Vorgänge beim Fließpressen besonders bei komplexen Teilegeometrien, nur relativ grob wiedergeben können.

Sehr gut und bewährt haben sich Berechnungen mit diskreten Näherungsverfahren. Ein leistungsfähiges Verfahren ist die FEM-Methode (Finite-Elemente-Methode). Bei diesem Verfahren wird die zu berechnende Struktur (Fließpressteil, Werkzeug, Presse, etc.) in eine große Anzahl von finiten, d.h. endlich kleinen Elementen unterteilt (diskretisiert), die über gemeinsame Knotenpunkte miteinander verbunden sind. Bei einer modellierten Belastung, die entsprechend der realistischen Werkzeug-Werkstückanordnung auf die Kontenpunkte der Struktur wirkt, können über die Knotenpunktverschiebungen, die sich in der vernetzten Struktur ergeben, unter Verwendung eines Stoffgesetzes und realistischer Werkstoffkennwerte (E-Modul, Fließkurve) die gesuchten Kräfte (z.B. Presskräfte) und Spannungen (z.B. Druckspannungen am Stempel) berechnet werden. FE-Berechnungen sind geeignet für

- Umformsimulationen,

mit denen beispielsweise der Werkstofffluss oder die Formänderungs- und Spannungsverteilung im Werkstück berechnet werden (Abb. 10.2), als auch für

- Struktursimulationen,

mit denen Fließpresswerkzeuge, beispielsweise Matrizenarmierungen (Vorspannungen, Fügendurchmesser etc.) oder elastische Werkzeugeinfederungen berechnet werden können (Abb. 10.3). Im allgemeinen geht der Struktursimulation die Umformsimulation voraus.

Bei Umformsimulationen steht das Werkstück im Vordergrund; die Werkzeuge können im allgemeinen als starr, d.h. als elastisch oder plastisch nicht deformierbar, modelliert werden, womit sie auch nicht in finite Elemente diskretisiert werden müssen.

Bei der Struktursimulation steht das Werkzeug im Vordergrund; es wird, wie das Werkstück, diskretisiert. Im allgemeinen werden nur die Konturbereiche besonders fein vernetzt, an denen Belastungen erwartet werden. Oftmals ist auch die Temperaturentwicklung und –ausbreitung von Interesse, insbesondere, wenn mit erwärmten Werkstücken gerechnet wird (Halbwarmumformung). Ebenso lassen sich mechanische und thermische Rückwirkungen von der Umformzone auf das Werkzeuggestell und die Umformmaschine (Stößelverkippung, Pressengestellverbiegung) rechnen. Neue Modelle können auch den Werkzeugverschleiß oder dynamische Vorgänge (z.B. Schwingungsentwicklung) bei der Umformung berücksichtigen.

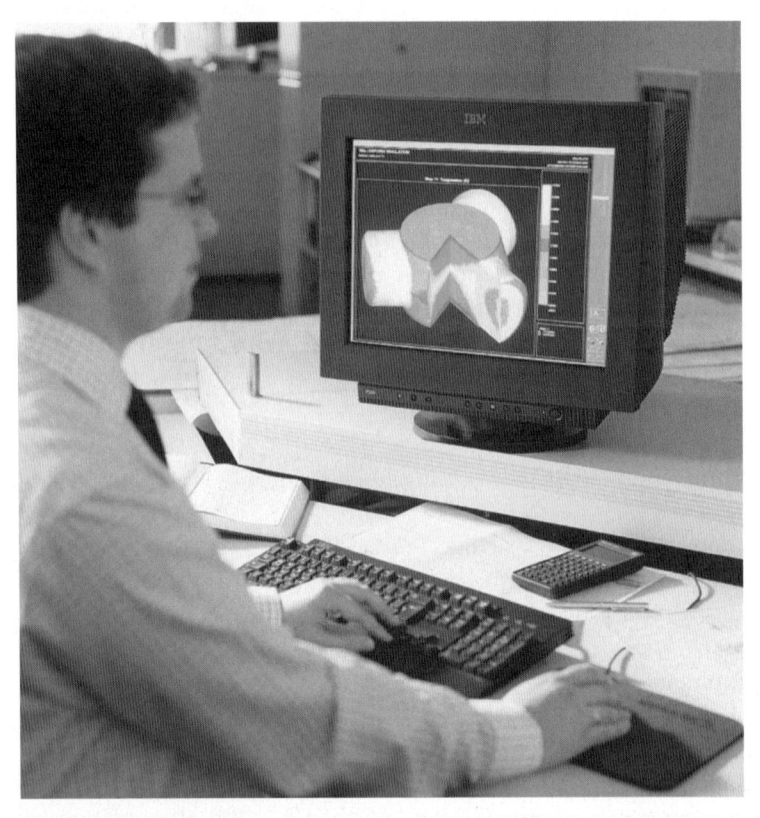

Abb. 10.2 Umformsimulation: Analyse des Werkstoffflusses oder der Formänderungsverteilung im Werkstück, hier am Beispiel einer Tripode. Bild: Schuler AG

Die leistungsfähigen Programme heutiger Zeit sind in der Lage, den Umformvorgang zu jedem Zeitpunkt 2-dimensional oder räumlich mit hoher Genauigkeit zu berechnen und Vorgänge an ausgewählten Werkstück- oder Werkzeugbereichen darzustellen, um gezielt Optimierungen vornehmen zu können.

Trotz dieser Möglichkeiten werden Abschätzungen und erste Machbarkeitsaussagen heute noch immer mit Hilfe einfacher Berechnungsformeln vorgenommen. Sie ersparen in vielen Fällen den Aufwand der Modellierung eines Fließpressteiles oder -werkzeuges am Computer und ermöglichen ohne umfangreiche Rechnerausrüstung Abschätzungen vor Ort an der Maschine. Nachfolgend wird deshalb auf wichtige Kenngrößen eingegangen, die für die Auslegung von Fließpressteilen und –werkzeugen eine wertvolle Hilfe sind.

Umformsimulation   *Struktursimulation*

*Daten-
übertragung*

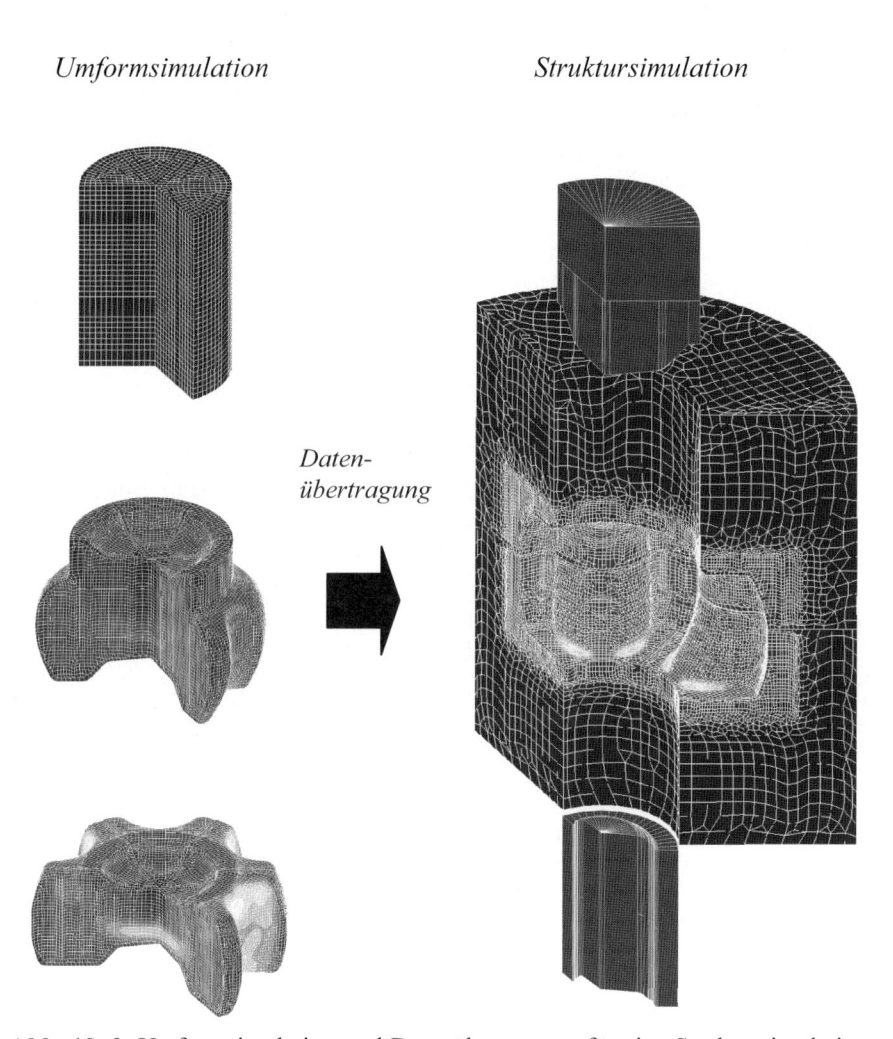

Abb. 10. 3 Umformsimulation und Datenübertragung für eine Struktursimulation mit Finiten Elementen zur Werkzeugauslegung, am Beispiel einer querfließgepressten Gelenknabe im Schließwerkzeug. Bild: LFT

10.2 Umformgrad, bezogene Querschnittsänderung

Zur Beschreibung der (plastischen) Formänderung wird beim Fließpressen die Änderungen der Werkstückgeometrie verwendet, beschrieben durch

- die bezogene Querschnittsänderung ε_A
- den Umformgrad φ.

Diese Größen werden auch für die Verfahren Stauchen, Abstreckgleitziehen, Verjüngen und Setzen verwendet, wobei beim Stauchen und Setzen anstatt von der bezogenen Querschnittsänderung ε_A von der bezogenen Höhenabnahme ε_h gesprochen wird, da nicht die Querschnittsflächen, sondern die Höhenänderung eingehen.

ε_A, ε_h und φ werden bei der Stadienplanauslegung für die Berechnung der Presskraft und des Arbeitsbedarfes verwendet. Da die plastischen Formänderungen das Volumen des Werkstoffes *nicht beeinflussen,* gilt die Volumenkonstanz, womit bei der Stadienplanauslegung das Zurückrechnen vom fertigen Pressteil auf das erforderliche Rohteilvolumen und dessen Abmessungen (und bei Mehrstufenvorgängen auf Zwischenstufen) möglich ist. Die elastischen Formänderungen bleiben beim Fließpressen unberücksichtigt, da sie gegenüber den plastischen vernachlässigbar klein sind (Abb. 2.13, Kap. 2).

Je inhomogener der Werkstofffluss ist, desto weniger stellt der Umformgrad φ eine Kenngröße für den tatsächlichen Formänderungszustand dar. Bei Verfahren mit stark inhomogener Umformung, z.B. beim Napf-Fließpressen, wird deshalb bevorzugt mit ε_A anstatt mit φ gerechnet [10.4]. Bei kleinen Umformungen gilt $\varphi \approx \varepsilon_A$. Für größere Umformungen weichen beide Werte immer stärker voneinander ab.

Grundsätzlich sind ε_A, ε_h und φ globale Größen, d.h. über das gesamte Werkstück gemittelt Größen. Tatsächlich verteilen sich die Formänderungen (und damit auch die Härten) unterschiedlich im Werkstück; in Abb. 10.4 ist das am Beispiel von Zylinderstauchproben mit und ohne Schmierwirkung dargestellt.

Die globalen Werte sind trotz der unterschiedlich verteilten Formänderungen im Werkstückinneren sehr bewährte und zuverlässige Rechengrößen.

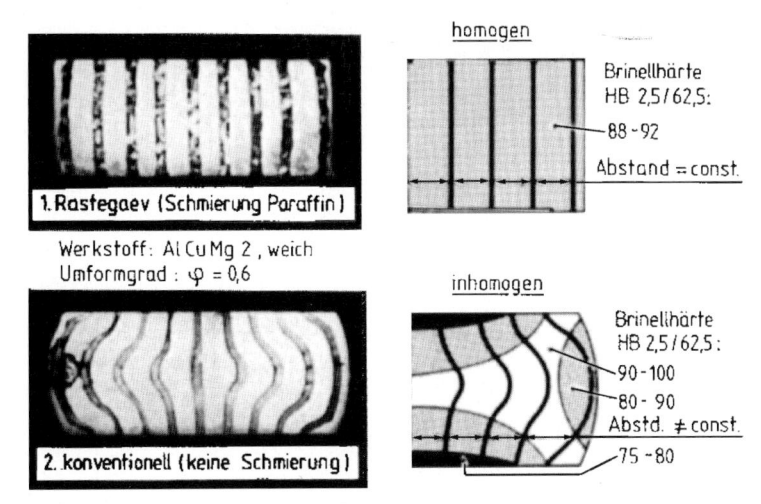

10.2 Umformgrad, bezogene Querschnittsänderung

Abb. 10.4 Vergleich von Stauchproben mit und ohne Schmiertaschen im Hinblick auf die Homogenität der Umformung [10.18]

Bei der Definition des Umformgrades φ bezieht sich die Abmessungsänderung auf den *aktuellen* Wert. Am Beispiel eines gestauchten Zylinders (Abb. 10.5) bezieht sich die Höhenänderung *dh* auf die zu jedem Zeitpunkt aktuelle Probenhöhe h

$$d\varphi = \frac{dh}{h}$$

Durch Integration führt das auf den Umformgrad φ

$$\varphi = \ln \frac{h_1}{h_0}$$

Im Unterschied dazu bezieht sich die bezogene Höhenabnahme ε_h nicht auf den aktuellen Wert h, sondern auf den *Anfangswert* h_0

$$d\varepsilon_h = \frac{dh}{h_0}$$

Durch Integration führt dies auf die bezogene Höhenabnahme ε_h

$$\varepsilon_h = \frac{h_0 - h_1}{h_0}$$

Zwischen φ und ε (ε_A oder ε_h) ist eine Umrechnung möglich:

$$\varphi = \ln(\varepsilon + 1)$$

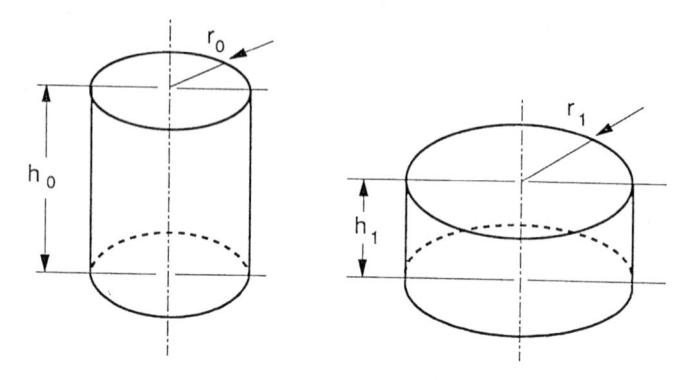

Abb. 10.5 Abmessungsänderung beim Stauchen eines Zylinders [10.9]

10.3 Umformgrade beim mehrstufigen Umformen

Beim mehrstufigen Umformen (Abb. 10.6) ergibt sich der Gesamt-Umformgrad φ_{ges} aus der Differenz der Probenhöhe am *Anfang* und am *Ende* der Umformung:

$$\varphi_{ges} = \ln \frac{h_3}{h_0}$$

Die Umformgrade in den einzelnen Stufen sind:

$$\varphi_1 = \ln \frac{h_1}{h_0}; \quad \varphi_2 = \ln \frac{h_2}{h_1}; \quad \varphi_3 = \ln \frac{h_3}{h_2}$$

Daraus:

$$\varphi_1 + \varphi_2 + \varphi_3 = \ln \frac{h_1}{h_0} + \ln \frac{h_2}{h_1} + \ln \frac{h_3}{h_2}$$

$$= \varphi_{ges}$$

Der Gesamt-Umformgrad φ_{ges} ist demnach gleich der Summe der Umformgrade φ_i der einzelnen Stufen

$$\varphi_{ges} = \sum \varphi_i \, .$$

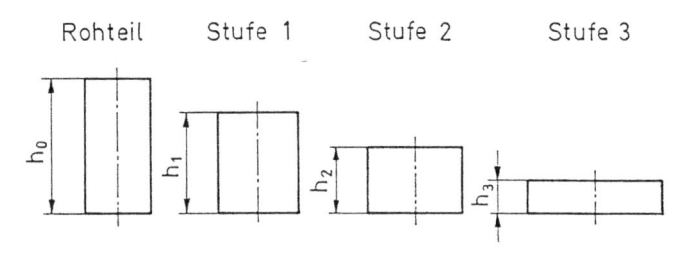

Abb. 10.6 Abmessungsänderung beim mehrstufigen Stauchen eines Zylinders [10.9]

10.4 Gesetz der Volumenkonstanz

Da die plastischen Formänderungen das Volumen des Werkstoffes *nicht* beeinflussen, gilt die Volumenkonstanz und es kann vom Volumen des umgeformten Körpers auf das Volumen des Rohteils und dessen Abmessungen (oder umgekehrt) zurückgerechnet werden. Für einen homogen gestauchten Quader (Abb. 10.7) gilt

$$V = h_0 \cdot b_0 \cdot l_0 = h_1 \cdot b_1 \cdot l_1$$

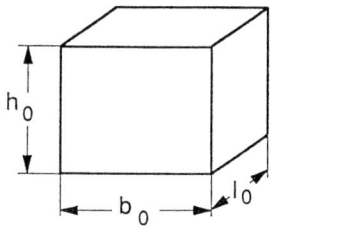

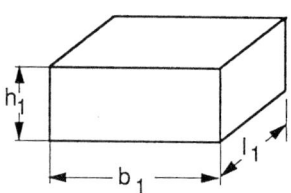

Abb. 10.7 Abmessungsänderung beim Stauchen eines Quaders [10.9]

Daraus: $$\frac{h_1}{h_0} \cdot \frac{b_1}{b_0} \cdot \frac{l_1}{l_0} = 1$$

Logarithmiert: $\ln\frac{h_1}{h_0} + \ln\frac{b_1}{b_0} + \ln\frac{l_1}{l_0} = 0 \quad \text{oder} \quad \varphi_h + \varphi_b + \varphi_l = 0$

Das heißt, die Summe der einzelnen Umformgrade wird zu Null:

$$\sum \varphi = 0$$

10.5 Fließspannung

Die Fließspannung k_f eines Werkstoffes ist die Spannung, die zur Einleitung und Aufrechterhaltung einer plastischen Formänderung im mehrachsigen Spannungszustand erforderlich ist; sie bildet das Werkstoffverhalten zwischen der Streckgrenze und der Bruchdehnung ab, d.h. den Bereich, in dem der Werkstoff fließt: Im allgemeinen wird sie für das Fließpressen in einachsigen Zylinderstauchversuchen ermittelt; damit sind größere Umformgrade möglich als im Zugversuch. Zur Anwendung kommen auch Flachstauch- und Torsionsversuche. Entsprechend Abb. 2.16 (Kap. 2) im Spannungs-Dehnungs-Diagramm im Zugversuch gilt

Fließspannung („wahre Spannung") $\quad k_f = \dfrac{F}{A}$

Im Unterschied dazu bezieht sich die

Nominalspannung („fiktive Spannung") $\quad \sigma_0 = \dfrac{F}{A_0}$

nicht auf den Momentan- sondern auf den Anfangsquerschnitt A_0 der Probe. Zwischen der Nominal- und Fließspannung kann mit Hilfe der linearen Dehnung (vgl. Abb. 2.16. Kap. 2)

$$\varepsilon = \frac{l - l_0}{l_0}$$

umgerechnet werden: $\quad k_f = \sigma_0 (\varepsilon + 1)$

Die Fließspannung k_f wird meist über dem Umformgrad φ aufgetragen; dieser Kurvenverlauf wird als Fließkurve bezeichnet.

10.5.1 Fließkurve

Die Fließkurve im allgemeinen Fall ist die Darstellung der Fließspannung k_f in Abhängigkeit von

- dem Umformgrad φ
- der Umformgeschwindigkeit $\dot{\varphi}$
- der Temperatur ϑ;

es gilt:
$$k_f = f(\varphi, \dot{\varphi}, \vartheta)$$

10.5.2 Fließkurve bei Raumtemperatur

Bei der Kaltumformung ist die Fließspannung k_f im allgemeinen *nur* vom Umformgrad φ bei konstanten übrigen Einflussgrößen abhängig; die Umformgeschwindigkeit $\dot{\varphi}$ kann in der Regel unberücksichtigt bleiben;

es gilt:
$$k_f = f(\varphi)$$

Dieser Zusammenhang zwischen der Fließspannung k_f und dem Umformgrad φ lässt sich für viele unlegierte und niedriglegierte Stähle und für einige Nichteisenmetalle in guter Näherung durch eine Potenzfunktion approximieren (Abb. 10.8):

$$k_f = C \cdot \varphi^n$$

Fließkurven hochlegierter Stähle und von Kupfer lassen sich mit dieser Funktion nicht immer erfassen; weiter muss vorausgesetzt werden, dass der Werkstoff nicht vorverfestigt ist.

Zur Ermittlung der Fließkurve genügt die Bestimmung der Konstanten C und n in Grundversuchen, z.B. im Zugversuch (siehe [10.4], S. 119). Der Exponent n („Verfestigungsexponent") entspricht der Steigung der Fließkurve und gibt an, wie stark sich ein Werkstoff mit zunehmender Umformung verfestigt. n entspricht dem Wert des Umformgrades bei Gleichmaßdehnungsende im Zugversuch [10.12](vgl. Abb. 2.16, Kap. 2). Für die ebenfalls werkstoffabhängige Konstante C gilt [10.12]:

$$C = R_m \left(\frac{e}{n}\right)^n$$

R_m ist die Zugfestigkeit des Werkstoffes und e die Basis der natürlichen Logarithmen (e=2,718281828). C entspricht dem Wert der Fließspannung bei $\varphi=1$. Typische n- und C-Werte für Fließpresswerkstoffe zeigt Tab. 10.1 [10.11].

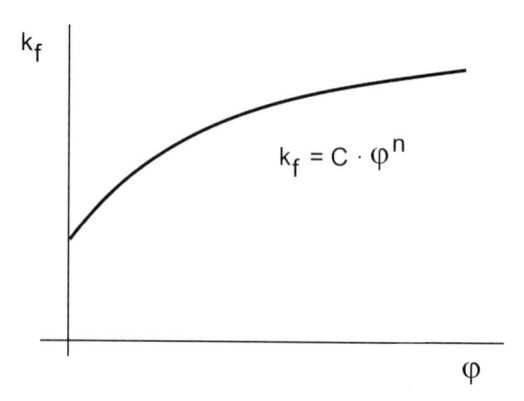

Abb. 10.8 Fließkurve in linearer Darstellung

Durch Logarithmieren von $k_f = C \cdot \varphi^n$ erhält man

$$\log k_f = \log C + n \log \varphi$$

Diese Funktion für die Fließspannung ergibt in doppellogarithmischer Darstellung (Abb. 10.9) eine Gerade mit n als Steigung. Beide Darstellungsformen für die Fließkurve werden in der Praxis verwendet.

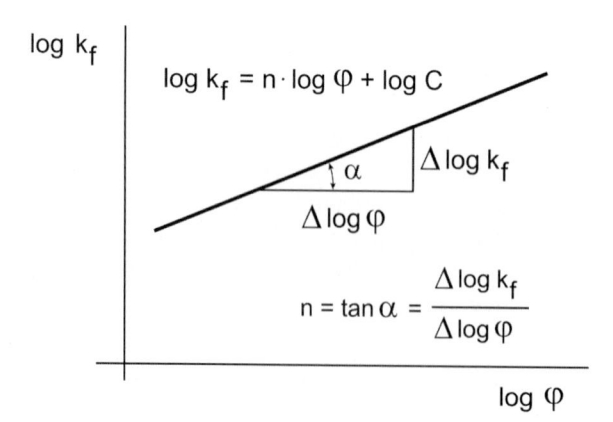

Abb. 10.9 Fließkurve in doppellogarithmischer Darstellung

Tabelle 10.1 Typische C-, n- und kf_0-Werte für geglühte Fließpresswerkstoffe [10.4, 10.3]

Werkstoff	C [N/mm²]	n	kf_0 [N/mm²]	Gültigkeits-bereich φ
C10	800	0,24		
Ck10	730	0,22	260	
Ck15, Cq15	760	0,17	280	
Ck22, Cq22	760	0,16	320	
Ck35	960	0,17	340	
Ck45, Cq45	1000	0,17	390	
Cf53	1140	0,17	430	
15Cr3	850	0,09	420	0,1 – 0,7
16MnCr5	810	0,09	380	0,1 – 0,7
20MnCr5	950	0,15		
34Cr4	970	0,12	410	
42CrMo4	1100	0,15	420	
100Cr6	1160	0,18		
Al99,8	150	0,22	60	
Al99,5	110 [4], 150 [3]	0,24 [4], 0,22 [3]	60	
AlMgSi1	260	0,2	130	
AlMg3	390	0,19		0,2 – 1,0
CuZn10 (Ms90)	600	0,33	250	
CuZn30 (Ms70)	880	0,43 (0,49)	250	
CuZn37 (Ms63)	880	0,43	280	
CuZn40 (Ms60)	800	0,33		0,2 – 1,0

10.5.3 k_{f0}, k_{f1} und k_{fm}

k_{f0} ist die Fließspannung zu Beginn der Umformung bei $\varphi=0$. Im allgemeinen ist es der Wert für den weichgeglühten Werkstoff, sodass k_{f0} dem Wert der Streckgrenze $Rp_{0,2}$ entspricht und den Anfangspunkt der Fließkurve darstellt. Beim Werkstofflieferant kann der Wert z.B. als Bestandteil des Werkszeugnisses für die jeweilige Werkstoffcharge angefragt werden oder einschlägigen Werkstoffblättern entnommen werden.

k_{f1} ist der Wert für die Fließspannung am Ende der Umformung, bei φ_1.

Aus VDI 3200 Bl. 2 [10.10] oder dem Fließkurvenatlas [10.5] oder aus anderen Werkstoffblättern können k_{f0} und k_{f1} –Werte für eine größere Anzahl von Fließpresswerkstoffen entnommen werden; zudem können beim Werkstofflieferant Werkszeugnisse mit Kenndaten für die jeweilige Werkstoffcharge angefragt werden.

Wird vorverfestigter Werkstoff eingesetzt, entspricht k_{f0} dem Wert der Fließspannung bei der entsprechenden anfänglichen Vorverfestigung und k_{f1} dem Wert der Fließspannung nach der Umformung dieses vorverfestigten Werkstoffes um den Grad φ. Entweder können die Fließspannungswerte aus den Fließkurvenblättern bei den jeweiligen Umformgraden herausgegriffen werden oder es müssen die Wertepaare Fließspannung/Umformgrad in Spannungs-Dehnungsversuchen (z.B. im Zylinderstauch- oder Zugversuch) ermittelt werden.

Oftmals reichen die in Fließkurvenblättern angegebenen Fließspannungswerte nur bis zu relativ niedrigen Umformgraden, so dass Fließspannungswerte für höhere Umformgrade extrapoliert werden müssen; solche Extrapolationen von Fließkurven sind oftmals Fehlerquellen, denn die extrapolierten Werte können von den tatsächlichen erheblich abweichen.

k_{fm} ist ein Mittelwert für die Fließspannung. Nach VDI 3200 Blatt 1 gilt näherungsweise der arithmetische Mittelwert:

$$k_{fm} = \frac{k_{f0} + k_{f1}}{2}$$

k_{f0} entspricht dem Wert der Streckgrenze bei weichgeglühten Werkstoffen. Bei Werkstoffen mit Vorverfestigung ist als k_{f0} der Wert aus der Fließkurve bei entsprechendem Umformgrad zu entnehmen.

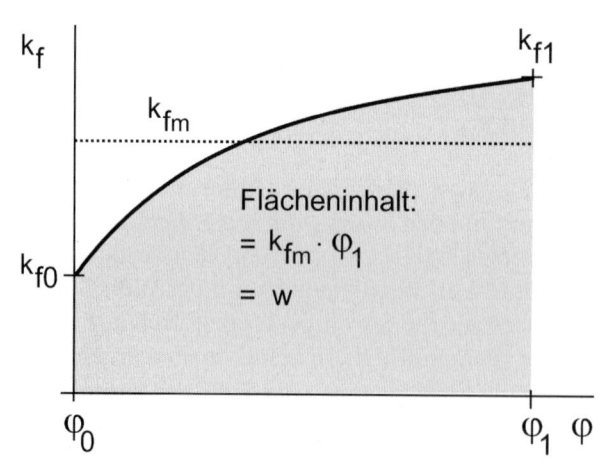

Abb. 10.10 Fließkurve mit k_{f0}, k_{f1} und k_{fm} sowie der Umformarbeit w

10.6 Bezogene Umformarbeit w und absolute Umformarbeit W

Die Presskraft wirkt über einen gewissen Weg (Kraftweg). Die entsprechende Arbeit muss von der Umformpresse aufgebracht werden. w ist die bezogene Umformarbeit, welche zwischen dem Beginn (bei φ_0) und dem Ende (bei φ_1) der Umformung aufgewendet wird. Die bezogene Umformarbeit bezieht sich auf die Arbeit für die Umformung eines Kubikmillimeters Werkstoff.

Die Umformarbeit entspricht dem Flächeninhalt unter der Fließkurve zwischen dem Beginn (bei φ_0) und dem Ende (bei φ_1) der Umformung.

$$w = \int_{\varphi_0}^{\varphi_1} k_f \, d\varphi$$

Zieht man anstelle der über den Betrachtungsgrenzen φ_0 und φ_1 summierten Fließspannung den Mittelwert der Fließspannung k_{fm} heran, ergibt sich für die Umformarbeit (Abb. 10.10):

$$w = k_{fm} \varphi$$

Bei der Umformung in mehreren Stufen errechnet sich der Mittelwert der Fließspannung in der zweiten Stufe zu:

$$k_{fm} = \frac{w_2 - w_1}{\varphi_2 - \varphi_1}$$

mit

φ_1 Umformgrad nach der 1. Stufe
φ_2 Umformgrad nach der 2. Stufe
w_1 Umformarbeit für die 1. Stufe
w_2 Umformarbeit für die 2. Stufe

W ist die absolute Umformarbeit bei der Umformung, bezogen auf das an der Umformung teilnehmende Werkstoffvolumen V. Die beim Umformen auftretenden Verluste durch Reibung müssen von den Umformwerkzeugen und der Maschine mit aufgebracht werden und fließen in den Wert W mit ein.

10.7 Vereinfachte Berechnungsmethode [10.1, 10.2, 10.19]

Für die Abschätzung zu erwartender Presskräfte kann mit einer *Faustformel* gerechnet werden. Sie liefert bei sachgemäßer Anwendung brauchbare Ergebnisse und lautet:

$$F = A_{proj} \cdot k$$

F = maximale Presskraft in N
A_{proj} = projizierte Stempelfläche in mm²
k = Werkstofffaktor in N/mm²

Die projizierte Stempelfläche A_{proj} ist beim

- Napf-Fließpressen die Napf-Stempelfläche;
- Stauchen die Stirnfläche des fertig gestauchten Körpers;
- Vorwärts-Fließpressen die Ringfläche zwischen Schaft- und Zapfendurchmesser des Pressteils;
- Verjüngen die Ringfläche zwischen Schaft- und verjüngtem Durchmesser des Pressteils;
- Abstreckgleitziehen die Ringfläche zwischen Außendurchmesser des Rohteils und Abstreckstempeldurchmesser.

Der Werkstofffaktor *k* entspricht dem Umformwiderstand und resultiert aus Erfahrungswerten, die auf vielen Kaltfließpressversuchen beruhen. Mit folgenden Werten kann gerechnet werden:

Tabelle 10.2. Werkstofffaktor k für verschiedene Werkstoffe

Werkstoff	Faktor k [N/mm²]
Reinaluminium	600 – 800
AlMgSi 0,5 – 1	600 – 1200
AlMg, AlCuMg	1000 – 1600
E-Kupfer	1200 – 1400
Ck10 (Mbk6, Muk7)	1800 – 2000
Ck15, C15	2000 – 2200
16 MnCr 5, 20 MnCr 5	2200 – 2400
C35, 34 CrMo 4	2400 – 2700

Die oberen Werte wendet man an bei:
- phosphatierten und mit M_OS_2 beschichteten Teilen
- eher höheren Umformgraden
- den genannten, schwerer umformbaren Werkstoffgüten

Die unteren Werte bei
- phosphatierten und mit Seife beschichteten Teilen
- eher geringeren Umformgraden
- den genannten, leichter umformbaren Werkstoffgüten

Kommen andere als die in Tab. 10.2 genannten Werkstoffe zur Anwendung, kann trotzdem mit den Werten gearbeitet werden, wenn man sie in Bezug zu Werkstoffen mit ähnlicher Fließspannung stellt.

Die Presskraftberechnung am Beispiel eines Napf-Rückwärts-Fließpressvorgangs zeigt (Tab. 10.3), dass das mit der Faustformel erzielte Rechenergebnis mit dem experimentell ermittelten Wert gut übereinstimmt; ebenso gut liegt der Wert im Vergleich zur Lösung mittels zwei ausführlicheren Methoden zur Presskraftermittlung (Theorie nach Dipper und Siebel) sowie gegenüber dem VDI-Nomogramm.

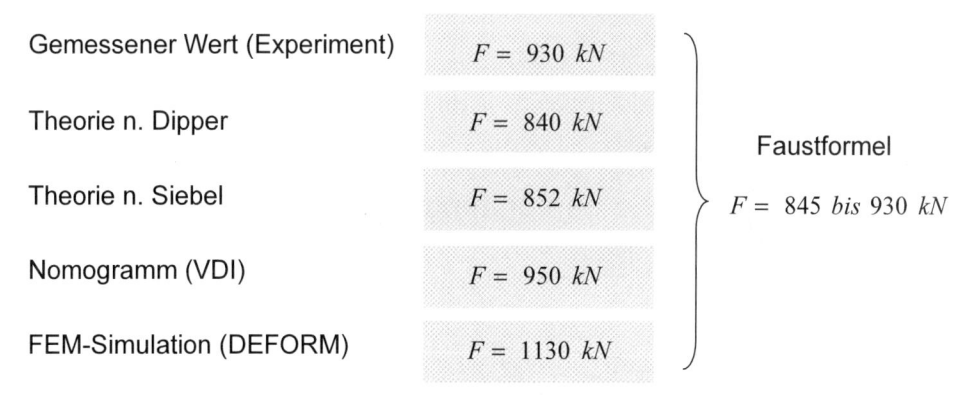

Gemessener Wert (Experiment)	$F = 930\ kN$	
Theorie n. Dipper	$F = 840\ kN$	Faustformel
Theorie n. Siebel	$F = 852\ kN$	$F = 845\ bis\ 930\ kN$
Nomogramm (VDI)	$F = 950\ kN$	
FEM-Simulation (DEFORM)	$F = 1130\ kN$	

Tab. 10.3 Rechenergebnisse gegenübergestellt am Beispiel eines Napf-Rückwärts-Fließpressvorgangs. Rohteil: Ck 15, weichgeglüht, phosphatiert u. beseift, Ø 30 mm, Höhe: 17 mm, Stempel: Ø 23,2 mm, Matrize: Ø 30 mm, ε_A=0,6, Bodendicke: 4 mm.

Die FEM-Rechnung schätzt die Presskraft etwas zu hoch ein. Das ist (derzeit) ein bekanntes Phänomen und liegt vermutlich an der Element- oder Werkstoffformulierung oder an der ungenauen Fließkurvenextrapolation. Bei der FEM-Rechnung kann man sich neben der Maximalkraft den Verlauf der Presskraft über dem Umformweg errechnen lassen (Abb. 10.11).

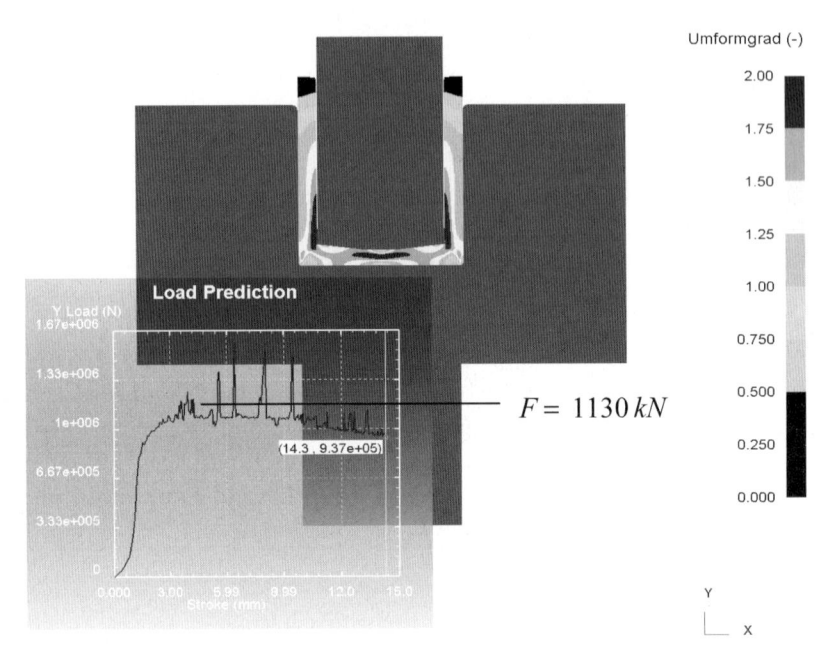

Abb. 10.11 FEM-Simulation für einen Napf-Rückwärts-Fließpressvorgang

10.8 Ausführliche Berechnungsmethode [10.12 -10.17]

Anhand folgender Verfahren werden im Weiteren Berechnungsformeln gezeigt:
- Stauchen
- Voll-Vorwärts-Fließpressen,
    - gilt auch für das Voll-Rückwärts-Fließpressen
- Napf-Rückwärts-Fließpressen
    - gilt auch für das Napf-Vorwärts-Fließpressen
- Hohl-Vorwärts-Fließpressen
    - gilt auch für das Hohl-Rückwärtsfließpressen
- Verjüngen
- Abstreckgleitziehen
- Setzen
- Voll-Quer-Fließpressen

10.8.1 Stauchen

eines Zylinders

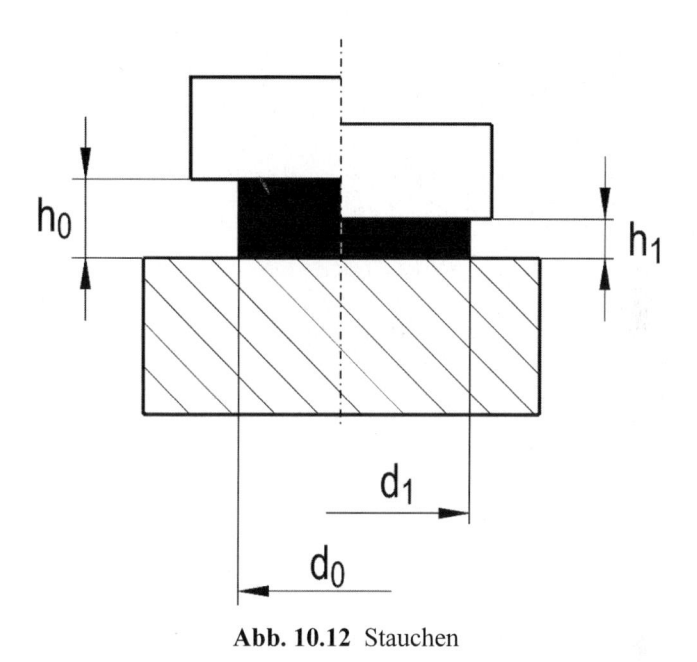

Abb. 10.12 Stauchen

Umformgrad $\quad\varphi = \ln\dfrac{h_1}{h_0}$

Bez. Höhenabnahme $\quad\varepsilon_h = \dfrac{h_0 - h_1}{h_0}$, in %: $\varepsilon_h \cdot 100\,[\%]$

Tabelle 10.4 Grenzen für den Umformgrad (φ_{zul}) [10.3]

Werkstoff	φ_{zul}
Al 99,8	2,5
AlMgSi 1	1,5 – 2
Ms 63 – Ms 85	1,2 – 1,4
Ck 10 – Ck 22	1,3 – 1,5
Ck 35 – Ck 45	1,2 – 1,4
Cf 53	1,3
16 MnCr5, 34 CrMo 4	0,8 – 0,9
15 CrNi 6, 42 CrMo4	0,7 – 0,8

Umformkraft:
$$F = k_{f1} \frac{d_1^2 \pi}{4} \left[1 + \frac{1}{3} \mu \frac{d_1}{h_1}\right]$$

Reibzahlen (ca.):
$\mu = 0{,}15$ (phosphatiert + M_OS_2)
$\mu = 0{,}10$ (phosphatiert + Seife)

Mittlere Druckbelastung (Druckspannung) des Stempels:

$$\overline{p}_{st} = F \frac{4}{d_1^2 \pi}$$

Normalspannung (Druckspannung) entlang der gedrückten Werkstückfläche (Abb. 10.13)

$$\sigma_Z = -k_f \left[1 + \frac{2\mu}{h}\left(\frac{d}{2} - r\right)\right] \quad \text{n. Siebel}$$

h = augenblickliche Probenhöhe
d = augenblicklicher Probendurchmesser
k_f = Fließspannung bei augenblicklichem Umformgrad φ
r = Halbmesser, für den die Spannung σ_Z erreicht wird

Größte Normalspannung (Druckspannung) in Probenmitte (r=0)

$$\sigma_{Z\,max} = -k_{f1}\left(1 + \frac{\mu d_1}{h_1}\right)$$

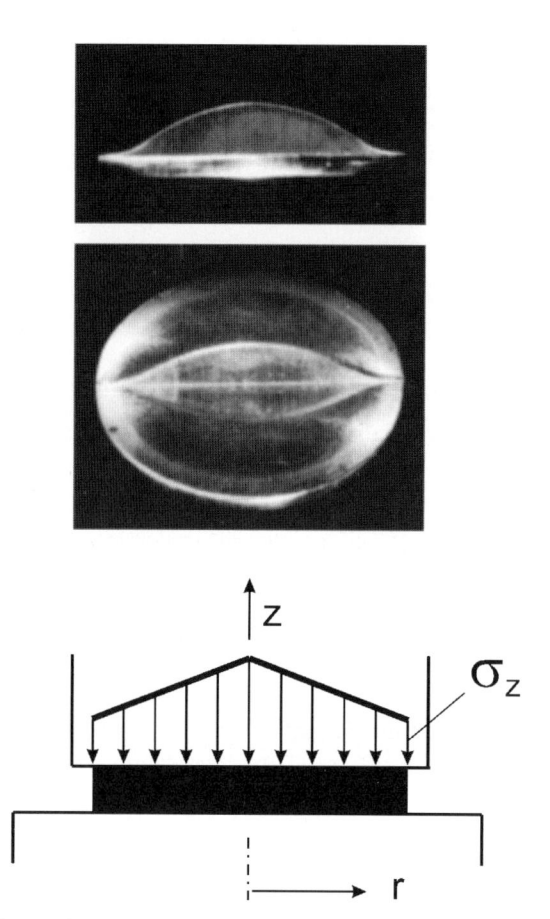

Abb. 10.13 Oben: Sichtbar gemachter Verlauf der Normalspannung σ_z entlang einer gestauchten Zylinderfläche (nach Burgdorf). Unten: Annäherung dieses kurvenförmigen σ_z-Verlaufes durch einen linearen Verlauf mit der Formel n. Siebel

Volumen: V=V$_0$ = V$_1$ → $V_0 = \dfrac{d_0^2 \pi}{4} h_0$,

$$V_1 = \dfrac{d_1^2 \pi}{4} h_1$$

h1, d1   → $h_1 = h_0 \dfrac{d_0^2}{d_1^2}$,

$$d_1 = d_0 \sqrt{\dfrac{h_0}{h_1}}$$

Umformweg $h_s = h_0 - h_1$

Umformarbeit $W \approx mFh_s$,   m = Verfahrensfaktor ($m \cong 0{,}6$)

Stauchverhältnis $s = \dfrac{h_0}{d_0} = \dfrac{h_{0k}}{d_0}$

s = Grenze der Rohteillänge bezüglich Ausknicken

h$_{0k}$ = frei auskragende Länge des im Werkzeug geführten Stabes

Grenzen [6]:
$s = 1{,}8$ *bis* $2{,}0$ Stauchen zwischen ebenen planparallelen Werkzeugen

$s \leq 2{,}3$ bei einseitig eingespanntem Werkstück (Kopfanstauchen); Einfachdruck

$s \leq 4{,}5$ bei Doppeldruckverfahren (mit vorausgehendem Vorstauchen)

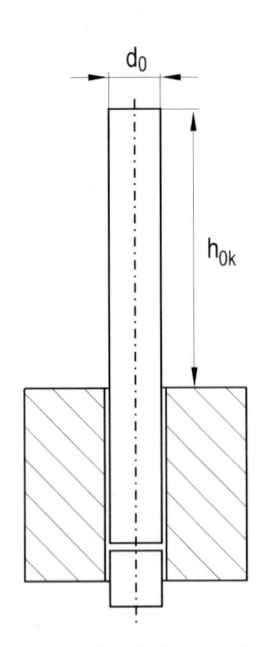

Abb. 10.14 Grenze der Rohteillänge bezüglich Ausknicken beim Stauchen

10.8.2 Voll-Vorwärts-Fließpressen

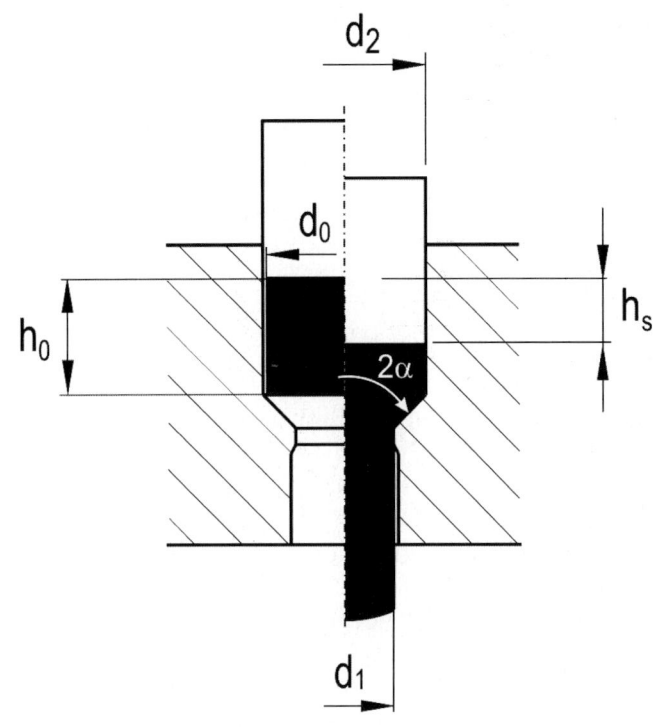

Abb. 10.15 Voll-Vorwärts-Fließpressen

Umformgrad $\quad \varphi = \ln \dfrac{A_2}{A_1} = \ln \dfrac{d_2^2}{d_1^2}, \quad d_2 \approx d_0$ *(bei geringem Einlegespiel)*

Bez.. Querschnittsänderung

$$\varepsilon_A = \frac{A_2 - A_1}{A_2} = \frac{d_2^2 - d_1^2}{d_2^2}, \text{ in \%: } \varepsilon_A \cdot 100[\%]$$

10 Berechnungen

Tabelle 10.5 Grenzen für den Umformgrad φ_{zul} bzw. für ε_{zul} [10.3]

Werkstoff	φ_{zul}	ε_{zul} [%]
Al 99,5 bis 99,98	3,9	98
AlMgSi 0,5 – 1, AlMg- u. AlMn-Legierungen, AlCuMg 1	3	95
Aushärtbare AlCuMg, AlZn-, AlZnMg-Legierungen	1,2	70
E-Cu, CuCr, CuAgP	1,6	80
Ms 63 – Ms 85 (CuZn37 bis 15) CuZn38 Pb1	1,2	70
Stähle mit niedrigem C-Gehalt, QSt 32-2, MbK6, Ma8	1,4	75
Stähle mit C≤ 0,18%: Ck10, Ck 15, Cq10, Cq15	1,2	70
Stähle mit C= 0,18 % - 0,4%: Cq 22, Cq35, 15 Cr3	0,9	60
Ck45, Cq45, 34Cr4, 16MnCr5, 20MnCr5, 37 Cr4	0,8	55
Nichtrostende Chromstähle: X7Cr13, X8 Cr17, X10Cr13	0,8	55
15CrNi6, 17 CrNiMo 6, 25 CrMo4, 34 CrMo4, 41 Cr 4	0,7	50
42 CrMo 4, 34 CrNiMo6, X22CrNi17, X12CrMoS17	0,7	50

Umformkraft: $$F = \overline{p}_{St} \frac{d_2^2 \pi}{4}$$ oder

mittlere Umformkraft $\overline{F}$:

$$\overline{F} = k_{fm} \frac{d_2^2 \pi}{4}\left[\frac{2}{3}\hat{\alpha} + \left(1 + \frac{2\mu}{\sin 2\alpha}\right)\varphi\right] + \pi d_0 l \mu k_{f0}$$

l = Reiblänge im Aufnehmer, ca. h_0
$\hat{\alpha}$ =Bogenwinkelmass (z.B. $2\alpha=120° \rightarrow \alpha=60°$

$\rightarrow \hat{\alpha} = \frac{\pi}{180°} \cdot 60° = 1,0472$),

μ : siehe Stauchen

Unter Annahme eines Kraftverlauf-Korrekturfaktors $m \approx 0{,}6$ ergibt sich die größte Presskraft zu

$$F_{max} = \frac{\overline{F}}{m}$$

Mittlere Druckbelastung (Druckspannung) des Stempels:

$$\overline{p}_{st} = \overline{F}\,\frac{4}{d_2^2 \pi}$$

Maximale Druckbelastung:

$$p_{st\,max} = F_{max}\,\frac{4}{d_2^2 \pi}$$

Mittlere Druckbelastung (Druckspannung) radial auf die Matrizenwand:

$$\overline{p}_i = \varepsilon_A \cdot \overline{p}_{st} \quad \text{wenn } \varepsilon_A \text{ grösser } 0{,}3$$

Grenzen:
$\overline{p}_i \leq 1000\ N/mm^2$ ohne Armierungsring
$\overline{p}_i \leq 1600\ N/mm^2$ ein Armierungsring
$\overline{p}_i \leq 2000\ N/mm^2$ zwei Armierungsringe

Umformweg: $\quad h_s = h_0 - h_3$

Umformarbeit $\quad W = F h_s$

Volumen: $\quad V_0 = V_1 + V_2 + V_3$

$$\rightarrow \quad V_0 = \frac{d_0^2 \pi}{4} h_0, \quad V_1 = \frac{d_1^2 \pi}{4} h_1,$$

$$V_2 = \frac{\pi h_2}{12}\left(d_2^2 + d_1^2 + d_2 d_1\right), \quad V_3 = \frac{d_1^2 \pi}{4} h_3$$

$$h_2 \rightarrow h_2 = \frac{d_2 - d_1}{2} \cot \alpha ,$$

$$d_2 \rightarrow d_2 \approx d_0 \text{ (bei ger.Einlegespiel)}$$

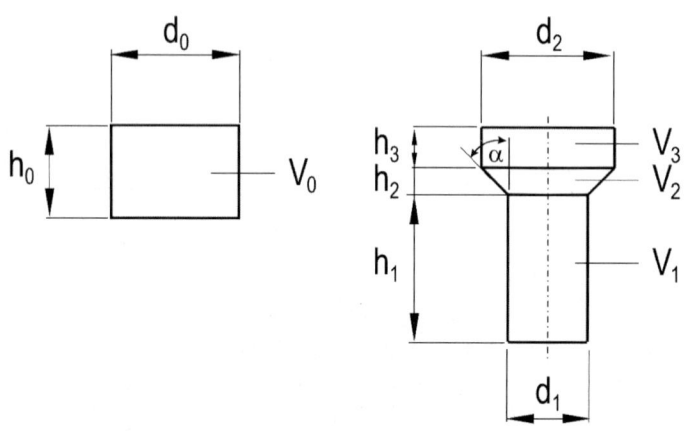

Abb. 10.16 Berechnungsgrößen, Voll-Vorwärts-Fließpressen

Schaftdurchmesserverhältnis $\qquad d_1 \geq \dfrac{d_0}{2}$

Durchmesserhöhenverhältnis $\qquad h_0 \geq 0{,}8 \cdot d_0$

Matrizenöffnungswinkel:

$2\alpha = 120° - 130° \approx$ *optimal* bezügl. Standmenge, Maßhaltigkeit
$2\alpha = 90° \approx$ *optimal* bezügl. Presskraft (nach Schmoeckel)

10.8.3 Napf-Rückwärts-Fließpressen

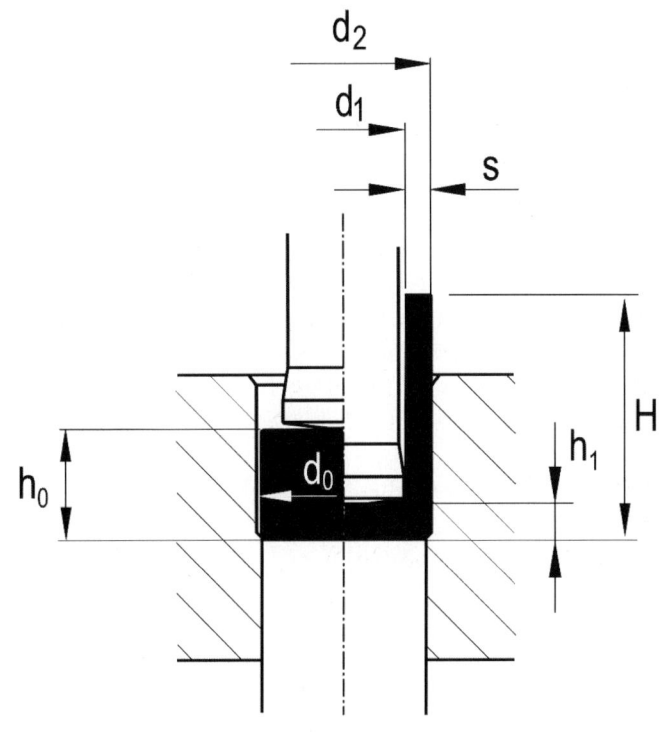

Abb. 10.17 Napf-Rückwärts-Fließpressen

Bez. Querschnittsänderung

$$\varepsilon_A = \frac{A_2 - A_1}{A_2} = \frac{d_2^2 - d_1^2}{d_2^2}, \text{ in \%: } \varepsilon_A \cdot 100 [\%]$$

Tabelle 10.6 Grenzen für den Umformgrad φ_{zul} bzw. für ε_{zul} [10.3]

Werkstoff	ε_{min} [%]	ε_{max} [%]
Al 99,5 bis 99,98	10	98
AlMgSi 0,5 – 1, AlMg- u. AlMn-Legierungen, AlCuMg 1	10	95
Aushärtbare AlCuMg, AlZn-, AlZnMg-Legierungen	10	70
E-Cu, CuCr, CuAgP	30	75
Ms 63 – Ms 85 (CuZn37 bis 15) CuZn38 Pb1	20	65
Stähle mit niedrigem C-Gehalt, QSt 32-2, MbK6, Ma8	15	70
Stähle mit C≤ 0,18%: Ck10, Ck 15, Cq10, Cq15	20	65
Stähle mit C= 0,18 % - 0,4%: Cq 22, Cq35, 15 Cr3	20	65
Ck45, Cq45, 34Cr4, 16MnCr5, 20MnCr5, 37 Cr4	20	60
Nichtrostende Chromstähle: X7Cr13, X8 Cr17, X10Cr13	20	60
15CrNi6, 17 CrNiMo 6, 25 CrMo4, 34 CrMo4, 41 Cr 4	40	55
42 CrMo 4, 34 CrNiMo6, X22CrNi17, X12CrMoS17	40	50

Nach Dipper wird der Vorgang als Doppelstauchvorgang gerechnet:

1. Stauchen in axialer Richtung von h_0 auf h_1 mit $\varnothing d_1$
2. Stauchung in radialer Richtung bezügl. $\varnothing\, d_1$ zur Matrizenwand auf Wanddicke s

Entsprechend werden 2 Umformgrade definiert:

1. Stauchung: $\qquad \varphi_1 = \ln \dfrac{h_0}{h_1}$,

2. Stauchung: $\qquad \varphi_2 = \ln \dfrac{h_0}{h_1} \cdot \left(1 + \dfrac{d_1}{8s}\right)$

Mittlerer Umformgrad φ_m :

$$\varphi_m = \frac{\varphi_1 d_1^2 + \varphi_2 \left(d_2^2 - d_1^2\right)}{d_1^2 + \left(d_2^2 - d_1^2\right)}$$

10.8.1 Stauchen

Volumen: $V_0 = V_1 + V_2$ → $V_0 = \dfrac{d_0^2 \pi}{4} h_0,$

$$V_1 = \dfrac{d_2^2 \pi}{4} h_1,$$

$$V_2 = \dfrac{\pi h_2}{4}\left(d_2^2 - d_1^2\right),$$

d_2 → im allg. $d_2 \approx d_0$

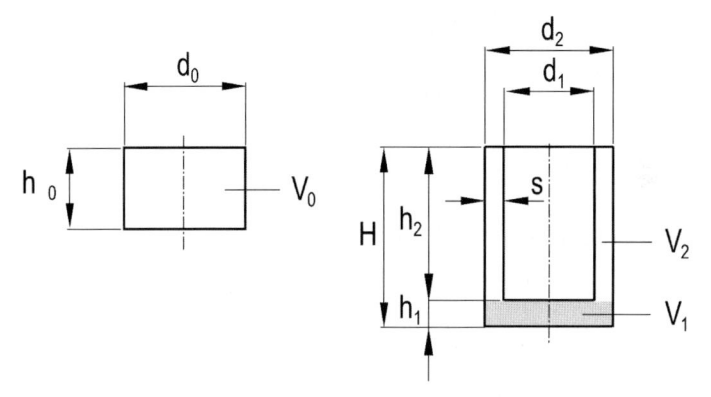

Abb. 10.18 Berechnungsgrößen, Napf-Fließpressen

Umformweg: $h_s = h_0 - h_1$

Umformkraft:

$$F = \dfrac{d_1^2 \pi}{4} \cdot \left\{ k_{f1} \cdot \left(1 + \dfrac{1}{3}\mu \dfrac{d_1}{h_0}\right) + k_{f2} \cdot \left[1 + \dfrac{h_0}{s} \cdot \left(0{,}25 + \dfrac{\mu}{2}\right)\right] \right\}$$

Reibzahl μ: siehe Stauchen

Druckspannung auf den Stempel:

$$\overline{p}_{St} = \frac{F\,4}{d_1^2\,\pi}$$

Druckspannung radial auf die Matrizenwand:

$$\overline{p}_i = z \cdot \varepsilon_A \cdot \overline{p}_{st}$$

$$z = 1{,}2 + \frac{(\varepsilon_A - 0{,}5)^2}{0{,}35} \quad \text{wenn } \varepsilon_A > 0{,}6$$

$$z = 1{,}2 + \frac{(\varepsilon_A - 0{,}5)^2}{0{,}35} \quad \text{wenn } \varepsilon_A \leq 0{,}6$$

Grenzen:

Verhältnis Bodendicke zu Napfwand: $\quad h_1 \geq s$

Verhältnis Napfhöhe zu Innendurchmesser: $\quad \dfrac{h_2}{d_1} \leq 2{,}5$

10.8.4 Hohl-Vorwärts-Fließpressen

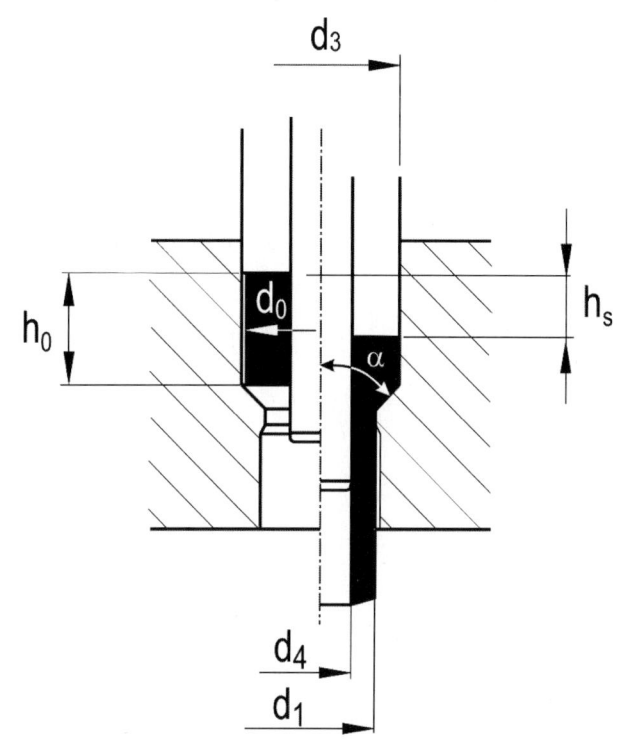

Abb. 10.19 Hohl-Vorwärts-Fließpressen

Umformgrad $\quad \varphi = \ln \dfrac{A_0}{A_1} = \ln \dfrac{d_3^2 - d_4^2}{d_1^2 - d_4^2},$

Bez. Querschnittsänderung

$$\varepsilon_A = \frac{A_0 - A_1}{A_0} = \frac{\left(d_3^2 - d_4^2\right) - \left(d_1^2 - d_4^2\right)}{d_3^2 - d_4^2}, \text{ in \%: } \varepsilon_A \cdot 100 [\%]$$

Tabelle 10.7 Grenzen der Umformbarkeit [10.14]

Werkstoff	φ_{max}	$\varepsilon_{A\,max}$
Reinaluminium	4	0,98
Stahl	0,9 – 1,4	0,65-0,75

Volumen: $V_0 = V_1 + V_2 + V_3$

$$V_0 = \frac{(d_0^2 - d_2^2)\pi}{4} h_0, \quad V_1 = \frac{(d_1^2 - d_4^2)\pi}{4} h_1,$$

$$V_2 = \frac{\pi h_2}{12}(d_3^2 + d_1^2 + d_3 d_1) - \frac{d_4^2 \pi}{4} h_2$$

$$V_3 = \frac{(d_3^2 - d_4^2)\pi}{4} h_3$$

$h_2 \quad \rightarrow \quad h_1 = \dfrac{d_3 - d_1}{2} \cot \alpha$,

$d_3 \quad \rightarrow \quad d_3 \approx d_0$ (geringes Einlegespiel)

$d_4 \quad \rightarrow \quad$ im allg. $d_4 \approx d_2$ (Dornabstützung)

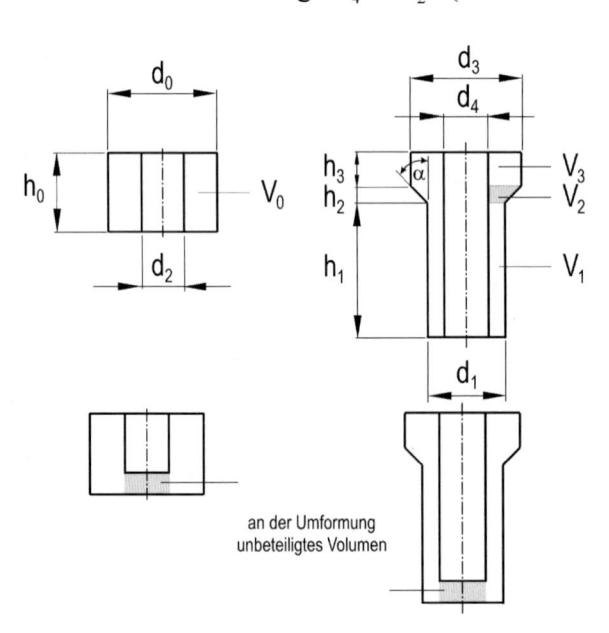

Abb. 10.20 Vom ringförmigen (oben) und napfförmigen Rohteil (unten)

Umformkraft:

$$F = k_{fm} \frac{(d_0^2 - d_2^2)\pi}{4} \cdot \varphi \left[1 + \frac{1}{2} \cdot \frac{\hat{\alpha}}{\varphi} + \frac{\mu}{\cos\alpha \cdot \sin\alpha} \right] + \pi d_0 l \mu k_{f0}$$

l = Reiblänge im Aufnehmer, ca. h_0
$\hat{\alpha}$ = Bogenwinkelmass (z.B. α=30°:

$$\hat{\alpha}_{30°} = \frac{\pi}{180°} \cdot 30° = 0{,}524 \,)$$

Reibzahl µ: siehe Stauchen

Umformarbeit

$$W = V k_{fm} \varphi \left[1 + \frac{1}{2} \cdot \frac{\hat{\alpha}}{\varphi} + \frac{\mu}{\cos\alpha \cdot \sin\alpha} \right]$$

oder $W = F h_s$

Druckspannung auf den Stempel:

$$\bar{p}_{St} = \frac{F 4}{(d_3^2 - d_4^2)\pi}$$

Druckspannung radial auf die Matrizenwand:

$$\bar{p}_i = \frac{1}{2}(\bar{p}_{st} + k_{f0} + k_{f1})$$

10.8.5 Verjüngen

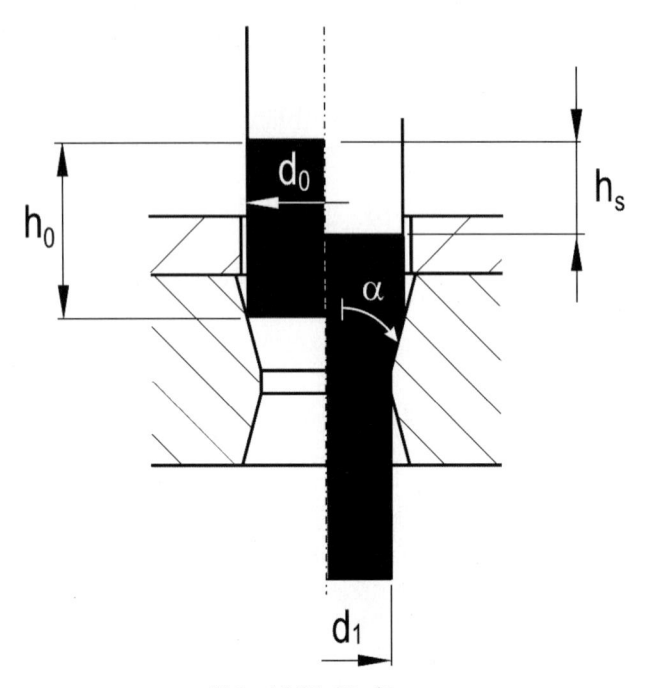

Abb. 10.21 Verjüngen

Umformgrad
$$\varphi = \ln\frac{A_0}{A_1} = \ln\frac{d_0^2}{d_1^2},$$

Bez. Querschnittsänderung

$$\varepsilon_A = \frac{A_0 - A_1}{A_0} = \frac{d_0^2 - d_1^2}{d_0^2}, \text{ in \%: } \varepsilon_A \cdot 100[\%]$$

Volumen: $V_0 = V_1+V_2+V_3 \rightarrow$

$$V_0 = \frac{d_0^2 \pi}{4} h_0,$$

$$V_1 = \frac{d_1^2 \pi}{4} h_1,$$

$$V_2 = \frac{\pi h_2}{12}\left(d_0^2 + d_1^2 + d_0 d_1\right)$$

$$V_3 = \frac{d_0^2 \pi}{4} h_3$$

$h_2 \quad \rightarrow \quad h_2 = \dfrac{d_0 - d_1}{2}\cot\alpha,$

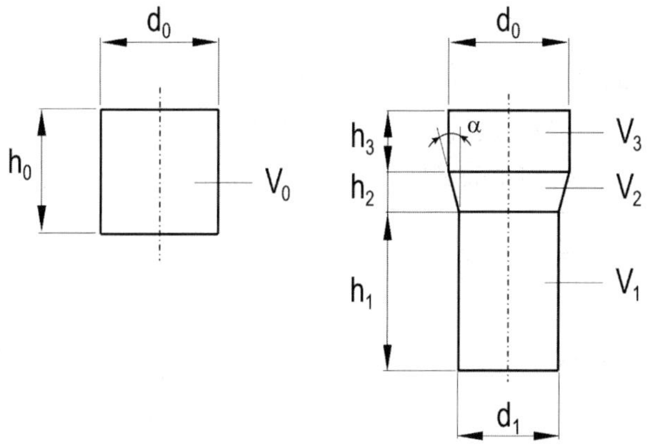

Abb. 10.22 Berechnungsgrößen, Verjüngen

Umformkraft: $F = \overline{p}_{St}\dfrac{d_0^2 \pi}{4}$

für die bezogene Stempelkraft $\overline{p}_{St}$ gilt:

$$\overline{p}_{St} = k_{fm}\left[\varphi\left(1+\frac{2\mu}{\sin 2\alpha}\right)+\frac{2}{3}\widehat{\alpha}\right] \quad \text{n. [10.4]}$$

$$\overline{p}_{St} = k_{fm}\left[\varphi\left(1{,}01+\frac{2\mu}{\sin 2\alpha}\right)+0{,}77\cdot\tan\alpha\right] \quad \text{n. Schuler}$$

$\widehat{\alpha}$ = Bogenwinkelmass (z.B. $\alpha = 30°$:

$$\widehat{\alpha}_{30°} = \frac{\pi}{180°} \cdot 30° = 0{,}524)$$

Reibzahl µ: siehe Stauchen

Umformweg: $h_s = h_0 - h_3$

Matrizenöffnungswinkel $\quad 2\alpha = 25° \approx$ *optimal* (bezüglich minimalem Kraftbedarf), es kann für den optimalen Öffnungswinkel gelten (n. Schuler):

$$\cos 2\alpha = \pm\left(\sqrt{9\varphi^2 \mu^2 + 1}\right) - 3\varphi\mu$$

Umformarbeit $\quad W = F h_s$

Druckspannung radial auf die Matrizenwand:

$$\overline{p}_i = \frac{1}{2}\left(\overline{p}_{st} + k_{f0} + k_{f1}\right)$$

Verfahrensgrenzen:

a. Umformgrad

$$\varphi = \frac{0{,}5 - 0{,}77 \tan \alpha}{1{,}01 + \dfrac{2\mu}{\sin 2\alpha}}$$

b. plastisches Aufstauchen des Rohteils $\quad p_{St} < k_{f0}$

c. Ausknicken des Rohteils $\quad p_{St} < \sigma_K$

σ_K... kritische Knickspannung, = F (Schlankheitsgrad des Rohteils, E-Modul des Rohteilwerkstoffes, Werkstückführung, etc. siehe Theorien nach Euler und Tetmajer

10.8.6 Abstreckgleitziehen

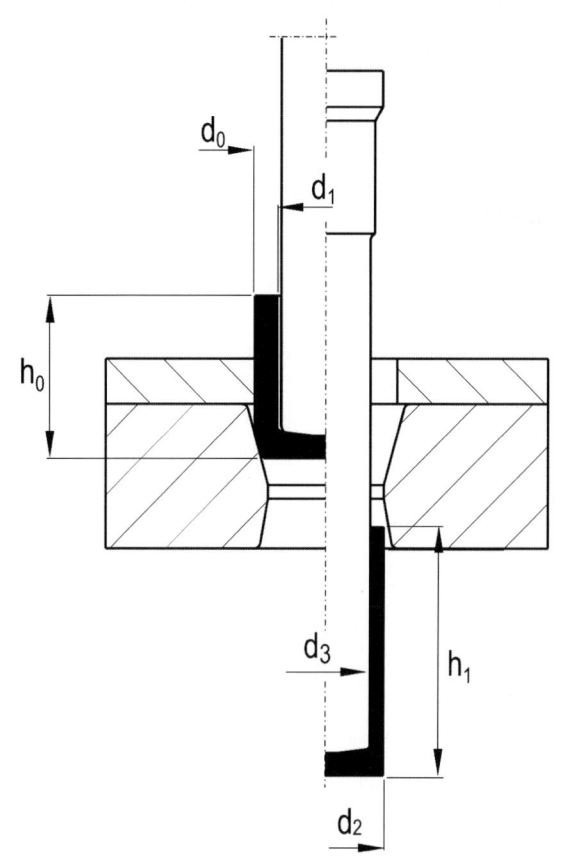

Abb. 10.23 Abstreckgleitziehen

Umformgrad $\quad \varphi = \ln \dfrac{A_0}{A_1} = \ln \dfrac{d_0^2 - d_1^2}{d_2^2 - d_3^2}$

Bez. Querschnittsänderung

$$\varepsilon_A = \frac{A_0 - A_1}{A_0} = \frac{\left(d_0^2 - d_1^2\right) - \left(d_2^2 - d_3^2\right)}{d_0^2 - d_1^2}, \text{ in \%: } \varepsilon_A \cdot 100 [\%]$$

Tabelle 10.8 Grenzen der Umformbarkeit [10.3]

Werkstoff	φ_{zul}
Al 99,5 - 99,8 AlMgSi 1, AlMg 1, AlCuMg 1	0,35
Ms 63 (CuZn37)	0,45
Ck10 - Ck 15, Cq22 – Cq35	0,45
Cq45, 16MnCr5, 42 CrMo4	0,35

Anzahl der erforderlichen Züge $\qquad n = \dfrac{\varphi}{\varphi_{zul}}$

ganzzahlig aufrunden, z.B. bei n=2,3 → n=3 wählen. Nach jedem Zug weichglühen.

Volumen: $\quad V_0 = V_1 + V_2 \quad \rightarrow \quad V_0 = \dfrac{d_1^2 \pi}{4} h_B + \dfrac{(d_0^2 - d_1^2)\pi}{4} h_0,$

$$V_1 = \dfrac{d_3^2 \pi}{4} h_B + \dfrac{(d_2^2 - d_3^2)\pi}{4} h_1,$$

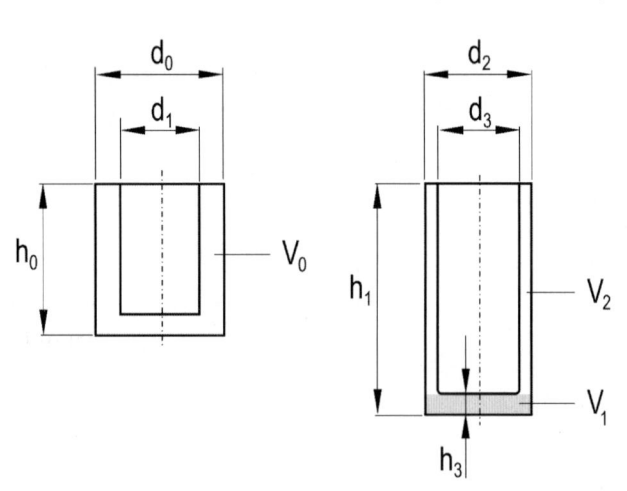

Abb. 10.24 Berechnungsgrößen, Abstreckgleitziehen

Umformkraft:
$$F = \frac{(d_2^2 - d_3^2)\pi}{4} \cdot \frac{k_{fm}}{\sqrt{0{,}9 \cdot \frac{\varepsilon_A[\%]}{100}}} \cdot \varphi$$

Umformarbeit: $\quad W = F \cdot h_1$

Druckspannung auf den Stempel:
$$\overline{p}_{St} = \frac{F\,4}{(d_2^2 - d_3^2)\pi}$$

Druckspannung radial auf die Matrizenwand:
$$\overline{p}_i = \frac{1}{2}\left(\overline{p}_{st} + k_{f0} + k_{f1}\right)$$

Optimaler Matrizenöffnungswinkel

- für $\quad \varphi_{max} = 0{,}15 \quad \rightarrow \quad 2\alpha = 10° \; bis \; 12°$

- für $\quad \varphi_{max} = 0{,}5 \quad \rightarrow \quad 2\alpha = 20° \; bis \; 24°$

Verfahrensgrenzen   Abstreckkraft F: $F < A_1 \cdot R_m$

R_m ... Zugfestigkeit des Werkstoffs

Wenn $F > A_1 \cdot R_m \rightarrow$ Napf reisst in Bodennähe

10.8.7 Setzen

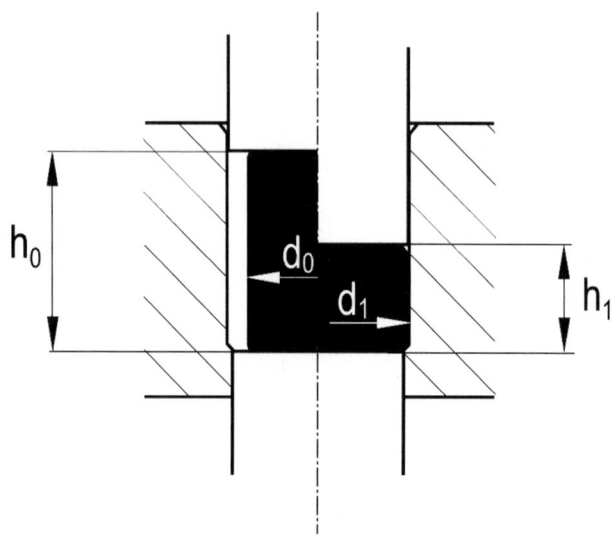

Abb. 10.25 Setzen

Umformgrad $\quad\varphi = \ln\dfrac{h_1}{h_0},$

Bez. Querschnittsänderung $\quad\varepsilon_A = \dfrac{h_0 - h_1}{h_0},\ $ in %: $\varepsilon_A \cdot 100[\%]$

10.8.1 Stauchen

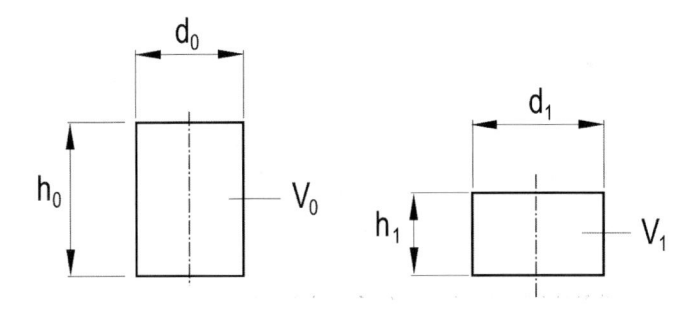

Volumen: $V = V_0 = V_1$ → $V_0 = \dfrac{d_0^2 \pi}{4} h_0$, $V_1 = \dfrac{d_1^2 \pi}{4} h_1$

h1, d1 → $h_1 = h_0 \dfrac{d_0^2}{d_1^2}$, $d_1 = d_0 \sqrt{\dfrac{h_0}{h_1}}$

Abb. 10.26 Berechnungsgrößen, Setzen

Umformkraft:
$$F = 1{,}3 \cdot k_{f1} \dfrac{d_1^2 \pi}{4}\left(1 + \dfrac{\mu}{3}\dfrac{d_1}{h_1}\right)$$

Umformarbeit
$$W = 1{,}3 \cdot Vw \cdot \left(1 + \dfrac{\mu}{3}\dfrac{d_1}{h_1}\right)$$

Druckspannung auf den Stempel:
$$\overline{p}_{st} = F \dfrac{4}{d_1^2 \pi}$$

Druckspannung radial auf die Matrizenwand: $\overline{p}_i = \overline{p}_{st} - k_{f1}$

Verfahrensgrenzen: Füllgrad Q:

$$Q = \dfrac{4V_0}{\pi d_1^2 h_1}, \quad Q_{min} = 0{,}98$$

10.8.8 Querfließpressen

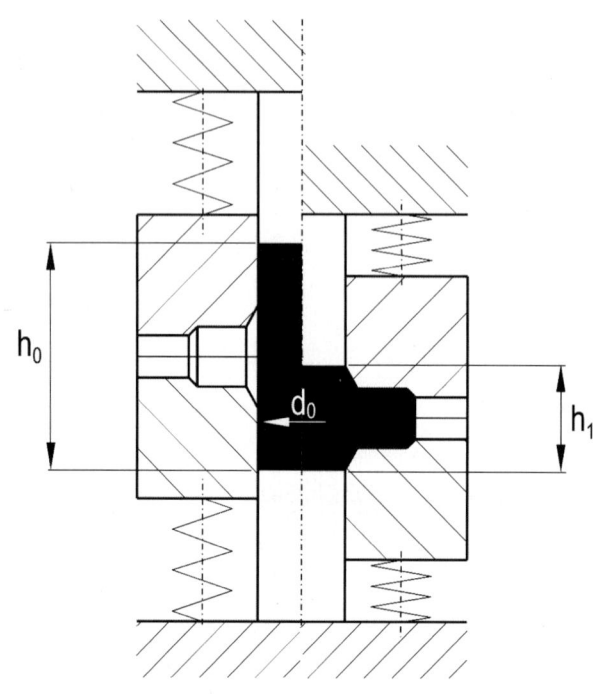

Abb. 10.27 Quer-Fließpressen

Umformgrad (ein Zapfen) [20] $\varphi = \ln \dfrac{A_1}{A_2}$ ($A_0 \approx A_1$), siehe Abb. 10.28

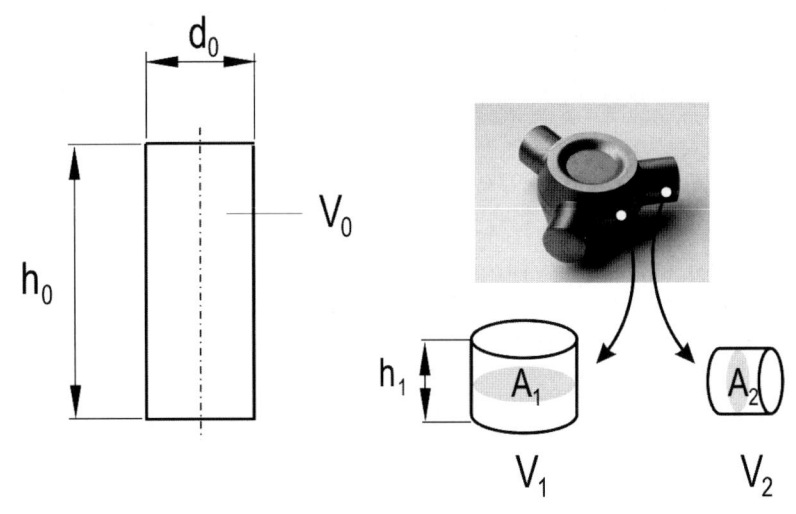

Abb. 10.28 Berechnungsgrößen

Verfahrensgrenzen: siehe Abschnitt 6.8 in Kap. 6.

Literatur

[10.1] Beisel W (1964) Die Grenzen der Kaltumformung und ihre Bedeutung für die Berechnung und Planung von Kaltformteilen – Teil 1. TZ für praktische Metallbearbeitung, 58. Jg (1964), Heft 9, S. 527 - 531
[10.2] Schöck J, Kammerer M (2006) Kraftberechnung für die Praxis mit Näherungsverfahren. Workshop Simulation in der Umformtechnik, Kraftberechnung in der Kaltmassivumformung, Universität Stuttgart, ISD, 23.-24. März 2006
[10.3] Tschätsch H (1990) Handbuch Umformtechnik. Hoppenstedt, 3. Auflage
[10.4] Lange K (Hrsg) (1988) Umformtechnik Bd.2, Massivumformung. Springer, Berlin, Heidelberg New York
[10.5] Doege E, Meyer-Nolkemper H, Saeed I (1986) Fließkurvenatlas metallischer Werkstoffe. Hanser Verlag
[10.6] VDI 3171 (1981) Stauchen und Formpressen
[10.7] Beisel W (1968) Die Technik der Entwicklung von Stadienplänen in der Kaltumformung. Werkstatt und Betrieb. Jg. 101 (1968), Heft 9, S. 505-512

[10.8] VDI 3145 (1984) Pressen zum Kaltmassivumformen. Mechanische und hydraulische Pressen. VDI-Richtlinien Bl. 1. Juli
[10.9] Dannenmann E (1997) Verfahren zur Herstellung schwieriger Kaltmassiv-Formteile. Seminar am Institut für Umformtechnik GmbH Lüdenscheid
[10.10] VDI 3200 Blatt 2 (1978) Fließkurven metallischer Werkstoffe, Stähle
[10.11] Pöhlandt K (1989) Materials Testing for the Metal Forming Industry Springer-Verlag
[10.12] VDI 3200 Blatt 1 (1978) Fließkurven metallischer Werkstoffe, Grundlagen. VDI-Richtlinie Oktober
[10.13] VDI 3137 Begriffe, Benennungen, Kenngrößen des Umformens
[10.14] VDI 3185 Blatt 3 Preßkraftermittlung für das Hohl-Vorwärts-Fließpressen von Stahl bei Raumtemperatur
[10.15] VDI 3185 Blatt 1 Berechnung der bezogenen Stempelkraft und der größten Fließpresskraft für das Voll-Vorwärts-Fließpressen von Stahl bei Raumtemperatur
[10.16] VDI 3185 Blatt 2 Berechnung der bezogenen Stempelkraft und der größten Fließpresskraft für das Napf-Rückwärts-Fließpressen von Stahl bei Raumtemperatur
[10.17] Grüning K (1972) Umformtechnik. Vieweg Verlag
[10.18] Oberländer T F (1990) Ermittlung der Fließkurven und der Anisotropie-Eigenschaften metallischer Werkstoffe im Rastegaev-Stauchversuch. Dissertation. Bericht 109 aus dem Institut für Umformtechnik, Universität Stuttgart
[10.19] NN Werkstattblatt 332, Gruppe D, Carl Hanser Verlag München, Jahr unbekannt
[10.20] Räuchle F (2003) Ermittlung der Kräfte über dem Stempelweg beim Querfließpressen. Dissertation, Bericht Nr. 38, Institut für Umformtechnik Universität Stuttgart

ICFG-Data Sheets and Documents

ICFG Data Sheets

ICFG DS 1/70: Calculation of pressures for cold forward extrusion of steel rods. Ins Deutsche übersetzt und veröffentlicht in: VDI-Richtlinie 3185 Blatt 1

ICFG DS 2/70: Calculation of pressures for cold extrusion of steel cans. Ins Deutsche übersetzt und veröffentlicht in: VDI-Richtlinie 3185 Blatt 2

ICFG DS 3/74: Calculation of pressures for cold extrusion of steel tubes (withdrawn). Ins Deutsche übersetzt und veröffentlicht in: VDI-Richtlinie 3185 Blatt 3

ICFG DS 4/70: General aspects of tool design and tool materials for cold forging of steel. Ins Deutsche übersetzt und veröffentlicht in: VDI-Richtlinie 3186 Blatt 1

ICFG DS 5/71: Tools for cold extrusion of steel. Design, manufacturing, maintenance of punches and mandrels. Ins Deutsche übersetzt und veröffentlicht in: VDI-Richtlinie 3186 Blatt 2

ICFG DS 6/72: Tools for cold extrusion of steel. Design, manufacturing, maintenance, calculation of dies (dies assemblies). Ins Deutsche übersetzt und veröffentlicht in: VDI-Richtlinie 3186 Blatt 3

ICFG DS 7/72: Bar cropping billet defects. Ins Deutsche übersetzt und veröffentlicht in: VDI-3/87

ICFG DS 8/75: Guide lines for the warm working of steels

ICFG DS 9/82: Determination of pressures and loads for warm extrusion of steels. Reprint in: International Cold Forging Group ICFG 1967-1982 Objectives, History, Published Documents. Bamberg: Meisenbach 1992, pp. 15-17

ICFG Documents

ICFG Doc. 1/77: Production of steel parts by cold forging. Portcullis Press Ltd. Queensway/England, 1978

ICFG Doc. 2/80: Production of steel parts by warm working (withdrawn)

ICFG Doc. 3/82: Cropping of steel bar – its mechanism and practice. Reprint in: International Cold Forging Group ICFG 1967-1982 Objectives, History, Published Documents. Bamberg: Meisenbach 1992, pp. 19-32

ICFG Doc. 4/82: General aspects of tool design and tool materials for cold and warm forging. Reprint in: International Cold Forging Group ICFG 1967-1982 Objectives, History, Published Documents. Bamberg: Meisenbach 1992, pp. 33-58

ICFG Doc. 5/82: Calculation methods for cold forging tools. Reprint in: International Cold Forging Group ICFG 1967-1982 Objectives, History, Published Documents. Bamberg: Meisenbach 1992, pp. 59-72

ICFG Doc. 6/82: General recommendations for design, manufacture and operational aspects of cold extrusion tools for steel components. Reprint in: International Cold Forging Group ICFG 1967-1982 Objectives, History, Published Documents. Bamberg: Meisenbach 1992, pp. 73- 82

ICFG Doc. 7/88: Small quantity production in cold forging. Reprint in: International Cold Forging Group ICFG 1967-1982 Objectives, History, Published Documents. Bamberg: Meisenbach 1992, pp. 83 – 91. Supplement in: Wire 41 (1991) 4.

ICFG Doc. 8/91: Lubrication aspects in cold forging of carbon steels and low alloy steels. Reprint in: International Cold Forging Group ICFG 1967-1982 Objectives, History, Published Documents. Bamberg: Meisenbach 1992, pp. 93- 103

ICFG Doc. 9/92: Coating of Tools for Bulk Metal Forming by PVD-and CVD-Methods. International Cold Forging Group. Meisenbach Verlag Bamberg 1992. Supplement in: Wire 43 (1993) 11, pp. 450-457

ICFG Doc. 10/95: Lubrication aspects in cold forging of aluminium and aluminium alloys. International Cold Forging Group. Meisenbach Verlag Bamberg 1996. Supplement in: Wire 46 (1996) 1

ICFG Doc. 11/01: Steels for cold forging their behaviour and selection. International Cold Forging Group. Meisenbach Verlag Bamberg 2001

ICFG Doc. 12/01: Warm forging of steels. International Cold Forging Group. Meisenbach Verlag Bamberg 2001

ICFG Doc. 13/02: Cold forging of aluminium. International Cold Forging Group. Meisenbach Verlag Bamberg 2002

ICFG Doc. 14/02: Tool life & tool quality in cold forging. Part 1: General aspects of tool life. International Cold Forging Group 2002

ICFG Doc. 15/02: Process Simulation. International Cold Forging Group. Meisenbach Verlag Bamberg 2002

ICFG Doc. 16/04: Tool life & tool quality in cold forging. Part 2: Quality Requirements for tool manufacturing. International Cold Forging Group. Meisenbach Verlag Bamberg 2004

ICFG Doc. 17/06: Tool life & tool quality in cold forging. Part 3: Application of PM-steel and tungsten carbide material for cold forging tools – a comparison between Europe & Japan. International Cold Forging Group. Meisenbach Verlag Bamberg 2006

Index

Abgleitungsvorgänge 22ff
Abstreckgleitziehen 14ff, 238ff, 509ff
Aluminiumwerkstoffe 38f, 75ff
   Aushärten 78f
   Werkzeuge 262ff
Anisotropie 27ff
Anlasssprödigkeit 60
Armierungsring 4
Atom 20ff
Aufkohlung 48
Automobilproduktion 2

Bandarmierung 4
Baustähle 36, 47f
Beispiele
   Airbaghülse 63
   Anlasserritzel 150
   Antriebswelle 254
   Dreieckflansch 252
   Druckplatte 322
   Flansch 220
   Flanschgehäuse 155, 230
   Flanschschraube 139
   Führungshülse 146
   Gabelkopf 172, 193
   Gelenkflansch 222
   Gelenkkreuz mit Quernapf 84
   Gelenknabe aus Cf53 52, 255
   Gelenkwelle aus Cf53 56
   Gelenkwelle geschmiedet 59
   Geradverzahntes Stirnrad 50
   Hutmutter 169
   Klauenkörper 266
   Kolbenbolzen 245

   Kraftmessdose 316
   Kugellageraussenring (halbwarm) 127
   Kugellageraussenring (kalt) 125
   Kupplungsteil 267
   Kurbelwelle 253
   Lamellenteils aus AlMgSi1 78, 383
   Mitnehmer 98, 137, 167
   Nocke 99
   Patronenhülse 68
   Polrad 459
   Polschuh 48
   Projektil 69
   Punktschweißelektrode 65
   Radbolzen 250
   Radnabe 91, 218
   Schaltergehäuse 147
   Schutzhülse für ABS 243
   Sechskantmutter aus Tantal 168
   Spurstangenkopf 225
   Stoßdämpferrohr 170
   Tassenstößel 93, 158
   Tripode 212
   Trisphär 216
   Tuben aus Reinaluminium 77
   Verzahnungsteil 197
   Welle mit 4-Kant 237
   Zinkbecher 73
Bindungskräfte 20ff
Blaubruchsprödigkeit 54f
Blaubruchzone 55
Blockguß 83
Brinell-Härte 33
Bronze 70f

Index

Bruchdehnung 32, 53
Brucheinschnürung 32, 47f, 53

Curie-Punkt 56

Dehnung 32
Druckspannungsspitzen 7
Duktilität 32ff

Eigenspannungen 106
Einachsigkeit 29
Einkristall 27
Einsatzstähle 36, 47, 48ff
Elastische Einfederung 52
Elastische Verformung 23, 28ff
Elastizitätsgrenze 30
Elastizitätsmodul 27, 29
Elektromagnetische Kräfte 20
Elektron 20
Elementarzelle 21
Energieverbrauch 15
Entlastungsbohrung 7ff
Erklärungshypothesen 17
Exzenterpresse 443ff

Faserverlauf 3, 19,
Ferromagnetische Eigenschaft 56
Fließkurve 33, 483
Fließpresseignung 47ff
Fließpressstähle 35ff, 47ff
   austenitische Stähle 35, 61ff
   Baustähle 36, 47f
   Einsatzstähle 36, 47, 48f
   ferritische Chromstähle
     35, 61ff
   Korrosionsbeständige Stähle
     36, 61ff
   martensitische Chromstähle
     35, 61ff
   Nichtrostende Stähle 61ff
   Vergütungsstähle 36, 47, 51ff
Fließpressverfahren 1, 119
Fließrichtung 19

Fließspannung 26, 31ff, 43, 55, 482ff
   Absenkung 46, 63f, 65
Fließstruktur 19

Gefüge 28
Gelenkkreuz 8, 10
Gewichtstoleranz 87
Gitterfehler 25
Gitterrichtungen 27
Gitterstruktur 21
GKZ-Glühen 52, 100ff
Gleichgewichtslage 23ff
Gleichmaßdehnung 37
Gleiten 24
Gleitsysteme 22ff
Grobkorn 22

Halbwarmumformung 15, 45ff, 52, 55
   Einlegetemperatur 15, 45
   Magnesium 75
   Maschinen 456ff
   Messing 66ff
   Nichteisenmetalle 45
   Nichtrostende Stähle 62
   Titan 73
   Vergütungsstahl 56
   Werkstückstähle 45
   Zink 72
Halbzeugherstellung 85
Härteflecken 50
Härten 51
   Flammhärten 51
   Induktionshärten 51
Hartmetall-Wickelrohr 4
Hebehub 447
Hexagonal dichteste Packung 20ff
Hohl-Rückwärts-Fließpressen 196
Hohl-Vorwärts-Fließpressen
   5, 141, 503
Homogenität 29
Hookesches Gesetz 29
Hydraulikpressen 462ff

Isotropie 29

Kaltfließpressen 15, 44, 52
Kaltumformeignung 44
Kaltverschweißen 107
Kniehebelpresse 439ff
Korndurchmesser 28, 68
Korngrenzen 27ff
Kornwachstum 28
Korrosionsbeständige Stähle 36
Krafteinleitung 22
Kristallmodell 21
Kubisch flächenzentriert 20ff
Kubisch raumzentriert 20ff
Kunogi-Verfahren 11
Kupferwerkstoffe 38f, 64ff,
Kurbelpresse 443ff

Linsenform 97
Lüdersbereich 31
Ludwig-Hollomon-Gleichung 36f
Lunker 83f

Magnesium 74
Magnesiumwerkstoffe 39
Makrostruktur 18
Matrize 338
  Kern mit Längsteilung 353
  mit Armierung 341
  mit einteiligem Kern 352
  mit Keramikkern 360
  mit Längs- und Querteilung 359
  mit Querteilung 356ff
  ohne Armierung 339
Messing 66ff
Metallgitter 20ff
Metallion 20, 23
Metallische Bindung 21
Metallplastizität 26
Mikrostruktur 18
Molybdänidsulfid (MoS_2) 114f
Molykotieren 50, 114ff
Monokristall 27

Nachbaratom 20
Napf-Rückwärts-Fließpressen 7ff,
  161ff, 499
Napf-Vorwärts-Fließpressen 7ff,
  152ff
Neusilber 71
Nichteisenmetalle 38
Normalglühen 105

Oberflächenbehandlung 298
Orangenhaut 22, 68
Oxalatschicht 63, 76

Periodensystem 20
Perlit 53, 100ff
Phosphor 49
Plastische Deformation 23
Plastisches Fließen 25ff
Poissonsches Gesetz 3
Polykristall 28
Polymorphie 25
Pressenstößel 450ff

Querfließpressen 8ff, 199ff,
  389ff, 514
Quer-Hohl-Vorwärts-Fließpressen
  10ff, 262
Querkontraktion 3

Reibzahl 109
Rekristallisationsglühen 104f
Rohteil 81f
  Abmessungen 95
  Abschnitt 82, 86
  Anlieferzustand 83
  Blech 93
  Entgraten 94
  Formen 86
  Genauigkeit 94f
  Rohrabschnitt 91
  Vorbereitung 81
  Zerkleinerung 87ff
Rotbruchzone 55

Sägen 90
Setzen 258, 512ff
Scheren 87ff
   Geschwindigkeit 89
   Messer 89f
   Qualität 89
   Spalt 89
Schließvorrichtung 8, 460
   Als mehrfach wirkende Presse 433
   Führungssysteme 399
   Kombiniert mechanisch-hydraulisch 427
   Kraftdurchleitung 403
   Matrizenanordnung 398
   Matrizengleichlauf 394
   mit Druckschlauch. 428
   mit Elastomer 415
   mit Federelementen 404
   mit mechanischer Verriegelung 407
   mit N2-Blasenspeicher 410
   mit Stickstofffedern 420
   mit Tellerfedern 425
   Prinzip der Druckwaage 431
   Schließkraft 391
Schmelze 28
Schmierstoff 107f
Schmierstoffträgerschicht 107f
Schneiden 92
Schwefel 49
Singer-Patent 1
Skalen 17
Sonderarmierung 4
Spannung 32
Spannungsfreiglühen 106f
Sprödheit 32ff
Stabstahl 49
   Blank 49
   Geschält 49
   Kaltgezogen 49
Stadienplan 124
Stahlherstellung 85
Stahlqualität 83

Stauchen 249, 491ff
Stempel 323ff
Stößelgewichtsausgleich 452
Strahlen 50
Streckgrenze 30
Stromleitfähigkeit 21

Tantal 65
Titanwerkstoffe 38f, 73f
Transfer 467ff
Trommeln 50
Tubenherstellung 77

Umformbarkeit 32
Umformgrad 32, 37, 478ff
Umformkompatibilität 31
Umformvermögen 43

Verfahrensfolge 1, 11ff, 123
Verfahrenskombination 1, 11ff, 123
Verfestigung 26, 43
Verfestigungsexponent 37
Verformbarkeit 21
Vergütungsstähle 36, 47, 51ff
Verjüngen 14ff, 233ff, 506
Versetzung 25ff
   Klettern 26
   Quergleiten 26
   Schraubenversetzung 26
   Stufenversetzung 26
   Teppichmodell 26f
Versetzungsdichte 26
Verzahnungsherstellung 268
Vielkristall 28
Voll-Rückwärts-Fließpressen 189
Voll-Vorwärts-Fließpressen 3, 130, 498ff
Volumenschwankungen 95
Vorgraphitieren 109
Vorverfestigung 30

Wärmebehandlung 100ff
Warmfließpressen 15

Weichglühen 100ff
Werkstoffbezeichnung 36ff
Werkstoffeinsparung 1
Werkstofffluß 5
  Inhomogenität 6
  instationär 5, 7
  stationär 5
Werkstoffunterfüllung 95
Werkstücktransportsysteme 466
Werkzeugwechselsysteme 464ff
Werkzeugwerkstoffe 286
  Kaltarbeitsstähle 286
  PM-Stähle 288
  Schnellarbeitsstähle 287
  Warmarbeitsstähle 286
Wirkphänomene 17

Zementit 52, 100ff
Zink 38f, 72f
Zink-Phosphatieranlage 110ff
Zinkphosphatschicht 108
Zinkseifenbeschichtung 76, 108
Zinn 38f
Zugfestigkeit 32, 37
Zugversuch 17, 32
Zwillingsbildung 24

Druck: Krips bv, Meppel, Niederlande
Verarbeitung: Stürtz, Würzburg, Deutschland